**에듀윌과 함께 시작하면,**
**당신도 합격할 수 있습니다!**

학교 졸업 후에도 취업을 위해 바쁜 시간을 쪼개며
전산응용건축제도기능사 자격시험을 준비하는 취준생

비전공자이지만 더 많은 기회를 만들기 위해
전산응용건축제도기능사에 도전하는 수험생

현장 업무를 수행하면서 승진을 위해
전산응용건축제도기능사에 도전하는 주경야독 직장인

누구나 합격할 수 있습니다.
시작하겠다는 '다짐' 하나면 충분합니다.

마지막 페이지를 덮으면,

**에듀윌과 함께**
**전산응용건축제도기능사 합격이 시작됩니다.**

eduwill

2026 전산응용건축제도기능사 필기+무료특강

# 2주 완성 학습 플래너

☑ 10개년 기출문제 **3회독 이상**을 목표로 학습합니다.

☑ 각 회독 뒤에는 **이론편, 최빈출 해설특강** 등으로 복습합니다.

| WEEK | DAY | 학습내용 | 공부한 날 | 완료 |
|---|---|---|---|---|
| 1주 | DAY 01 | 2025년~2024년 기출문제 | _ 월 _ 일 | ☐ |
| | DAY 02 | 2023년~2022년 기출문제 | _ 월 _ 일 | ☐ |
| | DAY 03 | 2021년~2020년 기출문제 | _ 월 _ 일 | ☐ |
| | DAY 04 | 2019년~2018년 기출문제 | _ 월 _ 일 | ☐ |
| | DAY 05 | 2017년~2016년 기출문제 1회독 | _ 월 _ 일 | ☐ |
| | DAY 06 | 이론편 PART 01~03 | _ 월 _ 일 | ☐ |
| | DAY 07 | 이론편 PART 04~05 | _ 월 _ 일 | ☐ |
| 2주 | DAY 08 | 2025년~2022년 기출문제 | _ 월 _ 일 | ☐ |
| | DAY 09 | 2021년~2018년 기출문제 | _ 월 _ 일 | ☐ |
| | DAY 10 | 2017년~2016년 기출문제 2회독 | _ 월 _ 일 | ☐ |
| | DAY 11 | 최빈출 120제 해설특강 | _ 월 _ 일 | ☐ |
| | DAY 12 | 2025년~2022년 기출문제 | _ 월 _ 일 | ☐ |
| | DAY 13 | 2021년~2018년 기출문제 | _ 월 _ 일 | ☐ |
| | DAY 14 | 2017년~2016년 기출문제 3회독 | _ 월 _ 일 | ☐ |

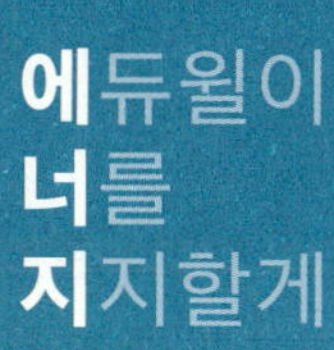


ENERGY

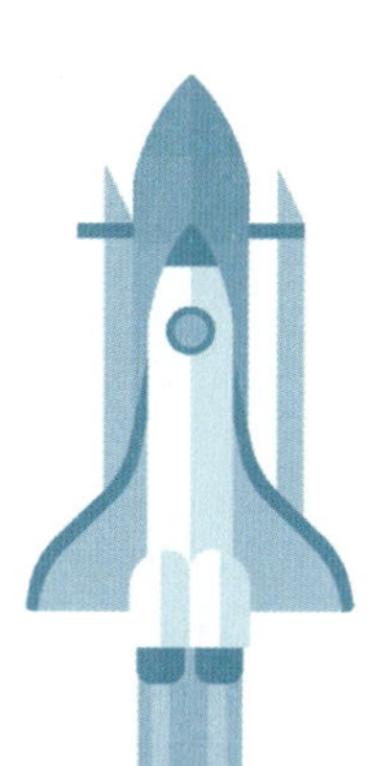

시작하라.

그 자체가 천재성이고,
힘이며, 마력이다.

– 요한 볼프강 폰 괴테(Johann Wolfgang von Goethe)

# 에듀윌
# 전산응용
# 건축제도기능사

## 필기 2주끝장

기출문제편

# 전산응용건축제도기능사

## 인테리어 관련 자격증! 전산응용건축제도기능사

### 1. 코로나19 장기화로 인테리어 시장 급성장

코로나19가 장기화되면서 인테리어 시장이 급성장하고 있습니다. 한국건설산업연구원에서 공개한 자료를 보면 2000년에는 9조원 수준이었던 인테리어 시장이 2021년에는 지속적으로 성장하여 약 60조원에 이를 것으로 전망됩니다. 이에 따라 인테리어 관련 기업에서는 신규인원을 채용하는 등 사업을 확장하고 있습니다.

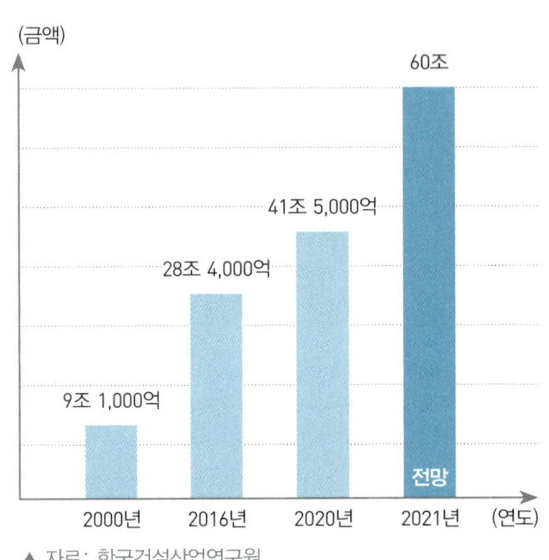


▲ 자료: 한국건설산업연구원

### 2. 전산응용건축제도기능사 응시인원 증가

인테리어 시장의 급격한 성장과 함께 대표적인 인테리어 관련 자격증인 전산응용건축제도기능사의 응시인원도 지속적으로 증가하고 있습니다. 2000년대 초반에는 전산응용건축제도기능사의 필기와 실기시험에 응시한 인원의 합계가 15,171명이었지만 2023년도에는 응시인원이 지속적으로 증가하여 22,471명이 되었습니다.

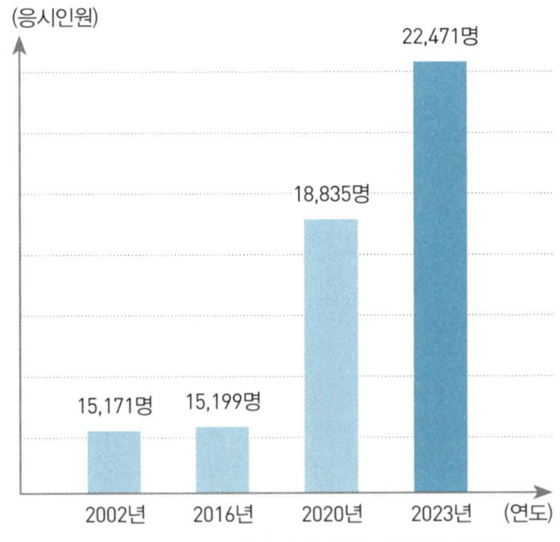


▲ 자료: 한국산업인력공단(필기와 실기를 합한 응시인원)

**“ 전산응용건축제도기능사는 인테리어 관련 업체에 취업하기 위해 기본적으로 취득해야 하는 자격증입니다 ”**

## 시험방법이 완전히 다른 필기와 실기시험

### 1. 객관식으로 치러지는 필기시험

전산응용건축제도기능사 필기시험은 객관식 4지선다형 시험으로 건축에 대한 기본적인 지식을 묻는 시험입니다.

필기시험에 합격하면 2년 동안 실기시험에 응시할 수 있는 자격이 주어지며 실기까지 합격해야 자격증을 취득할 수 있습니다.

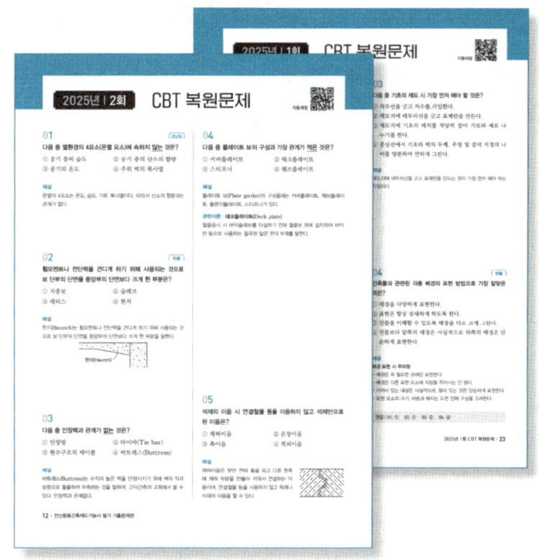


### 2. Auto CAD로 도면을 작성하는 실기시험

전산응용건축제도기능사 실기시험은 실제 현장에서 사용하는 Auto CAD 프로그램을 이용하여 도면을 작성하여 제출하는 시험입니다. 실기시험에 합격하려면 Auto CAD 프로그램을 능숙하게 다룰 수 있어야 합니다. 따라서 필기시험을 단기간에 합격한 후 Auto CAD를 다루는 연습을 해야 합니다.

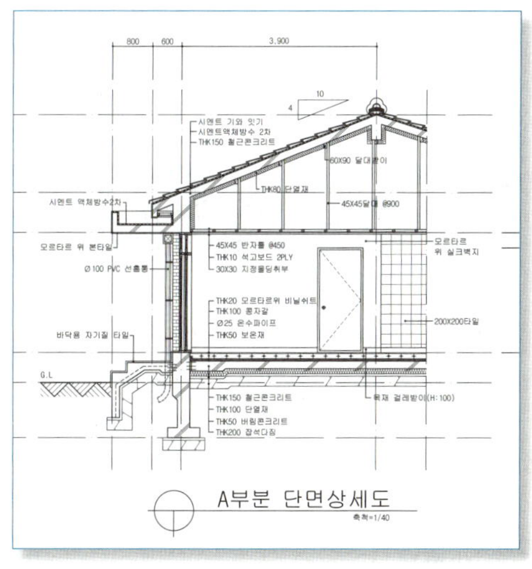


> “ **필기시험은 빈출문제 위주로 단기간에 합격하고, Auto CAD를 능숙하게 다루는 연습을 해야 합니다** ”

초단기합격에 최적화된 교재

# 전산응용건축제도기능사 필기 2주끝장

## 빈출, 고난도 문제를 표기한 기출문제편

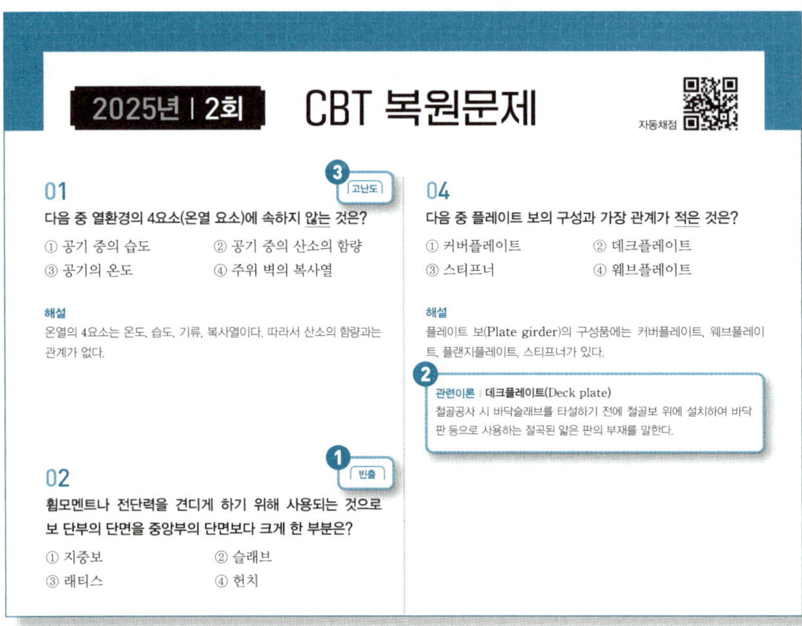
2025년 | 2회 CBT 복원문제

자동채점

③ 고난도

01
다음 중 열환경의 4요소(온열 요소)에 속하지 않는 것은?
① 공기 중의 습도 ② 공기 중의 산소의 함량
③ 공기의 온도 ④ 주위 벽의 복사열

해설
온열의 4요소는 온도, 습도, 기류, 복사열이다. 따라서 산소의 함량과는 관계가 없다.

① 빈출

02
휨모멘트나 전단력을 견디게 하기 위해 사용되는 것으로 보 단부의 단면을 중앙부의 단면보다 크게 한 부분은?
① 지중보 ② 슬래브
③ 래티스 ④ 헌치

04
다음 중 플레이트 보의 구성과 가장 관계가 적은 것은?
① 커버플레이트 ② 데크플레이트
③ 스티프너 ④ 웨브플레이트

해설
플레이트 보(Plate girder)의 구성품에는 커버플레이트, 웨브플레이트, 플랜지플레이트, 스티프너가 있다.

②
관련이론 | 데크플레이트(Deck plate)
철골공사 시 바닥슬래브를 타설하기 전에 철골보 위에 설치하여 바닥판 등으로 사용하는 절곡된 얇은 판의 부재를 말한다.

❶ 7회 이상 자주 출제된 문제는 빈출로 표기함

❷ 중요한 개념은 관련이론으로 추가 해설 제시

❸ 자주 출제되지 않고 어려운 문제는 고난도로 표기함

## 빈출개념만 모아서 구성한 이론편

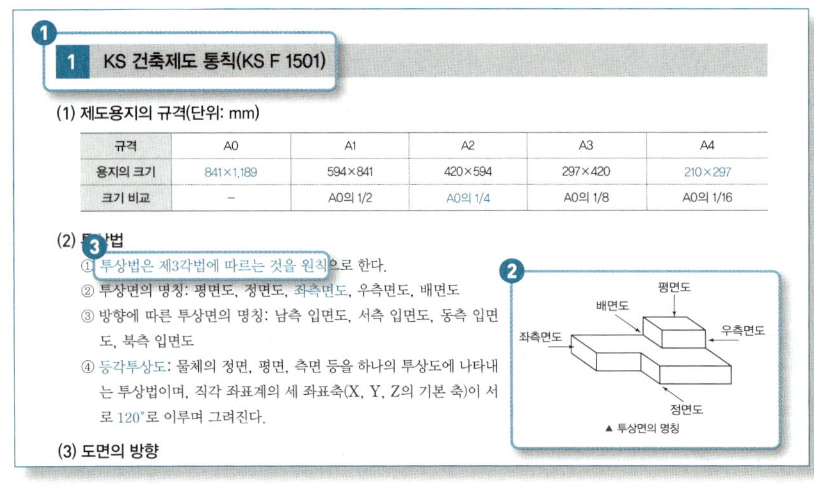
①

1 KS 건축제도 통칙(KS F 1501)

(1) 제도용지의 규격(단위: mm)

| 규격 | A0 | A1 | A2 | A3 | A4 |
|---|---|---|---|---|---|
| 용지의 크기 | 841×1,189 | 594×841 | 420×594 | 297×420 | 210×297 |
| 크기 비교 | – | A0의 1/2 | A0의 1/4 | A0의 1/8 | A0의 1/16 |

(2) 투상법 ③
① 투상법은 제3각법에 따르는 것을 원칙으로 한다.
② 투상면의 명칭: 평면도, 정면도, 좌측면도, 우측면도, 배면도
③ 방향에 따른 투상면의 명칭: 남측 입면도, 서측 입면도, 동측 입면도, 북측 입면도
④ 등각투상도: 물체의 정면, 평면, 측면 등을 하나의 투상도에 나타내는 투상법이며, 직각 좌표계의 세 좌표축(X, Y, Z의 기본 축)이 서로 120°로 이루며 그려진다.

②

▲ 투상면의 명칭

(3) 도면의 방향

❶ 10개년 기출 중 7회 이상 출제된 개념임

❷ 내용 이해를 돕는 다양한 그림자료 삽입

❸ 빈출내용을 색자로 구성하여 중요한 내용을 바로 파악 가능

## 개편 출제기준에 따른 2D 도면 작성 및 3D 모델링 완벽 반영!

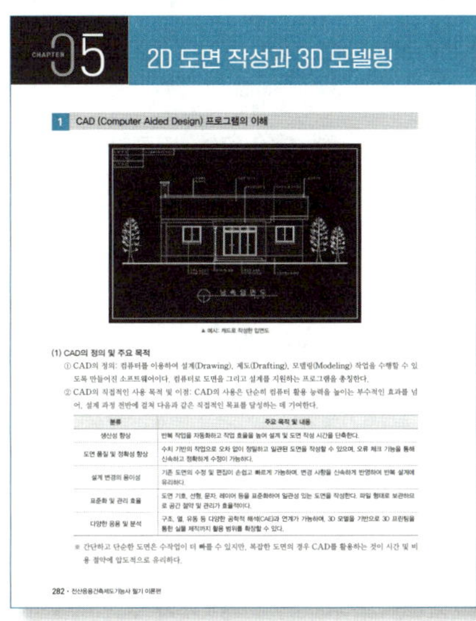

CHAPTER 05 2D 도면 작성과 3D 모델링

1 CAD (Computer Aided Design) 프로그램의 이해

▲ 예시: 캐드로 작성한 입면도

(1) CAD의 정의 및 주요 목적

① CAD의 정의: 컴퓨터를 이용하여 설계(Drawing), 제도(Drafting), 모델링(Modeling) 작업을 수행할 수 있도록 만들어진 소프트웨어이다. 컴퓨터로 도면을 그리고 설계를 지원하는 프로그램을 총칭한다.

② CAD의 직접적인 사용 목적 및 이점: CAD의 사용은 단순히 컴퓨터 활용 능력을 높이는 부수적인 효과를 넘어, 설계 과정 전반에 걸쳐 다음과 같은 직접적인 목표를 달성하는 데 기여한다.

| 분류 | 주요 목적 및 내용 |
|---|---|
| 생산성 향상 | 반복 작업을 자동화하고 작업 효율을 높여 설계 및 도면 작성 시간을 단축한다. |
| 도면 품질 및 정확성 향상 | 수치 기반의 작업으로 오차 없이 정밀하고 일관된 도면을 작성할 수 있으며, 오류 체크 기능을 통해 신속하고 정확하게 수정이 가능하다. |
| 설계 변경의 용이성 | 기존 도면의 수정 및 편집이 손쉽고 빠르게 가능하며, 변경 사항을 신속하게 반영하여 반복 설계에 유리하다. |
| 표준화 및 관리 효율 | 도면 기호, 선형, 문자, 레이어 등을 표준화하여 일관성 있는 도면을 작성한다. 파일 형태로 보관하므로 공간 절약 및 관리가 효율적이다. |
| 다양한 응용 및 분석 | 구조, 열, 유동 등 다양한 공학적 해석(CAE)과 연계가 가능하며, 3D 모델을 기반으로 3D 프린팅을 통한 실물 제작까지 활용 범위를 확장할 수 있다. |

※ 간단하고 단순한 도면은 수작업이 더 빠를 수 있지만, 복잡한 도면의 경우 CAD를 활용하는 것이 시간 및 비용 절약에 압도적으로 유리하다.

282 • 전산응용건축제도기능사 필기 이론편

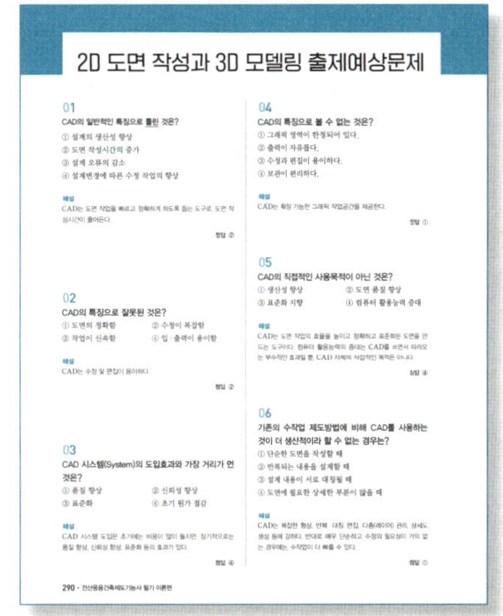

2D 도면 작성과 3D 모델링 출제예상문제

01
CAD의 일반적인 특징으로 틀린 것은?
① 설계의 생산성 향상
② 도면 작성시간의 증가
③ 설계 오류의 감소
④ 설계변경에 따른 수정 작업의 향상

해설
CAD는 도면 작업을 빠르고 정확하게 하도록 돕는 도구로, 도면 작성시간이 줄어든다.

정답 ②

02
CAD의 특징으로 잘못된 것은?
① 도면의 정확함 ② 수정이 복잡함
③ 작업이 신속함 ④ 입·출력이 용이함

해설
CAD는 수정 및 편집이 용이하다.

정답 ②

03
CAD 시스템(System)의 도입효과와 가장 거리가 먼 것은?
① 품질 향상 ② 신뢰성 향상
③ 표준화 ④ 초기 원가 절감

해설
CAD 시스템 도입은 초기에는 비용이 많이 들지만, 장기적으로는 품질 향상, 신뢰성 향상, 표준화 등의 효과가 있다.

정답 ④

04
CAD의 특징으로 볼 수 없는 것은?
① 그래픽 영역이 한정되어 있다.
② 출력이 자유롭다.
③ 수정과 편집이 용이하다.
④ 보관이 편리하다.

해설
CAD는 확장 가능한 그래픽 작업공간을 제공한다.

정답 ①

05
CAD의 직접적인 사용목적이 아닌 것은?
① 생산성 향상 ② 도면 품질 향상
③ 표준화 지향 ④ 컴퓨터 활용능력 증대

해설
CAD는 도면 작업의 효율을 높이고 정확하고 표준화된 도면을 만드는 도구이다. 컴퓨터 활용능력의 증대는 CAD를 쓰면서 따라오는 부수적인 효과일 뿐, CAD 자체의 직접적인 목적은 아니다.

정답 ④

06
기존의 수작업 제도방법에 비해 CAD를 사용하는 것이 더 생산적이라 할 수 없는 경우는?
① 단순한 도면을 작성할 때
② 반복되는 내용을 설계할 때
③ 설계 내용이 서로 대칭될 때
④ 도면에 필요한 상세한 부분이 많을 때

해설
CAD는 복잡한 형상, 반복 · 대칭 편집, 다층(레이어) 관리, 상세도 생성 등에 강하다. 반대로 매우 단순하고 수정의 필요성이 거의 없는 경우에는, 수작업이 더 빠를 수 있다.

정답 ①

290 • 전산응용건축제도기능사 필기 이론편

- 새롭게 추가된 건축설계 2D 도면 작성 및 3D 모델링 이론을 완벽하게 수록
- 건축설계 2D 도면 작성 및 3D 모델링 출제예상문제로 신규 영역 집중 대비

## 이론 전강좌 + 최빈출 120제 무료특강 제공

민영기 교수

- 5과목 이론 전과목 무료특강 제공
- 자주 출제되는 문제만 모은 최빈출 120제 수록 및 저자 직강을 무료로 제공

**강의 수강경로**

에듀윌 도서몰(book.eduwill.net) → 동영상강의실 → 전산응용건축제도기능사 검색

합격의 첫 걸음

# 전산응용건축제도기능사 시험정보

## 1 전산응용건축제도기능사란?

전산응용건축제도기능사는 건축설계 및 건축시공, 인테리어 일반에 대한 기초지식을 익히고 컴퓨터를 이용하여 도면을 작성할 수 있는 전문가를 양성하기 위한 시험입니다.
전산응용건축제도기능사 자격을 취득한 사람은 건축설계 내용을 CAD 및 건축 컴퓨터 그래픽으로 시각화하여 시공자에게 전달하는 업무를 수행합니다.

## 2 시험일정 & 합격자 발표시기

| 구분 | 필기시험 | 필기합격(예정자) 발표 | 실기시험 | 최종합격자 발표 |
|---|---|---|---|---|
| 1회 | 2026.01 | 2026.02 | 2026.03~04 | 2026.04 |
| 2회 | 2026.04 | 2026.04 | 2026.06 | 2026.07 |
| 3회 | 2026.06~07 | 2026.07 | 2026.08~09 | 2026.09 |
| 4회 | 2026.09 | 2026.10 | 2026.11~12 | 2026.12 |

※ 정확한 시험일정은 한국산업인력공단(Q-net)을 참고하시기 바랍니다.
※ 기능사 시험은 연 4회 시행되고, 산업수요 맞춤형 고등학교 및 특성화 고등학교 필기시험 면제자 전형이 추가로 1회 실시됩니다.

## 3 응시자격

한국산업인력공단에서 실시하는 기능사 시험은 응시자격 없이 누구나 응시할 수 있습니다. 전산응용건축제도기능사도 기능사 시험이므로 응시자격에 제한이 없습니다.

## 4 필기시험 세부 출제항목 및 문항 수

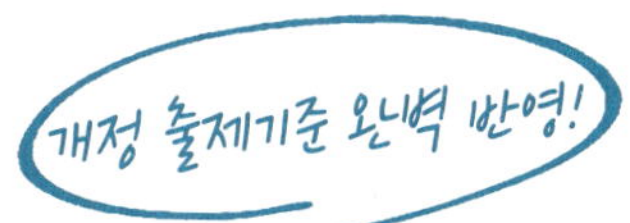


에듀윌은 2026년 새롭게 개정된 전산응용건축제도기능사 출제기준을 전면 반영했습니다.
개정 기준에 맞춘 구성으로 최신 경향을 정확히 학습하여 시험에 효과적으로 대비할 수 있습니다.

| 주요항목 | 세부항목 | | 문항 수 |
|---|---|---|---|
| 건축설계 조사 확인 | • 자료조사 및 대지조사<br>• 건축계획과정 | • 기초법규조사<br>• 주거건축계획 | 60<br>문항 |
| 건축재료 검토 | • 구조재료 파악<br>• 내외장재료 파악<br>• 기타 건축재료 파악 | | |
| 건축환경설비 검토 | • 건축환경 검토 | • 건축설비 공간계획 | |
| 건축설계도면 해석 | • 건축설계도면 기초정보 파악 | • 건축설계도면 파악 | |
| 건축구조 검토 | • 구조형식 파악<br>• 구조 일반사항 파악<br>• 구조 부재 파악 | | |
| 건축설계 2D 도면 작성 | • 2D 도면 환경 준비 및 작성 | | |
| 건축설계 3D 모델링 | • 3D 모델링 환경 준비 | • 3D 모델링 및 시각화 | |

## 5 검정방법 & 합격기준

| 검정방법 | 합격기준 |
|---|---|
| 객관식 4지 택일형 60문항(60분) | 100점을 만점으로 60점 이상 |

# 차례 CONTENTS

## 기출문제편

## 이론편

# 2025년 | 2회 CBT 복원문제

자동채점

## 01

고난도

**다음 중 열환경의 4요소(온열 요소)에 속하지 않는 것은?**

① 공기 중의 습도 ② 공기 중의 산소의 함량
③ 공기의 온도 ④ 주위 벽의 복사열

**해설**

온열의 4요소는 온도, 습도, 기류, 복사열이다. 따라서 산소의 함량과는 관계가 없다.

## 02

빈출

**휨모멘트나 전단력을 견디게 하기 위해 사용되는 것으로 보 단부의 단면을 중앙부의 단면보다 크게 한 부분은?**

① 지중보 ② 슬래브
③ 래티스 ④ 헌치

**해설**

헌치(Haunch)는 휨모멘트나 전단력을 견디게 하기 위해 사용되는 것으로 보 단부의 단면을 중앙부의 단면보다 크게 한 부분을 말한다.

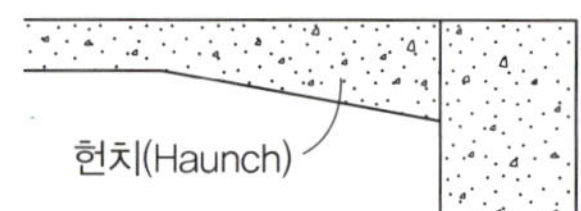


## 03

**다음 중 인장력과 관계가 없는 것은?**

① 인장링 ② 타이바(Tie bar)
③ 현수구조의 케이블 ④ 버트레스(Buttress)

**해설**

버트레스(Buttress)는 수직의 높은 벽을 안정시키기 위해 벽의 직각 방향으로 돌출하여 부축하는 것을 말하며, 고딕건축의 교회에서 볼 수 있다. 인장력과 관계없다.

## 04

**다음 중 플레이트 보의 구성과 가장 관계가 적은 것은?**

① 커버플레이트 ② 데크플레이트
③ 스티프너 ④ 웨브플레이트

**해설**

플레이트 보(Plate girder)의 구성품에는 커버플레이트, 웨브플레이트, 플랜지플레이트, 스티프너가 있다.

**관련이론 | 데크플레이트(Deck plate)**

철골공사 시 바닥슬래브를 타설하기 전에 철골보 위에 설치하여 바닥판 등으로 사용하는 절곡된 얇은 판의 부재를 말한다.

## 05

**석재의 이음 시 연결철물 등을 이용하지 않고 석재만으로 된 이음은?**

① 제혀이음 ② 은장이음
③ 촉이음 ④ 꺽쇠이음

**해설**

제혀이음은 맞댄 면에 홈을 파고 다른 한쪽에 제혀 부분을 만들어 끼워서 연결하는 이음이며, 연결철물 등을 사용하지 않고 목재나 석재의 이음을 할 수 있다.

## 06

**다음 중 개구부 설치에 가장 많은 제약을 받는 구조는?**

① 벽돌구조　② 철근콘크리트구조
③ 철골구조　④ 목구조

**해설**

벽돌구조는 벽돌을 모르타르에 의한 접합으로 쌓는 구조이므로 개구부의 설치나 높은 구조물을 축조하는 데 제약이 있다.

**벽돌구조:** 구조체를 벽돌로 쌓아 올려 만든 조적식 구조로서 횡력(수평력)에 약하고 균열의 발생이나 습기의 침투가 쉬우며, 고층이나 대규모 건축물에 부적합하다.

## 07

**보를 없애고 바닥판을 두껍게 해서 보의 역할을 겸하도록 한 구조로서, 하중을 직접 기둥에 전달하는 슬래브는?**

① 장방향슬래브　② 장성슬래브
③ 플랫슬래브　④ 워플슬래브

**해설**

플랫슬래브(Flat slab)는 평판바닥구조 또는 무량판구조이다. 슬래브의 하중이 바로 기둥으로 전달되는 구조형식으로서 슬래브가 보의 역할을 하기 때문에, 슬래브의 두께가 두껍다.

## 08

**반자구조의 구성부재로 잘못된 것은?**

① 반자돌림대　② 달대
③ 변재　④ 달대받이

**해설**

변재는 나무의 껍질 쪽에 가까운 옅은 색깔의 목질부분이다.

**관련이론 | 반자**

- 방 또는 마루의 천장을 가려서 만든 구조체이다.
- 구성: 달대받이 – 달대 – 반자틀받이 – 반자틀(반자대) – 반자널 – 반자돌림대 순으로 위에서 아래로 구성된다.

## 09

고난도

**구조물의 지점의 종류 중 이동과 회전이 불가능한 지점 상태로 반력은 수평반력과 수직반력 그리고 모멘트반력이 생기는 것은?**

① 회전단　② 이동단
③ 활절　④ 고정단

**해설**

고정단은 지점이 강접합으로서 이동과 회전이 되지 않으며, 지점에서는 외력에 대해 수평반력, 수직반력, 모멘트반력이 모두 발생한다.

**관련이론 | 고정단, 이동단, 회전단**

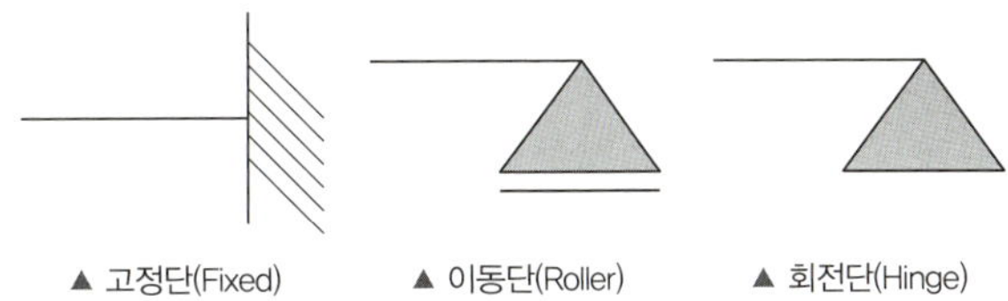

▲ 고정단(Fixed)　▲ 이동단(Roller)　▲ 회전단(Hinge)

## 10

**막구조 중 막의 무게를 케이블로 지지하는 구조는?**

① 공조막구조　② 하이브리드 막구조
③ 공기막구조　④ 현수막구조

**해설**

**현수막구조(Suspension membrane structure)**

- 막의 무게를 케이블로 지지하는 구조이다.
- 막면내에 직접 초기장력을 주어서 형태를 안정시키는 구조방식으로 구조의 안정성은 이 초기장력에 의하여 주어진다.

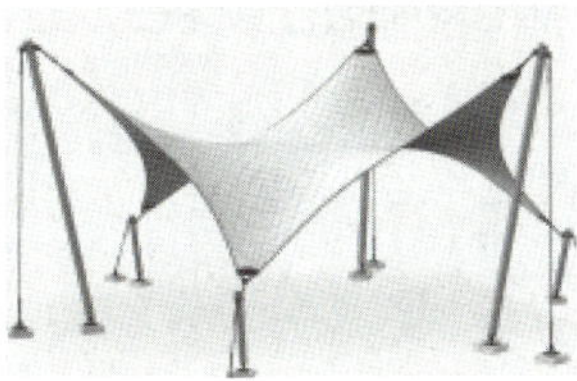

**정답** | 01. ②　02. ④　03. ④　04. ②　05. ①　06. ①　07. ③　08. ③　09. ④　10. ④

## 11

**화강암에 대한 설명 중 옳지 않은 것은?**

① 심성암에 속하고 주성분은 석영, 장석, 운모, 각섬석 등으로 형성되어 있다.
② 질이 단단하고 내구성 및 강도가 크다.
③ 고열을 받는 곳에 적당하며 석영이 많은 것은 가공하기 쉽다.
④ 용도로는 외장, 내장, 구조재, 도로포장재, 콘크리트 골재 등에 사용된다.

**해설**
화강암은 내화성이 약하여 고열을 받는 곳에 적당하지 않으며, 석영은 가공하기 어렵다.

## 12

**다음 중 바닥 마감재인 비닐 타일에 대한 설명으로 옳지 않은 것은?**

① 염화비닐수지(PVC)를 주원료로 가소제, 안정제, 안료 등을 혼합, 가열하고 시트형으로 압출하여 절단한 판이다.
② 착색이 자유롭다.
③ 내마멸성, 내화학성이 우수하다.
④ 아스팔트 타일보다 가열변형의 정도가 크다.

**해설**
비닐 타일은 아스팔트 타일보다 가열변형의 정도가 작다.

## 13

고난도

**시멘트의 응결 및 경화에 영향을 주는 요인 중 가장 거리가 먼 것은?**

① 시멘트의 분말도 ② 온도
③ 습도 ④ 바람

**해설**
**시멘트의 응결 및 경화에 영향을 주는 요인**
- 시멘트의 분말도
- 수량
- 온도
- 습도

## 14

고난도

**모르타르 또는 콘크리트가 유동적인 상태에서 겨우 형체를 유지할 수 있는 정도로 엉키는 초기작용을 의미하는 것은?**

① 풍화 ② 응결
③ 블리딩 ④ 중성화

**해설**
응결이란 시멘트가 물과 접촉하여 수화반응에 의해 점차 유동성을 잃기 시작하면서 형상을 그대로 유지할 정도까지 굳어지는 초기작용을 의미한다.

## 15

**목재의 신축과 관련된 설명 중 옳지 않은 것은?**

① 목재의 팽창·수축률은 변재가 심재보다 크다.
② 일반적으로 널결 쪽의 신축이 곧은결 쪽보다 크다.
③ 일반적으로 비중이 큰 목재일수록 강도가 작다.
④ 목재의 팽창·수축은 함수율이 섬유포화점 이상의 범위에서 증감이 거의 없다.

**해설**
비중이 큰 목재일수록 강도가 크다.

**관련이론 | 목재의 강도**
- 섬유방향의 인장강도가 압축강도보다 크다.
- 건조상태일 때가 습윤상태일 때보다 강도가 크다.
- 심재부분이 변재부분보다 강도가 크다.
- 압축강도, 인장강도, 휨강도 등은 옹이 숫자와 면적이 증가함에 따라 강도가 감소한다.

## 16

빈출

**부엌의 일부분에 식사실을 두는 형태로 부엌과 식사실을 유기적으로 연결하여 노동력 절감이 가능한 것은?**

① D(Dining) ② DK(Dining Kitchen)
③ LD(Living Dining) ④ LK(Living Kitchen)

**해설**
다이닝 키친(Dining Kitchen, Dinette형식)은 부엌 일부에 간단히 식탁을 꾸민 식사실로서 소규모 주택에 적용할 수 있다.

## 17

**판유리 종류를 600℃ 이상의 연화점 근처까지 가열한 후 표면에 냉기를 내뿜어 급랭시켜 건조하며, 담금유리라고도 하는 유리는?**

① 연마 판유리 ② 망입 판유리
③ 강화유리 ④ 복층유리

**해설**

강화유리에 대한 설명이다.

**관련이론 | 강화유리**

- 600℃ 가열하여 급랭시킨 안전유리로서, 파괴 시 작은 조각으로 분산되어 일반유리보다 안전하다.
- 인장 및 압축강도가 보통 판유리의 3~5배, 휨강도는 6배 정도이다.
- 내열성이 있어 200℃ 이상의 고온에도 잘 견딘다.
- 자동차, 선박, 무테문 등에 사용된다.

## 18

**다음 중 복층유리(Pair glass)의 주용도로 옳은 것은?**

① 방음, 결로방지 ② 도난, 화재방지
③ 투시방지 ④ 장식효과

**해설**

복층유리는 단열, 방음, 결로방지용으로 우수하다.

## 19

빈출

**직경 13mm의 이형철근을 100mm 간격으로 배치할 때 도면표시 방법은?**

① D13#100 ② D13@100
③ ∅13#100 ④ D13@1000

**해설**

D는 이형철근의 직경, ∅는 원형철근의 직경, @는 배근 간격이므로, D13@100으로 표기해야 한다.

## 20

빈출

**액화석유가스(LPG)에 관한 설명으로 옳지 않은 것은?**

① 공기보다 가볍다.
② 용기(Bombe)에 넣을 수 있다.
③ 가스 절단 등 공업용으로도 사용된다.
④ 프로판 가스(Propane gas)라고도 한다.

**해설**

액화석유가스(LPG)는 공기보다 무겁고, 액화천연가스(LNG)는 공기보다 가볍다.

## 21

고난도

**생활 행위에 따른 동작을 가능하게 하며, 주거 공간을 구성하는 기본적인 것은?**

① 인체 동작 공간 ② 개인 공간
③ 공동 공간 ④ 주거 집합 공간

**해설**

인체 동작 공간은 인체 치수와 동작 치수를 기초로 하여 생활 및 작업 환경 구성, 가구의 배치, 동선이나 동작을 위한 여유 치수 등을 고려한 동작에 따른 공간을 말하며, 주거 공간에서의 생활 행위에 따른 동작을 가능하게 하는 공간 구성의 기본이 된다.

## 22

**철근콘크리트구조에서 철근과 콘크리트의 부착력에 대한 설명 중 옳지 않은 것은?**

① 철근에 대한 콘크리트의 피복두께가 얇으면 얇을수록 부착력이 감소된다.
② 철근의 표면상태와 단면모양에 따라 부착력이 좌우된다.
③ 콘크리트의 부착력은 철근의 주장에 비례한다.
④ 압축강도가 작은 콘크리트일수록 부착력은 커진다.

**해설**

콘크리트의 압축강도가 클수록 부착력이 커진다.

**정답** | 11. ③ 12. ④ 13. ④ 14. ② 15. ③ 16. ② 17. ③ 18. ① 19. ② 20. ① 21. ① 22. ④

## 23

**다음 소지의 질에 의한 타일의 구분에서 흡수율이 가장 큰 것은?**

① 자기질 ② 석기질
③ 도기질 ④ 클링커타일

**해설**

**타일의 수분 흡수율**

- **자기질:** 0.5~3%
- **석기질:** 3~5%
- **도기질:** 5~18%
- **클링커타일:** 8%

## 24

고난도

**바닥마감판과 바탕 사이에 양면 등의 완충재를 넣어 판의 진동을 감소시키는 바닥구조는?**

① 방부바닥구조 ② 방음바닥구조
③ 방충바닥구조 ④ 전도바닥구조

**해설**

방음바닥구조는 바닥마감판과 바탕 사이에 완충재나 충격 흡수재를 삽입하여 소음과 진동을 효과적으로 차단한다.

## 25

**건축재료의 사용목적에 따른 분류에 해당하지 않는 것은?**

① 구조재료 ② 마감재료
③ 방화, 내화재료 ④ 천연재료

**해설**

**건축재료의 분류**

- **제조에 따른 분류:** 천연재료, 인공재료
- **사용목적에 따른 분류:** 구조재료, 마감재료, 방화 및 내화재료, 단열재료, 방음재료

## 26

**급수설비에서 수격작용을 방지하기 위해 설치하는 것은?**

① 플러시 밸브 ② 공기실
③ 신축곡관 ④ 배수 트랩

**해설**

수격작용은 기구류 가까이에 공기실(Air chamber)을 설치함으로써 완화할 수 있다.

**관련이론 | 수격작용**

플러시 밸브(Flush valve)나 수전류를 급격히 작동할 때 소음과 진동이 발생하는 것을 말한다. 수전의 패킹이나 와셔 등의 손상이 커지고 누수가 발생할 수 있다.

## 27

빈출

**곡면판이 지니는 역학적 특성을 응용한 구조로서 외력은 주로 판의 면내력으로 전달되기 때문에 경량이고 내력이 큰 구조물을 구성할 수 있는 것은?**

① 셸구조 ② 철골구조
③ 현수구조 ④ 커튼월구조

**해설**

셸(Shell)구조는 달걀이나 조개껍질 모양으로 구성되며, 곡면판이 지니는 역학적 특성을 응용한 구조이다. 외력은 주로 판의 면내력으로 전달되기 때문에 경량이고 내력이 큰 구조물을 구성할 수 있다.

## 28

빈출

**재료의 분류 중 천연재료에 속하지 않는 것은?**

① 목재 ② 대나무
③ 플라스틱재 ④ 아스팔트

**해설**

플라스틱재는 인공재료에 속한다.

**천연재료:** 목재, 석재, 모래, 진흙, 골재, 석회, 대나무, 아스팔트 등
**인공재료:** 콘크리트, 금속, 합성수지, 플라스틱, 유리, 고분자재료 등

## 29

**할로겐 램프에 관한 설명으로 옳지 않은 것은?**

① 휘도가 높고 백열등보다 밝다.
② 청백색으로 연색성이 나쁘다.
③ 흑화가 거의 일어나지 않는다.
④ 광속이나 색온도의 저하가 적다.

**해설**

할로겐 램프는 적색에 가깝고 연색성이 좋다.

**할로겐 램프**

- 전구 내부에 질소, 아르곤 등의 불활성 가스와 할로겐 가스(요오드, 브롬 등)를 주입하여 만든 램프이다.
- 휘도가 높고, 백열등보다 밝다.
- 적색에 가깝고 연색성이 좋다.
- 흑화가 거의 일어나지 않는다.
- 광속이나 색온도의 저하가 적다.

## 30

빈출

**건축도면의 크기 및 방향에 관한 설명으로 옳지 않은 것은?**

① A3 제도용지의 크기는 A4 제도용지의 2배이다.
② 접은 도면의 크기는 A4의 크기를 원칙으로 한다.
③ A3 크기의 도면은 그 길이방향을 좌우방향으로 놓은 위치를 정위치로 한다.
④ 평면도는 남쪽을 위로하여 작도함을 원칙으로 한다.

**해설**

평면도, 배치도 등은 북쪽을 위로하여 작도함을 원칙으로 한다.

## 31

**운모계와 사문암계 광석으로 800~1,000℃로 가열하면 부피가 5~6배로 팽창되며, 비중이 0.2~0.4인 다공질 경석으로 단열, 흡음, 보온 효과가 있는 것은?**

① 부석　　② 탄각
③ 질석　　④ 펄라이트

**해설**

질석은 운모질 원석을 800~1,000℃로 소성하여 만든 다공질 경석으로 단열, 흡음, 보온 효과가 있다.

## 32

**다음 미장바름 재료 중 수경성인 것은?**

① 진흙　　② 회반죽
③ 돌로마이트 플라스터　　④ 경석고 플라스터

**해설**

**수경성 미장재료:** 순석고 플라스터, 킨즈 시멘트(경석고 플라스터), 보드용 석고 플라스터, 시멘트 모르타르, 무수석고

**기경성 미장재료:** 돌로마이트 플라스터, 진흙, 회반죽, 아스팔트 모르타르

## 33

고난도

**재료의 열에 대한 성질 중 착화점에 대한 설명으로 옳은 것은?**

① 재료에 열을 계속 가하면 불에 닿지 않고도 자연 발화하게 되는 온도
② 재료에 열을 계속 가하면 열분해를 일으켜 증발가스가 발생하며 불에 닿으면 쉽게 발화하게 되는데 이때의 온도
③ 금속재료와 같이 열에 의하여 고체에서 액체로 변하는 경계점의 온도
④ 아스팔트나 유리와 같이 금속이 아닌 물질이 열에 의하여 액체로 변하는 온도

**해설**

**착화점:** 재료에 열을 계속 가하면 불에 닿지 않고도 자연 발화하게 되는 온도를 말한다.

## 34

**재료에 외력을 가했을 때 작은 변형만 나타나도 파괴되는 성질을 의미하는 것은?**

① 전성　　② 취성
③ 탄성　　④ 연성

**해설**

취성(脆性)은 충격하중을 받을 때 물체가 소성변형이 거의 일어나지 않고 작은 변형에도 파괴되는 성질을 말한다.

**정답** | 23. ③ 24. ② 25. ④ 26. ② 27. ① 28. ③ 29. ② 30. ④ 31. ③ 32. ④ 33. ① 34. ②

## 35

**증기난방 방식에 대한 설명 중 옳지 않은 것은?**

① 난방의 쾌감도가 낮다.
② 예열 시간이 온수난방에 비해 길다.
③ 방열 면적을 온수난방보다 작게 할 수 있다.
④ 난방부하의 변동에 따라 방열량 조절이 곤란하다.

**해설**

증기난방의 예열 시간은 온수난방에 비해 짧다.

**관련이론 | 증기난방(Steam heating)**

| 장점 | 단점 |
|---|---|
| • 증발 잠열을 이용하므로 열의 운반 능력이 크다.<br>• 예열 시간이 짧고 증기순환이 빠르다.<br>• 설비비, 유지비가 저렴하다.<br>• 방열 면적과 관경이 작아도 된다. | • 방열량 제어가 어렵다.<br>• 쾌감도가 나쁘다.<br>• 난방개시 때 소음(Steam hammering)이 많이 발생한다.<br>• 방열량 조절이 어렵고, 화상의 우려가 있다.<br>• 배관 내 부식 우려가 크다.<br>• 열손실이 크다. |

## 36

빈출

**건축 생산에 사용되는 건축재료의 발전 방향과 가장 관계가 먼 것은?**

① 비표준화　② 고성능화
③ 에너지 절약화　④ 공업화

**해설**

비표준화는 해당되지 않는다.

**건축 생산재 발전 방향**

- 표준화, 규격화, 합리화
- 공업화(프리패브화) 및 생산성
- 고품질, 고성능화
- 에너지 절약화

## 37

**건축도면 중 건물벽 직각방향에서 건물의 외관을 그린 것은?**

① 입면도　② 전개도
③ 배근도　④ 평면도

**해설**

입면도는 건물벽 직각방향에서 외관을 그려 나타내는 도면이다.

## 38

**표준형 벽돌의 규격에 해당하는 치수는? (단, 단위 mm)**

① 200×100×60　② 190×90×57
③ 210×100×57　④ 190×90×60

**해설**

**기본(표준형) 벽돌의 크기:** 190 × 90 × 57mm

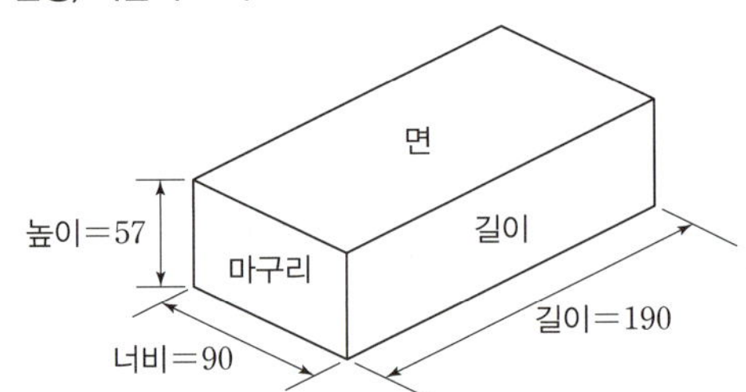


## 39

**다음의 건축도면에 대한 설명 중 옳지 않은 것은?**

① 평면도는 건축물을 각 층마다 일정한 높이에서 수평으로 자른 수평 단면도이다.
② 입면도는 건축물을 수직으로 잘라 그 단면을 나타낸 것이다.
③ 전개도는 건물 내부의 입면을 정면에서 바라보고 그린 것이다.
④ 배치도는 대지 안에 건물이나 부대시설을 배치한 도면이다.

**해설**

**입면도:** 건물벽 직각방향에서 건물의 외관을 그려 나타내는 도면이다.
**단면도:** 건물의 주요 부분을 단면으로 절단하여 나타내는 도면이다.

## 40

빈출

**한국산업표준(KS)에 따른 건축도면에 사용되는 척도에 속하지 않는 것은?**

① 1/1　② 1/5
③ 1/80　④ 1/250

**해설**

1/80은 건축제도 통칙에 규정된 척도가 아니다.

**관련이론 | 척도(건축제도 통칙 KS F 1501)**

| 실척 | 1/1 |
|---|---|
| 축척 | 1/2, 1/3, 1/4, 1/5, 1/10, 1/20, 1/25, 1/30, 1/40, 1/50, 1/100, 1/200, 1/250, 1/300, 1/500, 1/600, 1/1000, 1/1200, 1/2000, 1/2500, 1/3000, 1/5000, 1/6000 |
| 배척 | 2/1, 5/1 |

## 41

**목재거푸집과 비교한 강재거푸집의 특성 중 옳지 않은 것은?**

① 변형이 적다.
② 정밀하다.
③ 콘크리트 표면이 매끄럽다.
④ 콘크리트 오염도가 적다.

**해설**

강재거푸집은 여러 번 사용할 수 있으나, 재료 표면이 녹슬기 쉬우며 보관 상태가 불량하면 재료가 부식되어 콘크리트의 오염도가 커질 수 있다.

## 42

**다음 재해방지 성능상의 분류 중 지진에 의한 피해를 방지할 수 있는 구조는?**

① 방화구조　② 내화구조
③ 방공구조　④ 내진구조

**해설**

내진구조는 지진에 의한 피해를 방지할 수 있는 구조이다.

## 43

**재질이 가볍고 투명성이 좋아 채광을 필요로 하는 대공간 지붕구조로 가장 적합한 것은?**

① 막구조　② 셸구조
③ 절판구조　④ 케이블구조

**해설**

막구조에 대한 설명이다.

**관련이론 | 막구조의 종류**

- **골조막구조(Framed membrane structure):** 강성골조 위에 마감재로서 막재를 사용한 경우이다.
- **공기막구조:** 공기지지방식(Air－supported)과 공기팽창방식(Air－inflated)으로 나눌 수 있다.
- **현수막구조:** 막구조에 케이블이 보강된 복합구조시스템이다.

## 44

**다음 중 열가소성 수지가 아닌 것은?**

① 염화비닐수지　② 아크릴수지
③ 초산비닐수지　④ 요소수지

**해설**

요소수지는 열경화성 수지이다.

**관련이론 | 합성수지 분류**

| 구분 | 종류 |
|---|---|
| 열경화성 수지 | 페놀수지, 요소수지, 멜라민수지, 폴리에스테르수지, 에폭시수지, 실리콘수지, 알키드수지, 우레탄수지 |
| 열가소성 수지 | 염화비닐수지, 폴리아미드수지, 폴리스티렌수지, 폴리에틸렌수지, 폴리프로필렌수지, 아크릴수지, 초산비닐수지 |

**정답** | 35. ② 36. ① 37. ① 38. ② 39. ② 40. ③ 41. ④ 42. ④ 43. ① 44. ④

## 45

**주택의 식당 및 부엌에 관한 설명으로 옳지 않은 것은?**

① 식당의 색채는 채도가 높은 한색계통이 바람직하다.
② 식당은 부엌과 거실의 중간 위치에 배치하는 것이 좋다.
③ 부엌의 작업대는 준비대 → 개수대 → 조리대 → 가열대 → 배선대의 순서로 배치한다.
④ 키친네트는 작업대 길이가 2m 정도인 소형 주방가구가 배치된 간이 부엌의 형태이다.

**해설**

식당의 색채는 식욕을 높여주는 색채가 좋으며 채도가 높은 노랑, 밝은 주황 등의 난색계통이 바람직하다.

## 46

**공동주택의 단위주거의 단면형식에 의한 분류에서 1개의 단위주거가 복층형식을 취하는 것은?**

① 플랫형　　② 메조넷형
③ 계단실형　　④ 탑상형

**해설**

메조넷형(Maisonette type)은 복층형으로서 하나의 세대가 2개층 이상을 사용하는 경우이며, 출입구가 있는 층은 통로와 엘리베이터 홀이 설치되지만, 출입구가 없는 층은 통로와 엘리베이터 홀이 설치되지 않는다.

## 47

**석재의 성인에 의한 분류 중 수성암에 속하지 않는 것은?**

① 사암　　② 이판암
③ 석회암　　④ 안산암

**해설**

안산암은 화성암의 일종이다.

**관련이론 | 석재의 성인에 의한 분류**

- **화성암:** 화강암, 안산암, 섬록암, 황화석 등
- **수성암:** 사암, 점판암(이판암), 석회암, 응회암 등
- **변성암:** 사문암, 석면, 대리석 등

## 48

**건축법령상 승용승강기를 설치하여야 하는 대상 건축물 기준으로 옳은 것은?**

① 5층 이상으로 연면적 500$m^2$ 이상인 건축물
② 5층 이상으로 연면적 1,000$m^2$ 이상인 건축물
③ 6층 이상으로 연면적 1,500$m^2$ 이상인 건축물
④ 6층 이상으로 연면적 2,000$m^2$ 이상인 건축물

**해설**

**승용승강기 설치 대상 건축물:** 6층 이상으로 연면적 2,000$m^2$ 이상인 건축물이다.

## 49

고난도

**다음 설명에 알맞은 색의 대비와 관련된 현상은?**

> 어떤 두 색이 맞붙어 있을 경우, 그 경계의 언저리가 경계로부터 멀리 떨어져 있는 부분보다 색의 3속성별로 색상대비, 명도대비, 채도대비의 현상이 더욱 강하게 일어나는 현상

① 동시대비　　② 연변대비
③ 한난대비　　④ 유사대비

**해설**

두 색의 경계 부분의 색상, 명도, 채도의 대비가 강하게 일어나는 현상을 연변대비라고 한다.

**선지분석**

① 동시대비: 두 가지 이상의 색을 동시에 볼 때 각 색상의 차이를 느끼는 현상이다.
③ 한난대비: 색의 차갑고 따뜻함에 따라 색이 다르게 보이는 현상이다.
④ 유사대비: 유사색이 배색될 경우 조화롭고 차분하게 느껴지는 현상이다.

## 50

빈출

**건축도면에서 보이지 않는 부분의 표시에 사용되는 선의 종류는?**

① 파선 ② 1점 쇄선
③ 가는 실선 ④ 2점 쇄선

**해설**

파선은 건축도면에서 보이지 않는 부분을 표시한다.

**관련이론 | 선의 종류(KS F 1501)**

| 선의 종류 | | 사용 방법 |
|---|---|---|
| 실선 | ——— | 단면의 윤곽 표시 |
| | ——— | 보이는 부분의 윤곽 표기 또는 좁거나 작은 면의 단면 부분 윤곽 표시 |
| | ——— | 치수선, 치수보조선, 인출선, 격자선 |
| 파선, 점선 | -------- | 보이지 않는 부분이나 절단면보다 양면 또는 윗면에 있는 부분의 표시 |
| 1점 쇄선 | -·—·—·- | 중심선, 절단선, 기준선, 경계선, 참고선 |
| 2점 쇄선 | -··—··- | 상상선 또는 1점 쇄선과 구별할 필요가 있을 때 |

## 51

고난도

**엘리베이터가 최하층을 통과하여 피트로 떨어졌을 때 충격을 완화하기 위한 안전장치는 무엇인가?**

① 완충기 ② 조속기
③ 권상기 ④ 전자브레이크

**해설**

완충기(Buffer)는 엘리베이터가 최하층을 통과하여 피트로 떨어졌을 때 발생할 수 있는 충격을 완화하기 위한 안전장치이다.

## 52

**다음의 아파트 평면형식 중 프라이버시의 확보가 가장 양호한 것은?**

① 홀형 ② 집중형
③ 편복도형 ④ 중복도형

**해설**

홀형(계단실형) 아파트는 계단 또는 엘리베이트 홀로부터 직접 주거 단위로 들어가는 형식이다. 복도를 만들지 않으므로 거주의 프라이버시가 가장 양호하다.

## 53

고난도

**지지부재에 휨모멘트를 전달하지 않고 전단력만을 전달하는 접합부를 고르시오.**

① Shear connection
② Semi－rigid connection
③ Rigid connection
④ Moment connection

**해설**

전단접합(Shear connection)은 형강의 웨브(Web)만 볼트로 체결시키고 플랜지(Flange)는 연결시키지 않음으로써 보의 회전을 허용한 접합형태이다. 지지부재에 휨모멘트를 전달하지 않고 전단력만을 전달한다.

## 54

**주택 욕실에 배치하는 세면기의 높이로 가장 적당한 것은?**

① 600mm ② 750mm
③ 850mm ④ 900mm

**해설**

주택 욕실에 배치하는 세면대의 적당한 높이는 750mm이다. 지나치게 낮거나 높으면 사용 시 불편함을 느낄 수 있다.

## 55

**다음 중 모살용접이 쓰이지 <u>않는</u> 이음은?**

① 플러그이음 ② 덧판이음
③ 겹침이음 ④ T형 이음

**해설**

덧판이음, 겹침이음, T자형 이음, +자형 이음에는 모살용접(Fillet welding)이 사용된다.

**정답** | 45. ① 46. ② 47. ④ 48. ④ 49. ② 50. ① 51. ① 52. ① 53. ① 54. ② 55. ①

## 56

고난도

**도료의 원료 중 건조된 도막에 탄성, 교착성을 부여함으로써 내구력을 증가시키는 데 쓰이는 것은?**

① 가소제　　② 용제
③ 안료　　④ 수지

**해설**
가소제는 도료에 영구적 탄성, 교착성, 가소성 등을 부여하는데 쓰이는 재료이다.

## 57

**철골구조에 대한 설명으로 옳지 않은 것은?**

① 구조체의 자중이 내력에 비해 작다.
② 강재는 인성이 커서 상당한 변위에도 견디어 낼 수 있다.
③ 열에 강하고 고온에서 강도가 증가한다.
④ 단면에 비해 부재가 세장하므로 좌굴하기 쉽다.

**해설**
철골구조는 고온에 취약하며 내화성이 약하다.

## 58

고난도

**미장재료의 구성재료 중 그 자신이 물리적 또는 화학적으로 고체화하여 미장바름의 주체가 되는 재료는?**

① 골재　　② 혼화재
③ 보강재　　④ 결합재

**해설**
결합재는 물리적 또는 화학적으로 고체화하여 미장바름의 주체가 되는 재료이며, 소석회와 미장재료들을 결합하여 경화시키는 재료이다.

## 59

**주택의 침실 계획에 대한 설명으로 옳지 않는 것은?**

① 방위는 일조와 통풍이 좋은 남쪽이나 동남쪽이 이상적이다.
② 침실의 크기는 사용인원수, 침구의 종류, 가구의 종류, 통로 등의 사항에 따라 결정된다.
③ 노인 침실의 경우, 바닥이 고저차가 없어야 하며 위치는 가급적 2층 이상이 좋다.
④ 침실 환기 시 통풍의 흐름이 직접 침대 위를 통과하지 않도록 한다.

**해설**
노인 침실은 노인의 안전과 편리성을 고려하여 바닥에 고저차가 없어야 하고 위치는 가급적 1층이 좋다.

## 60

**콘크리트 배합설계의 기준이 되는 골재의 함수 상태는?**

① 절건상태　　② 기건상태
③ 표면건조내부포수상태　　④ 습윤상태

**해설**
표면건조내부포수상태는 표건상태이며, 골재 내부는 포수상태이고 표면은 건조한 상태로서 콘크리트 배합설계의 기준이 된다.

**관련이론 | 골재의 함수 상태**

- **절건상태:** 건조로에서 100~110℃의 온도로 일정한 중량이 될 때까지 완전히 건조된 절대 건조 상태이다.
- **기건상태:** 골재를 대기 중에 방치하여 건조시킨 것으로 내부에 약간의 수분이 있는 상태이다.
- **표건상태:** 골재 내부는 포수상태이며 표면은 건조한 상태이다.
- **습윤상태:** 골재 내부는 완전히 수분으로 포화되어 있고 표면에도 수분이 부착되어 있는 상태이다.

절건상태
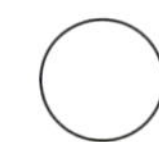
기건상태(평형)
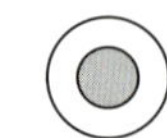
표건상태

습윤상태

정답 | 56. ①　57. ③　58. ④　59. ③　60. ③

# 2025년 | 1회 CBT 복원문제

자동채점



## 01

고난도

**블록쌓기의 원칙으로 옳지 않은 것은?**

① 블록은 살 두께가 두꺼운 쪽이 아래로 향하게 한다.
② 블록의 하루 쌓기 높이는 1.2~1.5m 정도로 한다.
③ 막힌줄눈을 원칙으로 한다.
④ 인방보는 좌우 지지벽에 20cm 이상 물리게 한다.

**해설**
블록은 살 두께가 두꺼운 쪽이 위쪽으로 향하게 한다.

## 02

**기둥 1개의 하중을 1개의 기초판으로 부담시킨 기초형식은?**

① 독립푸팅기초 ② 복합푸팅기초
③ 연속기초 ④ 온통기초

**해설**
독립(푸팅)기초에 대한 설명이다.

**관련이론 | 각종 기초의 형태**

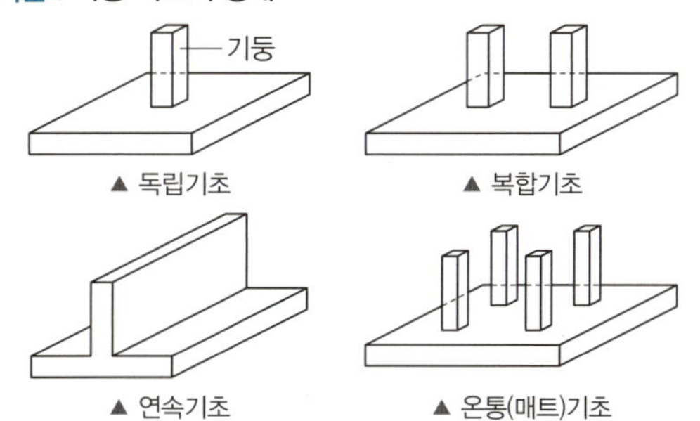


## 03

**다음 중 기초의 제도 시 가장 먼저 해야 할 것은?**

① 치수선을 긋고 치수를 기입한다.
② 제도지에 테두리선을 긋고 표제란을 만든다.
③ 제도지에 기초의 배치를 적당히 잡아 가로와 세로 나누기를 한다.
④ 중심선에서 기초와 벽의 두께, 푸팅 및 잡석 지정의 나비를 양분하여 연하게 그린다.

**해설**
제도지에 테두리선을 긋고 표제란을 만드는 것이 가장 먼저 해야 하는 작업이다.

## 04

빈출

**건축물과 관련된 각종 배경의 표현 방법으로 가장 알맞은 것은?**

① 배경을 다양하게 표현한다.
② 표현은 항상 섬세하게 하도록 한다.
③ 건물을 이해할 수 있도록 배경을 다소 크게 그린다.
④ 건물보다 앞쪽의 배경은 사실적으로 뒤쪽의 배경은 단순하게 표현한다.

**해설**
**배경 표현 시 주의점**
- 배경은 꼭 필요한 곳에만 표현한다.
- 배경은 다른 표현 요소에 지장을 주어서는 안 된다.
- 가까이 있는 대상은 사실적으로, 멀리 있는 것은 단순하게 표현한다.
- 표현 요소의 크기, 비중과 배치는 도면 전체 구성을 고려한다.

정답 | 01. ① 02. ① 03. ② 04. ④

## 05

**건축물의 묘사 도구 중 여러 가지 색상을 가지고 있고 색층이 일정하고 도면이 깨끗하고 선명하여 농도를 정확히 나타낼 수 있는 것은?**

① 연필 ② 물감
③ 색연필 ④ 잉크

**해설**
잉크는 여러 가지 모양의 펜촉 등을 사용할 수 있어 다양한 묘사가 가능하며, 농도를 정확하게 나타낼 수 있고 선명하게 보이기 때문에 도면이 깨끗하다.

## 06

고난도

**계단의 미끄럼을 방지하기 위하여 놋쇠 또는 황동, 스테인리스 강제 등에 홈파기, 고무 삽입 등의 처리를 한 것은?**

① 와이어 메쉬 ② 코너비드
③ 논슬립 ④ 경첩

**해설**
논슬립은 계단의 미끄럼을 방지하기 위하여 계단코 부분에 설치하는 부재이다.

## 07

**목구조의 특징에 관한 설명 중 옳지 않은 것은?**

① 부재의 함수율에 따른 변형이 크다.
② 부패 및 충해가 크다.
③ 열전도율이 크다.
④ 고층건물에 부적당하다.

**해설**
목재는 열전도율이 작다.

**관련이론 | 목재의 장단점**
- 가공과 운반이 쉽다.
- 중량에 비하여 강도와 탄성이 크다.
- 외관이 아름답고 감촉이 좋다.
- 내화성이 취약하다.
- 부패의 우려가 있다.
- 함수율에 따라 팽창과 수축이 크다.

## 08

**울거미를 짜고 중간에 살을 25cm 이내 간격으로 배치하고 양면에 합판을 교착하여 만든 문은?**

① 접문 ② 플러시문
③ 띠장문 ④ 도듬문

**해설**
플러시문은 울거미를 짜고 중간살을 25cm 이내 간격으로 배치하고 양면에 합판을 교착하여 만든 문으로 뒤틀림과 변형이 적은 것이 특징이다.

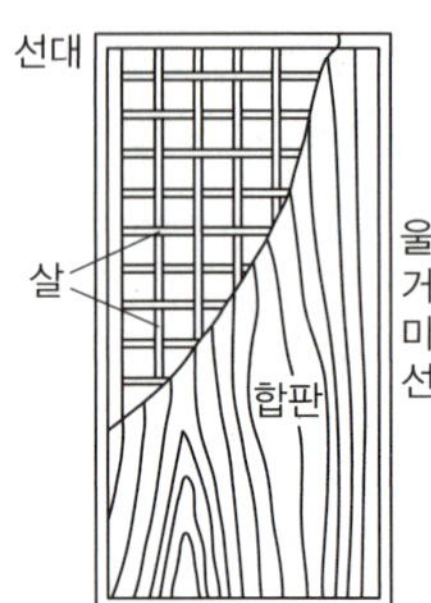


## 09

빈출

**수화열이 작고 단기강도가 보통 포틀랜드 시멘트보다 작으나 내침식성과 내수성이 크고 수축률도 매우 작아서 댐공사나 방사능 차폐용 콘크리트로 사용되는 것은?**

① 백색 포틀랜드 시멘트
② 조강 포틀랜드 시멘트
③ 중용열 포틀랜드 시멘트
④ 내황산염 포틀랜드 시멘트

**해설**
**중용열 포틀랜드 시멘트**
- 수화열(발열량)이 작고 경화가 느리며 수축량이 적다.
- 내황산염성이 풍부한 포틀랜드 시멘트로 침식성 용액에 대한 저항이 크고, 내구성이 좋으며 장기강도가 크다.
- 댐공사, 방사선 차폐용 콘크리트 등에 이용된다.

## 10

빈출

**다음 중 복층유리(Pair glass)의 특징으로 옳지 않은 것은?**

① 흡음 ② 단열
③ 결로방지 ④ 방음

**해설**

복층유리는 단열, 방음, 결로방지에 효과적이다.

**관련이론 | 복층유리**

- 2~3장 유리를 일정한 간격을 두고 내부에 건조공기를 봉입한 유리이다.
- 단열, 방음, 결로방지용으로 우수하다.
- 차음에 대한 성능은 보통 판유리와 비슷하다.

## 11

**다음 중 시기적으로 가장 먼저 이뤄지는 도면은?**

① 기본설계도 ② 실시설계도
③ 계획설계도 ④ 시공설계도

**해설**

**설계과정에 따른 도면 작성 순서**

계획설계도 → 기본설계도 → 실시 및 시공설계도

## 12

고난도

**다음 중 지반의 허용지내력도가 가장 큰 것은?**

① 자갈 ② 모래
③ 연암반 ④ 모래 섞인 점토

**해설**

문제의 보기 중 허용지내력도가 가장 큰 것은 연암반이다.

**관련이론 | 지반의 허용지내력도**

경암반 > 연암반 > 자갈 > 자갈+모래 > 모래+점토 > 모래 또는 점토

## 13

**창의 하부에 건너댄 돌로 빗물을 처리하고 장식적으로 사용되는 것으로, 윗면·밑면에 물끊기·물돌림 등을 두어 빗물의 침입을 막고, 물흘림이 잘 되게 하는 것은?**

① 인방돌 ② 쌤돌
③ 창대돌 ④ 돌림돌

**해설**

창대돌은 창 밑에 설치하여 창을 받치고 빗물이 흘러내리게 하는 수평 부재이다.

## 14

고난도

**왕대공 지붕틀에서 평보와 왕대공의 맞춤에 사용되는 보강철물은?**

① 감잡이쇠 ② 띠쇠
③ 꺽쇠 ④ 주걱볼트

**해설**

감잡이쇠는 왕대공 지붕틀에서 평보와 왕대공의 맞춤에 사용되는 보강철물이다.

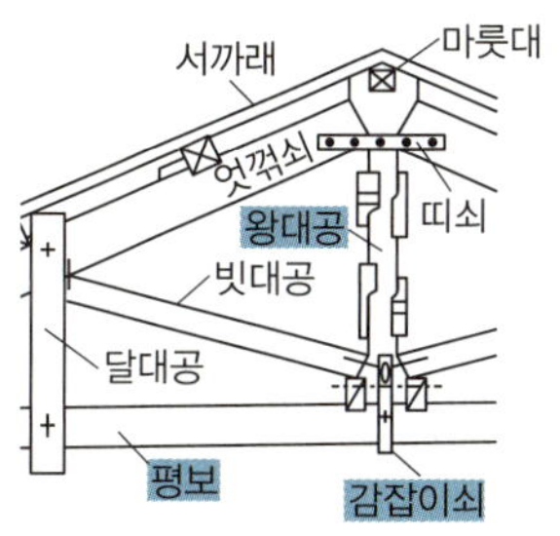


정답 | 05. ④ 06. ③ 07. ③ 08. ② 09. ③ 10. ① 11. ③ 12. ③ 13. ③ 14. ①

## 15

**열경화성 수지 중 건축용으로는 글라스섬유로 강화된 평판 또는 판상제품으로 주로 사용되는 것은?**

① 아크릴수지 ② 폴리에스테르수지
③ 염화비닐수지 ④ 폴리에틸렌수지

**해설**

폴리에스테르수지는 스티렌이 포함된 불포화 폴리에스테르수지(FRP)로서 열경화성 수지이다. 건축용으로는 글라스섬유로 강화된 평판 또는 판상제품으로 주로 사용된다.

**관련이론 | 합성수지 분류**

| 구분 | 종류 |
|---|---|
| 열경화성 수지 | 페놀수지, 요소수지, 멜라민수지, 폴리에스테르수지, 에폭시수지, 실리콘수지, 알키드수지, 우레탄수지 |
| 열가소성 수지 | 염화비닐수지, 폴리아미드수지, 폴리스티렌수지, 폴리에틸렌수지, 폴리프로필렌수지, 아크릴수지, 초산비닐수지 |

## 16

**고강도선인 피아노선에 인장력을 가해둔 다음 콘크리트를 부어 넣고 경화된 후 인장력을 제거시킨 콘크리트는?**

① 레디믹스트 콘크리트
② 프리캐스트 콘크리트
③ 프리스트레스트 콘크리트
④ 레진 콘크리트

**해설**

프리스트레스트 콘크리트(Prestressed concrete)에 대한 설명이다. 인장에 대해 높은 저항성능을 발휘하며 장스팬 구조가 가능하고 단위 부재의 축소 및 자중을 경감할 수 있다.

## 17

빈출

**건축제도에서 석재의 재료 표시 기호(단면용)로 옳은 것은?**

①
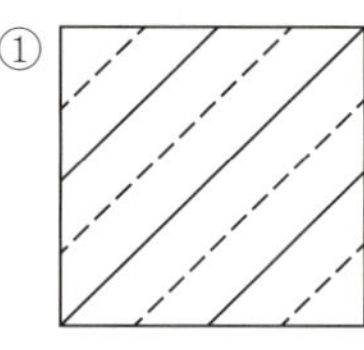

②
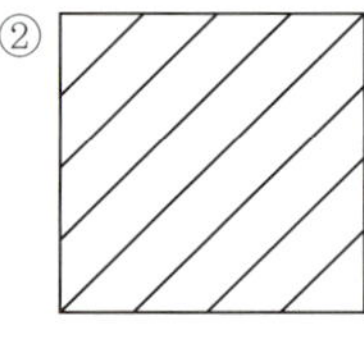

③
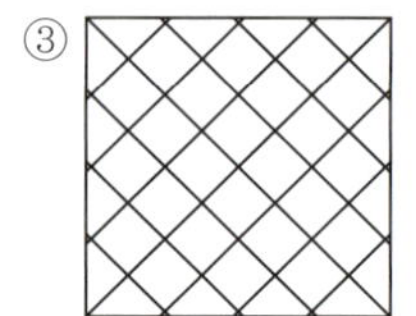

④
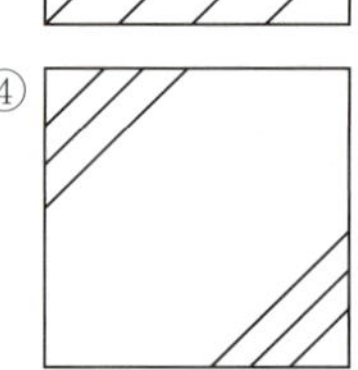

**선지분석**

① 석재 ② 벽돌
③ 블록 ④ 철근콘크리트

## 18

**철근콘크리트 기둥에서 띠철근의 수직간격 기준으로 틀린 것은?**

① 기둥 단면 최소 치수의 1/2 이하
② 종방향 철근 지름의 16배 이하
③ 띠철근 지름의 48배 이하
④ 기둥 높이의 0.1배 이하

**해설**

띠철근의 수직간격은 축방향 철근 지름의 16배 이하, 띠철근이나 철선 지름의 48배 이하, 기둥 단면 최소 치수의 1/2 이하이어야 한다.

**관련이론 | 띠철근 기둥의 제한사항**

- 축방향 부재의 주철근의 최소 개수는 직사각형이나 원형 띠철근 내부의 철근의 경우 4개, 삼각형 띠철근 내부의 철근의 경우 3개로 하여야 한다.
- 축방향 철근의 순간격은 40mm 이상, 철근 공칭지름의 1.5배 이상, 굵은 골재 최대치수의 4/3배 이상이어야 한다.
- 띠철근의 직경은 D32 이하의 축방향 철근은 D10 이상, D35 이상의 축방향 철근과 다발철근은 D13 이상의 띠철근으로 둘러싸야 한다.
- 띠철근의 수직간격은 축방향 철근 지름의 16배 이하, 띠철근이나 철선지름의 48배 이하, 기둥 단면 최소 치수의 1/2 이하이어야 한다. (3개 중 작은 것으로 한다. 단, 200mm 이상이다.)

## 19

**목재 반자구조에서 반자틀받이의 설치간격으로 가장 적절한 것은?**

① 30cm ② 50cm
③ 90cm ④ 150cm

**해설**
반자틀받이는 90cm 간격으로 달대에 매단다.

## 20

**다음 중 시공현장에서 절단 가공할 수 없는 유리는?**

① 보통 판유리 ② 무늬유리
③ 망입유리 ④ 강화유리

**해설**
강화유리는 압축강도를 한층 강화한 유리로 현장가공 및 절단이 되지 않는다.

**관련이론 | 강화유리**
- 600℃로 가열하여 급랭시킨 안전유리로서, 파괴 시 작은 조각으로 분산되어 일반유리보다 안전하다.
- 인장 및 압축강도가 보통 판유리의 3~5배, 휨강도는 6배 정도이다.
- 내열성이 있어 200℃ 이상의 고온에도 잘 견딘다.
- 자동차, 선박, 무테문 등에 사용된다.

## 21

고난도

**다음 중 골재의 입도를 구하기 위한 시험은?**

① 파쇄시험 ② 체가름시험
③ 단위용적중량시험 ④ 슬럼프시험

**해설**
**체가름시험:** 골재의 입도를 구하기 위한 시험이다.

## 22

**다음 중 계획설계도에 속하지 않는 것은?**

① 구상도 ② 조직도
③ 배치도 ④ 동선도

**해설**
배치도는 기본설계 및 실시설계도에 속한다.
**계획설계도:** 구상도, 조직도, 동선도, 면적 도표 등

## 23

**다음 그림에서 A방향의 투상면이 정면도일 때 C방향의 투상면은 어떤 도면인가?**

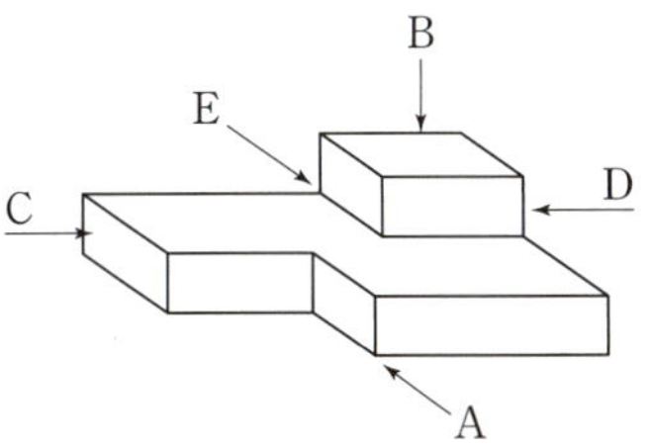


① 저면도 ② 배면도
③ 좌측면도 ④ 우측면도

**해설**
A: 정면도 B: 평면도 C: 좌측면도
D: 우측면도 E: 배면도

## 24

**강재 계단의 특징으로 옳지 않은 것은?**

① 건식 구조이다.
② 형태구성이 비교적 자유로운 편이다.
③ 철근콘크리트 계단에 비해 무게가 무겁다.
④ 내화성이 부족하다.

**해설**
강재 계단은 철근콘크리트 계단에 비해 무게가 가볍다.

**정답** | 15. ② 16. ③ 17. ① 18. ④ 19. ③ 20. ④ 21. ② 22. ③ 23. ③ 24. ③

## 25

**철근콘크리트 보에 관한 설명 중 옳지 않은 것은?**

① 내민보는 연속보의 한 끝이나 지점에 고정된 보의 한 끝이 지지점에서 내밀어 달려 있는 보이다.
② 단순보는 양단이 벽돌, 블록, 석조벽 등에 단순히 얹혀 있는 상태로 된 보이다.
③ 인장력에 저항하는 재축방향의 철근을 보의 주근이라 한다.
④ 단순보에서 늑근은 단부보다 중앙부에서 더 촘촘하게 배치한다.

**해설**

늑근은 철근콘크리트 보의 주근을 둘러 감은 철근을 말하며 전단력을 보강하는 철근이다. 늑근은 중앙부보다 단부에서 촘촘하게 배치하는 것이 원칙이다.

## 26

고난도

**유리에 함유되어 있는 성분 가운데 자외선을 차단하는 주성분이 되는 것은?**

① 황산나트륨($Na_2SO_4$) ② 탄산나트륨($Na_2CO_3$)
③ 산화제2철($Fe_2O_3$) ④ 산화제1철(FeO)

**해설**

**산화제2철($Fe_2O_3$):** 유리에 함유되어 있는 성분 가운데 자외선을 차단하는 주성분이다.

## 27

빈출

**콘크리트 슬래브에 묻어 천장 달대를 고정시키는 철물은?**

① 인서트 ② 와이어 라스
③ 크리센트 ④ 듀벨

**해설**

인서트(Insert)는 달대를 매달기 위한 수장철물로 콘크리트 바닥판에 미리 묻어 놓는다.

## 28

**배수트랩의 종류에 속하지 않는 것은?**

① S트랩 ② 벨트랩
③ 버킷트랩 ④ 드럼트랩

**해설**

버킷트랩은 스팀 트랩의 일종으로, 워터해머의 원인이 되는 응축수 중 드레인만을 배출하기 위한 배관자재이다.

**관련이론 | 배수트랩의 종류**

- **사이펀형(파이프형):** S트랩, P트랩, U트랩
- **비사이펀형(용적형):** 드럼트랩, 벨(Bell)트랩, 보틀트랩
- **저집기형:** 그리스트랩, 가솔린트랩, 샌드트랩, 헤어트랩, 론드리트랩, 플라스터트랩

## 29

**투상도의 종류 중 X, Y, Z의 기본 축이 120°씩 화면으로 나누어 표시되는 것은?**

① 등각 투상도 ② 유각 투상도
③ 이등각 투상도 ④ 부등각 투상도

**해설**

**등각 투상도:** 물체의 정면, 평면, 측면 등을 하나의 투상도에 나타내는 투상법이며, 직각 좌표계의 세 좌표축(X, Y, Z의 기본축)이 서로 120°를 이루며 그려진다.

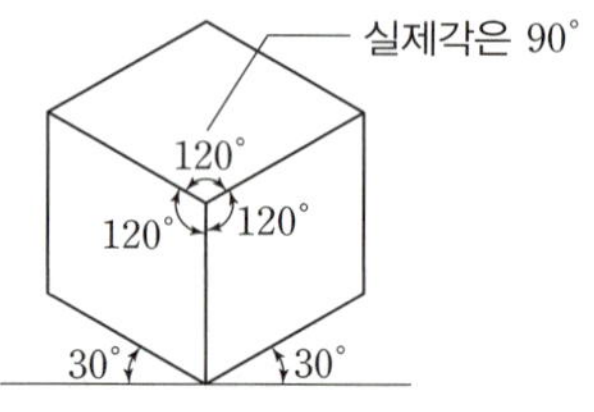

## 30

**다음 중 여닫이문에 사용되지 않는 창호용 철물은?**

① 도어체크 ② 플로어힌지
③ 자유경첩 ④ 레일

**해설**

여닫이용 창호철물은 다음과 같다.

- 경첩(정첩)
- 레버토리 힌지
- 플로어힌지
- 피봇힌지
- 도어클로저(도어체크)
- 실린더자물쇠
- 도어스톱

## 31

**모임지붕 일부에 박공지붕을 같이 한 것으로, 화려하고 격식이 높으며 대규모 건물에 적합한 한식 지붕구조는?**

① 외쪽지붕 ② 솟을지붕
③ 합각지붕 ④ 방형지붕

**해설**

**합각지붕(팔작지붕):** 지붕 위쪽의 절반은 박공지붕으로 되어 있고 아래 절반은 네모꼴의 모임지붕으로 구성되며, 측면에 삼각형 벽인 합각(合閣)을 형성하고 있다.

**관련이론 | 다양한 지붕의 모양**

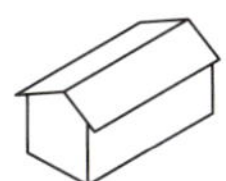
박공지붕

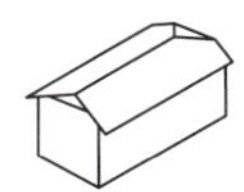
반박공지붕

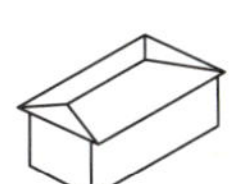
모임지붕

방형지붕

합각지붕 외쪽지붕 박공지붕 평지붕

## 32

**얇은 금속판에 여러 가지 모양으로 도려낸 철물로서 환기공, 라디에이터 커버 등에 이용되는 것은?**

① 코너비드 ② 듀벨
③ 논슬립 ④ 펀칭메탈

**해설**

펀칭메탈은 얇은 금속판에 각종 무늬의 구멍을 도려낸 철물로 환기구멍, 라디에이터 커버 등에 쓰인다.

## 33

**무수석고가 주재료이며 경화한 것은 강도와 표면강도가 큰 재료로서 킨즈 시멘트라고도 불리우는 것은?**

① 돌로마이트 플라스터 ② 질석 모르타르
③ 경석고 플라스터 ④ 순석고 플라스터

**해설**

경석고 플라스터는 무수석고, 모래, 물을 혼합한 것으로 킨즈 시멘트라고도 불린다. 산성이며, 강도가 크다.

## 34

빈출

**철근 도면에서 늑근이나 띠철근을 표현하는데 일반적으로 사용되는 선은?**

① 파선 ② 가는 실선
③ 일점 쇄선 ④ 굵은 실선

**해설**

늑근(스터럽)이나 띠철근은 가는 실선으로 표시한다.

**정답** | 25. ④ 26. ③ 27. ① 28. ③ 29. ① 30. ④ 31. ③ 32. ④ 33. ③ 34. ②

## 35

**강재 표시방법 2L−125×125×6에서 6이 나타내는 것은?**

① 길이 ② 수량
③ 높이 ④ 두께

**해설**

다음 그림과 같이 L형강(L$-A\times B\times t$)에서 $t$는 강재의 두께를 나타내므로 6은 두께이다.

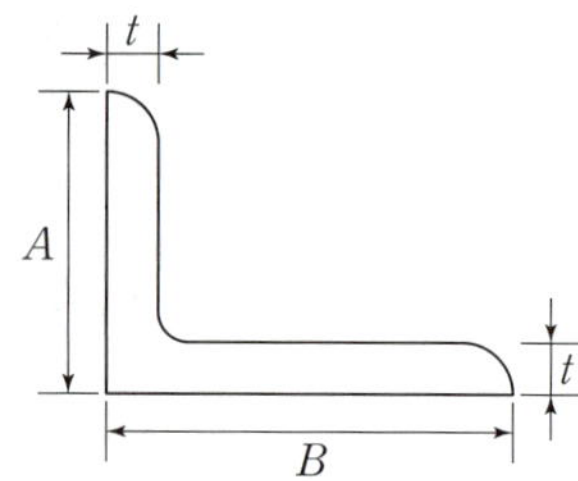


## 36

**건축물의 보의 간 사이에 작은 보(Beam)를 짝수로 배치할 때의 주된 장점은?**

① 미관이 뛰어나다.
② 큰 보의 중앙부에 작용하는 하중이 작아진다.
③ 층고를 낮출 수 있다.
④ 공사하기가 편리하다.

**해설**

보의 간 사이에 작은 보(Beam)를 짝수로 배치할 경우 보의 중앙부에 작용하는 하중이 작아진다.

## 37

**거푸집 공사 시 패널 사이의 간격을 유지하는데 쓰이는 긴결재는?**

① 꺽쇠 ② 띠쇠
③ 세퍼레이터 ④ 듀벨

**해설**

세퍼레이터(Separator)는 거푸집 상호간의 간격을 유지하는데 쓰이는 긴결재이다.

## 38

빈출

**목조 양식지붕틀의 기둥 상부를 연결하여 지붕틀의 하중을 기둥에 전달하는 부재로 크기는 기둥 단면과 같게 하는 것은?**

① 층도리 ② 처마도리
③ 깔도리 ④ 토대

**해설**

깔도리는 목조 양식지붕틀의 기둥 상부를 연결하여 지붕틀의 하중을 기둥에 전달하는 부재로 크기는 기둥 단면과 같게 하는 부재이다.

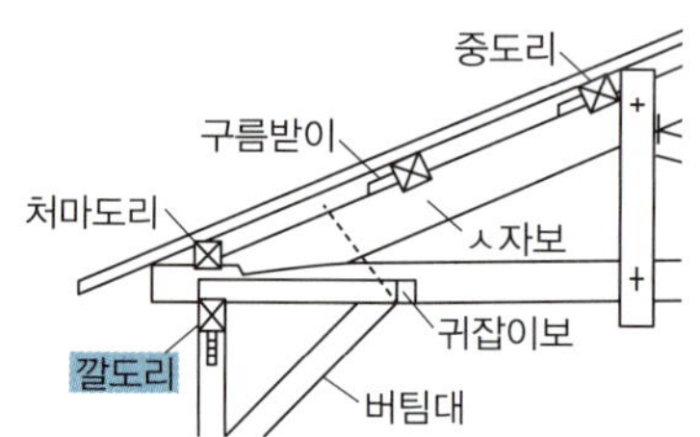


## 39

**단위 질량의 물질을 온도 1℃ 올리는데 필요한 열량을 무엇이라 하는가?**

① 열용량 ② 비열
③ 열전도율 ④ 연화점

**선지분석**

② 비열: 단위 질량의 물질을 온도 1℃ 올리는데 필요한 열량
① 열용량: 물체에 열을 저장할 수 있는 용량
③ 열전도율: 물체가 실제로 열을 전달하는 정도
④ 연화점: 아스팔트, 유리와 같이 경계점이 불분명하며, 단단한 것이 부드럽고 무르게 되기 시작하는 온도

## 40

**금속의 방식법에 대한 설명 중 옳지 않은 것은?**

① 도료나 내식성이 큰 금속으로 표면에 피막을 하여 보호한다.
② 균질한 재료를 사용한다.
③ 다른 종류의 금속을 서로 잇대어 사용한다.
④ 표면은 깨끗하게 하고 물기나 습기가 없도록 한다.

**해설**

이질 금속 간의 접촉 부분에서 물과 습기 등에 의해 빠르게 부식될 수 있다. 서로 다른 금속 간의 접촉되는 부분은 적절한 내식장치로써 부식을 방지해야 한다.

**관련이론 | 금속의 부식방지법**

- 표면은 깨끗하게 하고, 특히 물기나 습기가 없도록 할 것
- 상이한 금속은 접촉시켜 사용하지 말 것
- 균질의 재료를 사용할 것
- 부분적인 녹은 즉시 처리할 것
- 필요한 경우 도금이나 합금으로 부식을 방지할 것

## 41

**드렌처설비에 관한 설명으로 옳은 것은?**

① 화재의 발생을 신속하게 알리기 위한 설비이다.
② 소화전에 호스와 노즐을 접속하여 건물 각 층 내부의 소정 위치에 설치한다.
③ 인접 건물에 화재가 발생하였을 때 수막을 형성함으로써 화재의 연소를 방재하는 설비이다.
④ 소방대 전용 소화전인 송수구를 통하여 실내로 물을 공급하여 소화 활동을 하는 설비이다.

**해설**

①: 화재경보기, ②: 옥내소화전, ④: 연결송수구이다.

**관련이론 | 드렌처(Drencher)설비**

건축물의 창, 외벽, 지붕 등에 설치하여 인접 건물의 화재 시 방수로 인해 수막을 형성하여 화재를 방지하는 설비이다.

## 42

**다음 중 단면도에 표시되는 사항은?**

① 반자높이 ② 주차동선
③ 건축면적 ④ 대지경계선

**해설**

단면도에는 대지의 경사 및 지형면, 각 층의 층고, 반자높이, 보의 위치 및 크기, 마감레벨 및 지반 레벨과의 관계, 창높이, 계단실, 처마 등을 표시한다.

## 43

**다음 창호 부속철물 중 경첩으로 유지할 수 없는 무거운 자재 여닫이문에 쓰이는 것은?**

① 플로어 힌지(Floor hinge)
② 피벗 힌지(Pivot hinge)
③ 레버터리 힌지(Lavatory hinge)
④ 도어 체크(Door check)

**해설**

플로어 힌지(Floor hinge)는 대형 현관문과 같이 일반 경첩으로 유지할 수 없는 무거운 자재 여닫이문에 쓰이는 중량 여닫이용 경첩이다.

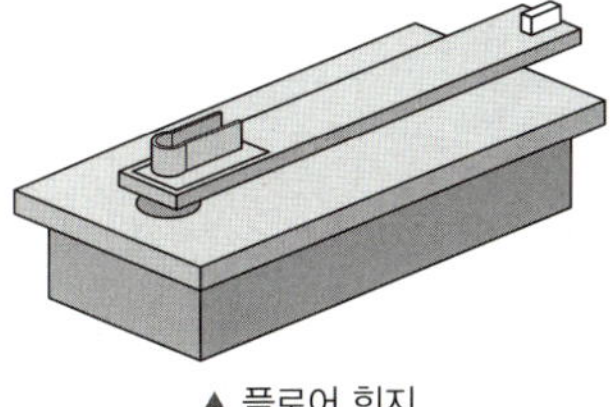

▲ 플로어 힌지

**관련이론**

**도어 체크(도어 클로저):** 열려진 여닫이문을 저절로 닫히게 하는 장치이다.

**레버터리 힌지:** 스프링 힌지의 일종으로서, 저절로 닫혀지지만 15cm 정도는 열려있게 된다.

**정답** | 35. ④ 36. ② 37. ③ 38. ③ 39. ② 40. ③ 41. ③ 42. ① 43. ①

## 44

**다음의 각 건축구조에 대한 설명으로 옳지 않은 것은?**

① 건식구조는 기성재를 짜맞추어 구성하는 구조로서 물은 거의 쓰이지 않는다.
② 일체식 구조는 철근콘크리트구조 등을 말한다.
③ 조립식 구조는 경제적이나 공기가 길다.
④ 비내력벽구조는 상부하중을 받지 않는 구조로서 장막벽 등을 말한다.

**해설**

조립식 구조는 공장에서 미리 제작하여 현장에서 짜맞추는 구조로, 경제적이며 공기가 짧다.

## 45

**정방형의 건물이 다음과 같이 표현되는 투시도는?**

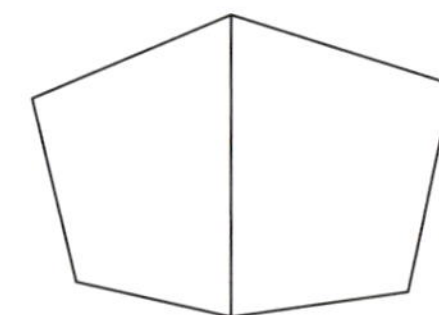

① 등각 투상도
② 1소점 투시도
③ 2소점 투시도
④ 3소점 투시도

**해설**

소실점이 3개이므로 3소점 투시도이다.

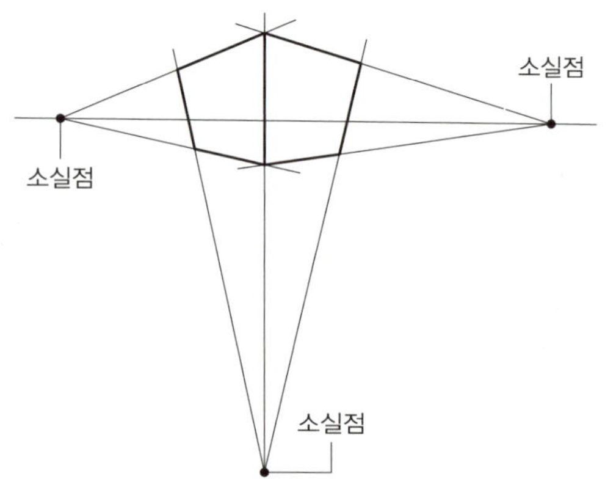


## 46

**목재의 방부제 중 수용성 방부제에 속하는 것은?**

① 크레오소트 오일　② 불화소다 2% 용액
③ 콜타르　④ PCP

**해설**

**수용성 방부제:** 불화소다용액(2%), 황산동용액(1%), 염화제2수은용액(1%), 염화아연용액(4%)

## 47

**다음 설명에 알맞은 형태의 종류는?**

- 구체적 형태를 생략 또는 과장의 과정을 거쳐 재구성한 형태이다.
- 대부분의 경우 재구성된 원래의 형태를 알아보기 어렵다.

① 자연적 형태　② 현실적 형태
③ 추상적 형태　④ 이념적 형태

**해설**

추상적 형태에 대한 설명이다.

## 48

고난도

**철골보의 종류에서 형강의 단면을 그대로 이용하므로 부재의 가공 절차가 간단하고 기둥과 접합도 단순한 것은?**

① 조립보　② 형강보
③ 래티스보　④ 트러스보

**해설**

형강보는 H형강, I형강, U형강 등을 조립이나 접합하지 않고 단독으로 사용하여, 부재의 가공 절차가 간단하고 철골보와 기둥의 접합도 단순하다.

## 49

빈출

**다음 중 막구조로 이루어진 구조물은?**

① 금문교
② 장충체육관
③ 시드니 오페라 하우스
④ 상암동 월드컵 경기장

**선지분석**

④ 상암동 월드컵 경기장: 막구조
① 금문교: 현수구조
② 장충체육관: 철골 트러스 돔구조
③ 시드니 오페라 하우스: 쉘구조

## 50

**실을 뽑아 직기에 제직을 거친 벽지는?**

① 직물벽지 ② 발포벽지
③ 종이벽지 ④ 비닐벽지

**해설**

직물벽지에 대한 설명이다.

## 51

**재료의 응력–변형도 관계에서 가해진 외부의 힘을 제거하였을 때 잔류변형 없이 원형으로 되돌아오는 경계점은?**

① 인장강도점 ② 탄성한계점
③ 상위항복점 ④ 하위항복점

**해설**

**탄성한계점:** 재료의 응력–변형도 관계에서 가해진 외부의 힘을 제거하였을 때 잔류변형 없이 원형으로 되돌아오는 경계점이다.

## 52

**다음 중 주택의 입면도 그리기 순서에서 가장 먼저 이루어져야 할 사항은?**

① 처마선을 그린다.
② 지반선을 그린다.
③ 개구부 높이를 그린다.
④ 재료의 마감 표시를 한다.

**해설**

입면도는 지반선을 가장 먼저 그린다.

**관련이론 | 입면도 그리는 방법**

㉠ 굵은 선으로 지반선을 그린다.
㉡ 수평 방향의 각 층의 높이를 가는 선으로 긋는다.
㉢ 바닥면에서 창 높이를 가는 선으로 긋는다.
㉣ 기둥과 벽의 중심선을 긋고, 창과 문의 형태를 그린다.
㉤ 외벽의 윤곽선 및 외부의 마감재를 표시하고, 조경과 인출선을 그린다.
㉥ 외부 마감 재료명과 치수를 기입한다.
㉦ 도면에 제목과 축척을 기입한다.

## 53

**창 면적이 클 때에는 스틸바만으로는 약하며, 또한 여닫을 때의 진동으로 유리가 파손될 우려가 있으므로 이것을 보강하고 외관을 꾸미기 위해 사용하는 것은?**

① 멀리온 ② 풍소란
③ 코너비드 ④ 마중대

**해설**

멀리온(Mullion)은 창 면적이 커서 스틸바만으로는 취약하거나, 창문 개폐 시 진동으로 유리가 파손될 우려가 있을 때, 구조 보강 및 외관 장식을 목적으로 강판을 중공형으로 가공하여 가로 또는 세로로 사용하는 보강 부재이다.

**정답** | 44. ③ 45. ④ 46. ② 47. ③ 48. ② 49. ④ 50. ① 51. ② 52. ② 53. ①

## 54

**증기, 가스, 전기, 석탄 등을 열원으로 하는 물의 가열 장치를 설치하여 온수를 만들어 공급하는 설비는?**

① 급수설비 ② 급탕설비
③ 배수설비 ④ 오수정화설비

**해설**

급탕설비에 대한 설명이다.

## 55

**네모돌을 수평줄눈이 부분적으로만 연속되게 쌓고, 일부 상하 세로줄눈이 통하게 쌓는 방식을 무엇이라 하는가?**

① 허튼층 쌓기 ② 허튼 쌓기
③ 바른층 쌓기 ④ 층지어 쌓기

**해설**

허튼층 쌓기에 대한 설명이다.

**허튼 쌓기:** 허튼 쌓기와 막쌓기는 크고 작은 돌을 가로 또는 세로줄눈에 관계없이 쌓는 방식이다.

**바른층 쌓기:** 1켜 높이는 모두 동일한 것을 쓰면서 돌의 높이를 맞추어 수평줄눈이 일직선이 되도록 연속하여 쌓는 방식이다.

**층지어 쌓기:** 돌을 2, 3켜 정도로 쌓은 다음 수평줄눈이 일직선으로 통하게 쌓는 방식이다.

**관련이론 | 쌓기 형태**

| 허튼층 쌓기 | 허튼 쌓기 |
|---|---|
| | |
| **바른층 쌓기** | **층지어 쌓기** |
| | |

## 56

**화재의 연소방지 및 내화성의 향상을 주목적으로 하는 재료는?**

① 아스팔트 ② 석면시멘트판
③ 실링재 ④ 글라스 울

**해설**

석면시멘트판은 화재 연소방지, 내화성의 향상, 흡음을 목적으로 하는 경우에 주로 사용하는 재료이다.

## 57

**건축허가신청에 필요한 설계도서 중 배치도에 표시하여야 할 사항에 속하지 않는 것은?**

① 축척 및 방위
② 방화구획 및 방화문의 위치
③ 대지에 접한 도로의 길이 및 너비
④ 건축선 및 대지경계선으로부터 건축물까지의 거리

**해설**

방화구획 및 방화문의 위치는 평면도에 표시할 사항이다.

**관련이론 | 배치도에 표시할 사항**

- 축척 및 방위
- 대지가 접하는 도로의 위치, 길이 및 너비
- 건축선 및 대지경계선으로부터 건축물까지의 거리
- 법규검토 치수: 건축물 이격거리, 사선제한, 진북방향
- 대지 고저차, 건물 배치의 기점 및 기선 표시
- 대문 담장, 국기게양대 및 출입구 위치 표시
- 맨홀 및 기존 하수구까지 연결방법
- 오수정화조 위치, 규모 및 방식
- 상수도 인입 표시
- 외부바닥 마감 표현 및 경사 등

## 58

**재료의 안정성과 관련된 설명으로 옳지 않은 것은?**

① 망입판(網入板)유리는 깨어지는 경우 파편이 튀지 않아 안전하다.
② 모든 석재는 화열에 대한 내력이 크기 때문에 붕괴의 위험이 적다.
③ 방화도료는 가연성 물질에 도장하여 인화, 연소를 방지 또는 지연시킨다.
④ 석고는 초기방화와 연소지연 역할이 우수하며 무기질 섬유로 보강하여 내화성능을 높이기도 한다.

**해설**
화강암, 대리석 등은 내화성이 약하다.

## 59

**다음의 평면표시기호가 의미하는 것은?**

① 미닫이창　② 셔터달린창
③ 이중창　④ 망사창

**해설**
셔터달린창의 표시기호이다.

## 60

**건축물의 에너지절약을 위한 계획 내용으로 옳지 않은 것은?**

① 실의 용도 및 기능에 따라 수평, 수직으로 조닝계획을 한다.
② 공동주택은 인동간격을 좁게 하여 저층부의 일사 수열량을 감소시킨다.
③ 거실의 층고 및 반자 높이는 실의 용도와 기능에 지장을 주지 않는 범위 내에서 가능한 한 낮게 한다.
④ 건축물의 체적에 대한 외피면적의 비 또는 연면적에 대한 외피면적의 비는 가능한 한 작게 한다.

**해설**
공동주택은 인동간격을 넓게 하여 저층부의 일사 수열량을 증가시킨다.

**정답** | 54. ② 55. ① 56. ② 57. ② 58. ② 59. ② 60. ②

# 2024년 | 2회 CBT 복원문제

자동채점 

## 01

빈출

**트러스구조에 대한 설명으로 옳은 것은?**

① 모든 방향에 대한 응력을 전달하기 위하여 절점은 강접합으로만 이루어져야 한다.
② 풍하중과 적설하중은 구조계산 시 고려하지 않는다.
③ 부재에 휨모멘트 및 전단력이 발생한다.
④ 구성부재를 규칙적인 3각형으로 배열하면 구조적으로 안정된다.

**선지분석**

① 트러스는 각 절점에서 핀(Pin)접합으로 연결시킨 구조이다.
② 풍하중과 적설하중을 고려한다.
③ 모든 부재는 축력(압축력, 인장력)만 작용하며, 휘는 힘(휨모멘트)은 발생하지 않는다.

## 02

**건축구조의 구성방식에 의한 분류에 속하지 않는 것은?**

① 건식 구조 ② 일체식 구조
③ 가구식 구조 ④ 조적식 구조

**해설**

건식 구조는 시공방식에 의한 분류이다.

**관련이론 | 건축구조의 분류**

| 분류방법 | 종류 |
| --- | --- |
| 구성방식 | 가구식 구조, 일체식 구조, 조적식 구조 등 |
| 사용재료 | 목구조, 벽돌구조, 철근콘크리트구조, 철골구조, 철골철근콘크리트구조, 블록구조 등 |
| 형상 | 돔구조, 셸구조, 막구조, 스페이스프레임구조, 케이블구조, 절판구조 등 |
| 시공방식 | 건식 구조, 습식 구조, 조립식 구조 등 |

## 03

**시멘트의 강도에 영향을 주는 주요 요인이 아닌 것은?**

① 시멘트 성분 ② 시멘트의 풍화 정도
③ 사용하는 물의 양 ④ 비빔장소

**해설**

비빔장소는 영향을 주는 요인이 아니다.

**시멘트 강도에 영향을 주는 요인**

- 시멘트 성분
- 시멘트 분말도
- 시멘트의 풍화 정도
- 사용하는 물의 양
- 양생조건

## 04

빈출

**온수난방과 비교한 증기난방의 특징으로 옳지 않은 것은?**

① 예열 시간이 짧다.
② 열의 운반능력이 크다.
③ 난방의 쾌감도가 높다.
④ 방열 면적을 작게 할 수 있다.

**해설**

증기난방은 온수난방에 비해 난방의 쾌감도가 낮다.

**관련이론 | 증기난방(Steam heating)**

| 장점 | 단점 |
| --- | --- |
| • 증발 잠열을 이용하므로 열의 운반 능력이 크다.<br>• 예열 시간이 짧고 증기순환이 빠르다.<br>• 설비비, 유지비가 저렴하다.<br>• 방열 면적과 관경이 작아도 된다. | • 방열량 제어가 어렵다.<br>• 쾌감도가 나쁘다.<br>• 난방개시 때 소음(Steam hammering)이 많이 발생한다.<br>• 방열량 조절이 어렵고, 화상의 우려가 있다.<br>• 배관 내 부식 우려가 크다.<br>• 열손실이 크다. |

## 05

**실내 색채계획에 관한 설명으로 옳지 않은 것은?**

① 주가 되는 색을 명확히 선정한다.
② 사용되는 색의 수는 되도록 많게 한다.
③ 각 실의 위치, 밝기, 조명 등의 영향을 고려한다.
④ 색의 팽창과 수축성에 따른 실의 확대, 축소감에 유의한다.

**해설**
사용되는 색의 수는 적게 함으로써 통일성과 확장감을 줄 수 있도록 한다.

## 06

**벽체의 면내로 평행하게 작용하는 수평력에 저항하도록 설계된 구조 내력벽으로서 바람, 지진에 의한 수평하중에 대해 구조물의 안전성을 확보하기 위하여 사용되는 벽은?**

① 커튼월　② 전단벽
③ 조적벽　④ 비내력벽

**해설**
전단벽은 벽체의 면내로 평행하게 작용하는 수평력에 저항하도록 설계된 내력벽이다.

## 07

빈출

**금속의 부식작용에 대한 설명으로 옳지 않은 것은?**

① 동판과 철판을 같이 사용하면 부식방지에 효과적이다.
② 산성인 흙속에서는 대부분의 금속재가 부식된다.
③ 습기 및 수중에 탄산가스가 존재하면 부식작용은 한층 촉진된다.
④ 철판의 자른 부분 및 구멍을 뚫은 주위는 다른 부분보다 빨리 부식된다.

**해설**
이질 금속 간의 접촉 부분에서 물과 습기 등에 의해 어느 한쪽 재료가 부식될 경우 빠르게 부식될 수 있다. 서로 다른 금속 간의 접촉되는 부분은 적절한 내식장치로써 부식을 방지해야 한다.

## 08

**장시간 하중이 작용할 때 서서히 소성변형이 생기면서 파단이 되는 순간에 일어나는 하중에서의 강도는?**

① 피로강도　② 충격강도
③ 크리프강도　④ 정적강도

**해설**
크리프강도에 대한 설명이다.

**관련이론 | 피로강도**
재료가 반복하중을 받는 경우 정적강도보다 낮은 강도에서 파괴되는 응력의 한계를 말한다.

## 09

빈출

**부동침하의 발생 원인에 관한 설명으로 옳지 않은 것은?**

① 지반이 연약한 경우
② 연약지반의 두께가 같을 경우
③ 자중이 일정하지 않거나 부주의한 일부 증축의 경우
④ 건물이 서로 다른 지반의 이질층에 걸쳐 있는 경우

**해설**
연약지반의 두께가 다를 경우에 부동침하가 생길 수 있다.

**관련이론**
**부동침하:** 구조물의 기초지반이 침하되면서 구조물의 여러 부분에서 불균등하게 침하를 일으키는 현상으로 부동침하의 원인은 다음과 같다.
**부동침하의 원인**
- 지반이 연약한 경우
- 연약지반의 두께가 다를 경우
- 이질지정 또는 일부지정
- 건물이 서로 다른 지반의 이질층에 걸쳐 있는 경우
- 자중이 일정하지 않거나 부주의한 일부 증축의 경우
- 지하수위 변경
- 지하 매설물 또는 구멍이 있거나, 지반이 메운 땅인 경우

**정답** | 01. ④ 02. ① 03. ④ 04. ③ 05. ② 06. ② 07. ① 08. ③ 09. ②

2024년

## 10

고난도

**측압에 대한 설명으로 옳지 않은 것은?**

① 토압은 지하외벽에 작용하는 대표적인 측압이다.
② 콘크리트 타설 시 슬럼프 값이 낮을수록 거푸집에 작용하는 측압이 크다.
③ 벽체가 받는 측압을 경감시키기 위하여 부축벽을 세운다.
④ 지하수위가 높을수록 수압에 의한 측압이 크다.

**해설**

슬럼프 값이 낮을수록 거푸집에 작용하는 측압이 작다.

| 측압 증가 요인 | |
|---|---|
| • 슬러프가 클수록 | • 타설속도가 빠를수록 |
| • 다짐이 과할수록 | • 부배합일수록 |
| • 철골 · 철근량이 적을수록 | • 벽 두께가 두꺼울수록 |
| • 온도가 낮을수록 | • 습도가 높을수록 |
| • 거푸집 강성이 클수록 | – |

## 11

**목재의 이음과 맞춤을 할 때 주의사항으로 옳지 않은 것은?**

① 공작이 간단하고 튼튼하게 접합을 한다.
② 이음 · 맞춤의 단면은 응력의 방향에 직각으로 한다.
③ 이음 · 맞춤의 위치는 응력이 큰 곳에 한다.
④ 부재는 될 수 있는 한 적게 깎아 내야 한다.

**해설**

목재의 이음과 맞춤의 위치는 응력이 작은 곳에서 한다.

**관련이론 | 목재의 이음과 맞춤 시 주의사항**

- 이음과 맞춤은 응력이 작은 곳에서 한다.
- 이음과 맞춤의 단면은 응력의 방향에 직각으로 한다.
- 부재는 될 수 있는 한 적게 깎아 낸다.
- 공작이 간단하고 튼튼한 접합을 선택한다.
- 맞춤면은 정확히 가공하여 서로 밀착되어 빈틈이 없어야 한다.
- 접합부분에 작용하는 응력이 균일하도록 배치한다.

## 12

**철골구조에서 고력볼트접합에 대한 설명 중 옳지 않은 것은?**

① 접합부의 강성이 낮다.
② 마찰접합, 지압접합 등이 있다.
③ 피로강도가 높다.
④ 볼트가 쉽게 풀리지 않는다.

**해설**

고력볼트접합은 접합부의 강성이 높다.

## 13

**다음은 건축법령상 지하층의 정의이다. (　　) 안에 알맞은 것은?**

> '지하층'이란 건축물의 바닥이 지표면 아래에 있는 층으로서 바닥에서 지표면까지 평균높이가 해당 층 높이의 (　　) 이상인 것을 말한다.

① 2분의 1　　② 3분의 1
③ 3분의 2　　④ 4분의 3

**해설**

지하층이란 바닥에서 지표면까지 평균높이가 해당 층 높이의 2분의 1 이상인 것을 말한다.

## 14

**건축법령상 주요구조부에 속하지 않는 것은?**

① 기둥　　② 지붕틀
③ 내력벽　　④ 옥외 계단

**해설**

옥외 계단은 주요구조부에 해당하지 않는다.

**관련이론 | 주요구조부**

내력벽, 기둥, 바닥, 보, 지붕틀 및 주계단을 말한다. 다만, 사이 기둥, 최하층 바닥, 작은 보, 차양, 옥외 계단, 그 밖에 이와 유사한 것으로 건축물의 구조상 중요하지 아니한 부분은 제외한다.

## 15

다음 합금의 구성요소로 틀린 것은?

① 황동 = 구리+아연
② 청동 = 구리+납
③ 포금 = 구리+주석+아연+납
④ 두랄루민 = 알루미늄+구리+마그네슘+망간

**해설**

**청동:** 구리(Cu) + 주석(Sn)

**관련이론 | 합금의 종류**

| | |
|---|---|
| 구리 합금 | • 황동: 구리 + 아연 • 청동: 구리 + 주석<br>• 백동: 구리 + 니켈 • 양은: 구리 + 니켈 + 아연 |
| 알루미늄 합금 | • 두랄루민: 알루미늄 + 구리 + 마그네슘 + 망간<br>• 실루민: 알루미늄 + 실리콘 |
| 철 합금 | • 스테인리스강: 강철 + 크롬<br>• 특수강: 강철 + 기타 금속<br>• 연철: 철 + 탄소<br>• 내열강: 스테인리스강 + 기타 금속 |

## 16

빈출

철근콘크리트 보의 형태에 따른 철근 배근으로 옳지 않은 것은?

① 단순보의 하부에는 인장력이 작용하므로 하부에 주근을 배치한다.
② 연속보에서는 지지점 부분의 하부에서 인장력을 받기 때문에, 이곳에 주근을 배치하여야 한다.
③ 내민보는 상부에 인장력이 작용하므로 상부에 주근을 배치한다.
④ 단순보에서 부재의 축에 직각인 스터럽의 간격은 단부로 갈수록 촘촘하게 한다.

**해설**

연속보에서는 지지점 부분의 상부에서 인장력을 받기 때문에, 상부 쪽에 주근을 배치하여야 한다.

## 17

벽돌쌓기법 중 모서리 또는 끝부분에 칠오토막을 사용하는 것은?

① 영국식 쌓기 ② 프랑스식 쌓기
③ 네덜란드식 쌓기 ④ 미국식 쌓기

**해설**

**네덜란드식 쌓기:** 화란식 쌓기라고도 하며 한 켜씩 길이와 마구리를 번갈아 쌓고 길이 켜의 모서리에 칠오토막을 사용한다.
**영국식 쌓기:** 처음 한 켜는 마구리쌓기, 다음 켜는 길이쌓기를 교대로 쌓는 것으로 통줄눈이 생기지 않으며 가장 튼튼하다.
**프랑스식 쌓기:** 한 켜에 길이와 마구리를 번갈아서 쌓는 방법이며 통줄눈으로서 강도가 약하므로 장식용으로 사용한다.
**미국식 쌓기:** 앞면은 5켜 정도 길이쌓기를 하고 여섯 번째 켜를 마구리 쌓기로 하며 뒷면은 영국식 쌓기로 한다.

| 영국식 쌓기 | 프랑스식 쌓기 |
|---|---|
| 이오토막 길이 마구리 | 이오토막 길이 마구리 |
| **네덜란드식 쌓기** | **미국식 쌓기** |
| 칠오토막 마구리 길이 | 마구리 길이 |

## 18

염분이 섞인 모래를 사용한 철근콘크리트에서 가장 우려되는 현상은?

① 건조수축 ② 철근의 부식
③ 슬럼프 ④ 동해

**해설**

염분이 섞인 모래를 사용한 철근콘크리트는 철근의 부식이 발생될 수 있다.

**정답** | 10. ② 11. ③ 12. ① 13. ① 14. ④ 15. ② 16. ② 17. ③ 18. ②

## 19

고난도

**공동주택의 판상형에 대한 설명으로 옳은 것은?**

① 각 세대의 거주환경이 불균등하다.
② 인동간격을 비롯한 법적 규정에 유리하다.
③ 탑상형에 비하여 조망권 확보가 유리하다.
④ 다른 주거동에 미치는 일조의 영향이 적다.

**선지분석**

① 각 세대의 거주환경이 균등하다.
③ 탑상형에 비하여 조망권 확보가 불리하다.
④ 다른 주거동에 미치는 일조의 영향이 많다.

## 20

**1방향 슬래브에 대하여 배근방법을 옳게 설명한 것은?**

① 단변방향으로만 배근한다.
② 장변방향으로만 배근한다.
③ 단변방향은 온도철근을 배근하고 장변방향은 주근을 배근한다.
④ 단변방향은 주근을 배근하고 장변방향은 온도철근을 배근한다.

**해설**

1방향 슬래브는 단변방향은 주근을 배근하고 장변방향은 온도철근을 배근한다.

## 21

**각종 구조에 대한 설명 중 옳지 않은 것은?**

① 경량철골구조 – 내화, 내구성이 좋지 않다.
② 벽돌구조 – 내화, 내구적이지 못하다.
③ 철근콘크리트구조 – 내구, 내진, 내화성이 뛰어나다.
④ 철골구조 – 내진적이며 고층건물에 적합하다.

**해설**

벽돌구조는 구조체를 벽돌로 쌓아 올려 만든 조적식 구조로서 횡력(수평력)에 약하고 균열의 발생이나 습기의 침투가 쉬우며, 고층이나 대규모 건축물에 부적합하다. 하지만 내화, 내구성이 좋다.

## 22

빈출

**철근콘크리트 압축부재 중 직사각형 기둥의 축방향 주철근의 최소 개수는?**

① 3개　② 4개
③ 6개　④ 8개

**해설**

직사각형 기둥의 경우 축방향 주철근의 최소 개수는 4개이다.

**관련이론 | 압축부재의 축방향 주철근의 최소 개수**

사각형이나 원형 띠철근으로 둘러싸인 경우: 4개
삼각형 띠철근으로 둘러싸인 경우: 3개
나선철근으로 둘러싸인 철근의 경우: 6개

## 23

**건축법령에 따른 초고층 건축물의 정의로 옳은 것은?**

① 층수가 50층 이상이거나 높이가 150m 이상인 건축물
② 층수가 50층 이상이거나 높이가 200m 이상인 건축물
③ 층수가 100층 이상이거나 높이가 300m 이상인 건축물
④ 층수가 100층 이상이거나 높이가 400m 이상인 건축물

**해설**

**초고층 건축물:** 50층 이상이거나 높이가 200m 이상인 건축물
**고층 건축물:** 30층 이상이거나 높이가 120m 이상인 건축물

## 24

빈출

**AE제를 사용한 콘크리트의 특징이 아닌 것은?**

① 동결 융해 작용에 대하여 내구성을 갖는다.
② 작업성이 좋아진다.
③ 수밀성이 좋아진다.
④ 압축강도가 증가한다.

**해설**

AE제를 많이 사용하면 공기량이 증가되면서 압축강도가 감소한다.

**관련이론 | AE제(Air Entraining agent)**

모르타르나 콘크리트 등에 많은 미세공극을 균일하게 분포시키기 위해 사용하는 혼화제를 말하며, 콘크리트의 워커빌리티 및 동결 융해 작용에 대하여 내구성을 가지기 위해 사용한다.

## 25

빈출

**다음 설명에 알맞은 부엌가구의 배치 유형은?**

- 양쪽 벽면에 작업대가 마주보도록 배치한 것으로 부엌의 폭의 길이에 비해 넓은 부엌의 형태에 적당한 형식이다.
- 작업 동선은 줄일 수 있지만 몸을 앞뒤로 바꾸는 불편함이 있다.

① L자형　② 일자형
③ 병렬형　④ 아일랜드형

**해설** | 병렬형에 대한 설명이다.

**관련이론** | **부엌가구의 배치 유형**

| 구분 | 특성 |
|---|---|
| 일렬형<br>(일자형) | • 동선과 배치가 간단하다.<br>• 가구배치가 길어지면 작업동선이 길어진다.<br>• 소규모 주택에 적합하다. |
| 병렬형 | • 부엌 폭의 길이에 비해 넓은 부엌에 적합하다.<br>• 작업 시 몸을 앞뒤로 바꾸는 불편함이 있다.<br>• 외부로의 출입구가 필요한 경우에 적용한다. |
| ㄱ자형<br>(L자형) | • 작업동선은 효율적이다.<br>• 식사실과 함께 이용할 경우에 적합하다. |
| ㄷ자형 | • 동선이 짧고 부엌의 면적을 줄일 수 있다.<br>• 외부로 통하는 출입구의 설치는 곤란하다. |
| 아일랜드형 | • 작업 및 수납 공간이 넓다.<br>• 대규모 주택에 적합하다. |

## 26

빈출

**철근콘크리트구조에서 철근의 배근 방법에 대한 설명으로 옳지 않은 것은?**

① 인장력이 취약한 부분에 철근을 배근한다.
② 철근의 합산한 총 단면적이 같을 때 가는 철근을 사용하는 것이 부착력 향상에 좋다.
③ 철근의 이음길이는 철근의 종류, 이음 방법, 콘크리트의 인장 및 압축강도에 따라 달라진다.
④ 철근의 이음은 인장력이 큰 곳에서 한다.

**해설**
철근의 이음은 인장력이 작은 곳에서 한다.

## 27

빈출

**건축법령상 공동주택에 속하지 않는 것은?**

① 기숙사　② 연립주택
③ 다가구주택　④ 다세대주택

**해설**
다가구주택은 건축법령상 단독주택에 속한다.

**관련이론**
**공동주택:** 아파트, 연립주택, 다세대주택, 기숙사
**단독주택:** 단독주택, 다중주택, 다가구주택, 공관

## 28

빈출

**시멘트 저장 시 유의해야 할 사항으로 옳지 않은 것은?**

① 시멘트는 개구부와 가까운 곳에 쌓여 있는 것부터 사용해야 한다.
② 지상 30cm 이상 되는 마루 위에 적재해야 하며 그 창고는 방습설비가 완전해야 한다.
③ 3개월 이상 저장한 시멘트 또는 습기에 노출된 시멘트는 반드시 사용 전에 재시험해야 한다.
④ 포대에 들어 있는 시멘트는 13포대 이상 쌓으면 안 되며 특히 장기간 저장할 경우에는 7포대 이상 쌓지 않는 것을 원칙으로 한다.

**해설**
시멘트는 먼저 반입된 것부터 입하순서대로 사용한다.

**시멘트 저장 시 유의해야 할 사항**
- 지상 30cm 이상의 마루 위에 적재한다.
- 벽에 접촉되지 않고, 통풍이 잘 되며 습기가 없어야 한다.
- 저장 창고 주위에는 도랑을 파서 우수의 침입을 방지한다.
- 포대높이는 13포, 장기간 저장할 경우 7포 이상 쌓지 않는다.
- 반입구와 반출구를 따로 두고, 먼저 반입된 것부터 사용한다.
- 3개월 이상 저장한 시멘트는 사용 전에 재시험한다.

**정답** | 19. ② 20. ④ 21. ② 22. ② 23. ② 24. ④ 25. ③ 26. ④ 27. ③ 28. ①

## 29

빈출

**주택의 침실 계획 시 고려할 사항으로 옳지 않은 것은?**

① 침실은 방위상 동쪽이나 남쪽이 이상적이다.
② 침실은 정적이며 프라이버시 확보가 잘 이루어져야 한다.
③ 침대는 외부에서 출입문을 통해 직접 보이도록 배치한다.
④ 현관, 출입구에서 떨어진 조용한 곳에 있어야 한다.

**해설**
침대는 외부에서 출입문을 통해 직접 보이지 않도록 배치하는 것이 좋다.

## 30

고난도

**재료의 기계적 성질 중의 하나인 경도에 대한 설명으로 틀린 것은?**

① 경도는 재료의 단단한 정도를 의미한다.
② 경도는 긁히는 데 대한 저항도, 새김질에 대한 저항도 등에 따라 표시방법이 다르다.
③ 브리넬경도는 금속 또는 목재에 적용되는 것이다.
④ 모스경도는 표면에 생긴 원형 흔적의 표면적을 구하여 압력을 표면적으로 나눈 값이다.

**해설**
**모스경도:** 광물로 시료 표면을 긁고 나서 긁히는 정도를 통해 그 굳기를 측정하며, 스크래치(Scratch)에 의해 경도를 구한다.

**관련이론 | 경도**
물질의 굳고 무른 정도, 즉 단단한 정도를 의미한다.

## 31

빈출

**한식주택의 특징으로 옳지 않은 것은?**

① 좌식 생활 중심이다.
② 공간의 융통성이 낮다.
③ 가구는 부수적인 내용물이다.
④ 평면은 실의 위치별 분화이다.

**해설**
한식주택은 실을 다용도로 사용하므로 공간의 융통성이 높다.

**관련이론 | 한식주택과 양식주택의 비교**

| 특성 | 한식주택 | 양식주택 |
|---|---|---|
| 형태 | 단층 구조 | 다층 구조 |
| 평면 | 위치별 조합 평면 | 공간별 분화 평면 |
| 습관 | 온돌에 의한 좌식생활 중심 | 가구에 의한 입식생활 |
| 난방 | 바닥 복사난방 | 대류식 난방 |
| 용도 | 다용도(융통성 높음) | 단일용도 |
| 가구 | 부수적 내용물 | 가구에 따라 용도가 결정 |

## 32

**건축물의 에너지절약을 위한 내용으로 옳지 않은 것은?**

① 실의 용도 및 기능에 따라 수평, 수직으로 조닝계획을 한다.
② 공동주택은 인동간격을 넓게 하여 저층부의 일사 수열량을 증가시킨다.
③ 거실의 층고 및 반자 높이는 실의 용도와 기능에 지장을 주지 않는 범위 내에서 가능한 한 낮게 한다.
④ 건축물의 체적에 대한 외피면적의 비 또는 연면적에 대한 외피면적의 비는 가능한 한 크게 한다.

**해설**
건축물의 체적에 대한 외피면적의 비 또는 연면적에 대한 외피면적의 비는 가능한 한 작게 한다.

## 33

빈출

**강화 판유리에 대한 설명으로 틀린 것은?**

① 유리를 500~600℃로 가열한 다음 특수 장치를 이용하여 급랭한 것이다.
② 열처리를 한 후에는 가공 절단이 불가능하다.
③ 보통 유리의 3~5배의 강도를 가지고 있다.
④ 유리 파편에 의한 부상이 다른 유리에 비하여 많다.

**해설**
강화유리는 다른 유리에 비하여 안전하다.

**관련이론 | 강화유리**
- 600℃ 가열하여 급랭시킨 안전유리로서, 파괴 시 작은 조각으로 분산되어 일반유리보다 안전하다.
- 인장 및 압축강도가 보통 판유리의 3~5배, 휨강도는 6배 정도이다.
- 내열성이 있어 200℃ 이상의 고온에도 잘 견딘다.
- 자동차, 선박, 무테문 등에 사용된다.

## 34

빈출

**건축제도의 글자에 관한 설명으로 옳지 않은 것은?**

① 숫자는 아라비아 숫자를 원칙으로 한다.
② 문장은 왼쪽에서부터 가로쓰기를 원칙으로 한다.
③ 글자체는 수직 또는 30° 경사의 명조체로 쓰는 것을 원칙으로 한다.
④ 글자의 크기는 각 도면의 상황에 맞추어 알아보기 쉬운 크기로 한다.

**해설**

글자체는 수직 또는 15° 경사의 고딕체로 쓰는 것을 원칙으로 한다.

**관련이론 | 글자 기입(KS F 1501)**

- 글자는 명백히 쓰고 문장은 왼쪽에서부터 가로쓰기를 원칙으로 하며, 숫자는 아라비아 숫자를 원칙으로 한다.
- 글자체는 수직 또는 15° 경사의 고딕체로 쓰는 것을 원칙으로 하며, 글자의 크기는 각 도면의 상황에 맞추어 알아보기 쉬운 크기로 한다.
- 4자리 이상의 수는 3자리마다 휴지부를 찍거나 간격을 둠을 원칙으로 한다.

## 35

**목재 제품 중 파티클보드(Particle board)에 관한 설명으로 옳지 않은 것은?**

① 합판에 비해 휨강도는 떨어지나 면내 강성은 우수하다.
② 강도에 방향성이 거의 없다.
③ 두께는 비교적 자유롭게 선택할 수 있다.
④ 음 및 열의 차단성이 나쁘다.

**해설**

음 및 열의 차단성이 우수하다.

**파티클보드(Particle board):** 목재를 작은 조각(부스러기)으로 분쇄 후 접착제를 첨가하여 강한 열과 힘으로 압착해 만든 판상형 가공재를 말한다.

- 원목에 비해 두께 및 규격이 다양하고 가공이 쉽다.
- 원목에 비해 경제적이고 결(방향성)이 없어서 수축, 팽창, 뒤틀림이 없다.
- 합판에 비해 휨강도는 떨어지지만 면내 강성은 우수하다.
- 흡음, 차음, 열의 차단성이 우수하다.

## 36

빈출

**다음 중 목재의 장점이 아닌 것은?**

① 가공과 운반이 쉽다.
② 함수율에 따라 팽창과 수축이 작다.
③ 중량에 비해 강도와 탄성이 크다.
④ 외관이 아름답고 감촉이 좋다.

**해설**

목재는 함수율에 따라 팽창과 수축이 크다.

**관련이론 | 목재의 장단점**

- 가공과 운반이 쉽다.
- 중량에 비하여 강도와 탄성이 크다.
- 외관이 아름답고 감촉이 좋다.
- 내화성이 취약하다.
- 부패의 우려가 있다.
- 함수율에 따라 팽창과 수축이 크다.

## 37

**지붕 재료에 요구되는 성질과 가장 관계가 먼 것은?**

① 외관이 좋은 것이어야 한다.
② 부드러워 가공이 용이한 것이어야 한다.
③ 열전도율이 작은 것이어야 한다.
④ 재료가 가볍고 방수·방습·내화·내수성이 큰 것이어야 한다.

**해설**

부드러운 것보다 견질하고 내구적이며 안전성이 있어야 한다.

**지붕 재료의 요구 조건**

- 외관이 좋고 건물과 조화되어야 한다.
- 내수적이고 습도에 의한 신축이 적어야 한다.
- 열전도율이 적고 불연재가 좋다.
- 내구적이고 경량으로 안전하여야 한다.
- 시공이 용이하고 수리가 편리하여야 한다.

**정답** | 29. ③ 30. ④ 31. ② 32. ④ 33. ④ 34. ③ 35. ④ 36. ② 37. ②

## 38

**벽돌조 내력벽의 두께는 당해 벽높이의 최소 얼마 이상으로 하여야 하는가?**

① 1/12　　② 1/15
③ 1/18　　④ 1/20

**해설**

**조적식 구조 내력벽의 두께**

- **조적재가 벽돌인 경우:** 해당 벽 높이의 1/20 이상
- **조적재가 블록인 경우:** 해당 벽 높이의 1/16 이상

## 39

빈출

**목조 벽체를 수평력에 견디게 하고 횡력 보강으로 안정한 구조로 하는 데 필요한 부재는?**

① 장선　　② 멍에
③ 가새　　④ 동바리

**해설**

가새(Brace)란 골조의 변형을 방지하기 위하여 대각선 방향으로 넣는 경사재로 횡력(수평력)을 보강하며, 4각형으로 짜여진 뼈대의 변형을 방지하기 위해 대각방향으로 댄 보강재를 말한다.

## 40

**벽돌 조적조에서 상부의 하중을 전 벽면에 균등하게 분포시키도록 하는 줄눈은?**

① 막힌줄눈　　② 빗줄눈
③ 통줄눈　　④ 오목줄눈

**해설**

막힌줄눈에 대한 설명이다.

**관련이론 | 막힌줄눈과 통줄눈**

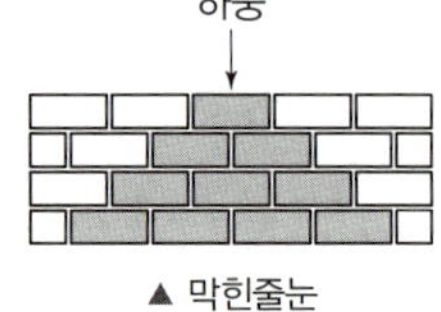

▲ 막힌줄눈

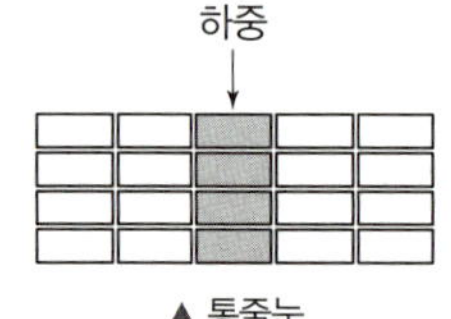

▲ 통줄눈

## 41

빈출

**중용열 포틀랜드 시멘트에 대한 설명으로 옳은 것은?**

① 초기강도 증진을 위한 시멘트이다.
② 급속 공사, 동기 공사 등에 유리하다.
③ 발열량이 적고 경화가 느린 것이 특징이다.
④ 수화속도가 빨라 한중 콘크리트 시공에 적합하다.

**해설**

①, ②, ④는 조강 포틀랜드 시멘트에 대한 설명이다.

**중용열 포틀랜드 시멘트**

- 수화열(발열량)이 작고 경화가 느리며 수축량이 적다.
- 내황산염성이 풍부한 포틀랜드 시멘트로 침식성 용액에 대한 저항이 크고, 내구성이 좋으며 장기강도가 크다.
- 댐공사, 방사선 차폐용 콘크리트 등에 이용된다.

## 42

**다음 중 수경성 미장재료가 아닌 것은?**

① 순석고 플라스터
② 보드용 석고 플라스터
③ 시멘트 모르타르
④ 돌로마이트 플라스터

**해설**

**기경성 미장재료 :** 돌로마이트 플라스터, 진흙, 회반죽, 아스팔트 모르타르

**수경성 미장재료 :** 순석고 플라스터, 킨즈 시멘트, 보드용 석고 플라스터, 시멘트 모르타르, 무수석고

## 43

**벽체의 단열에 관한 설명으로 옳지 않은 것은?**

① 벽체의 열관류율이 클수록 단열성이 낮다.
② 단열은 벽체를 통한 열손실방지와 보온역할을 한다.
③ 벽체의 열관류 저항값이 작을수록 단열 효과는 크다.
④ 조적벽과 같은 중공 구조의 내부에 위치한 단열재는 난방 시 실내 표면 온도를 신속히 올릴 수 있다.

**해설**

벽체의 열관류 저항값이 작을수록 단열 효과는 작다.

## 44

**복층형 공동주택에 대한 설명으로 옳지 않은 것은?**

① 공용 통로 면적을 절약할 수 있다.
② 상하층의 평면이 똑같아 평면 구성이 자유롭다.
③ 엘리베이터의 정지 층수가 적어지므로 운영면에서 효율적이다.
④ 1개의 단위 주거가 2개 층 이상에 걸쳐 있는 공동주택을 일컫는다.

**해설**

복층형은 하나의 세대가 2개층 이상을 사용하는 경우이며, 하층부는 거실이나 식사실 등의 공용부로 계획하고 상층부는 침실 등의 개인적 공간으로 계획하므로 상하층의 평면이 동일하지 않으며 평면 구성이 자유롭지 못하고 어렵다.

## 45

**바닥 재료를 타일로 마감할 때의 내용으로 옳지 않은 것은?**

① 외장타일은 내장타일보다 강도가 약하고 흡수율이 높다.
② 접착력을 높이기 위해 타일 뒷면에 요철을 만든다.
③ 보통 클링커타일은 외부바닥용으로 사용한다.
④ 바닥타일은 미끄럼 방지를 위해 유약을 사용하지 않는다.

**해설**

외장타일은 내장타일보다 강도가 강하고 흡수율이 낮다.

## 46

빈출

**에스컬레이터에 관한 설명으로 옳지 않은 것은?**

① 수송량에 비해 점유면적이 작다.
② 대기시간이 없고 연속적인 수송설비이다.
③ 수송능력이 엘리베이터의 1/2 정도로 작다.
④ 승강 중 주위가 오픈되므로 주변 광고효과가 크다.

**해설**

에스컬레이터의 1대당 수송능력은 동일시간 기준으로 엘리베이터의 10배 정도로 크다.

## 47

빈출

**배수 트랩의 봉수 파괴 원인에 속하지 않는 것은?**

① 증발　　② 간접배수
③ 모세관 현상　　④ 유도 사이펀 작용

**해설**

간접배수는 배수관을 일반 배수계통에 연결하기 전에 물받이 기구에 배수한 후 일반 배수계통에 연결하는 위생을 고려한 배수이다.

**봉수의 파괴 원인**

- 자기 사이펀 작용
- 유도 사이펀 작용(흡입 및 흡출작용)
- 토출 작용(역압 분출 작용)
- 모세관 현상
- 증발 현상
- 관성에 의한 배출

## 48

**하중의 작용방향에 따른 하중분류에서 수평하중에 포함되지 않는 것은?**

① 활하중　　② 풍하중
③ 수압　　④ 벽토압

**해설**

활하중은 건물의 사용 및 점용에 의해서 발생되는 수직하중으로 사람, 가구, 이동칸막이, 창고의 저장물, 설비기계 등의 하중을 말한다.
**수평하중:** 풍하중, 지진하중, 수압, 토압 등이 있다.

## 49

빈출

**중앙식 급탕방식에 속하는 것은?**

① 직접가열식　　② 저탕식
③ 순간식　　④ 기수혼합식

**해설**

직접가열식은 중앙식 급탕방식이다.

**관련이론 | 급탕방식 분류**

- **중앙식 급탕:** 직접가열식, 간접가열식
- **개별식 급탕:** 순간식, 저탕식, 기수혼합식

**정답** | 38. ④　39. ③　40. ①　41. ③　42. ④　43. ③　44. ②　45. ①　46. ③　47. ②　48. ①　49. ①

2024년

## 50

**균형의 원리에 관한 설명으로 옳지 않은 것은?**

① 크기가 큰 것이 작은 것보다 시각적 중량감이 크다.
② 기하학적 형태가 불규칙적인 형태보다 시각적 중량감이 크다.
③ 색의 중량감은 색의 속성 중 특히 명도, 채도에 따라 크게 작용한다.
④ 복잡하고 거친 질감이 단순하고 부드러운 것보다 시각적 중량감이 크다.

**해설**

기하학적 형태가 불규칙적인 형태보다 시각적 중량감이 작다.

## 51

**돌로마이트 플라스터 관한 설명으로 옳지 않은 것은?**

① 가소성이 커서 풀이 필요 없다.
② 경화 시 수축률이 매우 크다.
③ 수경성이므로 외벽 바름에 적당하다.
④ 강알칼리성이므로 건조 후 바로 유성페인트를 칠할 수 없다.

**해설**

돌로마이트 플라스터는 돌로마이트(마그네시아질 석회)에 모래, 여물을 섞어 반죽한 바름벽 재료로서 기경성이며, 주로 내벽 바름에 사용한다.

**관련이론 | 돌로마이트 플라스터**

- 기경성이며, 점성이 높아 풀을 넣을 필요가 없다.
- 응결속도가 느리고 수축균열이 크다.
- 소석회보다 비중이 크고 굳으면 강도가 증가한다.
- 냄새와 곰팡이가 없지만, 습기에 약하여 내부에 사용한다.

## 52

빈출

**건축물의 층의 구분이 명확하지 아니한 건축물의 경우, 건축물의 높이 얼마마다 하나의 층으로 산정하는가?**

① 3m　　② 3.5m
③ 4m　　④ 4.5m

**해설**

층의 구분이 명확하지 아니한 건축물은 높이 4m마다 하나의 층으로 보고 그 층수를 산정한다. (건축법 시행령 제119조)

## 53

**미장재료에 대한 설명 중 옳은 것은?**

① 회반죽에 석고를 약간 혼합하면 경화속도, 강도가 감소하며 수축균열이 증대된다.
② 미장재료는 단일재료로서 사용되는 경우보다 주로 복합재료로서 사용된다.
③ 결합재에는 여물, 풀 등이 있으며 이것은 직접 고체화에 관계한다.
④ 시멘트 모르타르는 기경성 미장재료로서 내구성 및 강도가 크다.

**선지분석**

① 회반죽에 석고를 약간 혼합하면 경화속도, 강도가 증가하며 수축균열이 감소된다.
③ 결합재에서 여물은 건조수축에 의한 균열을 방지하고, 풀은 점성력, 부착력을 증대시킨다.
④ 시멘트 모르타르는 수경성 미장재료로서 내구성 및 강도가 크다.

## 54

빈출

**LP가스에 대한 설명으로 틀린 것은?**

① 비중이 공기보다 크다.
② 발열량이 크며 연소 시에 필요한 공기량이 많다.
③ 누설이 된다 해도 공기 중에 흡수되기 때문에 안전성이 높다.
④ 석유정제과정에서 채취된 가스를 압축냉각해서 액화시킨 것이다.

**해설**

공기 중에 누설될 경우, 공기보다 무겁고 중독될 우려가 있으므로 안전성이 낮다.

**LPG(액화석유가스)**

- 주성분: 프로판, 부탄 등
- 무색·무취이지만, 중독성이 있다.
- 연소범위가 좁지만, 발열량이 높다.
- 금속에 대해 부식성이 적다.
- 공기보다 무겁다.(경보기는 바닥에서 30cm 이내 설치)
- 압축, 냉각하여 액화하면 체적이 1/250로 된다.

## 55

**벽돌 조적조의 내력벽 두께를 결정하는 요소와 가장 거리가 먼 것은?**

① 벽의 길이 ② 벽의 높이
③ 지붕 경사도 ④ 건축물의 층수

**해설**
조적조의 내력벽 두께는 벽의 높이, 벽의 길이, 층수, 건물 하중 등에 따라 결정되며 지붕 경사도(지붕 물매)와는 관계없다.

## 56

**창문이나 문 위에 걸쳐대어 상부에서 오는 하중을 받는 수평 부재는?**

① 인방돌 ② 창대돌
③ 문지방돌 ④ 쌤돌

**해설**
인방돌은 창문이나 출입문 위에 걸쳐대어 상부의 하중을 받는 수평 부재이다.
**창대돌:** 창 밑에 설치하여 창을 받치고 빗물이 흘러내리게 하는 수평 부재이다.
**문지방돌:** 출입문의 밑에 대는 돌이다.
**쌤돌:** 조적조에서 개구부의 벽 두께 면에 대는 돌이다.

## 57

빈출

**다음 중 한중콘크리트의 시공에 적합한 시멘트는?**

① 조강 포틀랜드 시멘트 ② 고로 시멘트
③ 백색 포틀랜드 시멘트 ④ 플라이애시 시멘트

**해설**
조강 포틀랜드 시멘트는 조기에 고강도를 낼 수 있으며 한중공사, 긴급 공사에 적합하다.
**고로 시멘트:** 내해수성, 화학저항성이 우수하여 해안공사, 큰 구조물 공사에 적합하다.
**백색 포틀랜드 시멘트:** 안료 혼합으로 칼라 시멘트를 만들 수 있고, 미장이나 도장 재료로 사용된다.
**플라이애시 시멘트:** 건조수축과 수화열이 작으며, 장기강도는 크다.

## 58

빈출

**계단실형 아파트에 관한 설명으로 옳지 않은 것은?**

① 거주의 프라이버시가 높다.
② 채광, 통풍 등의 거주 조건이 양호하다.
③ 통행부 면적을 크게 차지하는 단점이 있다.
④ 계단실에서 직접 각 세대로 접근할 수 있는 유형이다.

**해설**
계단실형 아파트는 복도 공간이 없으므로 통행부 면적을 줄일 수 있고 전용면적비를 높이는 장점이 있다.

## 59

**다음 중 화성암에 속하는 석재는?**

① 응회암 ② 사암
③ 안산암 ④ 대리석

**해설**
안산암은 화성암의 일종이다.

**관련이론 | 석재의 성인에 의한 분류**
- **화성암:** 화강암, 안산암, 섬록암, 황화석 등
- **수성암:** 사암, 점판암(이판암), 석회암, 응회암 등
- **변성암:** 사문암, 석면, 대리석 등

## 60

**건물의 하부 전체 또는 지하실 전체를 하나의 기초판으로 구성한 기초는?**

① 온통기초 ② 줄기초
③ 복합기초 ④ 독립기초

**해설**
온통기초는 지반이 연약하거나 기둥에 작용하는 하중이 커서 기초판이 넓어야 할 때 사용하는 기초로 건물의 하부 전체 또는 지하실 전체를 하나의 기초판으로 구성하는 기초이다.

**정답** | 50. ② 51. ③ 52. ③ 53. ② 54. ③ 55. ③ 56. ① 57. ① 58. ③ 59. ③ 60. ①

2024년

# 2024년 | 1회 CBT 복원문제

자동채점 

## 01

다음 목재 중 침엽수에 속하는 것은?

① 참나무 ② 느티나무
③ 벚나무 ④ 전나무

**해설**

전나무는 침엽수에 속한다.

**관련이론**

**침엽수:** 소나무, 잣나무, 전나무, 삼나무, 낙엽송 등
**활엽수:** 단풍나무, 느티나무, 오동나무, 너도밤나무, 참나무, 동백나무, 벚나무 등

## 02

철골공사 시 바닥슬래브를 타설하기 전에 철골보 위에 설치하여 바닥판 등으로 사용하는 절곡된 얇은 판의 부재는?

① 윙플레이트 ② 데크플레이트
③ 베이스플레이트 ④ 메탈라스

**해설**

데크플레이트(Deck plate)에 대한 설명이다.

## 03

다음 재해방지 성능상의 분류 중 지진에 의한 피해를 방지할 수 있는 구조는?

① 방화구조 ② 내화구조
③ 방공구조 ④ 내진구조

**해설**

내진구조는 지진에 의한 피해를 방지할 수 있는 구조이다.

## 04

빈출

건축도면의 표시기호와 표시사항의 연결이 옳지 않은 것은?

① V － 용적 ② Wt － 너비
③ ∅ － 지름 ④ THK － 두께

**해설**

Wt － 무게, W － 너비

**관련이론** | 건축도면의 표시기호

| 기호 | 표시사항 | 기호 | 표시사항 |
|---|---|---|---|
| 길이 | L | 너비 | W |
| 높이 | H | 두께 | THK |
| 지름 | D 또는 ∅ | 반지름 | R |
| 면적 | A | 체적 | V |
| 간격 | @ | 무게 | Wt |
| 문 | SD, WD, AD | 창 | WW, PW, AW |

## 05

빈출

심리적으로 상승감, 존엄성, 엄숙함 등의 조형효과를 주는 선의 종류는?

① 수직선 ② 곡선
③ 수평선 ④ 사선

**해설**

수직선은 상승감, 존엄성, 엄숙함, 긴장감, 종교적 정열의 심리적 효과를 줄 수 있다.

**관련이론** | 선의 종류에 따른 심리적 효과

- **수평적 구성:** 정적, 안정감, 확장감
- **수직적 구성:** 상승감, 존엄성, 엄숙함, 종교적 정열
- **사선적 구성:** 동적, 운동감, 역동적, 주의 집중

## 06

**수지의 종류 중 천연수지계에 속하지 않는 것은?**

① 송진　② 셸락
③ 다마르　④ 니트로셀룰로오스

**해설**

니트로셀룰로오스는 셀룰로오스를 황산과 질산을 혼합한 혼산으로 질산에스테르화하여 얻게 되는 백색 섬유상의 화합물이다.

**관련이론 | 천연수지**

송진, 로진, 셸락, 다마르, 앰버, 파기 등

## 07

빈출

**증기난방에 관한 설명으로 옳지 않은 것은?**

① 예열시간이 짧다.
② 한랭지에서는 동결의 우려가 적다.
③ 증기의 현열을 이용하는 난방이다.
④ 부하변동에 따른 실내 방열량의 제어가 곤란하다.

**해설**

**증기난방:** 증기의 잠열을 이용하는 난방이다.
**온수난방:** 온수의 현열을 이용하는 난방이다.

**관련이론**

**현열:** 물질의 상태를 바꾸지 아니하고, 단순히 온도만 높이거나 낮추는 데 드는 열이다.
**잠열:** 고체가 액체로, 액체가 기체로 변할 때, 단순히 물질의 상태를 바꾸는 데 쓰는 열이다.

## 08

빈출

**보강콘크리트블록조에서 내력벽의 벽량은 최소 얼마 이상으로 하여야 하는가?**

① $10cm/m^2$　② $15cm/m^2$
③ $18cm/m^2$　④ $20cm/m^2$

**해설**

보강블록구조의 내력벽 벽량은 단위면적에 대한 내력벽의 길이로서, 그 층의 바닥면적을 기준으로 $15cm/m^2$ 이상으로 한다.

## 09

**각종 점토제품에 대한 설명 중 틀린 것은?**

① 테라코타는 공동(空胴)의 대형 점토제품으로 주로 장식용으로 사용된다.
② 모자이크 타일은 일반적으로 자기질이다.
③ 토관은 토기질의 저급점토를 원료로 하여 건조 소성시킨 제품으로 주로 환기통, 연통 등에 사용된다.
④ 포도벽돌은 벽돌에 오지물을 칠해 소성한 벽돌로서, 건물의 내외장 또는 장식물의 치장에 쓰인다.

**해설**

**포도벽돌:** 도로 또는 바닥에 깔기 위하여 만든 벽돌로서, 경질이고 흡수성이 적으며, 내마모성이 있고 두께가 두껍다.
**오지벽돌:** 벽돌에 오지물을 칠하여 소성한 벽돌로서, 건물의 내외장 또는 장식물의 치장에 쓰인다.

## 10

빈출

**건물 각층 벽면에 호스, 노즐, 소화전 밸브를 내장한 소화전함을 설치하고 화재 시에는 호스를 끌어낸 후 화재 발생지점에 물을 뿌려 소화시키는 설비는?**

① 옥내소화전설비　② 드렌처설비
③ 옥외소화전설비　④ 스프링클러설비

**해설**

옥내소화전설비에 대한 설명이다.

**관련이론**

**드렌처설비(Drencher):** 건축물의 창, 외벽, 지붕 등에 설치하여 인접 건물의 화재 시 방수로 인해 수막을 형성하여 화재를 방지하는 설비이다.
**옥외소화전설비:** 1층 및 2층의 화재를 초기 소화하여 화재가 상층부로 확대되는 것을 방지할 목적으로 소방대상물의 옥외에 설치하는 소화설비이다.
**스프링클러설비:** 배관에 의하여 천장 또는 벽에 열 감지 및 살수하는 설비로서 화재 발생 시 자동적으로 감지하여 스프링클러 헤드에서 방수되는 설비를 말한다.

**정답** | 01. ④　02. ②　03. ④　04. ②　05. ①　06. ④　07. ③
08. ②　09. ④　10. ①

2024년

## 11

**일반적으로 창유리의 강도가 의미하는 것은?**

① 휨강도 ② 압축강도
③ 인장강도 ④ 전단강도

**해설**
일반적으로 창유리의 강도는 휨강도를 말한다.

## 12

고난도

**강구조 트러스에 대한 설명 중 옳지 않은 것은?**

① 접합 시의 거싯플레이트는 직사각형에 가까운 모양이 좋다.
② 지점의 중심선과 트러스절점의 중심선은 가능한 일치시켜 편심모멘트가 생기지 않도록 한다.
③ 현재란 수직으로 배치된 복재를 말한다.
④ 지점은 지지점이라고도 하며 트러스가 놓이는 점을 말한다.

**해설**
현재란 트러스 상하에 배치되는 부재를 말하며, 위쪽에 있는 것을 상현재, 아래쪽에 있는 것을 하현재라고 한다.

**관련이론 | 트러스의 구성**
상현재, 하현재, 복재(사재, 연직재, 단주), 격점, 격간으로 구성된다.

## 13

빈출

**주거공간을 주행동에 따라 개인공간, 사회공간, 노동공간 등으로 구분할 때, 다음 중 사회공간에 속하지 않는 것은?**

① 거실 ② 식당
③ 서재 ④ 응접실

**해설**
주거공간의 주행동에 따른 분류
- **개인공간:** 침실, 서재, 공부방 등
- **사회공간:** 거실, 식사실, 응접실 등
- **노동공간:** 부엌, 가사실 등

## 14

**4변으로 지지되는 슬래브로서 서로 직각되는 두 방향으로 주철근을 배치하는 슬래브는?**

① 1방향 슬래브 ② 2방향 슬래브
③ 데크 플레이트 슬래브 ④ 캐피탈

**해설**
2방향 슬래브는 단변에 대한 장변의 길이의 비(장변/단변)가 2 이하이며, 4변이 보에 지지된 슬래브이다.

## 15

**다음 중 철골부재접합에 대한 설명으로 옳지 않은 것은?**

① 고장력볼트는 상호부재의 마찰력으로 저항한다.
② 용접은 품질관리가 볼트보다 어렵다.
③ 메탈터치(Metal touch)는 기둥에서 각 부재면을 맞대는 접합방식이다.
④ 초음파탐상법은 사용방법과 판독이 어려워 거의 사용되지 않고 있다.

**해설**
초음파탐상법은 초음파를 이용하여 재료 내부의 결함을 발견하는 비파괴검사법으로 공진법, 투과법, 펄스반사법 등이 있다.

## 16

고난도

**벽 및 천장재로 사용되는 것으로 강당, 집회장 등의 음향조절용으로 쓰이거나 일반건물의 벽 수장재로 사용하여 음향효과를 거둘 수 있는 목재 가공품은?**

① 파키트리 패널 ② 플로어링 합판
③ 코펜하겐 리브 ④ 파키트리 블록

**해설**
코펜하겐 리브에 대한 설명이다.

**관련이론 | 코펜하겐 리브(Copenhagen rib)**
목재를 두께 30~50mm 정도, 너비 100mm 정도의 긴 판으로 가공하고 표면을 리브 형태로 제작한 제품으로 벽면 수장재로 사용한다.

## 17

**막구조 중 막의 무게를 케이블로 지지하는 구조는?**

① 공조막구조　② 현수막구조
③ 공기막구조　④ 하이브리드 막구조

**해설**

**현수막구조(Suspension membrane structure)**

- 막의 무게를 케이블로 지지하는 구조이다.
- 막면내에 직접 초기장력을 주어서 형태를 안정시키는 구조방식으로 구조의 안정성은 이 초기장력에 의하여 주어진다.

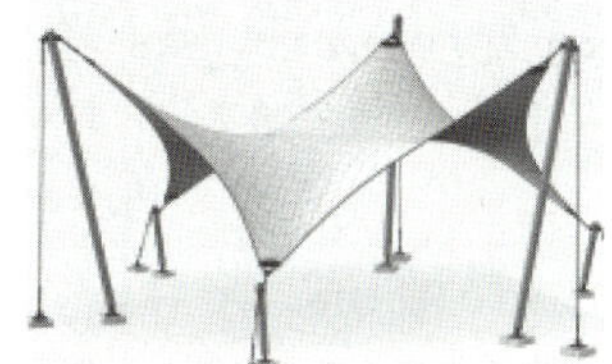

## 18

**목구조 각 부분에 대한 설명으로 옳지 않은 것은?**

① 평보의 이음은 중앙 부근에서 덧판을 대고 볼트로 긴결한다.
② 보잡이는 평보의 옆휨을 막기 위해 설치한다.
③ 가새는 수평 부재와 60°로 경사지게 하는 것이 합리적이다.
④ 토대의 이음은 기둥과 앵커 볼트의 위치를 피하여 턱걸이 주먹장이음으로 한다.

**해설**

가새의 경사는 45°에 가까울수록 유리하다.

**관련이론 | 가새**

골조의 변형을 방지하기 위하여 대각선 방향으로 넣는 경사재로 횡력(수평력)을 보강하며, 4각형으로 짜여진 뼈대의 변형을 방지하기 위해 대각방향으로 댄 보강재를 말한다.

## 19

**처음 한 켜는 마구리쌓기, 다음 한 켜는 길이쌓기를 교대로 쌓는 것으로, 통줄눈이 생기지 않으며 내력벽을 만들 때 많이 이용되는 벽돌쌓기법은?**

① 미국식 쌓기　② 프랑스식 쌓기
③ 영국식 쌓기　④ 영롱 쌓기

**해설**

**영국식 쌓기:** 처음 한 켜는 마구리쌓기, 다음 켜는 길이쌓기를 교대로 쌓는 것으로 통줄눈이 생기지 않으며 가장 튼튼한 쌓기법이다.
**미국식 쌓기:** 앞면은 5켜 정도 길이쌓기를 하고 여섯 번째 켜를 마구리쌓기로 하며 뒷면은 영국식 쌓기로 한다.
**프랑스식 쌓기:** 한 켜에 길이와 마구리를 번갈아서 쌓는 방법이며 통줄눈으로서 강도가 약하므로 장식용으로 사용한다.
**영롱 쌓기:** 벽면에 벽돌을 비워 구멍을 두어 쌓는 방법이다.



## 20

**배수 수직관을 상단 연장하고 대기 중에 개방하여 옥상에 돌출시키며, 배관 길이에 비해 성능이 우수한 통기관은?**

① 각개 통기방식　② 루프 통기방식
③ 회로 통기방식　④ 신정 통기방식

**해설**

신정 통기관에 대한 설명이다.
**각개 통기관:** 위생 기구의 트랩마다 각각 통기관을 설치하며, 통기의 안정도가 높지만 개별 설치로서 시설비가 비싸다.
**루프 통기관:** 회로 통기관 또는 환상 통기관을 말하며, 최상류 바로 아래 설치하고 1개의 통기관이 8개 이내의 트랩을 보호한다.

**정답** | 11. ① 12. ③ 13. ③ 14. ② 15. ④ 16. ③ 17. ② 18. ③ 19. ③ 20. ④

## 21

빈출

**블록구조에 테두리보를 설치하는 이유로 옳지 않은 것은?**

① 횡력에 의해 발생하는 수직균열의 발생을 막기 위해
② 집중하중을 받는 블록의 보강을 위해
③ 하중을 균등히 분포시키기 위해
④ 세로철근의 정착을 생략하기 위해

**해설**

테두리보는 조적조의 벽체 상부를 둘러대는 보를 말하며, 보강블록조에서 세로철근의 끝을 정착시키는 역할을 한다.

**관련이론 | 테두리보 역할**

- 벽체를 일체화하여 벽체의 강성을 증대시킨다.
- 부동침하나 지진 발생 시 하중을 균등하게 분포시킨다.
- 횡력에 의한 벽면의 수직균열을 방지하며, 수축균열 발생을 최소화한다.
- 세로철근의 끝을 테두리보에 정착시킬 수 있다.

## 22

**코르크판(Cork board)의 사용 용도로 옳지 않은 것은?**

① 방송실의 흡음재 ② 제빙 공장의 단열재
③ 전산실의 바닥재 ④ 내화 건물의 불연재

**해설**

코르크판은 불연재로 사용하지 않는다.

**관련이론 | 코르크판(Cork board)**

- 코르크나무 껍질을 주원료로 하여 톱밥 등을 혼합하여 접착제를 첨가한 후 가열 · 가압 · 성형 · 접착하여 널빤지처럼 만든 판재이다.
- 흡음재, 단열재, 바닥재 등으로 주로 사용된다.

## 23

**굳지 않은 모르타르나 콘크리트에 있어서 윗면에 물이 스며 나오는 현상은?**

① 블리딩 ② 보일링
③ 크리프 ④ 파이핑

**해설**

블리딩(Bleeding)에 대한 설명이다.

## 24

**지붕물매 중 되물매에 해당하는 것은?**

① 4cm 물매 ② 5cm 물매
③ 10cm 물매 ④ 12cm 물매

**해설**

되물매는 수평길이 10cm에 대해 단위수직높이 10cm로서 45°경사를 갖는 물매이다.

**관련이론 | 지붕의 물매**

- **뜬물매:** 지붕 경사가 45° 미만인 물매
- **되물매(10cm 물매):** 지붕 경사가 45°인 물매
- **된물매:** 지붕 경사가 45° 초과하는 물매

## 25

**목재의 공극이 전혀 없는 상태의 비중을 무엇이라 하는가?**

① 기건비중 ② 절건비중
③ 진비중 ④ 겉보기비중

**해설**

진비중에 대한 설명이다.

**관련이론 | 기건비중**

공기 속의 온도와 평형을 이룰 때까지 건조상태로 존재하는 비중이다.

## 26

빈출

**철근콘크리트구조에 관한 설명으로 옳지 않은 것은?**

① 역학적으로 인장력에 주로 저항하는 부분은 콘크리트이다.
② 콘크리트가 철근을 피복하므로 철골구조에 비해 내화성이 우수하다.
③ 콘크리트와 철근의 선팽창계수가 거의 같아 일체화에 유리하다.
④ 콘크리트는 알칼리성이므로 철근의 부식을 막는 기능을 한다.

**해설**

인장력에 주로 저항하는 부분은 철근이고, 압축력에 주로 저항하는 부분은 콘크리트이다.

## 27

주택의 부엌에서 작업 삼각형(Work triangle)의 구성에 포함되지 않는 것은?

① 냉장고 ② 배선대
③ 개수대 ④ 가열대

**해설**

배선대는 작업 삼각형에 포함되지 않는다.

**부엌의 작업 삼각형(Work triangle):** 준비대(냉장고), 개수대, 가열대(레인지)

## 28

빈출

재료의 분류 중 천연재료가 아닌 것은?

① 목재 ② 아스팔트
③ 석회 ④ 합성수지

**해설**

합성수지는 인공재료에 속한다.

**관련이론**

**천연재료:** 목재, 석재, 모래, 진흙, 골재, 석회, 대나무, 아스팔트 등
**인공재료:** 콘크리트, 금속, 합성수지, 플라스틱, 유리, 고분자재료 등

## 29

빈출

조립식 구조의 특성 중 옳지 않은 것은?

① 공장생산이 가능하다.
② 대량생산이 가능하다.
③ 기계화 시공으로 단기완성이 가능하다.
④ 각 부품과의 접합부를 일체화하기 쉽다.

**해설**

각 부품과의 접합부가 일체화되기가 어렵다.

**조립식 구조**

- 공장생산에 의한 공업화 건축이 가능하다.
- 건축 생산재의 표준화 및 규격화가 가능하다.
- 재료의 생산 정밀도를 높일 수 있다.
- 시공의 품질을 높일 수 있다.
- 건식 구조로서 공사기간을 줄일 수 있다.
- 접합부 설계가 어렵고, 각 부품과의 접합부가 일체화되기가 어렵다.

## 30

어떤 하나의 색상에서 무채색의 포함량이 가장 적은 색은?

① 명색 ② 순색
③ 탁색 ④ 암색

**해설**

순색은 무채색을 섞지 않거나 무채색의 포함량이 가장 적은 순수한 색을 말한다.

## 31

빈출

건축 생산에 사용되는 건축재료의 발전 방향과 가장 관계가 먼 것은?

① 비표준화 ② 고성능화
③ 에너지 절약화 ④ 공업화

**해설**

비표준화는 해당되지 않는다.

**건축 생산재 발전 방향**

- 표준화, 규격화, 합리화
- 공업화(프리패브화) 및 생산성
- 고품질, 고성능화
- 에너지 절약화

## 32

빈출

시멘트 혼화제인 AE제를 사용하는 가장 중요한 목적은?

① 압축강도를 증가시키기 위해
② 모르타르나 콘크리트에 색깔을 내기 위해
③ 동결 융해 작용에 대하여 내구성을 가지기 위해
④ 모르타르나 콘크리트의 방수성능을 위해

**해설**

**AE제(Air Entraining agent):** 모르타르나 콘크리트 등에 많은 미세공극을 균일하게 분포시키기 위해 사용하는 혼화제를 말하며, 콘크리트의 워커빌리티 및 동결 융해 작용에 대하여 내구성을 가지기 위해 사용한다.

**정답** | 21. ④ 22. ④ 23. ① 24. ③ 25. ③ 26. ① 27. ② 28. ④ 29. ④ 30. ② 31. ① 32. ③

2024년

## 33

**석질이 견고하고 마멸에 강하며 대형재가 생산되므로 구조용 재료로 이용되며, 콘크리트용 골재로도 많이 사용되는 석재는?**

① 현무암 ② 화강암
③ 감람석 ④ 대리석

**해설**
화강암에 대한 설명이다.
화강암은 재질이 단단하고 내구성 및 강도가 크나, 내화성은 약한 편이다.

## 34

빈출

**다음 중 강구조의 주각부분에 사용되지 않는 것은?**

① 윙 플레이트 ② 데크 플레이트
③ 베이스 플레이트 ④ 클립 앵글

**해설**
데크 플레이트(Deck plate)는 철골공사 시 바닥슬래브를 타설하기 전에 철골보 위에 설치하여 바닥판 등으로 사용하는 절곡된 얇은 판의 부재를 말한다.

**관련이론 | 강구조의 주각부분**
윙 플레이트, 베이스 플레이트, 클립 앵글, 사이드 앵글, 앵커 볼트 등이 있다.

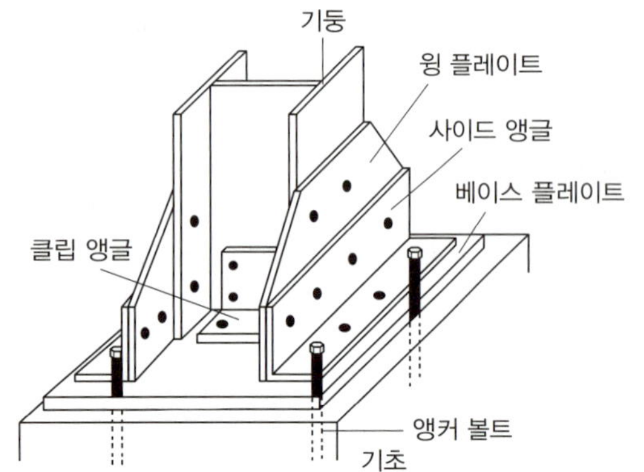


## 35

고난도

**석고보드 제품의 단면형상에 따른 종류에 해당되지 않는 것은?**

① 칩보드 ② 평보드
③ 테파보드 ④ 베벨보드

**해설**
칩보드(Chip−board)는 제재목의 죽데기 등을 잘게 깎은 부스러기를 원료로 하여 접착제를 혼입하고 가압 성형한 판을 말한다.

**석고보드의 형상에 따른 종류**
- **평보드:** 석고보드의 측면을 거의 직각으로 성형한 보드이다.
- **테파보드(Taper board):** 석고보드의 길이 양단 부분을 경사지게 성형한 보드이다.
- **베벨보드(Bevel board):** 테파보드에 비해 경사지게 처리하는 부위를 좁게 하여 이음매 처리를 쉽게 할 수 있도록 성형한 보드이다.

## 36

고난도

**질감(Texture)에 관한 설명으로 옳지 않은 것은?**

① 모든 물체는 일정한 질감을 갖는다.
② 질감의 선택에서 중요한 것은 스케일, 빛의 반사와 흡수 등이다.
③ 매끄러운 재료는 빛을 흡수하므로 무겁고 안정적인 느낌을 준다.
④ 촉각 또는 시각으로 지각할 수 있는 어떤 물체 표면상의 특징을 말한다.

**해설**
매끄러운 재료는 빛을 반사하며 가벼운 느낌을 준다.

## 37

**굳지 않은 콘크리트의 컨시스턴시를 측정하는 방법이 아닌 것은?**

① 플로우 시험 ② 리몰딩 시험
③ 슬럼프 시험 ④ 르샤틀리에 비중병 시험

**해설**
**컨시스턴시(Consistency, 반죽질기) 시험:** 슬럼프 시험, 플로우 시험, 관입 시험, 리몰딩 시험, 낙하 시험 등

## 38

빈출

**형태의 조화로서 황금비례의 비율은?**

① 1 : 1 ② 1 : 1.414
③ 1 : 1.618 ④ 1 : 3.141

**해설**

황금비율은 1 : 1.618이다.

## 39

**석고보드에 대한 설명으로 옳지 않은 것은?**

① 부식이 진행되지 않고 충해를 받지 않는다.
② 팽창 및 수축의 변형이 크다.
③ 흡수로 인해 강도가 현저하게 저하된다.
④ 단열성이 우수하다.

**해설**

석고보드는 팽창 및 수축의 변형이 작으며 단열이나 흡음, 차음성이 우수하다.

## 40

빈출

**주택의 침실에 관한 설명으로 옳지 않은 것은?**

① 어린이 침실은 주간에는 공부를 할 수 있고, 유희실을 겸하는 것이 좋다.
② 부부침실은 주택 내의 공동 공간으로서 가족생활의 중심이 되도록 한다.
③ 침실의 크기는 사용인원 수, 침구의 종류, 가구의 종류, 통로 등의 사항에 따라 결정된다.
④ 침실의 위치는 소음의 원인이 되는 도로 쪽은 피하고, 공원 등의 공지에 면하도록 하는 것이 좋다.

**해설**

부부침실은 부부 생활을 고려하고 기밀성이 요구되므로, 주택의 가장 안쪽으로 다른 실과 독립된 영역에 위치하도록 한다.
주택 내의 공동 공간으로서 가족생활의 중심이 되는 것은 거실이다.

## 41

**다음 중 철근콘크리트구조의 내진벽에 관한 설명으로 옳지 않은 것은?**

① 내진벽은 수평하중에 대하여 저항할 수 있도록 설계된 벽체이다.
② 평면상으로 둘 이상의 교점을 가지도록 배치한다.
③ 하중을 벽체가 고르게 부담할 수 있도록 배치한다.
④ 내진벽은 상부층에 많이 배치하는 것이 바람직하다.

**해설**

내진벽은 하층부에 많이 배치한다.

**관련이론 | 내진벽의 배치**

- 위 · 아래층의 동일한 위치에 배치한다.
- 하부층에 많이 배치한다.
- 균형을 고려하여 평면상으로 둘 이상의 교점을 가지도록 배치한다.
- 하중을 고르게 부담하도록 배치한다.

## 42

**목구조 기둥에 대한 설명으로 옳지 않은 것은?**

① 중층건물의 상 · 하층 기둥이 길게 한 재로 된 것은 토대이다.
② 활주는 추녀뿌리를 받친 기둥이고, 단면은 원형과 팔각형이 많다.
③ 심벽식 기둥은 노출된 형식을 말한다.
④ 기둥의 형태가 밑둥부터 위로 올라가면서 점차 가늘어지는 것을 흘림기둥이라 한다.

**해설**

**통재기둥(通材柱):** 기둥을 잇지 아니하고, 중층건물의 상 · 하층 기둥을 길게 2층 이상까지 단일재로 만든 기둥이다.
**토대(土臺):** 목조건축에서 기둥의 하부에 배치해서 기둥의 하중을 기초에 전달하는 수평재이다.

**정답** | 33. ② 34. ② 35. ① 36. ③ 37. ④ 38. ③ 39. ② 40. ② 41. ④ 42. ①

2024년

## 43

빈출

**주택의 동선계획에 관한 설명으로 옳지 않은 것은?**

① 동선에는 공간을 두어 이동이 용이하도록 한다.
② 동선은 가능한 길게 처리하는 것이 좋다.
③ 서로 다른 동선은 교차하지 않도록 한다.
④ 가사노동의 동선은 가능한 남측에 위치시킨다.

**해설**

동선은 가능한 짧게 처리하는 것이 좋다.

**관련이론 | 동선계획의 원칙**

- 단순하고 명쾌하며, 거리가 짧아야 한다.
- 서로 다른 종류의 동선은 분리하고 교차시키지 않는다.
- 속도가 빠른 동선은 너비를 넓게 하고, 장애가 없어야 한다.
- 사람의 진입동선과 차량의 진입동선은 분리한다.
- 동선에는 공간이 필요하고 장애가 되는 가구를 둘 수 없다.

## 44

빈출

**건축제도에서 보이지 않는 부분을 표시하는 데 사용하는 선의 종류는?**

① 파선　　② 1점 쇄선
③ 2점 쇄선　　④ 가는 실선

**해설**

파선은 건축도면에서 보이지 않는 부분을 표시한다.

**관련이론 | 선의 종류(KS F 1501)**

| 선의 종류 | | 사용 방법 |
|---|---|---|
| 실선 | ━━━ | 단면의 윤곽 표시 |
| | ─── | 보이는 부분의 윤곽 표기 또는 좁거나 작은 면의 단면 부분 윤곽 표시 |
| | ──── | 치수선, 치수보조선, 인출선, 격자선 |
| 파선, 점선 | -------- | 보이지 않는 부분이나 절단면보다 양면 또는 윗면에 있는 부분의 표시 |
| 1점 쇄선 | -·-·-·- | 중심선, 절단선, 기준선, 경계선, 참고선 |
| 2점 쇄선 | -··-··- | 상상선 또는 1점 쇄선과 구별할 필요가 있을 때 |

## 45

**건축행위에서 신축에 해당되지 않는 것은?**

① 건축물이 없는 대지에 건축물을 새롭게 축조한다.
② 기존 건축물 전부를 해체한 후 종전 규모보다 크게 건축물을 축조한다.
③ 부속건물만 있는 대지에 새로이 주된 건축물을 축조한다.
④ 건축물의 주요구조부를 해체하지 아니하고 같은 대지의 다른 위치로 건축물을 옮긴다.

**해설**

④는 건축행위 중 이전에 해당한다.

## 46

빈출

**다음 중 건축도면 작도에서 가장 굵은 선으로 표현하는 것은?**

① 인출선　　② 해칭선
③ 단면선　　④ 치수선

**해설**

단면선을 가장 굵게 표시한다.

**선의 굵기 순서**

외형선, 단면선>기준선, 절단선, 숨은선, 경계선, 가상선>중심선, 치수선, 치수보조선, 지시선, 해칭선

## 47

고난도

**아스팔트의 견고성 정도를 침의 관입저항으로 평가하는 방법은?**

① 수축률　　② 침입도
③ 경도　　④ 갈라짐

**해설**

침입도에 대한 설명이다.

**아스팔트의 품질 판별 방법**

침입도, 신도, 연화점, 인화점, 감온비 등이 있다.

## 48

**실내의 잔향시간에 관한 설명으로 옳지 않은 것은?**

① 실의 용적에 비례한다.
② 실의 흡음력에 비례한다.
③ 일반적으로 잔향시간이 짧을수록 명료도는 높아진다.
④ 음악을 주목적으로 하는 실의 경우는 잔향시간을 비교적 길게 계획하는 것이 좋다.

**해설**
잔향시간은 실의 흡음력에 반비례한다.

**잔향시간($T$)**

$$T=K\cdot\frac{V}{A}$$

여기서, $K$(비례상수): 0.162
$V$: 실용적
$A$: 흡음력(평균 흡음률($\alpha$)×실내 표면적)

## 49

**넓은 기계 대패로 나이테를 따라 두루마리를 펴듯이 연속적으로 벗기는 방법으로 얼마든지 넓은 베니어를 얻을 수 있고 원목의 낭비를 줄일 수 있는 제조법은?**

① 소드 베니어 ② 로터리 베니어
③ 반 로터리 베니어 ④ 슬라이스드 베니어

**해설**
로터리 베니어는 굵고 곧은 통나무를 증기로 가열하여 연화시킨 다음 나이테에 따라 원주 방향으로 두루마리를 펴듯이 연속적으로 얇게 잘라 만든 박판이다.

**관련이론 | 베니어의 종류**

| 소드 베니어 | 로터리 베니어 | 슬라이스드 베니어 |
|---|---|---|
| 후판, 톱 | 박판, 날 | 박판, 날 |

## 50

빈출

**한식주택의 특징으로 옳지 않은 것은?**

① 좌식 생활 중심이다.
② 공간의 융통성이 낮다.
③ 가구는 부수적인 내용물이다.
④ 평면은 실의 위치별 분화이다.

**해설**
한식주택은 각 실들을 다목적으로 혼용하여 사용할 수 있으므로 공간의 융통성이 높다.

## 51

**강구조의 기둥 종류 중 앵글·채널 등으로 대판을 플랜지에 직각으로 접합한 것을 무엇이라 하는가?**

① H형강기둥 ② 래티스기둥
③ 격자기둥 ④ 강관기둥

**해설**
격자기둥은 작은 부재가 큰 힘을 받을 수 있도록 앵글, 채널 등의 대판(띠판)을 플랜지에 직각으로 접합한 기둥이다.

**관련이론 | 철골 기둥의 종류**

| H형강 기둥 | 래티스 기둥 |
|---|---|
| | |
| **격자 기둥** | **강관 기둥** |
| | |

정답 | 43. ② 44. ① 45. ④ 46. ③ 47. ② 48. ② 49. ② 50. ② 51. ③

## 52

**석재의 조직 중 석재의 외관 및 성질과 가장 관계가 깊은 것은?**

① 조암광물 ② 석리
③ 절리 ④ 석목

**해설**
석리(石理)는 석재의 외관 및 성질을 알 수 있는 석재의 표면 조직이나 결을 말한다.

**관련이론 | 층리(層理)**
광물의 조성, 입자의 모양과 크기에 따라 만들어지는 층 모양의 배열을 말한다.

## 53

빈출

**공간 벽돌 쌓기에서 표준형 벽돌로 바깥벽은 0.5B, 공간 80mm, 안벽 1.0B로 할 때 총벽체 두께는?**

① 290mm ② 310mm
③ 360mm ④ 380mm

**해설**
총벽체 두께는 0.5B+공간+1.0B이고
0.5B는 90mm, 공간은 80mm, 1.0B는 190mm이므로,
90+80+190=360mm이다.

## 54

**건축제도용지 중 A0 용지의 크기는?**

① 594mm×841mm
② 841mm×1,189mm
③ 1,189mm×1,090mm
④ 1,090mm×1,200mm

**해설**
A0 용지의 크기는 841mm×1,189mm이다.

**관련이론 | 건축제도용지 크기**
- **A0 용지:** 841×1,189mm
- **A1 용지:** 594×841mm(A0 용지의 1/2 크기)
- **A2 용지:** 420×594mm(A0 용지의 1/4 크기)
- **A3 용지:** 297×420mm(A0 용지의 1/8 크기)
- **A4 용지:** 210×297mm(A0 용지의 1/16 크기)

## 55

**디자인의 기본 원리 중 성질이나 질량이 전혀 다른 둘 이상의 것이 동일한 공간에 배열될 때 서로의 특징을 한층 돋보이게 하는 현상은?**

① 대비 ② 통일
③ 리듬 ④ 강조

**해설**
대비에 대한 설명이다.

**관련이론 | 리듬**
규칙적인 요소들의 반복으로 디자인에 시각적인 질서를 부여하며 부분과 부분 사이에 시각적으로 강한 힘과 약한 힘이 규칙적으로 연속될 때 나타난다.

## 56

**기초에 대한 설명으로 틀린 것은?**

① 매트기초는 부동침하가 염려되는 건물에 유리하다.
② 파일기초는 연약지반에 적합하다.
③ 기초에 사용된 콘크리트의 두께가 두꺼울수록 인장력에 대한 저항성능이 우수하다.
④ RCD파일은 현장타설 말뚝기초의 하나이다.

**해설**
기초에 사용된 콘크리트의 두께가 두꺼울수록 전단력, 압축력에 대한 저항성능이 우수해진다.

## 57
고난도

**목구조 접합부와 그 접합부에 사용되는 철물이 적절하게 연결되지 않은 것은?**

① 왕대공과 평보 – 감잡이쇠
② 평기둥과 층도리 – 띠쇠
③ 큰 보와 작은 보 – 안장쇠
④ 토대와 기둥 – 앵커볼트

**해설**

토대와 기둥 – 띠쇠

**관련이론 | 목구조 접합부 보강철물**

- ㅅ자보와 중도리 – 꺾쇠
- 왕대공과 평보 – 감잡이쇠
- 큰 보와 작은 보 – 안장쇠
- 토대와 기둥 – 띠쇠
- 평기둥과 층도리 – 띠쇠

## 58
빈출

**중용열 포틀랜드 시멘트의 설명으로 옳지 않은 것은?**

① 수화열이 작고 경화가 느리다.
② 수축량이 적으며, 단기강도는 낮다.
③ 내구성은 좋으나 내산성이나 내화학성은 좋지 않다.
④ 댐공사, 방사선 차폐용 콘크리트 등에 이용된다.

**해설**

중용열 포틀랜드 시멘트는 내구성, 내산성, 내화학성이 좋고 장기강도가 크다.

**중용열 포틀랜드 시멘트**

- 수화열(발열량)이 작고 경화가 느리며 수축량이 적다.
- 내황산염성이 풍부한 포틀랜드 시멘트로 침식성 용액에 대한 저항이 크다.
- 내구성, 내산성, 내화학성은 좋고 장기강도가 크다.
- 댐공사, 방사선 차폐용 콘크리트 등에 이용된다.

## 59

**요소수지에 대한 설명으로 틀린 것은?**

① 열경화성 수지이다.
② 착색이 용이하지 못하다.
③ 내수성이 약하다.
④ 마감재, 가구재 등에 사용된다.

**해설**

요소수지는 착색이 용이하다.

**관련이론 | 요소수지**

- 요소와 폼알데하이드 등의 알데하이드류 축합반응으로 생기는 열경화성 수지이다.
- 무색으로 투명하고, 착색이 용이하다.
- 내수성이 약하며, 수용성인 초기 축합물에 염류(鹽類)를 가하면 상온에서도 경화한다.
- 신장강도가 높고 잘 휘어지며, 열에 의한 비틀림 온도가 높다.
- 마감재, 가구재 등에 사용된다.

## 60

**건축에서의 모듈 적용의 장단점으로 옳지 않은 것은?**

① 설계작업이 복잡하다.　② 대량생산이 용이하다.
③ 현장작업이 단순하다.　④ 공사기간이 단축된다.

**해설**

설계작업이 단순하고 간편하다.

**관련이론 | 모듈 설계의 장점**

- 설계작업이 단순하고 간편하다.
- 건축재료의 수송 및 취급이 용이하다.
- 현장작업이 단순하고 공사기간이 단축된다.
- 대량생산으로 질적으로 향상되며, 생산단가는 저하된다.
- 국제적인 MC를 사용하면 국제교역이 용이하다.

**정답** | 52. ② 53. ③ 54. ② 55. ① 56. ③ 57. ④ 58. ③ 59. ② 60. ①

2024년

# 2023년 | 2회 CBT 복원문제

자동채점 

## 01

고난도

**경사지를 적절하게 이용할 수 있으며, 각 호마다 전용의 정원을 갖는 주택 형식은?**

① Town house ② Row house
③ Courtyard house ④ Terrace house

**해설**

**테라스 하우스(Terrace house):** 세대별 정원을 갖는 집합주택이며, 자연경사지를 이용할 경우 아래층의 지붕을 위층에서 정원으로 활용할 수 있다.

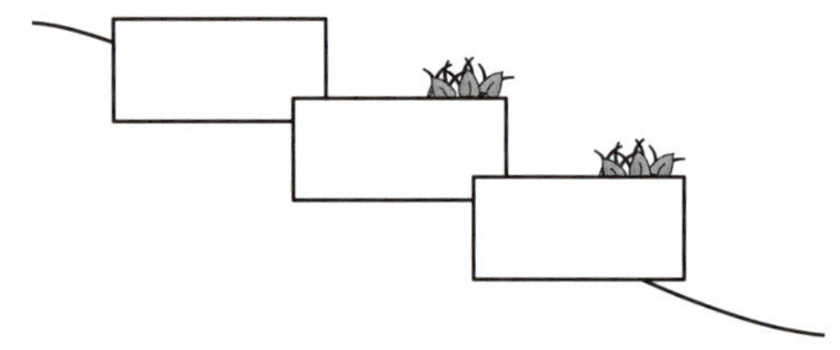

## 02

**다음과 같은 창호의 평면 표시기호의 명칭은?**

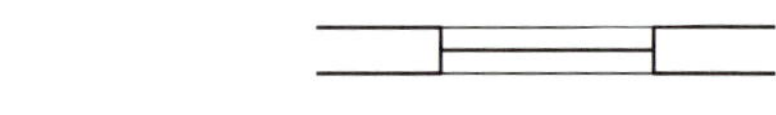

① 회전창 ② 붙박이창
③ 미서기창 ④ 외여닫이창

**해설**

붙박이창의 기호이다. 창틀에 끼워서 고정시킨 창으로서 채광용으로 사용된다.

**관련이론 | 각종 창호의 평면 표시 기호**

| 회전창 | 붙박이창 |
|---|---|
| | |
| **미서기창** | **외여닫이창** |
| | |

## 03

**점토에 톱밥이나 분탄 등의 가루를 혼합하여 소성한 것으로 절단, 못치기 등의 가공성이 우수한 것은?**

① 이형 벽돌 ② 다공질 벽돌
③ 내화 벽돌 ④ 포도 벽돌

**해설**

다공질 벽돌에 대한 설명이다.

**관련이론 | 포도 벽돌**

흡수율이 적고 내마모성이 커서 도로 포장용 혹은 옥상 포장용에 사용된다.

## 04

고난도

**다음 중 피복두께가 최소인 것은? (옥외의 공기나 흙에 직접 접하지 않는 콘크리트의 경우)**

① 보
② 기둥
③ 쉘
④ 슬래브(D35 초과 철근)

**해설**

쉘의 피복두께가 20mm로 최소이다.

**선지분석**

① 보: 40mm
② 기둥: 40mm
④ 슬래브(D35 초과 철근): 40mm

**관련이론**

**프리스트레스하지 않는 부재의 현장치기 콘크리트의 최소피복두께(단위 : mm)**

| 조건 | 부재 | 철근 | 피복두께 |
|---|---|---|---|
| 수중에서 치는 콘크리트 | 모든 부재 | – | 100 |
| 흙에 접하여 콘크리트를 친 후 영구히 흙에 묻혀 있는 콘크리트 | 모든 부재 | – | 75 |
| 흙에 접하거나 옥외의 공기에 직접 노출되는 콘크리트 | 모든 부재 | D19 이상 | 50 |
| | | D16 이하 | 40 |
| 옥외의 공기나 흙에 직접 접하지 않는 콘크리트 | 슬래브, 벽체, 장선 | D35 초과 | 40 |
| | | D35 이하 | 20 |
| | 보, 기둥 | – | 40 |
| | 쉘, 절판부재 | – | 20 |

## 05

**건축물의 내구성에 영향을 주는 환경요인으로 해당되지 않는 것은?**

① 지진 ② 광택
③ 화재 ④ 해풍

**해설**

광택은 해당되지 않는다.

**건축물의 내구성에 영향을 주는 요인:** 지진, 바람, 화재, 충해, 부식, 염분 등

## 06

**결합재의 하나로서 미장 재료에 혼입하여 보강, 균열 방지의 역할을 하는 섬유질 재료를 무엇이라 하는가?**

① 풀 ② 여물
③ 골재 ④ 안료

**해설**

여물에 대한 설명이다.

## 07

**창호 종류 중 방풍을 목적으로 풍소란을 설치하는 것은?**

① 미서기문 ② 양판문
③ 플러시문 ④ 회전문

**해설**

**풍소란:** 미서기창호에서 방풍을 목적으로 마중대와 여밈대가 서로 접하는 부분에 틈새가 나지 않도록 하기 위해 문지방의 아래위 또는 창호의 양옆에 대는 좁은 나무를 말한다.

**관련이론** | 마중대와 여밈대

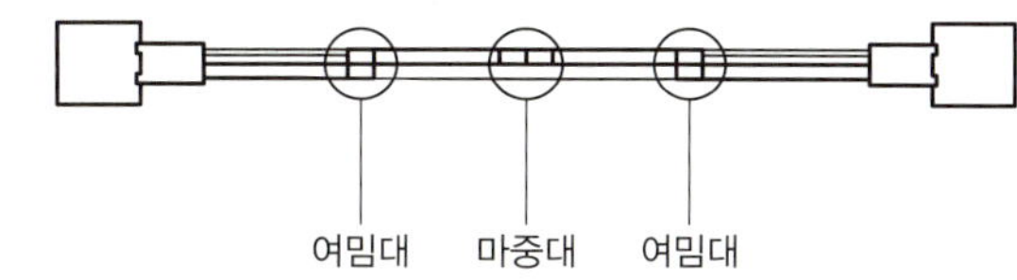


## 08

**송풍에 의한 내압으로 외기압보다 약간 높은 압력을 주고, 압력에 의한 장력으로 공간 및 구조적인 안정성을 추구한 건축구조는?**

① 절판구조 ② 공기막구조
③ 셸구조 ④ 현수구조

**해설**

공기막구조는 송풍에 의한 내압으로 외기압보다 약간 높은 압력을 주고, 압력에 의한 장력으로 공간 및 구조적인 안정성을 추구한 건축구조이며, 내부와 외부의 기압차에 의해 막면에 장력을 주는 지붕에 많이 적용된다.

**정답** | 01. ④ 02. ② 03. ② 04. ③ 05. ② 06. ② 07. ① 08. ②

2023년

## 09

빈출

**실제 길이 16m는 축척 1/200의 도면에서 얼마의 길이로 표시되는가?**

① 32mm ② 40mm
③ 80mm ④ 160mm

**해설**

실제 길이 16m는 16,000mm이고 축척 1/200로 표시할 경우, 16,000÷200=80mm이므로, 도면에는 80mm 길이로 표시한다.

## 10

**디자인 요소 중 수평선이 주는 조형효과와 가장 거리가 먼 것은?**

① 영원 ② 존엄
③ 평화 ④ 고요

**해설**

존엄은 수직선이 주는 조형효과이다.

**선지분석**

① 영원, ③ 평화, ④ 고요: 수평선이 주는 조형효과

**관련이론 | 선의 종류에 따른 심리적 효과**

- **수평적 구성:** 정적, 안정감, 확장감
- **수직적 구성:** 상승감, 존엄성, 엄숙함, 종교적 정열
- **사선적 구성:** 동적, 운동감, 역동적, 주의 집중

## 11

**철골구조에서 사용되는 접합방법에 속하지 않는 것은?**

① 용접접합 ② 듀벨접합
③ 고력볼트접합 ④ 핀접합

**해설**

**철골구조의 접합방법:** 볼트접합, 고력볼트접합, 용접접합, 리벳접합, 핀접합

## 12

**그림 중 꺾인지붕(Curb roof)의 평면모양은?**

① 
② 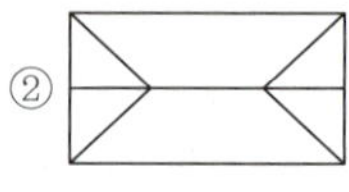
③ 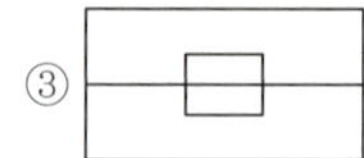
④ 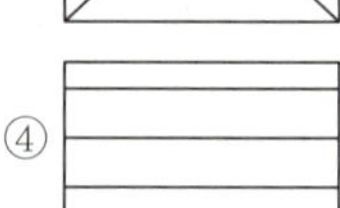

**해설**

꺾인지붕(Curb roof)은 박공지붕의 일종으로, 경사면이 2단으로 나누어진 형태로 아랫부분이 윗부분보다 급경사를 이루고 있으며, 갬브럴 지붕(Gambrel roof)이라고도 한다.

## 13

**다음 중 선의 종류가 실선이 아닌 것은?**

① 치수선 ② 치수보조선
③ 단면선 ④ 경계선

**해설**

경계선은 1점 쇄선으로 표시한다.

**관련이론 | 선의 종류(KS F 1501)**

| 선의 종류 | | 사용 방법(보기) |
|---|---|---|
| 실선 | ─── (굵은선) | 단면의 윤곽 표시 |
| | ─── (중간선) | 보이는 부분의 윤곽 표기 또는 좁거나 작은 면의 단면 부분 윤곽 표시 |
| | ─── (가는선) | 치수선, 치수보조선, 인출선, 격자선 |
| 파선, 점선 | -------- | 보이지 않는 부분이나 절단면보다 양면 또는 윗면에 있는 부분의 표시 |
| 1점 쇄선 | -·-·- | 중심선, 절단선, 기준선, 경계선, 참고선 |
| 2점 쇄선 | -··-··- | 상상선 또는 1점 쇄선과 구별할 필요가 있을 때 |

## 14

**단독주택의 평면계획에 대한 설명 중 옳지 않은 것은?**

① 침실은 다른 실의 통로가 되지 않도록 한다.
② 각 실의 상호 관계가 깊은 것은 격리시키는 것이 좋다.
③ 내부 공간과 외부 공간을 합리적으로 연결시킨다.
④ 평면 모양은 복잡하지 않도록 하고, 대지는 충분한 여유가 있어야 한다.

**해설**

각 실의 상호 관계가 깊은 것은 서로 연결하는 것이 좋다.

## 15

고난도

**레미콘 반입 시 실시하는 시험이 아닌 것은?**

① 염화물 ② 공기량
③ 슈미트해머 ④ 슬럼프

**해설**

레미콘 반입 시 품질관리를 위해 압축강도 시험, 공기량 시험, 슬럼프 시험, 염화물함량 시험 등을 실시한다.

## 16

고난도

**투상도 중 화면에 수직인 평행 투사선에 의해 물체를 투상하는 것은?**

① 정투상도 ② 등각투상도
③ 경사투상도 ④ 부등각투상도

**해설**

**정투상도:** 수직인 평행 투사선에 의해 물체를 투상하며, 투상된 몇 개의 투상도를 조합하여 3차원의 물체를 2차원의 평면에 표현하는 방법을 말한다.

## 17

**투시도에 쓰이는 용어 중 사람이 서 있는 곳을 무엇이라 하는가?**

① 정점(S.P) ② 화면(P.P)
③ 소점(V.P) ④ 기선(G.L)

**해설**

**정점(S.P, Standing Point):** 사물을 보는 사람이 서 있는 위치를 말한다.

**관련이론 | 투시도에 사용되는 용어의 기호**

- **화면(P.P; Picture Plane):** 대상물과 사람 사이의 수직면
- **기선(G.L; Ground Line):** 화면과 지반면이 만나는 선
- **시선(Line of Sight):** 시점과 공간의 점을 연결한 선
- **시점(E.P; Eye Point):** 대상물을 보는 사람의 눈 위치
- **수평선(H.L; Horizontal Line):** 눈높이와 화면의 교차선
- **수평면(H.P; Horizontal Plane):** 눈높이와 수평한 면
- **소점(V.P; Vanishing Point, 소실점):** 물체의 각 점이 수평선상에 모이는 점
- **정점(S.P; Standing Point):** 사물을 보는 사람이 서있는 위치

2023년

## 18

고난도

**길이가 폭의 3배 이상으로 가늘고 길게 된 타일로서 징두리벽 등의 장식용에 사용되는 것은?**

① 스크래치 타일 ② 보더 타일
③ 모자이크 타일 ④ 논슬립 타일

**해설**

**보더 타일(Border Tile):** 길이가 폭의 3배 이상으로 가늘고 긴 타일로서 징두리벽 등의 장식용에 사용된다.

## 19

**모래붙임루핑을 사각형, 육각형으로 잘라 만든 것으로 주택 등의 경사 지붕에 사용하는 아스팔트 제품은?**

① 아스팔트 펠트 ② 아스팔트 블록
③ 아스팔트 싱글 ④ 아스팔트 타일

**해설**

**아스팔트 싱글:** 모래붙임루핑을 사각형, 육각형으로 잘라 만든 것으로 주택 등의 경사 지붕에 사용한다.

**정답** | 09. ③ 10. ② 11. ② 12. ④ 13. ④ 14. ② 15. ③ 16. ① 17. ① 18. ② 19. ③

## 20

**블론 아스팔트의 성능을 개량하기 위해 동식물성 유지와 광물질 분말을 혼입한 것으로 일반 지붕 방수공사에 이용되는 것은?**

① 아스팔트 유제　　② 아스팔트 펠트
③ 아스팔트 루핑　　④ 아스팔트 컴파운드

**해설**

아스팔트 컴파운드에 대한 설명이다.

**아스팔트 컴파운드:** 아스팔트에 동·식물성 유지나 광물성 분말 등을 혼합하여 내열성, 접착성, 내구성 등을 개량한 것으로 방수재, 내산재, 전기절연재 등에 쓰인다.

## 21

**다음 중 석유계 아스팔트가 아닌 천연 아스팔트에 해당하는 것은?**

① 레이크 아스팔트　　② 스트레이트 아스팔트
③ 블론 아스팔트　　④ 용제추출 아스팔트

**해설**

레이크 아스팔트는 천연 아스팔트에 속한다.

**천연 아스팔트:** 레이크 아스팔트, 로크 아스팔트, 샌드 아스팔트, 아스팔타이트 등

**석유계 아스팔트:** 스트레이트 아스팔트, 컷백 아스팔트, 유화 아스팔트, 블론 아스팔트, 용제추출 아스팔트 등

## 22

**부엌의 평면형 중 동선과 배치가 간단하지만, 설비기구가 많은 경우에는 작업동선이 길어지므로 소규모 주택에 적합한 형식은?**

① 병렬형　　② ㄱ자형
③ ㄷ자형　　④ 일렬형

**해설**

일렬형에 대한 설명이다.

**관련이론 | 부엌가구의 배치 유형**

| 구분 | 특성 |
|---|---|
| 일렬형<br>(일자형) | • 동선과 배치가 간단하다.<br>• 가구배치가 길어지면 작업동선이 길어진다.<br>• 소규모 주택에 적합하다. |
| 병렬형 | • 부엌 폭의 길이에 비해 넓은 부엌에 적합하다.<br>• 작업 시 몸을 앞뒤로 바꾸는 불편함이 있다.<br>• 외부로의 출입구가 필요한 경우에 적용한다. |
| ㄱ자형<br>(L자형) | • 작업동선은 효율적이다.<br>• 식사실과 함께 이용할 경우에 적합하다. |
| ㄷ자형 | • 동선이 짧고 부엌의 면적을 줄일 수 있다.<br>• 외부로 통하는 출입구의 설치는 곤란하다. |
| 아일랜드형 | • 작업 및 수납 공간이 넓다.<br>• 대규모 주택에 적합하다. |

## 23

고난도

**다음 설명에 알맞은 주택 부엌의 유형은?**

> • 작업대 길이가 2m 정도인 소형 주방가구가 설치된 간이 부엌의 형식이다.
> • 사무실이나 독신자 아파트에 주로 설치된다.

① 키치네트(Kitchenette)
② 오픈 키친(Open Kitchen)
③ 리빙키친(Living Kitchen)
④ 다이닝 키친(Dining Kitchen)

**해설**

**키치네트(Kitchenette):** 작업대 길이가 2m 정도인 간이 주방이다. 호텔 객실, 작은 아파트, 사무실 등에 소형의 냉장고, 전자레인지 등이 설치된다.

## 24

고난도

**다음 중 목재의 흠에 해당하지 않는 용어는?**

① 옹이　　② 껍질박이
③ 연륜　　④ 혹

**해설**

연륜은 목재의 나이테(생장륜)로 목재의 흠에 해당하지 않는다.

**관련이론 | 목재의 흠**

| 구분 | 내용 |
|---|---|
| 갈라짐 | 목질 부분의 수축에 의해 생기는 흠이다. 심재는 자라는 과정에서, 변재는 건조하는 과정에서 생긴다. |
| 옹이 | 줄기에서 뻗어 나온 가지 때문에 생기는 흠으로 줄기의 세포와 가지의 세포가 교차하는 곳에서 생긴다. |
| 지선 | 목재 내부의 수지가 계속 흘러나와 굳어서 생긴 흠으로 가공하기 어렵게 만든다. |
| 껍질박이 | 성장하는 동안 목재가 상처를 입고 아물 때 껍질의 일부가 목질 부분으로 말려 들어간 부분이다. |
| 썩정이 | 목재의 내부에 부패균이 침입하여 섬유의 일부를 파괴시켜 썩은 것이다. |
| 혹 | 나무의 줄기에 형성된 비정상적으로 볼록 튀어나온 조직을 말한다. |

## 25

**H형강, 판보 또는 래티스보 등에서 보의 단면 상하에 날개처럼 내민 부분을 지칭하는 용어는?**

① 웨브　② 플랜지
③ 스티프너　④ 거셋플레이트

**해설**

플랜지(Flange)는 형강, 판보 또는 래티스보 등에서 보의 단면 상하에 날개처럼 내민 부분을 말한다.

## 26

**목구조 각 부분에 대한 설명으로 옳지 않은 것은?**

① 평보의 이음은 중앙 부근에서 덧판을 대고 볼트로 긴결한다.
② 보잡이는 평보의 옆휨을 막기 위해 설치한다.
③ 가새는 수평 부재와 60°로 경사지게 하는 것이 합리적이다.
④ 토대의 이음은 기둥과 앵커 볼트의 위치를 피하여 턱걸이 주먹장이음으로 한다.

**해설**

가새의 경사는 45°에 가까울수록 유리하다.

**관련이론 | 가새**

골조의 변형을 방지하기 위하여 대각선 방향으로 넣는 경사재로 횡력(수평력)을 보강하며, 4각형으로 짜여진 뼈대의 변형을 방지하기 위해 대각방향으로 댄 보강재를 말한다.

## 27

**다음 중 목구조에 대한 설명으로 옳지 않은 것은?**

① 토대는 기초 위에 가로놓아 상부에서 오는 하중을 기초에 전달한다.
② 토대와 토대의 이음은 턱걸이주먹장이음 또는 엇걸이산지이음 등으로 한다.
③ 평기둥은 일층에서 위층까지 한 개의 부재로 되어 있다.
④ 간사이의 중간에서 지붕보를 받는 부재를 베개보라 한다.

**해설**

**평기둥:** 각 층별로 각 층의 높이에 맞게 배치되는 기둥이다.
**통재기둥:** 2층 이상의 기둥 전체를 하나의 단일재로 사용하는 기둥이다.

## 28

**보와 기둥 대신 슬래브와 벽이 일체가 되도록 구성한 구조는?**

① 라멘구조　② 플랫슬래부 구조
③ 벽식구조　④ 셸구조

**해설**

**벽식구조:** 기둥, 들보 등의 골조를 넣지 않고 벽이나 바닥을 일체화한 구조이며, 벽체나 바닥판의 평면적인 구조체만으로 구성한 구조물로 기둥이나 보 없이 바닥 슬래브와 벽으로 연결되어 있어 구조물 전체의 강성이 우수하다.

**정답** | 20. ④　21. ①　22. ④　23. ①　24. ③　25. ②　26. ③　27. ③　28. ③

## 29

**건축구조의 구성방식에 의한 분류 중 하나로 구조체인 기둥과 보를 부재의 접합에 의해서 축조하는 방법으로 뼈대를 삼각형으로 짜 맞추면 안정한 구조체를 만들 수 있는 구조는?**

① 가구식 구조　② 캔틸레버 구조
③ 조적식 구조　④ 습식 구조

**해설**
가구식 구조는 부재(기둥, 보)를 조립과 접합에 의해서 축조하는 구조로서 삼각형으로 짜 맞추는 것이 안전하다.

## 30

고난도

**난간벽, 부란, 박공벽 위에 덮은 돌로서 빗물막이와 난간 동자받이의 목적 이외에 장식도 겸하는 돌은?**

① 돌림띠　② 두겁돌
③ 창대돌　④ 문지방돌

**해설**
두겁돌에 대한 설명이다.

## 31

빈출

**벽돌조의 내쌓기에서 벽체의 내밀 수 있는 한도는?**

① 0.5B　② 1.5B
③ 2.0B　④ 2.5B

**해설**
내쌓기 한도는 2.0B이다.

**관련이론 | 내쌓기**

- 벽돌, 돌 등을 쌓을 때 면보다 내밀어 쌓는 것을 말한다.
- 한켜는 $\frac{1}{8}$B, 두켜는 $\frac{1}{4}$B 정도 내어 쌓는다.
- 내쌓기 한도는 2.0B이며 마구리쌓기로 한다.

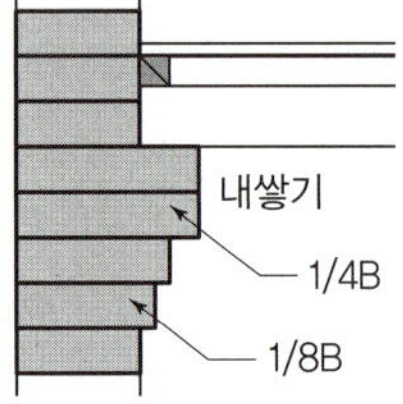


## 32

빈출

**철근콘크리트 단순보의 철근에 관한 설명 중 옳지 않은 것은?**

① 인장력에 저항하는 재축방향의 철근을 보의 주근이라 한다.
② 압축측에도 철근을 배근한 보를 복근보라 한다.
③ 전단력을 보강하여 보의 주근 주위에 둘러서 감은 철근을 늑근이라 한다.
④ 늑근은 단부보다 중앙부에서 촘촘하게 배치하는 것이 원칙이다.

**해설**
늑근은 철근콘크리트 보의 주근을 둘러 감은 철근을 말하며 전단력을 보강하는 철근이다. 늑근은 중앙부보다 단부에서 촘촘하게 배치하는 것이 원칙이다.

## 33

**건물의 하부 전체 또는 지하실 전체를 하나의 기초판으로 구성한 기초는?**

① 온통기초　② 줄기초
③ 복합기초　④ 독립기초

**해설**
온통기초는 지반이 연약하거나 기둥에 작용하는 하중이 커서 기초판이 넓어야 할 때 사용하는 기초로 건물의 하부 전체 또는 지하실 전체를 하나의 기초판으로 구성하는 기초이다.

## 34

**다음 중 점토제품이 아닌 것은?**

① 타일　② 테라코타
③ 내화벽돌　④ 테라조

**해설**
테라조(Terrazzo)는 대리석, 화강암 조각으로 만든다.
**테라조(Terazzo):** 대리석, 화강암을 최대 15mm 이하의 크기로 부순 골재를 안료, 시멘트 등의 고착제와 함께 성형, 경화한 이후 표면을 연마하여 광택을 내어 마무리하는 공법이며, 내외장 및 바닥마무리에 사용된다.

## 35

**벽체의 단열에 관한 설명으로 옳지 않은 것은?**

① 벽체의 열관류율이 클수록 단열성이 낮다.
② 단열은 벽체를 통한 열손실방지와 보온역할을 한다.
③ 벽체의 열관류 저항값이 작을수록 단열 효과는 크다.
④ 조적벽과 같은 중공 구조의 내부에 위치한 단열재는 난방 시 실내 표면 온도를 신속히 올릴 수 있다.

**해설**

벽체의 열관류 저항값이 작을수록 단열 효과는 작다.

## 36

**공기조화방식 중 전공기방식에 관한 설명으로 옳지 않은 것은?**

① 덕트 스페이스가 필요하다.
② 중간기에 외기냉방이 가능하다.
③ 실내에 배관으로 인한 누수의 우려가 없다.
④ 팬코일 유닛방식, 유인 유닛방식 등이 있다.

**해설**

팬코일 유닛방식은 전수방식, 유인 유닛방식은 수공기방식이다.

**관련이론 | 공기조화설비**

| 구분 | 종류 |
|---|---|
| 전공기방식 | 단일덕트방식, 이중덕트방식, 멀티존 유닛방식, 각 층 유닛방식 |
| 수공기방식 | 유인 유닛방식, 복사패널+덕트방식 |
| 전수방식 | 팬코일 유닛방식 |

## 37

빈출

**건축도면에서 사용되는 글자에 대한 설명 중 옳은 것은?**

① 글자의 크기는 높이로 나타낸다.
② 글자체에 대한 규정은 없다.
③ 문장은 가로쓰기가 원칙이며 세로쓰기는 어떠한 경우에도 할 수 없다.
④ 4자리의 수는 3자리에 휴지부를 찍거나 간격을 반드시 두어야 한다.

**선지분석**

② 글자체는 수직 또는 15° 경사의 고딕체로 쓰는 것을 원칙으로 한다.
③ 문장은 왼쪽에서부터 가로쓰기를 원칙으로 한다. 다만, 가로쓰기가 곤란할 때에는 세로쓰기도 할 수 있다.
④ 4자리 이상의 수는 3자리마다 휴지부를 찍거나 간격을 둠을 원칙으로 한다. 다만, 4자리의 수는 이에 따르지 않아도 된다.

## 38

**다음 중 압축력이 발생하지 않는 구조시스템은?**

① 케이블구조 ② 트러스구조
③ 절판구조 ④ 철골구조

**해설**

케이블구조는 인장부재인 케이블을 이용하여 지지 구조체에 인장력만을 전달하는 구조이다.

## 39

빈출

**소방시설은 소화설비, 경보설비, 피난설비, 소화용수설비, 소화활동설비로 구분할 수 있다. 다음 중 소화설비에 속하지 않는 것은?**

① 연결살수설비 ② 옥내소화전설비
③ 스프링클러설비 ④ 물분무등소화설비

**해설**

연결살수설비는 소화활동설비에 속한다.

**관련이론**

**소화활동설비**

- 화재를 진압하거나 인명구조활동을 위하여 사용하는 설비이다.
- 제연설비, 연결송수관설비, 연결살수설비, 비상콘센트설비, 무선통신보조설비, 연소방지설비 등이 있다.

**소화설비**

- 물 또는 그 밖의 소화약제를 사용하여 소화하는 기계·기구 또는 설비이다.
- 소화기구, 자동소화장치, 옥내소화전설비, 스프링클러설비, 물분무등소화설비, 옥외소화전설비 등이 있다.

**정답** | 29. ① 30. ② 31. ③ 32. ④ 33. ① 34. ④ 35. ③ 36. ④ 37. ① 38. ① 39. ①

## 40

**건축물의 내외벽이나 바닥, 천장 등에 흙손이나 스프레이건 등을 이용하여 일정한 두께로 발라 마무리하는 데 사용되는 재료는?**

① 접착제 ② 미장재료
③ 도장재료 ④ 금속재료

**해설**

미장재료에 대한 설명이다.

## 41

고난도

**주로 페놀, 요소, 멜라민 수지 등 열경화성 수지에 응용되는 가장 일반적인 성형법으로 옳은 것은?**

① 압축성형법 ② 이송성형법
③ 주조성형법 ④ 적층성형법

**해설**

압축성형법(Compression molding)은 성형재료를 금형 Cavity에 넣어 형을 닫고 압력과 열을 가해 성형하는 방법으로 페놀, 요소, 멜라민 수지 등의 열경화성 수지에 응용되는 가장 일반적인 성형법이다.

## 42

고난도

**화산암에 대한 설명 중 옳지 않은 것은?**

① 다공질로 부석이라고도 한다.
② 비중이 0.7~0.8로 석재 중 가벼운 편이다.
③ 화강암에 비하여 압축강도가 크다.
④ 내화도가 높아 내화재로 사용된다.

**해설**

화산암은 화강암에 비하여 압축강도가 작다.

**압축강도:** 화강암 > 대리석 > 안산암 > 점판암 > 사문암 > 사암 > 응회암 > 부석(화산암)

**화산암:** 마그마가 지하의 얕은 곳이나 지표에 나와서 급속히 굳어진 암석으로 광물의 입자가 작은 결정체이며 현무암, 유문암, 안산암 등이 있다.

## 43

**그림에서 슬럼프값을 의미하는 기호는?**

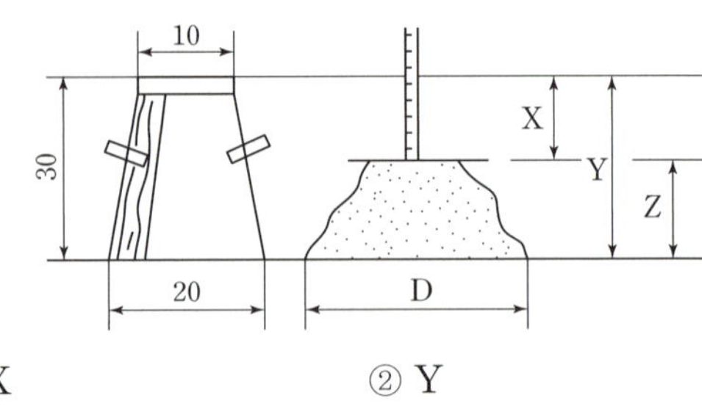


① X ② Y
③ Z ④ D

**해설**

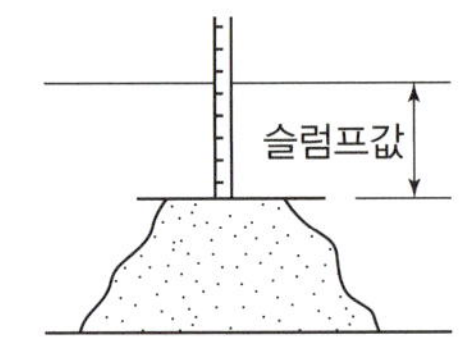


**슬럼프값:** 원뿔 모양의 틀에 콘크리트를 채우고 다진 뒤, 틀을 들어 올린 후 내려앉은 길이(mm)이다.

## 44

빈출

**블록조의 테두리보에 대한 설명으로 옳지 않은 것은?**

① 벽체를 일체화하기 위해 설치한다.
② 테두리보의 너비는 보통 그 밑의 내력벽 두께보다는 작아야 한다.
③ 세로철근의 끝을 정착할 필요가 있을 때 정착 가능하다.
④ 수직균열을 방지하고, 수축균열 발생을 최소화한다.

**해설**

테두리보의 너비는 그 밑의 내력벽의 두께 이상으로 한다.

**관련이론 | 테두리보 역할**

- 벽체를 일체화하여 벽체의 강성을 증대시킨다.
- 부동침하나 지진 발생 시 하중을 균등하게 분포시킨다.
- 횡력에 의한 벽면의 수직균열을 방지하며, 수축균열 발생을 최소화한다.
- 세로철근의 끝을 테두리보에 정착시킬 수 있다.

## 45

**목재의 공극률 공식으로 옳은 것은? ($V$: 공극률, $W$: 절건 비중)**

① $V=\left(1-\frac{W}{1.54}\right)\times 100$ ② $V=\left(1-\frac{1.54}{W}\right)\times 100$

③ $V=\left(1+\frac{W}{1.54}\right)\times 100$ ④ $V=\left(1+\frac{1.54}{W}\right)\times 100$

**해설**

목재의 공극률(%)$=\left(1-\frac{\text{목재의 절건비중}}{1.54}\right)\times 100$

## 46

**목재의 마구리를 감추면서 창문 등의 마무리에 이용되는 맞춤은?**

① 연귀맞춤 ② 장부맞춤

③ 통맞춤 ④ 주먹장맞춤

**해설**

연귀맞춤에 대한 설명이다.

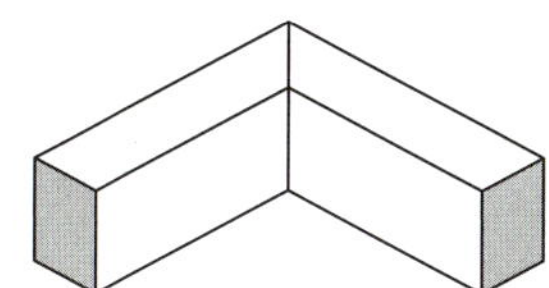

## 47

빈출

**다음 중 건축의 발전방향으로 옳지 않은 것은?**

① 수작업 → 기계화

② 공장시공 → 현장시공

③ 비표준화 → 표준화

④ 단일 기능의 건축물 → 고층화 다기능성 건축물

**해설**

현장시공 → 공장시공

**건축 생산재 발전 방향**

- 표준화, 규격화, 합리화
- 공업화(프리패브화) 및 생산성
- 고품질, 고성능화
- 에너지 절약화

## 48

**건축물의 대지면적에 대한 연면적의 비율을 무엇이라고 하는가?**

① 체적률 ② 건폐율

③ 입체률 ④ 용적률

**해설**

**용적률:** 대지면적에 대한 연면적의 비율이다.

용적률$=\left(\frac{\text{연면적}}{\text{대지면적}}\right)\times 100$

## 49

**목조 왕대공지붕틀의 각 부재에 대한 설명 중 옳지 않은 것은?**

① 중도리는 서까래를 받아 지붕의 하중을 지붕틀에 전하는 것이므로 지붕틀에 튼튼히 고정해야 한다.

② 빗대공은 인장재이므로 경사를 아주 완만하게 할수록 좋다.

③ 중도리가 ㅅ자보의 절점에 올 때에는 단순한 압축재이지만 그 절점간에 올 때에는 휨을 받는 압축재가 된다.

④ 지붕 가새는 지붕틀의 전도방지를 목적으로 V자형이나 X자형으로 배치한다.

**해설**

빗대공은 압축재이므로 경사를 완만하게 할수록 좋지 않다.

**압축재:** ㅅ자보, 빗대공

**인장재:** 평보, 왕대공, 달대공

**정답** | 40. ② 41. ① 42. ③ 43. ① 44. ② 45. ① 46. ① 47. ② 48. ④ 49. ②

## 50

**건축물의 용도분류상 단독주택에 속하지 않는 것은?**

① 다중주택 ② 다가구주택
③ 공관 ④ 다세대주택

**해설**
다세대주택은 공동주택에 속한다.

**관련이론**
**단독주택:** 단독주택, 다중주택, 다가구주택, 공관
**공동주택:** 아파트, 연립주택, 다세대주택, 기숙사

## 51

**각종의 색유리의 작은 조각을 도안에 맞추어 절단하고 조합하여 모양을 낸 것으로 성당의 창, 상업건축의 장식용으로 사용되는 것은?**

① 접합유리 ② 스테인드글라스
③ 복층유리 ④ 유리블록

**해설**
**스테인드글라스(Stained glass):** 색유리를 이어 붙이거나 유리에 색을 칠하여 무늬나 그림을 나타낸 장식용 판유리이다.

## 52

**직접조명방식에 관한 설명으로 옳지 않은 것은?**

① 조명률이 좋다.
② 눈부심이 일어나기 쉽다.
③ 작업면에 고조도를 얻을 수 있다.
④ 균일한 조도 분포를 얻기 용이하다.

**해설**
직접조명방식은 조명이 비추는 방향은 밝지만 그 이외의 방향은 어두울 수 있으므로 실내 전체적으로 볼 때 밝고 어두움의 차이가 커지면서 실내의 조도 분포가 균일하지 못하다.

## 53

빈출

**구조형식 중 삼각형 뼈대를 하나의 기본형으로 조립하여 각 부재에는 축방향력만 생기도록 한 구조는?**

① 트러스 구조 ② PC 구조
③ 플랫 슬래브 구조 ④ 조적 구조

**해설**
트러스 구조에 대한 설명이다. 트러스 구조는 부재들을 삼각형 형태로 배열하고 각 부재의 절점은 핀접합으로 연결한다. 부재는 축력(압축력, 인장력)만 작용하며, 휘는 힘(휨모멘트)은 발생하지 않는다.

## 54

빈출

**에스컬레이터에 관한 설명으로 옳지 않은 것은?**

① 수송량에 비해 점유면적이 작다.
② 대기시간이 없고 연속적인 수송설비이다.
③ 수송능력이 엘리베이터의 1/2 정도로 작다.
④ 승강 중 주위가 오픈되므로 주변 광고효과가 크다.

**해설**
에스컬레이터의 1대당 수송능력은 동일시간 기준으로 엘리베이터의 10배 정도로 크다.

## 55

**높이에 의한 수압 차이로 급수하는 방식으로 항상 일정한 수압을 유지하며 대규모 급수설비에 적합한 급수 방식은?**

① 부스터방식 ② 압력탱크방식
③ 고가탱크방식 ④ 수도직결방식

**해설**
**고가탱크방식:** 물을 고가수조로 양수한 후 그 수위를 이용하여 하향급수관을 통해 급수하는 방식이다. 급수 압력이 일정하고, 단수 시에도 일정량의 급수가 가능하며, 대규모 건물에 적합하다.

## 56

빈출

**형태의 조화로서 황금비례의 비율은?**

① 1 : 1　② 1 : 1.414
③ 1 : 1.618　④ 1 : 3.141

**해설**
황금비율은 1 : 1.618이다.

## 57

**점토 벽돌 중 매우 높은 온도로 구워 낸 것으로 모양이 좋지 않고 빛깔은 짙으나 흡수율이 매우 적고 압축강도가 매우 큰 벽돌을 무엇이라 하는가?**

① 이형벽돌　② 과소품벽돌
③ 다공질벽돌　④ 포도벽돌

**해설**
과소품 벽돌에 대한 설명이다.

**관련이론**
**포도벽돌:** 흡수율이 적고 내마모성이 커서 도로 포장용 혹은 옥상 포장용에 사용된다.
**다공질벽돌:** 점토에 톱밥이나 분탄 등을 혼합하여 소성시킨 것으로 절단, 못치기 등의 가공성이 우수하며 방음·흡음성이 좋은 경량벽돌이다.

## 58

**다음 중 철근콘크리트 구조에서 거푸집이 갖추어야 할 조건으로 가장 거리가 먼 것은?**

① 콘크리트를 부어 넣었을 때 변형되거나 파괴되지 않을 것
② 반복 사용할 수 없을 것
③ 운반과 가공이 쉬울 것
④ 시멘트 페이스트가 누출되지 않을 것

**해설**
거푸집은 반복 사용할 수 있어야 한다.

## 59

**다음 급수방식 중 가장 위생적인 급수방식은?**

① 고가탱크방식　② 수도직결방식
③ 압력탱크방식　④ 진공펌프방식

**해설**
**수도직결방식:** 도로에 매설되어있는 수도 본관에서 수도관을 연결하여 건물 내의 필요한 곳에 직접 급수하는 방식으로, 급수오염 가능성이 가장 적으며 위생성 측면에서 이상적이다.

## 60

빈출

**다음 중 부동침하의 원인과 가장 관계가 먼 것은?**

① 이질지정을 하였을 경우
② 일부지정을 하였을 경우
③ 건물을 경량화 하였을 경우
④ 지반이 연약한 경우

**해설**
건물의 경량화는 부동침하 방지대책이다.

**관련이론**
**부동침하 방지대책**
- 건물의 강성을 높일 것
- 지하실을 강성체로 설치할 것
- 건물의 중량을 작게 할 것
- 건물은 너무 길지 않게 할 것
- 인접건물과의 거리를 멀게 할 것

**부동침하의 원인**
- 지반이 연약한 경우
- 연약지반의 두께가 다를 경우
- 이질지정 또는 일부지정
- 건물이 서로 다른 지반의 이질층에 걸쳐 있는 경우
- 자중이 일정하지 않거나 부주의한 일부 증축의 경우
- 지하수위 변경
- 지하 매설물 또는 구멍이 있거나, 지반이 메운 땅인 경우

**정답** | 50. ④ 51. ② 52. ④ 53. ① 54. ③ 55. ③ 56. ③ 57. ② 58. ② 59. ② 60. ③

2023년

# 2023년 | 1회 CBT 복원문제

## 01

한식 공사에서 종도리를 얹는 것을 말하는 것은?

① 열초 ② 입주
③ 치목 ④ 상량

**해설**

**상량(上樑):** 전통 한옥을 지을 때, 기둥이나 대들보가 모두 설치된 다음에 종도리(宗道里, 마룻대)를 올리는 것을 말한다.

## 02

고난도

다음 중 점토제품의 소성온도 측정에 쓰이는 것은?

① 제게르추 ② 호프만추
③ 머플추 ④ 샤모트추

**해설**

제게르추에 대한 설명이다.

**제게르추:** 산화 알루미늄에 혼합물을 섞어 연화온도가 다른 여러 개의 삼각뿔이나 원뿔을 만들어 가마 안에 설치한 다음에, 그 연화 변형의 정도를 보고 그때의 온도를 재는 기구로 독일의 제게르가 고안하였다.

## 03

빈출

전답토를 원료로 하여 790~1,000℃로 소성한 것으로 흡수율이 가장 높은 점토제품은 무엇인가?

① 도기 ② 토기
③ 석기 ④ 자기

**해설**

점토제품의 종류 및 특성

| 항목 | 토기 | 도기 | 석기 | 자기 |
|---|---|---|---|---|
| 소성온도(℃) | 790~1,000 | 1,100~1,230 | 1,160~1,350 | 1,230~1,460 |
| 흡수율 | 20~30% | 15~20% | 3~10% | 1% 이하 |

## 04

고난도

그림과 같은 보에 하중이 다음과 같이 작용할 때 가장 올바른 철근 배근은?

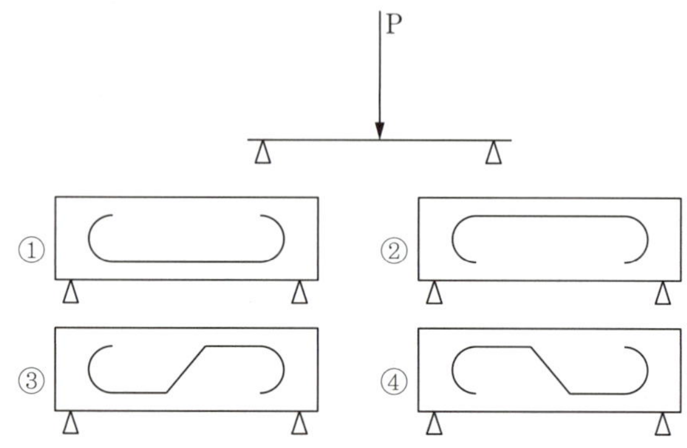


**해설**

콘크리트 보 중앙의 하부에 인장력이 작용하므로 철근은 보의 중앙 하부에 배근하여야 한다.

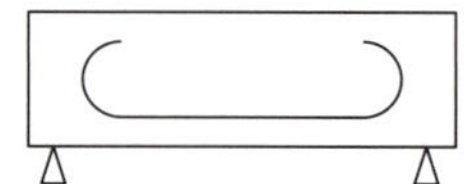

## 05

철근콘크리트 기둥에 철근 배근 시 띠철근의 수직 간격으로 가장 알맞은 것은? (단, 기둥 단면 400×400mm, 주근 지름 13mm, 띠철근 지름 10mm임)

① 200mm ② 250mm
③ 400mm ④ 480mm

**해설**

띠철근의 최소간격 조건(다음 3개 중 작은 것으로 한다. 단, 200mm 이상이다.)

- **주철근 직경의 16배 이하:** 13mm×16=208mm 이하
- **띠철근 직경의 48배 이하:** 10mm×48=480mm 이하
- **기둥 단면 최소 치수의 1/2 이하:** 400mm÷2=200mm 이하

∴ ① 200mm가 가장 적당하다.

## 06

고난도

**어느 목재의 중량을 달았더니 50g이었다. 이것을 건조로에서 완전히 건조시킨 후 달았더니 중량이 35g이었을 때 이 목재의 함수율은?**

① 약 25%　② 약 33%
③ 약 43%　④ 약 50%

**해설**

$$목재의\ 함수율 = \frac{건조\ 전\ 중량 - 절건중량}{절건중량} \times 100(\%)$$

$$= \frac{50-35}{35} \times 100(\%) \fallingdotseq 42.9\%$$

## 07

고난도

**트러스에서 상현재와 하현재 내에서 연결부 역할을 하는 부재는?**

① Lower chord member
② Web member
③ Upper chord member
④ Supporting point

**해설**

Web member: 트러스에서 상현재와 하현재 내에서 연결부 역할을 하는 부재이다.

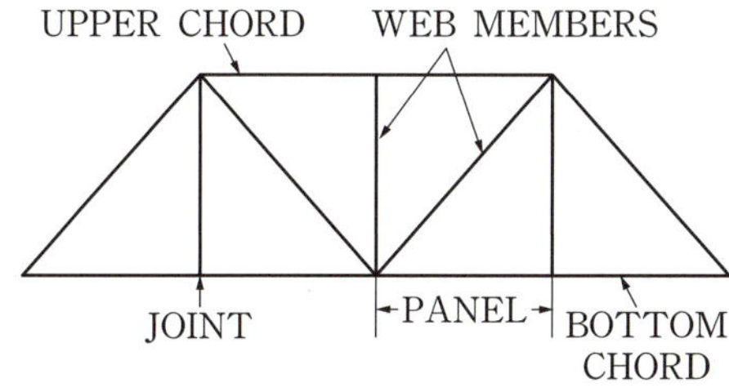


## 08

빈출

**다음 중 강구조의 주각부분에 사용되지 않는 것은?**

① 윙 플레이트　② 데크 플레이트
③ 베이스 플레이트　④ 클립 앵글

**해설**

데크 플레이트(Deck plate)는 철골공사 시 바닥슬래브를 타설하기 전에 철골보 위에 설치하여 바닥판 등으로 사용하는 절곡된 얇은 판의 부재를 말한다.

**관련이론 | 강구조의 주각부분**

윙 플레이트, 베이스 플레이트, 클립 앵글, 사이드 앵글, 앵커 볼트 등이 있다.

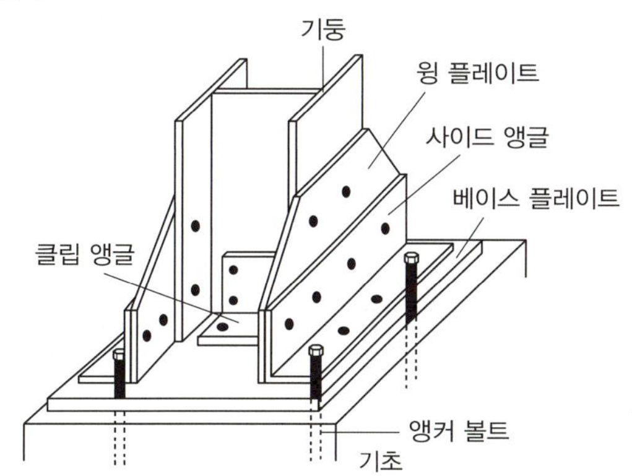


## 09

빈출

**다음 설명에 알맞은 아파트 평면 형식은?**

> • 프라이버시가 양호하다.
> • 통행부 면적이 작아서 건물의 이용도가 높다.
> • 좁은 대지에서 집약형 주거 등이 가능하다.

① 편복도형　② 중복도형
③ 계단실형　④ 집중형

**해설**

계단실형 아파트에 대한 설명이다.

**계단실형 및 홀형 아파트의 특성**

- 계단 또는 엘리베이터 홀로부터 직접 주거 단위로 들어가는 형식이다.
- 세대 내 거주의 프라이버시가 가장 양호하다.
- 복도나 통행부의 면적이 작아서 건물의 이용도가 높다.
- 건물 이용도 및 전용면적비를 높일 수 있다.
- 세대 내의 채광 및 통풍이 유리하다.

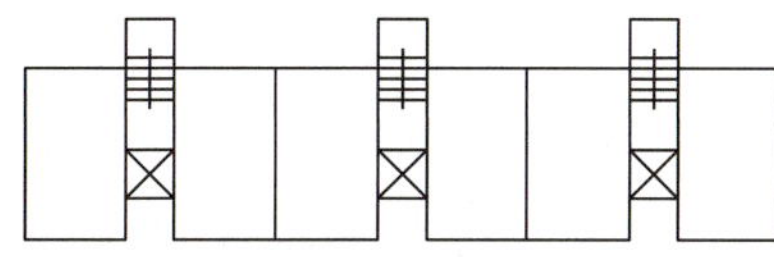

**정답** | 01. ④　02. ①　03. ②　04. ①　05. ①　06. ③　07. ②　08. ②　09. ③

## 10

**길고 가느다란 부재가 압축하중이 증가함에 따라 부재의 길이에 직각 방향으로 변형하여 내력이 급격히 감소하는 현상을 무엇이라 하는가?**

① 컬럼 쇼트닝　　② 응력 집중
③ 좌굴　　④ 비틀림

**해설**

**좌굴(Buckling):** 축방향(길이방향)으로 압축력을 받는 부재가 길이방향의 수직방향으로 구부러지면서 내력이 급격히 감소하는 현상을 말한다.

## 11

**건축화 조명에 속하지 않는 것은?**

① 코브 조명　　② 펜던트 조명
③ 코니스 조명　　④ 루버 조명

**해설**

펜던트 조명은 천장에 줄을 매달아 설치하는 조명으로 식탁이나 회의 테이블의 조명에 사용된다. 건축화 조명에 해당하지 않는다.

**건축화 조명:** 건축물과 조명이 일체화 또는 건물의 일부가 광원의 역할을 할 수 있도록 천장, 벽, 기둥 등의 건축 부분에 조명을 설치하는 것을 말한다.

| 천장 매입형 | 다운라이트, 라인라이트, 코퍼 조명 |
|---|---|
| 천장면 광원 | 광천장, 루버 천장, 코브 조명 |
| 벽면 광원 | 코니스 조명, 밸런스 조명, 라이트 윈도우 |

## 12

**돌로마이트 플라스터에 관한 설명으로 옳지 않은 것은?**

① 점성이 높아 풀을 넣을 필요가 없다.
② 경화 시 수축률이 매우 크다.
③ 수경성이므로 외벽 바름에 적당하다.
④ 응결속도가 느리다.

**해설**

돌로마이트 플라스터는 돌로마이트(마그네시아질 석회)에 모래, 여물을 섞어 반죽한 바름벽 재료로서 기경성이며, 주로 내벽 바름에 사용한다.

**관련이론 | 돌로마이트 플라스터**

- 기경성이며, 점성이 높아 풀을 넣을 필요가 없다.
- 응결속도가 느리고 수축균열이 크다.
- 소석회보다 비중이 크고 굳으면 강도가 증가한다.
- 냄새와 곰팡이가 없지만, 습기에 약하여 내부에 사용한다.

## 13

빈출

**조립식 구조의 특성으로 옳지 않은 것은?**

① 각 부품과의 접합부가 일체화되기가 어렵다.
② 재료 생산의 정밀도가 낮은 단점이 있다.
③ 공장생산이 가능하다.
④ 기계화시공으로 단기완성이 가능하다.

**해설**

재료 생산의 정밀도가 높다.

**조립식 구조**

- 공장생산에 의한 공업화 건축이 가능하다.
- 건축 생산재의 표준화 및 규격화가 가능하다.
- 재료의 생산 정밀도를 높일 수 있다.
- 시공의 품질을 높일 수 있다.
- 건식 구조로서 공사기간을 줄일 수 있다.
- 접합부 설계가 어렵고, 각 부품과의 접합부가 일체화되기가 어렵다.

## 14

빈출

**에스컬레이터에 관한 설명으로 옳지 않은 것은?**

① 수송량에 비해 점유면적이 크다.
② 엘리베이터에 비해 수송능력이 크다.
③ 대기시간이 없고 연속적인 수송설비이다.
④ 연속운전이 되므로 전원설비에 부담이 작다.

**해설**

에스컬레이터는 수송량에 비해 점유면적이 작다.

## 15

빈출

**건축물의 층의 구분이 명확하지 아니한 건축물의 경우, 건축물의 높이 얼마마다 하나의 층으로 산정하는가?**

① 3m　　② 3.5m
③ 4m　　④ 4.5m

**해설**
층의 구분이 명확하지 아니한 건축물은 그 건축물의 높이 4m마다 하나의 층으로 보고 그 층수를 산정한다.

## 16

**단열재의 조건으로 옳지 않은 것은?**

① 열전도율이 높아야 한다.
② 흡수율이 낮고 비중이 작아야 한다.
③ 내화성, 내부식성이 좋아야 한다.
④ 가공, 접착 등의 시공성이 좋아야 한다.

**해설**
**단열재의 조건**
- 열전도율이 낮은 것을 사용한다.
- 흡수율이 낮고 비중이 작아야 한다.
- 내화성, 내부식성이 좋아야 한다.
- 가공, 접착 등의 시공성이 좋아야 한다.
- 화학적으로 안정적이어야 한다.

## 17

**비철금속 중 구리에 대한 설명으로 틀린 것은?**

① 알칼리성에 대해 강하므로 콘크리트 등에 접하는 곳에 사용이 용이하다.
② 건조한 공기 중에서는 산화하지 않으나, 습기가 있거나 탄산가스가 있으면 녹이 발생한다.
③ 연성이 뛰어나고 가공성이 풍부하다.
④ 건축용으로는 박판으로 제작하여 지붕재료로 이용된다.

**해설**
구리는 알칼리에 약하므로 시멘트, 콘크리트에 접하는 곳에서는 부식이 빠르다.

**관련이론 | 구리(Cu)**
- 순수한 금속 표면은 적갈색을 띤다.
- 구리는 질산, 황산 등 산화력이 있는 산성에 잘 녹는다.
- 전기 및 열을 잘 전달하는 도체로서 전선이나 난방용 배관으로 이용된다.
- 알칼리에 약하므로 시멘트, 콘크리트에 접하는 곳에서는 부식이 빠르다.
- 암모니아 가스에 침식되므로 화장실 등에 사용하기 어렵다.
- 연성이 뛰어나고 가공성이 풍부하다.
- 건축용으로는 박판으로 제작하여 지붕재료로 이용된다.

## 18

빈출

**다음 중 평균적으로 압축강도가 가장 큰 석재는?**

① 화강암　　② 대리석
③ 사문암　　④ 사암

**해설**
**석재의 압축강도 순서:** 화강암 > 대리석 > 사문암 > 사암

## 19

**목조 반자틀의 구성 부재와 관련 없는 것은?**

① 반자틀　　② 반자틀받이
③ 달대　　④ 졸대

**해설**
졸대는 목조 반자틀의 구성 부재와 관계없다.
**졸대:** 좁고 가늘게 쓰는 재료를 통틀어 이르는 것으로 벽, 천장 따위의 흙 바름이나 회반죽 바름에 욋가지로 쓰는 가느다란 나무쪽을 말한다.

**관련이론 | 반자**
- 방 또는 마루의 천장을 가려서 만든 구조체이다.
- 구성: 달대받이 – 달대 – 반자틀받이 – 반자틀(반자대) – 반자널 – 반자돌림대 순으로 위에서 아래로 구성된다.

**정답** | 10. ③　11. ②　12. ③　13. ②　14. ①　15. ③　16. ①　17. ①　18. ①　19. ④

2023년

## 20

빈출

**형태의 조화로서 황금비례의 비율은?**

① 1 : 1 ② 1 : 1.414
③ 1 : 1.618 ④ 1 : 3.141

**해설**
황금비율은 1 : 1.618이다.

## 21

빈출

**다음 중 도면에서 가장 굵은 선으로 표현해야 할 것은?**

① 치수선 ② 경계선
③ 기준선 ④ 단면선

**해설**
**선의 굵기 순서**
외형선, 단면선 > 기준선, 절단선, 숨은선, 경계선, 가상선 > 중심선, 치수선, 치수보조선, 지시선, 해칭선

## 22

빈출

**다음과 같은 특징을 갖는 공기조화방식은?**

> • 전공기방식의 특성이 있다.
> • 냉풍과 온풍을 혼합하는 혼합상자가 필요 없어 소음과 진동이 작다.
> • 각 실이나 존의 부하변동에 즉시 대응할 수 없다.

① 단일덕트방식 ② 이중덕트방식
③ 멀티존유닛방식 ④ 팬코일유닛방식

**해설**
단일덕트방식에 대한 설명이다.

**관련이론 | 단일덕트방식**
- 공조기에서 만들어진 냉풍 또는 온풍을 덕트를 이용해서 실내까지 송풍하여 공조하는 전공기방식이다.
- 냉풍과 온풍을 혼합하는 혼합상자가 필요 없어 소음과 진동이 작다.
- 각 실이나 존의 부하변동에 즉시 대응할 수 없다.
- 정풍량 단일덕트방식과 변풍량 단일덕트방식이 있다.

## 23

**굳지 않은 콘크리트의 컨시스턴시를 측정하는 방법이 아닌 것은?**

① 리몰딩시험 ② 플로우시험
③ 슬럼프시험 ④ 재하시험

**해설**
재하시험은 땅의 지지력, 지내력을 확인하기 위한 시험이다.
**컨시스턴시(Consistency, 반죽질기) 시험:** 슬럼프 시험, 플로우 시험, 관입 시험, 리몰딩 시험, 낙하 시험 등

## 24

**유리 원료에 산화납 성분을 포함시킨 유리의 특징은?**

① 태양광선 중 열선을 흡수한다.
② X선 차단성이 커진다.
③ 자외선을 차단시키는 효과가 커진다.
④ 자외선을 흡수하는 성질이 커진다.

**해설**
유리 원료에 산화납 성분을 포함시키면 X선 차단성이 커진다.

## 25

빈출

**조적구조에서 테두리보의 역할과 거리가 먼 것은?**

① 벽체를 일체화하여 벽체의 강성을 증대시킨다.
② 벽체 폭을 크게 줄일 수 있다.
③ 기초의 부동침하나 지진 발생 시 지반반력의 국부집중에 따른 벽의 직접피해를 완화시킨다.
④ 수직 균열을 방지하고, 수축 균열 발생을 최소화한다.

**해설**
②는 테두리보의 역할과 거리가 멀다.
**테두리보 역할**
- 벽체를 일체화하여 벽체의 강성을 증대시킨다.
- 부동침하나 지진 발생 시 하중을 균등하게 분포시킨다.
- 횡력에 의한 벽면의 수직 균열을 방지하며, 수축 균열 발생을 최소화한다.
- 세로철근의 끝을 테두리보에 정착시킬 수 있다.

## 26

빈출

**보강콘크리트블록조에서 내력벽의 벽량은 최소 얼마 이상으로 하여야 하는가?**

① 10cm/m² ② 15cm/m²
③ 18cm/m² ④ 20cm/m²

**해설**

보강블록구조의 내력벽 벽량은 단위면적에 대한 내력벽의 길이로서, 그 층의 바닥면적을 기준으로 15cm/m² 이상으로 한다.

## 27

**단면도에 표기되는 사항과 가장 거리가 먼 것은?**

① 층높이
② 창대 높이
③ 부지경계선
④ 지반에서 1층 바닥까지의 높이

**해설**

부지경계선은 배치도에 표시된다.
**단면도에 표기되는 사항:** 건축물 최고높이, 각 층의 높이, 반자 높이, 창대 높이, 대지 경사, 지면과 바닥의 높이, 천정 내 배관 공간, 계단 등의 관계가 표시된다.

## 28

**주택의 거실에 관한 설명으로 옳지 않은 것은?**

① 가급적 현관에서 가까운 곳에 위치시키는 것이 좋다.
② 거실의 크기는 주택 전체의 규모나 가족 수, 가족 구성 등에 의해 결정된다.
③ 전체 평면의 중앙에 배치하여 각 실로 통하는 통로로서의 역할을 하도록 한다.
④ 거실의 형태는 일반적으로 직사각형이 정사각형보다 가구의 배치나 실의 활용 측면에서 유리하다.

**해설**

거실이 다른 공간들을 연결하는 통로의 역할을 해서는 안 된다.

## 29

**블론 아스팔트를 휘발성 용제로 희석한 흑갈색의 액체로서, 콘크리트, 모르타르 바탕에 아스팔트 방수층 또는 아스팔트 타일 붙이기 시공을 할 때 사용되는 초벌용 도료는?**

① 아스팔트 펠트 ② 아스팔트 코팅
③ 아스팔트 루핑 ④ 아스팔트 프라이머

**해설**

아스팔트 프라이머에 대한 설명이다.

2023년

## 30

**겨울철의 콘크리트공사, 해수공사, 긴급 콘크리트공사에 적당한 시멘트는?**

① 보통 포틀랜드 시멘트 ② 고로 시멘트
③ 알루미나 시멘트 ④ 팽창 시멘트

**해설**

알루미나 시멘트는 장기에 걸친 강도의 증진은 없지만 조기의 강도 발생이 커서 겨울철의 콘크리트공사, 해수공사, 긴급 콘크리트공사 등에 사용한다. 24시간 내에 보통 포틀랜드 시멘트의 4주 강도가 발현된다.

## 31

**건축재료 중 구조재로 사용할 수 없는 것끼리 짝지어진 것은?**

① 유리 — 모르타르 ② 목재 — 벽돌
③ H형강 — 벽돌 ④ 목재 — 콘크리트

**해설**

유리는 마감재이며, 모르타르는 접착이나 미장재로 사용된다.

**정답** | 20. ③ 21. ④ 22. ① 23. ④ 24. ② 25. ② 26. ②
27. ③ 28. ③ 29. ④ 30. ③ 31. ①

## 32

빈출

**다음 중 소화설비에 속하지 않는 것은?**

① 연결살수설비 ② 옥내소화전설비
③ 스프링클러설비 ④ 물분무등소화설비

**해설**

연결살수설비는 소화활동설비에 속한다.

**관련이론**

**소화활동설비**

- 화재를 진압하거나 인명구조활동을 위하여 사용하는 설비이다.
- 제연설비, 연결송수관설비, 연결살수설비, 비상콘센트설비, 무선통신 보조설비, 연소방지설비 등이 있다.

**소화설비**

- 물 또는 그 밖의 소화약제를 사용하여 소화하는 기계·기구 또는 설비이다.
- 소화기구, 자동소화장치, 옥내소화전설비, 스프링클러설비, 물분무등 소화설비, 옥외소화전설비 등이 있다.

## 33

빈출

**제도에서 치수 기입에 관한 설명으로 옳지 않은 것은?**

① 치수는 특별히 명시하지 않는 한, 마무리 치수로 표시한다.
② 협소한 간격이 연속될 때에는 인출선을 사용하여 치수를 쓴다.
③ 치수 기입은 치수선을 중단하고 선의 중앙에 기입하는 것이 원칙이다.
④ 치수의 단위는 mm를 원칙으로 하고, 이때 단위 기호는 쓰지 않는다.

**해설**

치수선 중앙 윗부분에 기입하는 것이 원칙이다.

**관련이론 | 치수 기입(KS F 1501)**

- 치수는 특별히 명시하지 않는 한, 마무리 치수로 표시한다.
- 치수선 중앙 윗부분에 기입하는 것이 원칙이다. 다만, 치수선을 중단하고 선의 중앙에 기입할 수도 있다.
- 치수 기입은 치수선에 평행하게 도면의 왼쪽에서 오른쪽으로, 아래로부터 위로 읽을 수 있도록 기입한다.
- 협소한 간격이 연속될 때에는 인출선을 사용하여 치수를 쓴다.
- 치수선의 양 끝 표시는 화살 또는 점으로 표시할 수 있다. 같은 도면에서 2종을 혼용하지 않는다.
- 치수의 단위는 밀리미터(mm)를 원칙으로 하고, 이때 단위 기호는 쓰지 않는다.

## 34

빈출

**투시도법에 사용되는 용어의 표시가 옳지 않은 것은?**

① 시점: E.P ② 소점: S.P
③ 화면: P.P ④ 수평면: H.P

**해설**

**소점:** V.P(Vanishing Point, 소실점)

**관련이론 | 투시도에 사용되는 용어의 기호**

- **화면(P.P; Picture Plane):** 대상물과 사람 사이의 수직면
- **기선(G.L; Ground Line):** 화면과 지반면이 만나는 선
- **시선(Line of Sight):** 시점과 공간의 점을 연결한 선
- **시점(E.P; Eye Point):** 대상물을 보는 사람의 눈 위치
- **수평선(H.L; Horizontal Line):** 눈높이와 화면의 교차선
- **수평면(H.P; Horizontal Plane):** 눈높이와 수평한 면
- **소점(V.P; Vanishing Point, 소실점):** 물체의 각 점이 수평선상에 모이는 점
- **정점(S.P; Standing Point):** 사물을 보는 사람이 서있는 위치

## 35

**파티클보드에 대한 설명으로 틀린 것은?**

① 변형이 적고 음 및 열의 차단성이 우수하다.
② 상판, 칸막이벽, 가구 등에 이용된다.
③ 수분과 습도에 강하므로 별도의 방습 및 방수 처리가 불필요하다.
④ 합판에 비해 휨강도는 떨어지나 면내 강성은 우수하다.

**해설**

수분과 습도에 약하므로 방습 및 방수 처리가 필요하다.

**파티클보드(Particle board):** 목재를 작은 조각(부스러기)으로 분쇄 후 접착제를 첨가하여 강한 열과 힘으로 압착해 만든 판상형 가공재를 말한다.

- 원목에 비해 두께 및 규격이 다양하고 가공이 쉽다.
- 원목에 비해 경제적이고 결(방향성)이 없어서 수축, 팽창, 뒤틀림이 없다.
- 합판에 비해 휨강도는 떨어지지만 면내 강성은 우수하다.
- 흡음, 차음, 열의 차단성이 우수하다.

## 36

**다음 설명에 알맞은 형태의 지각심리는?**

> • 공동운명의 법칙이라고도 한다.
> • 유사한 배열로 구성된 형들이 방향성을 지니고 연속되어 보이는 하나의 그룹으로 지각되는 법칙을 말한다.

① 근접성 ② 유사성
③ 연속성 ④ 폐쇄성

**해설**

**연속성(연속의 법칙, Law of continuity)**

• 공동운명의 법칙이라고도 한다.
• 유사한 배열로 형상들이 하나의 묶음으로 방향성을 지니고 시각적 이미지의 연속장면으로 보이는 착시현상이다.

## 37

빈출

**다음 설명에 알맞은 주택 부엌가구의 배치 유형은?**

> • 양쪽 벽면에 작업대가 마주보도록 배치한 것이다.
> • 부엌 폭의 길이에 비해 넓은 부엌의 형태에 적당한 형식이다.

① L자형 ② 일자형
③ 병렬형 ④ 아일랜드형

**해설** | 병렬형에 대한 설명이다.

**관련이론** | **부엌가구의 배치 유형**

| 구분 | 특성 |
|---|---|
| 일렬형<br>(일자형) | • 동선과 배치가 간단하다.<br>• 가구배치가 길어지면 작업동선이 길어진다.<br>• 소규모 주택에 적합하다. |
| 병렬형 | • 부엌 폭의 길이에 비해 넓은 부엌에 적합하다.<br>• 작업 시 몸을 앞뒤로 바꾸는 불편함이 있다.<br>• 외부로의 출입구가 필요한 경우에 적용한다. |
| ㄱ자형<br>(L자형) | • 작업동선은 효율적이다.<br>• 식사실과 함께 이용할 경우에 적합하다. |
| ㄷ자형 | • 동선이 짧고 부엌의 면적을 줄일 수 있다.<br>• 외부로 통하는 출입구의 설치는 곤란하다. |
| 아일랜드형 | • 작업 및 수납 공간이 넓다.<br>• 대규모 주택에 적합하다. |

## 38

빈출

**벽 및 천장재료에 요구되는 성질로 옳지 않은 것은?**

① 열전도율이 큰 것이어야 한다.
② 차음이 잘 되어야 한다.
③ 내화 · 내구성이 큰 것이어야 한다.
④ 시공이 용이한 것이어야 한다.

**해설**

열전도율이 작은 것으로 하여 단열 성능을 높여야 한다.

2023년

## 39

고난도

**배수설비에 사용되는 포집기 중 레스토랑의 주방 등에서 배출되는 배수 중의 유지분을 포집하는 것은?**

① 오일 포집기 ② 헤어 포집기
③ 그리스 포집기 ④ 플라스터 포집기

**해설**

**그리스 포집기(트랩):** 기름기를 응결 및 분리 제거하며 호텔, 레스토랑 등의 주방에서 사용한다.

## 40

고난도

**다음 중 일교차에 대한 설명으로 옳은 것은?**

① 하루 중의 최고 기온과 최저 기온의 차이
② 월평균 기온의 연중 최저와 최고의 차이
③ 기온의 역전 현상
④ 일평균 기온의 연중 최저와 최고의 차이

**해설**

**일교차 :** 하루 중의 최고 기온과 최저 기온의 차이
**연교차 :** 월평균 기온의 연중 최저와 최고의 차이

**정답** | 32. ① 33. ③ 34. ② 35. ③ 36. ③ 37. ③ 38. ① 39. ③ 40. ①

## 41

빈출

**주택의 주거공간을 공동공간과 개인공간으로 구분할 경우, 다음 중 개인공간에 해당하지 않는 것은?**

① 서재 ② 침실
③ 작업실 ④ 응접실

**해설**

응접실은 사회공간에 속한다.

**관련이론 | 주거공간의 주행동에 따른 분류**

- **개인공간:** 침실, 서재, 공부방 등
- **사회공간:** 거실, 식사실, 응접실 등
- **노동공간:** 부엌, 가사실 등

## 42

**압축 이형철근의 정착에 대한 설명으로 옳은 것은?**

① 정착길이는 철근의 항복강도가 클수록 길어진다.
② 정착길이는 콘크리트 강도가 클수록 길어진다.
③ 정착길이는 항상 200mm 이하로 한다.
④ 정착길이는 철근의 지름과 무관하다.

**선지분석**

② 정착길이는 콘크리트 강도가 클수록 짧아진다.
③ 정착길이는 항상 200mm 이상으로 한다.
④ 정착길이는 철근의 지름이 클수록 길어진다.

**관련이론 | 압축 이형철근의 정착길이**

- 철근의 항복강도가 클수록 정착길이를 길게 한다.
- 철근을 굵은 것을 사용할수록 정착길이를 길게 한다.
- 콘크리트 압축강도가 작을수록 길게 한다.
- 정착길이는 항상 200mm 이상으로 한다.

## 43

**최대강도를 안전율로 나눈 값을 무엇이라고 하는가?**

① 허용강도 ② 파괴강도
③ 전단강도 ④ 휨강도

**해설**

$$허용강도 = \frac{최대강도}{안전율}$$

**관련이론 | 안전율(안전계수, Safety factor)**

$$안전률 = \frac{최대강도}{허용강도}$$

- 안전율은 작용하는 응력(허용강도)에 대한 파괴응력(최대강도)의 비이다.
- 일반적으로 안전율(안전계수)은 1보다 큰 값을 가지며, 최대강도보다 허용강도가 작아야 한다.

## 44

빈출

**배치도, 평면도 등의 도면은 어느 쪽을 위로 하여 작도함을 원칙으로 하는가?**

① 동쪽 ② 서쪽
③ 남쪽 ④ 북쪽

**해설**

평면도, 배치도 등은 북쪽을 위로하여 작도함을 원칙으로 한다.

## 45

**건축도면 중에 평면도에 관한 설명으로 옳은 것은?**

① 계획 설계도에 해당된다.
② 실의 배치 및 크기가 표현된다.
③ 건축물의 외관을 나타내는 직립투상도이다.
④ 천장 높이, 지붕물매, 처마길이 등이 표현된다.

**해설**

**평면도**

- 해당 층 바닥에서부터 1~1.5m 높이에서 아래를 내려 본 상태를 표현한 도면이다.
- 건축물 각 실내의 크기와 배치 등을 나타내며 가장 기본적인 도면이다.
- 평면도에 표현되는 내용: 실의 위치, 실의 크기, 창문과 출입구의 구별, 개구부의 위치 및 크기, 옥내주차 배치 및 주차동선 등

**선지분석**

① 평면도는 실시 설계도에 해당된다.
③ 입면도에 대한 설명이다.
④ 단면도에 대한 설명이다.

## 46

빈출

**건축재료의 생산방법에 따른 분류 중 1차적인 천연재료가 아닌 것은?**

① 흙 ② 모래
③ 석재 ④ 콘크리트

**해설**

콘크리트는 인공재료에 속한다.

**관련이론**

**천연재료:** 목재, 석재, 모래, 진흙, 골재, 석회, 대나무, 아스팔트 등
**인공재료:** 콘크리트, 금속, 합성수지, 플라스틱, 유리, 고분자재료 등

## 47

**벽돌 조적조에서 상부의 하중을 전 벽면에 균등하게 분포시키도록 하는 줄눈은?**

① 막힌줄눈 ② 빗줄눈
③ 통줄눈 ④ 오목줄눈

**해설**

막힌줄눈에 대한 설명이다.

**관련이론 | 막힌줄눈과 통줄눈**

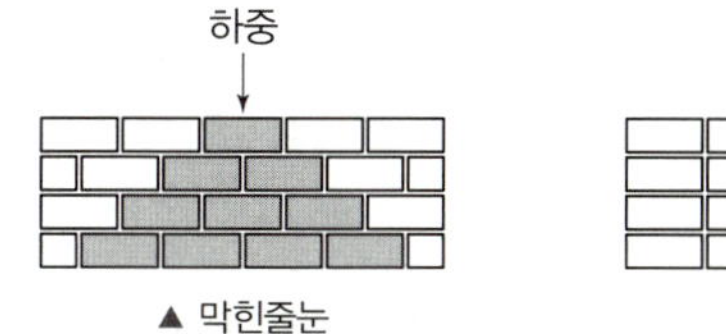

▲ 막힌줄눈 ▲ 통줄눈

## 48

빈출

**다음 중 건축의 발전방향으로 옳지 않은 것은?**

① 수작업 → 기계화
② 공장시공 → 현장시공
③ 비표준화 → 표준화
④ 단일 기능의 건축물 → 고층화 다기능성 건축물

**해설**

현장시공 → 공장시공

**건축 생산재 발전 방향**

- 표준화, 규격화, 합리화
- 공업화(프리패브화) 및 생산성
- 고품질, 고성능화
- 에너지 절약화

## 49

**막구조 중 막의 무게를 케이블로 지지하는 구조는?**

① 공조막구조 ② 현수막구조
③ 공기막구조 ④ 하이브리드 막구조

**해설**

**현수막구조(Suspension membrane structure)**

- 막의 무게를 케이블로 지지하는 구조이다.
- 막면내에 직접 초기장력을 주어서 형태를 안정시키는 구조방식으로 구조의 안정성은 이 초기장력에 의하여 주어진다.

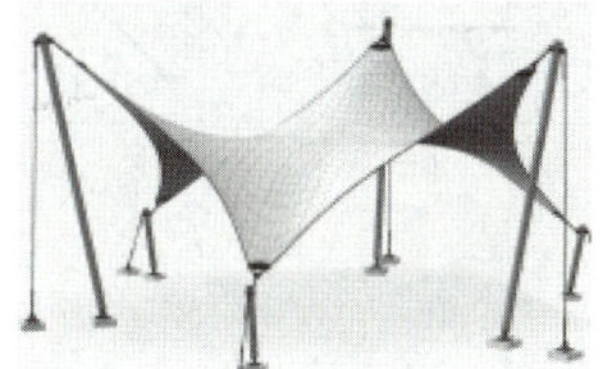

## 50

**내면에 균일한 인장력을 분포시켜 얇은 합성수지 계통의 천을 지지하여 지붕을 구성하는 구조는?**

① 입체트러스구조 ② 막구조
③ 철판구조 ④ 조적식구조

**해설**

막구조(Membrane structure)에 대한 설명이다.

**선지분석**

① 입체트러스구조: 입체 구조 시스템의 하나로서, 축방향만으로 힘을 받는 직선재를 핀으로 결합하여 효율적으로 힘을 전달하는 구조 시스템이다.
④ 조적식구조: 개개의 재료를 접착재료로 쌓아 만든 구조이며 벽돌 구조, 블록 구조 등이 있다.

**정답** | 41. ④ 42. ① 43. ① 44. ④ 45. ② 46. ④ 47. ① 48. ② 49. ② 50. ②

## 51

빈출

**다음 중 목재의 함수율과 역학적 성질에 관한 설명으로 옳은 것은? (단, 섬유포화점 이하인 경우)**

① 함수율이 낮을수록 강도가 증가한다.
② 함수율이 높을수록 강도가 증가한다.
③ 함수율과 관계없이 강도는 일정하다.
④ 함수율이 낮을수록 인성은 증가한다.

**해설**

목재의 수분이 섬유포화점 이상일 때는 강도의 변화는 거의 없으나 섬유포화점 이하로 건조되면 강도가 커진다. 따라서 함수율이 낮을수록 강도가 증가한다.

**관련이론 | 함수율 변화에 따른 목재의 상태 변화**

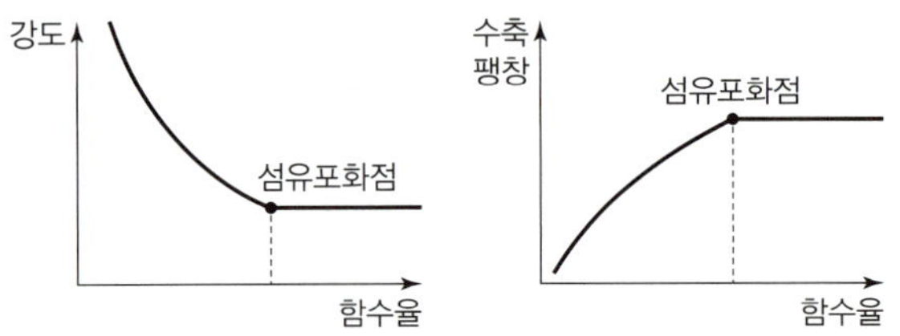


## 52

**철근의 정착길이의 결정요인과 가장 관계가 먼 것은?**

① 철근의 종류 ② 콘크리트의 강도
③ 갈고리의 유무 ④ 물－시멘트비

**해설**

물－시멘트비는 철근의 정착길이와 관계없다.

**관련이론 | 철근의 정착길이**

- 설계 단면에 있어서의 철근응력을 전달하기 위해서 필요한 철근의 매립길이이다.
- 결정요인: 콘크리트와 철근의 강도, 철근의 지름, 철근의 순간격, 표준갈고리의 유무, 최소피복두께 등

## 53

**연직하중은 철골에 부담시키고 수평하중은 철골과 철근콘크리트의 양자가 같이 대항하도록 한 구조는?**

① 철골철근콘크리트구조 ② 쉘구조
③ 절판구조 ④ 프리스트레스트구조

**해설**

일체식 구조에 해당하는 철골철근콘크리트구조에 대한 설명이다.

**관련이론 | 철골철근콘크리트구조의 장단점**

| 장점 | 단점 |
|---|---|
| • 고층건물, 대형건축에 적합<br>• 내구, 내화, 내진적<br>• 저층부 공간 확보 유리 | • 부재의 중량이 큼<br>• 고가이고 공기가 김<br>• 시공이 복잡 |

## 54

**시멘트 분말도가 높을수록 다음과 같은 성질이 있다. 옳지 않은 기술은?**

① 초기강도가 높다.
② 수화작용이 빠르다.
③ 풍화하기 쉽다.
④ 수축 균열이 생기지 않는다.

**해설**

분말도가 높을수록 건조수축이 커지므로 균열이 발생하기 쉽다.

**시멘트 분말도가 클수록(미세할수록) 나타나는 현상**

- 물과 접촉하는 표면적이 커지므로 수화작용이 빠르다.
- 초기강도의 발생과 강도증진율이 빠르다.
- 건조수축이 커지므로 초기균열이 발생하기 쉽다.
- 풍화되기 쉽고, 색이 밝아지며 비중은 작아진다.

## 55

**다음 중 거푸집 상호간의 간격을 유지하는데 쓰이는 긴결재는?**

① 꺽쇠 ② 컬럼밴드
③ 세퍼레이터 ③ 듀벨

**해설**

세퍼레이터(Separator)는 거푸집 상호간의 간격을 유지하는데 쓰이는 긴결재이다.

**선지분석**

① 꺽쇠: 목조지붕틀에서 ㅅ자보와 중도리 맞춤 시 보강철물이다.
③ 듀벨: 목재와 목재 사이에 끼워서 전단에 대한 저항 작용을 목적으로 한 철물이다.

## 56

**동에 대한 설명으로 옳은 것은?**

① 전 · 연성이 크다.
② 열전도율이 작다.
③ 건조한 공기 중에서도 산화된다.
④ 산, 알칼리에 강하다.

**해설**

**동(銅)**

- 늘어나는 성질인 연성과 넓게 펴지는 성질인 전성이 크다.
- 전기 및 열전도율이 크다.
- 습기에 노출되어도 표면에 얇은 산화피막을 형성하여 부식을 보호하므로 내식성이 우수하다.
- 산, 알칼리에 약하다.
- 소성가공이 용이하다.

## 57

빈출

**철근콘크리트 단순보의 철근에 관한 설명 중 옳지 않은 것은?**

① 인장력에 저항하는 재축방향의 철근을 보의 주근이라 한다.
② 압축측에도 철근을 배근한 보를 복근보라 한다.
③ 전단력을 보강하여 보의 주근 주위에 둘러서 감은 철근을 늑근이라 한다.
④ 늑근은 단부보다 중앙부에서 촘촘하게 배치하는 것이 원칙이다.

**해설**

늑근은 철근콘크리트 보의 주근을 둘러 감은 철근을 말하며 전단력을 보강하는 철근이다. 늑근은 중앙부보다 단부에서 촘촘하게 배치하는 것이 원칙이다.

## 58

**다음 급수방식 중 가장 위생적인 급수방식은?**

① 고가탱크방식 ② 수도직결방식
③ 압력탱크방식 ④ 진공펌프방식

**해설**

**수도직결방식:** 도로에 매설되어있는 수도 본관에서 수도관을 연결하여 건물 내의 필요한 곳에 직접 급수하는 방식으로, 급수오염 가능성이 가장 적으며 위생성 측면에서 이상적이다.



## 59

**통기관의 사용 목적과 거리가 먼 것은?**

① 트랩의 봉수 보호
② 배수관 내의 물의 흐름을 원활
③ 배수관 내 신선한 공기 유통으로 환기 및 청결 유지
④ 관 내의 기압의 주기적 변동

**해설**

관 내의 기압을 일정하게 유지하도록 한다.

## 60

**일반적으로 창유리의 강도가 의미하는 것은?**

① 휨강도 ② 압축강도
③ 인장강도 ④ 전단강도

**해설**

일반적으로 창유리의 강도는 휨강도를 말한다.

**정답** | 51. ① 52. ④ 53. ① 54. ④ 55. ③ 56. ① 57. ④ 58. ② 59. ④ 60. ①

# 2022년 | 2회 CBT 복원문제

## 01

**다음 창호기호 표시가 의미하는 것은?**

① 철제방화문
② 알루미늄문
③ 스테인리스스틸문
④ 스틸문

**해설**

FSD(Fire Steel Door): 철제방화문
AD(Aluminum Door): 알루미늄문
SSD(Stainless Steel Door): 스테인리스스틸문
SD(Steel Door): 스틸문

## 02

빈출

**다음 중 강구조의 주각부분에 사용되지 않는 것은?**

① 윙 플레이트 ② 데크 플레이트
③ 베이스 플레이트 ④ 클립 앵글

**해설**

데크 플레이트(Deck plate)는 철골공사 시 바닥슬래브를 타설하기 전에 철골보 위에 설치하여 바닥판 등으로 사용하는 절곡된 얇은 판의 부재를 말한다.

**관련이론 | 강구조의 주각부분**

윙 플레이트, 베이스 플레이트, 클립 앵글, 사이드 앵글, 앵커 볼트 등이 있다.

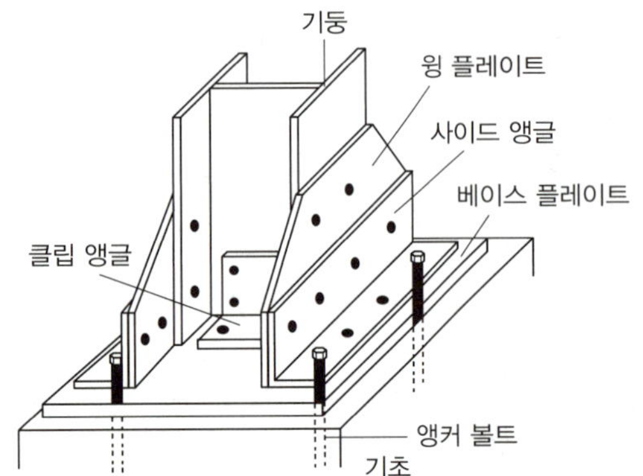


## 03

**목재 마루널 깔기에서 널 옆이 서로 물려지게 하고 마루의 진동에 의하여 못이 솟아오르는 일이 없는 이상적인 마루 깔기법은?**

① 맞댄 쪽매 ② 반턱 쪽매
③ 제혀 쪽매 ④ 딴혀 쪽매

**해설**

쪽매는 부재를 섬유방향과 평행으로 옆 대어 붙이는 것으로, 제혀 쪽매는 널 한쪽에 홈을 파고 딴 쪽에는 혀를 내어 물리게 한 것으로 혀 위에서 빗 못질 하여 못의 머리가 감춰지고 진동으로 인해 못이 솟아 올라오는 일이 없는 이상적인 마루깔기법이다.

**관련이론 | 각종 쪽매의 형태**

| 맞댄 쪽매 | 반턱 쪽매 |
|---|---|
| | |
| **제혀 쪽매** | **딴혀 쪽매** |
| | |
| **빗 쪽매** | **오니 쪽매** |
| | |

## 04

**기둥과 기둥 사이의 간격을 나타내는 용어는?**

① 아치 ② 스팬
③ 트러스 ④ 버트레스

**해설**

스팬(Span)은 기둥에서 기둥까지의 간격을 말하며 경간(徑間)이라고도 한다.

## 05

**벽돌 마름질과 관련하여 다음 중 전체적인 크기가 가장 작은 토막은?**

① 이오토막 ② 반토막
③ 반절 ④ 칠오토막

**해설**

보기 중 이오토막의 크기가 가장 작다.

**관련이론 | 벽돌의 분할 크기 순서**

온장 > 칠오토막 > 반토막=반절 > 이오토막=반반절

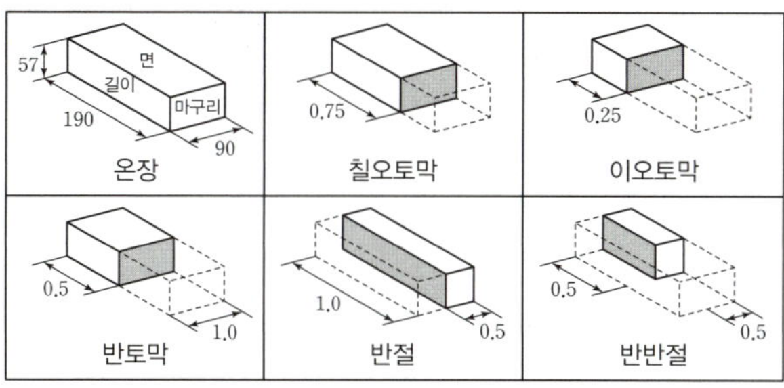


## 06

**미리 거푸집 속에 적당한 입도배열을 가진 굵은 골재를 채워 넣은 후, 모르타르를 펌프로 압입하여 굵은 골재의 공극을 충전시켜 만드는 콘크리트는?**

① 펌프 콘크리트 ② 레디믹스트 콘크리트
③ 쇄석 콘크리트 ④ 프리팩트 콘크리트

**해설**

프리플레이스드 콘크리트(Preplaced concrete, 기존 프리팩트 콘크리트)에 대한 설명이다.

## 07 빈출

**건축도면의 표시기호와 표시사항의 연결이 옳지 않은 것은?**

① V — 용적 ② Wt — 너비
③ ∅ — 지름 ④ THK — 두께

**해설**

Wt — 무게, W — 너비

**관련이론 | 건축도면의 표시기호**

| 기호 | 표시사항 | 기호 | 표시사항 |
|---|---|---|---|
| 길이 | L | 너비 | W |
| 높이 | H | 두께 | THK |
| 지름 | D 또는 ∅ | 반지름 | R |
| 면적 | A | 체적 | V |
| 간격 | @ | 무게 | Wt |
| 문 | SD, WD, AD | 창 | WW, PW, AW |

## 08 빈출

**건축제도에서 선긋기에 관한 설명으로 옳지 않은 것은?**

① 한번 그은 선은 중복해서 긋지 않는다.
② 굵은 선의 굵기는 0.8mm 정도면 적당하다.
③ 시작부터 끝까지 일정한 힘을 주어 일정한 속도로 긋는다.
④ 용도에 따른 선의 굵기는 축척과 도면의 크기에 관계없이 동일하게 한다.

**해설**

용도에 따른 선의 굵기는 축척과 도면의 크기에 따라 다르게 한다.

## 09 빈출

**철근콘크리트 구조의 특성 중 옳지 않은 것은?**

① 콘크리트는 철근이 녹스는 것을 방지한다.
② 콘크리트와 철근이 강력히 부착되면 압축력에도 유효하게 된다.
③ 인장력은 콘크리트가 부담하고, 압축응력은 철근이 부담한다.
④ 철근과 콘크리트는 선팽창 계수가 거의 같다.

**해설**

인장력은 철근이 부담하고, 압축응력은 콘크리트가 부담한다.

**정답** | 01. ① 02. ② 03. ③ 04. ② 05. ① 06. ④ 07. ② 08. ④ 09. ③

2022년

## 10

빈출

**휨모멘트나 전단력을 견디게 하기 위해 사용되는 것으로 보 단부의 단면을 중앙부의 단면보다 크게 한 부분은?**

① 헌치　　② 슬래브
③ 래티스　　④ 지중보

**해설**

헌치(Haunch)는 휨모멘트나 전단력을 견디게 하기 위해 사용되는 것으로 보 단부의 단면을 중앙부의 단면보다 크게 한 부분을 말한다.

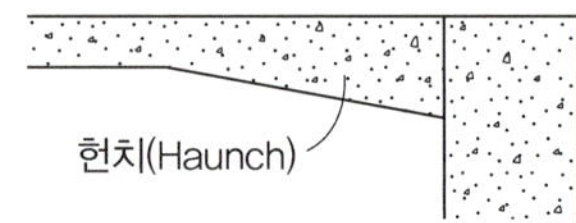


## 11

**목구조에 사용되는 금속의 긴결철물 중 2개의 부재접합에 끼워 전단력에 견디도록 사용되는 것은?**

① 감잡이쇠　　② ㄱ자쇠
③ 안장쇠　　④ 듀벨

**해설**

**듀벨(Duwel):** 목구조에 사용되는 금속의 긴결철물로서 2개의 부재접합에 끼워 전단력을 보강하기 위해 사용된다. 재료는 주철, 강철 등으로 하고 산지류, 압입식, 파넣는 식이 있으며, 모양에 따라 가락지형, 관형, 별모양 등이 있다.

## 12

**건축물을 묘사함에 있어서 선의 간격에 변화를 주어 면과 입체를 표현하는 묘사 방법은?**

① 단선에 의한 묘사 방법
② 여러 선에 의한 묘사 방법
③ 단선과 명암에 의한 묘사 방법
④ 명암 처리에 의한 묘사 방법

**해설**

여러 선에 의한 표현 방법에서 평면은 같은 간격의 선으로, 곡면은 선의 간격을 달리하여 표현한다.

## 13

**다음 중 서로 관계있는 것끼리 짝지어지지 않은 것은?**

① 테라조 – 점토
② 방수재 – 아스팔트
③ 창유리 – 소다석회
④ 섬유판 – 펄트

**해설**

테라조(Terazzo)는 대리석, 화강암 조각으로 만든다.

**테라조(Terazzo):** 대리석, 화강암을 최대 15mm 이하의 크기로 부순 골재를 안료, 시멘트 등의 고착제와 함께 성형, 경화한 이후 표면을 연마하여 광택을 내어 마무리하는 공법이며, 내외장 및 바닥마무리에 사용된다.

## 14

**콘크리트 배합설계의 기준이 되는 골재의 함수 상태는?**

① 절건상태　　② 기건상태
③ 표면건조내부포수상태　　④ 습윤상태

**해설**

표면건조내부포수상태는 표건상태이며, 골재 내부는 포수상태이고 표면은 건조한 상태로서 콘크리트 배합설계의 기준이 된다.

**관련이론 | 골재의 함수 상태**

- **절건상태:** 건조로에서 100~110℃의 온도로 일정한 중량이 될 때까지 완전히 건조된 절대 건조 상태이다.
- **기건상태:** 골재를 대기 중에 방치하여 건조시킨 것으로 내부에 약간의 수분이 있는 상태이다.
- **표건상태:** 골재 내부는 포수상태이며 표면은 건조한 상태이다.
- **습윤상태:** 골재 내부는 완전히 수분으로 포화되어 있고 표면에도 수분이 부착되어 있는 상태이다.

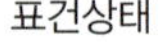

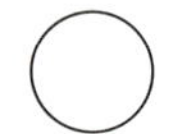

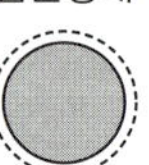

## 15

빈출

**급기와 배기측에 송풍기와 배풍기를 설치하여 정확한 환기량과 급기량 변화에 의해 실내압을 정압(+) 또는 부압(−)으로 유지할 수 있는 환기 방법은?**

① 중력환기 ② 제1종 환기
③ 제2종 환기 ④ 제3종 환기

**해설**

제1종 환기방식은 송풍기로 급기, 배풍기로 배기하며, 정확한 환기량과 급기량의 변화에 의해 실내압을 정압(+) 또는 부압(−)으로 유지할 수 있다.

**관련이론 | 송풍방식에 의한 분류**

| 구분 | 급기 | 배기 | 실내압 | 적용 |
|---|---|---|---|---|
| 1종 | 송풍기 | 배풍기 | 정압<br>부압 | • 공기조정설비 포함<br>• 밀폐된 공간, 수술실 등 |
| 2종 | 송풍기 | 자연 | 정압 | • 배기구 위치에 제약<br>• 청정실, 반도체실 등 |
| 3종 | 자연 | 배풍기 | 부압 | • 급기구 위치에 제약<br>• 부엌, 욕실, 화장실, 오염실 등 |

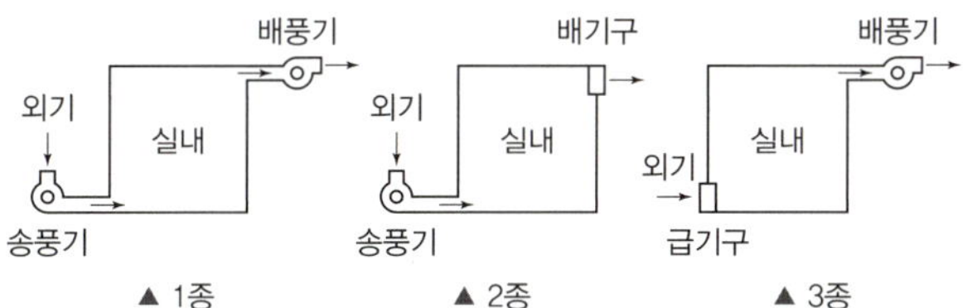


▲ 1종 ▲ 2종 ▲ 3종

## 16

**어느 목재의 절대건조비중이 0.54일 때 목재의 공극률은 얼마인가?**

① 약 65% ② 약 54%
③ 약 46% ④ 약 35%

**해설**

$$공극률(\%)=\left(1-\frac{목재의\ 절건비중}{1.54}\right)\times 100$$
$$=\left(1-\frac{0.54}{1.54}\right)\times 100=65\%$$

## 17

**길고 가느다란 부재가 압축하중이 증가함에 따라 부재의 길이에 직각 방향으로 변형하여 내력이 급격히 감소하는 현상을 무엇이라 하는가?**

① 컬럼 쇼트닝 ② 응력 집중
③ 좌굴 ④ 비틀림

**해설**

**좌굴(Buckling):** 축방향(길이방향)으로 압축력을 받는 부재가 길이방향의 수직방향으로 구부러지면서 내력이 급격히 감소하는 현상을 말한다.

## 18

**철근콘크리트 기둥에 관한 설명 중 옳지 않은 것은?**

① 철근으로 보강된 콘크리트 기둥은 동일 단면의 무근콘크리트 기둥보다 수평력에 의한 휨에 유효하게 저항할 수 있다.
② 기둥에서 축방향 철근이 주근이다.
③ 원형기둥에서 둘러감은 철근을 나선철근이라 한다.
④ 각각 철근의 이음위치는 동일 위치가 좋다.

**해설**

기둥의 주철근 이음은 힘의 전달이 연속적이고 응력집중이 일어나지 않도록 하며, 응력이 작은 곳에서 엇갈리게 이음을 둔다.

## 19

**길이 5m인 생나무가 전건상태에서 길이가 4.5m로 되었다면 수축률은 얼마인가?**

① 6% ② 10%
③ 12% ④ 14%

**해설**

$$수축률(\%)=\frac{수축\ 전\ 길이-수축\ 후\ 길이}{수축\ 전\ 길이}\times 100\%$$
$$=\frac{5-4.5}{5}\times 100\%=10\%$$

**정답** | 10. ① 11. ④ 12. ② 13. ① 14. ③ 15. ② 16. ① 17. ③ 18. ④ 19. ②

2022년

## 20

**건물 전체의 무게가 비교적 가벼우면서 강도가 커 고층이나 간 사이가 큰 대규모 건축물에 적합한 구조는?**

① 철근콘크리트구조 ② 철골구조
③ 목구조 ④ 블록구조

**해설**
철골구조는 건물 전체의 무게가 비교적 가벼우면서 강도가 커 고층이나 간 사이가 큰 대규모 건축물에 적합하다.

## 21

**석재 중 변성암에 속하는 것은?**

① 안산암 ② 석회암
③ 응회암 ④ 사문암

**해설**
사문암은 변성암의 일종이다.

**관련이론 | 석재의 성인에 의한 분류**
- **화성암:** 화강암, 안산암, 섬록암, 황화석 등
- **수성암:** 사암, 점판암(이판암), 석회암, 응회암 등
- **변성암:** 사문암, 석면, 대리석 등

## 22

**동에 대한 설명으로 옳은 것은?**

① 전 · 연성이 크다.
② 열전도율이 작다.
③ 건조한 공기 중에서도 산화된다.
④ 산, 알칼리에 강하다.

**해설**
**동(銅)**
- 늘어나는 성질인 연성과 넓게 펴지는 성질인 전성이 크다.
- 전기 및 열전도율이 크다.
- 습기에 노출되어도 표면에 얇은 산화피막을 형성하여 부식을 보호하므로 내식성이 우수하다.
- 산, 알칼리에 약하다.
- 소성가공이 용이하다.

## 23

**공동주택의 건물 단면형 중 메조넷형(Maisonette type)에 대한 설명으로 옳지 않은 것은?**

① 주택 내의 공간의 변화가 있다.
② 거주성, 특히 프라이버시가 높다.
③ 각 층마다 통로와 엘리베이터 홀이 설치되어야 한다.
④ 양면개구에 의한 일조, 통풍 및 전망이 좋다.

**해설**
메조넷형(Maisonette type)은 복층형으로서 하나의 세대가 2개층 이상을 사용하는 경우이며, 출입구가 있는 층은 통로와 엘리베이터 홀이 설치되지만, 출입구가 없는 층은 통로와 엘리베이터 홀이 설치되지 않는다.

## 24

**다음 중 동선의 길이를 가장 짧게 할 수 있는 부엌가구의 배치형태는?**

① 일자형 ② ㄱ자형
③ 병렬형 ④ ㄷ자형

**해설**
ㄷ자형 배치는 동선이 짧고 부엌의 면적을 줄일 수 있으며, 수납공간을 많이 만들 수 있다. 외부로 통하는 출입구의 설치는 곤란하다.

**관련이론 | 부엌가구의 배치 유형**

| 구분 | 특성 |
|---|---|
| 일렬형<br>(일자형) | • 동선과 배치가 간단하다.<br>• 가구배치가 길어지면 작업동선이 길어진다.<br>• 소규모 주택에 적합하다. |
| 병렬형 | • 부엌 폭의 길이에 비해 넓은 부엌에 적합하다.<br>• 작업 시 몸을 앞뒤로 바꾸는 불편함이 있다.<br>• 외부로의 출입구가 필요한 경우에 적용한다. |
| ㄱ자형<br>(L자형) | • 작업동선은 효율적이다.<br>• 식사실과 함께 이용할 경우에 적합하다. |
| ㄷ자형 | • 동선이 짧고 부엌의 면적을 줄일 수 있다.<br>• 외부로 통하는 출입구의 설치는 곤란하다. |
| 아일랜드형 | • 작업 및 수납 공간이 넓다.<br>• 대규모 주택에 적합하다. |

## 25

빈출

**AE제를 사용한 콘크리트에 관한 설명 중 옳지 않은 것은?**

① 물-시멘트가 일정한 경우 공기량을 증가시키면 압축강도가 증가한다.
② 시공연도가 좋아지므로 재료분리가 적어진다.
③ 동결융해작용에 의한 마모에 대하여 저항성을 증대시킨다.
④ 철근에 대한 부착강도가 감소한다.

**해설**

공기량을 증가시키면 압축강도는 감소한다. 공기량이 1% 증가하면 압축강도는 4~6% 정도 감소하며, 공기량이 과다할 경우 강도 감소와 함께 균열이 발생될 수 있다.

## 26

빈출

**한식주택에 관한 설명으로 옳지 않은 것은?**

① 평면은 실의 위치별 분화이다.
② 좌식 생활 중심이다.
③ 공간의 융통성이 낮다.
④ 가구는 부차적 존재이다.

**해설**

한식주택은 실을 다용도로 사용하므로 공간의 융통성이 높다.

## 27

**아파트의 평면 형식 중 집중형에 관한 설명으로 옳지 않은 것은?**

① 대지 이용률이 높다.
② 채광 및 통풍이 불리하다.
③ 독립성 측면에서 가장 우수하다.
④ 중앙에 엘리베이터나 계단실을 두고 많은 주호를 집중 배치하는 형식이다.

**해설**

집중형 평면 형식은 독립성 측면에서 가장 불리하고, 계단실(홀)형 평면 형식이 독립성 측면에서 가장 우수하다.

**관련이론 | 집중형**

복도가 외기에 접하지 않으므로 복도에 면한 실들은 통풍, 환기에 불리하며, 각 세대의 방위가 균일하지 못하므로 일조 및 채광에도 불리하다.

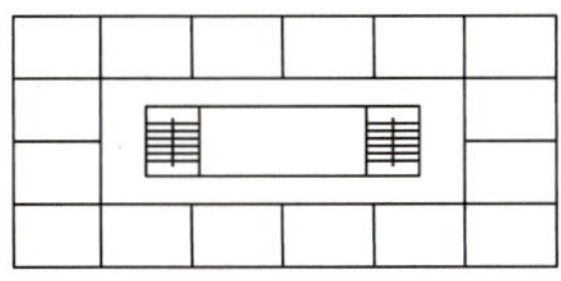

## 28

**재료의 내구성에 영향을 주는 요인 중 목재의 부식, 철강의 녹 등의 작용에 대해 저항하는 성질은 무엇인가?**

① 내후성 ② 내식성
③ 내화학약품성 ④ 내마모성

**해설**

내식성은 목재의 부식, 철강의 녹 등의 작용에 대해 저항하는 성질을 말한다.

**관련이론 | 재료의 내구성에 영향을 주는 요인**

- **내후성:** 건습, 온도변화, 동해 등에 의한 기후변화 요인에 대한 풍화작용에 저항하는 성질
- **내식성:** 목재의 부식, 철강의 녹 등의 작용에 대해 저항하는 성질
- **내화학약품성:** 화학 약품에 변형되거나 변질되지 않고 잘 견디는 성질
- **내마모성:** 기계적 반복 작용 등에 대한 마모작용에 저항하는 성질
- **내생물성:** 균류, 충류 등의 작용에 대해 저항하는 성질

## 29

**한국산업표준(KS)의 분류 중 토목건축 부분에 해당되는 것은?**

① KS D ② KS F
③ KS E ④ KS M

**해설**

토목건축부문의 분류기호는 F이다.

**정답** | 20. ② 21. ④ 22. ① 23. ③ 24. ④ 25. ① 26. ③ 27. ③ 28. ② 29. ②

## 30

고난도

**다음 트러스구조 중 사각형 모양이 가능한 것은?**

① 왕대공 트러스　② 쌍대공 트러스
③ 프랫 트러스　④ 와렌 트러스

**해설**

프랫 트러스(Pratt truss)는 사각형 모양으로 수평 및 수직재를 구성하고 대각선 부재를 V자 형태로 설치하는 트러스이다.

| 왕대공 트러스 | 쌍대공 트러스 |
|---|---|
| | |
| **프랫 트러스** | **와렌 트러스** |
| | |

## 31

**블록공사에서 블록의 하루 쌓기 높이의 표준은?**

① 1.5m 이내　② 1.8m 이내
③ 2.1m 이내　④ 2.4m 이내

**해설**

블록공사에서 하루의 쌓기 높이는 1.5m(블록 7켜 정도) 이내를 표준으로 한다.

## 32

빈출

**도시가스 배관 시 가스계량기와 전기점멸기의 이격 거리는 최소 얼마 이상으로 하는가?**

① 30cm　② 50cm
③ 60cm　④ 90cm

**해설**

가스계량기와 전기점멸기는 30cm 이상 이격해야 한다.

**관련이론 | 가스계량기와의 이격 거리**

- **전기계량기, 전기개폐기:** 60cm 이상
- **전기점멸기, 전기접속기, 굴뚝:** 30cm 이상
- **절연 조치를 하지 아니한 전선:** 15cm 이상

## 33

**균형의 원리에 관한 설명으로 옳지 않은 것은?**

① 크기가 큰 것이 작은 것보다 시각적 중량감이 크다.
② 기하학적 형태가 불규칙적인 형태보다 시각적 중량감이 크다.
③ 색의 중량감은 색의 속성 중 특히 명도, 채도에 따라 크게 작용한다.
④ 복잡하고 거친 질감이 단순하고 부드러운 것보다 시각적 중량감이 크다.

**해설**

기하학적 형태가 불규칙적인 형태보다 시각적 중량감이 작다.

## 34

**급경성으로 내알칼리성 등의 내화학성이나 접착력이 크고 금속, 석재 도자기, 글라스, 콘크리트, 플라스틱재의 접착에 모두 사용되는 합성수지 접착제는?**

① 에폭시수지 접착제　② 요소수지 접착제
③ 페놀수지 접착제　④ 멜라민수지 접착제

**해설**

**에폭시수지 접착제:** 급경성으로 내알칼리성 등의 내화학성이나 접착력이 크고 금속, 석재 도자기, 글라스, 콘크리트, 플라스틱재의 접착에 모두 사용되는 합성수지 접착제이다.

## 35

**다음 중 같은 색상의 청색 중에서 가장 채도가 높은 색은?**

① 순색　② 명청색
③ 암청색　④ 탁색

**해설**

순색은 무채색이 섞이지 않은 가장 채도가 높은 색이다.

## 36

**다음 중 그림과 같은 철근콘크리트 연속보에 대한 배근에서 가장 적절한 배근법은?**

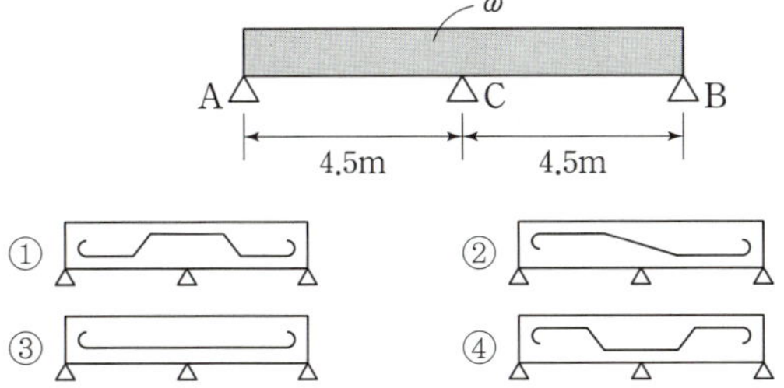


**해설**

지점 C부분은 상단부에 인장력이 작용하므로 상단부에 철근을 배치한다.

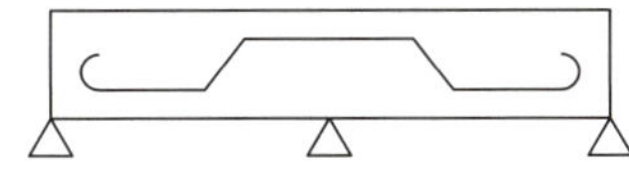

## 37

빈출

**케이블을 이용한 구조로만 연결된 것은?**

① 현수구조 — 사장구조 ② 현수구조 — 셸구조
③ 절판구조 — 사장구조 ④ 막구조 — 돔구조

**해설**

현수구조와 사장구조는 케이블로 지지하는 구조이다.

**현수구조:** 주케이블이 양쪽 주탑으로 연결되고 그 케이블에서 보조케이블로 상판을 연결하여 지지하는 구조이다.

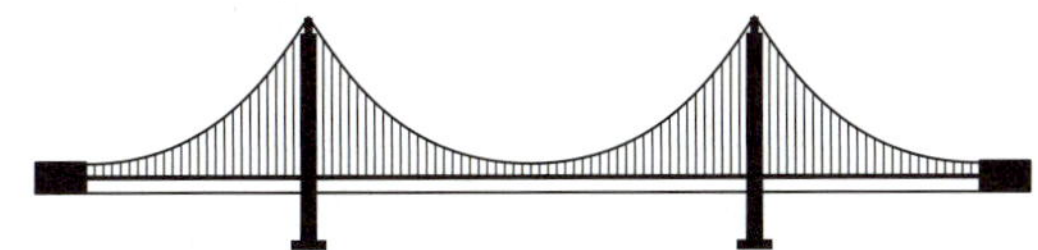

**사장구조:** 주탑에서 주케이블을 상판에 직접 연결하여 지지하는 구조이다.

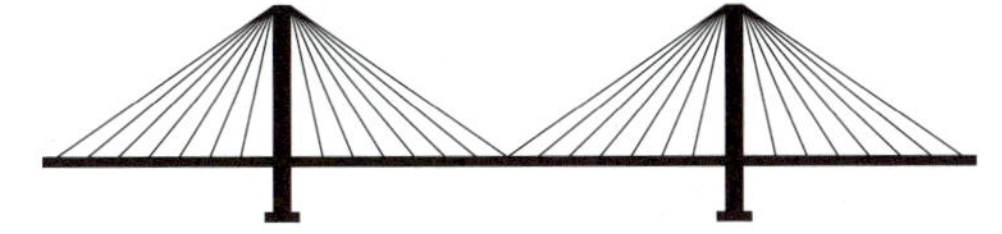

## 38

빈출

**수송설비의 종류 중 계단식으로 된 컨베이어로서 30° 이하의 기울기를 가지는 발판을 부착시켜 레일로 지지한 것은?**

① 엘리베이터 ② 에스컬레이터
③ 이동 보도 ④ 버킷 컨베이어

**해설**

에스컬레이터는 계단식으로 된 컨베이어로서 30° 이하의 기울기를 가지는 발판을 부착시켜 레일로 지지하여 수송하는 설비이다.

## 39

**표준형 점토 벽돌의 크기는? (단, 단위는 mm)**

① 190 × 90 × 57 ② 190 × 90 × 60
③ 210 × 100 × 57 ④ 210 × 100 × 60

**해설**

**기본(표준형) 벽돌의 크기:** 190 × 90 × 57mm

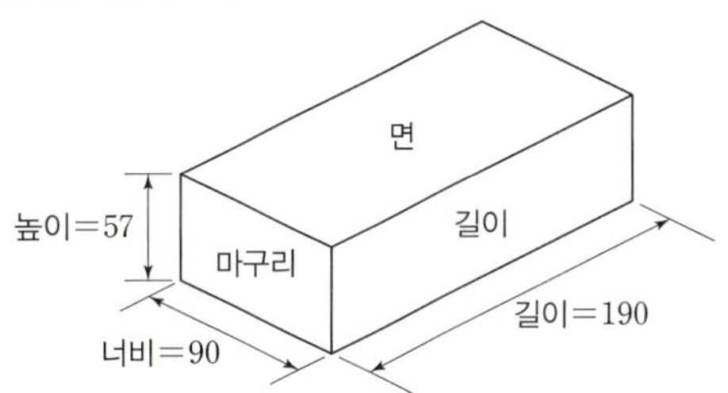


## 40

빈출

**건축법령상 공동주택에 해당되지 않는 것은?**

① 기숙사 ② 연립주택
③ 다가구주택 ④ 다세대주택

**해설**

다가구주택은 건축법령상 단독주택에 속한다.

**공동주택:** 아파트, 연립주택, 다세대주택, 기숙사

**단독주택:** 단독주택, 다중주택, 다가구주택, 공관

**정답** | 30. ③ 31. ① 32. ① 33. ② 34. ① 35. ① 36. ① 37. ① 38. ② 39. ① 40. ③

2022년

## 41

빈출

**벽돌조의 내쌓기에서 벽체의 내밀 수 있는 한도는?**

① 0.5B ② 1.5B
③ 2.0B ④ 2.5B

**해설**

내쌓기 한도는 2.0B이다.

**관련이론 | 내쌓기**

- 벽돌, 돌 등을 쌓을 때 면보다 내밀어 쌓는 것을 말한다.
- 한켜는 $\frac{1}{8}$B, 두켜는 $\frac{1}{4}$B 정도 내어 쌓는다.
- 내쌓기 한도는 2.0B이며 마구리쌓기로 한다.

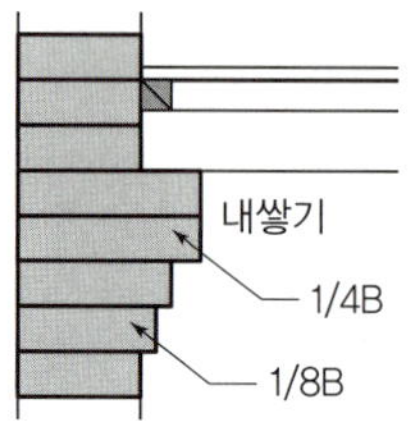


## 42

**벽돌쌓기에서 길이쌓기켜와 마구리쌓기켜를 번갈아 쌓고 벽의 모서리나 끝에 반절이나 이오토막을 사용한 것은?**

① 영식 쌓기 ② 영롱 쌓기
③ 미식 쌓기 ④ 화란식 쌓기

**해설**

영국식(영식) 쌓기는 처음 한 켜는 마구리쌓기, 다음 켜는 길이쌓기를 교대로 쌓는 것으로, 벽의 모서리나 끝에 반절이나 이오토막을 사용한다. 통줄눈이 생기지 않으며 가장 튼튼한 쌓기법이다.

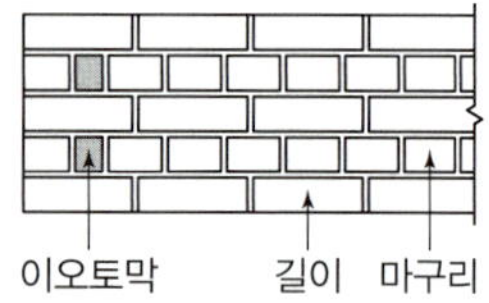


## 43

고난도

**목재 틀계단 구조에 대하여 설명한 내용이다. 잘못된 내용은?**

① 주택에 주로 많이 이용된다.
② 디딤판의 두께는 2.5~3.0cm 정도로 한다.
③ 구조로는 옆판, 디딤판, 챌판으로 구성된다.
④ 디딤판은 옆판에 통장부맞춤 쐐기 치기로 한다.

**해설**

목재 틀계단은 챌판이 없으며, 옆판과 판을 널판으로 만든 계단이다.

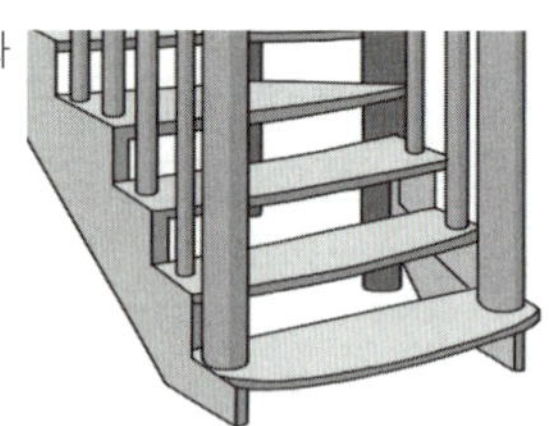

## 44

**콘크리트가 시일이 경과함에 따라 공기 중의 탄산가스의 작용을 받아 수산화칼슘이 서서히 탄산칼슘으로 되면서 알칼리성을 잃어가는 현상을 무엇이라 하는가?**

① 블리딩 ② 동결융해 작용
③ 중성화 ④ 알칼리 골재 반응

**해설**

콘크리트의 중성화에 대한 설명이다.

**관련이론 | 블리딩**

콘크리트 타설 후 비중이 무거운 시멘트와 골재 등이 침하되면서 물이 분리·상승하여 미세한 부유물질과 콘크리트 표면으로 떠오르는 현상이다.

## 45

빈출

**수화속도를 지연시켜 수화열을 적게 한 시멘트로 매스 콘크리트에 사용되는 것은?**

① 조강 포틀랜드시멘트 ② 중용열 포틀랜드시멘트
③ 백색 포틀랜드시멘트 ④ 폴리머 시멘트

**해설**

중용열 포틀랜드시멘트는 수화속도를 지연시켜 수화열을 적게 한 시멘트로 매스 콘크리트에 사용된다.

**중용열 포틀랜드시멘트**

- 수화열(발열량)이 작고 경화가 느리며 수축량이 적다.
- 내황산염성이 풍부한 포틀랜드시멘트로 침식성 용액에 대한 저항이 크고, 내구성이 좋으며 장기강도가 크다.
- 댐공사, 방사선 차폐용 콘크리트 등에 이용된다.

## 46

**동적이고 불안정한 느낌을 주지만, 강한 표정을 줄 수 있는 조형 요소는?**

① 곡선 ② 수평선
③ 수직선 ④ 사선

**해설**

사선은 동적이고 운동감, 속도감, 활동감 등의 강한 표현을 나타내지만, 불안정한 느낌을 준다.

**관련이론 | 선의 종류에 따른 심리적 효과**

- **수평적 구성:** 정적, 안정감, 확장감
- **수직적 구성:** 상승감, 존엄성, 엄숙함, 종교적 정열
- **사선적 구성:** 동적, 운동감, 역동적, 주의 집중

## 47

빈출

**대지에 이상전류를 방류 또는 계통구성을 위해 의도적이거나 우연하게 전기회로를 대지 또는 대지를 대신하는 전도체에 연결하는 전기적인 접속은?**

① 접지 ② 분기
③ 절연 ④ 배전

**해설**

접지에 대한 설명이다.

## 48

**대리석의 일종으로 다공질이며 황갈색의 무늬가 있으며 특수한 실내장식재로 이용되는 것은?**

① 테라코타 ② 트래버틴
③ 점판암 ④ 석회암

**해설**

트래버틴에 대한 설명이다.

**트래버틴(Travertine)**

- 온천이나 샘물 침전물에 의해 만들어진 탄산칼슘이 층층이 쌓여 만들어진 광물로서 대리석의 일종이다.
- 다공질이고 특유의 구멍이나 줄무늬가 있다.
- 입체감이 있으며 실내 수장재로 사용된다.

## 49

**철근콘크리트용 골재에 관한 설명 중 옳지 않은 것은?**

① 골재의 알 모양은 구(球)형에 가까운 것이 좋다.
② 골재의 표면은 매끈한 것이 좋다.
③ 골재는 크고 작은 알이 골고루 섞여 있는 것이 좋다.
④ 골재에는 염분이 섞여 있지 않는 것이 좋다.

**해설**

골재의 표면은 거칠고, 모양은 구형에 가까운 것이 좋다.

**골재의 품질**

- 골재의 강도는 시멘트 풀(Paste)의 강도 이상으로 한다.
- 골재의 표면은 거칠고, 모양은 구형에 가까운 것이 좋다.
- 골재는 잔 것과 굵은 것이 고루 혼합된 것이 좋다.
- 골재는 유해량 이상의 염분을 포함하지 않아야 한다.



## 50

빈출

**강구조에 관한 설명 중 옳지 않은 것은?**

① 내구, 내화적이다.
② 좌굴의 가능성이 있다.
③ 철근콘크리트조에 비해 경량이다.
④ 고층건물이나 장스팬구조에 적당하다.

**해설**

**철골구조(강구조)의 특성**

- 내화성이 낮다.
- 좌굴의 영향이 크다.
- 철근콘크리트조에 비해 경량이다.
- 고층건물이나 장스팬구조에 적당하다.
- 접합부의 신중한 설계와 용접부의 검사가 필요하다.

**정답** | 41. ③ 42. ① 43. ③ 44. ③ 45. ② 46. ④ 47. ① 48. ② 49. ② 50. ①

## 51

**파티클보드에 대한 설명으로 틀린 것은?**

① 변형이 적고, 음 및 열의 차단성이 우수하다.
② 상판, 칸막이벽, 가구 등에 이용된다.
③ 수분이나 고습도에 대해 강하기 때문에 별도의 방습 및 방수 처리가 필요 없다.
④ 합판에 비해 휨강도는 떨어지나 면내 강성은 우수하다.

**해설**
수분과 습도에 약하므로 방습 및 방수 처리가 필요하다.
**파티클보드(Particle board):** 목재를 작은 조각(부스러기)으로 분쇄 후 접착제를 첨가하여 강한 열과 힘으로 압착해 만든 판상형 가공재를 말한다.
- 원목에 비해 두께 및 규격이 다양하고 가공이 쉽다.
- 원목에 비해 경제적이고 결(방향성)이 없어서 수축, 팽창, 뒤틀림이 없다.
- 합판에 비해 휨강도는 떨어지지만 면내 강성은 우수하다.
- 흡음, 차음, 열의 차단성이 우수하다.

## 52

**다음과 같은 조건일 경우 철근콘크리트 보의 중량은?**

- 보의 단면 나비: 40cm
- 보의 춤: 60cm
- 보의 길이: 900cm
- 철근콘크리트 보의 단위 중량: 2,400kg/$m^3$

① 5,184tf ② 518.4tf
③ 51.84tf ④ 5.184tf

**해설**
보의 중량=단면적×길이×단위중량(m로 단위 환산)
=0.4×0.6×9×2,400=5,184kg=5.184tf

## 53

**다음 중 흙막이벽 공사 시 토질에 생기는 현상과 거리가 먼 것은?**

① 히빙 ② 보일링
③ 언더피닝 ④ 파이핑

**해설**
언더피닝(Underpinning) 공법은 기존 건물 가까이에 신축공사를 할 때 기존 건물의 지반과 기초를 보강하는 공법이다.

**관련이론 | 흙막이의 붕괴현상**
- **히빙(Heaving) 현상:** 흙막이 바깥에 있는 흙이 안으로 밀려 들어와 불룩하게 되는 현상이다.
- **보일링(Boiling) 현상:** 지하수가 흙막이벽을 돌아서 들어오면서 모래와 같이 솟아오르는 현상이다.
- **파이핑(Piping) 현상:** 흙막이벽의 뚫린 구멍 또는 이음새를 통하여 물이 공사장 내부 바닥으로 스며드는 현상이다.

## 54

빈출

**블록의 빈 속에 철근과 콘크리트를 부어넣은 것으로서, 수직하중 · 수평하중에 견딜 수 있는 구조로 가장 이상적인 블록구조는?**

① 거푸집블록조 ② 보강블록조
③ 조적식블록조 ④ 블록장막벽

**해설**
보강블록조는 블록을 통줄눈으로 쌓고 중공부에 철근을 세우고 콘크리트를 채워서 만드는 내력벽 구조로서 수직 및 수평하중에 견딜 수 있도록 만드는 블록구조이다.

## 55

빈출

**건축물의 패러핏, 주두 등의 장식에 사용되는 공동의 대형 점토제품은?**

① 쌤돌 ② 클링커타일
③ 테라코타 ④ 아스타일

**해설**
테라코타에 대한 설명이다.
**테라코타(Terracotta)**
- 건물 외장용으로 사용하는 대형 점토제품이나 타일이다.
- 일반 석재보다 가볍고, 압축강도는 화강암의 1/2정도이다.
- 화강암보다 내화력이 강하고, 대리석보다 풍화에 강하다.
- 장식용으로서 난간, 패러핏, 주두, 돌림띠(돌림대) 등에 사용된다.

## 56

**다음 중 계획설계도에 속하는 것은?**

① 동선도 ② 배치도
③ 전개도 ④ 평면도

**해설**

동선도는 계획설계도에 속한다.

**계획설계도에 포함되는 내용:** 구상도, 조직도, 동선도, 면적 도표 등

## 57

빈출

**배수트랩의 봉수 파괴 원인과 가장 거리가 먼 것은?**

① 증발 ② 통기 작용
③ 모세관 현상 ④ 자기 사이펀 작용

**해설**

통기 작용은 공기를 통하게 하여 관 내의 진공현상이나 이상 압력을 제거하여 배수를 원활하게 하는 작용을 말한다.

**봉수의 파괴 원인**

- 자기 사이펀 작용
- 유도 사이펀 작용(흡입 및 흡출작용)
- 토출 작용(역압 분출 작용)
- 모세관 현상
- 증발 현상
- 관성에 의한 배출

## 58

빈출

**건축재료의 발전 방향으로 틀린 것은?**

① 고성능화 ② 현장시공화
③ 공업화 ④ 에너지 절약화

**해설**

현장시공화는 해당하지 않는다.

**건축 생산재 발전 방향**

- 표준화, 규격화, 합리화
- 공업화(프리패브화) 및 생산성
- 고품질, 고성능화
- 에너지 절약화

## 59

**그림 중 꺾인지붕(Curb roof)의 평면모양은?**

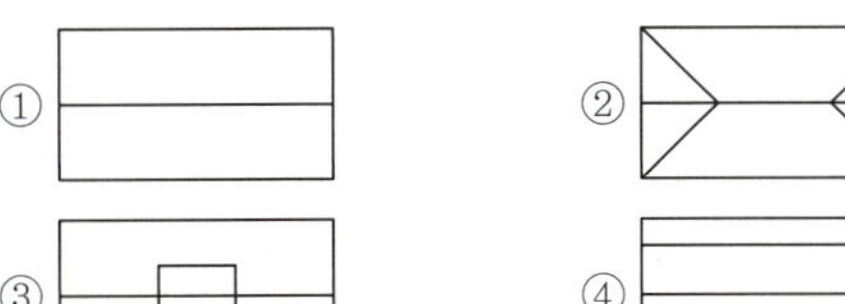


**해설**

꺾인지붕(Curb roof)은 박공지붕의 일종으로, 경사면이 2단으로 나누어진 형태로 아랫부분이 윗부분보다 급경사를 이루고 있으며, 갬브럴 지붕(Gambrel roof)이라고도 한다.

## 60

빈출

**건축제도에서 보이지 않는 부분을 표시하는 데 사용하는 선의 종류는?**

① 파선 ② 1점 쇄선
③ 2점 쇄선 ④ 가는 실선

**해설**

파선은 건축도면에서 보이지 않는 부분을 표시한다.

**관련이론** | **선의 종류(KS F 1501)**

| 선의 종류 | | 사용 방법 |
|---|---|---|
| 실선 | ━━━ | 단면의 윤곽 표시 |
| | ──── | 보이는 부분의 윤곽 표기 또는 좁거나 작은 면의 단면 부분 윤곽 표시 |
| | ──── | 치수선, 치수보조선, 인출선, 격자선 |
| 파선, 점선 | -------- | 보이지 않는 부분이나 절단면보다 양면 또는 윗면에 있는 부분의 표시 |
| 1점 쇄선 | —·—·— | 중심선, 절단선, 기준선, 경계선, 참고선 |
| 2점 쇄선 | —··—··— | 상상선 또는 1점 쇄선과 구별할 필요가 있을 때 |

**정답** | 51. ③ 52. ④ 53. ③ 54. ② 55. ③ 56. ① 57. ② 58. ② 59. ④ 60. ①

# 2022년 | 1회 CBT 복원문제

자동채점 

## 01

빈출

**조립식 구조물(P.C)에 대하여 옳게 설명한 것은?**

① 슬래브의 부재는 크고 무거워서 P.C로 생산이 불가능하다.
② 접합의 강성을 높이기 위하여 접합부는 공장에서 일체식으로 생산한다.
③ P.C는 현장 콘크리트타설에 비해 결과물의 품질이 우수한 편이다.
④ P.C는 장비를 사용하므로 공사기간이 많이 소요된다.

**선지분석**

① 조립 부재는 경량으로 P.C 생산이 가능하다.
② 접합부는 공장에서 생산하고 현장에서 조립한다.
④ P.C는 건식구조로서 공사기간을 줄일 수 있다.

## 02

빈출

**에스컬레이터에 관한 설명으로 옳지 않은 것은?**

① 수송능력이 엘리베이터에 비해 작다.
② 대기시간이 없고 연속적인 수송설비이다.
③ 연속 운전되므로 전원설비에 부담이 적다.
④ 건축적으로 점유면적이 적고, 건물에 걸리는 하중이 분산된다.

**해설**

**에스컬레이터의 특성**

- 수송력에 비해 점유면적이 적다.
- 엘리베이터에 비해 수송능력이 크다.
- 대기시간이 없고 연속적인 수송설비이다.
- 설비비가 고가이지만, 전원설비에 부담이 적다.
- 층고와 보의 간격에 제약을 받는다.

## 03

**도면 작성 시 사용되는 선의 종류와 용도의 연결이 옳지 않은 것은?**

① 굵은 실선 – 단면선　② 가는 실선 – 치수선
③ 2점 쇄선 – 상상선　④ 1점 쇄선 – 숨은선

**해설**

숨은선은 파선 또는 점선으로 표시한다.

**관련이론** | 선의 종류(KS F 1501)

| 선의 종류 | | 사용 방법(보기) |
|---|---|---|
| 실선 | ——— | 단면의 윤곽 표시 |
| | ——— | 보이는 부분의 윤곽 표기 또는 좁거나 작은 면의 단면 부분 윤곽 표시 |
| | ——— | 치수선, 치수보조선, 인출선, 격자선 |
| 파선, 점선 | -------- | 보이지 않는 부분이나 절단면보다 양면 또는 윗면에 있는 부분의 표시 |
| 1점 쇄선 | —·—·— | 중심선, 절단선, 기준선, 경계선, 참고선 |
| 2점 쇄선 | —··—··— | 상상선 또는 1점 쇄선과 구별할 필요가 있을 때 |

## 04

**어느 목재의 절대건조비중이 0.54일 때 목재의 공극률은 얼마인가?**

① 약 65%　② 약 54%
③ 약 46%　④ 약 35%

**해설**

$$공극률(\%)=\left(1-\frac{목재의\ 절건비중}{1.54}\right)\times 100$$
$$=\left(1-\frac{0.54}{1.54}\right)\times 100 \fallingdotseq 65\%$$

## 05

**플랫슬래브에 대한 설명으로 옳은 것은?**

① 무량판 구조로서 보가 없이 지판과 주두, 바닥판만으로 하중이 기둥으로 전달되는 슬래브이다.
② 등간격으로 장선을 배치하여 바닥판과 일체로 양단부를 보 또는 벽에 지지한 일방향 슬래브이다.
③ 2방향의 격자형으로 장선을 배치하여 하중이 전달되도록 하는 무량판 구조이다.
④ 바닥판이 무겁지 않고 두께도 얇게 할 수 있다.

**해설**

①이 플랫슬래브에 대한 설명이다.

**플랫슬래브**

- 보가 없이 지판(Drop panel)과 주두, 슬래브만으로 구성하며, 기둥 위에 지판을 설치하여 뚫림에 대해 보강하여 하중을 전달하는 무량판 구조이다.
- 넓은 내부공간 구성과 층고를 낮출 수 있는 장점이 있다.

| 일방향슬래브 | 플랫슬래브 |
|---|---|
| | |
| **이방향슬래브** | **워플슬래브** |
| | |

## 06

**시멘트 분말도가 높은 경우의 특징으로 옳지 않은 것은?**

① 수화작용이 빠르다. ② 시공연도가 좋다.
③ 조기강도가 크다. ④ 재료분리가 크다.

**해설**

시멘트 분말도가 높은 경우에는 재료분리가 줄어든다

## 07

**외기 침투 및 결로를 방지하기 위한 방법으로 옳지 않은 것은?**

① 이중창을 설치하여 단열한다.
② 환기에 의해 실내 절대습도를 저하시킨다.
③ 실내에서 발생하는 수증기를 억제한다.
④ 낮은 온도로 난방시간을 길게 하는 것보다 높은 온도로 난방시간을 짧게 하는 것이 결로방지에 효과적이다.

**해설**

낮은 온도로 난방시간을 길게 하는 것이 결로방지에 효과적이다.

2022년

## 08

고난도

**세라믹 계열의 재료가 아닌 것은?**

① 강섬유 보강 콘크리트
② 유리섬유 보강 콘크리트
③ 고내구성 고분자계 도료
④ 탄소섬유 보강 콘크리트

**해설**

세라믹 계열의 재료에는 강섬유, 유리섬유, 합성섬유, 탄소섬유 등으로 보강한 콘크리트가 있다.

**관련이론 | 고분자계 물질**

고분자로 이루어진 화합물을 말하며, 기계적인 강도가 크고 분자의 형상에 따라 탄성, 점성, 소성을 나타내며 각종의 성형품, 섬유품, 도료, 접착제 등에 사용되고 있다.

**정답** | 01. ③ 02. ① 03. ④ 04. ① 05. ① 06. ④ 07. ④ 08. ③

## 09

**자연환기에 대한 설명 중 옳지 않은 것은?**

① 개구부를 통해 급기와 배기가 이루어진다.
② 1, 2, 3종 환기가 있다.
③ 풍향, 풍속 및 실내외의 온도차와 공기 밀도차에 의한 방법이다.
④ 온도차에 의한 자연환기는 중력환기라고도 한다.

**해설**

1, 2, 3종 환기는 기계환기 송풍방식에 의한 분류이다.

## 10

빈출

**건축제도용지 중 A4 용지의 크기는?**

① 594mm×841mm ② 420mm×594mm
③ 297mm×420mm ④ 210mm×297mm

**해설**

A4 용지의 크기는 210×297mm이다.

**관련이론** | **건축제도용지 크기**

- **A0 용지:** 841×1,189mm
- **A1 용지:** 594×841mm(A0 용지의 1/2 크기)
- **A2 용지:** 420×594mm(A0 용지의 1/4 크기)
- **A3 용지:** 297×420mm(A0 용지의 1/8 크기)
- **A4 용지:** 210×297mm(A0 용지의 1/16 크기)

## 11

**처음 한 켜는 마구리쌓기, 다음 한 켜는 길이쌓기를 교대로 쌓는 것으로, 통줄눈이 생기지 않으며 내력벽을 만들 때 많이 이용되는 벽돌쌓기법은?**

① 미국식 쌓기 ② 프랑스식 쌓기
③ 영국식 쌓기 ④ 영롱 쌓기

**해설**

**영국식 쌓기:** 처음 한 켜는 마구리쌓기, 다음 켜는 길이쌓기를 교대로 쌓는 것으로 통줄눈이 생기지 않으며 가장 튼튼한 쌓기법이다.

**관련이론**

**미국식 쌓기:** 앞면은 5켜 정도 길이쌓기를 하고 여섯 번째 켜를 마구리쌓기로 하며 뒷면은 영국식 쌓기로 한다.
**프랑스식 쌓기:** 한 켜에 길이와 마구리를 번갈아서 쌓는 방법이며 통줄눈으로서 강도가 약하므로 장식용으로 사용한다.
**영롱 쌓기:** 벽면에 벽돌을 비워 구멍을 두어 쌓는 방법이다.

## 12

빈출

**철골조의 판보에서 웨브판의 좌굴을 방지하기 위해 설치하는 보강재는?**

① 스터드 ② 덮개판
③ 끼움판 ④ 스티프너

**해설**

스티프너(Stiffener)는 철골구조에서 플레이트 보(거더)나 박스 기둥의 플랜지나 웨브의 좌굴을 방지하기 위해 쓰이는 보강재를 말한다.

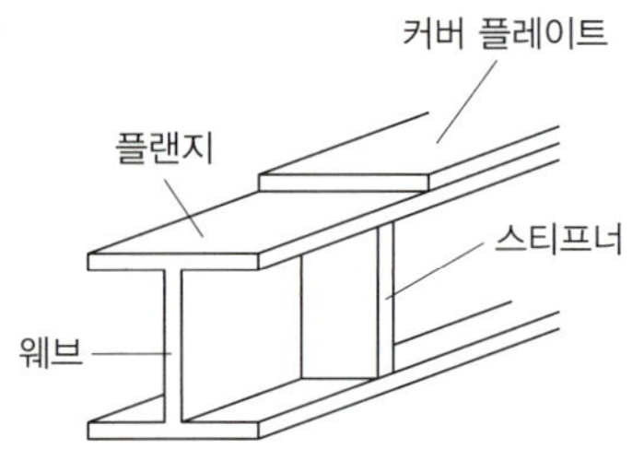


## 13

빈출

**목구조에서 수평력을 견디기 위해 설치하는 구조재로 거리가 먼 것은?**

① 귀잡이보 ② 꿸대
③ 가새 ④ 버팀대

**해설**

귀잡이보, 가새, 버팀대는 목구조에서 수평력을 견디기 위해 설치하는 구조재이다.

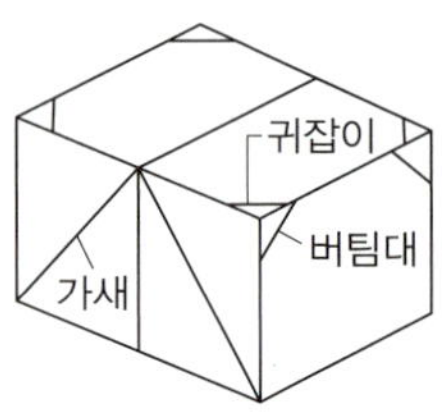

## 14

빈출

**홀형 아파트에 관한 설명으로 옳지 않은 것은?**

① 거주의 프라이버시가 높다.
② 통행부 면적이 작아서 건물의 이용도가 높다.
③ 계단실 또는 엘리베이터 홀로부터 직접 주거 단위로 들어가는 형식이다.
④ 1대의 엘리베이터에 대한 이용가능한 세대수가 가장 많은 형식이다.

**해설**

1대의 엘리베이터에 대한 이용가능한 세대수가 가장 많은 형식은 중복도형과 집중형이다.

## 15

**아치벽돌을 특별히 주문 제작하여 만든 아치는?**

① 민무늬아치
② 본아치
③ 막만든아치
④ 거친아치

**해설**

본아치는 아치벽돌 단면이 사다리꼴 모양으로 주문 제작하여 만든 아치이다.

## 16

**조적조 벽체 그리기를 할 때 순서로 옳은 것은?**

| |
|---|
| ㉠ 제도용지에 테두리선을 긋고, 축척에 알맞게 구도를 잡는다.<br>㉡ 단면선과 입면선을 구분하여 그리고, 각 부분에 재료 표시를 한다.<br>㉢ 지반선과 벽체의 중심선을 긋고, 기초의 깊이와 벽체의 너비를 정한다.<br>㉣ 치수선과 인출선을 긋고, 치수와 명칭을 기입한다. |

① ㉠－㉡－㉢－㉣
② ㉢－㉠－㉡－㉣
③ ㉠－㉢－㉡－㉣
④ ㉡－㉠－㉢－㉣

**해설**

조적조 벽체는 ㉠－㉢－㉡－㉣ 순으로 그린다.

## 17

**스터럽(늑근)이나 띠철근을 철근 배근도에서 표시할 때 일반적으로 사용하는 선은?**

① 가는 실선
② 파선
③ 굵은 실선
④ 이점 쇄선

**해설**

스터럽(늑근)이나 띠철근은 가는 실선으로 표시한다.

## 18

**다음 중 화성암에 속하는 석재는?**

① 응회암
② 사암
③ 안산암
④ 대리석

**해설**

안산암은 화성암의 일종이다.

**관련이론 | 석재의 성인에 의한 분류**

- **화성암:** 화강암, 안산암, 섬록암, 황화석 등
- **수성암:** 사암, 점판암(이판암), 석회암, 응회암 등
- **변성암:** 사문암, 석면, 대리석 등

## 19

빈출

**공기조화방식의 열반송매체에 의한 분류 중 전수방식에 속하는 것은?**

① 단일 덕트 방식
② 이중 덕트 방식
③ 팬코일 유닛 방식
④ 멀티존 유닛 방식

**해설**

팬코일 유닛(Fan coil unit) 방식은 소형송풍기 또는 냉·온수 코일이나 필터 등을 갖춘 실내형 소형공조기 등의 유닛(Unit)을 각 실에 설치하고, 기계실로부터 냉수나 온수를 공급 받아 공기조화를 하는 방식으로 전수방식에 속한다.

**정답** | 09. ② 10. ④ 11. ③ 12. ④ 13. ② 14. ④ 15. ② 16. ③ 17. ① 18. ③ 19. ③

2022년

## 20

**콘크리트의 강도에 영향을 주는 것이 아닌 것은?**

① 거푸집의 형상
② 콘크리트의 물시멘트비
③ 콘크리트의 시멘트 분말도
④ 콘크리트의 양생시간

**해설**

거푸집의 형상은 관계가 없다.

**콘크리트의 강도에 영향을 주는 요인**

- 물시멘트비
- 시멘트 분말도
- 양생시간 및 온도
- 구성재료(골재 및 시멘트)
- 다짐 방법

## 21

빈출

**철골부재를 접합할 때 접합부재 상호간의 마찰력에 의하여 응력을 전달시키는 접합방식은?**

① 고력볼트접합 ② 용접접합
③ 리벳접합 ③ 듀벨접합

**해설**

고력볼트접합에 대한 설명이다.

## 22

**한 켜는 길이쌓기로 하고 다음은 마구리쌓기로 하며 모서리에 칠오토막을 써서 아무리는 벽돌 쌓기법은?**

① 영식 쌓기 ② 화란식 쌓기
③ 불식 쌓기 ④ 미식 쌓기

**해설**

**네덜란드식 쌓기:** 화란식 쌓기라고도 하며 한 켜씩 길이와 마구리를 번갈아 쌓고 길이 켜의 모서리에 칠오토막을 사용한다.

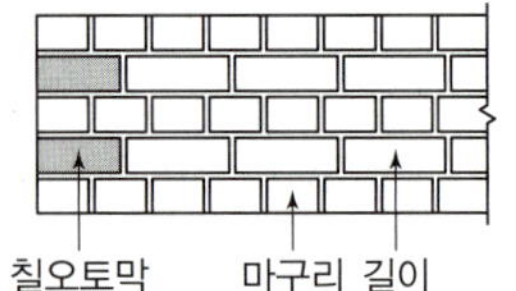


## 23

**다음 중 바닥 마감재인 비닐 타일에 대한 설명으로 옳지 않은 것은?**

① 염화비닐수지(PVC)를 주원료로 가소제, 안정제, 안료 등을 혼합, 가열하고 시트형으로 압출하여 절단한 판이다.
② 착색이 자유롭다.
③ 내마멸성, 내화학성이 우수하다.
④ 아스팔트 타일보다 가열변형의 정도가 크다.

**해설**

비닐 타일은 아스팔트 타일보다 가열변형의 정도가 작다.

## 24

빈출

**다음 중 지붕재료에 요구되는 성질과 가장 관계가 먼 것은?**

① 외관이 좋은 것이어야 한다.
② 부드러워 가공이 용이한 것이어야 한다.
③ 열전도율이 작은 것이어야 한다.
④ 재료가 가볍고, 방수, 방습, 내화, 내수성이 큰 것이어야 한다.

**해설**

부드러운 것보다 견질하고 내구적이며 안전성이 있어야 한다.

**지붕 재료의 요구 조건**

- 외관이 좋고 건물과 조화되어야 한다.
- 내수적이고 습도에 의한 신축이 적어야 한다.
- 열전도율이 적고 불연재가 좋다.
- 내구적이고 경량으로 안전하여야 한다.
- 시공이 용이하고 수리가 편리하여야 한다.

## 25

고난도

**난간벽, 부란, 박공벽 위에 덮은 돌로서 빗물막이와 난간 동자받이의 목적 이외에 장식도 겸하는 돌은?**

① 돌림띠 ② 두겁돌
③ 창대돌 ④ 문지방돌

**해설**

두겁돌에 대한 설명이다.

## 26

**다음 중 건물의 외부 벽체 마감용으로 적당하지 않은 석재는?**

① 화강암 ② 안산암
③ 점판암 ③ 대리석

**해설**

점판암은 외부 벽체 마감용으로 사용하지 않는다.

**점판암:** 점토로 된 납작한 판 모양의 암석으로 구조적으로는 잘 쪼개지는 성질을 갖고 있으므로 지붕 재료로서 슬레이트나 석반(石盤) 등으로 사용된다.

## 27

고난도

**급수펌프, 양수펌프, 순환펌프 등으로 건축설비에 주로 사용되는 펌프는?**

① 왕복식 펌프 ② 회전식 펌프
③ 피스톤 펌프 ④ 원심식 펌프

**해설**

**원심식 펌프**

- 임펠러(Impeller)를 회전시켜 액체에 회전력을 주어 발생하는 원심력을 활용하여 급수하는 펌프이다.
- 볼류트 펌프(Volute pump), 터빈 펌프(Turbine pump), 축류 펌프, 사류 펌프, 마찰펌프 등이 있다.
- 급수펌프, 양수펌프, 순환펌프 등으로 사용된다.

## 28

**다음의 단면용 재료 표시 기호가 의미하는 것은?**

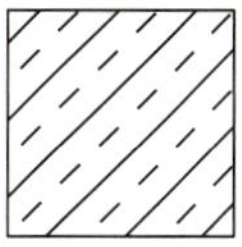

① 석재 ② 인조석
③ 목재 구조재 ④ 목재 치장재

**해설**

**단면재료의 표시 기호**

| 석재 | 인조석 |
|---|---|
| 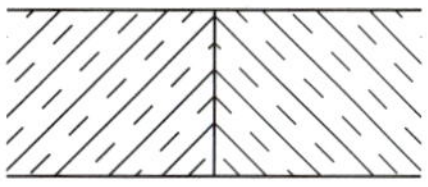 | 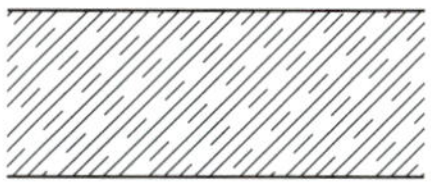 |
| **목재 구조재** | **목재 치장재** |
| 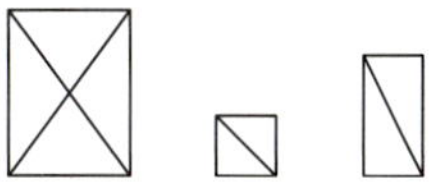 | 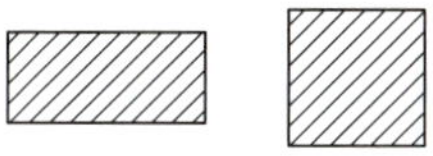 |

## 29

**창호와 창호철물의 연결에서 상호 관련성이 없는 것은?**

① 오르내리창 – 크레센트 ② 여닫이문 – 도어체크
③ 행거도어 – 실린더 ④ 자재문 – 자유경첩

**해설**

**행거도어:** 여닫이문의 사용이 어렵거나 공간 활용을 위해 천장이나 벽 상부에 레일이나 힌지를 고정하고 도어를 매달아 사용하는 문이다.

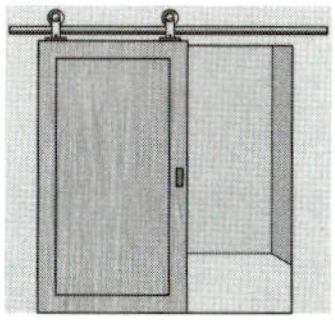

**실린더:** 문 손잡이로서 여닫이문 등에 사용한다.

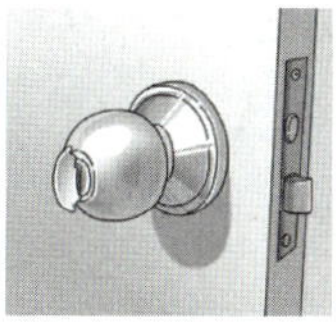

**정답** | 20. ① 21. ① 22. ② 23. ④ 24. ② 25. ② 26. ③ 27. ④ 28. ① 29. ③

## 30

**건축구조의 구성방식에 의한 분류에 속하지 않는 것은?**

① 가구식 구조 ② 습식 구조
③ 조적식 구조 ④ 일체식 구조

**해설**

습식 구조는 시공방식에 의한 분류이다.

**관련이론 | 건축구조의 분류**

| 분류방법 | 종류 |
|---|---|
| 구성방식 | 가구식 구조, 일체식 구조, 조적식 구조 등 |
| 사용재료 | 목구조, 벽돌구조, 철근콘크리트구조, 철골구조, 철골철근콘크리트구조, 블록구조 등 |
| 형상 | 돔구조, 셸구조, 막구조, 스페이스프레임구조, 케이블구조, 절판구조 등 |
| 시공방식 | 건식 구조, 습식 구조, 조립식 구조 등 |

## 31

**지하실이나 옥상의 채광용으로 입사 광선의 방향을 바꾸거나 확산 또는 집중시킬 목적으로 사용되는 유리제품은?**

① 폼글라스 ② 프리즘타일
③ 안전유리 ④ 강화유리

**해설**

프리즘타일에 대한 설명이다.

## 32

**생석회와 규사를 혼합하여 고온, 고압하에 양생하면 수열반응을 일으키는데 여기에 기포제를 넣어 경량화한 기포콘크리트는?**

① A.L.C 제품 ② 흄관
③ 드리졸 ④ 플렉시블보오드

**해설**

A.L.C(Autoclaved Lightweight Concrete) 제품은 생석회와 규사를 혼합하여 고온, 고압하에 양생하면 수열반응을 일으키는데 여기에 기포제를 넣어 경량화한 기포콘크리트이다.

## 33

빈출

**주택의 침실 계획에 대한 설명으로 옳지 않은 것은?**

① 방위는 일조와 통풍이 좋은 남쪽이나 동남쪽이 이상적이다.
② 침실 환기 시 통풍의 흐름이 직접 침대 위를 통과하지 않도록 한다.
③ 창문을 침대 머리쪽에 두어 공기를 통과하게 한다.
④ 출입문은 침대가 직접 보이지 않게 하고 안여닫이로 하는 것이 좋다.

**해설**

침대의 머리쪽에 창을 두지 않는 것이 좋다. 창을 둘 경우에는 창을 높게 하고 야간에 외기를 막기 위해서는 2중창이나 커튼을 설치한다.

## 34

**다음 중 건축도면에서 경사지붕의 물매를 표시한 것으로 옳은 것은?**

① 3/10 ② 3/1,000
③ 1/1,000 ④ 6/50

**해설**

경사지붕 물매와 같이 비교적 물매가 클 때 사용하는 물매 표시법은 분모를 10으로 한 분수로 한다.

## 35

**건물의 남북간의 인동간격을 결정할 때 하루 동안에 필요한 최소한도의 4시간 일조를 얻기 위해서는 어느 때 일영곡선을 사용하는가?**

① 춘분 ② 추분
③ 하지 ④ 동지

**해설**

남북간의 인동간격은 동지를 기준으로 최소 4시간 일조를 얻어야 한다.

## 36

**건축물의 내외벽이나 바닥, 천장 등에 흙손이나 스프레이건 등을 이용하여 일정한 두께로 발라 마무리하는 데 사용되는 재료는?**

① 접착제 ② 미장재료
③ 도장재료 ④ 금속재료

**해설**

미장재료에 대한 설명이다.

## 37

**시멘트가 공기 중의 습기를 받아 천천히 수화 반응을 일으켜 작은 알갱이 모양으로 굳어졌다가, 이것이 계속 진행되면 주변의 시멘트와 달라붙어 결국에는 큰 덩어리로 굳어지는 현상은?**

① 응결 ② 소성
③ 경화 ④ 풍화

**해설**

풍화(風化)현상에 대한 설명이다.

**관련이론 | 응결**

모르타르 또는 콘크리트가 유동적인 상태에서 겨우 형체를 유지할 수 있는 정도로 엉키는 초기작용을 의미한다.

## 38

**콘크리트면, 모르타르면의 바름에 가장 적합한 도료는?**

① 옻칠 ② 래커
③ 유성페인트 ④ 수성페인트

**해설**

콘크리트면과 모르타르면의 바름에는 수성페인트가 적합하다.

## 39

**2층 마루 중에서 큰 보 위에 작은 보를 걸고 그 위에 장선을 대고 마루널을 깐 것은?**

① 홑마루 ② 보마루
③ 짠마루 ④ 동바리마루

**해설**

짠마루에 대한 설명이다.

**홑마루:** 보를 쓰지 않고 층도리와 칸막이 도리에 장선을 걸쳐 대고 그 위에 널을 깐 마루이다.

**보마루:** 보를 걸어 장선을 받게 하고, 그 위에 널을 깐 마루이다.

**동바리마루:** 마루 밑에 동바리를 세워 멍에를 건너지르고 그 위에 장선을 대고 마루널을 깐 것이다.

**관련이론 | 다양한 마루의 모양**

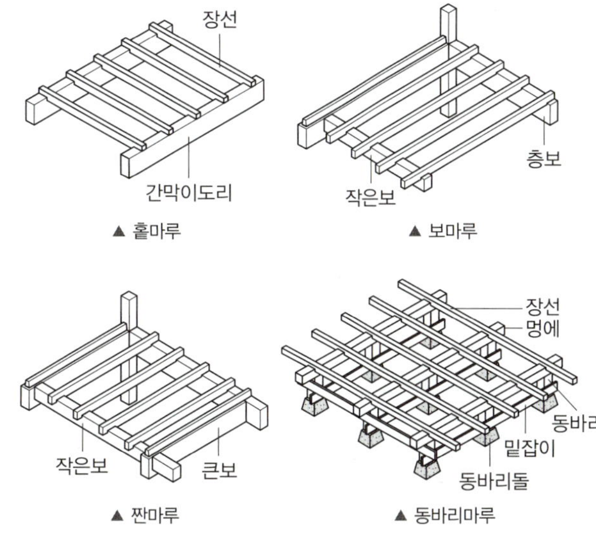


▲ 홑마루 ▲ 보마루 ▲ 짠마루 ▲ 동바리마루



| 정답 | | | | | | |
|---|---|---|---|---|---|---|
| 30. ② | 31. ② | 32. ① | 33. ③ | 34. ① | 35. ④ | 36. ② |
| 37. ④ | 38. ④ | 39. ③ | | | | |

## 40

빈출

**석구조에서 창문 등의 개구부 위에 걸쳐대어 상부에서 오는 하중을 받는 수평부재는?**

① 창대돌 ② 문지방돌
③ 쌤돌 ④ 인방돌

**해설**

인방돌은 창문이나 출입문 위에 걸쳐대어 상부의 하중을 받는 수평부재이다.

**창대돌:** 창 밑에 설치하여 창을 받치고 빗물이 흘러내리게 하는 수평부재이다.

**문지방돌:** 출입문의 밑에 대는 돌이다.

**쌤돌:** 조적조에서 개구부의 벽 두께 면에 대는 돌이다.

## 41

**조적조에서 높이가 2m 초과인 담장의 최소 벽두께는?**

① 90mm ② 190mm
③ 210mm ④ 270mm

**해설**

2m 초과인 담의 두께는 190mm 이상으로 한다.

**관련이론 | 조적식 구조인 담(건축물구조기준규칙 제39조)**

- 높이는 3m 이하로 할 것
- 담의 두께는 190mm 이상으로 할 것. 다만, 높이가 2m 이하인 담에 있어서는 90mm 이상으로 할 수 있다.

## 42

**다음의 주택단지의 단위 중 규모가 가장 작은 것은?**

① 인보구 ② 근린분구
③ 근린주구 ④ 근린지구

**해설**

**주택단지의 단위:** 인보구 < 근린분구 < 근린주구

※ 근린지구는 주택단지 단위에 속하지 않으며, 도시계획 기본단위이다.

## 43

빈출

**조적조 벽체에서 표준형 벽돌 1.5B 쌓기의 두께로 옳은 것은? (단, 공간쌓기가 아닌 경우)**

① 190mm ② 220mm
③ 280mm ④ 290mm

**해설**

표준형 벽돌 1.5B 쌓기 두께는 1.0B＋줄눈두께＋0.5B이므로, 190mm＋10mm＋90mm ＝ 290mm이다.

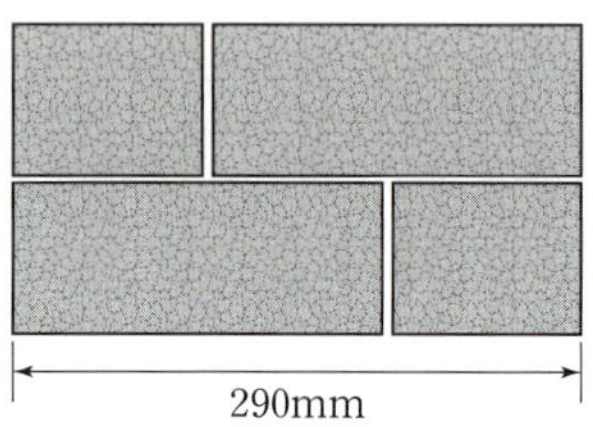


## 44

**콘크리트 슬럼프시험에 관한 설명 중 옳지 않은 것은?**

① 콘크리트의 컨시스턴시를 측정하는 방법이다.
② 콘크리트를 슬럼프콘에 3회에 나누어 규정된 방법으로 다져서 채운다.
③ 묽은 콘크리트일수록 슬럼프값은 작다.
④ 콘크리트가 일정한 모양으로 변형하지 않았을 때에는 슬럼프시험을 적용할 수 없다.

**해설**

묽은 콘크리트일수록 슬럼프값은 커진다.

## 45

빈출

**다음 중 평균적으로 압축강도가 가장 큰 석재는?**

① 화강암 ② 사문암
③ 사암 ④ 대리석

**해설**

**석재의 압축강도 순서:** 화강암 > 대리석 > 사문암 > 사암

## 46

**물의 밀도가 1g/cm$^3$이고, 어느 물체의 밀도가 1kg/m$^3$라 하면 이 물체의 비중은 얼마인가?**

① 1 ② 1,000
③ 0.001 ④ 0.1

**해설**

비중은 물질의 고유 특성으로서 기준이 되는 물질의 밀도에 대한 상대적인 비를 나타낸다.

$\therefore \frac{\text{어느 물체의 밀도}}{\text{물의 밀도}} = \frac{1\text{kg/m}^3}{1\text{g/cm}^3} = \frac{0.001\text{g/cm}^3}{1\text{g/cm}^3} = 0.001$

## 47

고난도

**생활 행위에 따른 동작을 가능하게 하며, 주거 공간을 구성하는 기본적인 것은?**

① 인체 동작 공간 ② 개인 공간
③ 공동 공간 ④ 주거 집합 공간

**해설**

인체 동작 공간은 인체 치수와 동작 치수를 기초로 하여 생활 및 작업 환경 구성, 가구의 배치, 동선이나 동작을 위한 여유 치수 등을 고려한 동작에 따른 공간을 말하며, 주거 공간에서의 생활 행위에 따른 동작을 가능하게 하는 공간 구성의 기본이 된다.

## 48

빈출

**케이블을 이용한 구조시스템 중 하나이다. 남해대교에서 볼 수 있는 다리의 구조형식을 무엇이라 하는가?**

① 트러스구조 ② 막구조
③ 돔구조 ④ 현수구조

**해설**

**현수구조**

- 주케이블이 양쪽 주탑으로 연결되고 그 케이블에서 보조케이블로 상판을 연결하여 지지하는 구조이다.
- 남해대교, 광안대교, 영종대교 등이 있다.

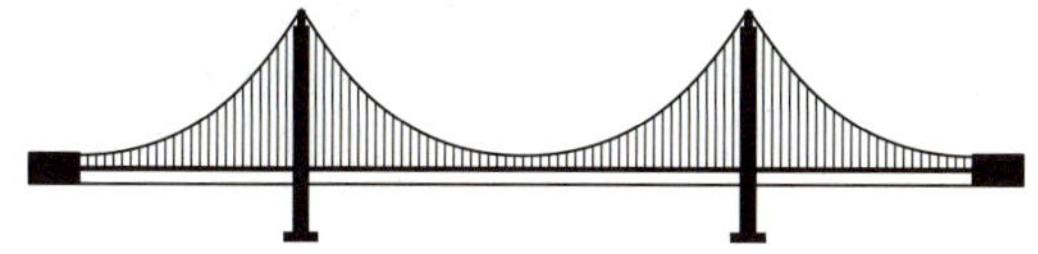

## 49

고난도

**절충식 지붕틀에서 동자기둥을 서로 연결하기 위하여 수평 또는 빗방향으로 대는 부재는?**

① 대공 ② 지붕꿸대
③ 서까래 ④ 중도리

**해설**

지붕꿸대에 대한 설명이다.

## 50

**보와 기둥 대신 슬래브와 벽이 일체가 되도록 구성한 구조는?**

① 라멘 구조 ② 플랫슬래브 구조
③ 벽식 구조 ④ 일체식 구조

**해설**

**벽식 구조:** 기둥, 들보 등의 골조를 넣지 않고 벽이나 바닥을 일체화한 구조이며, 벽체나 바닥판의 평면적인 구조체만으로 구성한 구조물로 기둥이나 보 없이 바닥 슬래브와 벽으로 연결되어 있어 구조물 전체의 강성이 우수하다.

## 51

고난도

**식물의 잎에서 물길로 불리는 것은?**

① 공변세포 ② 체관
③ 도관 ③ 생장점

**해설**

도관(물관)은 식물의 물관부에서 물과 양분의 통로가 되는 물길을 말한다.

**정답** | 40. ④ 41. ② 42. ① 43. ④ 44. ③ 45. ① 46. ③ 47. ① 48. ④ 49. ② 50. ③ 51. ③

## 52

**대지면적에 대한 건축면적의 비율을 의미하는 것은?**

① 용적률 ② 건폐율
③ 점유율 ④ 수용률

**해설**

건폐율은 대지면적에 대한 건축면적(대지에 건축물이 둘 이상 있는 경우에는 이들 건축면적의 합계로 한다)의 비율이다.

**관련이론 | 용적률**

대지면적에 대한 연면적(대지에 건축물이 둘 이상 있는 경우에는 이들 연면적의 합계로 한다)의 비율이다.

## 53

**건축에서의 모듈적용에 관한 설명으로 옳지 않은 것은?**

① 공사기간이 단축된다. ② 대량생산이 용이하다.
③ 현장작업이 단순하다. ④ 설계작업이 복잡하다.

**해설**

설계작업이 단순하고 간편하다.

**관련이론 | 모듈 설계의 장점**

- 설계작업이 단순하고 간편하다.
- 건축재료의 수송 및 취급이 용이하다.
- 현장작업이 단순하고 공사기간이 단축된다.
- 대량생산으로 질적으로 향상되며, 생산단가는 저하된다.
- 국제적인 MC를 사용하면 국제교역이 용이하다.

## 54

빈출

**다음 중 현대 건축 재료의 발전방향에 대한 설명으로 옳지 않은 것은?**

① 고성능화, 공업화
② 프리패브화의 경향에 맞는 재료개선
③ 수작업과 현장시공에 맞는 재료개발
④ 에너지 절약화와 능률화

**해설**

공장생산 및 현장조립에 맞는 재료개발이 요구된다.

**건축 생산재 발전 방향**

- 표준화, 규격화, 합리화
- 공업화(프리패브화) 및 생산성
- 고품질, 고성능화
- 에너지 절약화

## 55

**배수관 속의 악취, 유독 가스 및 벌레 등이 실내로 침투하는 것을 방지하기 위하여 설치하는 것은?**

① 트랩 ② 플랜지
③ 부스터 ④ 스위블이음쇠

**해설**

**트랩:** 배수관 속의 악취, 유독 가스 및 벌레 등이 실내로 침투하는 것을 방지하기 위하여 설치하는 기구이다.

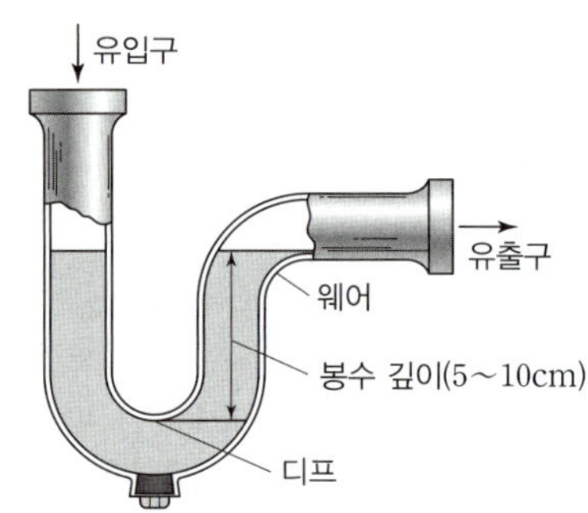


## 56

빈출

**다공질벽돌에 관한 설명 중 옳지 않은 것은?**

① 방음, 흡음성이 좋지 않고 강도도 약하다.
② 점토에 분탄, 톱밥 등을 혼합하여 소성한다.
③ 비중은 1.5 정도로 가볍다.
④ 톱질과 못박음이 가능하다.

**해설**

다공질벽돌은 방음, 흡음성이 좋지만 강도는 약하다.

**다공질벽돌:** 점토에 톱밥이나 분탄 등을 혼합하여 소성시킨 것으로 절단, 못치기 등의 가공성이 우수하며 방음·흡음성이 좋은 경량벽돌이다.

## 57

**기둥과 기둥 사이에 시공되는 부재의 명칭은?**

① 작은 보　　② 캔틸레버 보
③ 겔버 보　　④ 큰 보

**해설**

큰 보는 기둥과 기둥 사이에 걸쳐지는 부재이고, 작은 보는 큰 보와 큰 보 사이에 걸쳐지는 부재이다

## 58

빈출

**돔의 상부에서 여러 부재가 만날 때 접합부가 조밀해지는 것을 방지하기 위해 설치하는 것은?**

① 압축링　　② 인장링
③ 스페이스프레임　　④ 트러스

**해설**

- **압축링(Compression ring):** 돔의 상부에서 여러 부재가 만날 때 접합부재가 안으로 몰리면서 조밀해지는 것을 방지하는 링을 말한다.
- **인장링(Tension ring):** 돔 하부에 설치하여 바깥쪽으로 벌어지려는 추력을 막는 인장력에 저항하는 링을 말한다.

## 59

**바닥에서 높이 1~1.5m 정도에서 수평 절단하여 수평투상한 도면은?**

① 평면도　　② 입면도
③ 단면도　　④ 전개도

**해설**

평면도는 해당 층 바닥에서부터 1~1.5m 정도 높이에서 아래를 내려본 상태를 표현한 도면으로서, 평면의 구획, 각 실의 출입관계, 재료의 구성상태, 개구부 등의 관련사항을 표현하기 위한 도면을 말한다.

**관련이론**

**입면도:** 건축물의 외관을 나타낸 투상도이다.
**단면도:** 건축물의 주요부분을 수직 절단한 것을 상상하여 그린 도면이다.
**전개도:** 각 실내의 정면에서 바라보고 나타낸 내부의 입면으로 벽의 형상, 치수, 마감상세 등을 나타낸 도면이다.

## 60

**철골구조의 용접 부분에서 발생하는 용접 결함이 아닌 것은?**

① 언더컷(Under cut)　　② 블로홀(Blow hole)
③ 오버랩(Over lap)　　④ 엔드탭(End tab)

**해설**

엔드탭(End tab)은 Blow hole, Crater 등의 용접 결함이 생기기 쉬운 용접 Bead의 시작과 끝 지점에 용접을 하기 위해 용접 접합하는 모재의 양단에 부착하는 보조강판이다.

**관련이론**

**용접 결함:** 언더컷(Under cut), 블로홀(Blow hole), 오버랩(Over lap), 피트(Pit), 피시아이(Fish eye)
**용접 부위 또는 보강재:** 스캘럽(Scallop), 메탈터치(Metal touch), 엔드탭(End tab), 뒷댐재(Back strip)

**정답** | 52. ② 53. ④ 54. ③ 55. ① 56. ① 57. ④ 58. ① 59. ① 60. ④

# 2021년 | 2회 CBT 복원문제

자동채점

## 01

**철근콘크리트 독립기초를 설계할 때 수직압력만 받도록 하기 위한 방법으로 가장 효과적인 것은?**

① 기초판의 두께를 증가시킨다.
② 기초판의 크기를 증가시킨다.
③ 기초 위 주각을 연결하는 지중보의 크기를 증가시킨다.
④ 기초 위의 기둥단면의 크기를 증가시킨다.

**해설**

지중보의 크기를 증가시킴으로써 수직압력만을 받도록 하는 것이 가장 효과적이다.

## 02

**조적식 벽체의 길이가 10m를 넘을 때, 벽체를 보강하기 위해 사용되는 것이 아닌 것은?**

① 부축벽　② 수벽
③ 붙임벽　④ 붙임기둥

**해설**

조적조 벽체를 보강하기 위해서는 부축벽, 붙임벽, 붙임기둥 등을 사용한다.

**관련이론 | 수벽(袖壁)**

창 또는 문을 내기 위하여 설치된 벽 중의 개구측부를 말하며, 기존의 보나 슬래브에서 창 높이나 문 높이까지 콘크리트 구조물을 내려 형성하는 마감용 벽을 말한다.

## 03

빈출

**건축 재료에서 물체에 외력이 작용하면 순간적으로 변형이 생겼다가 외력을 제거하면 원래의 상태로 되돌아가는 성질은?**

① 탄성　② 연성
③ 소성　④ 점성

**해설**

탄성(彈性)에 대한 설명이다.

**연성(延性):** 물질이 탄성 한계 이상의 힘(외력)을 받아도 파괴되지 않고 가늘고 길게 늘어나는 성질을 말하다.

**소성(塑性):** 재료에 사용하는 외력이 어느 한도에 도달하면 외력의 증가 없이 변형만이 증대하는 성질을 말한다.

**점성(粘性):** 유체의 흐름에 대한 저항을 의미하며 끈끈한 성질을 말한다.

## 04

**공기 속의 온도와 평형을 이룰 때까지 건조상태로 존재하는 목재의 비중은?**

① 기건 비중　② 진비중
③ 절건 비중　④ 겉보기 비중

**해설**

기건 비중에 대한 설명이다.

**진비중:** 목재의 공극이 전혀 없는 상태의 비중이다.

## 05

빈출

**벽 및 천장 재료에 요구되는 성질로서 옳지 않은 것은?**

① 열전도율이 큰 것으로 하여 단열 성능을 높여야 한다.
② 차음이 잘 되어야 한다.
③ 내화 및 내구성이 큰 것이어야 한다.
④ 시공이 용이한 것이어야 한다.

**해설**

열전도율이 작은 것으로 하여 단열 성능을 높여야 한다.

## 06

**블리딩(Bleeding)과 크리프(Creep)에 대한 설명으로 옳지 않은 것은?**

① 블리딩이란 굳지 않은 모르타르나 콘크리트에 있어서 윗면에 물이 스며 나오는 현상을 말한다.
② 블리딩은 콘크리트 타설 후 비중이 무거운 시멘트와 골재 등이 침하되면서 물이 분리되어 상승하면서 시작된다.
③ 크리프는 하중의 증가가 반드시 있어야 하고, 지속하중에 의해 시간과 더불어 변형이 증대하는 현상이다.
④ 크리프는 콘크리트 구조물에서 하중을 지속적으로 작용시켜 놓을 경우 발생하게 된다.

**해설**
크리프(Creep)는 하중의 증가가 없음에도 불구하고 지속하중에 의해 시간과 더불어 변형이 증대하는 현상이다.

## 07

빈출

**직접 조명에 관한 설명으로 옳지 않은 것은?**

① 조명률이 좋다.
② 그림자가 강하게 생긴다.
③ 눈부심이 일어나기 쉽다.
④ 실내의 조도 분포가 균일하다.

**해설**
직접 조명은 조명이 비추는 방향은 밝지만 그 이외의 방향은 어두울 수 있으므로, 실내 전체적으로 볼 때 밝고 어두움의 차이가 커지면서 실내의 조도 분포가 균일하지 못하다.

## 08

**다음 중 동선의 길이를 가장 짧게 할 수 있는 부엌가구의 배치 형태는?**

① 일자형 ② ㄱ자형
③ 병렬형 ④ ㄷ자형

**해설**
ㄷ자형 배치가 동선의 길이를 가장 짧게 구성할 수 있다.

## 09

**건축물의 표현방법에 관한 설명으로 옳지 않은 것은?**

① 단선에 의한 표현방법은 종류와 굵기에 유의하여 단면선, 윤곽선, 모서리선, 표면의 조직선 등을 표현한다.
② 여러 선에 의한 표현방법에서 평면은 같은 간격의 선으로, 곡면은 선의 간격을 달리하여 표현한다.
③ 단선과 명암에 의한 표현방법은 선으로 공간을 한정시키고 명암으로 음영을 넣는 방법으로 농도에 변화를 주어 표현한다.
④ 명암처리만으로의 표현방법에서 면이나 입체를 한정시키고 돋보이게 하기 위하여 공간상 입체의 윤곽선을 굵은 선으로 명확히 그린다.

**해설**
명암처리에 의한 표현방법에서는 면의 밝기를 차등 분배함으로써 공간상의 입체감을 표현할 수 있다. 또한 밝은 톤부터 어두운 톤으로 나누어 음영을 표현하며, 여러 선으로써 농도 변화를 주어 입체감을 표현할 수 있다.

## 10

**기초에 대한 설명으로 옳지 않은 것은?**

① 파일기초는 연약지반에 적합하다.
② 매트기초는 부동침하가 염려되는 건물에 유리하다.
③ 기초에 사용되는 콘크리트의 두께가 두꺼울수록 인장력에 대한 저항성능이 우수하다.
④ RCD파일은 현장타설 말뚝기초의 하나이다.

**해설**
기초에 사용되는 콘크리트의 두께가 두꺼울수록 압축력이나 전단력에 대한 저항성능이 우수하다.

**정답** | 01. ③ 02. ② 03. ① 04. ① 05. ① 06. ③ 07. ④ 08. ④ 09. ④ 10. ③

2021년

## 11

고난도

**고층건물의 구조형식 중에서 건물의 중간층에 대형 수평부재를 설치하여 횡력을 외곽기둥이 분담할 수 있도록 한 형식은?**

① 트러스 구조 ② 튜브 구조
③ 아웃리거 구조 ④ 스페이스 프레임 구조

**해설**

**아웃리거 구조 시스템**

- 건물의 중간층에 대형 수평부재를 설치하여 횡력을 외곽기둥이 분담할 수 있도록 한 형식이다.
- 중앙의 코어와 외부의 기둥을 연결시키는 아웃리거로 구성되며, 아웃리거는 코어의 휨강성과 외부 기둥의 축방향 강성을 서로 연결함으로써 전체 수평 강성을 증가시키게 된다.

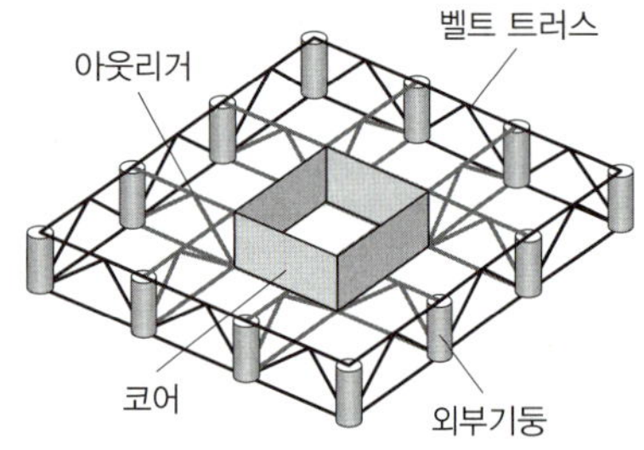


## 12

빈출

**바닥 등의 슬래브를 케이블로 매단 특수구조는?**

① 셸구조 ② 현수구조
③ 커튼월구조 ④ 공기막구조

**해설**

현수구조는 바닥 등의 슬래브를 케이블로 매단 구조이며, 인장력에 강한 케이블을 이용하여 구조체의 주요 부분을 잡아당겨줌으로써 구조체를 지지하는 구조방식이다.

## 13

**소방시설은 소화설비, 경보설비, 피난설비, 소화용수설비, 소화활동설비로 구분할 수 있다. 다음 중 경보설비에 속하지 않는 것은?**

① 누전경보기 ② 비상방송설비
③ 무선통신보조설비 ④ 자동화재탐지설비

**해설**

무선통신보조설비는 소화활동설비에 포함된다.

**관련이론**

**경보설비:** 화재발생 사실을 통보하는 기계 · 기구 또는 설비

- 단독경보형 감지기
- 비상경보설비
- 시각경보기
- 자동화재탐지설비
- 비상방송설비
- 자동화재속보설비
- 통합감시시설
- 누전경보기
- 가스누설경보기

**소화활동설비:** 화재를 진압하거나 인명구조활동을 위하여 사용하는 설비

- 제연설비
- 연결송수관설비
- 연결살수설비
- 비상콘센트설비
- 무선통신보조설비
- 연소방지설비

## 14

**스킵플로어형 공동주택에 관한 설명으로 옳지 않은 것은?**

① 복도 면적이 증가한다.
② 엑세스(Access) 동선이 복잡하다.
③ 엘리베이터의 정지 층수를 줄일 수 있다.
④ 동일한 주거동에 각기 다른 모양의 세대 배치계획이 가능하다.

**해설**

스킵플로어형 공동주택은 복도 면적을 줄일 수 있다.

**스킵플로어형(Skip floor type) 공동주택**

- 주거 단위의 단면을 단층형과 복층형에서 동일층으로 하지 않고 반 층씩 어긋나게 하는 형식
- 복도 면적을 줄일 수 있다.
- 엑세스(Access) 동선이 복잡하다.
- 엘리베이터의 격층 운행으로써 정지 층수를 줄일 수 있다.
- 동일한 주거동에 각기 다른 모양의 세대 배치계획이 가능하다.

## 15

고난도

**목재의 보존성을 높이고 충해 및 변색방지를 위한 목재 방부처리법이 아닌 것은?**

① 도포법 ② 주입법
③ 침지법 ④ 저장법

**해설**

저장법은 목재의 방부처리법과 관계가 없다.

**관련이론 | 목재의 방부처리법**

도포법, 주입법, 침지법, 표면탄화법, 생리적 주입법 등

## 16

**시멘트 응결 및 경화에 관한 설명으로 옳지 않은 것은?**

① 시멘트의 분말도가 높을수록 응결이 빠르다.
② 온도가 낮을수록 경화속도가 느리다.
③ 물/시멘트(W/C)비가 낮을수록 느리다.
④ 풍화된 시멘트일수록 경화속도가 빠르다.

**해설**

물/시멘트(W/C)비가 낮을수록 빠르다.

## 17

**목구조에 대한 설명 중 틀린 것은?**

① 목골구조는 건물의 뼈대는 목재로 구성하고, 벽에는 벽돌, 돌 등을 쌓아 막은 구조이다.
② 목구조는 주로 목재를 써서 뼈대를 조립한 가구식 구조를 말한다.
③ 심벽목구조는 구조체 표면이 외부에 노출되지 않도록 하는 구조이다.
④ 목재패널구조는 합판 또는 널재로 대형패널을 만들어 구조내력부재로 이용하는 목조건물의 구조법이다.

**해설**

심벽목구조는 구조체 표면은 외부에 노출되며, 구조부 사이에 조적조나 라스바탕의 미장바름으로 마감하는 방식이다.

## 18

고난도

**건축물 구조체(천장, 바닥, 벽체)에 코일을 매설하고 여기에 냉·온수를 공급하여 냉·난방하고, 공조기에서 덕트를 통해 공조하는 방식은?**

① 단일덕트방식 ② 이중덕트방식
③ 패키지유닛방식 ④ 복사패널덕트병용방식

**해설**

복사패널덕트병용방식에 대한 설명이다.

## 19

**돌 쌓기의 1켜의 높이는 모두 동일한 것을 쓰고 수평줄눈이 일직선으로 통하게 쌓는 돌 쌓기방식은?**

① 바른층 쌓기 ② 허튼층 쌓기
③ 층지어 쌓기 ④ 허튼 쌓기

**해설**

바른층 쌓기에 대한 설명이다.

**허튼층 쌓기:** 네모돌을 수평줄눈이 부분적으로만 연속되게 쌓고, 일부 상하 세로줄눈이 통하게 쌓는 방식이다.

**층지어 쌓기:** 돌을 2, 3켜 정도로 쌓은 다음 수평줄눈이 일직선으로 통하게 쌓는 방식이다.

**허튼 쌓기:** 허튼 쌓기와 막쌓기는 크고 작은 돌을 가로 또는 세로줄눈에 관계없이 쌓는 방식이다.

**관련이론 | 쌓기 형태**

| 허튼층 쌓기 | 허튼 쌓기 |
|---|---|
| | |
| **바른층 쌓기** | **층지어 쌓기** |
| | |

**정답** | 11. ③ 12. ② 13. ③ 14. ① 15. ④ 16. ③ 17. ③ 18. ④ 19. ①

2021년

## 20

**색의 3요소에 속하지 않는 것은?**

① 색상 ② 명도
③ 채도 ④ 휘도

**해설**

**색의 3요소(속성):** 색상, 명도, 채도

## 21

빈출

**화강암에 관한 설명으로 옳지 않은 것은?**

① 주요 광물은 석영과 장석이다.
② 구조재 및 실외 벽체마감용 수장재로 쓰인다.
③ 강도가 커서 콘크리트용 골재로도 사용된다.
④ 내화성이 커서 고열의 장소에서도 사용한다.

**해설**

화강암은 재질이 단단하고 내구성 및 강도가 크나, 내화성은 낮아 고열의 장소에는 사용하지 못한다.

## 22

**구조물의 내진보강 대책으로 적합하지 않은 것은?**

① 구조물의 강도를 증가시킨다.
② 구조물의 연성을 증가시킨다.
③ 구조물의 중량을 증가시킨다.
④ 구조물의 감쇠를 증가시킨다.

**해설**

구조물의 중량을 증가시키면 밑면전단력이 증가되어 지진에 불리하며, 지진하중은 중량에 비례하여 증가하게 된다.

## 23

**다공질이며 석질이 균일하지 못하고 암갈색의 무늬가 있는 것으로 물갈기를 하면 평활하고 광택이 나는 부분과 구멍과 골이 진 부분이 있어 특수한 실내 장식재로 이용되는 것은?**

① 점판암(Clay stone) ② 테라조(Terrazzo)
③ 펄라이트(Perlite) ④ 트래버틴(Travertine)

**해설**

트래버틴에 대한 설명이다.

**트래버틴(Travertine)**

- 온천이나 샘물 침전물에 의해 만들어진 탄산칼슘이 층층이 쌓여 만들어진 광물로서 대리석의 일종이다.
- 다공질이고 특유의 구멍이나 줄무늬가 있다.
- 입체감이 있으며 실내 수장재로 사용된다.

## 24

빈출

**건축제도에서 반지름을 표시하는 기호는?**

① D ② ∅
③ R ④ W

**해설**

반지름 표시는 R이다.

**관련이론 | 건축도면의 표시기호**

| 기호 | 표시사항 | 기호 | 표시사항 |
|---|---|---|---|
| 길이 | L | 너비 | W |
| 높이 | H | 두께 | THK |
| 지름 | D 또는 ∅ | 반지름 | R |
| 면적 | A | 체적 | V |
| 간격 | @ | 무게 | Wt |
| 문 | SD, WD, AD | 창 | WW, PW, AW |

## 25

빈출

**콘크리트의 강도에 대한 설명 중 옳은 것은?**

① 물－시멘트비가 가장 큰 영향을 준다.
② 압축강도는 전단강도의 1/10~1/15 정도로 작다.
③ 일반적으로 콘크리트의 강도는 인장강도를 말한다.
④ 시멘트의 강도는 콘크리트의 강도에 영향을 끼치지 않는다.

**선지분석**

② 전단강도는 압축강도의 1/10 정도이다.
③ 일반적으로 콘크리트의 강도는 압축강도를 말한다.
④ 시멘트의 강도는 콘크리트의 강도에 영향을 준다.

## 26

**점토재료의 제조 순서로 맞는 것은?**

① 원료배합 – 반죽 – 성형 – 건조 – 소성
② 원료배합 – 건조 – 성형 – 반죽 – 소성
③ 원료배합 – 반죽 – 건조 – 성형 – 소성
④ 원료배합 – 건조 – 반죽 – 성형 – 소성

**해설**

**점토재료의 제조 순서**

원토처리 → 원료배합 → 반죽 → 성형 → 건조 → 소성

## 27

**건축화 조명에 속하지 않는 것은?**

① 코브 조명 ② 펜던트 조명
③ 코니스 조명 ④ 루버 조명

**해설**

펜던트 조명은 천장에 줄을 매달아 설치하는 조명으로 식탁이나 회의 테이블의 조명에 사용된다. 건축화 조명에 해당하지 않는다.

**건축화 조명:** 건축물과 조명이 일체화 또는 건물의 일부가 광원의 역할을 할 수 있도록 천장, 벽, 기둥 등의 건축 부분에 조명을 설치하는 것을 말한다.

| | |
|---|---|
| **천장 매입형** | 다운라이트, 라인라이트, 코퍼 조명 |
| **천장면 광원** | 광천장, 루버 천장, 코브 조명 |
| **벽면 광원** | 코니스 조명, 밸런스 조명, 라이트 윈도우 |

## 28

빈출

**목재의 함수율에 관련한 성질로 옳지 않은 것은?**

① 함수율의 변동에 따라 목재의 강도에 변동이 있다.
② 함수율이 적어질수록 목재는 수축한다.
③ 침엽수와 활엽수의 수축률은 차이가 없다.
④ 일반적으로 밀도가 크고 견고한 수종일수록 수축량이 커진다.

**해설**

침엽수와 활엽수의 수축률은 차이가 있으며, 활엽수가 비중이 크기 때문에 건조수축이 크다.

## 29

빈출

**철골구조에 관한 설명 중 옳지 않은 것은?**

① 내구적이며 내화적이다.
② 좌굴의 가능성이 있다.
③ 철근콘크리트조에 비해 경량이다.
④ 고층건물이나 장스팬구조에 적당하다.

**해설**

철골구조(강구조)는 내화성이 낮다.

## 30

**1방향 슬래브에 대하여 배근방법을 옳게 설명한 것은?**

① 단변방향으로만 배근한다.
② 장변방향으로만 배근한다.
③ 단변방향은 온도철근을 배근하고 장변방향은 주근을 배근한다.
④ 단변방향은 주근을 배근하고 장변방향은 온도철근을 배근한다.

**해설**

1방향 슬래브는 단변방향은 주근을 배근하고 장변방향은 온도철근을 배근한다.

## 31

**탄소함유량 증가에 따른 철의 영향으로 옳지 않은 것은?**

① 인장강도, 항복강도가 증가된다.
② 경도 및 내충격이 증가된다.
③ 용접성이 증가된다.
④ 늘어나는 성질인 연신율은 감소된다.

**해설**

탄소함유량이 증가하면 용접성이 저하된다.

**정답** | 20. ④ 21. ④ 22. ③ 23. ④ 24. ③ 25. ① 26. ① 27. ② 28. ③ 29. ① 30. ④ 31. ③

## 32

**돌로마이트 플라스터에 관한 설명으로 옳지 않은 것은?**

① 점성이 높아 풀을 넣을 필요가 없다.
② 경화 시 수축률이 매우 크다.
③ 수경성이므로 외벽 바름에 적당하다.
④ 응결속도가 느리다.

**해설**

돌로마이트 플라스터는 돌로마이트(마그네시아질 석회)에 모래, 여물을 섞어 반죽한 바름벽 재료로서 기경성이며, 주로 내벽 바름에 사용한다.

**관련이론 | 돌로마이트 플라스터**

- 기경성이며, 점성이 높아 풀을 넣을 필요가 없다.
- 응결속도가 느리고 수축균열이 크다.
- 소석회보다 비중이 크고 굳으면 강도가 증가한다.
- 냄새와 곰팡이가 없지만, 습기에 약하여 내부에 사용한다.

## 33

**연약지반에서 부동침하를 줄이기 위한 가장 효과적인 기초의 종류는?**

① 독립기초 ② 복합기초
③ 연속기초 ④ 온통기초

**해설**

연약지반에서 부동침하를 줄이기 위해서는 온통기초(매트기초)가 유리하다.

**관련이론 | 각종 기초의 형태**

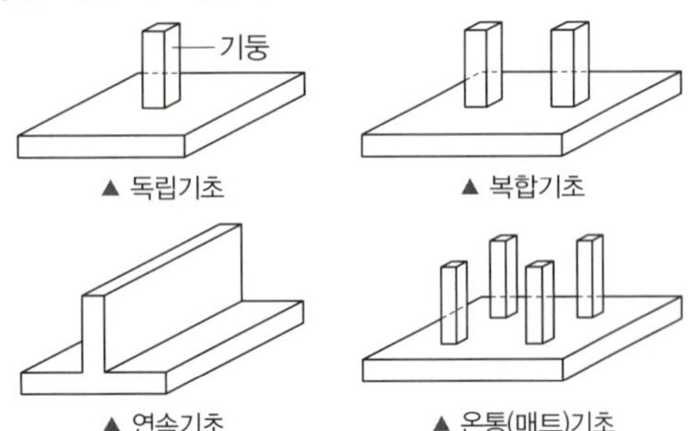

▲ 독립기초 ▲ 복합기초
▲ 연속기초 ▲ 온통(매트)기초

## 34

**벽돌 쌓기법 중 모서리에 칠오토막을 사용하여 통줄눈이 되지 않도록 하는 벽돌 쌓기방법은?**

① 영국식 쌓기 ② 미국식 쌓기
③ 프랑스식 쌓기 ④ 네덜란드식 쌓기

**해설**

**네덜란드식 쌓기:** 화란식 쌓기라고도 하며 한 켜씩 길이와 마구리를 번갈아 쌓고 길이 켜의 모서리에 칠오토막을 사용한다.
**영국식 쌓기:** 처음 한 켜는 마구리쌓기, 다음 켜는 길이쌓기를 교대로 쌓는 것으로 통줄눈이 생기지 않으며 가장 튼튼하다.
**미국식 쌓기:** 앞면은 5켜 정도 길이쌓기를 하고 여섯 번째 켜를 마구리쌓기로 하며 뒷면은 영국식 쌓기로 한다.
**프랑스식 쌓기:** 한 켜에 길이와 마구리를 번갈아서 쌓는 방법이며 통줄눈으로서 강도가 약하므로 장식용으로 사용한다.

| 영국식 쌓기 | 미국식 쌓기 |
| --- | --- |
| 이오토막 길이 마구리 | 마구리 길이 |
| **프랑스식 쌓기** | **네덜란드식 쌓기** |
| 이오토막 길이 마구리 | 칠오토막 마구리 길이 |

## 35

**대지면적에 대한 건축면적의 비율을 의미하는 것은?**

① 건폐율 ② 용적률
③ 점유율 ④ 수용률

**해설**

건폐율은 대지면적에 대한 건축면적(대지에 건축물이 둘 이상 있는 경우에는 이들 건축면적의 합계로 한다)의 비율이다.

**관련이론 | 용적률**

대지면적에 대한 연면적(대지에 건축물이 둘 이상 있는 경우에는 이들 연면적의 합계로 한다)의 비율이다.

## 36

빈출

**목재의 강도에 관한 설명으로 옳지 않은 것은?**

① 섬유방향의 인장강도가 압축강도보다 크다.
② 건조상태일 때가 습윤상태일 때보다 강도가 크다.
③ 변재부분이 심재부분보다 강도가 크다.
④ 비중이 큰 목재는 가벼운 목재보다 강도가 크다.

**해설**
심재가 변재에 비하여 강도가 크다.

**관련이론 | 목재의 강도**
- 섬유방향의 인장강도가 압축강도보다 크다.
- 건조상태일 때가 습윤상태일 때보다 강도가 크다.
- 심재부분이 변재부분보다 강도가 크다.
- 압축강도, 인장강도, 휨강도 등은 옹이 숫자와 면적이 증가함에 따라 강도가 감소한다.

## 37

빈출

**심리적으로 상승감, 존엄성, 엄숙함 등의 조형효과를 주는 선의 종류는?**

① 수직선 ② 곡선
③ 수평선 ④ 사선

**해설**
수직선은 상승감, 존엄성, 엄숙함, 긴장감, 종교적 정열의 심리적 효과를 줄 수 있다.

**관련이론 | 선의 종류에 따른 심리적 효과**
- **수평적 구성:** 정적, 안정감, 확장감
- **수직적 구성:** 상승감, 존엄성, 엄숙함, 종교적 정열
- **사선적 구성:** 동적, 운동감, 역동적, 주의 집중

## 38

빈출

**점토제품 중 타일에 대한 설명으로 옳지 않은 것은?**

① 자기질 타일의 흡수율은 3% 이하이다.
② 일반적으로 모자이크 타일은 건식법에 의해 제조된다.
③ 석기질 타일은 보도블럭용, 외장용으로 많이 사용된다.
④ 도기질 타일은 외장용으로만 사용된다.

**해설**
도기질 타일은 일반적으로 내장용으로 사용한다.
도기질 타일(Ceramic tile)
- 강도가 낮고 표면이 마모되기 쉬우며 흡수율이 높아서 실내 벽면에 사용된다.
- 색상 표현을 화려하게 할 수 있으며, 내부 벽면이나 테이블 등에 사용된다.

## 39

**콘크리트의 성질 개량을 위해 쓰이는 혼화 재료로, 포틀랜드 시멘트에 추가하거나 치환하여 사용하는 것이다. 다음 중 혼화재에 속하지 않는 것은?**

① 플라이애시 ② 고로슬래그
③ 실리카퓸 ④ 기포제

**해설**
혼화재에는 플라이애시, 고로슬래그, 실리카퓸, 천연 포졸란 등이 있다.

## 40

**콘크리트와 철근 사이의 부착력에 영향을 주는 것이 아닌 것은?**

① 콘크리트의 압축강도
② 철근의 항복점
③ 철근 표면적
④ 철근의 표면 상태와 단면모양

**해설**
철근의 항복점은 관계가 없다.
**콘크리트와 철근의 부착력에 영향을 주는 요소**
- 콘크리트의 압축강도
- 철근 표면적
- 철근의 표면 상태와 단면모양

**정답** | 32. ③ 33. ④ 34. ④ 35. ① 36. ③ 37. ① 38. ④ 39. ④ 40. ②

2021년

## 41

빈출

**다음에서 설명하는 환기방식은?**

> 급기와 배기에 모두 기계장치를 사용하여 실내외의 압력 차를 조정할 수 있고 가장 우수한 환기를 할 수 있다. 병원 수술실의 환기방식으로 이용한다.

① 제1종 ② 제2종
③ 제3종 ④ 제4종

**해설**

제1종 환기방식은 송풍기로 급기, 배풍기로 배기하며, 정확한 환기량과 급기량의 변화에 의해 실내압을 정압 또는 부압으로 유지할 수 있다.

**관련이론 | 송풍방식에 의한 분류**

| 구분 | 급기 | 배기 | 실내압 | 적용 |
|---|---|---|---|---|
| 1종 | 송풍기 | 배풍기 | 정압<br>부압 | • 공기조정설비 포함<br>• 밀폐된 공간, 수술실 등 |
| 2종 | 송풍기 | 자연 | 정압 | • 배기구 위치에 제약<br>• 청정실, 반도체실 등 |
| 3종 | 자연 | 배풍기 | 부압 | • 급기구 위치에 제약<br>• 부엌, 욕실, 화장실, 오염실 등 |

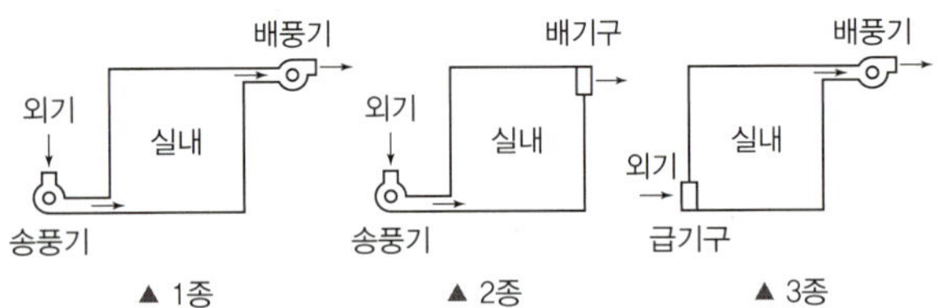


▲ 1종 ▲ 2종 ▲ 3종

## 42

빈출

**공동주택에서 계단실형 평면의 특성으로 옳지 않은 것은?**

① 세대 내 프라이버시가 양호하지 못하다.
② 복도나 통행부의 면적이 작아서 건물의 이용도가 높다.
③ 건물 이용도 및 전용면적비를 높일 수 있다.
④ 세대 내의 채광 및 통풍이 유리하다.

**해설**

세대 내 거주의 프라이버시가 가장 양호하다.

**계단실형 및 홀형 아파트의 특성**

• 계단 또는 엘리베이터 홀로부터 직접 주거 단위로 들어가는 형식이다.
• 세대 내 거주의 프라이버시가 가장 양호하다.
• 복도나 통행부의 면적이 작아서 건물의 이용도가 높다.
• 건물 이용도 및 전용면적비를 높일 수 있다.
• 세대 내의 채광 및 통풍이 유리하다.

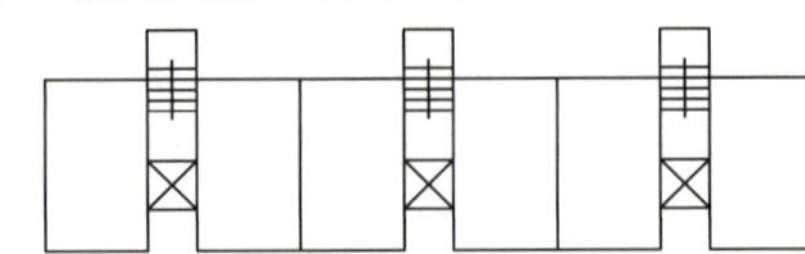

## 43

**건축물에 작용하는 풍압력의 크기를 결정하는 요소와 가장 거리가 먼 것은?**

① 건물의 무게 ② 풍속
③ 건물의 높이 ④ 건물의 형상

**해설**

건물의 무게는 풍압력의 크기를 결정하는 요소와 관계가 없다.

## 44

**건축제도에서 투상법의 작도원칙은?**

① 제1각법 ② 제2각법
③ 제3각법 ④ 제4각법

**해설**

건축제도에서 투상법은 제3각법으로 작도함을 원칙으로 한다.

## 45

빈출

**건축법령상 건축행위에 해당되지 않는 것은?**

① 신축 ② 증축
③ 이전 ④ 대수선

**해설**

**건축 행위:** 신축, 증축, 개축, 재축, 이전

**대수선:** 건축물의 기둥, 보, 내력벽, 주계단 등의 구조나 외부 형태를 수선·변경하거나 증설하는 것을 말하며, 증축·개축 또는 재축에 해당하지 아니하는 것을 말한다.

## 46

빈출

**시멘트 혼화제인 AE제를 사용하는 가장 중요한 목적은?**

① 압축강도를 증가시키기 위해
② 모르타르나 콘크리트에 색깔을 내기 위해
③ 동결 융해 작용에 대하여 내구성을 가지기 위해
④ 모르타르나 콘크리트의 방수성능을 위해

**해설**

**AE제(Air Entraining agent):** 모르타르나 콘크리트 등에 많은 미세공극을 균일하게 분포시키기 위해 사용하는 혼화제를 말하며, 콘크리트의 워커빌리티 및 동결 융해 작용에 대하여 내구성을 가지기 위해 사용한다.

## 47

빈출

**코너비드(Corner bead)를 사용하기에 가장 적합한 곳은?**

① 벽체 모서리 ② 창호 손잡이
③ 난간 손잡이 ④ 나선형 계단

**해설**

코너비드(Corner bead)는 기둥이나 벽의 모서리에 대어 미장바름의 모서리가 상하지 않도록 보호하는 철물이다.

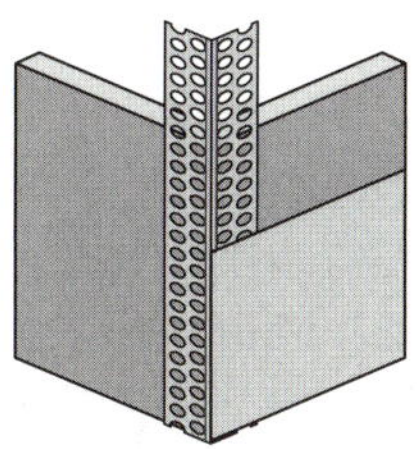

## 48

빈출

**증기난방(Steam heating)의 특성으로 옳지 않은 것은?**

① 증발 잠열을 이용하므로 열의 운반 능력이 크다.
② 예열 시간이 짧고 증기순환이 빠르다.
③ 방열 면적과 관경이 작아도 된다.
④ 온수난방에 비해 쾌감도가 우수하다.

**해설**

증기난방은 온수난방 또는 복사난방방식에 비해서 쾌감도가 좋지 않다.

**관련이론 | 증기난방(Steam heating)**

| 장점 | 단점 |
|---|---|
| • 증발 잠열을 이용하므로 열의 운반 능력이 크다.<br>• 예열 시간이 짧고 증기순환이 빠르다.<br>• 설비비, 유지비가 저렴하다.<br>• 방열 면적과 관경이 작아도 된다. | • 방열량 제어가 어렵다.<br>• 쾌감도가 나쁘다.<br>• 난방개시 때 소음(Steam hammering)이 많이 발생한다.<br>• 방열량 조절이 어렵고, 화상의 우려가 있다.<br>• 배관 내 부식 우려가 크다.<br>• 열손실이 크다. |

## 49

**주택단지 안의 건축물 또는 옥외에 설치하는 계단의 경우 공동으로 사용할 목적인 경우 최소 얼마 이상의 유효폭을 가져야 하는가?(단, 단높이는 18cm 이하, 단너비는 26cm 이상으로 한다)**

① 90cm ② 120cm
③ 150cm ④ 180cm

**해설**

**주택단지 안의 공동으로 사용하는 옥내 계단 치수**

- **계단의 유효폭:** 120cm 이상
- **계단의 단높이:** 18cm 이하
- **계단의 단너비:** 26cm 이상

## 50

**다음 중 압축력이 발생하지 않는 구조시스템은?**

① 케이블구조 ② 트러스구조
③ 절판구조 ④ 철골구조

**해설**

케이블구조는 인장부재인 케이블을 이용하여 지지 구조체에 인장력만을 전달하는 구조이다.

**정답** | 41. ① 42. ① 43. ① 44. ③ 45. ④ 46. ③ 47. ① 48. ④ 49. ② 50. ①

## 51

**청동의 합금 구성으로 옳은 것은?**

① Cu + Zn ② Cu + Ni
③ Cu + Sn ④ Cu + Mn

**해설**

**청동:** 구리(Cu) + 주석(Sn)

**관련이론 | 합금의 종류**

| | |
|---|---|
| 구리 합금 | • 황동: 구리 + 아연 • 청동: 구리 + 주석<br>• 백동: 구리 + 니켈 • 양은: 구리 + 니켈 + 아연 |
| 알루미늄 합금 | • 두랄루민: 알루미늄 + 구리 + 마그네슘 + 망간<br>• 실루민: 알루미늄 + 실리콘 |
| 철 합금 | • 스테인리스강: 강철 + 크롬<br>• 특수강: 강철 + 기타 금속<br>• 연철: 철 + 탄소<br>• 내열강: 스테인리스강 + 기타 금속 |

## 52

**건축법령에 따른 초고층 건축물의 정의로 옳은 것은?**

① 층수가 50층 이상이거나 높이가 150m 이상인 건축물
② 층수가 50층 이상이거나 높이가 200m 이상인 건축물
③ 층수가 100층 이상이거나 높이가 300m 이상인 건축물
④ 층수가 100층 이상이거나 높이가 400m 이상인 건축물

**해설**

**초고층 건축물:** 50층 이상이거나 높이가 200m 이상인 건축물
**고층 건축물:** 30층 이상이거나 높이가 120m 이상인 건축물

## 53

**목면, 마사, 양모, 폐지 등을 혼합하여 만든 원지에 스트레이트 아스팔트를 침투시킨 두루마리 제품의 이름은?**

① 아스팔트 싱글 ② 아스팔트 루핑
③ 아스팔트 펠트 ④ 아스팔트 프라이머

**해설**

아스팔트 펠트(Asphalt−saturated felt)는 종이 섬유와 동식물성 섬유를 섞은 펠트원지에 스트레이트(Straight) 아스팔트를 침투시켜 만든 두루마리 제품이다. 주로 아스팔트 방수, 지붕·벽 바탕의 방수, 보온공사용 등에 사용된다.
**아스팔트 싱글(Asphalt shingle):** 아스팔트 사이에 강한 유리섬유(Fiberglass)나 종이매트(Papermat)를 넣어 만든 것이다.
**아스팔트 루핑(Asphalt roofing):** 아스팔트 펠트의 양면에 피복용 아스팔트를 발라 광물질 분립을 도포한 것이다.
**아스팔트 프라이머(Asphalt primer):** 아스팔트를 휘발성 용제로 녹인 흑갈색 액체이다.

## 54

**한식 건축에서 추녀뿌리를 받치는 기둥의 명칭은?**

① 평기둥 ② 누주
③ 통재기둥 ④ 활주

**해설**

활주(活柱)는 추녀뿌리를 받친 기둥이고, 단면은 원형과 팔각형이 많다.

**관련이론**

**누주(樓柱):** 다락집의 기둥이며 다락기둥이라고도 한다.
**통재기둥(通材柱):** 기둥을 잇지 아니하고, 중층건물의 상·하층 기둥을 길게 2층 이상까지 단일재로 만든 기둥이다.

## 55

**오토클레이브(Autoclave) 팽창도 시험은 시멘트의 무엇을 알아보기 위한 것인가?**

① 풍화 ② 분말도
③ 비중 ④ 안정성

**해설**

시멘트의 안정성 측정은 오토클레이브 팽창도 시험방법으로 행한다.

## 56

빈출

**조립식 구조의 특성으로 옳지 않은 것은?**

① 각 부품과의 접합부가 일체화되기가 어렵다.
② 재료 생산의 정밀도가 낮은 단점이 있다.
③ 공장생산이 가능하다.
④ 기계화시공으로 단기완성이 가능하다.

**해설**

재료 생산의 정밀도가 높다.

**조립식 구조**

- 공장생산에 의한 공업화 건축이 가능하다.
- 건축 생산재의 표준화 및 규격화가 가능하다.
- 재료의 생산 정밀도를 높일 수 있다.
- 시공의 품질을 높일 수 있다.
- 건식 구조로서 공사기간을 줄일 수 있다.
- 접합부 설계가 어렵고, 각 부품과의 접합부가 일체화되기가 어렵다.

## 57

빈출

**철근콘크리트구조의 특성으로 옳지 않은 것은?**

① 거푸집에 따라 성형성이 뛰어나다.
② 내화성이 우수하다.
③ 기후의 영향을 많이 받으며, 동절기 공사가 어렵다.
④ 철골구조에 비해 내식성이 우수하지 못하다.

**해설**

철골구조에 비해 내식성이 우수하다.

## 58

**인접 건물의 화재 시 방수로 인해 수막을 형성하여 화재를 방지하는 설비는?**

① 옥외소화전 ② 드렌처(Drencher)설비
③ 연결송수관설비 ④ 스프링클러설비

**해설**

드렌처(Drencher)설비는 건축물의 창, 외벽, 지붕 등에 설치하여 인접 건물의 화재 시 방수로 인해 수막을 형성하여 화재를 방지하는 설비이다.

**관련이론**

**옥외소화전설비:** 1층 및 2층의 화재를 초기 소화하여 화재가 상층부로 확대되는 것을 방지할 목적으로 소방대상물의 옥외에 설치하는 소화설비이다.
**스프링클러설비:** 배관에 의하여 천정 또는 벽에 열 감지 및 살수하는 설비로서 화재 발생 시 자동적으로 감지하여 스프링클러 헤드에서 방수되는 설비를 말한다.

## 59

**스틸하우스(Steel house)의 특성으로 옳지 않은 것은?**

① 스틸하우스는 벽체가 두껍기 때문에 결로가 발생되지 않는다.
② 공사기간이 짧고 자재의 낭비가 적다.
③ 내부 변경이 용이하고 공간 활용이 효율적이다.
④ 얇은 천장을 통해 방 사이의 차음이 문제가 될 수 있다.

**해설**

스틸하우스는 벽체가 얇기 때문에 결로가 발생될 수 있다.

**관련이론 | 스틸하우스(Steel house)**

스터드나 경량형강의 틀에 합판 등을 스크류 등의 접합철물을 이용하여 붙인 주택이다.

## 60

빈출

**에스컬레이터에 관한 설명으로 옳지 않은 것은?**

① 수송량에 비해 점유면적이 크다.
② 엘리베이터에 비해 수송능력이 크다.
③ 대기시간이 없고 연속적인 수송설비이다.
④ 연속운전이 되므로 전원설비에 부담이 작다.

**해설**

에스컬레이터는 수송량에 비해 점유면적이 작다.

**정답** | 51. ③ 52. ② 53. ③ 54. ④ 55. ④ 56. ② 57. ④ 58. ② 59. ① 60. ①

# 2021년 | 1회 CBT 복원문제

## 01

**초고층 건물의 구조시스템 중 가장 적합하지 않은 것은?**

① 케이블 시스템 ② 아웃리거 시스템
③ 튜브 시스템 ④ 가새 시스템

**해설**

케이블 시스템은 케이블을 이용하여 인장응력만으로 저항하는 구조이며, 초고층 건물 구조에는 적합하지 않다.

**관련이론 | 초고층 건물의 구조시스템**

- 골조－전단벽 구조
- 아웃리거(Outrigger & Belt truss) 시스템
- 튜브 시스템: 골조튜브, 가새튜브, 이중튜브, 묶음튜브
- 가새 골조 시스템
- 메가구조(Mega structure)

## 02

**건축재료의 각 성능과 연관된 항목들이 잘못 짝지어진 것은?**

① 역학적 성능 － 강도, 탄성, 소성, 응력 변형도
② 화학적 성능 － 산성, 알칼리성, 염분
③ 내구 성능 － 산화, 변질, 풍화, 충해, 부패
④ 방화, 내화 성능 － 비중, 경도, 수분의 투과와 반사

**해설**

비중, 경도, 수분의 투과와 반사 등은 물리적 성능에 관계된다.

**관련이론 | 건축재료의 각 성능**

- **역학적 성능:** 강도, 탄성, 소성, 응력 변형도, 영률, 연성, 전성, 인성, 크리프
- **화학적 성능:** 산성, 알칼리성, 염분
- **내구 성능:** 산화, 변질, 풍화, 충해, 부패
- **방화, 내화 성능:** 연소성, 인화성, 용융성, 발연성
- **물리적 성능:** 비중, 비열, 경도, 수축, 수분의 투과와 반사

## 03

**도면 각 부분의 표기를 위한 지시선의 사용방법으로 옳지 않은 것은?**

① 지시선은 직선사용을 원칙으로 한다.
② 지시대상이 선인 경우 지적부분은 화살표를 사용한다.
③ 지시대상이 면인 경우 지적부분은 비워진 원을 사용한다.
④ 지시선은 다른 제도선과 혼동되지 않도록 가늘고 명료하게 그린다.

**해설**

지시대상이 면인 경우 지적부분은 채워진 원을 사용한다.

**지시선의 기입**

- 지시선은 직선사용을 원칙으로 한다.
- 지시대상이 선인 경우 지적부분은 화살표를 사용한다.
- 지시대상이 면인 경우 지적부분은 채워진 원(Dot)을 사용한다.
- 지시선은 다른 제도선과 혼동되지 않도록 가늘고 명료하게 그린다.

## 04

빈출

**건축물의 층의 구분이 명확하지 아니한 건축물의 경우, 건축물의 높이 얼마마다 하나의 층으로 산정하는가?**

① 3m ② 3.5m
③ 4m ④ 4.5m

**해설**

층의 구분이 명확하지 아니한 건축물은 그 건축물의 높이 4m마다 하나의 층으로 보고 그 층수를 산정한다.

## 05

**목재의 강도에 관한 설명으로 옳지 않은 것은?**

① 일반적으로 비중이 클수록 강도가 크다.
② 옹이는 강도를 감소시킨다.
③ 건조상태일 때가 습윤상태일 때보다 강도가 크다.
④ 섬유방향의 인장강도가 압축강도보다 작다.

**해설**

목재는 섬유방향의 인장강도가 압축강도보다 크다.

**관련이론 | 목재의 강도**

- 섬유방향의 인장강도가 압축강도보다 크다.
- 건조상태일 때가 습윤상태일 때보다 강도가 크다.
- 심재부분이 변재부분보다 강도가 크다.
- 압축강도, 인장강도, 휨강도 등은 옹이 숫자와 면적에 따라 강도가 감소한다.

## 06

**벽돌벽 줄눈에서 상부의 하중을 전 벽면에 균등하게 분포시키도록 하는 줄눈은?**

① 통줄눈 ② 막힌줄눈
③ 빗줄눈 ④ 오목줄눈

**해설**

막힌줄눈에 대한 설명이다.

## 07

**목조 벽체에 들어가지 않는 부재는?**

① 샛기둥 ② 평기둥
③ 가새 ④ 주각

**해설**

주각은 목조 벽체의 구성에 속하지 않는다.

**목조 벽체의 구성 부재:** 토대, 통재기둥, 평기둥, 샛기둥, 층도리, 도리, 가새, 인방, 창대 등이 있다.

## 08

**합판(Plywood)의 특성으로 옳지 않은 것은?**

① 원목이나 집성판재보다 강도가 크다.
② 나무결 방향에 따라 강도의 차가 크다.
③ 뒤틀림이 적고, 큰 면적의 판재를 얻을 수 있다.
④ 수축과 팽창이 적으므로 치수 안정성이 뛰어나다.

**해설**

합판(Plywood)은 나무결 방향에 따른 강도 차이가 적다.

**관련이론 | 합판(Plywood)**

- 원목이나 집성판재보다 강도가 크다.
- 나무결 방향에 따른 강도 차이가 적다.
- 뒤틀림이 적고, 큰 면적의 판재를 얻을 수 있다.
- 수축과 팽창이 적으므로 치수 안정성이 뛰어나다.
- 건축, 인테리어, 가구 등 여러 방면으로 활용된다.

## 09

빈출

**철근콘크리트 사각형 기둥에는 주근을 최소 몇 개 이상 배근해야 하는가?**

① 2개 ② 4개
③ 6개 ④ 8개

**해설**

**주근의 최소개수**

- 사각형이나 원형 띠철근으로 둘러싸인 경우: 4개 이상
- 나선철근으로 둘러싸인 경우: 6개 이상

## 10

고난도

**응축기용 냉각수 재사용을 위해 대기와 접촉시켜서 물을 냉각하는 장치는?**

① 냉각탑 ② 압축기
③ 응축기 ④ 축열시스템

**해설**

냉각탑에 대한 설명이다.

**정답** | 01. ① 02. ④ 03. ③ 04. ③ 05. ④ 06. ② 07. ④ 08. ② 09. ② 10. ①

2021년

## 11

**콘크리트용 골재에 대한 설명으로 옳지 않은 것은?**

① 골재의 강도는 시멘트 풀(Paste)의 강도 이상으로 한다.
② 골재의 표면은 거칠고, 모양은 구형에 가까운 것이 좋다.
③ 골재는 잔 것과 굵은 것이 혼합되지 않도록 한다.
④ 골재는 유해량 이상의 염분을 포함하지 않아야 한다.

**해설**

골재는 잔 것과 굵은 것이 고루 혼합된 것이 좋다.

**골재의 품질**

- 골재의 강도는 시멘트 풀(Paste)의 강도 이상으로 한다.
- 골재의 표면은 거칠고, 모양은 구형에 가까운 것이 좋다.
- 골재는 잔 것과 굵은 것이 고루 혼합된 것이 좋다.
- 골재는 유해량 이상의 염분을 포함하지 않아야 한다.
- 내마멸성이 있고, 화재에 견딜 수 있는 성질을 갖추어야 한다.

## 12

빈출

**알루미늄의 주요 특성에 대한 설명 중 틀린 것은?**

① 산이나 알칼리에 모두 강하다.
② 용융점은 낮으며, 열전도율이 높다.
③ 강도가 작아서 변형되기 쉽다.
④ 독성이 없지만 흠집이 생기기 쉽다.

**해설**

알루미늄은 산이나 알칼리에 약하다.

**알루미늄**

- 산, 알칼리에 약하여 부식이 발생하기 쉽다.
- 가볍고, 표면이 미려하며 독성이 없지만, 흠집이 생기기 쉽다.
- 용융점은 낮으며, 전기나 열의 전도율이 크다.
- 강도가 작아서 변형되기 쉽고, 탄성계수가 작다.
- 인성, 연성이 풍부하며 가공이 용이하다.

## 13

**배수관 속의 악취, 유독 가스 및 벌레 등이 실내로 침투하는 것을 방지하기 위하여 설치하는 것은?**

① 트랩　　② 플랜지
③ 부스터　　④ 스위블이음쇠

**해설**

**트랩:** 배수관 속의 악취, 유독 가스 및 벌레 등이 실내로 침투하는 것을 방지하기 위하여 설치하는 기구이다.

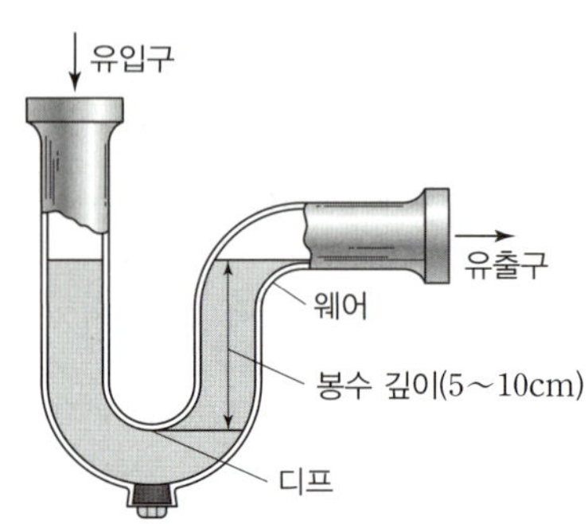


## 14

빈출

**사각형 단면의 철근콘크리트 기둥에서 띠철근을 사용하는 목적과 거리가 먼 것은?**

① 기둥의 주근을 보강한다.
② 기둥의 좌굴을 방지한다.
③ 주철근의 간격을 유지한다.
④ 주근 단면을 보강한다.

**해설**

띠철근(Tie bar, Hoop)은 기둥의 주근을 보강하며, 좌굴을 방지하고 간격유지 등을 위하여 주근에 직각으로 감아대는 철근이다.

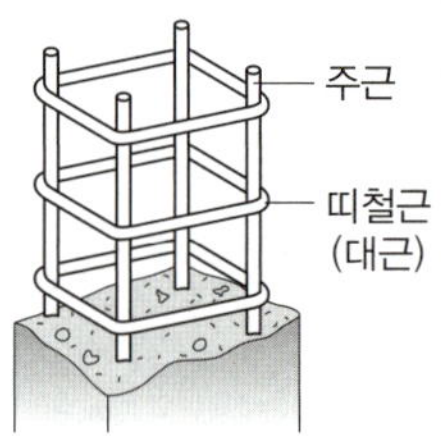


## 15

빈출

**건축법령상 공동주택에 속하지 않는 것은?**

① 아파트　　② 연립주택
③ 다가구주택　　④ 다세대주택

**해설**

**공동주택 :** 아파트, 연립주택, 다세대주택, 기숙사
**단독주택 :** 단독주택, 다중주택, 다가구주택, 공관

## 16

빈출

**시멘트의 저장 방법 중 틀린 것은?**

① 지상 30cm 이상의 마루 위에 적재한다.
② 벽에 접촉하지 않아야 하며, 습기가 없어야 한다.
③ 6개월 이상 경과한 시멘트는 재시험을 거친 후 사용한다.
④ 쌓기 높이는 13포 이하로 하며, 장기간 저장 시는 7포 이하로 한다.

**해설**

3개월 이상 경과한 시멘트는 재시험을 거친 후 사용한다.

**시멘트 저장 시 유의해야 할 사항**

- 지상 30cm 이상의 마루 위에 적재한다.
- 벽에 접촉되지 않고, 통풍이 잘 되며 습기가 없어야 한다.
- 저장 창고 주위에는 도랑을 파서 우수의 침입을 방지한다.
- 포대높이는 13포, 장기간 저장할 경우 7포 이상 쌓지 않는다.
- 반입구와 반출구를 따로 두고, 먼저 반입된 것부터 사용한다.
- 3개월 이상 저장한 시멘트는 사용 전에 재시험한다.

## 17

빈출

**블록구조에 테두리보를 설치하는 이유로 옳지 않은 것은?**

① 조적조의 기초에 철근을 정착하기 위해
② 집중하중을 받는 블록의 보강을 위해
③ 하중을 균등히 분포시키기 위해
④ 보강블록조의 세로철근을 정착하기 위해

**해설**

테두리보는 조적조의 벽체 상부를 둘러대는 보를 말하며, 보강블록조에서 세로철근의 끝을 정착시키는 역할을 한다.

**관련이론** | **테두리보 역할**

- 벽체를 일체화하여 벽체의 강성을 증대시킨다.
- 부동침하나 지진 발생 시 하중을 균등하게 분포시킨다.
- 횡력에 의한 벽면의 수직 균열을 방지하며, 수축 균열 발생을 최소화한다.
- 세로철근의 끝을 테두리보에 정착시킬 수 있다.

## 18

**다음 중 동선의 길이를 가장 짧게 할 수 있는 부엌가구의 배치형태는?**

① 일자형 ② ㄱ자형
③ 병렬형 ④ ㄷ자형

**해설**

ㄷ자형 배치는 동선이 짧고 부엌의 면적을 줄일 수 있으며, 수납공간을 많이 만들 수 있다. 외부로 통하는 출입구의 설치는 곤란하다.

**관련이론** | **부엌가구의 배치 유형**

| 구분 | 특성 |
|---|---|
| 일렬형<br>(일자형) | • 동선과 배치가 간단하다.<br>• 가구배치가 길어지면 작업동선이 길어진다.<br>• 소규모 주택에 적합하다. |
| 병렬형 | • 부엌 폭의 길이에 비해 넓은 부엌에 적합하다.<br>• 작업 시 몸을 앞뒤로 바꾸는 불편함이 있다.<br>• 외부로의 출입구가 필요한 경우에 적용한다. |
| ㄱ자형<br>(L자형) | • 작업동선은 효율적이다.<br>• 식사실과 함께 이용할 경우에 적합하다. |
| ㄷ자형 | • 동선이 짧고 부엌의 면적을 줄일 수 있다.<br>• 외부로 통하는 출입구의 설치는 곤란하다. |
| 아일랜드형 | • 작업 및 수납 공간이 넓다.<br>• 대규모 주택에 적합하다. |

## 19

**일반적으로 벌목을 실시하기에 계절적으로 가장 좋은 시기는?**

① 봄 ② 여름
③ 가을 ④ 겨울

**해설**

벌목이란 나무를 베는 작업을 말하며, 일반적으로 겨울에 실시한다. 겨울철에는 수액의 유동이 정지되며 해충 등의 피해가 적고, 벌목 후 뒤틀림이나 틈이 적은 목재를 얻을 수 있기 때문이다.

**정답** | 11. ③ 12. ① 13. ① 14. ④ 15. ③ 16. ③ 17. ① 18. ④ 19. ④

## 20

고난도

**단열재에 대한 설명으로 옳지 않은 것은?**

① 유리질 단열재는 유리섬유 사이에 밀봉된 공기층이 단열성을 갖게 한다.
② 광물질 단열재에는 발포폴리스티렌, 발포폴리우레탄, 발포염화비닐 등이 있다.
③ 금속질 단열재는 규산질, 알루미나질, 마그네시아질 등으로서 고온용 내화 단열재로 사용된다.
④ 탄소질 단열재는 탄소질 섬유, 탄소분말 등으로 성형하여 사용된다.

**해설**

광물질 단열재에는 석면, 암면, 펄라이트 등이 있다.

## 21

**배전반에서 분전반까지의 간선배선 방식에서 개별로 배선하는 방식인 평행식의 특성으로 옳지 않은 것은?**

① 각 분전반에 단독으로 배선하는 방식이다.
② 전압이 일정하다.
③ 화재 등 사고 발생 시 영향이 크다.
④ 설비비가 많이 소요되며 대규모 건물에 적합하다.

**해설**

개별로 배선하므로 화재 등 사고 발생 시 영향이 적다.

## 22

빈출

**1방향 슬래브는 슬래브의 단변에 대한 장변의 길이의 비(장변/단변)가 얼마 초과일 때부터 적용할 수 있는가?**

① $\frac{1}{2}$　　② 1
③ 2　　④ 3

**해설**

1방향 슬래브는 $\frac{장변}{단변} > 2.0$, 2방향 슬래브는 $\frac{장변}{단변} \leq 2.0$이다.

## 23

**철골구조에서 H형강보의 플랜지 부분에 커버플레이트를 사용하는 가장 주된 목적은?**

① H형강의 부식을 방지하기 위해서
② 집중하중에 의한 전단력을 감소시키기 위해서
③ 휨내력을 보강하기 위해서
④ 덕트 배관 등에 사용하는 개구부를 확보하기 위해서

**해설**

커버플레이트(Cover plate)는 플랜지의 단면이 부족할 때 또는 보의 휨내력을 보강하기 위해 사용하는 강판이다.

## 24

**지붕구조에 사용되는 부재의 설명으로 옳지 않은 것은?**

① 평고대는 처마끝의 서까래와 지붕널이 썩는 것을 방지하고 구조적으로 튼튼하게 하는 부재이다.
② 처마돌림은 처마끝을 보강하고 의장적으로 처마 끝에 내미는 것이다.
③ 처마도리는 외벽 상부에서 처마 밑에 건너지르는 수평 부재로서 중도리의 일종이다.
④ 박공널은 서까래를 놓으면 도리 위에 서까래와 서까래 사이에 공간이 생기며, 이 사이에 대는 널을 말한다.

**해설**

박공널은 박공지붕, 합각지붕의 측면에 서까래를 내밀고 박공처마를 만드는 널을 말한다.
당골막이널은 서까래를 놓으면 도리 위에 서까래와 서까래 사이에 공간이 생기며, 이 사이에 대는 널을 말한다.

**관련이론** | **서까래, 평고대, 처마도리**

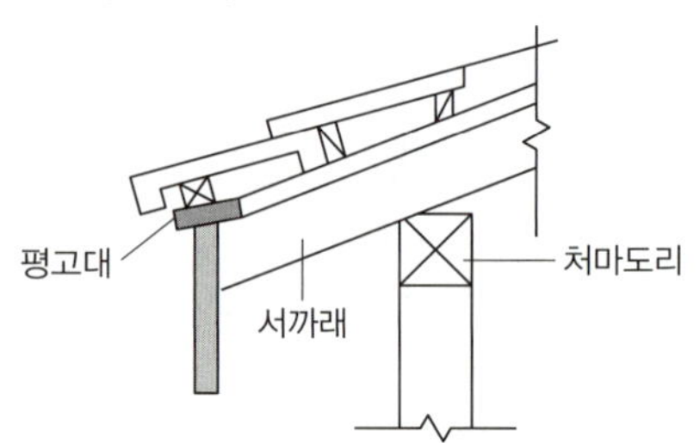

## 25

빈출

**주택의 동선계획에 관한 설명으로 옳지 않은 것은?**

① 동선에는 공간을 두어 이동이 용이하도록 한다.
② 동선은 가능한 길게 처리하는 것이 좋다.
③ 서로 다른 동선은 교차하지 않도록 한다.
④ 가사노동의 동선은 가능한 남측에 위치시킨다.

**해설**

동선은 가능한 짧게 처리하는 것이 좋다.

**관련이론 | 동선계획의 원칙**

- 단순하고 명쾌하며, 거리가 짧아야 한다.
- 서로 다른 종류의 동선은 분리하고 교차시키지 않는다.
- 속도가 빠른 동선은 너비를 넓게 하고, 장애가 없어야 한다.
- 사람의 진입동선과 차량의 진입동선은 분리한다.
- 동선에는 공간이 필요하고 장애가 되는 가구를 둘 수 없다.

## 26

**석재의 표면을 평활하게 하기 위해 작은 날망치로 정교하게 깎는 것을 의미하는 용어는?**

① 혹두기　　② 정다듬
③ 잔다듬　　④ 물갈기

**해설**

**잔다듬:** 표면을 평활하게 하기 위해 작은 날망치로 정교하게 깎는 것을 말한다.
**혹두기:** 석재의 가공에서 돌의 표면을 쇠매로 쳐서 대강 다듬는 것을 말한다.

**관련이론 | 석재의 손가공 시 표면의 평활도 가공 순서**

혹두기 → 정다듬 → 도드락다듬 → 잔다듬 → 갈기

## 27

**건축도면에서 그림과 같은 창호 표시 기호는?**

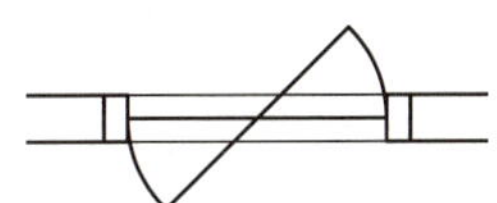

① 접이문　　② 회전창
③ 회전문　　④ 붙박이창

**해설**

회전창의 기호이다.

| 접이문 | 회전창 |
|---|---|
| | |
| **회전문** | **붙박이창** |
| | |

## 28

고난도

**목조 주택의 건축용 외장재로 많이 사용되고 있으나, 표면의 독특한 질감과 문양으로 인해 그 자체가 최종 마감재로 사용되는 경우도 있고 직사각형 모양의 얇은 나무 조각을 서로 직각으로 겹쳐지게 배열하고 내수수지로 압착 가공한 판넬을 의미하는 것은?**

① 코어합판　　② OSB
③ 집성목　　④ 코펜하겐리브

**해설**

OSB(Oriented Strand Board)는 직사각형 모양의 얇은 나무 조각을 서로 직각으로 겹쳐지게 배열하고 내수수지로 압착 가공한 판넬을 말한다.

## 29

빈출

**다음 중 주택공간의 배치계획에서 다른 공간에 비하여 프라이버시 유지가 가장 많이 요구되는 곳은?**

① 침실　　② 거실
③ 식사실　　④ 가족실

**해설**

침실은 사적공간이며 휴식을 위한 공간으로서, 다른 공간에 비하여 프라이버시 유지가 가장 많이 요구된다.

**정답** | 20. ② 21. ③ 22. ③ 23. ③ 24. ④ 25. ② 26. ③ 27. ② 28. ② 29. ①

## 30

**다음 중 단면도를 그려야 할 부분과 가장 거리가 먼 것은?**

① 설계자의 강조부분
② 평면도만으로 이해하기 어려운 부분
③ 전체구조의 이해를 필요로 하는 부분
④ 시공자의 기술을 보여주고 싶은 부분

**해설**

시공자의 기술을 보여주고 싶은 부분은 상세도 등에서 그릴 수 있다.

**단면도를 그려야 할 부분**

- 설계자가 강조하는 부분
- 평면도만으로 이해하기 어려운 부분
- 전체구조의 이해를 필요로 하는 부분

## 31

**어느 목재의 절대건조비중이 0.54일 때 목재의 공극률은 얼마인가?**

① 약 65%　　② 약 54%
③ 약 46%　　④ 약 35%

**해설**

$$\text{공극률}(\%) = \left(1 - \frac{\text{목재의 절건비중}}{1.54}\right) \times 100$$

$$= \left(1 - \frac{0.54}{1.54}\right) \times 100 = 65\%$$

## 32

**미장재료 중 석고플라스터에 대한 설명으로 옳지 않은 것은?**

① 석고를 주원료로 하여 혼화제, 접착제 등을 혼합하여 만든 미장용 플라스터이다.
② 공기 중에서 반죽되고 경화되는 기경성이다.
③ 균열이 없는 견고한 표면을 만들 수 있다.
④ 외벽이나 수분이 많은 곳은 부적합하다.

**해설**

석고플라스터는 수경성이다.

**석고플라스터**

- 물에 의해 반죽되고 경화되는 수경성이다.
- 수축이 적고 물에 접하면 연화되는 성질이 있다.
- 외벽이나 수분이 많은 곳은 부적합하다.
- 팽창하는 성질이 있으므로 균열이 잘 발생하지 않는다.
- 약산성이며, 유성페인트 마감을 할 수 있다.

## 33

**다음 합성수지 중 열경화성 수지가 아닌 것은?**

① 페놀수지　　② 염화비닐수지
③ 에폭시수지　　④ 폴리에스테르수지

**해설**

염화비닐수지는 열가소성 수지이다.

**관련이론 | 합성수지 분류**

| 구분 | 종류 |
|---|---|
| 열경화성 수지 | 페놀수지, 요소수지, 멜라민수지, 폴리에스테르수지, 에폭시수지, 실리콘수지, 알키드수지, 우레탄수지 |
| 열가소성 수지 | 염화비닐수지, 폴리아미드수지, 폴리스티렌수지, 폴리에틸렌수지, 폴리프로필렌수지, 아크릴수지, 초산비닐수지 |

## 34

빈출

**목조벽체를 수평력에 견디게 하고 횡력보강으로 안정한 구조로 하는 데 필요한 부재는?**

① 가새　　② 멍에
③ 장선　　④ 동바리

**해설**

가새(Brace)란 골조의 변형을 방지하기 위하여 대각선 방향으로 넣는 경사재로 횡력(수평력)을 보강하며, 4각형으로 짜여진 뼈대의 변형을 방지하기 위해 대각방향으로 댄 보강재를 말한다.

## 35

**벽의 역할에서 지진력에 대하여 저항시킬 목적으로 구성한 벽의 종류는?**

① 내진벽 ② 장막벽
③ 칸막이벽 ④ 대린벽

**해설**

내진벽은 지진력에 대하여 저항시킬 목적으로 구성하는 벽이다.

**관련이론 | 내진벽의 배치**

- 위 · 아래층의 동일한 위치에 배치한다.
- 하부층에 많이 배치한다.
- 균형을 고려하여 평면상으로 둘 이상의 교점을 가지도록 배치한다.
- 하중을 고르게 부담하도록 배치한다.

## 36

빈출

**벽돌조의 내쌓기에서 벽체의 내밀 수 있는 한도는?**

① 0.5B ② 1.5B
③ 2.0B ④ 2.5B

**해설**

내쌓기 한도는 2.0B이다.

**관련이론 | 내쌓기**

- 벽돌, 돌 등을 쌓을 때 면보다 내밀어 쌓는 것을 말한다.
- 한켜는 $\frac{1}{8}$B, 두켜는 $\frac{1}{4}$B 정도 내어 쌓는다.
- 내쌓기 한도는 2.0B이며 마구리쌓기로 한다.

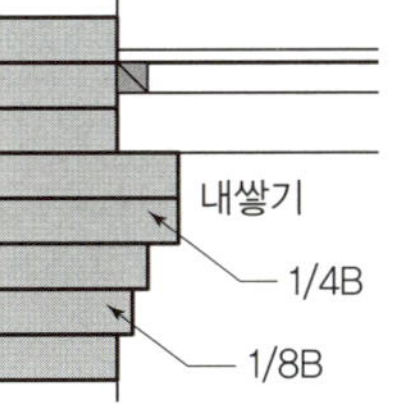


## 37

**다음 도료 중 안료가 포함되어 있지 않은 것은?**

① 수성페인트 ② 유성페인트
③ 합성수지도료 ④ 유성바니시

**해설**

유성바니시에는 안료가 포함되지 않는다.

**유성바니시:** 천연수지, 가공수지, 석유수지 등과 건성유를 넣고 가열 용융하여 희석한 것으로 무색 또는 담갈색의 도장용 투명 도료이다.

## 38

**건축구조의 구성방식에 의한 분류에 속하지 않는 것은?**

① 일체식 구조 ② 가구식 구조
③ 습식 구조 ④ 조적식 구조

**해설**

습식 구조는 시공방식에 의한 분류이다.

**관련이론 | 건축구조의 분류**

| 분류방법 | 종류 |
|---|---|
| 구성방식 | 가구식 구조, 일체식 구조, 조적식 구조 등 |
| 사용재료 | 목구조, 벽돌구조, 철근콘크리트구조, 철골구조, 철골철근콘크리트구조, 블록구조 등 |
| 형상 | 돔구조, 셸구조, 막구조, 스페이스프레임구조, 케이블구조, 절판구조 등 |
| 시공방식 | 건식 구조, 습식 구조, 조립식 구조 등 |



## 39

**조적조 벽체를 제도하는 순서로 가장 알맞은 것은?**

ⓐ 축척과 구도 정하기
ⓑ 지반선과 벽체 중심선 긋기
ⓒ 치수와 명칭을 기입하기
ⓓ 벽체와 연결부분 그리기
ⓔ 재료표시
ⓕ 치수선과 인출선 긋기

① ⓐ − ⓑ − ⓒ − ⓓ − ⓔ − ⓕ
② ⓐ − ⓑ − ⓓ − ⓕ − ⓔ − ⓒ
③ ⓐ − ⓑ − ⓓ − ⓔ − ⓕ − ⓒ
④ ⓐ − ⓕ − ⓑ − ⓒ − ⓓ − ⓔ

**해설**

ⓐ − ⓑ − ⓓ − ⓔ − ⓕ − ⓒ 순으로 그린다.

**정답** | 30. ④ 31. ① 32. ② 33. ② 34. ① 35. ① 36. ③ 37. ④ 38. ③ 39. ③

## 40

**다음 중 수경성 미장재료가 아닌 것은?**

① 순석고 플라스터
② 보드용 석고 플라스터
③ 시멘트 모르타르
④ 돌로마이트 플라스터

**해설**

**기경성 미장재료 :** 돌로마이트 플라스터, 진흙, 회반죽, 아스팔트 모르타르

**수경성 미장재료 :** 순석고 플라스터, 킨즈 시멘트, 보드용 석고 플라스터, 시멘트 모르타르, 무수석고

## 41

빈출

**배경표현법의 주의사항으로 옳지 않은 것은?**

① 가까이 있는 표현대상은 사실적으로 표현한다.
② 멀리 있는 표현대상은 단순하게 표현한다.
③ 공간과 구조, 그리고 그들의 관계를 표현하는 요소들에게 지장을 주어서는 안 된다.
④ 건물의 용도와는 무관하게 가능한 한 세밀한 그림으로 표현한다.

**해설**

배경표현은 건물의 용도와 연관하여 적절한 그림으로 표현한다.

## 42

**통기관의 사용 목적과 거리가 먼 것은?**

① 트랩의 봉수 보호
② 배수관 내의 물의 흐름을 원활
③ 배수관 내 신선한 공기 유통으로 환기 및 청결 유지
④ 관 내의 기압의 주기적 변동

**해설**

관 내의 기압을 일정하게 유지하도록 한다.

## 43

빈출

**조적조의 내력벽으로 둘러싸인 부분의 바닥면적은 몇 $m^2$ 이하로 해야 하는가?**

① $40m^2$
② $60m^2$
③ $80m^2$
④ $100m^2$

**해설**

조적조의 내력벽으로 둘러싸인 부분의 바닥면적은 $80m^2$를 넘을 수 없다.

**관련이론 | 보강블록구조 내력벽의 길이와 바닥면적**

내력벽의 길이의 합계가 그 층의 바닥면적 $1m^2$에 대하여 0.15m 이상이 되도록 하되, 그 내력벽으로 둘러싸인 부분의 바닥면적은 $80m^2$를 넘을 수 없다.

## 44

**평판의 바닥하부에 판보가 없이 바닥판을 기둥이 직접 지지하는 슬래브는?**

① 일방향슬래브
② 플랫슬래브
③ 이방향슬래브
④ 워플슬래브

**해설**

**플랫슬래브**

- 보가 없이 지판(Drop panel)과 주두, 슬래브만으로 구성하며, 기둥 위에 지판을 설치하여 뚫림에 대해 보강하여 하중을 전달하는 무량판 구조이다.
- 넓은 내부공간 구성과 층고를 낮출 수 있는 장점이 있다.

| 일방향슬래브 | 플랫슬래브 |
| --- | --- |
| 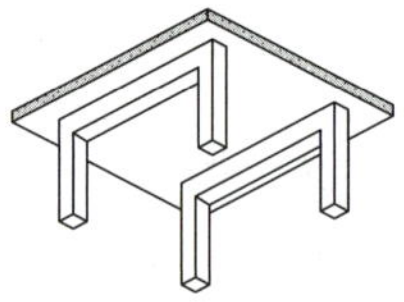 | 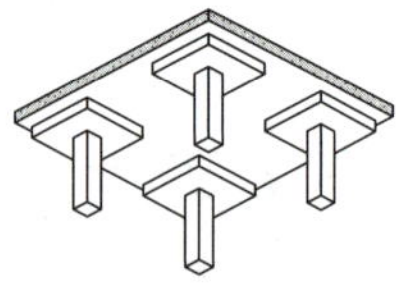 |
| 이방향슬래브 | 워플슬래브 |
| 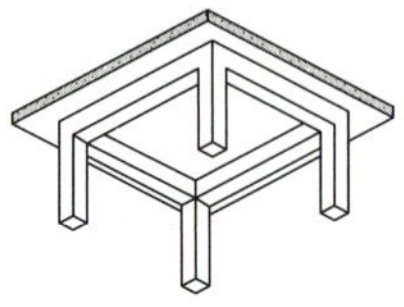 | 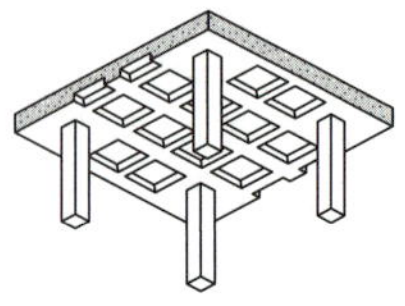 |

## 45

빈출

**금속의 부식방지법으로 옳지 않은 것은?**

① 청결하고 건조상태를 유지할 것
② 균질의 재료를 사용할 것
③ 부분적인 녹은 나중에 처리할 것
④ 상이한 금속은 접촉시켜 사용하지 말 것

**해설**

부분적인 녹은 부식을 증가시키므로 즉시 처리하여야 한다.

**금속의 부식방지법**

- 표면은 깨끗하게 하고, 특히 물기나 습기가 없도록 할 것
- 상이한 금속은 접촉시켜 사용하지 말 것
- 균질의 재료를 사용할 것
- 부분적인 녹은 즉시 처리할 것
- 필요한 경우 도금이나 합금으로 부식을 방지할 것

## 46

**다음 중 계획설계도에 속하지 않는 것은?**

① 구상도 ② 조직도
③ 배치도 ④ 동선도

**해설**

배치도는 기본설계 및 실시설계도에 속한다.
**계획설계도:** 구상도, 조직도, 동선도, 면적 도표 등

## 47

**절판구조의 장점으로 가장 거리가 먼 것은?**

① 철근 배근이 용이하다.
② 슬래브의 두께를 얇게 할 수 있다.
③ 강성을 얻기 쉽다.
④ 음향 성능이 우수하다.

**해설**

철근 배근이 복잡하다.

**절판구조**

- 얇은 판을 주름지게 하여 하중에 대한 저항을 증가시키는 구조이며, 철근 배근이 복잡하다.
- 구조물에 작용하는 하중을 인장응력만으로 저항한다.
- 슬래브의 두께를 얇게 할 수 있다.
- 강성을 얻기 쉽다.
- 실내 음향 성능이 우수하다.

## 48

**석재의 이음에서 맞댄 면에 홈을 파고 다른 한쪽에 제혀 부분을 만들어 끼워서 연결하는 이음은?**

① 제혀이음 ② 연귀맞춤
③ 산지이음 ④ 겹친이음

**해설**

제혀이음은 맞댄 면에 홈을 파고 다른 한쪽에 제혀 부분을 만들어 끼워서 연결하는 이음이며, 연결철물 등을 사용하지 않고 목재나 석재의 이음을 할 수 있다.

## 49

**다음 중 내화도가 가장 큰 석재는?**

① 화강암 ② 대리석
③ 석회암 ④ 응회암

**해설**

내화성은 응회암 > 대리석 > 화강암 순으로 작아지며, 응회암은 1,000℃ 이하의 고온에 의한 영향을 거의 받지 않는다.

## 50

빈출

**유리와 같이 어떤 힘에 대한 작은 변형으로도 파괴되는 재료의 성질을 나타내는 용어는?**

① 연성 ② 취성
③ 전성 ④ 탄성

**해설**

취성(脆性)은 충격하중을 받을 때 물체가 소성변형이 거의 일어나지 않고 작은 변형에도 파괴되는 성질을 말한다.

**정답** | 40. ④ 41. ④ 42. ④ 43. ③ 44. ② 45. ③ 46. ③ 47. ① 48. ① 49. ④ 50. ②

2021년

## 51

**건축계획과정 중 평면계획에 관한 설명으로 옳지 않은 것은?**

① 실의 배치는 상호 유기적인 관계를 가지도록 계획한다.
② 평면계획은 2차원적인 공간의 구성이지만, 입면 설계의 수평적 크기를 나타내기도 한다.
③ 평면계획 시 공간 규모와 치수를 결정한 후 각 공간에서의 생활행위를 분석한다.
④ 평면계획은 일반적으로 동선계획과 함께 진행된다.

**해설**

평면계획 시 각 공간에서의 생활행위를 분석한 후, 공간 규모와 치수를 결정한다.

## 52

**할로겐 램프에 관한 설명으로 옳지 않은 것은?**

① 휘도가 높고 백열등보다 밝다.
② 청백색으로 연색성이 나쁘다.
③ 흑화가 거의 일어나지 않는다.
④ 광속이나 색온도의 저하가 적다.

**해설**

할로겐 램프는 적색에 가깝고 연색성이 좋다.

**할로겐 램프**

- 전구 내부에 질소, 아르곤 등의 불활성 가스와 할로겐 가스(요오드, 브롬 등)를 주입하여 만든 램프이다.
- 휘도가 높고, 백열등보다 밝다.
- 적색에 가깝고 연색성이 좋다.
- 흑화가 거의 일어나지 않는다.
- 광속이나 색온도의 저하가 적다.

## 53

**건축물의 표현방법에서 어떤 상황의 진행 과정이나 기본적인 구조, 그리고 상호관계 등을 이해하기 쉽도록 간단하고 신속하게 나타내는 설명식의 그림은?**

① 스케치 ② 투시도
③ 평면도 ④ 다이어그램

**해설**

다이어그램에 대한 설명이다.

## 54

**요소수지에 대한 설명으로 옳지 않은 것은?**

① 요소와 폼알데하이드 등의 알데하이드류 축합반응으로 생기는 열경화성 수지이다.
② 마감재, 가구재 등에 많이 사용된다.
③ 내수성이 강하다.
④ 무색으로 투명하고 착색이 용이하다.

**해설**

요소수지는 내수성이 약하다.

**요소수지**

- 요소와 폼알데하이드 등의 알데하이드류 축합반응으로 생기는 열경화성 수지이다.
- 무색으로 투명하고, 착색이 용이하다.
- 내수성이 약하며, 수용성인 초기 축합물에 염류(鹽類)를 가하면 상온에서도 경화한다.
- 신장강도가 높고 잘 휘어지며, 열에 의한 비틀림 온도가 높다.
- 마감재, 가구재 등에 사용된다.

## 55

**합성골조에서 철골보와 콘크리트 슬래브 사이의 전단응력 전달 및 일체성을 확보할 수 있도록 체결하는 역할을 하는 것은?**

① 고력볼트 ② 스터드 볼트
③ 스티프너 ④ 뒷댐재

**해설**

**스터드 볼트(Stud bolt):** 합성골조에서 스터드 커넥터로서 전단연결(Shear connector) 역할을 하며, 철골보와 콘크리트의 합성효과에 의해 양단 사이의 전단응력 전달 및 일체성을 확보할 수 있다.

## 56

빈출

**부엌의 일부분에 식사실을 두는 형태로 부엌과 식사실을 유기적으로 연결하여 노동력 절감이 가능한 것은?**

① D(Dining) ② DK(Dining Kitchen)
③ LD(Living Dining) ④ LK(Living Kitchen)

**해설**

다이닝 키친(Dining Kitchen, Dinette형식)은 부엌 일부에 간단히 식탁을 꾸민 식사실로서 소규모 주택에 적용할 수 있다.

## 57

빈출

**건축제도의 글자에 관한 설명으로 옳지 않은 것은?**

① 숫자 기입은 로마 숫자를 원칙으로 한다.
② 문장은 왼쪽에서부터 가로쓰기를 원칙으로 한다.
③ 글자체는 수직 또는 15° 경사의 고딕체로 쓰는 것을 원칙으로 한다.
④ 글자의 크기는 각 도면의 상황에 맞추어 알아보기 쉬운 크기로 한다.

**해설**

숫자는 아라비아 숫자를 원칙으로 한다.

**관련이론 | 글자 기입(KS F 1501)**

- 글자는 명백히 쓰고 문장은 왼쪽에서부터 가로쓰기를 원칙으로 하며, 숫자는 아라비아 숫자를 원칙으로 한다.
- 글자체는 수직 또는 15° 경사의 고딕체로 쓰는 것을 원칙으로 하며, 글자의 크기는 각 도면의 상황에 맞추어 알아보기 쉬운 크기로 한다.
- 4자리 이상의 수는 3자리마다 휴지부를 찍거나 간격을 둠을 원칙으로 한다.

## 58

**구조 재료에 요구되는 성질과 가장 관계가 먼 것은?**

① 재질이 균일하여야 한다.
② 강도가 큰 것이어야 한다.
③ 탄력성이 있고 자중이 커야 한다.
④ 가공이 용이한 것이어야 한다.

**해설**

자중이 큰 것은 구조 재료에 요구되는 성질과 거리가 멀다.

**구조용 재료에 요구되는 성질**

- 재질이 균일하고 강도가 큰 것이어야 한다.
- 가볍고, 가공성이 좋은 것이어야 한다.
- 내구성, 내화성이 큰 것이어야 한다.
- 큰 재료를 용이하게 얻을 수 있어야 한다.

## 59

빈출

**연약지반에 건축물을 축조할 때 부동침하를 방지하는 대책으로 옳지 않은 것은?**

① 건물의 강성을 높일 것
② 지하실을 강성체로 설치할 것
③ 건물의 중량을 작게 할 것
④ 건물은 가능한 길게 할 것

**해설**

건물은 너무 길게 하지 않는다.

**부동침하 방지대책**

- 건물의 강성을 높일 것
- 지하실을 강성체로 설치할 것
- 건물의 중량을 작게 할 것
- 건물은 너무 길지 않게 할 것
- 인접건물과의 거리를 멀게 할 것

2021년

## 60

**다음 중 인장력과 관계가 없는 것은?**

① 인장링 ② 타이바(Tie bar)
③ 현수구조의 케이블 ④ 버트레스(Buttress)

**해설**

버트레스(Buttress)는 수직의 높은 벽을 안정시키기 위해 벽의 직각방향으로 돌출하여 부축하는 것을 말하며, 고딕건축의 교회에서 볼 수 있다. 인장력과 관계없다.

**정답** | 51. ③ 52. ② 53. ④ 54. ③ 55. ② 56. ② 57. ① 58. ③ 59. ④ 60. ④

# 2020년 | 2회 CBT 복원문제

자동채점 

## 01

**일체식 구조에 관한 설명으로 옳지 않은 것은?**

① 기둥, 바닥, 보 등의 하중을 받는 구조체를 하나의 뼈대로 만들어서 건물을 완성하는 라멘구조이다.
② 재료 자체의 내화성이 높고 고층 구조에 적합하다.
③ 철근콘크리트구조, 철골철근콘크리트구조 등이 있다.
④ 개개의 재료를 접착재료로 쌓아 만든 구조이다.

**해설**

④는 조적식 구조에 대한 설명이다.

## 02

**건축물 구조재로서 내력 구조체가 아닌 것은?**

① 기둥 ② 기초
③ 보 ④ 장막벽

**해설**

장막벽은 비내력 구조체이다.

**관련이론 | 건축물 내력 구조체**

기둥, 기초, 슬래브, 보, 내력벽 등

## 03

**운모계와 사문암계 광석으로 800~1,000℃로 가열하면 부피가 5~6배로 팽창되며, 비중이 0.2~0.4인 다공질 경석으로 단열, 흡음, 보온 효과가 있는 것은?**

① 부석 ② 탄각
③ 질석 ④ 펄라이트

**해설**

질석은 운모질 원석을 800~1,000℃로 소성하여 만든 다공질 경석으로 단열, 흡음, 보온 효과가 있다.

## 04

빈출

**에스컬레이터의 장단점에서 옳지 않은 것은?**

① 수송력에 비해 점유 면적이 적다.
② 엘리베이터에 비해 수송능력이 크다.
③ 대기시간이 없고 연속적인 수송설비이다.
④ 엘리베이터에 비해 설비비가 저가이다.

**해설**

엘리베이터에 비해 설비비가 고가이다.

**에스컬레이터의 특성**

- 수송력에 비해 점유 면적이 적다.
- 엘리베이터에 비해 수송능력이 크다.
- 대기시간이 없고 연속적인 수송설비이다.
- 설비비가 고가이지만, 전원설비에 부담이 적다.
- 층고와 보의 간격에 제약을 받는다.

## 05

**다음에서 설명하는 묘사방법으로 옳은 것은?**

- 선으로 공간을 한정시키고 명암으로 음영을 넣는 방법
- 평면은 같은 명암의 농도로 하여 그리고 곡면은 농도의 변화를 주어 묘사

① 단선에 의한 묘사방법
② 명암 처리만으로의 방법
③ 여러 선에 의한 묘사방법
④ 단선과 명암에 의한 묘사방법

**해설**

단선과 명암에 의한 표현방법은 선으로 공간을 한정시키고 명암으로 음영을 넣는 방법으로 농도에 변화를 주어 표현한다.

## 06

**다음 중 열전도율이 가장 낮은 것은?**

① 콘크리트　　② 목재
③ 알루미늄　　④ 유리

**해설**

**열전도율 크기순:** 알루미늄 > 콘크리트 > 유리 > 목재

## 07

**강재의 인장강도가 최대가 되는 온도는 대략 어느 정도인가?**

① 0℃　　② 150℃
③ 250℃　　④ 500℃

**해설**

강재의 인장강도는 대략 250℃의 온도에서 최대가 된다.

## 08

**건축구조의 구성방식에 의한 분류 중 하나로 구조체인 기둥과 보를 부재의 접합에 의해서 축조하는 방법으로 뼈대를 삼각형으로 짜 맞추면 안정한 구조체를 만들 수 있는 구조는?**

① 가구식 구조　　② 캔틸레버 구조
③ 조적식 구조　　④ 습식 구조

**해설**

가구식 구조는 부재(기둥, 보)를 조립과 접합에 의해서 축조하는 구조로서 삼각형으로 짜 맞추는 것이 안전하다.

## 09

**건축제도 통칙에 따른 투상법의 원칙은?**

① 제1각법　　② 제2각법
③ 제3각법　　④ 제4각법

**해설**

건축제도에서 투상법은 제3각법으로 작도함을 원칙으로 한다.

## 10

**벽체의 단열 효과에 관한 내용으로 옳지 않은 것은?**

① 벽체의 열관류율이 클수록 단열성이 낮다.
② 단열은 벽체를 통한 열손실방지와 보온역할을 한다.
③ 벽체의 열관류 저항값을 작게 하여 단열이 잘 되게 한다.
④ 조적벽과 같은 중공 구조의 내부에 위치한 단열재는 난방 시 실내 표면 온도를 신속히 올릴 수 있다.

**해설**

벽체의 열관류 저항값이 작을수록 단열 효과는 작아지므로, 열관류 저항값을 크게 하여 단열이 잘 되게 한다.

## 11

**적재하중(활하중)에 해당되지 않는 것은?**

① 사람　　② 건물 자중
③ 가구　　④ 설비기계

**해설**

건물 자중은 고정하중에 해당된다.
**적재하중(활하중):** 건물의 사용 및 점용에 의해서 발생되는 수직하중으로 사람, 가구, 이동칸막이, 창고의 저장물, 설비기계 등의 하중을 말한다.

**정답** | 01. ④　02. ④　03. ③　04. ④　05. ④　06. ②　07. ③　08. ①　09. ③　10. ③　11. ②

## 12

**석고보드의 특성으로 옳지 않은 것은?**

① 부식이 진행되지 않고 충해를 받지 않는다.
② 단열, 차음, 흡음성이 우수하다.
③ 흡수에 의한 강도가 저하되지 않는다.
④ 팽창 및 수축의 변형이 작다.

**해설**

석고보드는 흡수로 인하여 강도가 저하될 수 있다.

## 13

**물의 밀도가 $1g/cm^3$이고, 어느 물체의 밀도가 $1kg/m^3$라 하면 이 물체의 비중은 얼마인가?**

① 0.001 ② 0.1
③ 1.0 ④ 1,000

**해설**

비중은 물질의 고유 특성으로서 기준이 되는 물질의 밀도에 대한 상대적인 비를 나타낸다.

$$\therefore \frac{\text{어느 물체의 밀도}}{\text{물의 밀도}} = \frac{1kg/m^3}{1g/cm^3} = \frac{0.001g/cm^3}{1g/cm^3} = 0.001$$

## 14

빈출

**주거공간을 주행동에 의해 개인공간, 사회공간, 가사노동공간 등으로 구분할 경우, 다음 중 사회공간에 속하는 것은?**

① 공부방 ② 식사실
③ 부엌 ④ 다용도실

**해설**

식사실은 사회공간에 속한다.

**관련이론 | 주거공간의 주행동에 따른 분류**

- **개인공간:** 침실, 서재, 공부방 등
- **사회공간:** 거실, 식사실, 응접실 등
- **노동공간:** 부엌, 가사실 등

## 15

빈출

**목구조에서 가새에 대한 설명 중 옳지 않은 것은?**

① 대각선방향에 삼각형구조로 대는 부재로서 횡력을 보강한다.
② 가새의 경사는 45°에 가까울수록 유리하다.
③ 하중 방향에 따라 압축과 인장응력이 번갈아 일어난다.
④ 뼈대의 모서리를 고정시키기 위해 비스듬히 대는 부재이다.

**해설**

④는 버팀대에 대한 설명이다.

**관련이론 | 목조 뼈대 보강재**

- **가새**
  - 대각선방향에 삼각형구조로 대는 부재로서 횡력을 보강한다.
  - 가새의 경사는 45°에 가까울수록 유리하다.
  - 하중 방향에 따라 압축과 인장응력이 번갈아 일어난다.

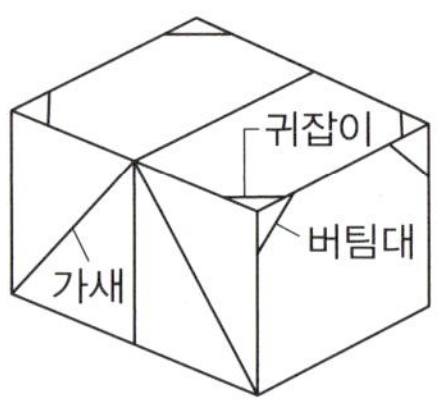


- **버팀대**
  - 뼈대의 모서리를 고정시키기 위해 비스듬히 대는 부재이다.
  - 가새를 댈 수 없을 때 기둥과 보의 모서리에 댄다.
  - 가새보다 수평력에 약하다.
- **귀잡이보:** 가로재(바닥 및 지붕틀의 수평보)의 귀에서 수평으로 짧게 댄 부재이다.

## 16

고난도

**제재목의 죽데기 등을 잘게 깎은 부스러기를 원료로 하여 접착제를 혼입하고 가압 성형한 판은?**

① 칩보드 ② 합판
③ 석고보드 ④ 코펜하겐 리브

**해설**

칩보드(Chip−board)는 제재목의 죽데기 등을 잘게 깎은 부스러기를 원료로 하여 접착제를 혼입하고 가압 성형한 판을 말한다.

## 17

빈출

**철골구조의 보에 사용되는 스티프너(Stiffener)에 대한 설명으로 옳지 않은 것은?**

① 하중점 스티프너는 집중하중에 대한 보강용으로 쓰인다.
② 중간 스티프너는 웨브의 좌굴을 막기 위하여 쓰인다.
③ 재축에 나란하게 설치한 것을 수평 스티프너라고 한다.
④ 커버플레이트와 동일한 역할을 한다.

**해설**

커버플레이트(Cover plate)는 플랜지의 단면이 부족할 때 또는 보의 휨내력을 보강하기 위해 사용하는 강판이다.

**스티프너(Stiffener)**

철골보의 웨브 부분에 단면이 부족하거나, 보 단부의 모멘트가 클 경우 기둥이 국부적으로 변형을 일으키며 파괴를 유발하게 되므로 전단보강과 좌굴 방지를 위해 보강대(스티프너)를 설치하여 변형을 방지한다.

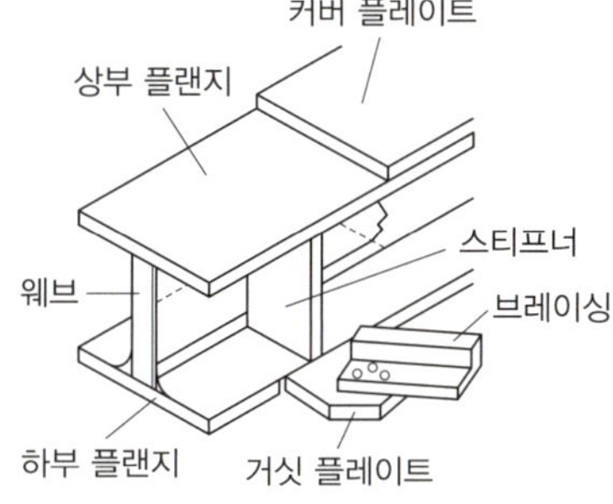


## 18

빈출

**화강암에 관한 설명으로 옳지 않은 것은?**

① 주요 광물은 석영과 장석이다.
② 내화성이 강한 편이다.
③ 콘크리트용 골재로도 사용된다.
④ 구조재 및 수장재로 쓰인다.

**해설**

화강암은 재질이 단단하고 내구성 및 강도가 크나, 내화성은 약한 편이다.

## 19

**일반적으로 창유리의 강도가 의미하는 것은?**

① 휨강도 ② 압축강도
③ 인장강도 ④ 전단강도

**해설**

일반적으로 창유리의 강도는 휨강도를 말한다.

## 20

빈출

**다음 설명에 알맞은 통기 방식은?**

- 각 기구의 트랩마다 통기관을 설치한다.
- 트랩마다 통기되기 때문에 가장 안정도가 높은 방식이다.

① 각개 통기방식 ② 루프 통기방식
③ 회로 통기방식 ④ 신정 통기방식

**해설**

각개 통기관은 위생 기구의 트랩마다 각각 통기관을 설치하며, 통기의 안정도가 높지만 개별 설치로서 시설비가 비싸다.

**루프 통기관:** 회로 통기관 또는 환상 통기관을 말하며, 최상류 바로 아래 설치하고 1개의 통기관이 8개 이내의 트랩을 보호한다.

**신정 통기관:** 배수 수직관을 상단 연장하고 대기 중에 개방하여 옥상에 돌출시킨 것으로, 배관 길이에 비해 성능이 우수하다.

## 21

**자동적으로 회로의 이상이 생길 경우 전로를 차단하여 기기를 보호하는 전기 장치는?**

① 변압기 ② 차단기
③ 축전기 ④ 분전반

**해설**

차단기는 부하 전류를 개폐함과 동시에 단락 및 지락 사고 발생 시 각종 계전기와의 조합으로 신속히 전로를 차단하여 기기 및 전선을 보호하는 장치이다.

**정답** | 12. ③ 13. ① 14. ② 15. ④ 16. ① 17. ④ 18. ② 19. ① 20. ① 21. ②

2020년

## 22

**파티클 보드의 특성으로 옳지 않은 것은?**

① 칸막이 가구 등에 이용된다.
② 열의 차단성이 우수하다.
③ 가공성이 비교적 양호하다.
④ 강도에 방향성이 있어 뒤틀림이 거의 일어나지 않는다.

**해설**

결(방향성)이 없어서 수축, 팽창, 뒤틀림이 없다.

**파티클 보드(Particle board):** 목재를 작은 조각(부스러기)으로 분쇄 후 접착제를 첨가하여 강한 열과 힘으로 압착해 만든 판상형 가공재를 말한다.

- 원목에 비해 두께 및 규격이 다양하고 가공이 쉽다.
- 원목에 비해 경제적이고 결(방향성)이 없어서 수축, 팽창, 뒤틀림이 없다.
- 합판에 비해 휨강도는 떨어지지만 면내 강성은 우수하다.
- 흡음, 차음, 열의 차단성이 우수하다.

## 23

**조적식 구조에서 하나의 층에 있어서의 개구부와 그 바로 위층에 있는 개구부와의 수직거리는 최소 얼마 이상으로 하여야 하는가?**

① 200mm ② 400mm
③ 600mm ④ 800mm

**해설**

조적식 구조에서 하나의 층에 있어서의 개구부와 그 바로 위층에 있는 개구부와의 수직거리는 600mm 이상으로 하여야 한다.

## 24

**각종 시멘트의 특성에 관한 설명 중 옳지 않은 것은?**

① 조강 포틀랜드 시멘트는 조기에 고강도를 낼 수 있으며 한중공사, 긴급공사에 적합하다.
② 실리카 시멘트에 의한 콘크리트는 초기강도가 크고 장기강도는 낮다.
③ 고로시멘트는 해안공사, 매스 콘크리트 공사 또는 큰 구조물 공사에 적합하다.
④ 플라이애시 시멘트에 의한 콘크리트는 내해수성이 크다.

**해설**

실리카 시멘트에 의한 콘크리트는 초기강도가 작고 장기강도는 크다.

**실리카 시멘트(Silica cement)**

- 포틀랜드 시멘트의 클링커에 실리카질 백토를 섞어 미분쇄하여 만든 혼합시멘트이다.
- 화학적 작용에 대한 저항, 수밀성, 장기강도가 뛰어나므로 일반적인 포틀랜드 시멘트와는 다른 특정용도에 사용된다.
- 초기강도가 작고 건조수축이 크므로 초기양생이 중요하다.

## 25

**균형의 원리에 관한 설명으로 옳지 않은 것은?**

① 색의 중량감은 색의 속성 중 특히 명도, 채도에 따라 크게 작용한다.
② 크기가 큰 것이 작은 것보다 시각적 중량감이 크다.
③ 기하학적 형태가 불규칙적인 형태보다 시각적 중량감이 작다.
④ 복잡하고 거친 질감이 단순하고 부드러운 것보다 시각적 중량감이 작다.

**해설**

복잡하고 거친 질감이 단순하고 부드러운 것보다 시각적 중량감이 크다.

## 26

**건축법령상 아파트의 정의로 옳은 것은?**

① 주택으로 쓰는 층수가 3개층 이상인 주택
② 주택으로 쓰는 층수가 4개층 이상인 주택
③ 주택으로 쓰는 층수가 5개층 이상인 주택
④ 주택으로 쓰는 층수가 6개층 이상인 주택

**해설**

아파트는 주택으로 쓰는 층수가 5개층 이상인 주택을 말한다.

## 27

빈출

**철근콘크리트 기둥 배근에 관한 설명 중 옳지 않은 것은?**

① 기둥을 보강하는 세로철근이 주근이 된다.
② 나선철근은 주근의 좌굴과 콘크리트가 수평으로 터져 나가는 것을 구속한다.
③ 주근의 최소개수는 사각형이나 원형 띠철근으로 둘러싸인 경우 3개이다.
④ 주근의 최소개수는 나선철근으로 둘러싸인 철근의 경우 6개이다.

**해설**

**철근콘크리트 기둥의 주근의 최소개수**

- 사각형이나 원형 띠철근으로 둘러싸인 경우: 4개 이상
- 나선철근으로 둘러싸인 철근의 경우: 6개 이상

## 28

**철골공사 시 바닥슬래브를 타설하기 전에 철골보 위에 설치하여 바닥판 등으로 사용하는 절곡된 얇은 판의 부재는?**

① 웨브플레이트 ② 데크플레이트
③ 플랜지플레이트 ④ 커버플레이트

**해설**

데크플레이트(Deck plate)에 대한 설명이다.

## 29

**바닥 재료를 타일로 마감할 때의 내용으로 옳지 않은 것은?**

① 외장타일은 내장타일보다 강도가 약하고 흡수율이 높다.
② 접착력을 높이기 위해 타일 뒷면에 요철을 만든다.
③ 보통 클링커타일은 외부바닥용으로 사용한다.
④ 바닥타일은 미끄럼 방지를 위해 유약을 사용하지 않는다.

**해설**

외장타일은 내장타일보다 강도가 강하고 흡수율이 낮다.

## 30

빈출

**한국산업표준(KS)에 따른 건축도면에 사용되는 척도에 속하지 않는 것은?**

① 1/1 ② 1/5
③ 1/80 ④ 1/250

**해설**

1/80은 건축제도 통칙에 규정된 척도가 아니다.

**관련이론 | 척도(건축제도 통칙 KS F 1501)**

| | |
|---|---|
| 실척 | 1/1 |
| 축척 | 1/2, 1/3, 1/4, 1/5, 1/10, 1/20, 1/25, 1/30, 1/40, 1/50, 1/100, 1/200, 1/250, 1/300, 1/500, 1/600, 1/1000, 1/1200, 1/2000, 1/2500, 1/3000, 1/5000, 1/6000 |
| 배척 | 2/1, 5/1 |

## 31

**철근콘크리트구조에서 최소 피복두께의 목적은?**

① 철근의 부식 방지 및 내화성 확보
② 철근의 연성 감소
③ 철근의 휨모멘트 강화
④ 철근의 자체 강도 확보

**해설**

**철근콘크리트구조에서 철근피복두께의 목적**

- 철근의 부식 및 중성화 방지
- 내구성 및 내화성 확보
- 부착강도 확보
- 시공 시 유동성 확보

## 32

**20세기 3대 건축 재료에 해당하지 않는 것은?**

① 강철 ② 판유리
③ 시멘트 ④ 합성수지

**해설**

**20세기 3대 건축 재료:** 철, 유리, 시멘트

**정답** | 22. ④ 23. ③ 24. ② 25. ④ 26. ③ 27. ③ 28. ② 29. ① 30. ③ 31. ① 32. ④

## 33

**건설공사표준품셈에 따른 기본벽돌의 크기로 옳은 것은?**

① 190×90×57mm

② 190×90×60mm

③ 210×100×57mm

④ 210×100×60mm

**해설**

**기본(표준형) 벽돌의 크기:** 190×90×57mm

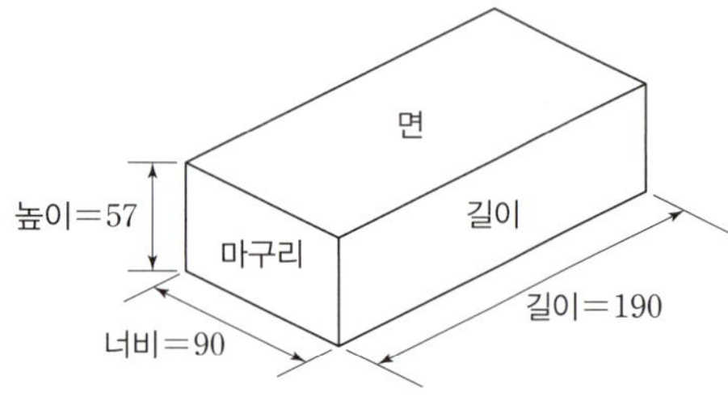


## 34

**좋은 조명의 조건에 대한 내용으로 옳지 않은 것은?**

① 적당한 조도 및 조명 효율이 좋아야 한다.

② 눈부시지 않아야 하며, 빛의 확산을 적절하게 한다.

③ 작업 장소와 주위의 휘도 대비를 가능한 크게 유지한다.

④ 의장적으로 건축과 조화되어야 한다.

**해설**

작업 장소와 주위의 적당한 휘도 대비를 유지한다.

## 35

**돌구조에 관한 설명으로 옳지 않은 것은?**

① 내구, 내화, 방서, 방한에 유리하다.

② 외관이 장중하다.

③ 고가이며 시공이 어렵다.

④ 횡력, 진동에 강하다.

**해설**

돌구조는 횡력, 진동에 약하다.

## 36

빈출

**목재의 역학적 성질에 대한 설명 중 옳지 않은 것은?**

① 목재의 압축강도는 옹이가 있으면 감소한다.

② 목재는 조직 가운데 공간이 있기 때문에 열의 전도가 더디다.

③ 목재의 강도는 비중 및 함수율 이외에도 섬유방향에 따라서도 차이가 있다.

④ 섬유포화점 이하에서는 강도가 일정하나 섬유포화점 이상에서는 함수율이 증가함에 따라 강도는 증가한다.

**해설**

목재의 수분이 섬유포화점 이상일 때는 강도의 변화는 거의 없으나 섬유포화점 이하로 건조되면 강도는 커진다.

**관련이론 | 목재의 강도**

- 섬유방향의 인장강도가 압축강도보다 크다.
- 건조상태일 때가 습윤상태일 때보다 강도가 크다.
- 심재부분이 변재부분보다 강도가 크다.
- 압축강도, 인장강도, 휨강도 등은 옹이 숫자와 면적에 따라 강도가 감소한다.

## 37

**한 켜에 길이와 마구리를 번갈아서 쌓는 방법이며 통줄눈이 생김으로써 강도가 약하므로 장식용으로 사용하는 벽돌 쌓기 방식은?**

① 영국식 쌓기 ② 프랑스식 쌓기

③ 네덜란드식 쌓기 ④ 미국식 쌓기

**해설**

프랑스식 쌓기에 대한 설명이다.

**영국식 쌓기:** 처음 한 켜는 마구리쌓기, 다음 켜는 길이쌓기를 교대로 쌓는 것으로 통줄눈이 생기지 않으며 가장 튼튼한 쌓기법이다.

**네덜란드식 쌓기:** 화란식 쌓기라고도 하며 한 켜씩 길이와 마구리를 번갈아 쌓고 길이 켜의 모서리에 칠오토막을 사용한다.

**미국식 쌓기:** 앞면은 5켜 정도 길이쌓기를 하고 여섯 번째 켜를 마구리 쌓기로 하며 뒷면은 영국식 쌓기로 한다.

## 38

**다음은 건축법령상 지하층의 정의이다. ( )안에 알맞은 것은?**

> '지하층'이란 건축물의 바닥이 지표면 아래에 있는 층으로서 바닥에서 지표면까지 평균높이가 해당 층 높이의 ( ) 이상인 것을 말한다.

① 2분의 1　② 3분의 1
③ 3분의 2　④ 4분의 3

**해설**

지하층이란 바닥에서 지표면까지 평균높이가 해당 층 높이의 2분의 1 이상인 것을 말한다.

## 39

**선의 종류를 연결한 것으로 옳지 않은 것은?**

① 굵은 실선: 단면선, 외형선
② 중간 실선: 입면선, 가구선
③ 가는 실선: 치수선, 해칭선
④ 1점 쇄선: 절단선, 마감선

**해설**

마감선은 가는 실선으로 그린다.

**관련이론 | 선의 종류**

- **굵은 실선:** 단면선, 외형선
- **중간 실선:** 입면선, 가구선
- **가는 실선:** 치수선, 해칭선, 마감선
- **1점 쇄선:** 중심선, 절단선, 기준선, 경계선, 참고선
- **2점 쇄선:** 상상선 또는 1점 쇄선과 구별할 필요가 있을 때

## 40

**시멘트가 공기 중의 습기를 받아 천천히 수화 반응을 일으켜 작은 알갱이 모양으로 굳어졌다가, 이것이 계속 진행되면 주변의 시멘트와 달라붙어 결국에는 큰 덩어리로 굳어지는 현상은?**

① 응결　② 소성
③ 경화　④ 풍화

**해설**

풍화(風化)는 시멘트가 공기 중의 습기를 받아 천천히 수화 반응을 일으켜 작은 알갱이 모양으로 굳어졌다가, 이것이 계속 진행되면 주변의 시멘트와 달라붙어 결국에는 큰 덩어리로 굳어지는 현상을 말한다.

## 41

빈출

**투시도의 용어 및 기호가 올바르게 연결되지 않은 것은?**

① 기선 – G.L　② 시점 – P.P
③ 수평선 – H.L　④ 소점 – V.P

**해설**

시점은 E.P(Eye Point)이다.

**관련이론 | 투시도에 사용되는 용어의 기호**

- **화면(P.P; Picture Plane):** 대상물과 사람 사이의 수직면
- **기선(G.L; Ground Line):** 화면과 지반면이 만나는 선
- **시선(Line of Sight):** 시점과 공간의 점을 연결한 선
- **시점(E.P; Eye Point):** 대상물을 보는 사람의 눈 위치
- **수평선(H.L; Horizontal Line):** 눈높이와 화면의 교차선
- **수평면(H.P; Horizontal Plane):** 눈높이와 수평한 면
- **소점(V.P; Vanishing Point, 소실점):** 물체의 각 점이 수평선상에 모이는 점
- **정점(S.P; Standing Point):** 사물을 보는 사람이 서있는 위치

## 42

**수평하중의 종류에 해당하지 않는 것은?**

① 건물자중　② 풍하중
③ 지진하중　④ 수압과 토압

**해설**

건물자중은 수직하중에 해당된다.

**정답** | 33. ① 34. ③ 35. ④ 36. ④ 37. ② 38. ① 39. ④ 40. ④ 41. ② 42. ①

2020년

## 43

빈출

**철근콘크리트구조에서 각 철근의 주된 역할로 옳지 않은 것은?**

① 후크: 철근의 정착 ② 늑근: 전단보강
③ 온도철근: 균열방지 ④ 띠철근: 휨모멘트에 저항

**해설**

**띠철근(Tie bar, Hoop):** 기둥의 주근을 보강하며, 좌굴을 방지하고 간격유지 등을 위하여 주근에 직각으로 감아대는 철근이다.

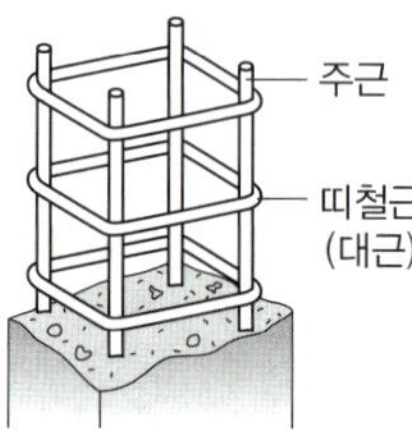


## 44

**다음 수지의 종류 중 천연수지가 아닌 것은?**

① 송진 ② 다마르
③ 니트로셀룰로오스 ④ 셸락

**해설**

니트로셀룰로오스는 셀룰로오스를 황산과 질산을 혼합한 혼산으로 질산에스테르화하여 얻게 되는 백색 섬유상의 화합물이다.

**관련이론 | 천연수지**

송진, 로진, 셸락, 다마르, 앰버, 파기 등

## 45

빈출

**직접 조명에 관한 설명으로 옳지 않은 것은?**

① 조명률이 좋다.
② 실내의 조도 분포가 균일하다.
③ 눈부심이 일어나기 쉽다.
④ 그림자가 강하게 생긴다.

**해설**

직접 조명은 조명이 비추는 방향은 밝지만 그 이외의 방향은 어두울 수 있으므로, 실내 전체적으로 볼 때 밝고 어두움의 차이가 커지면서 실내의 조도 분포가 균일하지 못하다.

## 46

**건축에서의 모듈 적용의 장단점으로 옳지 않은 것은?**

① 설계작업이 복잡하다. ② 대량생산이 용이하다.
③ 현장작업이 단순하다. ④ 공사기간이 단축된다.

**해설**

설계작업이 단순하고 간편하다.

**관련이론 | 모듈 설계의 장점**

- 설계작업이 단순하고 간편하다.
- 건축재료의 수송 및 취급이 용이하다.
- 현장작업이 단순하고 공사기간이 단축된다.
- 대량생산으로 질적으로 향상되며, 생산단가는 저하된다.
- 국제적인 MC를 사용하면 국제교역이 용이하다.

## 47

빈출

**중용열 포틀랜드 시멘트의 설명으로 옳지 않은 것은?**

① 수화열이 작고 경화가 느리다.
② 수축량이 적으며, 단기강도는 낮다.
③ 내구성은 좋으나 내산성이나 내화학성은 좋지 않다.
④ 댐공사, 방사선 차폐용 콘크리트 등에 이용된다.

**해설**

중용열 포틀랜드 시멘트는 내구성, 내산성, 내화학성이 좋고 장기강도가 크다.

**중용열 포틀랜드 시멘트**

- 수화열(발열량)이 작고 경화가 느리며 수축량이 적다.
- 내황산염성이 풍부한 포틀랜드 시멘트로 침식성 용액에 대한 저항이 크다.
- 내구성, 내산성, 내화학성은 좋고 장기강도가 크다.
- 댐공사, 방사선 차폐용 콘크리트 등에 이용된다.

## 48

빈출

**도면의 표시사항과 기호의 연결이 옳지 않은 것은?**

① 면적 — A　② 높이 — H
③ 길이 — W　④ 체적 — V

**해설**

길이 — L, 너비 — W

**관련이론 | 건축도면의 표시기호**

| 기호 | 표시사항 | 기호 | 표시사항 |
|---|---|---|---|
| 길이 | L | 너비 | W |
| 높이 | H | 두께 | THK |
| 지름 | D 또는 ∅ | 반지름 | R |
| 면적 | A | 체적 | V |
| 간격 | @ | 무게 | Wt |
| 문 | SD, WD, AD | 창 | WW, PW, AW |

## 49

**단면력(斷面力, Section force)에 관한 설명으로 옳지 않은 것은?**

① 단면력(Section force)은 부재의 가상 절단면에 작용하는 내력의 총칭이다.
② 단면력에는 휨모멘트, 전단력, 축력, 비틀림모멘트, 반력 등이 있다.
③ 전단력은 단면에 작용하는 모멘트를 말한다.
④ 축력(Axial force, Normal force)은 부재 단면 축 방향으로 작용하는 힘을 말한다.

**해설**

전단력은 한쌍의 합력이 비틀어지면서 작용하는 힘을 말한다.

## 50

**주택의 주방과 식당 계획 시 가장 중요하게 고려하여야 할 사항은?**

① 채광　② 조명배치
③ 색채조화　④ 작업동선

**해설**

주택의 주방과 식당 계획 시에는 작업동선을 가장 중요하게 고려한다.

## 51

**단열재의 조건으로 옳지 않은 것은?**

① 열전도율이 높아야 한다.
② 흡수율이 낮고 비중이 작아야 한다.
③ 내화성, 내부식성이 좋아야 한다.
④ 가공, 접착 등의 시공성이 좋아야 한다.

**해설**

**단열재의 조건**

- 열전도율이 낮은 것을 사용한다.
- 흡수율이 낮고 비중이 작아야 한다.
- 내화성, 내부식성이 좋아야 한다.
- 가공, 접착 등의 시공성이 좋아야 한다.
- 화학적으로 안정적이어야 한다.



## 52

빈출

**지붕 재료에 요구되는 성질과 가장 관계가 먼 것은?**

① 열전도율이 작은 것이어야 한다.
② 부드러워 가공이 용이한 것이어야 한다.
③ 외관이 좋은 것이어야 한다.
④ 방수, 방습, 내화, 내수성이 큰 것이어야 한다.

**해설**

부드러운 것보다 견질하고 내구적이며 안전성이 있어야 한다.

**지붕 재료의 요구 조건**

- 외관이 좋고 건물과 조화되어야 한다.
- 내수적이고 습도에 의한 신축이 적어야 한다.
- 열전도율이 작고 불연재가 좋다.
- 내구적이고 경량으로 안전하여야 한다.
- 시공이 용이하고 수리가 편리하여야 한다.

**정답** | 43. ④ 44. ③ 45. ② 46. ① 47. ③ 48. ③ 49. ③ 50. ④ 51. ① 52. ②

## 53

빈출

**건축 공간에 관한 설명으로 옳지 않은 것은?**

① 인간은 건축 공간을 조형적으로 인식한다.
② 건축 공간을 계획할 때 시각적 요소를 충분히 고려하며, 그 밖의 감각 분야는 고려할 필요가 없다.
③ 일반적으로 건축물이 많이 있을 때 건축물에 의해 둘러싸인 공간 전체를 외부공간이라고 한다.
④ 외부공간은 자연 발생적인 것이 아니라 인간에 의해 의도적, 인공적으로 만들어진 외부의 환경을 말한다.

**해설**

건축 공간을 계획할 때 시각뿐만 아니라 그 밖의 감각 분야까지도 충분히 고려하여 계획한다.

## 54

빈출

**소방시설은 소화설비, 경보설비, 피난설비, 소화활동설비 등으로 구분할 수 있다. 다음 중 소화활동설비에 속하지 않는 것은?**

① 제연설비　② 옥내소화전설비
③ 연결송수관설비　④ 비상콘센트설비

**해설**

옥내소화전설비는 소화설비에 포함된다.

**관련이론**

**소화활동설비**

- 화재를 진압하거나 인명구조활동을 위하여 사용하는 설비
- 제연설비, 연결송수관설비, 연결살수설비, 비상콘센트설비, 무선통신보조설비, 연소방지설비 등

**소화설비**

- 물 또는 그 밖의 소화약제를 사용하여 소화하는 기계 · 기구 또는 설비
- 소화기구, 자동소화장치, 옥내소화전설비, 스프링클러설비, 물분무등소화설비, 옥외소화전설비

## 55

**교량의 경우처럼 주탑에서 주케이블을 상판에 직접 연결하여 지지하는 구조는?**

① 현수구조　② 사장구조
③ 절판구조　④ 셸구조

**해설**

**사장구조:** 주탑에서 주케이블을 상판에 직접 연결하여 지지하는 구조이다.

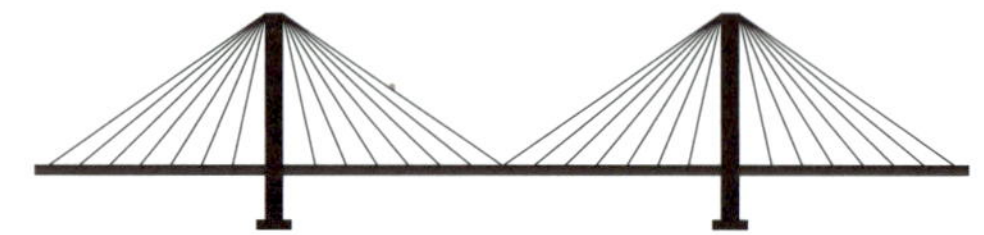

## 56

**래커를 도장할 때 사용되는 희석제로 가장 적합한 것은?**

① 유성페인트　② 크레오소트유
③ PCP　④ 시너

**해설**

시너는 래커를 도장할 때 사용되는 희석제로 적합하다.
PCP, 크레오소트유는 방부제로 사용된다.

## 57

빈출

**셸(Shell) 구조에 관한 설명으로 옳지 않은 것은?**

① 두께가 얇은 곡면형태의 판으로 형성된 구조이다.
② 곡면조형에서의 입체적인 거대한 공간을 형성한다.
③ 휨과 견고성은 좋지 않다.
④ TWA 공항 터미널, 시드니 오페라 하우스 등이 있다.

**해설**

셸(Shell) 구조는 휨과 견고성이 우수하다.
**셸(Shell)구조:** 두께가 얇은 곡면형태의 판으로 형성된 구조로서 곡면조형에서의 입체적인 거대한 공간을 형성하며, 휨과 견고성이 우수하다. TWA 공항 터미널, 시드니 오페라 하우스, 코마자와 올림픽 공원 체육관 등이 셸구조이다.

## 58

빈출

**아치구조에 관한 설명으로 가장 올바른 것은?**

① 상부 하중을 견딜 수 있도록 포물선의 형태로 설치하였다.
② 아치의 하단 단변의 크기를 작게 하여 공간의 활용도를 높였다.
③ 응력 집중 현상을 방지할 수 있도록 절점을 많이 설치하였다.
④ 수직방향의 응력만 유지될 수 있도록 하단에 이동단을 설치하였다.

**해설**

아치(Arch) 구조는 벽이나 수직의 석조 건물의 개구부에 상부의 하중을 지지하기 위하여 쐐기형 또는 입방형의 돌, 벽돌 등을 맞대어 곡선형으로 쌓아 올리는 건축 구조방식이며, 상부 하중을 견딜 수 있도록 포물선의 형태로 설치한다.

## 59

**벽돌조에서 내력벽에 직각으로 교차하는 벽을 무엇이라 하는가?**

① 대린벽　　② 장막벽
③ 중공벽　　④ 칸막이벽

**해설**

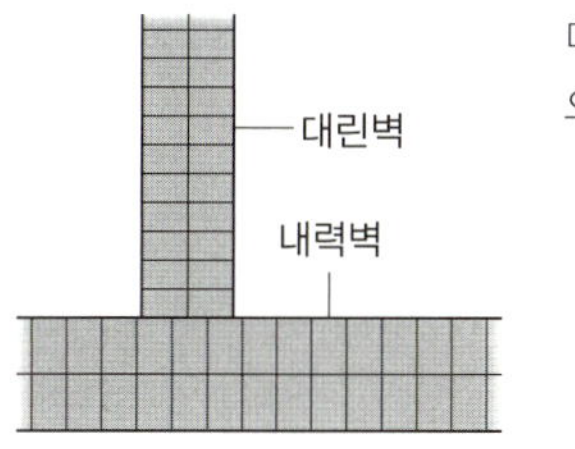


대린벽은 벽돌조에서 내력벽에 직각으로 교차하는 벽을 말한다.

## 60

**보강블록조의 내력벽 구조에 관한 설명 중 옳지 않은 것은?**

① 벽 두께는 층수가 많을수록 두껍게 하며 최소 두께는 150mm 이상으로 한다.
② 수평력에 강하게 하려면 벽량을 증가시킨다.
③ 위층의 내력벽과 아래층의 내력벽은 바로 위·아래에 위치하게 한다.
④ 벽 길이와 합계가 같을 때 벽 길이를 크게 분할하는 것보다 짧은 벽이 많이 있는 것이 좋다.

**해설**

보강블록조의 내력벽 구조는 일반적으로 연속된 긴 벽으로 크게 분할하는 것이 짧은 벽이 많은 것보다 좋으며, 벽 두께를 늘리는 것보다 벽량을 크게 하는 것이 유리하다.

**관련이론 | 보강블록조**

블록을 통줄눈으로 쌓고 중공부에 철근을 세우고 콘크리트를 채워서 만드는 내력벽 구조로서 수직 및 수평하중에 견딜 수 있도록 만드는 블록구조이다.

정답 | 53. ② 54. ② 55. ② 56. ④ 57. ③ 58. ① 59. ① 60. ④

# 2020년 | 1회 CBT 복원문제

## 01

**철근콘크리트구조에서 보 종류에 따른 특성의 설명으로 옳지 않은 것은?**

① 단순보는 중앙에 연직 하중을 받으면 휨모멘트와 전단력이 생긴다.
② T형보는 압축력을 슬래브가 일부 부담한다.
③ 보 단부의 헌치는 보의 하부를 비스듬히 내려서 기둥에 부착하는 부분을 말하며, 접합부의 강성을 높이기 위해 설치한다.
④ 캔틸레버 보에는 통상적으로 단면 하부에 철근을 배근한다.

**해설**

캔틸레버 보에는 통상적으로 단면 상부에 철근을 배근한다.

## 02

빈출

**철근콘크리트구조의 원리에 대한 설명으로 옳지 않은 것은?**

① 콘크리트와 철근이 강력히 부착되면 철근의 좌굴이 방지된다.
② 콘크리트는 인장력에 강하므로 부재의 인장력을 부담한다.
③ 콘크리트와 철근의 선팽창 계수는 거의 동일하며, 온도 변화에 따른 재료분리나 구조변화가 적고 응력의 흐름이 원활하다.
④ 철근을 피복·보호함으로써 콘크리트의 내구성과 내화성을 확보한다.

**해설**

철근콘크리트구조에서 콘크리트는 압축력에 강하므로 부재의 압축력을 부담하고, 인장력은 철근이 부담한다.

## 03

**비철금속 중 구리에 대한 설명으로 옳지 않은 것은?**

① 순수한 금속 표면은 적갈색을 띤다.
② 건조한 공기 중에서는 산화하지 않으나, 습기가 있거나 탄산가스가 있으면 녹이 발생한다.
③ 알칼리에 약하므로 시멘트, 콘크리트에 접하는 곳에서는 부식이 빠르다.
④ 가공성이 좋지 않으므로 지붕재료로 이용되지 않는다.

**해설**

구리는 연성이 뛰어나고 가공성이 풍부하며, 건축용으로는 박판으로 제작하여 지붕재료로 이용된다.

**관련이론 | 구리(Cu)**

- 순수한 금속 표면은 적갈색을 띤다.
- 구리는 질산, 황산 등 산화력이 있는 산성에 잘 녹는다.
- 전기 및 열을 잘 전달하는 도체로서 전선이나 난방용 배관으로 이용된다.
- 알칼리에 약하므로 시멘트, 콘크리트에 접하는 곳에서는 부식이 빠르다.
- 암모니아 가스에 침식되므로 화장실 등에 사용하기 어렵다.
- 연성이 뛰어나고 가공성이 풍부하다.
- 건축용으로는 박판으로 제작하여 지붕재료로 이용된다.

## 04

**철근콘크리트 1방향 슬래브의 두께는 최소 얼마 이상으로 하여야 하는가?**

① 80mm ② 90mm
③ 100mm ④ 120mm

**해설**

1방향 슬래브의 두께는 최소 100mm 이상으로 해야 한다.

## 05

**주택 계획에 관한 내용 중 옳지 않은 것은?**

① 거실은 침실과 마주보게 한다.
② 현관과 홀의 바닥 차이는 10~20cm 정도이다.
③ 일반적으로 복도 면적은 연면적의 5% 정도이다.
④ $50m^2$ 이하의 소규모에서는 복도를 만들지 않는다.

**해설**

거실은 침실과 벽을 기준으로 출입을 고려하여 마주보지 않게 대칭으로 배치하고, 침실 내부가 보이지 않도록 한다.

## 06

빈출

**건축설계에서 배경 표현의 내용으로 옳지 않은 것은?**

① 가까이 있는 표현대상은 단순하게 표현하며 멀리 있는 것은 사실적으로 표현한다.
② 크기와 무게, 그리고 배치는 도면 전체의 구성요소가 고려되어야 한다.
③ 배경표현은 건물의 용도와 연관하여 적절한 그림으로 표현한다.
④ 공간과 구조, 상호 관계를 표현하는 요소들에게 지장을 주어서는 안 된다.

**해설**

가까이 있는 표현대상은 사실적으로 표현하며 멀리 있는 것은 단순하게 표현한다.

## 07

**광물의 조성, 입자의 모양과 크기에 따라 만들어지는 층 모양의 배열을 무엇이라 하는가?**

① 석목 ② 석리
③ 층리 ④ 절리

**해설**

층리는 광물의 조성, 입자의 모양과 크기에 따라 만들어지는 층 모양의 배열을 말한다.

**관련이론 | 석리(石理)**

석재의 외관 및 성질을 알 수 있는 석재의 표면 조직이나 결을 말한다.

## 08

**재료가 반복하중을 받는 경우 정적강도보다 낮은 강도에서 파괴되는 응력의 한계로 옳은 것은?**

① 피로강도 ② 충격강도
③ 정적강도 ④ 크리프강도

**해설**

피로강도는 재료가 반복하중을 받는 경우 정적강도보다 낮은 강도에서 파괴되는 응력의 한계를 말한다.

**관련이론 | 크리프강도**

장시간 하중이 작용할 때 서서히 소성변형이 생기면서 파단이 되는 순간에 일어나는 하중에서의 강도를 말한다.

## 09

**다음 중 콘크리트 설계기준 강도가 의미하는 것은?**

① 콘크리트 타설 후 28일 인장강도
② 콘크리트 타설 후 28일 압축강도
③ 콘크리트 타설 후 7일 인장강도
④ 콘크리트 타설 후 7일 압축강도

**해설**

**콘크리트 설계기준 강도:** 콘크리트 부재의 설계 시 기준이 되는 콘크리트의 강도이며, 일반적으로 콘크리트 타설 후 28일 압축강도를 의미한다.

## 10

빈출

**다음 중 평균적으로 압축강도가 가장 큰 석재는?**

① 화강암 ② 대리석
③ 사문암 ④ 사암

**해설**

**석재의 압축강도 순서:** 화강암 > 대리석 > 사문암 > 사암

**정답** | 01. ④ 02. ② 03. ④ 04. ③ 05. ① 06. ① 07. ③ 08. ① 09. ② 10. ①

## 11

**집성목재의 장점에 속하지 않는 것은?**

① 단면이 큰 부재를 간단히 만들 수 있다.
② 톱밥, 대패밥, 나무 부스러기를 이용하므로 경제적이다.
③ 응력에 따라 필요한 단면을 만들 수 있다.
④ 목재의 강도를 인공적으로 조절할 수 있다.

**해설**

②는 MDF합판에 대한 설명이다.

**관련이론**

**집성목재:** 나무를 적당한 크기(두께 15~50mm)와 형태로 절단한 판재를 여러 장 겹쳐서 접착시켜 만든 목재이다.

**MDF합판:** 목재 부자재인 톱밥, 대패밥, 나무 부스러기를 이용하므로 경제적이며, 접착제와 함께 섞어서 압착 및 성형한 판재이다.

## 12

**콘크리트 구조물에서 하중을 지속적으로 작용시켜 놓을 경우 하중의 증가가 없음에도 불구하고 지속하중에 의해 시간과 더불어 변형이 증대하는 현상은?**

① 블리딩　② 액상화
③ 레이턴스　④ 크리프

**해설**

크리프(Creep)에 대한 설명이다.

## 13

**시멘트를 제조할 때 최고온도까지 소성이 이루어진 후에 공기를 이용하여 급랭시켜 소성물을 배출하게 되면 화산암과 같은 검은 입자가 나오는데 이 검은 입자를 무엇이라 하는가?**

① AE제　② 시멘트 클링커
③ 플라이애시　④ 포졸란

**해설**

시멘트 클링커는 석회석과 점토, 규석, 철광석 등의 광물을 미세하게 분쇄한 뒤 고온에서 연소한 후 급랭하여 나오는 검은 입자로서 시멘트의 원료가 되는 3~25mm 크기의 다공질 입자이다.

## 14

**철골구조에서 플레이트 보(Plate girder)에 대한 설명으로 옳지 않은 것은?**

① 플레이트 보는 웨브 플레이트를 세우고 상하부에 플랜지 플레이트를 용접하며, 커버 플레이트나 스티프너로 보강해서 제작한 조립보이다.
② 구성품에는 커버 플레이트, 웨브 플레이트, 플랜지 플레이트, 스티프너가 있다.
③ 커버 플레이트는 플랜지의 단면이 부족할 때 또는 보의 휨내력을 보강하기 위해 사용하는 강판이다.
④ 브레이싱은 플랜지나 웨브 부분에 설치하는 보강재로서, 전단보강과 좌굴을 방지한다.

**해설**

스티프너는 플랜지나 웨브 부분에 설치하는 보강재로서, 전단보강과 좌굴을 방지한다.

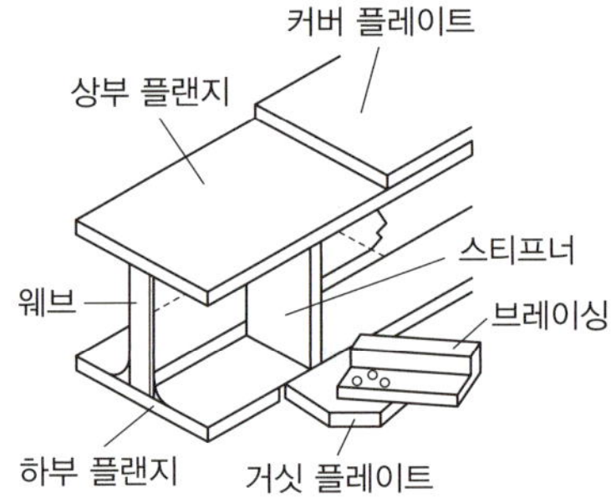


## 15

고난도

**백열등에 관한 설명으로 옳지 않은 것은?**

① 일반적으로 휘도가 높고, 열방사가 많다.
② 광색에는 청색 부분이 많다.
③ 스위치를 넣고 점등에 이르는 순응성이 크다.
④ 온도가 높을수록 주광색에 가까우며, 연색성 좋다.

**해설**

백열등의 광색은 적색 부분이 많다.

## 16

빈출

**1점 쇄선의 용도에 속하지 않는 것은?**

① 기준선 ② 중심선
③ 참고선 ④ 치수선

**해설**

치수선은 가는 실선으로 그린다.

**관련이론 | 선의 종류**

- **굵은 실선:** 단면선, 외형선
- **중간 실선:** 입면선, 가구선
- **가는 실선:** 치수선, 해칭선, 마감선
- **1점 쇄선:** 중심선, 절단선, 기준선, 경계선, 참고선
- **2점 쇄선:** 상상선 또는 1점 쇄선과 구별할 필요가 있을 때

## 17

**수평하중의 종류에 해당하지 않는 것은?**

① 건물자중 ② 풍하중
③ 지진하중 ④ 수압과 토압

**해설**

건물자중은 수직하중에 해당된다.

## 18

**다음 중 건축 도면에 사람을 그려 넣는 목적과 가장 거리가 먼 것은?**

① 스케일감을 나타내기 위해
② 공간의 용도를 나타내기 위해
③ 공간의 면적을 나타내기 위해
④ 공간의 깊이와 높이를 나타내기 위해

**해설**

공간의 면적을 나타내는 것과는 거리가 멀다.

**관련이론 | 건축 도면에 사람을 그려 넣는 목적**

- 스케일감을 나타내기 위해
- 공간의 용도를 나타내기 위해
- 공간의 깊이와 높이를 나타내기 위해
- 공간에서의 행동 특성을 나타내기 위해

## 19

**주택의 주방 계획에서 작업과정에 합리적인 작업대 배열의 순서로 가장 적당한 것은?**

① 냉장고 → 레인지 → 싱크 → 조리대
② 싱크 → 레인지 → 냉장고 → 조리대
③ 레인지 → 냉장고 → 조리대 → 싱크
④ 냉장고 → 싱크 → 조리대 → 레인지

**해설**

주방에서 합리적인 작업대 배열은 준비대(냉장고) → 개수대(싱크) → 조리대 → 가열대(레인지) → 배선대 순으로 배치한다.

## 20

빈출

**조립식 구조의 특성에 대한 설명으로 옳지 않은 것은?**

① 공장생산에 의한 공업화 건축이 가능하다.
② 건축 생산재의 표준화 및 규격화가 가능하다.
③ 재료의 생산 정밀도를 높일 수 없다.
④ 접합부 설계가 어렵고, 각 부품과의 접합부가 일체화되기가 어렵다.

**해설**

재료의 생산 정밀도를 높일 수 있다.

**조립식 구조**

- 공장생산에 의한 공업화 건축이 가능하다.
- 건축 생산재의 표준화 및 규격화가 가능하다.
- 재료의 생산 정밀도를 높일 수 있다.
- 시공의 품질을 높일 수 있다.
- 건식 구조로서 공사기간을 줄일 수 있다.
- 접합부 설계가 어렵고, 각 부품과의 접합부가 일체화되기가 어렵다.

**정답** | 11. ② 12. ④ 13. ② 14. ④ 15. ② 16. ④ 17. ① 18. ③ 19. ④ 20. ③

2020년

## 21

**조적조에서 내력벽의 길이는 최대 얼마 이하로 하여야 하는가?**

① 6m　　② 8m
③ 10m　　④ 15m

**해설**
조적식 구조인 내력벽의 길이는 10m 이하로 하여야 한다.

## 22

**골재의 함수 상태에 관한 설명으로 옳지 않은 것은?**

① 절건상태는 골재를 완전 건조시킨 상태이다.
② 기건상태는 골재를 대기 중에 방치하여 건조시킨 것으로 내부에 약간의 수분이 있는 상태이다.
③ 표건상태는 골재 내부는 건조한 상태이며 표면은 포수상태이다.
④ 습윤상태는 골재 내부는 완전히 수분으로 포화되어 있고 표면에도 수분이 부착되어 있는 상태이다.

**해설**
표건상태는 골재 내부는 포수상태이며 표면은 건조한 상태이다.

**관련이론 | 골재의 함수 상태**
- **절건상태:** 건조로에서 100~110℃의 온도로 일정한 중량이 될 때까지 완전히 건조된 절대 건조 상태이다.
- **기건상태:** 골재를 대기 중에 방치하여 건조시킨 것으로 내부에 약간의 수분이 있는 상태이다.
- **표건상태:** 골재 내부는 포수상태이며 표면은 건조한 상태이다.
- **습윤상태:** 골재 내부는 완전히 수분으로 포화되어 있고 표면에도 수분이 부착되어 있는 상태이다.

절건상태

기건상태(평형)

표건상태

습윤상태

## 23

**다음 중 재료와 그 사용용도의 연결이 옳지 않은 것은?**

① 타일 — 내외벽, 바닥의 수장재
② 트래버틴 — 내벽 등의 수장재
③ 테라조 — 천장의 흡음재
④ 테라코타 — 난간, 주두 등의 수장재

**해설**
테라조는 천장의 흡음재와는 관련 없다.
**테라조(Terazzo):** 대리석, 화강암을 최대 15mm 이하의 크기로 부순 골재를 안료, 시멘트 등의 고착제와 함께 성형, 경화한 이후 표면을 연마하여 광택을 내어 마무리하는 공법이며, 내외장 및 바닥마무리에 사용된다.

## 24

**벽체의 전열과정에 관한 설명으로 옳지 않은 것은?**

① 열관류는 고온측에서 저온측으로 열이 흐른다.
② 열관류는 열전달과 열전도의 종합된 열류 상황이다.
③ 재료에 습기가 차면 열전도율이 작아진다.
④ 같은 종류의 재료의 경우 비중이 작은 재료가 열전도율이 작다.

**해설**
재료에 습기가 차면 열전도율이 커진다.

## 25

빈출

**주택의 다이닝 키친(Dining Kitchen)에 관한 설명으로 옳지 않은 것은?**

① 주부의 가사 노동량을 줄일 수 있다.
② 면적 활용도가 높아 효율적이다.
③ 이상적인 식사 공간 분위기 조성이 어렵다.
④ 대규모 주택에서는 적용하기에 가장 적절하다.

**해설**
다이닝 키친(Dining Kitchen, DK, Dinette형식)은 부엌의 일부에 간단히 식탁을 꾸민 식사실로서 소규모 주택에 적용할 수 있다.

## 26

**다음의 설명에 해당되는 초고층 건물의 구조시스템은?**

> 외부 골조만으로 바람의 하중에 저항할 수 없을 구조물의 강성을 증가시키기 위해서 수직 전단 트러스를 건물의 외부 양면과 코어에 설치한 구조시스템이다.

① 골조－전단벽 구조
② 가새 골조 시스템
③ 아웃리거(Outrigger & Belt truss) 구조
④ 튜브 시스템(Tube structure)

**해설**
가새 골조 시스템에 대한 설명이다.

**관련이론 | 초고층 건물의 구조시스템**
- 골조－전단벽 구조
- 아웃리거(Outrigger & Belt truss) 시스템
- 튜브 시스템: 골조튜브, 가새튜브, 이중튜브, 묶음튜브
- 가새 골조 시스템
- 메가구조(Mega structure)

## 27

고난도

**상현재와 하현재 사이에 수직재로 구성되며, 고층 건물 최하층에 넓은 공간을 필요로 할 때나 많은 힘을 받을 때 사용하는 트러스구조는?**

① 프랫 트러스 ② 하우 트러스
③ 핑크 트러스 ④ 비렌딜 트러스

**해설**
비렌딜 트러스(Vierendeel truss)는 상현재와 하현재 사이에 수직재로 구성되며, 고층 건물 최하층에 넓은 공간을 필요로 할 때나 많은 힘을 받을 때 사용하는 구조이다.

| 프랫 트러스 | 하우 트러스 |
|---|---|
| | |
| **핑크 트러스** | **비렌딜 트러스** |
| | |

## 28

**시멘트의 강도에 영향을 주는 주요 요인이 아닌 것은?**

① 시멘트 성분 ② 시멘트의 풍화 정도
③ 사용하는 물의 양 ④ 비빔장소

**해설**
비빔장소는 영향을 주는 요인이 아니다.
**시멘트 강도에 영향을 주는 요인**
- 시멘트 성분
- 시멘트 분말도
- 시멘트의 풍화 정도
- 사용하는 물의 양
- 양생조건

## 29

빈출

**AE제를 콘크리트에 사용하는 가장 중요한 목적은?**

① 블리딩을 감소시키기 위해서
② 동결 융해 작용에 대하여 내구성을 가지기 위해서
③ 콘크리트의 강도를 증진하기 위해서
④ 염류에 대한 화학적 저항성을 크게 하기 위해서

**해설**
**AE제(Air Entraining agent):** 모르타르나 콘크리트 등에 많은 미세공극을 균일하게 분포시키기 위해 사용하는 혼화제를 말하며, 콘크리트의 워커빌리티 및 동결 융해 작용에 대하여 내구성을 가지기 위해 사용한다.

## 30

**건축물의 계획과 설계 과정 중 계획 단계에 해당하지 않는 것은?**

① 대지 조건 파악 ② 형태 및 규모의 구상
③ 세부 결정 도면 작성 ④ 요구 조건 분석

**해설**
세부 결정 도면 작성은 설계 과정에서 수행한다.

**정답** | 21. ③ 22. ③ 23. ③ 24. ③ 25. ④ 26. ② 27. ④ 28. ④ 29. ② 30. ③

## 31

**철골구조에서 고력볼트접합에 대한 설명으로 옳지 않은 것은?**

① 고력볼트 접합방법에는 마찰접합, 지압접합, 인장접합이 있다.
② 접합부의 강성이 낮고 볼트 및 너트가 쉽게 풀리는 단점이 있다.
③ 피로강도가 높다.
④ 정확한 계기공구로 죄어 일정하고 정확한 강도를 얻을 수 있다.

**해설**
접합부의 강성이 높고 볼트 및 너트가 쉽게 풀리지 않는다.

## 32

빈출

**온수난방과 비교한 증기난방의 특징으로 옳지 않은 것은?**

① 예열 시간이 짧다.
② 열의 운반능력이 크다.
③ 난방의 쾌감도가 높다.
④ 방열 면적을 작게 할 수 있다.

**해설**
증기난방은 온수난방에 비해 난방의 쾌감도가 낮다.

**관련이론 | 증기난방(Steam heating)**

| 장점 | 단점 |
|---|---|
| • 증발 잠열을 이용하므로 열의 운반 능력이 크다.<br>• 예열 시간이 짧고 증기순환이 빠르다.<br>• 설비비, 유지비가 저렴하다.<br>• 방열 면적과 관경이 작아도 된다. | • 방열량 제어가 어렵다.<br>• 쾌감도가 나쁘다.<br>• 난방개시 때 소음(Steam hammering)이 많이 발생한다.<br>• 방열량 조절이 어렵고, 화상의 우려가 있다.<br>• 배관 내 부식 우려가 크다.<br>• 열손실이 크다. |

## 33

**건축행위에서 신축에 해당되지 않는 것은?**

① 건축물이 없는 대지에 건축물을 새롭게 축조한다.
② 기존 건축물 전부를 해체한 후 종전 규모보다 크게 건축물을 축조한다.
③ 부속건물만 있는 대지에 새로이 주된 건축물을 축조한다.
④ 건축물의 주요구조부를 해체하지 아니하고 같은 대지의 다른 위치로 건축물을 옮긴다.

**해설**
④는 건축행위 중 이전에 해당한다.

## 34

**점토에 톱밥이나 분탄 등을 혼합하여 소성시킨 것으로 절단, 못치기 등의 가공성이 우수하며 방음·흡음성이 좋은 경량벽돌은?**

① 다공벽돌　② 포도벽돌
③ 이형벽돌　④ 내화벽돌

**해설**
다공질 벽돌에 대한 설명이다.

**관련이론 | 포도벽돌**
흡수율이 작고, 내마모성이 커서 도로 포장용 혹은 옥상 포장용에 사용된다.

## 35

빈출

**사각형 단면의 철근콘크리트 기둥에서 띠철근을 사용하는 가장 주된 목적은?**

① 콘크리트의 압축강도를 증가시키기 위하여
② 주근 단면을 보강하기 위하여
③ 주근의 좌굴을 막기 위하여
④ 콘크리트의 수축 변형을 막기 위하여

**해설**
기둥의 띠철근은 주근의 좌굴을 막기 위하여 사용한다.

## 36

빈출

**금속의 부식작용에 대한 설명으로 옳지 않은 것은?**

① 이질 금속 간의 접촉 부분은 물과 습기가 있어도 잘 부식되지 않는다.
② 산성인 흙속에서는 대부분의 금속재가 부식된다.
③ 습기 및 수중에 탄산가스가 존재하면 부식작용은 촉진된다.
④ 철판의 자른 부분 및 구멍을 뚫은 주위는 다른 부분보다 빨리 부식된다.

**해설**
이질 금속 간의 접촉 부분에서 물과 습기 등에 의해 빠르게 부식될 수 있다. 서로 다른 금속 간의 접촉되는 부분은 적절한 내식장치로써 부식을 방지해야 한다.

**관련이론 | 금속의 부식방지법**
- 표면은 깨끗하게 하고, 특히 물기나 습기가 없도록 할 것
- 상이한 금속은 접촉시켜 사용하지 말 것
- 균질의 재료를 사용할 것
- 부분적인 녹은 즉시 처리할 것
- 필요한 경우 도금이나 합금으로 부식을 방지할 것

## 37

**평면도에 표현되는 내용과 거리가 먼 것은?**

① 실의 위치 ② 실의 크기
③ 개구부의 위치 ④ 반자높이

**해설**
반자높이는 단면도에 표현된다.

**관련이론 | 평면도**
해당 층 바닥에서부터 1~1.5m 정도 높이에서 아래를 내려 본 상태를 표현한 도면으로서, 평면의 구획, 각 실의 출입관계, 재료의 구성상태, 개구부 등의 관련사항을 표현하기 위한 도면을 말한다.

## 38

**1켜 높이는 모두 동일한 것을 쓰면서 돌의 높이를 맞추어 수평줄눈이 일직선이 되도록 연속하여 쌓는 돌쌓기 방식은?**

① 바른층쌓기 ② 허튼층쌓기
③ 층지어쌓기 ④ 허튼쌓기

**해설**
**바른층쌓기:** 1켜 높이는 모두 동일한 것을 쓰면서 돌의 높이를 맞추어 수평줄눈이 일직선이 되도록 연속하여 쌓는 방식을 말한다.
**허튼층쌓기:** 네모돌을 수평줄눈이 부분적으로만 연속되게 쌓고, 일부 상하 세로줄눈이 통하게 쌓는 방식을 말한다.
**층지어쌓기:** 돌을 2, 3켜 정도로 쌓은 다음 수평줄눈이 일직선으로 통하게 쌓는 방식을 말한다.
**허튼쌓기:** 허튼쌓기와 막쌓기는 크고 작은 돌을 가로 또는 세로줄눈에 관계없이 쌓는 방식을 말한다.

## 39

빈출

**형태의 조화로서 황금비례의 비율은?**

① 1 : 1 ② 1 : 1.414
③ 1 : 1.618 ④ 1 : 3.141

**해설**
황금비율은 1 : 1.618이다.

## 40

빈출

**한국산업표준의 분류에서 토목건축부문의 분류기호는?**

① C ② D
③ B ④ F

**해설**
토목건축부문의 분류기호는 F이다.

**정답** | 31. ② 32. ③ 33. ④ 34. ① 35. ③ 36. ① 37. ④ 38. ① 39. ③ 40. ④

## 41

**다음의 방수재료 중 액체상 재료가 아닌 것은?**

① 방수공사용 아스팔트 ② 아크릴고무계 방수재
③ 아스팔트 루핑류 ④ 폴리머시멘트 페이스트

**해설**
아스팔트 루핑(Asphalt roofing)은 스트레이트 아스팔트를 동식물 섬유를 원료로 한 두루마리 펠트에 침투시켜 양면을 블론(Blown) 아스팔트로 덮고, 표면에 점착 방지재를 살포한 제품이다.

## 42

**석재의 종류 중 변성암에 속하지 않는 것은?**

① 사문암 ② 대리암
③ 규암 ④ 안산암

**해설**
안산암은 화성암의 일종이다.
**변성암의 종류:** 사문암, 규암, 대리암, 편마암, 전판암 등이 있다.

## 43

**기둥과 보가 노출이 되도록 판재를 대어 구성하는 벽으로 한식구조에 많이 쓰이는 벽의 명칭은?**

① 평벽(平壁) ② 심벽(心壁)
③ 맞벽 ④ 내진벽

**해설**
심벽에 대한 설명이다.

**관련이론**
**평벽(平壁):** 기둥 사이에 판자를 대어 기둥과 보가 보이지 않도록 만든 벽으로 양식구조에 많이 쓰인다.
**심벽(心壁):** 기둥과 보가 노출이 되도록 판재를 대어 구성하는 벽으로 한식구조에 많이 쓰인다.

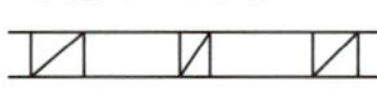
평벽식

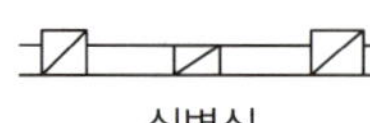
심벽식

## 44

빈출

**다음 중 셸(Shell) 구조의 건축물이 아닌 것은?**

① TWA 공항 터미널
② 시드니 오페라 하우스
③ 코마자와 올림픽 공원 체육관
④ 남해대교

**해설**
남해대교는 현수구조이다.

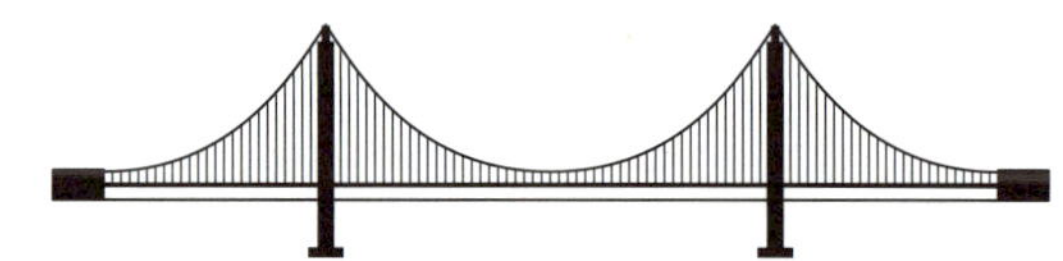

## 45

**방습, 방열, 방한, 방서 등을 위하여 벽돌벽, 블록벽, 석조벽 등을 쌓을 때 중간에 공간을 두어 이중으로 쌓는 벽돌쌓기 방법은?**

① 내쌓기 ② 공간쌓기
③ 영국식 쌓기 ④ 영롱쌓기

**해설**
공간쌓기에 대한 설명이다.

## 46

**반자는 방 또는 마루의 천장을 가려서 만든 구조체이다. 반자 부재 일부 중, 위부터 아래의 순서로 올바른 것은?**

① 달대받이 — 달대 — 반자틀 — 반자널
② 달대 — 달대받이 — 반자널 — 반자틀
③ 반자널 — 달대받이 — 달대 — 반자틀
④ 달대 — 달대받이 — 반자널 — 반자틀

**해설**
반자는 달대받이 — 달대 — 반자틀받이 — 반자틀(반자대) — 반자널 — 반자돌림대 순으로 위에서 아래로 구성된다.

## 47

**스프링클러설비에 관한 설명으로 옳지 않은 것은?**

① 초기 화재의 소화율이 높지 않다.
② 자동소화설비이며 경보의 기능을 가진다.
③ 소화 후 제어밸브를 잠그며, 소화 후 복구가 용이하다.
④ 고층건물과 지하층, 무창층 등에 설치한다.

**해설**

스프링클러설비는 초기 화재의 소화율이 높다.

**관련이론 | 스프링클러설비**

배관에 의하여 천정 또는 벽에 열 감지 및 살수하는 설비로서 화재 발생 시 자동적으로 감지하여 스프링클러 헤드에서 방수되는 설비를 말한다.

## 48

빈출

**재료의 분류 중 천연재료가 아닌 것은?**

① 목재 ② 아스팔트
③ 석회 ④ 합성수지

**해설**

합성수지는 인공재료에 속한다.

**관련이론**

**천연재료:** 목재, 석재, 모래, 진흙, 골재, 석회, 대나무, 아스팔트 등
**인공재료:** 콘크리트, 금속, 합성수지, 플라스틱, 유리, 고분자재료 등

## 49

빈출

**주택의 동선계획에 관한 설명으로 옳지 않은 것은?**

① 개인, 사회, 가사노동권의 3개 동선은 상호간 분리하는 것이 좋다.
② 가사노동의 동선은 가능한 북측에 위치시키는 것이 좋다.
③ 교통량이 많은 공간은 상호간 인접 배치하는 것이 좋다.
④ 화장실, 현관, 계단 등과 같이 사용빈도가 높은 공간의 동선을 짧게 처리하는 것이 좋다.

**해설**

가사노동의 동선은 가능한 남측에 위치시키는 것이 좋다.

## 50

**배수 수직관을 상단 연장하고 대기 중에 개방하여 옥상에 돌출시키며, 배관 길이에 비해 성능이 우수한 통기관은?**

① 각개 통기방식 ② 루프 통기방식
③ 회로 통기방식 ④ 신정 통기방식

**해설**

신정 통기관에 대한 설명이다.
**각개 통기관:** 위생 기구의 트랩마다 각각 통기관을 설치하며, 통기의 안정도가 높지만 개별 설치로서 시설비가 비싸다.
**루프 통기관:** 회로 통기관 또는 환상 통기관을 말하며, 최상류 바로 아래 설치하고 1개의 통기관이 8개 이내의 트랩을 보호한다.



## 51

**각종 점토제품에 대한 설명 중 틀린 것은?**

① 모자이크 타일은 일반적으로 자기질이다.
② 토관은 토기질의 저급점토를 원료로 하여 건조 소성시킨 제품으로 주로 환기통, 연통 등에 사용된다.
③ 테라코타는 공동(空胴)의 대형 점토제품으로 주로 장식용으로 사용된다.
④ 오지벽돌은 도로 또는 바닥에 깔기 위하여 만든 벽돌로서, 경질이고 흡수성이 작으며, 내마모성이 있고 두께가 두껍다.

**해설**

**오지벽돌:** 벽돌에 오지물을 칠하여 소성한 벽돌로서, 건물의 내외장 또는 장식물의 치장에 쓰인다.
**포도벽돌:** 도로 또는 바닥에 깔기 위하여 만든 벽돌로서, 경질이고 흡수성이 작으며, 내마모성이 있고 두께가 두껍다.

**정답** | 41. ③ 42. ④ 43. ② 44. ④ 45. ② 46. ① 47. ① 48. ④ 49. ② 50. ④ 51. ④

## 52

빈출

**철근콘크리트구조에서 철근의 배근 방법에 대한 설명으로 옳지 않은 것은?**

① 인장력이 취약한 부분에 철근을 배근한다.
② 철근의 합산한 총 단면적이 같을 때 가는 철근을 사용하는 것이 부착력 향상에 좋다.
③ 철근의 이음길이는 철근의 종류, 이음 방법, 콘크리트의 인장 및 압축강도에 따라 달라진다.
④ 철근의 이음은 인장력이 큰 곳에서 한다.

**해설**

철근의 이음은 인장력이 작은 곳에서 한다.

## 53

빈출

**아치구조는 축선을 따라 (　　)만을 전달하는 구조이다. (　　) 안에 들어갈 수 있는 힘은?**

① 압축력　　② 인장력
③ 전단력　　④ 휨모멘트

**해설**

아치구조는 축선을 따라 압축력만을 전달하는 구조이다.

## 54

**다음 중 코르크판(Cork board)의 사용 용도로 옳지 않은 것은?**

① 전산실의 바닥재　　② 제빙 공장의 단열재
③ 내화 건물의 불연재　　④ 방송실의 흡음재

**해설**

코르크판은 불연재로 사용하지 않는다.

**관련이론 | 코르크판(Cork board)**

- 코르크나무 껍질을 주원료로 하여 톱밥 등을 혼합하여 접착제를 첨가한 후 가열·가압·성형·접착하여 널빤지처럼 만든 판재이다.
- 흡음재, 단열재, 바닥재 등으로 주로 사용된다.

## 55

**철근콘크리트구조에서 콘크리트의 신축이음 설치 목적에 대한 설명으로 옳지 않은 것은?**

① 양생기간 및 사용 중 안전성 확보를 위하여
② 철근의 피복을 보호하기 위하여
③ 콘크리트의 팽창과 수축 조절을 위하여
④ 부동침하, 진동 방지 등을 위하여

**해설**

철근의 피복 보호와는 거리가 멀다.

**관련이론 | 신축이음(Expansion joint)**

- 온도변화에 따라 신축하는 콘크리트 구조물의 변형에 대한 수용을 위하여 설치하는 이음부를 말한다.
- 신축이음 설치 위치
  - 기존 건물과의 접합부분
  - 저층의 긴 건물과 고층 건물의 접속부분
  - 복잡한 평면부분의 교차부분
  - 건물의 기초가 상이한 부분
  - 구조상 중량 배분이 다른 부분

## 56

**아파트의 단면형식 중 하나의 단위 주거가 3개 층에 걸쳐 있는 것은?**

① 집중형　　② 플랫형
③ 듀플렉스형　　④ 트리플렉스형

**해설**

트리플렉스형에 대한 설명이다.

**관련이론 | 아파트의 단면형식 분류**

- **플랫형:** 하나의 주호가 1개층으로 구성하는 형식
- **듀플렉스형:** 하나의 주호가 2개층으로 구성하는 형식
- **트리플렉스형:** 하나의 주호가 3개층으로 구성하는 형식
- **스킵플로어형:** 하나의 주호가 경사지게 2개층으로 반층씩 어긋나게 구성하는 형식

## 57

고난도

**건축제도에서 불규칙한 곡선을 그릴 때 사용하는 제도 용구는?**

① 삼각자 ② 스케일
③ 자유곡선자 ④ 만능제도기

**해설**

자유곡선자(Flexible curve ruler)는 불규칙한 곡선이나, 구부러진 정도가 급하지 않은 큰 곡선을 그리는 데 쓰이는 제도용 기구이다.

## 58

**건물 내부의 입면을 정면에서 바라보고 그리는 내부 입면도는?**

① 전개도 ② 평면도
③ 설비도 ④ 구조도

**해설**

전개도는 건물 내부의 입면을 정면에서 바라보고 그리는 내부 입면도이다. 벽을 바닥에서 천정까지 입면적으로 표시하며, 벽면 디자인이나 공간 검토를 위하여 작성되는 도면이다.

## 59

**다음 미장재료 중 균열 발생이 가장 적은 것은?**

① 회반죽 ② 석고 플라스터
③ 시멘트 모르타르 ④ 돌로마이트 플라스터

**해설**

석고 플라스터는 팽창하는 성질을 갖고 있으므로 균열이 잘 발생하지 않는다.

**관련이론 | 석고 플라스터**

- 물에 의해 반죽되고 경화되는 수경성이다.
- 수축이 적고 물에 접하면 연화되는 성질이 있다.
- 외벽이나 수분이 많은 곳은 부적합하다.
- 팽창하는 성질이 있으므로 균열이 잘 발생하지 않는다.
- 약산성이며, 유성페인트 마감을 할 수 있다.

## 60

빈출

**건축제도의 치수 기입에 관한 설명으로 옳지 않은 것은?**

① 치수는 특별히 명시하지 않는 한, 마무리 치수로 표시한다.
② 치수선 중앙 윗부분에 기입하는 것이 원칙이다.
③ 치수의 단위는 밀리미터(mm)를 원칙으로 하며, 이때 단위 기호는 반드시 표시한다.
④ 치수 기입은 치수선에 평행하게 도면의 왼쪽에서 오른쪽으로 읽을 수 있도록 기입한다.

**해설**

치수의 단위는 밀리미터(mm)를 원칙으로 하며, 이때 단위 기호는 쓰지 않는다.

**관련이론 | 치수 기입(KS F 1501)**

- 치수는 특별히 명시하지 않는 한, 마무리 치수로 표시한다.
- 치수선 중앙 윗부분에 기입하는 것이 원칙이다. 다만, 치수선을 중단하고 선의 중앙에 기입할 수도 있다.
- 치수 기입은 치수선에 평행하게 도면의 왼쪽에서 오른쪽으로, 아래로부터 위로 읽을 수 있도록 기입한다.
- 협소한 간격이 연속될 때에는 인출선을 사용하여 치수를 쓴다.
- 치수선의 양 끝 표시는 화살 또는 점으로 표시할 수 있다. 같은 도면에서 2종을 혼용하지 않는다.
- 치수의 단위는 밀리미터(mm)를 원칙으로 하고, 이때 단위 기호는 쓰지 않는다.

**정답** | 52. ④ 53. ① 54. ③ 55. ② 56. ④ 57. ③ 58. ① 59. ② 60. ③

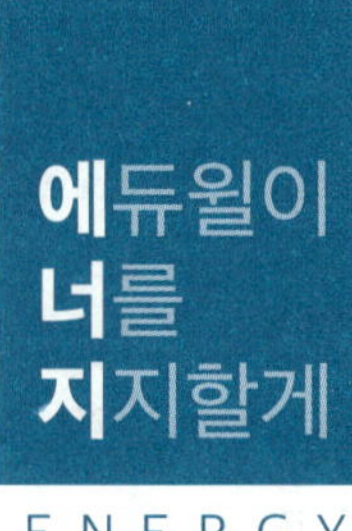


ENERGY

도중에 포기하지 말라.
망설이지 말라.
최후의 성공을 거둘 때까지 밀고 나가자.

– 헨리 포드(Henry Ford)

# 2019년 | 2회 CBT 복원문제

## 01

**사용재료별 건축구조에 관한 설명으로 옳지 않은 것은?**

① 철골구조는 공사비가 고가이고 내화성이 강하다.
② 목구조는 친화감이 있으나 부패되기 쉽다.
③ 철근콘크리트구조는 습식 구조로 동절기 공사가 어렵다.
④ 돌구조는 횡력과 진동에 약하다.

**해설**

철골구조는 공사비가 고가이고 내화성이 약하다.

## 02

빈출

**조적조 벽체 내쌓기의 내미는 최대한도는?**

① 1.0B ② 1.5B
③ 2.0B ④ 2.5B

**해설**

내쌓기 한도는 2.0B이다.

**관련이론 | 내쌓기**

- 벽돌, 돌 등을 쌓을 때 면보다 내밀어 쌓는 것을 말한다.
- 한켜는 $\frac{1}{8}$B, 두켜는 $\frac{1}{4}$B 정도 내어 쌓는다.
- 내쌓기 한도는 2.0B이며 마구리쌓기로 한다.

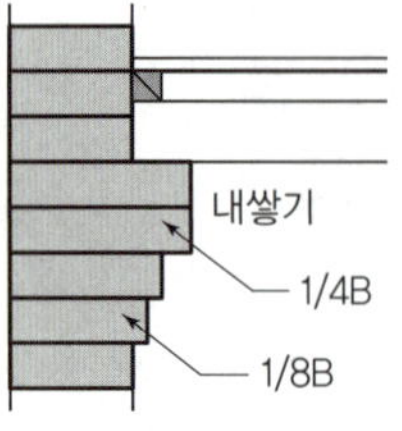


## 03

빈출

**다음 소재의 질에 의한 타일의 구분에서 흡수율이 가장 작은 것은?**

① 자기질 ② 석기질
③ 도기질 ④ 클링커타일

**해설**

**타일의 수분 흡수율**

- **자기질:** 0.5~3%
- **석기질:** 3~5%
- **도기질:** 5~18%
- **클링커타일:** 8%

## 04

**함수율이 목재에 미치는 영향에 관한 설명으로 옳지 않은 것은?**

① 섬유포화점 이상에서는 강도가 일정하나 섬유포화점 이하가 되면 강도가 급속도로 증가하게 된다.
② 목재의 함수율이 섬유포화점 이하가 되면 세포수 증발로 목재의 수축이 시작된다.
③ 섬유포화점 이상의 함수율의 변화에서는 수축이나 팽창이 많이 일어난다.
④ 일반적으로 밀도가 크고 견고한 수종일수록 수축량은 크다.

**해설**

섬유포화점 이상의 함수율의 변화에서는 수축이나 팽창이 일어나지 않는다.

**관련이론 | 함수율 변화에 따른 목재의 상태 변화**

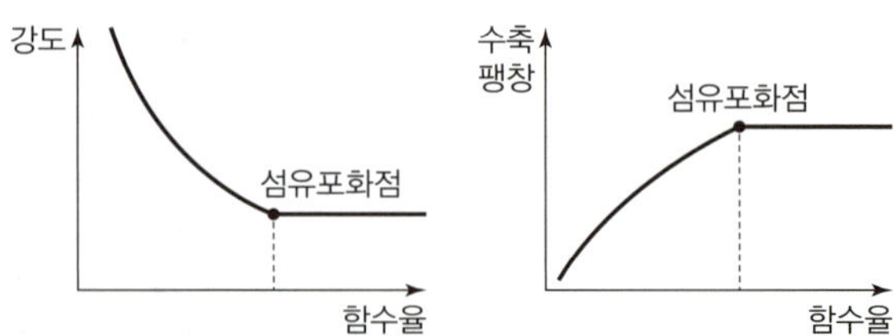

## 05

빈출

**창호의 재질별 기호가 옳지 않은 것은?**

① W: 목재　　② SS: 스테인리스스틸
③ S: 합성수지　　④ A: 알루미늄합금

**해설**

S는 강철이며, 합성수지는 P로 표시한다.

**관련이론 | 창호 기호**

| 재질별 기호 | | 용도별 기호 | |
|---|---|---|---|
| | | 창(W) | 문(D) |
| 알루미늄합금 | A | AW | AD |
| 합성수지 | P | PW | PD |
| 강철 | S | SW | SD |
| 스테인리스스틸 | SS | SSW | SSD |
| 목재 | W | WW | WD |

## 06

빈출

**트러스구조에 대한 설명으로 옳지 않은 것은?**

① 부재들을 3각형 형태로 배열하고 각 부재의 절점은 핀(Pin)접합으로 연결한다.
② 부재는 압축력만 작용하며, 인장력과 휨모멘트는 발생하지 않는다.
③ 트러스의 부재중에는 응력을 거의 받지 않는 경우도 생긴다.
④ 지점의 중심선과 트러스절점의 중심선은 가능한 한 일치시킨다.

**해설**

트러스구조의 부재는 축력(압축력, 인장력)만 작용하며, 휘는 힘(휨모멘트)은 발생하지 않는다.

**관련이론 | 트러스(Truss) 구조의 특성**

- 부재를 상하, 경사로 연결하여 장스팬의 길이를 확보할 수 있는 구조이다.
- 부재들을 3각형 형태로 배열하고 각 부재의 절점은 핀(Pin)접합으로 연결한다.
- 부재는 축력(압축력, 인장력)만 작용하며, 휘는 힘(휨모멘트)은 발생하지 않는다.
- 트러스는 상현재, 하현재, 복재(사재, 연직재, 단주), 격점, 격간, 격간길이로 구성된다.
- 지점의 중심선과 트러스절점의 중심선은 가능한 한 일치시킨다.
- 트러스의 부재중에는 응력을 거의 받지 않는 경우도 생긴다.

## 07

**큰 보 위에 작은 보를 걸고 그 위에 장선을 대고 마루널을 깐 2층 마루는?**

① 홑마루　　② 보마루
③ 짠마루　　④ 동바리마루

**해설**

**짠마루:** 큰 보 위에 작은 보를 걸고 그 위에 장선을 대어 짠마루틀을 만들고, 그 위에 널을 깐 마루이다.

**관련이론 | 다양한 마루의 모양**

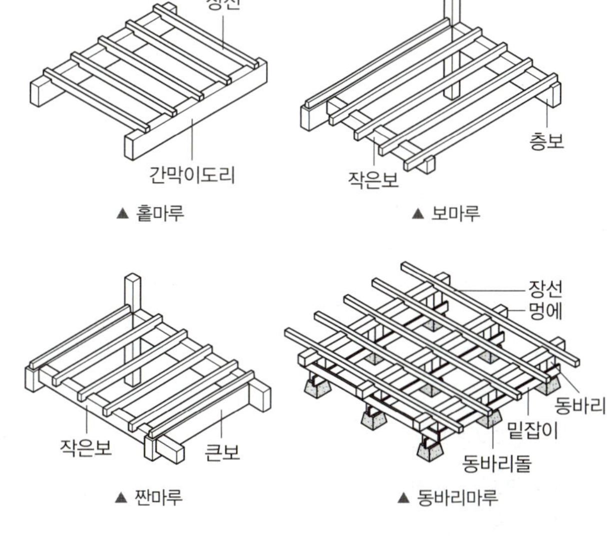


▲ 홑마루　▲ 보마루　▲ 짠마루　▲ 동바리마루

**정답** | 01. ① 02. ③ 03. ① 04. ③ 05. ③ 06. ② 07. ③

2019년

## 08

빈출

**직접조명방식에 관한 설명으로 옳지 않은 것은?**

① 조명률이 크다.
② 직사 눈부심이 없다.
③ 공장조명에 적합하다.
④ 실내면 반사율의 영향이 적다.

**해설**

직접조명방식은 조명이 직접 바닥이나 작업면으로 향하므로 눈부심이 강하다. 반면 간접조명방식은 조명이 천장이나 벽면에 반사되므로 눈부심이 덜하다.

## 09

빈출

**바닥면적이 $60m^2$일 때 보강콘크리트블록조의 내력벽 길이의 총합계는 최소 얼마 이상이어야 하는가?**

① 4m ② 6m
③ 9m ④ 12m

**해설**

$0.15m/m^2 \times 60m^2 = 9m$이다.

**관련이론** | **보강블록구조 내력벽의 길이와 바닥면적**

내력벽의 길이의 합계가 그 층의 바닥면적 $1m^2$에 대하여 0.15m 이상이 되도록 하되, 그 내력벽으로 둘러싸인 부분의 바닥면적은 $80m^2$를 넘을 수 없다.

## 10

빈출

**초기강도가 높고 양생기간 및 공기를 단축할 수 있어, 긴급공사에 사용되는 것은?**

① 중용열 시멘트 ② 고로 시멘트
③ 백색 시멘트 ④ 조강 포틀랜드 시멘트

**해설**

조강 포틀랜드 시멘트에 대한 설명이다.

**관련이론** | **조강 포틀랜드 시멘트**

- 초기강도 증진을 위한 시멘트이다.
- 급속 공사, 동기 공사 등에 유리하다.
- 수화속도가 빨라 한중 콘크리트 시공에 적합하다.

## 11

빈출

**보강콘크리트블록조의 벽량에 대한 설명으로 틀린 것은?**

① 단위면적에 대한 내력벽의 길이로서, 내력벽길이의 총합계를 그 층의 건물면적으로 나눈 값을 의미한다.
② 보강블록구조의 내력벽의 벽량은 $20cm/m^2$ 이상이 되도록 한다.
③ 작은 건물에 비해 큰 건물일수록 벽량을 증가할 필요가 있다.
④ 벽량을 증가시키면 횡력에 대항하는 힘이 커진다.

**해설**

보강블록구조 내력벽의 벽량은 $15cm/m^2$ 이상이 되도록 한다.

**관련이론** | **보강콘크리트블록조의 벽량**

- 벽량은 단위면적에 대한 내력벽의 길이($cm/m^2$)로서, 내력벽길이의 총합계를 그 층의 건물면적으로 나눈 값을 의미한다.
- 그 층의 바닥면적을 기준으로 $15cm/m^2$ 이상으로 한다.
- 큰 건물일수록 벽량을 증가할 필요가 있다.
- 벽량을 증가시키면 횡력에 대항하는 힘이 커진다.

## 12

빈출

**점토제품 중 소성온도가 가장 높은 것은?**

① 토기 ② 도기
③ 석기 ④ 자기

**해설**

자기질은 점토제품 중 소성온도가 가장 높다.

**관련이론** | **점토제품의 종류 및 특성**

| 항목 | 토기 | 도기 | 석기 | 자기 |
|---|---|---|---|---|
| 소성온도(℃) | 790~1,000 | 1,100~1,230 | 1,160~1,350 | 1,230~1,460 |
| 흡수율 | 20~30% | 15~20% | 3~10% | 1% 이하 |
| 색상 | 유색 | 백색, 유색 | 유색 | 백색 |
| 건축자재 | 벽돌, 기와, 토관 | 타일, 테라코타, 위생도기 | 타일, 벽돌, 토관, 테라코타 | 타일, 위생도기 |

## 13

**경질 섬유판에 대한 설명으로 옳지 않은 것은?**

① 식물 섬유를 주원료로 하여 성형한 판이다.
② 신축의 방향성이 크며, 소프트 텍스라고도 한다.
③ 비중이 0.8 이상으로 수장판으로 사용된다.
④ 연질, 반경질 섬유판에 비하여 강도가 우수하다.

**해설**

신축의 방향성이 작으며, 하드보드라고도 한다.
**경질 섬유판(Hard fiberboard):** 식물 섬유(펄프)에 접착제를 가하여 고온으로 압축한 판형의 인공 목재로서 비중이 0.8~1.2인 섬유판이며 내장재나 가구재, 복합판재로 사용된다.

## 14

**다음 중 단면도를 그릴 때 가장 먼저 이루어져야 하는 것은?**

① 지반선의 위치를 결정한다.
② 마루, 천장의 윤곽선을 그린다.
③ 기둥의 중심선을 일점쇄선으로 그린다.
④ 내 · 외벽, 지붕을 그리고 필요한 치수를 기입한다.

**해설**

지반선, 기준선의 위치를 결정한다.

**관련이론 | 단면도 그리기 순서**

① 축척을 고려하여 도면을 배치한다.
② 지반선, 기준선(1층, 지붕)의 위치를 결정한다.
③ 기둥, 벽 중심선을 일점쇄선으로 그린다.
④ 창대, 내외벽, 지붕을 그리고 치수를 기입한다.
⑤ 천장, 마루, 계단 등을 그린다.
⑥ 재료명과 치수를 기입하고, 도면 제목과 축척을 기입한다.

## 15

빈출

**주택의 동선계획에 관한 설명으로 옳지 않은 것은?**

① 단순하고 명쾌하며, 거리가 짧아야 한다.
② 서로 다른 종류의 동선은 분리한다.
③ 서로 다른 동선은 교차하지 않도록 한다.
④ 속도가 빠른 동선은 너비를 좁게 한다.

**해설**

속도가 빠른 동선은 너비를 넓게 한다.

## 16

**벤젠과 에틸렌으로부터 만든 것으로 벽, 타일, 천장재, 블라인드, 도료, 전기용품으로 쓰이며 특히, 발포제품은 저온 단열재로 널리 쓰이는 수지는?**

① 아크릴수지　② 염화비닐수지
③ 폴리스티렌수지　④ 폴리프로필렌수지

**해설**

**폴리스티렌수지**

- 벤젠과 에틸렌을 반응시켜 만드는 경질수지이다.
- 광택이 좋고, 착색이 자유로우며, 무색 투명하다.
- 벽, 타일, 천장재, 블라인드, 도료, 전기용품에 사용된다.
- 발포제품은 저온 단열재로도 쓰인다.
- 열가소성수지이다.

## 17

**구조 재료에 요구되는 성질과 가장 관계가 먼 것은?**

① 재질이 균일하여야 한다.
② 강도가 큰 것이어야 한다.
③ 탄력성이 있고 자중이 커야 한다.
④ 가공이 용이한 것이어야 한다.

**해설**

자중이 큰 것은 구조 재료에 요구되는 성질과 거리가 멀다.

**관련이론 | 구조용 재료에 요구되는 성질**

- 재질이 균일하고 강도가 큰 것이어야 한다.
- 가볍고, 가공성이 좋은 것이어야 한다.
- 내구성, 내화성이 큰 것이어야 한다.
- 큰 재료를 용이하게 얻을 수 있어야 한다.

**정답** | 08. ② 09. ③ 10. ④ 11. ② 12. ④ 13. ② 14. ① 15. ④ 16. ③ 17. ③

## 18

고난도

**면이 30cm×30cm 정방형에 가까운 네모뿔형의 돌로서 석축 재료로 사용되는 돌은?**

① 마름돌　　② 각석
③ 견치돌　　④ 다듬돌

**해설**

견치돌은 면이 30cm×30cm 정방형에 가까운 네모뿔형의 돌로서 뒷길이가 일정한 석축에 사용되는 돌이다.

## 19

**시멘트의 일반적 성질에 관한 설명으로 옳지 않은 것은?**

① 시멘트의 강도는 콘크리트의 강도에 영향을 준다.
② 시멘트의 분말이 미세할수록 건조수축은 작아져 균열이 발생하지 않는다.
③ 포졸란 반응은 물질이 석회와 수중에서 반응하여 경화하는 반응을 말한다.
④ 일반적으로 분말도가 큰 시멘트일수록 응결 및 강도의 증진율이 크다.

**해설**

시멘트의 분말이 미세할수록 건조수축은 커지면서 균열이 발생한다.

**관련이론 | 시멘트 분말도가 클수록(미세할수록) 나타나는 현상**

- 물과 접촉하는 표면적이 커지므로 수화작용이 빠르다.
- 초기강도의 발생과 강도증진율이 빠르다.
- 건조수축이 커지므로 초기균열이 발생하기 쉽다.
- 풍화되기 쉽고, 색이 밝아지며 비중은 작아진다.

## 20

빈출

**다음 설명에 알맞은 아파트 평면 형식은?**

> - 프라이버시가 양호하다.
> - 통행부 면적이 작아서 건물의 이용도가 높다.
> - 좁은 대지에서 집약형 주거 등이 가능하다.

① 편복도형　　② 중복도형
③ 계단실형　　④ 집중형

**해설**

계단실형 아파트에 대한 설명이다.

**계단실형 및 홀형 아파트의 특성**

- 계단 또는 엘리베이터 홀로부터 직접 주거 단위로 들어가는 형식이다.
- 세대 내 거주의 프라이버시가 가장 양호하다.
- 복도나 통행부의 면적이 작아서 건물의 이용도가 높다.
- 건물 이용도 및 전용면적비를 높일 수 있다.
- 세대 내의 채광 및 통풍이 유리하다.

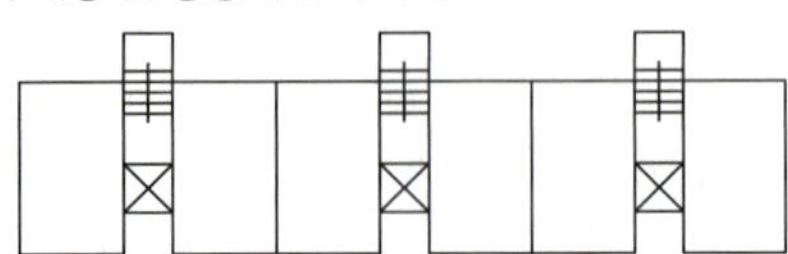

## 21

고난도

**테라스, 베란다 등에 식당을 설치한 형식은?**

① 리빙 키친(Living Kitchen)
② 키친넷트(Kitchenette)
③ 다이닝 키친(Dining Kitchen)
④ 다이닝 포치(Dining Porch)

**해설**

다이닝 포치(Dining Porch)에 대한 설명이다.

## 22

**벽체의 열관류율을 계산할 때 필요한 사항이 아닌 것은?**

① 실내외 열전달률　　② 공기층의 열저항
③ 벽체 구성재료의 두께　　④ 벽체의 높이

**해설**

벽체의 높이는 해당하지 않는다.

**열관류율 계산 시 필요한 사항**

- 실내외 열전달률
- 공기층의 열저항
- 벽체 구성재료의 두께
- 벽체 구성재료의 열전도율

## 23

**부엌 가구의 배치 유형에서 일렬형에 대한 설명으로 옳지 않은 것은?**

① 동선과 배치가 간단하다.
② 가구배치가 길어지면 작업동선이 길어진다.
③ 작업 시 몸을 앞뒤로 바꾸는 불편함이 있다.
④ 소규모 주택에 적합하다.

**해설**
몸을 앞뒤로 바꾸는 불편함은 병렬형의 특징이다.

**관련이론 | 부엌가구의 배치 유형**

| 구분 | 특성 |
|---|---|
| 일렬형<br>(일자형) | • 동선과 배치가 간단하다.<br>• 가구배치가 길어지면 작업동선이 길어진다.<br>• 소규모 주택에 적합하다. |
| 병렬형 | • 부엌 폭의 길이에 비해 넓은 부엌에 적합하다.<br>• 작업 시 몸을 앞뒤로 바꾸는 불편함이 있다.<br>• 외부로의 출입구가 필요한 경우에 적용한다. |

## 24

**철골공사 시 바닥슬래브를 타설하기 전에 철골보 위에 설치하여 바닥판 등으로 사용하는 절곡된 얇은 판은?**

① 스티프너 ② 데크플레이트
③ 베이스플레이트 ④ 윙플레이트

**해설**
데크플레이트(Deck plate)에 대한 설명이다.

## 25

**다음 그림이 나타내는 창호 철물은?**

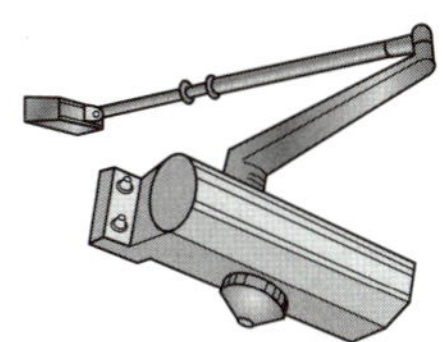

① 코너비드 ② 경첩
③ 도어클로저 ④ 도어스톱

**해설**
도어클로저(Door closer)는 열려진 여닫이문을 저절로 닫히게 하는 장치로서 도어체크(Door check)라고도 한다.

**관련이론**

| 경첩 | 코너비드 | 도어스톱 |
|---|---|---|
| 여닫이 창호에서 문짝을 문틀에 달아 여닫게 하는 철물이다. | 기둥이나 벽의 모서리에 대어 미장바름의 모서리가 상하지 않도록 보호하는 철물을 말한다. | 문을 열어 제자리에 머물게 하거나 벽 하부에 대어 문짝이 벽에 부딪치지 않게 하며 갈고리로 걸어 제자리에 머무르게 하는 철물을 말한다. |

## 26

빈출

**근린주구에 대한 설명으로 옳지 않은 것은?**

① 가구수는 1,600~2,000호 정도의 규모로 계획한다.
② 보행으로 중심부와 연결이 가능하도록 한다.
③ 중심시설은 어린이놀이터이다.
④ 어린이 공원, 운동장, 우체국, 소방서, 동사무소 등이 설치된다.

**해설**
근린주구의 중심시설은 초등학교이다.

**관련이론 | 근린주구**
• 초등학교가 중심이 되는 시설이다.
• 주택호수는 약 1,600~2,000호이다.

**정답** | 18. ③ 19. ② 20. ③ 21. ④ 22. ④ 23. ③ 24. ② 25. ③ 26. ③

## 27

고난도

**콘크리트의 측압 증가 요인과 그 영향을 설명한 내용으로 옳지 않은 것은?**

① 콘크리트가 묽을수록 측압은 크다.
② 콘크리트 타설속도가 빠를수록 측압은 크다.
③ 다짐이 과다할수록 측압은 크다.
④ 벽 두께가 얇을수록 측압은 크다.

**해설**

벽 두께가 두꺼울수록 측압은 크다.

| 측압 증가 요인 | |
|---|---|
| • 슬러프가 클수록 | • 타설속도가 빠를수록 |
| • 다짐이 과할수록 | • 부배합일수록 |
| • 철골 · 철근량이 적을수록 | • 벽 두께가 두꺼울수록 |
| • 온도가 낮을수록 | • 습도가 높을수록 |
| • 거푸집 강성이 클수록 | – |

## 28

**도면 각 부분의 표기를 위한 지시선의 사용방법으로 옳지 않은 것은?**

① 지시선은 곡선사용을 원칙으로 한다.
② 지시대상이 선인 경우 지적부분은 화살표를 사용한다.
③ 지시대상이 면인 경우 지적부분은 채워진 원을 사용한다.
④ 지시선은 다른 제도선과 혼동되지 않도록 가늘고 명료하게 그린다.

**해설**

지시선은 직선사용을 원칙으로 한다.

## 29

**철근콘크리트 1방향 슬래브의 두께는 최소 얼마 이상으로 하여야 하는가?**

① 80mm　　② 90mm
③ 100mm　　④ 120mm

**해설**

1방향 슬래브의 두께는 최소 100mm 이상으로 해야 한다.

## 30

빈출

**조적조의 내벽력으로 둘러싸인 부분의 바닥면적은 몇 $m^2$ 이하로 해야 하는가?**

① $80m^2$　　② $90m^2$
③ $100m^2$　　④ $120m^2$

**해설**

조적조의 내력벽으로 둘러싸인 부분의 바닥면적은 $80m^2$를 넘을 수 없다.

**관련이론 | 보강블록구조 내력벽의 길이와 바닥면적**

내력벽의 길이의 합계가 그 층의 바닥면적 $1m^2$에 대하여 0.15m 이상이 되도록 하되, 그 내력벽으로 둘러싸인 부분의 바닥면적은 $80m^2$를 넘을 수 없다.

## 31

**벽돌 마름질과 관련하여 다음 중 전체적인 크기가 가장 큰 토막은?**

① 이오토막　　② 반토막
③ 반반절　　④ 칠오토막

**해설**

보기 중 칠오토막의 크기가 가장 크다.

**관련이론 | 벽돌의 분할 크기 순서**

온장 > 칠오토막 > 반토막=반절 > 이오토막=반반절

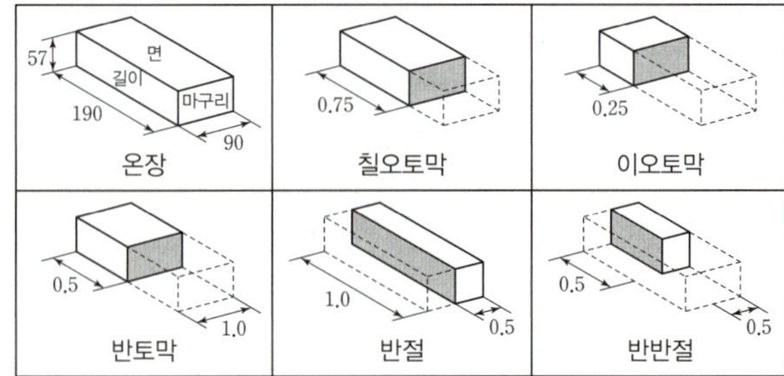

## 32

**19세기 중엽 철근콘크리트의 실용적인 사용법을 개발한 사람은?**

① 안토니오(Antonio)　② 케오프스(Cheops)
③ 애습딘(Aspdin)　④ 모니에(Monier)

**해설**

1860년대 프랑스 정원사였던 조제프 모니에(Joseph Monier)는 깨지지 않는 화분을 만들기 위해 연구를 거듭하다가 높은 내구성을 가진 철근콘크리트를 개발하게 되었다.

## 33

**굳지 않은 콘크리트의 컨시스턴시를 측정하는 방법이 아닌 것은?**

① 플로우 시험　② 리몰딩 시험
③ 슬럼프 시험　④ 르샤틀리에 비중병 시험

**해설**

**컨시스턴시(Consistency, 반죽질기) 시험:** 슬럼프 시험, 플로우 시험, 관입 시험, 리몰딩 시험, 낙하 시험 등

## 34

빈출

**배전반에서 분전반까지의 간선배선 방식의 분류와 관계가 없는 것은?**

① 평행식　② 나뭇가지식
③ 병용식　④ 직결식

**해설**

**배전반에서 분전반까지의 간선배선 방식**

- 평행식(개별방식)
- 나뭇가지식(수지상식)
- 병용식

## 35

**합성수지 재료는 어떤 물질에서 얻는가?**

① 가죽　② 유리
③ 고무　④ 석유

**해설**

합성수지는 석유나 천연가스 등을 통해 얻어진 저분자 유기화학물질을 가열 등을 이용해 반응시킨 가소성을 지닌 고분자 물질이며, 플라스틱(Plastics)으로 많이 알려져 있다.

## 36

**오토클레이브(Autoclave) 팽창도 시험은 시멘트의 무엇을 알아보기 위한 것인가?**

① 풍화　② 안정성
③ 비중　④ 분말도

**해설**

오토클레이브(Autoclave) 팽창도 시험은 시멘트가 경화 시 팽창으로 인해 금이 가는 정도로써 안정성을 시험하며 팽창도는 0.8% 이하로 한다.

## 37

**개구부의 벽 두께 면에 대는 돌의 이름은?**

① 쌤돌　② 이맛돌
③ 고막이돌　④ 두겁돌

**해설**

쌤돌은 개구부 벽 두께 면에 대는 돌 또는 홍예석 하단의 아치를 받치는 돌을 말한다.

**이맛돌:** 반원 아치의 중앙에 들어가는 돌이다.

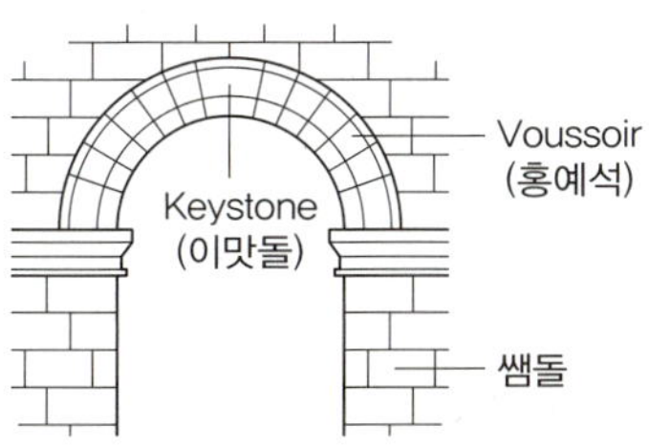


**정답** | 27. ④　28. ①　29. ③　30. ①　31. ④　32. ④　33. ④　34. ④　35. ④　36. ②　37. ①

2019년

## 38

**건축구조의 분류 중 일체식 구조에 해당하는 것은?**

① 목구조 ② 철골철근콘크리트구조
③ 조립식 구조 ④ 조적구조

**해설**

일체식 구조는 기둥, 바닥, 보 등의 하중을 받는 구조체를 하나의 뼈대로 만들어서 건물을 완성하는 구조로서 철근콘크리트구조, 철골철근콘크리트구조 등이 해당된다.

## 39 빈출

**철근콘크리트 기둥에서 나선철근으로 둘러싸인 철근의 경우 주근을 최소 몇 개 이상 배근해야 하는가?**

① 2개 ② 4개
③ 6개 ④ 8개

**해설**

**철근콘크리트 기둥의 주근의 최소개수**

- 사각형이나 원형 띠철근으로 둘러싸인 경우: 4개 이상
- 나선철근으로 둘러싸인 철근의 경우: 6개 이상

## 40 빈출

**압력탱크식 급수방식에 대한 설명으로 옳지 않은 것은?**

① 급수 공급 압력이 일정하지 않다.
② 단수 시에 일정량의 급수가 가능하다.
③ 전력 공급 차단 시에는 급수가 불가능하다.
④ 위생성 측면에서 가장 이상적인 방법이다.

**해설**

위생성 측면에서 가장 이상적인 방법은 수도직결식이다.

## 41 고난도

**철근콘크리트 공사에서 거푸집을 받치는 가설재를 무엇이라 하는가?**

① 크레센트 ② 동바리
③ 스캘럽 ④ 스페이서

**해설**

동바리는 철근콘크리트 공사에서 콘크리트가 타설된 후, 소정의 강도를 얻기까지 고정하중 및 시공하중 등을 지지하기 위하여 거푸집을 받치는 가설부재를 말한다.

## 42

**트러스를 곡면으로 구성하여 돔을 형성하는 것은?**

① 래티스 돔 ② 실린더 셸
③ 회전 셸 ④ 와렌 트러스

**해설**

래티스 돔(Lattice dome)은 강성구조인 스페이스 프레임의 일종으로 트러스를 곡면으로 구성하여 힘이 입체적으로 전달되도록 구성된 구조시스템이다.

## 43 빈출

**목재의 기건상태의 함수율은 평균 얼마 정도인가?**

① 5% ② 10%
③ 15% ④ 30%

**해설**

**목재의 함수율**

- **기건상태 함수율:** 13~18%(평균 15% 정도)
- **섬유포화점 함수율:** 30% 정도

## 44

**다음 중 주택의 현관 바닥면에서 실내 바닥면까지의 높이차로 가장 적당한 것은?**

① 5cm ② 15cm
③ 30cm ④ 40cm

**해설**

현관의 바닥면과 실내 바닥면의 높이차는 15~21cm 정도가 적당하다.

## 45

**건축물의 에너지절약을 위한 단열계획으로 옳지 않은 것은?**

① 외벽 부위는 내단열로 시공한다.
② 건물의 창호는 가능한 작게 설계한다.
③ 태양열 유입에 의한 냉방부하 저감을 위하여 태양열 차폐장치를 설치한다.
④ 외피의 모서리 부분은 열교가 발생하지 않도록 단열재를 연속적으로 설치하고 충분히 단열되도록 한다.

**해설**

에너지절약을 위한 단열계획에서는 외벽 부위는 외단열로 시공하는 것이 유리하다.

## 46

빈출

**재료명과 그 주 용도의 연결이 옳지 않은 것은?**

① 테라코타: 구조재, 흡음재
② 테라조: 바닥면의 수장재
③ 시멘트모르타르: 외벽용 마감재
④ 타일: 내외벽, 바닥면의 수장재

**해설**

테라코타는 주로 건물의 외장용으로 사용한다.

**관련이론 | 테라코타(Terracotta)**

- 건물의 외장용으로 사용하는 복잡한 모양이 있는 대형의 점토 제품이나 타일을 말한다.
- 일반 석재보다 가볍고, 압축강도는 화강암의 1/2정도이다.
- 1개의 크기는 제조와 취급상 $0.3m^3$ 이상~$0.5m^3$ 이하가 적당하다.
- 화강암 보다 내화력이 강하고, 대리석 보다 풍화에 강하므로 외장에 적당하다.
- 장식용으로서 난간, 주두, 돌림띠(돌림대) 등에 사용된다.

## 47

**주택의 부엌에서 작업 삼각형(Work triangle)의 구성에 포함되지 않는 것은?**

① 냉장고　　② 개수대
③ 배선대　　④ 가열대

**해설**

배선대는 작업 삼각형에 포함되지 않는다.
**부엌의 작업 삼각형(Work triangle):** 준비대(냉장고), 개수대, 가열대(레인지)

## 48

빈출

**건물의 부동침하의 원인과 가장 거리가 먼 것은?**

① 연약지반의 두께가 같을 경우
② 이질지정 또는 일부지정일 경우
③ 이웃건물에서 깊은 굴착을 할 경우
④ 지하수위가 변경되는 경우

**해설**

연약지반의 두께가 다를 경우에 부동침하가 생길 수 있다.

**관련이론**

**부동침하:** 구조물의 기초지반이 침하되면서 구조물의 여러 부분에서 불균등하게 침하를 일으키는 현상으로 부동침하의 원인은 다음과 같다.

**부동침하의 원인**

- 지반이 연약한 경우
- 연약지반의 두께가 다를 경우
- 이질지정 또는 일부지정
- 건물이 서로 다른 지반의 이질층에 걸쳐 있는 경우
- 자중이 일정하지 않거나 부주의한 일부 증축의 경우
- 지하수위 변경
- 지하 매설물 또는 구멍이 있거나, 지반이 메운 땅인 경우

**정답** | 38. ② 39. ③ 40. ④ 41. ② 42. ① 43. ③ 44. ② 45. ① 46. ① 47. ③ 48. ①

## 49

**각 실내의 입면으로 벽의 형상, 치수, 마감상세 등을 나타낸 도면을 무엇이라 하는가?**

① 전개도 ② 배치도
③ 평면도 ④ 투시도

**해설**

전개도는 각 실내의 정면에서 바라보고 나타낸 내부의 입면으로 벽의 형상, 치수, 마감상세 등을 나타낸 도면이다.

## 50

**철제 계단의 특징으로 옳지 않은 것은?**

① 건식구조이다.
② 형태구성이 비교적 자유로운 편이다.
③ 철근콘크리트 계단에 비해 무게가 무겁다.
④ 내화성이 부족하다.

**해설**

철제 계단은 철근콘크리트 계단에 비해 가볍다.

## 51

빈출

**공기조화방식의 열반송매체에 의한 분류 중 전수방식에 속하는 것은?**

① 단일 덕트 방식 ② 이중 덕트 방식
③ 팬코일 유닛 방식 ④ 멀티존 유닛 방식

**해설**

팬코일 유닛(Fan coil unit) 방식은 소형송풍기 또는 냉·온수 코일이나 필터 등을 갖춘 실내형 소형공조기 등의 유닛(Unit)을 각 실에 설치하고, 기계실로부터 냉수나 온수를 공급 받아 공기조화를 하는 방식으로 전수방식에 속한다.

## 52

**벽면에 장식적으로 구멍을 만들면서 쌓는 벽돌쌓기법은?**

① 미국식 쌓기 ② 프랑스식 쌓기
③ 영국식 쌓기 ④ 영롱 쌓기

**해설**

영롱 쌓기는 벽면에 벽돌을 비워 구멍을 두어 장식적으로 쌓는 벽돌쌓기법이다.

## 53

**높이 ( )의 건축물 또는 공작물은 피뢰설비 설치 대상이 된다. ( ) 안에 들어갈 내용은?**

① 10m 이상 ② 20m 이상
③ 30m 이상 ④ 50m 이상

**해설**

**피뢰설비 설치 대상**

- 낙뢰 우려가 있는 건축물
- 높이 20m 이상 건축물 또는 공작물

## 54

**철근콘크리트구조에서 신축이음(Expansion joint)을 설치해야 하는 위치와 관련이 없는 것은?**

① 기존 건물과의 접합부분
② 건물의 기초가 상이한 부분
③ 구조상 중량 배분이 다른 부분
④ 단면이 균일한 소규모의 바닥판 부분

**해설**

단면이 균일한 소규모의 바닥판 부분은 관련이 없다.

**신축이음 설치 위치**

- 기존 건물과의 접합부분
- 저층의 긴 건물과 고층 건물의 접속부분
- 복잡한 평면부분의 교차부분
- 건물의 기초가 상이한 부분
- 구조상 중량 배분이 다른 부분

**관련이론 | 신축이음(Expansion joint)**

온도변화에 따라 신축하는 콘크리트 구조물의 변형에 대한 수용을 위하여 설치하는 이음부를 말한다.

## 55

**일반 평면도의 표현 내용에 속하지 않는 것은?**

① 실의 크기 ② 보의 높이 및 크기
③ 창문과 출입구의 구별 ④ 개구부의 위치 및 크기

**해설**

보의 높이 및 크기는 단면도에 표현된다.

**관련이론**

**단면도:** 건축물의 주요부분을 수직 절단한 것을 상상하여 그린 도면이다.

**평면도:** 해당 층 바닥에서부터 1~1.5m 정도 높이에서 아래를 내려본 상태를 표현한 도면으로서, 평면의 구획, 각 실의 출입관계, 재료의 구성상태, 개구부 등의 관련사항을 표현하기 위한 도면이다.

## 56

빈출

**다음 중 도면에서 가장 굵은 선으로 표현해야 할 것은?**

① 치수선 ② 경계선
③ 기준선 ④ 단면선

**해설**

**선의 굵기 순서**

외형선, 단면선 > 기준선, 절단선, 숨은선, 경계선, 가상선 > 중심선, 치수선, 치수보조선, 지시선, 해칭선

## 57

**다음 중 혼합 시멘트에 속하지 않는 것은?**

① 보통 포틀랜드 시멘트 ② 고로 시멘트
③ 착색 시멘트 ④ 플라이애시 시멘트

**해설**

**혼합 시멘트:** 포틀랜드 시멘트의 클링커에 적당한 혼합재를 넣어 만든 시멘트이다. 종류에는 고로 시멘트, 실리카 시멘트, 플라이애시 시멘트, 착색 시멘트가 있다.

## 58

**한옥 구조에서 다락집의 기둥이며 다락기둥이라고도 하는 것은?**

① 고주 ② 누주
③ 찰주 ④ 활주

**해설**

누주에 대한 설명이다.

**누주(樓柱):** 다락집의 기둥이며 다락기둥이라고도 한다.

**활주(活柱):** 추녀의 처짐을 막기 위해 받치는 기둥이다.

## 59

**결합재의 하나로서 미장 재료에 혼입하여 보강, 균열 방지의 역할을 하는 섬유질 재료를 무엇이라 하는가?**

① 골재 ② 여물
③ 안료 ④ 풀

**해설**

여물에 대한 설명이다.

## 60

**물의 중량이 540kg이고 물시멘트비가 60%일 경우 시멘트의 중량은?**

① 3,240kg ② 1,350kg
③ 1,100kg ④ 900kg

**해설**

$$시멘트\ 중량=\frac{물의\ 중량}{물시멘트비}=\frac{540kg}{0.6}=900kg$$

**관련이론** | **물시멘트비(Water−Cement ratio, W/C)**

$$물시멘트비=\frac{물의\ 중량}{시멘트의\ 중량}$$

**정답** | 49. ① 50. ③ 51. ③ 52. ④ 53. ② 54. ④ 55. ②
56. ④ 57. ① 58. ② 59. ② 60. ④

2019년

# 2019년 | 1회 CBT 복원문제

## 01

**보와 기둥 대신 슬래브와 벽이 일체가 되도록 구성한 구조는?**

① 벽식 구조 ② 플랫슬래브 구조
③ 라멘 구조 ④ 아치 구조

**해설**

**벽식 구조:** 기둥, 들보 등의 골조를 넣지 않고 벽이나 바닥을 일체화한 구조이며, 벽체나 바닥판의 평면적인 구조체만으로 구성한 구조물로 기둥이나 보 없이 바닥 슬래브와 벽으로 연결되어 있어 구조물 전체의 강성이 우수하다.

## 02

**연속기초라고도 하며 조적조의 벽기초 또는 콘크리트 연속기초로 사용되는 것은?**

① 독립기초 ② 복합기초
③ 줄기초 ④ 온통기초

**해설**

줄기초는 조적조의 벽기초 또는 콘크리트 연속기초라고도 하며 일련의 기둥, 벽의 하중을 연속된 기초로 지지하는 방식이다.

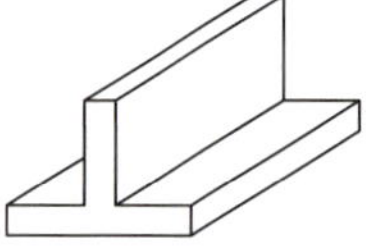

## 03

**보통재료에서는 축방향에 하중을 가할 경우 그 방향과 수직인 횡방향에도 변형이 생기는데, 횡방향 변형도와 축방향 변형도의 비를 무엇이라 하는가?**

① 푸아송비 ② 경도비
③ 탄성계수비 ④ 강성비

**해설**

푸아송비는 횡(길이)방향 변형도와 종(폭)방향의 변형도의 비율을 말한다.

**관련이론 | 푸아송비(Poisson's ratio)**

- 부재가 축방향력 또는 인장력을 받아서 그 방향으로 늘어날 때 가로(횡, 길이)방향 변형도와 세로(종, 폭)방향 변형도 사이의 비율을 말한다.
- 푸아송비는 푸아송수의 역수이다.
- 강의 푸아송비는 0.3, 콘크리트의 푸아송비는 0.15이다.

## 04 (고난도)

**아스팔트나 피치처럼 가열하면 연화하고, 벤젠 · 알코올 등의 용제에 녹는 흑갈색의 점성질 반고체 물질로 도로의 포장, 방수재, 방진재로 사용되는 것은?**

① 도장재료 ② 미장재료
③ 역청재료 ④ 합성수지재료

**해설**

역청재료에 대한 설명이다.

## 05 (고난도)

**주택단지 내 시설에서 복리시설이 아닌 것은?**

① 어린이 놀이터 ② 주민운동시설
③ 경로당 ④ 관리사무소

**해설**

관리사무소는 부대시설이다.

**관련이론 | 주택단지 내 부대 및 복리시설**

- **복리시설:** 어린이 놀이터, 주민운동시설, 근린생활시설, 경로당, 유치원 등
- **부대시설:** 주차장, 관리사무소, 담장, 주택단지 안의 도로 등

## 06

빈출

**트랩(Trap)의 봉수 파괴 원인과 가장 관계가 먼 것은?**

① 증발 현상　　② 수격 작용
③ 모세관 현상　　④ 자기 사이펀 작용

**해설**

수격 작용(Water hammer)은 배수관 내에서 유로의 단면적이 급격하게 변하거나 움직임이 멈추면서 압력파가 발생하여 소음과 충격을 일으키는 현상으로 봉수 파괴 원인은 아니다.

**관련이론 | 봉수의 파괴 원인**

- 자기 사이펀 작용
- 유도 사이펀 작용(흡입 및 흡출작용)
- 토출 작용(역압 분출 작용)
- 모세관 현상
- 증발 현상
- 관성에 의한 배출

## 07

빈출

**경첩(Hinge) 등을 축으로 개폐되는 창호를 말하며, 열고 닫을 때 실내의 유효면적을 감소시키는 특징이 있는 창호는?**

① 미서기창　　② 미닫이창
③ 여닫이창　　④ 회전창

**해설**

여닫이창에 대한 설명이다.

## 08

**탄소함유량이 증가함에 따라 철에 끼치는 영향으로 옳지 않은 것은?**

① 연신율의 증가　　② 항복강도의 증가
③ 경도의 증가　　④ 용접성의 저하

**해설**

탄소함유량이 증가함에 따라 철의 연신율은 감소한다.

**탄소함유량 증가에 따른 철의 영향**

- 인장강도, 항복강도의 증가
- 경도 및 내충격의 증가
- 인성(잡아당기는 힘에 견디는 성질)의 증가
- 용접성의 저하
- 연신율(늘어나는 성질)의 감소

## 09

**이형철근에서 표면에 마디를 만드는 이유로 적절한 것은?**

① 부착강도를 높이기 위해
② 압축강도를 높이기 위해
③ 인장강도를 높이기 위해
④ 항복점을 높이기 위해

**해설**

이형철근의 표면에 있는 마디는 콘크리트와의 부착강도를 높게 한다.

## 10

**벽돌 조적조의 내력벽 두께를 결정하는 요소와 가장 거리가 먼 것은?**

① 벽의 길이　　② 벽의 높이
③ 지붕 경사도　　④ 건축물의 층수

**해설**

조적조의 내력벽 두께는 벽의 높이, 벽의 길이, 층수, 건물 하중 등에 따라 결정되며 지붕 경사도(지붕 물매)와는 관계없다.

## 11

빈출

**철근콘크리트 단순보의 철근에 관한 설명 중 옳지 않은 것은?**

① 인장력에 저항하는 재축방향의 철근을 보의 주근이라 한다.
② 압축측에도 철근을 배근한 보를 복근보라 한다.
③ 전단력을 보강하여 보의 주근 주위에 둘러서 감은 철근을 늑근이라 한다.
④ 늑근은 단부보다 중앙부에서 촘촘하게 배치하는 것이 원칙이다.

**해설**

늑근은 철근콘크리트 보의 주근을 둘러 감은 철근을 말하며 전단력을 보강하는 철근이다. 늑근은 중앙부보다 단부에서 촘촘하게 배치하는 것이 원칙이다.

**정답** | 01. ① 02. ③ 03. ① 04. ③ 05. ④ 06. ② 07. ③ 08. ① 09. ① 10. ③ 11. ④

2019년

## 12

**포졸란(Pozzolan)을 사용한 콘크리트의 특징 중 옳지 않은 것은?**

① 수밀성이 높아진다.
② 수화 발열량이 적어진다.
③ 경화작용이 늦어지므로 초기강도가 낮아진다.
④ 블리딩이 증가된다.

**해설**
포졸란을 사용하면 재료분리 및 블리딩이 감소한다.

**관련이론 | 포졸란 사용의 장점**
- 시공연도 개선
- 수밀성 향상
- 수화 발열량 감소
- 재료분리 및 블리딩(Bleeding) 감소
- 초기강도는 감소하지만 장기강도는 증가

## 13

빈출

**철근콘크리트구조의 특성 중 옳지 않은 것은?**

① 콘크리트는 철근이 녹스는 것을 방지한다.
② 콘크리트와 철근이 강력히 부착되면 압축력에도 유효하게 된다.
③ 인장력은 콘크리트가 부담하고, 압축응력은 철근이 부담한다.
④ 철근과 콘크리트는 선팽창 계수가 거의 같다.

**해설**
인장력은 철근이 부담하고, 압축응력은 콘크리트가 부담한다.

## 14

**점성이나 침투성은 작으나 온도에 의한 변화가 작아서 열에 대한 안정성이 크며 아스팔트 프라이머의 제작에 사용되는 것은?**

① 록 아스팔트 ② 스트레이트 아스팔트
③ 블론 아스팔트 ④ 아스팔타이트

**해설**
블론 아스팔트에 대한 설명이다.

## 15

**조적식 구조인 내력벽의 콘크리트 기초판에서 기초벽의 두께는 최소 얼마 이상으로 하여야 하는가?**

① 150mm ② 200mm
③ 250mm ④ 300mm

**해설**
기초벽의 두께는 250mm 이상이다.

**관련이론 | 기초(건축물의 구조기준 등에 관한 규칙 제30조)**
- 조적식 구조인 내력벽의 기초는 연속기초로 하여야 한다.
- 기초 중 기초판은 철근콘크리트구조 또는 무근콘크리트구조로 하고, 기초벽의 두께는 250mm 이상으로 하여야 한다.

## 16

**일사에 관한 설명으로 옳지 않은 것은?**

① 일사는 태양광선 가운데 적외선에 의한 열적 효과를 말한다.
② 법선 일사량은 태양에 의해 수직으로 받는 면의 일사량을 말한다.
③ 수평면 일사량은 법선 일사량에 비해 일사량이 적다.
④ 일사를 받기 위해서는 남북축이 길고, 평지붕인 건물이 유리하다.

**해설**
일사를 받기 위해서는 동서축이 길고, 박공형의 지붕인 건물이 유리하다.

## 17

빈출

**실제 길이 20m는 축척 1/200의 도면에서 얼마의 길이로 표시되는가?**

① 50mm ② 100mm
③ 200mm ④ 1,000mm

**해설**
실제 길이 20m는 20,000mm이고 축척 1/200로 표시할 경우, 20,000÷200 = 100mm이므로, 도면에는 100mm 길이로 표시한다.

## 18

**먼셀의 색상, 명도, 채도에 관한 설명으로 옳지 않은 것은?**

① 명도에서 순수한 검정은 0, 순수한 흰색은 10이다.
② 회색은 검정과 흰색 사이를 9단계로 구분하고, 명도는 총 11단계로 구성되어 있다.
③ 채도 단계는 색상에 관계없이 14단계로 구성된다.
④ 색의 표시에서 5R 4/14는 색상은 중간 빨간색인 5, 명도는 4, 채도는 14를 뜻한다.

**해설**
채도 단계는 색상에 따라 다르게 구성된다.

**관련이론 | 먼셀 표색계의 기본색**
빨강(R), 노랑(Y), 초록(G), 파랑(B), 보라(P)

## 19

고난도

**주로 철재 또는 금속재 거푸집에 사용되는 철물로서 지주를 제거하지 않고 슬래브 거푸집만 제거할 수 있도록 한 것은?**

① 드롭헤드　　② 컬럼밴드
③ 메탈터치　　④ 와이어클리퍼

**해설**
드롭헤드(Drop head)를 사용하면 철재 거푸집(Euro form)에서 지주를 제거하지 않고 슬래브 거푸집만 제거할 수 있다.

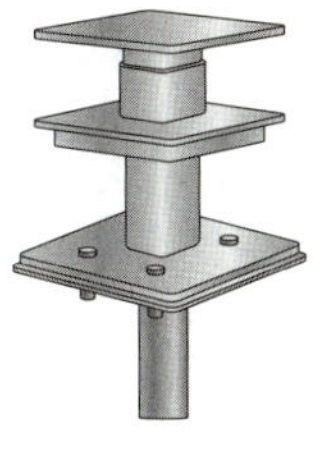

## 20

빈출

**각종 건축구조에 관한 설명 중 틀린 것은?**

① 목구조는 철근콘크리트구조에 비하여 무게가 가볍지만 내화, 내구적이지 못하다.
② 조적식 구조는 각각의 재료를 접착재료로 쌓아 만든 구조이며 벽돌구조, 블록구조 등이 있다.
③ 철근콘크리트구조는 다양한 거푸집 형상에 따른 성형성이 뛰어나다.
④ 강구조는 일체식 구조로 재료 자체의 내화성이 높고 고층 구조에 적합하다.

**해설**
강구조는 강재의 조립식 구조이며, 내화성이 낮다.

## 21

**미장재료 중 석고플라스터에 대한 설명으로 틀린 것은?**

① 알칼리성이므로 유성페인트 마감을 할 수 있다.
② 수화하여 굳어지므로 내부까지 거의 동일한 경도가 된다.
③ 방화성이 크다.
④ 원칙적으로 해초 또는 풀을 사용하지 않는다.

**해설**
석고플라스터는 구운 석고를 주원료로 하는 벽도장 재료를 말한다. 석고플라스터는 황산이온과 칼슘이온이 결합해서 만들어진 화합물이므로 약산성이며, 유성페인팅이 가능하다.

**정답** | 12. ④　13. ③　14. ③　15. ③　16. ④　17. ②　18. ③　19. ①　20. ④　21. ①

2019년

## 22

**목재의 공극이 전혀 없는 상태의 비중을 무엇이라 하는가?**

① 기건비중 ② 절건비중
③ 진비중 ④ 겉보기비중

**해설**

진비중에 대한 설명이다.

**관련이론 | 기건비중**

공기 속의 온도와 평형을 이룰 때까지 건조상태로 존재하는 비중이다.

## 23

**미장재료에 대한 설명 중 옳은 것은?**

① 회반죽에 석고를 약간 혼합하면 경화속도, 강도가 감소하며 수축균열이 증대된다.
② 미장재료는 단일재료로서 사용되는 경우보다 주로 복합재료로서 사용된다.
③ 결합재에는 여물, 풀 등이 있으며 이것은 직접 고체화에 관계한다.
④ 시멘트 모르타르는 기경성 미장재료로서 내구성 및 강도가 크다.

**선지분석**

① 회반죽에 석고를 약간 혼합하면 경화속도, 강도가 증가하며 수축균열이 감소된다.
③ 여물, 풀 등은 응력을 분산시켜 균열을 방지하는 목적으로 사용된다.
④ 시멘트 모르타르는 수경성 미장재료이다.

## 24

빈출

**자동화재 탐지설비의 감지기 중 열감지기에 속하지 않은 것은?**

① 정온식 ② 차동식
③ 보상식 ④ 광전식

**해설**

광전식은 연기감지기이다.

**관련이론 | 자동화재 탐지설비**

- **열감지기:** 정온식, 차동식, 보상식
- **연기감지기:** 이온화식, 광전식

## 25

**콘크리트 바닥판의 주근을 연결하고 콘크리트의 수축, 온도 변화에 의한 열응력에 따른 균열을 방지하는 데 유효한 철근은?**

① 띠철근 ② 늑근
③ 굽힘철근 ④ 배력근

**해설**

배력근에 대한 설명이다.

## 26

빈출

**건축제도의 치수 및 치수선에 관한 설명으로 옳지 않은 것은?**

① 치수는 특별히 명시하지 않는 한 마무리 치수로 표시한다.
② 치수선 중앙 윗부분에 기입하는 것이 원칙이다.
③ 치수선의 양 끝 표시는 화살 또는 점으로 표시할 수 있으며 같은 도면에서 2종을 혼용할 수도 있다.
④ 치수의 단위는 밀리미터(mm)를 원칙으로 한다.

**해설**

치수선의 양 끝 표시는 화살 또는 점으로 표시할 수 있으며, 같은 도면에서 2종을 혼용하지 않는다.

**관련이론 | 치수 기입(KS F 1501)**

- 치수는 특별히 명시하지 않는 한, 마무리 치수로 표시한다.
- 치수선 중앙 윗부분에 기입하는 것이 원칙이다. 다만, 치수선을 중단하고 선의 중앙에 기입할 수도 있다.
- 치수 기입은 치수선에 평행하게 도면의 왼쪽에서 오른쪽으로, 아래로부터 위로 읽을 수 있도록 기입한다.
- 협소한 간격이 연속될 때에는 인출선을 사용하여 치수를 쓴다.
- 치수선의 양 끝 표시는 화살 또는 점으로 표시할 수 있다. 같은 도면에서 2종을 혼용하지 않는다.
- 치수의 단위는 밀리미터(mm)를 원칙으로 하고, 이때 단위 기호는 쓰지 않는다.

## 27

**각종 구조에 대한 설명 중 옳지 않은 것은?**

① 목구조 – 내화, 내구적이지 못하다.
② 벽돌구조 – 내진적이며 고층건물에 적합하다.
③ 철근콘크리트구조 – 내구, 내진, 내화성이 뛰어나다.
④ 경량철골구조 – 내화, 내구성이 좋지 않다.

**해설**

벽돌구조는 구조체를 벽돌로 쌓아 올려 만든 조적식 구조로서 횡력(수평력)에 약하고 균열의 발생이나 습기의 침투가 쉬우며, 고층이나 대규모 건축물에 부적합하다.

## 28

**콘크리트에서의 최소피복두께의 목적과 거리가 먼 것은?**

① 철근의 부식 및 중성화 방지
② 철근의 연성 감소
③ 부착강도 확보
④ 시공 시 유동성 확보

**해설**

연성은 실처럼 길게 늘일 수 있는 성질을 의미하며, 최소피복두께와는 관계가 없다.

**관련이론 | 철근콘크리트구조에서 철근피복두께의 목적**

- 철근의 부식 및 중성화 방지
- 내구성 및 내화성 확보
- 부착강도 확보
- 시공 시 유동성 확보

## 29

빈출

**상대적으로 얇고 길이가 짧은 부재를 상하 그리고 경사로 연결하여 장스팬의 길이를 확보할 수 있는 구조는?**

① 철근콘크리트구조 ② 블록구조
③ 트러스구조 ④ 프리스트레스트구조

**해설**

트러스구조에 대한 설명이다.

**관련이론 | 트러스(Truss)구조의 특성**

- 부재를 상하, 경사로 연결하여 장스팬의 길이를 확보할 수 있는 구조이다.
- 부재들을 3각형 형태로 배열하고 각 부재의 절점은 핀(Pin)접합으로 연결한다.
- 부재는 축력(압축력, 인장력)만 작용하며, 휘는 힘(휨모멘트)은 발생하지 않는다.
- 트러스는 상현재, 하현재, 복재(사재, 연직재, 단주), 격점, 격간, 격간길이로 구성된다.
- 지점의 중심선과 트러스절점의 중심선은 가능한 한 일치시킨다.
- 트러스의 부재중에는 응력을 거의 받지 않는 경우도 생긴다.

## 30

**주택의 공간조닝 계획 시 고려할 사항으로 옳지 않은 것은?**

① 구성원 본위가 유사한 것은 서로 접근시킨다.
② 시간적 요소가 다른 것끼리 서로 접근시킨다.
③ 유사한 요소는 서로 공용시킨다.
④ 상호간의 요소가 다른 것은 서로 격리시킨다.

**해설**

시간적 요소가 같은 것끼리 서로 접근시킨다.

## 31

빈출

**변성암의 일종으로 색과 무늬가 아름답고 연마하면 아름다운 광택이 있어 실내장식용 건축재로 많이 사용되는 것은?**

① 대리석 ② 화강암
③ 사암 ④ 석회암

**해설**

대리석은 석회석이 변화되어 결정화한 것으로 주성분은 탄산석회로 치밀, 견고하고 색채와 반점이 아름다워 실내장식재, 조각재로 사용된다.

**정답** | 22. ③ 23. ② 24. ④ 25. ④ 26. ③ 27. ② 28. ② 29. ③ 30. ② 31. ①

## 32

빈출

**점토제품 중 타일에 대한 설명으로 옳지 않은 것은?**

① 자기질 타일의 흡수율은 3% 이하이다.
② 일반적으로 모자이크타일은 건식법에 의해 제조된다.
③ 도기질 타일은 외장용으로만 사용된다.
④ 클링커타일은 석기질 타일이다.

**해설**

도기질 타일은 일반적으로 내장용으로 사용한다.

**관련이론 | 도기질 타일(Ceramic tile)**

- 강도가 낮고 표면이 마모되기 쉬우며 흡수율이 높아서 실내 벽면에 사용된다.
- 색상 표현을 화려하게 할 수 있으며, 내부 벽면이나 테이블 등에 사용된다.

## 33

**목재의 섬유 평행방향에 대한 강도 중 가장 약한 것은?**

① 휨강도 ② 압축강도
③ 인장강도 ④ 전단강도

**해설**

- 목재의 섬유 평행방향에 대한 강도 중 전단강도가 가장 약하여 쉽게 쪼갤 수 있다.
- 목재의 섬유 직각방향은 전단강도가 커서 자르기 어렵다.

## 34

빈출

**주택의 침실 계획 시 고려할 사항으로 옳지 않은 것은?**

① 침실은 방위상 동쪽이나 남쪽이 이상적이다.
② 침실은 정적이며 프라이버시 확보가 잘 이루어져야 한다.
③ 침대는 외부에서 출입문을 통해 직접 보이도록 배치한다.
④ 현관, 출입구에서 떨어진 조용한 곳에 있어야 한다.

**해설**

침대는 외부에서 출입문을 통해 직접 보이지 않도록 배치하는 것이 좋다.

## 35

**일조 계획에 관한 설명으로 옳지 않은 것은?**

① 건물간의 인동간격은 넓게 하고, 건물은 남향 또는 남동향 배치한다.
② 차양, 수평루버는 남향이나 높은 고도 태양광선에 효과적으로 적용된다.
③ 수직루버는 서향이나 낮은 고도 태양광선에 효과적으로 적용된다.
④ 블라인드는 실외측에 설치하며, 일조 및 일사 조절이 용이하다.

**해설**

블라인드는 실내측에 설치하며, 일조 및 일사 조절이 용이하다.

## 36

빈출

**실내공기오염의 종합적 지표가 되는 오염물질은?**

① 일산화탄소 ② 산소
③ 이산화탄소 ④ 먼지

**해설**

**실내공기오염의 지표:** 이산화탄소($CO_2$)

## 37

**온풍난방의 장단점에 관한 설명으로 옳지 않은 것은?**

① 예열시간이 짧고, 온습도 조절이 쉽다.
② 누수, 동결의 우려가 적으며, 설비비가 저렴하다.
③ 온풍로를 이용하여 가열된 공기를 실내로 직접 공급하므로 쾌감도가 좋다.
④ 소음이 많다.

**해설**

온풍로를 이용하여 가열된 공기를 실내로 직접 공급하므로 쾌감도가 나쁘다.

## 38

**기성 콘크리트 말뚝을 타설할 때 말뚝 직경($D$)에 대한 말뚝의 중심간 거리는?**

① 1.5$D$ 이상　② 2.0$D$ 이상
③ 2.5$D$ 이상　④ 3.0$D$ 이상

**해설**

기성 콘크리트 말뚝 간격은 2.5$D$ 이상이다.

**관련이론 | 말뚝의 종류별 간격($D$: 말뚝머리 지름)**

| 말뚝의 종류 | 말뚝의 중심간격 |
|---|---|
| 나무말뚝 | 2.5$D$ 이상 또한 600mm 이상 |
| 기성 콘크리트 말뚝 | 2.5$D$ 이상 또한 750mm 이상 |
| 강재말뚝 | 2.0$D$ 이상 또한 750mm 이상 |
| 현장타설(제자리) 콘크리트 말뚝 | 2$D$ 이상 또한 $D$+1,000mm 이상 |

## 39

빈출

**다음 합금의 구성요소로 <u>틀린</u> 것은?**

① 황동=구리+아연
② 청동=구리+납
③ 백동=구리+니켈
④ 두랄루민=알루미늄+구리+마그네슘+망간

**해설**

청동은 구리(Cu)+주석(Sn) 합금이다.

**관련이론 | 합금의 종류**

| 구분 | 내용 |
|---|---|
| 구리 합금 | • 황동: 구리 + 아연　• 청동: 구리 + 주석<br>• 백동: 구리 + 니켈　• 양은: 구리 + 니켈 + 아연 |
| 알루미늄 합금 | • 두랄루민: 알루미늄 + 구리 + 마그네슘 + 망간<br>• 실루민: 알루미늄 + 실리콘 |
| 철 합금 | • 스테인리스강: 강철 + 크롬<br>• 특수강: 강철 + 기타 금속<br>• 연철: 철 + 탄소<br>• 내열강: 스테인리스강 + 기타 금속 |

## 40

**다음 중 철골부재접합에 대한 설명으로 옳지 <u>않은</u> 것은?**

① 고장력볼트는 상호부재의 마찰력으로 저항한다.
② 용접은 품질관리가 볼트보다 어렵다.
③ 메탈터치(Metal touch)는 기둥에서 각 부재면을 맞대는 접합방식이다.
④ 용접은 접합부의 강성이 작으며, 응력의 전달이 불확실하다.

**해설**

용접은 접합부의 강성이 크며, 응력의 전달이 확실하다.

## 41

**콘크리트 보양에 관한 내용으로 옳지 <u>않은</u> 것은?**

① 보양은 콘크리트 타설 후 완전히 수화가 되도록 살수 또는 침수시켜 충분하게 물을 공급하고 또 적당한 온도를 유지하는 것이다.
② 수화작용이 충분하도록 건조상태를 유지한다.
③ 콘크리트 타설 후 24시간 이내에는 통행하지 않도록 한다.
④ 콘크리트가 충분히 경화될 때까지 충격이나 하중을 주지 않는다.

**해설**

보양은 수화작용이 충분하도록 습윤상태를 유지한다.

정답 | 32. ③　33. ④　34. ③　35. ④　36. ③　37. ③　38. ③
39. ②　40. ④　41. ②

## 42

빈출

**중앙식 급탕방식에 속하는 것은?**

① 직접가열식 ② 저탕식
③ 순간식 ④ 기수혼합식

**해설**

직접가열식은 중앙식 급탕 방식이다.

**관련이론 | 급탕방식 분류**

- **중앙식 급탕:** 직접가열식, 간접가열식
- **개별식 급탕:** 순간식, 저탕식, 기수혼합식

## 43

**다음 도료 중 안료가 포함되어 있지 않은 것은?**

① 유성페인트 ② 수성페인트
③ 합성수지도료 ④ 유성바니시

**해설**

유성바니시에는 안료가 포함되지 않는다.
**유성바니시:** 천연수지, 가공수지, 석유수지 등과 건성유를 넣고 가열 용융하여 희석한 것으로 무색 또는 담갈색의 도장용 투명 도료이다.

## 44

빈출

**공동(空胴)의 대형 점토 제품으로써 주로 장식용으로 난간벽, 돌림대, 창대 등에 사용되는 것은?**

① 이형벽돌 ② 포도벽돌
③ 테라코타 ④ 테라조

**해설**

테라코타에 대한 설명이다.

**관련이론 | 테라코타(Terracotta)**

- 건물의 외장용으로 사용하는 복잡한 모양이 있는 대형의 점토 제품이나 타일을 말한다.
- 일반 석재보다 가볍고, 압축강도는 화강암의 1/2정도이다.
- 1개의 크기는 제조와 취급상 $0.3m^3$ 이상~$0.5m^3$ 이하가 적당하다.
- 화강암 보다 내화력이 강하고, 대리석 보다 풍화에 강하므로 외장에 적당하다.
- 장식용으로서 난간, 주두, 돌림띠(돌림대) 등에 사용된다.

## 45

**하나의 주호가 1개층으로 구성되며, 주거의 규모가 클 경우 평면상 동선이 길어지는 단점이 있는 평면형식?**

① 단층형 ② 듀플렉스형
③ 트리플렉스형 ④ 스킵플로어형

**해설**

단층형(플랫형, Flat system, Simplex type)에 대한 설명이다.

**관련이론 | 아파트의 단면형식 분류**

- **플랫형:** 하나의 주호가 1개층으로 구성된다.
- **듀플렉스형:** 하나의 주호가 2개층으로 구성된다.
- **트리플렉스형:** 하나의 주호가 3개층으로 구성된다.
- **스킵플로어형:** 하나의 주호가 경사지게 2개층으로 반층씩 어긋나게 구성된다.

## 46

고난도

**열전도(Heat conduction)에 관한 설명으로 옳지 않은 것은?**

① 고체 내부 또는 정지 유체에서 열류 상황을 말한다.
② 벽이나 바닥 등의 두께에 관계된다.
③ 열전도율의 단위는 W/mK 또는 kcal/mh℃이다.
④ 작은 공극이 많으면 열전도율이 커진다.

**해설**

고체 재료의 밀도가 높은 경우에 열전도율은 커지며, 작은 공극이 많으면 열전도율이 작아진다.

## 47

**디자인 원리에서 규칙적인 요소들의 반복으로 디자인에 시각적인 질서를 부여하는 원리는?**

① 리듬(Rhythm) ② 통일성(Unity)
③ 비례(Proportion) ④ 균형(Balance)

**해설**

**리듬:** 규칙적인 요소들의 반복으로 디자인에 시각적인 질서를 부여하며 부분과 부분 사이에 시각적으로 강한 힘과 약한 힘이 규칙적으로 연속될 때 나타난다.

## 48

빈출

**주택에서 다른 공간에 비하여 프라이버시 유지가 가장 많이 요구되는 곳은?**

① 침실　② 거실
③ 식당　④ 현관

**해설**

침실은 사적공간이며 휴식을 위한 공간으로서, 다른 공간에 비하여 프라이버시 유지가 가장 많이 요구된다.

## 49

빈출

**제도용지 A3의 크기는?**

① 594×841mm　② 420×594mm
③ 297×420mm　④ 210×297mm

**해설**

**건축제도용지 크기**

- **A0 용지:** 841×1,189mm
- **A1 용지:** 594×841mm(A0 용지의 1/2 크기)
- **A2 용지:** 420×594mm(A0 용지의 1/4 크기)
- **A3 용지:** 297×420mm(A0 용지의 1/8 크기)
- **A4 용지:** 210×297mm(A0 용지의 1/16 크기)

## 50

**송풍에 의한 내압으로 외기압보다 약간 높은 압력을 주고, 압력에 의한 장력으로 공간 및 구조적인 안정성을 추구한 건축구조는?**

① 절판구조　② 공기막구조
③ 셸구조　④ 현수구조

**해설**

공기막구조는 송풍에 의한 내압으로 외기압보다 약간 높은 압력을 주고, 압력에 의한 장력으로 공간 및 구조적인 안정성을 추구한 건축구조이며, 내부와 외부의 기압차에 의해 막면에 장력을 주는 지붕에 많이 적용된다.

## 51

**장방형 슬래브에서 단변 방향으로 배치하는 인장철근의 명칭은?**

① 늑근　② 온도철근
③ 주근　④ 배력근

**해설**

**슬래브의 주근과 부근**

- **주근:** 슬래브의 단변 방향의 인장철근
- **부근(배력근):** 슬래브의 장변 방향의 인장철근

## 52

**유리 원료에 산화납 성분을 포함시킨 유리의 특징은?**

① 태양광선 중 열선을 흡수한다.
② X선 차단성이 커진다.
③ 자외선을 차단시키는 효과가 커진다.
④ 자외선을 흡수하는 성질이 커진다.

**해설**

유리 원료에 산화납 성분을 포함시키면 X선 차단성이 커진다.

**정답** | 42. ①　43. ④　44. ③　45. ①　46. ④　47. ①　48. ①　49. ③　50. ②　51. ③　52. ②

## 53

**콘크리트용 골재에 대한 설명으로 옳지 않은 것은?**

① 골재의 표면은 거칠고, 모양은 구형에 가까운 것이 가장 좋다.
② 골재는 유해량 이상의 염분을 포함하지 않아야 한다.
③ 골재는 잔 것과 굵은 것이 골고루 혼합된 것이 좋다.
④ 골재의 강도는 경화된 시멘트 페이스트의 최대강도 이하이어야 한다.

**해설**

시멘트 풀(Paste)의 강도 이상으로 한다.

**관련이론 | 골재의 품질**

- 골재의 강도는 시멘트 풀(Paste)의 강도 이상으로 한다.
- 골재의 표면은 거칠고, 모양은 구형에 가까운 것이 좋다.
- 골재는 잔 것과 굵은 것이 고루 혼합된 것이 좋다.
- 골재는 유해량 이상의 염분을 포함하지 않아야 한다.
- 내마멸성이 있고, 화재에 견딜 수 있는 성질을 갖추어야 한다.

## 54

**건축법령상 승용승강기를 설치하여야 하는 대상 건축물 기준으로 옳은 것은?**

① 5층 이상으로 연면적 500m$^2$ 이상인 건축물
② 5층 이상으로 연면적 1,000m$^2$ 이상인 건축물
③ 6층 이상으로 연면적 1,500m$^2$ 이상인 건축물
④ 6층 이상으로 연면적 2,000m$^2$ 이상인 건축물

**해설**

**승용승강기 설치 대상 건축물:** 6층 이상으로 연면적 2,000m$^2$ 이상인 건축물이다.

## 55

빈출

**보강블록구조에서 테두리보를 설치하는 이유로 옳지 않은 것은?**

① 하중을 균등히 분포시키기 위해
② 집중하중을 받는 블록의 보강을 위해
③ 횡력에 의해 발생하는 수직균열의 발생을 막기 위해
④ 세로철근의 정착을 생략하기 위해

**해설**

테두리보는 조적조의 벽체 상부를 둘러대는 보를 말하며, 보강블록조에서 세로철근의 끝을 정착시키는 역할을 한다.

**관련이론 | 테두리보 역할**

- 벽체를 일체화하여 벽체의 강성을 증대시킨다.
- 부동침하나 지진 발생 시 하중을 균등하게 분포시킨다.
- 횡력에 의한 벽면의 수직균열을 방지하며, 수축균열 발생을 최소화한다.
- 세로철근의 끝을 테두리보에 정착시킬 수 있다.

## 56

**철근콘크리트 보에서 압축철근을 사용하는 이유와 가장 거리가 먼 것은?**

① 전단내력 증진　② 장기처짐 감소
③ 연성거동 증진　④ 늑근의 설치 용이

**해설**

전단내력의 증진을 위해서 인장철근을 배치한다.

**철근콘크리트 보에서 압축철근의 역할**

- 장기처짐 감소
- 연성거동 증진
- 철근조립 및 늑근의 설치 용이

## 57

빈출

**아파트의 평면 형식 중 계단실형에 관한 설명으로 옳지 않은 것은?**

① 대지 이용률이 가장 높다.
② 채광 및 통풍이 유리하다.
③ 독립성 측면에서 우수하다.
④ 복도가 없으므로 전용면적을 늘릴 수 있다.

**해설**

대지 이용률이 가장 높은 것은 집중형 평면 형식이다.

**관련이론 | 계단실형 및 홀형 아파트의 특성**

- 계단 또는 엘리베이터 홀로부터 직접 주거 단위로 들어가는 형식이다.
- 세대 내 거주의 프라이버시가 가장 양호하다.
- 복도나 통행부의 면적이 작아서 건물의 이용도가 높다.
- 건물 이용도 및 전용면적비를 높일 수 있다.
- 세대 내의 채광 및 통풍이 유리하다.

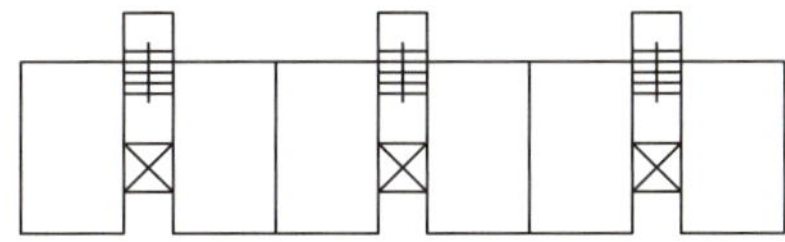

## 58

빈출

**벽, 기둥 등의 모서리 부분에 미장바름을 보호하기 위해 사용되는 철물은?**

① 코너비드　　② 듀벨
③ 논슬립　　④ 힌지

**해설**

코너비드(Corner bead)는 기둥이나 벽의 모서리에 대어 미장바름의 모서리가 상하지 않도록 보호하는 철물이다.

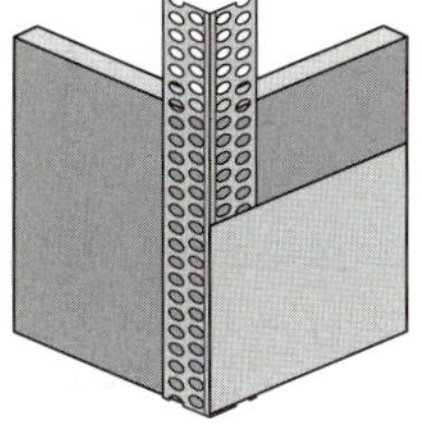

## 59

**다음 수종 중 침엽수가 아닌 것은?**

① 소나무　　② 삼나무
③ 잣나무　　④ 단풍나무

**해설**

단풍나무는 활엽수이다.

**관련이론**

**침엽수:** 소나무, 잣나무, 전나무, 삼나무, 낙엽송 등
**활엽수:** 단풍나무, 느티나무, 오동나무, 너도밤나무, 참나무, 동백나무, 벚나무 등

## 60

**목재의 이음과 맞춤을 할 때 주의사항으로 옳지 않은 것은?**

① 공작이 간단하고 튼튼하게 접합을 한다.
② 이음·맞춤의 단면은 응력의 방향에 직각으로 한다.
③ 이음·맞춤의 위치는 응력이 큰 곳에 한다.
④ 부재는 될 수 있는 한 적게 깎아 내야 한다.

**해설**

목재의 이음과 맞춤의 위치는 응력이 작은 곳에서 한다.

**관련이론 | 목재의 이음과 맞춤 시 주의사항**

- 이음과 맞춤은 응력이 작은 곳에서 한다.
- 이음과 맞춤의 단면은 응력의 방향에 직각으로 한다.
- 부재는 될 수 있는 한 적게 깎아 낸다.
- 공작이 간단하고 튼튼한 접합을 선택한다.
- 맞춤면은 정확히 가공하여 서로 밀착되어 빈틈이 없어야 한다.
- 접합부분에 작용하는 응력이 균일하도록 배치한다.

**정답** | 53. ④　54. ④　55. ④　56. ①　57. ①　58. ①　59. ④　60. ③

2019년

# 2018년 | 2회 CBT 복원문제

## 01

**열과 관련된 용어에 대한 설명으로 틀린 것은?**

① 열전도율의 단위로는 W/m · K가 사용된다.
② 질량 1g의 물체의 온도를 1℃ 올리는 데 필요한 열량을 그 물체의 비열이라 한다.
③ 열용량이란 물체에 열을 저장할 수 있는 용량을 말한다.
④ 금속재료와 같이 열에 의해서 고체에서 액체로 변하는 경계점이 뚜렷한 것을 연화점이라 한다.

**해설**

**용융점:** 금속재료와 같이 열에 의해서 고체에서 액체로 변하는 경계점의 온도를 말한다.
**연화점:** 아스팔트, 유리와 같이 경계점이 불분명하며, 단단한 것이 부드럽고 무르게 되기 시작하는 온도를 말한다.

## 02

고난도

**재료에 열을 계속 가하면 불에 닿지 않고도 자연 발화하게 되는 온도는?**

① 인화점　　② 착화점
③ 용융점　　④ 끓는점

**해설**

착화점에 대한 설명이다.

## 03

빈출

**통기방식 중 트랩마다 통기되기 때문에 가장 안정도가 높은 방식은?**

① 각개 통기방식　　② 결합 통기방식
③ 루프 통기방식　　④ 신정 통기방식

**해설**

각개 통기방식은 위생 기구의 트랩마다 각각 통기관을 설치하며, 통기의 안정도가 높지만 개별 설치로서 시설비가 비싸다.

**관련이론**

**루프 통기방식:** 회로 통기관 또는 환상 통기관을 말하며, 최상류 바로 아래 설치하고 1개의 통기관이 8개 이내의 트랩을 보호한다.
**신정 통기방식:** 배수 수직관을 상단 연장하고 대기 중에 개방하여 옥상에 돌출시킨 것으로, 배관 길이에 비해 성능이 우수하다.

## 04

빈출

**건물 각층 벽면에 호스, 노즐, 소화전 밸브를 내장한 소화전함을 설치하고 화재 시에는 호스를 끌어낸 후 화재 발생지점에 물을 뿌려 소화시키는 설비는?**

① 옥내소화전설비　　② 드렌처설비
③ 옥외소화전설비　　④ 스프링클러설비

**해설**

옥내소화전설비에 대한 설명이다.

**관련이론**

**드렌처설비(Drencher):** 건축물의 창, 외벽, 지붕 등에 설치하여 인접 건물의 화재 시 방수로 인해 수막을 형성하여 화재를 방지하는 설비이다.
**옥외소화전설비:** 1층 및 2층의 화재를 초기 소화하여 화재가 상층부로 확대되는 것을 방지할 목적으로 소방대상물의 옥외에 설치하는 소화설비이다.
**스프링클러설비:** 배관에 의하여 천장 또는 벽에 열 감지 및 살수하는 설비로서 화재 발생 시 자동적으로 감지하여 스프링클러 헤드에서 방수되는 설비를 말한다.

## 05

빈출

**블록구조에 테두리보를 설치하는 이유로 옳지 않은 것은?**

① 횡력에 의해 발생하는 수직균열의 발생을 막기 위해
② 집중하중을 받는 블록의 보강을 위해
③ 하중을 균등히 분포시키기 위해
④ 세로철근의 정착을 생략하기 위해

**해설**
테두리보는 조적조의 벽체 상부를 둘러대는 보를 말하며, 보강블록조에서 세로철근의 끝을 정착시키는 역할을 한다.

**관련이론 | 테두리보 역할**
- 벽체를 일체화하여 벽체의 강성을 증대시킨다.
- 부동침하나 지진 발생 시 하중을 균등하게 분포시킨다.
- 횡력에 의한 벽면의 수직균열을 방지하며, 수축균열 발생을 최소화한다.
- 세로철근의 끝을 테두리보에 정착시킬 수 있다.

## 06

**고력볼트접합에 대한 설명으로 틀린 것은?**

① 고력볼트접합의 종류는 마찰접합이 유일하다.
② 접합부의 강성이 높다.
③ 피로강도가 높다.
④ 정확한 계기공구로 죄어 일정하고 정확한 강도를 얻을 수 있다.

**해설**
**고력볼트접합 방법:** 마찰접합, 지압접합, 인장접합

## 07

**구조용 재료에 요구되는 성질과 가장 거리가 먼 것은?**

① 큰 재료를 용이하게 얻을 수 있어야 한다.
② 색채와 촉감이 좋은 것이어야 한다.
③ 내구성, 내화성이 큰 것이어야 한다.
④ 재질이 균일하고 강도가 큰 것이어야 한다.

**해설**
색채와 촉감은 마감용 재료에 요구되는 성질이다.

**관련이론 | 구조용 재료에 요구되는 성질**
- 재질이 균일하고 강도가 큰 것이어야 한다.
- 가볍고, 가공성이 좋은 것이어야 한다.
- 내구성, 내화성이 큰 것이어야 한다.
- 큰 재료를 용이하게 얻을 수 있어야 한다.

## 08

**콘크리트용 혼화제 중 콘크리트의 발열량을 높게 하는 것은?**

① AE제 ② 경화촉진제
③ 포졸란 ④ 방수제

**해설**
경화촉진제는 보통 염화칼슘이 사용된다. 시멘트와 물의 화학반응으로 응결을 촉진시킴으로써 조기 강도를 얻을 수 있으며, 발열량이 증가된다.

## 09

**잔향시간의 특성에 관한 설명으로 옳지 않은 것은?**

① 실의 용적에는 비례하고, 흡음력에는 반비례한다.
② 음원의 위치, 측정 위치, 흡음재료의 설치 위치와는 무관하다.
③ 일반적으로는 실의 형태와는 무관하다고 본다.
④ 음악을 주로 하는 실은 잔향시간을 비교적 짧게 계획한다.

**해설**
음악을 주목적으로 하는 실은 잔향시간을 비교적 길게 계획한다.

**관련이론 | 잔향시간($T$)**

$$T = K \cdot \frac{V}{A}$$

여기서, $K$(비례상수): 0.162
$V$: 실용적
$A$: 흡음력(평균 흡음률($\alpha$)×실내 표면적)

**정답** | 01. ④ 02. ② 03. ① 04. ① 05. ④ 06. ① 07. ② 08. ② 09. ④

2018년

## 10

**투상도의 종류 중 X, Y, Z의 기본 축이 120°씩 화면으로 나누어 표시되는 것은?**

① 등각 투상도　② 유각 투상도
③ 부등각 투상도　④ 이등각 부등각

**해설**

**등각 투상도:** 물체의 정면, 평면, 측면 등을 하나의 투상도에 나타내는 투상법이며, 직각 좌표계의 세 좌표축(X, Y, Z의 기본 축)이 서로 120°를 이루며 그려진다.

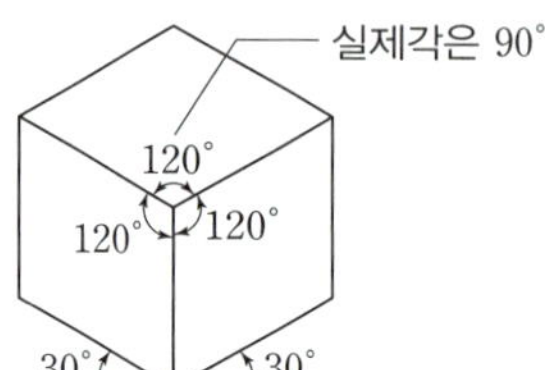


## 11

빈출

**사각형 단면의 철근콘크리트 기둥에서 띠철근을 사용하는 가장 주된 목적은?**

① 주근의 좌굴을 막기 위하여
② 콘크리트의 수축 변형을 막기 위하여
③ 콘크리트의 압축강도를 증가시키기 위하여
④ 주근 단면을 보강하기 위하여

**해설**

철근콘크리트 기둥에서 띠철근은 주근의 좌굴을 막는 역할을 한다.

**띠철근(Tie bar, Hoop):** 기둥의 주근을 보강하며, 좌굴을 방지하고 간격유지 등을 위하여 주근에 직각으로 감아대는 철근이다.

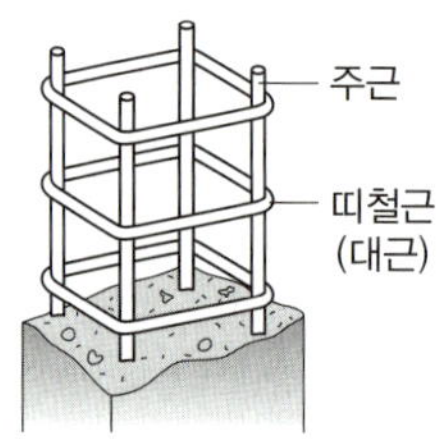


## 12

빈출

**건축도면에서 보이지 않는 부분의 표시에 사용되는 선의 종류는?**

① 파선　② 1점 쇄선
③ 가는 실선　④ 2점 쇄선

**해설**

파선은 건축도면에서 보이지 않는 부분을 표시한다.

**관련이론 | 선의 종류(KS F 1501)**

| 선의 종류 | | 사용 방법 |
|---|---|---|
| 실선 | ——— (굵은선) | 단면의 윤곽 표시 |
| | ——— (중간선) | 보이는 부분의 윤곽 표기 또는 좁거나 작은 면의 단면 부분 윤곽 표시 |
| | ——— (가는선) | 치수선, 치수보조선, 인출선, 격자선 |
| 파선, 점선 | -------- | 보이지 않는 부분이나 절단면보다 양면 또는 윗면에 있는 부분의 표시 |
| 1점 쇄선 | —·—·— | 중심선, 절단선, 기준선, 경계선, 참고선 |
| 2점 쇄선 | —··—··— | 상상선 또는 1점 쇄선과 구별할 필요가 있을 때 |

## 13

**재료의 내구성에 영향을 주는 요인에 대한 설명 중 틀린 것은?**

① 내마모성은 기계적 반복 작용 등에 대한 마모작용에 저항하는 성질을 말한다.
② 내식성은 목재의 부식, 철강의 녹 등의 작용에 대해 저항하는 성질을 말한다.
③ 내화학약품성은 균류, 충류 등의 작용에 대해 저항하는 성질을 말한다.
④ 내후성은 건습, 온도변화, 동해 등에 의한 기후변화 요인에 대한 풍화작용에 저항하는 성질을 말한다.

**해설**

**내화학약품성:** 화학 약품에 변형되거나 변질되지 않고 잘 견디는 성질이다.

**내생물성:** 균류, 충류 등의 작용에 대해 저항하는 성질이다.

## 14

**석재의 표면마감 방법 중 인력에 의한 방법에 해당되지 않는 것은?**

① 정다듬 ② 혹두기
③ 버너마감 ④ 도드락다듬

**해설**
버너마감은 기계다듬 방법이다.

**관련이론 | 인력에 의한 석재 표면마감**
혹두기, 정다듬, 도드락다듬, 잔다듬, 줄다듬이 있다.

## 15

**재질이 가볍고 투명성이 좋아 채광을 필요로 하는 대공간 지붕구조로 가장 적합한 것은?**

① 막구조 ② 셸구조
③ 절판구조 ④ 케이블구조

**해설**
막구조에 대한 설명이다.

**관련이론 | 막구조의 종류**
- **골조막구조(Framed membrane structure):** 강성골조 위에 마감재로서 막재를 사용한 경우이다.
- **공기막구조:** 공기지지방식(Air−supported)과 공기팽창방식(Air−inflated)으로 나눌 수 있다.
- **현수막구조:** 막구조에 케이블이 보강된 복합구조시스템이다.

## 16

**주택의 평면계획에 관한 일반적 내용에서 옳지 않은 것은?**

① 실의 배치는 상호 유기적인 관계를 갖도록 계획한다.
② 평면에서의 공간 구성 및 배치 과정에서는 입면적 구성요소에 대한 계획을 고려할 필요가 없다.
③ 평면계획 시 각 공간에서의 생활행위를 분석한 후, 공간 규모와 치수를 결정한다.
④ 평면계획은 동선계획과 함께 고려하여 진행한다.

**해설**
평면에서의 공간 구성 및 배치 과정에서 입면적 구성요소에 대한 고려도 함께 수행한다.

## 17

빈출

**연약지반에 건축물을 축조할 때 부동침하를 방지하는 대책으로 옳지 않은 것은?**

① 건물의 강성을 높일 것
② 지하실을 강성체로 설치할 것
③ 건물의 중량을 크게 할 것
④ 건물은 너무 길지 않게 할 것

**해설**
건물의 중량을 작게 한다.

**부동침하 방지대책**
- 건물의 강성을 높일 것
- 지하실을 강성체로 설치할 것
- 건물의 중량을 작게 할 것
- 건물은 너무 길지 않게 할 것
- 인접건물과의 거리를 멀게 할 것

## 18

**건축물의 큰 보의 간 사이에 작은 보(Beam)를 짝수로 배치할 때의 주된 장점은?**

① 미관이 뛰어나다.
② 큰 보의 중앙부에 작용하는 하중이 작아진다.
③ 층고를 낮출 수 있다.
④ 공사하기가 편리하다.

**해설**
보의 간 사이에 작은 보(Beam)를 짝수로 배치할 경우 보의 중앙부에 작용하는 하중이 작아진다.

**정답** | 10. ① 11. ① 12. ① 13. ③ 14. ③ 15. ① 16. ② 17. ③ 18. ②

2018년

## 19

빈출

**2방향 슬래브는 슬래브의 단변에 대한 장변의 길이의 비(장변/단변)가 얼마 이하일 때부터 적용할 수 있는가?**

① 1/2 ② 1
③ 2 ④ 3

**해설**

1방향 슬래브는 $\frac{장변}{단변} > 2.0$, 2방향 슬래브는 $\frac{장변}{단변} \leq 2.0$이다.

## 20

빈출

**강화 판유리에 대한 설명으로 틀린 것은?**

① 유리를 500~600℃로 가열한 다음 특수 장치를 이용하여 급랭한 것이다.
② 열처리를 한 후에는 가공 절단이 불가능하다.
③ 보통 유리의 3~5배의 강도를 가지고 있다.
④ 유리 파편에 의한 부상이 다른 유리에 비하여 많다.

**해설**

강화유리는 다른 유리에 비하여 안전하다.

**관련이론 | 강화유리**

- 600℃ 가열하여 급랭시킨 안전유리로서, 파괴 시 작은 조각으로 분산되어 일반유리보다 안전하다.
- 인장 및 압축강도가 보통 판유리의 3~5배, 휨강도는 6배 정도이다.
- 내열성이 있어 200℃ 이상의 고온에도 잘 견딘다.
- 자동차, 선박, 무테문 등에 사용된다.

## 21

빈출

**금속의 부식방지법으로 틀린 것은?**

① 균질의 재료를 사용할 것
② 상이한 금속은 접촉시켜 사용하지 말 것
③ 부분적인 녹은 즉시 처리할 것
④ 도금이나 합금하지 않을 것

**해설**

도금이나 합금으로 금속의 부식을 방지할 수 있다.

**금속의 부식방지법**

- 표면은 깨끗하게 하고, 특히 물기나 습기가 없도록 할 것
- 상이한 금속은 접촉시켜 사용하지 말 것
- 균질의 재료를 사용할 것
- 부분적인 녹은 즉시 처리할 것
- 필요한 경우 도금이나 합금으로 부식을 방지할 것

## 22

**배수관 속의 악취, 유독 가스 및 벌레 등이 실내로 침투하는 것을 방지하기 위하여 설치하는 것은?**

① 트랩 ② 통기관
③ 부스터 ④ 냉각탑

**해설**

**트랩:** 배수관 속의 악취, 유독 가스 및 벌레 등이 실내로 침투하는 것을 방지하기 위하여 봉수를 고이게 하는 기구이다.

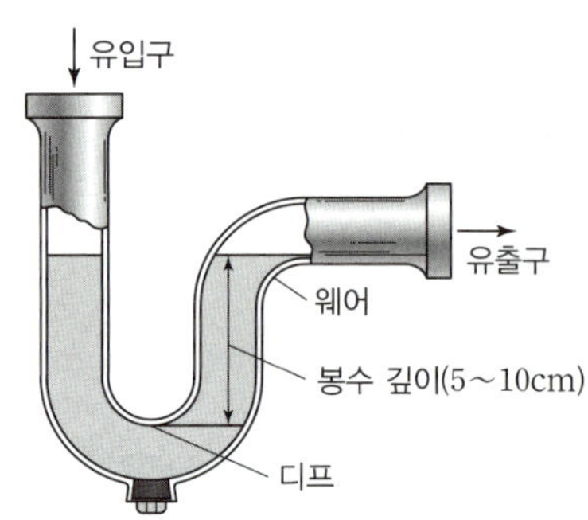


## 23

**건축물의 에너지절약을 위한 내용으로 옳지 않은 것은?**

① 실의 용도 및 기능에 따라 수평, 수직으로 조닝계획을 한다.
② 공동주택은 인동간격을 넓게 하여 저층부의 일사 수열량을 증가시킨다.
③ 거실의 층고 및 반자 높이는 실의 용도와 기능에 지장을 주지 않는 범위 내에서 가능한 한 낮게 한다.
④ 건축물의 체적에 대한 외피면적의 비 또는 연면적에 대한 외피면적의 비는 가능한 한 크게 한다.

**해설**

건축물의 체적에 대한 외피면적의 비 또는 연면적에 대한 외피면적의 비는 가능한 한 작게 한다.

## 24

**철골구조에서 H형강보의 플랜지 부분에 커버 플레이트를 사용하는 가장 주된 목적은?**

① H형강의 부식을 방지하기 위해서
② 집중하중에 의한 전단력을 감소시키기 위해서
③ 덕트 배관 등에 사용할 수 있는 개구부를 확보하기 위해서
④ 휨내력을 보강하기 위해서

**해설**

커버 플레이트(Cover plate)는 플랜지의 단면이 부족할 때 또는 보의 휨내력을 보강하기 위해 사용하는 강판이다.

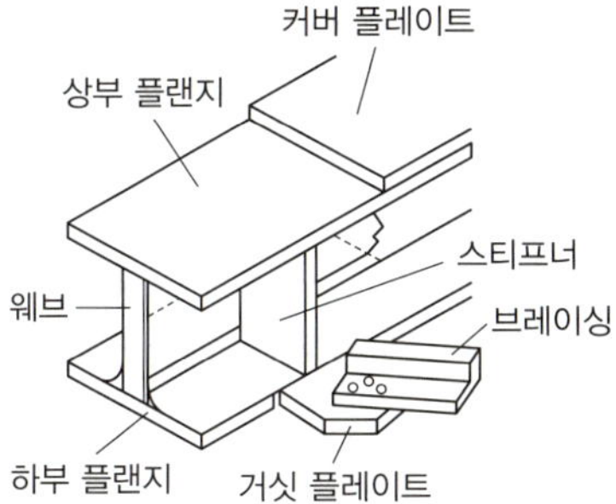


## 25

**지진력에 대하여 저항시킬 목적으로 구성한 벽은?**

① 대린벽 ② 장막벽
③ 칸막이벽 ④ 내진벽

**해설**

내진벽은 지진력에 대하여 저항시킬 목적으로 구성하는 벽이다.

**관련이론 | 내진벽의 배치**

- 위 · 아래층의 동일한 위치에 배치한다.
- 하부층에 많이 배치한다.
- 균형을 고려하여 평면상으로 둘 이상의 교점을 가지도록 배치한다.
- 하중을 고르게 부담하도록 배치한다.

## 26

**목재 제품 중 일반건물의 벽 수장재로 사용되는 것은?**

① 플로링 보드 ② 코펜하겐 리브
③ 파키트리 패널 ④ 파키트리 블록

**해설**

**코펜하겐 리브(Copenhagen rib):** 목재를 두께 30~50mm 정도, 너비 100mm 정도의 긴 판으로 가공하고 표면을 리브 형태로 제작한 제품으로 벽면 수장재로 사용한다.

## 27

빈출

**장래에 요구되는 건축재료의 발전 방향이 아닌 것은?**

① 고품질, 고성능화 ② 재료의 규격화 및 합리화
③ 공장 프리패브화 ④ 현장시공화

**해설**

현장시공화는 관계가 없다.

**건축 생산재 발전 방향**

- 표준화, 규격화, 합리화
- 공업화(프리패브화) 및 생산성
- 고품질, 고성능화
- 에너지 절약화

## 28

**건축허가신청에 필요한 설계도서에 속하지 않는 것은?**

① 건축계획서 ② 평면도
③ 투시도 ④ 배치도

**해설**

투시도는 건축허가신청에 필요한 설계도서에 포함되지 않는다.

**건축허가신청에 필요한 설계도서:** 건축계획서, 배치도, 평면도, 입면도, 단면도, 구조도, 구조계산서, 소방설비도

**정답** | 19. ③ 20. ④ 21. ④ 22. ① 23. ④ 24. ④ 25. ④ 26. ② 27. ④ 28. ③

## 29

빈출

**투시도법에 사용되는 용어의 표시가 옳지 않은 것은?**

① 시점: E.P ② 소점: V.P
③ 화면: P.P ④ 수평면: G.L

**해설**

수평면은 H.P(Horizontal Plane)로 표시한다.

**관련이론 | 투시도에 사용되는 용어의 기호**

- **화면(P.P; Picture Plane):** 대상물과 사람 사이의 수직면
- **기선(G.L; Ground Line):** 화면과 지반면이 만나는 선
- **시선(Line of Sight):** 시점과 공간의 점을 연결한 선
- **시점(E.P; Eye Point):** 대상물을 보는 사람의 눈 위치
- **수평선(H.L; Horizontal Line):** 눈높이와 화면의 교차선
- **수평면(H.P; Horizontal Plane):** 눈높이와 수평한 면
- **소점(V.P; Vanishing Point, 소실점):** 물체의 각 점이 수평선상에 모이는 점
- **정점(S.P; Standing Point):** 사물을 보는 사람이 서있는 위치

## 30

**건축구조의 구성방식에 의한 분류에 속하지 않는 것은?**

① 가구식 구조 ② 일체식 구조
③ 습식 구조 ④ 조적식 구조

**해설**

습식 구조는 시공방식에 의한 분류이다.

**관련이론 | 건축구조의 분류**

| 분류방법 | 종류 |
|---|---|
| 구성방식 | 가구식 구조, 일체식 구조, 조적식 구조 등 |
| 사용재료 | 목구조, 벽돌구조, 철근콘크리트구조, 철골구조, 철골철근콘크리트구조, 블록구조 등 |
| 형상 | 돔구조, 셸구조, 막구조, 스페이스프레임구조, 케이블구조, 절판구조 등 |
| 시공방식 | 건식 구조, 습식 구조, 조립식 구조 등 |

## 31

**다음 중 단면도에 표시되는 사항은?**

① 반자높이 ② 주차동선
③ 건축면적 ④ 대지경계선

**해설**

단면도에는 대지의 경사 및 지형면, 각 층의 층고, 반자높이, 보의 위치 및 크기, 마감레벨 및 지반레벨과의 관계, 창높이, 계단실, 처마 등을 표시한다.

## 32

빈출

**벽돌조에서 대린벽으로 구획된 벽의 길이가 7m일 때 개구부의 폭의 합계는 총 얼마까지 가능한가?**

① 1.7m ② 2.5m
③ 3.5m ④ 4.7m

**해설**

개구부의 폭의 합계는 대린벽으로 구획된 벽의 길이 7m의 1/2인 3.5m 이하로 하여야 한다.

**관련이론 | 조적식 구조의 개구부**

① 각 층의 대린벽으로 구획된 각 벽에 있어서 개구부의 폭의 합계는 그 벽의 길이의 2분의 1 이하로 하여야 한다.
② 하나의 층에 있어서의 개구부와 그 바로 위층에 있는 개구부와의 수직거리는 600mm 이상으로 하여야 한다.

## 33

**건축물의 표면 마무리, 인조석 제조 등에 사용되며 구조체의 축조에는 거의 사용되지 않는 시멘트는?**

① 조강 포틀랜드 시멘트 ② 플라이애시 시멘트
③ 고로슬래그 시멘트 ④ 백색 포틀랜드 시멘트

**해설**

백색 포틀랜드 시멘트는 수경성의 순 백색시멘트로 다양한 색상 표현이 가능하며, 강도와 내구성이 뛰어나서 내장재로서 건축물의 표면 마무리, 인조석 제조 등에 사용되지만, 구조체의 축조에는 거의 사용되지 않는다.

## 34

고난도

**빛의 기본색으로서 색광의 삼원색이 아닌 것은?**

① 빨강(Red) ② 녹색(Green)
③ 파랑(Blue) ④ 노랑(Yellow)

**해설**

노랑은 색광의 삼원색에 해당하지 않는다.

**관련이론**

**색광의 삼원색:** 빨강(Red), 녹색(Green), 파랑(Blue)
**색료의 삼원색:** 자주(Magenta), 노랑(Yellow), 청록(Cyan)

## 35

빈출

**조적조의 내력벽으로 둘러싸인 부분의 바닥면적은 몇 $m^2$ 이하로 해야 하는가?**

① $80m^2$ ② $90m^2$
③ $100m^2$ ④ $120m^2$

**해설**

내력벽의 길이의 합계가 그 층의 바닥면적 $1m^2$에 대하여 0.15m 이상이 되도록 하되, 그 내력벽으로 둘러싸인 부분의 바닥면적은 $80m^2$를 넘을 수 없다.

## 36

**초고층 건물의 구조시스템 중 가장 적합하지 않은 것은?**

① 내력벽 시스템 ② 아웃리거 시스템
③ 튜브 시스템 ④ 가새 시스템

**해설**

내력벽 시스템은 초고층 건물 구조에는 적합하지 않다.

**관련이론 | 초고층 건물의 구조시스템**

- 골조－전단벽 구조
- 아웃리거(Outrigger & Belt truss) 시스템
- 튜브 시스템: 골조튜브, 가새튜브, 이중튜브, 묶음튜브
- 가새 골조 시스템
- 메가구조(Mega structure)

## 37

**요소수지에 대한 설명으로 틀린 것은?**

① 열경화성 수지이다.
② 착색이 용이하지 못하다.
③ 내수성이 약하다.
④ 마감재, 가구재 등에 사용된다.

**해설**

요소수지는 착색이 용이하다.

**관련이론 | 요소수지**

- 요소와 폼알데하이드 등의 알데하이드류 축합반응으로 생기는 열경화성 수지이다.
- 무색으로 투명하고, 착색이 용이하다.
- 내수성이 약하며, 수용성인 초기 축합물에 염류(鹽類)를 가하면 상온에서도 경화한다.
- 신장강도가 높고 잘 휘어지며, 열에 의한 비틀림 온도가 높다.
- 마감재, 가구재 등에 사용된다.

## 38

빈출

**증기난방에 대한 설명으로 옳지 않은 것은?**

① 설비비와 유지비가 싸다.
② 증기의 현열을 이용하는 난방이다.
③ 예열시간이 짧고 증기의 순환이 빠르다.
④ 부하변동에 따른 실내 방열량의 제어가 곤란하다.

**해설**

**증기난방:** 증기의 잠열을 이용하는 난방이다.
**온수난방:** 온수의 현열을 이용하는 난방이다.

**관련이론**

**현열:** 물질의 상태를 바꾸지 아니하고, 단순히 온도만 높이거나 낮추는 데 드는 열이다.
**잠열:** 고체가 액체로, 액체가 기체로 변할 때, 단순히 물질의 상태를 바꾸는 데 쓰는 열이다.

**정답** | 29. ④ 30. ③ 31. ① 32. ③ 33. ④ 34. ④ 35. ① 36. ① 37. ② 38. ②

2018년

## 39

빈출

**결로 방지용으로 가장 알맞은 유리는?**

① 강화유리　② 망입유리
③ 복층유리　④ 접합유리

**해설**

복층유리는 결로 방지용으로 우수하다.

**관련이론 | 복층유리**

- 2~3장 유리를 일정한 간격을 두고 내부에 건조공기를 봉입한 유리이다.
- 단열, 방음, 결로 방지용으로 우수하다.
- 차음에 대한 성능은 보통 판유리와 비슷하다.

## 40

**다음의 석재 중 변성암에 속하는 것은?**

① 석회암　② 안산암
③ 응회암　④ 사문암

**해설**

사문암은 변성암의 일종이다.

**관련이론 | 석재의 성인에 의한 분류**

- **화성암:** 화강암, 안산암, 섬록암, 황화석 등
- **수성암:** 사암, 점판암(이판암), 석회암, 응회암 등
- **변성암:** 사문암, 석면, 대리석 등

## 41

**주거 단지의 단위 중 초등학교를 중심으로 한 단위는?**

① 인보구　② 근린분구
③ 근린주구　④ 근린지구

**해설**

근린주구의 중심시설은 초등학교이다.

**관련이론 | 근린주구**

- 초등학교가 중심이 되는 시설이다.
- 주택호수는 약 1,600~2,000호이다.

## 42

**건축법령상 주요구조부에 속하지 않는 것은?**

① 내력벽　② 기둥
③ 최하층 바닥　④ 지붕틀

**해설**

최하층 바닥은 주요구조부에 해당하지 않는다.

**관련이론 | 주요구조부**

내력벽, 기둥, 바닥, 보, 지붕틀 및 주계단을 말한다. 다만, 사이 기둥, 최하층 바닥, 작은 보, 차양, 옥외 계단, 그 밖에 이와 유사한 것으로 건축물의 구조상 중요하지 아니한 부분은 제외한다.

## 43

빈출

**목조 벽체를 수평력에 견디게 하고 횡력 보강으로 안정한 구조로 하는 데 필요한 부재는?**

① 장선　② 멍에
③ 가새　④ 동바리

**해설**

가새(Brace)란 골조의 변형을 방지하기 위하여 대각선 방향으로 넣는 경사재로 횡력(수평력)을 보강하며, 4각형으로 짜여진 뼈대의 변형을 방지하기 위해 대각방향으로 댄 보강재를 말한다.

## 44

**주택의 가사노동의 경감 방법으로 옳지 않은 것은?**

① 가능한 한 넓은 주거를 지향한다.
② 평면에서의 주부의 동선이 단축되도록 한다.
③ 능률이 좋은 부엌 설비와 시설을 갖춘다.
④ 가사실을 갖추어야 한다.

**해설**

주택은 가사노동의 경감을 위해서는 필요 이상의 넓은 주거를 지양한다.

## 45

빈출

**목재의 장점에 해당하는 것은?**

① 재질과 강도가 일정하다.
② 내화성이 좋다.
③ 함수율에 따라 팽창과 수축이 작다.
④ 외관이 아름답고 감촉이 좋다.

**선지분석**

① 재질과 강도가 일정하지 않다.
② 내화성이 좋지 않다.
③ 함수율에 따라 팽창과 수축이 크다.

## 46

**양철판의 구성에 대해 옳게 나타낸 것은?**

① 철판에 알루미늄을 도금한 것
② 철판에 아연을 도금한 것
③ 철판에 주석을 도금한 것
④ 철판에 납을 도금한 것

**해설**

양철판은 얇은 철판(연강판)의 표면에 주석을 도금한 것으로, 도금된 부분이 긁히거나 손상되면 녹이 발생하지만, 아연 도금 강판보다는 내구성이 크다.

## 47

**간접조명에 관한 설명으로 옳지 않은 것은?**

① 조명이 천장이나 벽면에 반사되어 아래쪽으로 비추므로 눈부심이 덜하다.
② 조명 능률은 떨어지지만 음영이 부드럽다.
③ 그림자가 생기기 쉽고, 입체적인 형태의 식별에 유리하다.
④ 균일한 조도와 안정된 분위기를 유지할 수 있다.

**해설**

③은 직접조명에 대한 설명이다.

## 48

**벽돌 조적조에서 상부의 하중을 전 벽면에 균등하게 분포시키도록 하는 줄눈은?**

① 막힌줄눈　　② 빗줄눈
③ 통줄눈　　④ 오목줄눈

**해설**

막힌줄눈에 대한 설명이다.

**관련이론 | 막힌줄눈과 통줄눈**

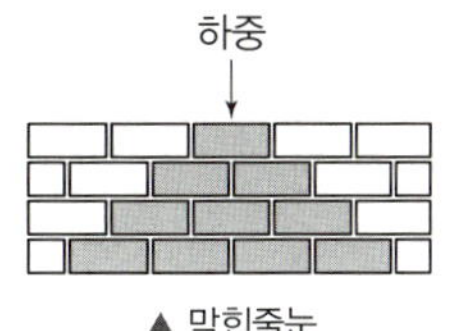

▲ 막힌줄눈

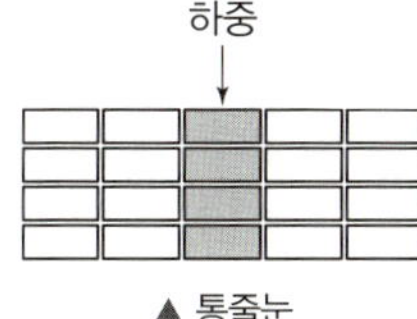

▲ 통줄눈

## 49

고난도

**KS F 3126(치장 목질 마루판)에서 요구하는 치장 목질 마루판의 성능기준과 관련된 시험항목에 해당되지 않는 것은?**

① 압축강도　　② 내마모성
③ 접착성　　④ 폼알데하이드 방출량

**해설**

압축강도 시험은 주로 콘크리트, 플라스틱, 금속 등의 재료 시험에 해당된다.

**관련이론 | 치장 목질 마루판의 주요 시험항목(KS F 3126)**

- 휨강도, 평면 인장강도
- 내마모성, 내충격성, 내오염성
- 접착 성능, 내한성, 내열성, 폼알데하이드 방출량 등

**정답** | 39. ③　40. ④　41. ③　42. ③　43. ③　44. ①　45. ④　46. ③　47. ③　48. ①　49. ①

## 50

**블론 아스팔트를 휘발성 용제로 희석한 흑갈색의 액체로서, 콘크리트, 모르타르 바탕에 아스팔트 방수층 또는 아스팔트 타일 붙이기 시공을 할 때 사용되는 초벌용 도료는?**

① 아스팔트 펠트　② 아스팔트 코팅
③ 아스팔트 루핑　④ 아스팔트 프라이머

**해설**
아스팔트 프라이머에 대한 설명이다.

## 51

**다음 중 콘크리트 설계기준강도를 의미하는 것은?**

① 콘크리트 타설 후 28일 인장강도
② 콘크리트 타설 후 28일 압축강도
③ 콘크리트 타설 후 7일 인장강도
④ 콘크리트 타설 후 7일 압축강도

**해설**
**콘크리트 설계기준강도:** 콘크리트 부재의 설계 시 기준이 되는 콘크리트의 강도이며, 일반적으로 콘크리트 타설 후 28일 압축강도를 의미한다.

## 52

빈출

**철근콘크리트 사각형 기둥에는 주근을 최소 몇 개 이상 배근해야 하는가?**

① 2개　② 4개
③ 6개　④ 8개

**해설**
사각형 기둥이므로 4개 이상이다.

**관련이론 | 주근의 최소개수**
- 사각형이나 원형 띠철근으로 둘러싸인 경우: 4개 이상
- 나선철근으로 둘러싸인 철근의 경우: 6개 이상

## 53

**도면에 척도를 기입해야 하는데 그림의 형태가 치수에 비례하지 않을 경우 표시방법으로 옳은 것은?**

① US　② DS
③ NS　④ KS

**해설**
도면에 척도를 기입하는 경우, 그림의 형태가 치수에 비례하지 않을 경우 NS(No Scale)로 표시한다.

## 54

빈출

**대지에 이상전류를 방류 또는 계통구성을 위해 의도적이거나 우연하게 전기회로를 대지 또는 대지를 대신하는 전도체에 연결하는 전기적인 접속을 무엇이라 하는가?**

① 절연　② 접지
③ 피뢰　④ 피복

**해설**
접지에 대한 설명이다.

## 55

**목재를 충분히 건조시킨 다음 균열이나 이음부에 솔 등으로 방부제를 도포하는 방법은?**

① 도포법　② 주입법
③ 침지법　④ 표면탄화법

**해설**
도포법에 대한 설명이다.

**관련이론 | 목재의 방부처리법**
도포법, 주입법, 침지법, 표면탄화법, 생리적 주입법 등

## 56

빈출

**벽돌조의 내쌓기에서 벽체의 내밀 수 있는 한도는?**

① 1.0B　② 1.5B
③ 2.0B　④ 2.5B

**해설**

내쌓기 한도는 2.0B이다.

**관련이론 | 내쌓기**

- 벽돌, 돌 등을 쌓을 때 면보다 내밀어 쌓는 것을 말한다.
- 한켜는 $\frac{1}{8}$B, 두켜는 $\frac{1}{4}$B 정도 내어 쌓는다.
- 내쌓기 한도는 2.0B이며 마구리쌓기로 한다.

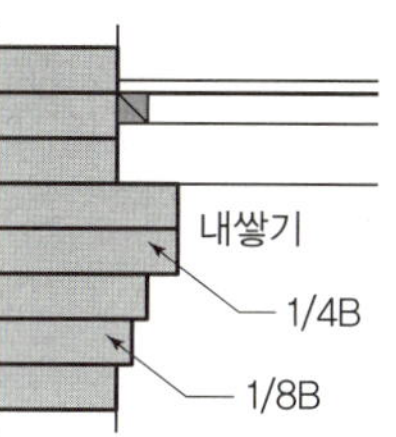


## 57

**목조 벽체에 들어가지 않는 것은?**

① 샛기둥　② 주각
③ 가새　④ 평기둥

**해설**

주각은 목조 벽체의 구성에 속하지 않는다.
**목조 벽체의 구성 부재:** 토대, 통재기둥, 평기둥, 샛기둥, 층도리, 도리, 가새, 인방, 창대 등이 있다.

## 58

빈출

**직접조명방식에 관한 설명으로 옳지 않은 것은?**

① 조명률이 크다.
② 직사 눈부심이 없다.
③ 공장조명에 적합하다.
④ 실내면 반사율의 영향이 적다.

**해설**

직접조명방식은 조명이 직접 바닥이나 작업면으로 향하므로 눈부심이 강하다. 반면 간접조명방식은 조명이 천장이나 벽면에 반사되므로 눈부심이 덜하다.

## 59

**다음 중 인장력과 관계가 없는 것은?**

① 버트레스(Buttress)　② 타이바(Tie bar)
③ 현수구조의 케이블　④ 인장링

**해설**

버트레스(Buttress)는 수직의 높은 벽을 안정시키기 위해 벽의 직각 방향으로 돌출하여 부축하는 것을 말하며, 고딕건축의 교회에서 볼 수 있다. 인장력과는 관계없다.

**관련이론 | 버트레스**

횡력을 받는 벽을 지지하기 위해서 설치하는 구조물이다.

▲ 버트레스

## 60

빈출

**다음 설명에 알맞은 주택의 실구성 형식은?**

- 소규모 주택에서 많이 사용한다.
- 거실 내에 부엌과 식사실을 설치한 것이다.
- 실을 효율적으로 이용할 수 있다.

① K형　② DK형
③ LD형　④ LDK형

**해설**

LDK는 리빙 다이닝 키친(Living Dining Kitchen) 형식으로 거실 내에 부엌과 식사실을 설치하여 겸용함으로써 효율적으로 공간을 이용하는 구성이며, 소규모 주택에 적합하다.

**정답 |** 50. ④　51. ②　52. ②　53. ③　54. ②　55. ①　56. ③　57. ②　58. ②　59. ①　60. ④

2018년

# 2018년 | 1회 CBT 복원문제

자동채점 

## 01

**다음과 같은 창호의 평면 표시기호의 명칭은?**

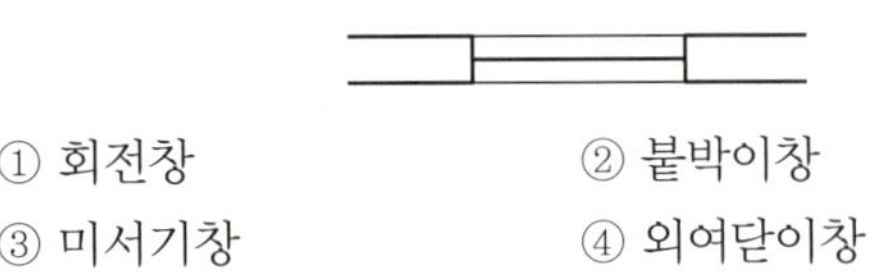

① 회전창　　② 붙박이창
③ 미서기창　　④ 외여닫이창

**해설**

붙박이창의 기호이다. 창틀에 끼워서 고정시킨 창으로서 채광용으로 사용된다.

**관련이론 | 각종 창호의 평면 표시 기호**

| 회전창 | 붙박이창 |
|---|---|
| | |
| **미서기창** | **외여닫이창** |
| | |

## 02

고난도

**공동주택의 판상형에 대한 설명으로 옳은 것은?**

① 각 세대의 거주환경이 불균등하다.
② 인동간격을 비롯한 법적 규정에 유리하다.
③ 탑상형에 비하여 조망권 확보가 유리하다.
④ 다른 주거동에 미치는 일조의 영향이 적다.

**선지분석**

① 각 세대의 거주환경이 균등하다.
③ 탑상형에 비하여 조망권 확보가 불리하다.
④ 다른 주거동에 미치는 일조의 영향이 많다.

**관련이론 | 판상형과 탑상형**

| 판상형 | 탑상형 |
|---|---|
| | |

## 03

**스킵플로어형 공동주택에 관한 설명으로 옳지 않은 것은?**

① 주택 내의 공간의 변화가 있다.
② 통풍 · 채광의 확보가 용이하다.
③ 엘리베이터의 효율적 운행이 가능하다.
④ 구조 및 설비계획이 용이하다.

**해설**

구조 및 설비계획이 어렵다.

**관련이론 | 스킵플로어형(Skip floor type) 공동주택**

- 하나의 주호가 경사지게 2개층으로 반층씩 어긋나게 구성하는 형식이다.
- 복도 면적을 줄일 수 있다.
- 주택 내의 공간의 변화가 있다.
- 통풍 · 채광의 확보가 용이하다.
- 엘리베이터의 효율적 운행이 가능하다.
- 구조 및 설비계획이 복잡하다.
- 엑세스(Access) 동선이 복잡하다.
- 동일한 주거동에 각기 다른 모양의 세대 배치계획이 가능하다.

## 04

빈출

**콘크리트의 강도에 대한 설명 중 옳은 것은?**

① 물-시멘트비가 가장 큰 영향을 준다.
② 압축강도는 전단강도의 1/10~1/15 정도로 작다.
③ 일반적으로 콘크리트의 강도는 인장강도를 말한다.
④ 시멘트의 강도는 콘크리트의 강도에 영향을 끼치지 않는다.

**선지분석**

② 전단강도는 압축강도의 1/10 정도이다.
③ 일반적으로 콘크리트의 강도는 압축강도를 말한다.
④ 시멘트의 강도는 콘크리트의 강도에 영향을 준다.

**관련이론 | 콘크리트의 강도에 영향을 주는 요인**

- 물시멘트비
- 시멘트 분말도
- 양생시간 및 온도
- 구성재료(골재 및 시멘트)
- 다짐 방법

## 05

**재료가 외력을 받아 파괴될 때까지의 에너지 흡수능력, 즉 외형의 변형을 나타내면서도 파괴되지 않는 성질로 맞는 것은?**

① 전성　② 취성
③ 경도　④ 인성

**해설**

인성(靭性)은 외력을 받아 변형이 생기지만 외력에 견디는 성질이며, 파괴될 때까지의 에너지 흡수능력, 즉 외형의 변형을 나타내면서도 파괴되지 않는 성질을 말한다.

## 06

빈출

**벽 및 천장 재료에 요구되는 성질로 옳지 않은 것은?**

① 열전도율이 큰 것으로 하여 단열 성능을 높여야 한다.
② 차음이 잘 되어야 한다.
③ 내화·내구성이 큰 것이어야 한다.
④ 시공이 용이한 것이어야 한다.

**해설**

열전도율이 작은 것으로 하여 단열 성능을 높여야 한다.

## 07

**케이블을 이용한 구조로만 연결된 것은?**

① 현수구조 - 사장구조　② 현수구조 - 셸구조
③ 절판구조 - 사장구조　④ 막구조 - 돔구조

**해설**

케이블을 이용한 구조는 구조체의 주요 부분을 잡아당겨줌으로써 구조체를 지지하는 구조방식으로 현수구조와 사장구조 등이 있다.

## 08

빈출

**한국산업표준(KS)에서 토목, 건축 부문의 분류기호는?**

① F　② B
③ K　④ M

**해설**

토목건축부문의 분류기호는 F이다.

## 09

빈출

**에스컬레이터에 관한 설명으로 옳지 않은 것은?**

① 연속 운전되므로 전원설비에 부담이 작다.
② 대기시간이 없고 연속적인 수송설비이다.
③ 수송능력이 엘리베이터에 비해 작다.
④ 점유면적이 작고, 건물에 걸리는 하중이 분산된다.

**해설**

에스컬레이터의 1대당 수송능력은 동일시간 기준으로 엘리베이터의 10배 정도로 크다.

**정답** | 01. ② 02. ② 03. ④ 04. ① 05. ④ 06. ① 07. ① 08. ① 09. ③

2018년

## 10

빈출

**철근콘크리트구조의 특성 중 옳지 않은 것은?**

① 콘크리트는 철근이 녹스는 것을 방지한다.
② 콘크리트와 철근이 강력히 부착되면 압축력에도 유효하게 된다.
③ 인장응력은 콘크리트가 부담하고, 압축응력은 철근이 부담한다.
④ 철근과 콘크리트는 선팽창계수가 거의 같다.

**해설**

인장응력은 철근이 부담하고, 압축응력은 콘크리트가 부담한다.

## 11

**길고 가느다란 부재가 압축하중이 증가함에 따라 부재의 길이에 직각방향으로 변형하여 내력이 급격히 감소하는 현상을 무엇이라 하는가?**

① 칼럼쇼트닝　② 응력집중
③ 좌굴　④ 비틀림

**해설**

**좌굴(Buckling):** 축방향(길이방향)으로 압축력을 받는 부재가 길이방향의 수직방향으로 구부러지면서 내력이 급격히 감소하는 현상을 말한다.

## 12

빈출

**상대적으로 얇고 길이가 짧은 부재를 상하 그리고 경사로 연결하여 장스팬의 길이를 확보할 수 있는 구조는?**

① 철근콘크리트구조　② 블록구조
③ 트러스구조　④ 프리스트레스트구조

**해설**

트러스구조에 대한 설명이다.

**관련이론 | 트러스(Truss)구조의 특성**

- 부재를 상하, 경사로 연결하여 장스팬의 길이를 확보할 수 있는 구조이다.
- 부재들을 3각형 형태로 배열하고 각 부재의 절점은 핀(Pin)접합으로 연결한다.
- 부재는 축력(압축력, 인장력)만 작용하며, 휘는 힘(휨모멘트)은 발생하지 않는다.
- 트러스는 상현재, 하현재, 복재(사재, 연직재, 단주), 격점, 격간, 격간길이로 구성된다.
- 지점의 중심선과 트러스절점의 중심선은 가능한 일치시킨다.
- 트러스의 부재중에는 응력을 거의 받지 않는 경우도 생긴다.

## 13

빈출

**시멘트의 저장방법 중 옳지 않은 것은?**

① 쌓기 높이는 17포 이하로 하며, 장기간 저장 시는 10포 이하로 한다.
② 3개월 이상 경과한 시멘트는 재시험을 거친 후 사용한다.
③ 공기유통을 막기 위하여 될 수 있는 한 개구부를 설치하지 않는다.
④ 주위에 배수 도랑을 두고 누수를 방지한다.

**해설**

쌓기 높이는 13포 이하로 하며, 장기간 저장 시는 7포 이하로 한다.

**관련이론 | 시멘트 저장 시 유의해야 할 사항**

- 지상 30cm 이상의 마루 위에 적재한다.
- 출입구, 채광창 이외에는 개구부를 설치하지 않는다.
- 저장 창고 주위에는 도랑을 파서 우수의 침입을 방지한다.
- 포대높이는 13포, 장기간 저장할 경우 7포 이상 쌓지 않는다.
- 반입구와 반출구를 따로 두고, 먼저 반입된 것부터 사용한다.
- 3개월 이상 저장한 시멘트는 사용 전에 재시험한다.

## 14

**포틀랜드 시멘트류를 제조할 때 석고를 넣는 이유는?**

① 강도를 높이기 위해서
② 응결시간을 조절하기 위해서
③ 분말도를 높이기 위해서
④ 비중을 높이기 위해서

**해설**

석고는 응결시간을 조절하기 위해서 사용한다.

## 15

**석고보드의 특성으로 옳지 않은 것은?**

① 부식이 진행되지 않고 충해를 받지 않는다.
② 팽창 및 수축의 변형이 크다.
③ 흡수로 인해 강도가 현저하게 저하된다.
④ 단열, 차음, 흡음성이 우수하다.

**해설**

석고보드는 팽창 및 수축의 변형이 작으며 단열이나 흡음, 차음성이 우수하다.

## 16

빈출

**건축도면의 글자 및 치수에 관한 설명으로 옳지 않은 것은?**

① 숫자는 아라비아 숫자를 원칙으로 한다.
② 치수는 특별히 명시하지 않는 한, 마무리 치수로 표시한다.
③ 글자체는 수직 또는 15° 경사의 궁서체로 쓰는 것을 원칙으로 한다.
④ 치수는 치수선에 평행하게 도면의 왼쪽에서 오른쪽으로 읽을 수 있도록 기입한다.

**해설**

글자체는 수직 또는 15° 경사의 고딕체로 쓰는 것을 원칙으로 한다.

**관련이론 | 글자 기입(KS F 1501)**

- 글자는 명백히 쓴다.
- 문장은 왼쪽에서부터 가로쓰기를 원칙으로 한다.
- 숫자는 아라비아 숫자를 원칙으로 한다.
- 글자체는 수직 또는 15° 경사의 고딕체로 쓰는 것을 원칙으로 한다.
- 글자의 크기는 각 도면의 상황에 맞추어 알아보기 쉬운 크기로 한다.
- 4자리 이상의 수는 3자리마다 휴지부를 찍거나 간격을 둠을 원칙으로 한다.

## 17

**주택단지계획에서 근린주구에 해당되는 주택호수로 알맞은 것은?**

① 10~20호　② 400~500호
③ 1,600~2,000호　④ 6,000~12,000호

**해설**

근린주구의 주택호수는 약 1,600~2,000호이다.

**관련이론 | 근린주구**

- 초등학교가 중심이 되는 시설이다.
- 주택호수는 약 1,600~2,000호이다.

## 18

빈출

**건축도면의 크기 및 방향에 관한 설명으로 옳지 않은 것은?**

① A3 제도용지의 크기는 A4 제도용지의 2배이다.
② 접은 도면의 크기는 A4의 크기를 원칙으로 한다.
③ A3 크기의 도면은 그 길이방향을 좌우방향으로 놓은 위치를 정위치로 한다.
④ 평면도는 남쪽을 위로하여 작도함을 원칙으로 한다.

**해설**

평면도, 배치도 등은 북쪽을 위로하여 작도함을 원칙으로 한다.

## 19

**굳지 않은 모르타르나 콘크리트에 있어서 윗면에 물이 스며 나오는 현상은?**

① 블리딩　② 보일링
③ 크리프　④ 파이핑

**해설**

블리딩(Bleeding)에 대한 설명이다.

정답 | 10. ③　11. ③　12. ③　13. ①　14. ②　15. ②　16. ③　17. ③　18. ④　19. ①

## 20

빈출

**철근콘크리트 보의 형태에 따른 철근 배근으로 옳지 않은 것은?**

① 단순보의 하부에는 인장력이 작용하므로 하부에 주근을 배치한다.
② 연속보에서는 지지점 부분의 하부에서 인장력을 받기 때문에, 이곳에 주근을 배치하여야 한다.
③ 내민보는 상부에 인장력이 작용하므로 상부에 주근을 배치한다.
④ 단순보에서 부재의 축에 직각인 스터럽의 간격은 단부로 갈수록 촘촘하게 한다.

**해설**

연속보에서는 지지점 부분의 상부에서 인장력을 받기 때문에, 상부 쪽에 주근을 배치하여야 한다.

## 21

**벽돌쌓기법 중 프랑스식 쌓기에 대한 설명으로 옳은 것은?**

① 처음 한 켜는 마구리쌓기, 다음 한 켜는 길이쌓기를 교대로 쌓는 방법이다.
② 한 켜 안에 길이쌓기와 마구리쌓기를 병행하여 쌓는 방법이다.
③ 5~6켜는 길이쌓기로 하고, 다음 켜는 마구리쌓기를 하는 방식이다.
④ 모서리 또는 끝부분에 칠오토막을 사용하여 쌓는 방법이다.

**해설**

프랑스식 쌓기는 한 켜에 길이와 마구리를 번갈아서 쌓는 방법이며 통줄눈으로서 강도가 약하므로 장식용으로 사용한다.

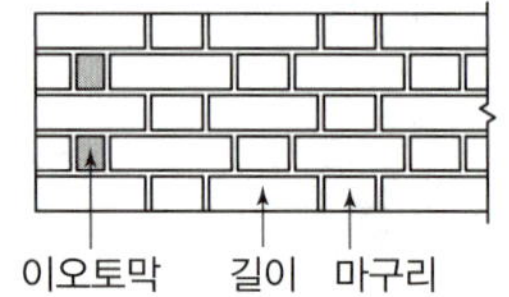


## 22

**콘크리트의 시공연도 시험방법으로 주로 쓰이는 것은?**

① 체가름시험 ② 낙하시험
③ 슬럼프시험 ④ 표준관입시험

**해설**

**콘크리트의 시공연도(워커빌리티) 측정 방법**

- 슬럼프시험
- 플로시험
- 리몰딩시험 등

## 23

**유리성분에 산화 금속류의 착색제를 넣은 것으로 스테인드 글라스의 제작에 사용되는 유리 제품은?**

① 색유리 ② 복층유리
③ 강화유리 ④ 망입유리

**해설**

색유리는 유리성분에 산화 금속류의 착색제를 넣은 것으로 장식용 및 건축용 유리, 타일, 스테인드 글라스 등의 제작에 사용된다.

## 24

**점토 벽돌에 붉은 색을 갖게 하는 성분은?**

① 산화철 ② 석회
③ 산화나트륨 ④ 산화마그네슘

**해설**

**점토 제품의 색상**

- 철 산화물이 많을 경우: 적색
- 석회 물질이 많을 경우: 황색

## 25

**표면결로의 방지방법에 관한 설명으로 옳지 않은 것은?**

① 실내에서 발생하는 수증기를 억제한다.
② 환기에 의해 실내 절대습도를 저하한다.
③ 직접가열이나 기류촉진에 의해 표면온도를 상승시킨다.
④ 낮은 온도로 난방시간을 길게 하는 것보다 높은 온도로 난방시간을 짧게 하는 것이 결로방지에 효과적이다.

**해설**
낮은 온도로 난방시간을 길게 하는 것이 결로방지에 효과적이다.

## 26

**장시간의 하중으로 인하여 재료가 지속적으로 서서히 소성 변형을 일으키는 현상은?**

① 블리딩 ② 히빙현상
③ 크리프 ④ 융기현상

**해설**
크리프 현상에 대한 설명이다.

## 27

빈출

**블록조의 테두리보에 대한 설명으로 옳지 않은 것은?**

① 벽체를 일체화하기 위해 설치한다.
② 테두리보의 너비는 보통 그 밑의 내력벽 두께보다는 작아야 한다.
③ 세로철근의 끝을 정착할 필요가 있을 때 정착 가능하다.
④ 수직균열을 방지하고, 수축균열 발생을 최소화한다.

**해설**
테두리보의 너비는 그 밑의 내력벽의 두께 이상으로 한다.

**관련이론 | 테두리보 역할**
- 벽체를 일체화하여 벽체의 강성을 증대시킨다.
- 부동침하나 지진 발생 시 하중을 균등하게 분포시킨다.
- 횡력에 의한 벽면의 수직균열을 방지하며, 수축균열 발생을 최소화한다.
- 세로철근의 끝을 테두리보에 정착시킬 수 있다.

## 28

빈출

**다음과 같은 특징을 갖는 공기조화방식은?**

- 전공기방식의 특성이 있다.
- 냉풍과 온풍을 혼합하는 혼합상자가 필요 없어 소음과 진동이 작다.
- 각 실이나 존의 부하변동에 즉시 대응할 수 없다.

① 단일덕트방식 ② 이중덕트방식
③ 멀티존유닛방식 ④ 팬코일유닛방식

**해설**
단일덕트방식에 대한 설명이다.

**관련이론 | 단일덕트방식**
- 공조기에서 만들어진 냉풍 또는 온풍을 덕트를 이용해서 실내까지 송풍하여 공조하는 전공기방식이다.
- 냉풍과 온풍을 혼합하는 혼합상자가 필요 없어 소음과 진동이 작다.
- 각 실이나 존의 부하변동에 즉시 대응할 수 없다.
- 정풍량 단일덕트방식과 변풍량 단일덕트방식이 있다.

## 29

**다음 중 실내조명 설계순서에서 가장 먼저 이루어져야 할 사항은?**

① 소요조도의 결정 ② 조명방식의 선정
③ 전등종류의 결정 ④ 조명기구의 배치

**해설**
소요조도의 결정을 가장 먼저 한다.

**관련이론 | 조명설계 순서**
소요조도 결정 → 광원의 선택 → 조명방식 선정 → 조명기구 선정 → 조명기구 배치

**정답** | 20. ② 21. ② 22. ③ 23. ① 24. ① 25. ④ 26. ③ 27. ② 28. ① 29. ①

## 30

**돌구조에서 창문이나 문 등의 개구부 위에 걸쳐대어 상부에서 오는 하중을 받는 수평부재는?**

① 창대돌 ② 인방돌
③ 문지방돌 ④ 쌤돌

**해설**

인방돌은 창문이나 출입문 위에 걸쳐대어 상부의 하중을 받는 수평부재이다.

**창대돌:** 창 밑에 설치하여 창을 받치고 빗물이 흘러내리게 하는 수평부재이다.

**문지방돌:** 출입문의 밑에 대는 돌이다.

**쌤돌:** 조적조에서 개구부의 벽 두께 면에 대는 돌이다.

## 31

**다음 합성수지 중 열가소성 수지는?**

① 페놀수지 ② 초산비닐수지
③ 에폭시수지 ④ 폴리에스테르수지

**해설**

초산비닐수지는 열가소성 수지이다.

**관련이론 | 합성수지 분류**

| 구분 | 종류 |
|---|---|
| 열경화성 수지 | 페놀수지, 요소수지, 멜라민수지, 폴리에스테르수지, 에폭시수지, 실리콘수지, 알키드수지, 우레탄수지 |
| 열가소성 수지 | 염화비닐수지, 폴리아미드수지, 폴리스티렌수지, 폴리에틸렌수지, 폴리프로필렌수지, 아크릴수지, 초산비닐수지 |

## 32

**석재의 가공에서 돌의 표면을 쇠매로 쳐서 대강 다듬는 것을 의미하는 용어는?**

① 혹두기 ② 정다듬
③ 잔다듬 ④ 물갈기

**해설**

혹두기에 대한 설명이다.

**관련이론**

**석재의 손가공 시 표면의 평활도 가공 순서**

혹두기 → 정다듬 → 도드락다듬 → 잔다듬 → 갈기

**잔다듬:** 표면을 평활하게 하기 위해 작은 날망치로 정교하게 깎는 것을 말한다.

## 33

**양털, 무명, 삼 등을 혼합하여 만든 원지에 스트레이트 아스팔트를 침투시켜 만든 두루마리 제품은?**

① 아스팔트 싱글 ② 아스팔트 루핑
③ 아스팔트 타일 ④ 아스팔트 펠트

**해설**

아스팔트 펠트에 대한 설명이다.

## 34

빈출

**LP가스에 관한 설명으로 옳지 않은 것은?**

① 발열량이 크며 연소 시에 필요한 공기량이 많다.
② 비중이 공기보다 크다.
③ 누설이 된다 해도 공기 중에 흡수되기 때문에 안전성이 높다.
④ 석유정제과정에서 채취된 가스를 압축냉각해서 액화시킨 것이다.

**해설**

공기 중에 누설될 경우, 공기보다 무겁고 중독될 우려가 있으므로 안전성이 낮다.

**관련이론 | LPG(액화석유가스)**

- 주성분: 프로판, 부탄 등
- 무색·무취이지만, 중독성이 있다.
- 연소범위가 좁지만, 발열량이 높다.
- 금속에 대해 부식성이 적다.
- 공기보다 무겁다.(경보기는 바닥에서 30cm 이내 설치)
- 압축, 냉각하여 액화하면 체적이 1/250로 된다.

## 35

빈출

**건축법령상 공동주택에 속하지 않는 것은?**

① 기숙사 ② 연립주택
③ 다가구주택 ④ 다세대주택

**해설**

다가구주택은 건축법령상 단독주택에 속한다.

**관련이론**

**공동주택:** 아파트, 연립주택, 다세대주택, 기숙사
**단독주택:** 단독주택, 다중주택, 다가구주택, 공관

## 36

빈출

**층의 구분이 명확하지 아니한 건축물은 그 건축물의 높이 (  )마다 하나의 층으로 보고 그 층수를 산정한다. (  ) 안에 알맞은 내용은?**

① 2m ② 3m
③ 4m ④ 5m

**해설**

층의 구분이 명확하지 아니한 건축물은 높이 4m마다 하나의 층으로 보고 그 층수를 산정한다. (건축법 시행령 제119조)

## 37

**철근의 정착길이의 결정요인과 가장 관계가 먼 것은?**

① 철근의 종류 ② 콘크리트의 강도
③ 갈고리의 유무 ④ 물－시멘트비

**해설**

물－시멘트비는 철근의 정착길이와 관계없다.

**관련이론** | **철근의 정착길이**

- 설계 단면에 있어서의 철근응력을 전달하기 위해서 필요한 철근의 매립길이이다.
- 결정요인: 콘크리트와 철근의 강도, 철근의 지름, 철근의 순간격, 표준갈고리의 유무, 최소피복두께 등

## 38

빈출

**보강콘크리트블록조에서 내력벽의 벽량은 최소 얼마 이상으로 하여야 하는가?**

① $10cm/m^2$ ② $15cm/m^2$
③ $18cm/m^2$ ④ $20cm/m^2$

**해설**

보강블록구조의 내력벽 벽량은 단위면적에 대한 내력벽의 길이로서, 그 층의 바닥면적을 기준으로 $15cm/m^2$ 이상으로 한다.

## 39

빈출

**2방향 슬래브는 슬래브의 장변이 단변에 대해 길이의 비가 얼마 이하일 때부터 적용할 수 있는가?**

① $\frac{1}{2}$ ② 1
③ 2 ④ 3

**해설**

1방향 슬래브는 $\frac{장변}{단변} > 2.0$, 2방향 슬래브는 $\frac{장변}{단변} \le 2.0$이다.

## 40

빈출

**AE제를 사용한 콘크리트의 특징이 아닌 것은?**

① 동결 융해 작용에 대하여 내구성을 갖는다.
② 작업성이 좋아진다.
③ 수밀성이 좋아진다.
④ 압축강도가 증가한다.

**해설**

AE제를 많이 사용하면 공기량이 증가되면서 압축강도가 감소한다.

**관련이론** | AE제(Air Entraining agent)

모르타르나 콘크리트 등에 많은 미세공극을 균일하게 분포시키기 위해 사용하는 혼화제를 말하며, 콘크리트의 워커빌리티 및 동결 융해 작용에 대하여 내구성을 가지기 위해 사용한다.

**정답** | 30. ② 31. ② 32. ① 33. ④ 34. ③ 35. ③ 36. ③ 37. ④ 38. ② 39. ③ 40. ④

## 41

**회반죽 바름에 관한 설명으로 옳지 않은 것은?**

① 소석회, 모래, 여물, 해초풀을 혼합하여 만든 미장용 반죽이다.
② 목조 바탕, 벽돌 바탕 등에 흙손으로 발라서 벽체나 천장 등을 보호한다.
③ 회반죽에 석고를 약간 혼합하면 경화속도, 강도가 증가하며 수축균열이 감소된다.
④ 여물은 점성력, 부착력을 증대하기 위하여 사용한다.

**해설**

여물은 건조수축에 의한 균열을 방지하기 위해 사용한다.

## 42

**건축도면에서 다음과 같은 단면용 재료 표시 기호가 나타내는 것은?**

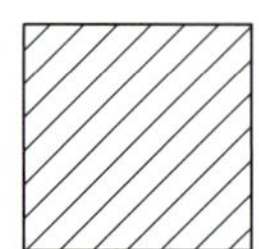

① 석재　　② 인조석
③ 목재 구조재　　④ 목재 치장재

**해설**

**단면재료의 표시 기호**

| 석재 | 인조석 |
| --- | --- |
| | |
| **목재 구조재** | **목재 치장재** |
| | |

## 43

빈출

**급기와 배기측에 송풍기와 배풍기를 설치하여 정확한 환기량과 급기량 변화에 의해 실내압을 정압(+) 또는 부압(−)으로 유지할 수 있는 환기방법은?**

① 중력환기　　② 제1종 환기
③ 제2종 환기　　④ 제3종 환기

**해설**

제1종 환기방식은 송풍기로 급기, 배풍기로 배기하며, 정확한 환기량과 급기량의 변화에 의해 실내압을 정압 또는 부압으로 유지할 수 있다.

**관련이론 | 송풍방식에 의한 분류**

| 구분 | 급기 | 배기 | 실내압 | 적용 |
| --- | --- | --- | --- | --- |
| 1종 | 송풍기 | 배풍기 | 정압<br>부압 | • 공기조정설비 포함<br>• 밀폐된 공간, 수술실 등 |
| 2종 | 송풍기 | 자연 | 정압 | • 배기구 위치에 제약<br>• 청정실, 반도체실 등 |
| 3종 | 자연 | 배풍기 | 부압 | • 급기구 위치에 제약<br>• 부엌, 욕실, 화장실, 오염실 등 |

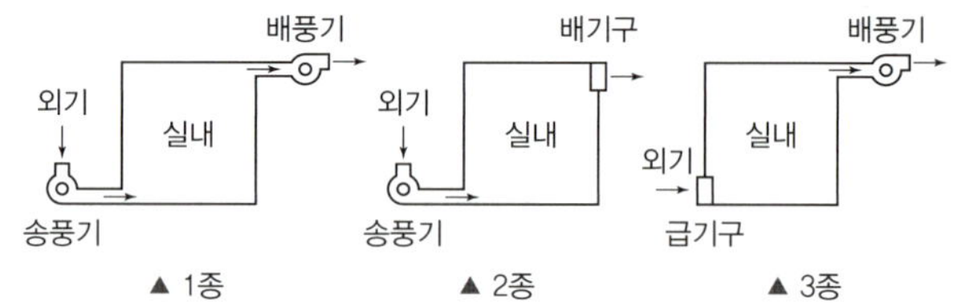

▲ 1종　▲ 2종　▲ 3종

## 44

**목재를 건조하는 목적으로 틀린 것은?**

① 강도 및 내구성 증진　　② 중량의 경감
③ 부패균류의 발생 방지　　④ 도장 및 약제주입 방지

**해설**

도장 및 약제주입 방지와는 관계가 없다.

**관련이론 | 목재를 건조하는 목적**

• 중량의 경감
• 강도 및 내구성 증진
• 부패균류의 발생 방지

## 45

**건축법상 다음과 같이 정의되는 용어는?**

> 건축물이 천재지변이나 그 밖의 재해(災害)로 멸실된 경우 그 대지에 다음의 요건을 모두 갖추어 다시 축조하는 것
> - 연면적 합계는 종전 규모 이하로 할 것
> - 동(棟)수, 층수 및 높이는 모두 종전 규모 이하이거나 어느 하나가 종전 규모를 초과하는 경우에는 해당 동수, 층수 및 높이가 건축법, 건축법 시행령 또는 건축조례에 모두 적합할 것

① 신축　　② 개축
③ 재축　　④ 이전

**해설**

재축에 대한 설명이다.

## 46

**다음 중 철골부재의 용접과 거리가 먼 용어는?**

① 윙플레이트　　② 엔드탭
③ 뒷댐재　　④ 스캘럽

**해설**

윙플레이트는 철골 주각부에 부착되는 강판이다.

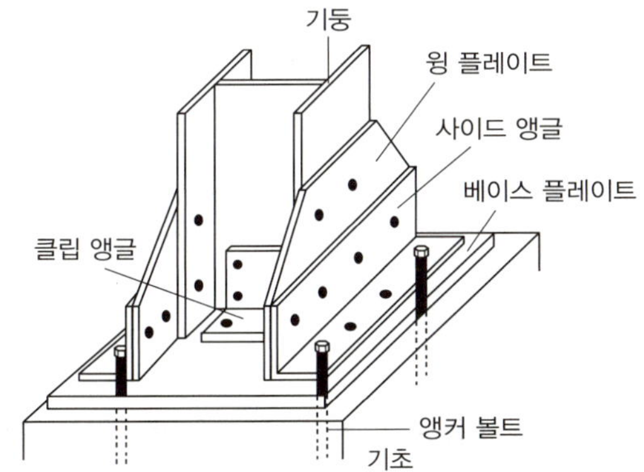


## 47

**벽돌조 내력벽의 두께는 당해 벽높이의 최소 얼마 이상으로 하여야 하는가?**

① 1/12　　② 1/15
③ 1/18　　④ 1/20

**해설**

조적식 구조 내력벽의 두께
- **조적재가 벽돌인 경우:** 해당 벽 높이의 1/20 이상
- **조적재가 블록인 경우:** 해당 벽 높이의 1/16 이상

## 48

**H형강, 판보 또는 래티스보 등에서 보의 단면 상하에 날개처럼 내민 부분을 지칭하는 용어는?**

① 웨브　　② 플랜지
③ 스티프너　　④ 거셋플레이트

**해설**

플랜지(Flange)는 형강, 판보 또는 래티스보 등에서 보의 단면 상하에 날개처럼 내민 부분을 말한다.

## 49

**내장재로 사용되는 판재 중 목질계와 거리가 먼 것은?**

① 합판류　　② 강화석고보드
③ 파티클보드　　④ 섬유판

**해설**

강화석고보드는 소석고를 주원료하여 톱밥 · 섬유 · 펄라이트 등을 혼합하여 가공한 판재이다.

**관련이론 | 목질계 내장 판재**

합판류, 파티클보드, 섬유판

**관련이론 | 석고보드(Gypsum board)**

- 소석고를 주원료로 하여 톱밥 · 섬유 · 펄라이트 등을 혼합하여 판상(板狀)으로 굳힌 것을 말한다.
- 평(平)보드: 벽, 천장에 사용되어 방화재의 역할을 한다.
- 라스보드: 벽의 속재료로 사용한다.
- 흡음(吸音)보드: 음향 흡음재로 사용한다.
- 화장석고보드: 표면에 인쇄나 플라스틱 도장을 하여 내장벽용으로 사용한다.

**정답** | 41. ④　42. ④　43. ②　44. ④　45. ③　46. ①　47. ④　48. ②　49. ②

2018년

## 50

빈출

**한중(寒中)콘크리트의 시공에 가장 적합한 시멘트는?**

① 보통 포틀랜드 시멘트　② 조강 포틀랜드 시멘트
③ 백색 포틀랜드 시멘트　④ 중용열 포틀랜드 시멘트

**해설**

조강 포틀랜드 시멘트는 조기에 고강도를 낼 수 있으며 한중공사, 긴급 공사에 적합하다.

**관련이론**

**중용열 포틀랜드 시멘트:** 수화속도를 지연시켜 수화열을 적게 한 시멘트로 매스 콘크리트에 사용된다.
**백색 포틀랜드 시멘트:** 안료 혼합으로 칼라 시멘트를 만들 수 있고, 미장이나 도장 재료로 사용된다.

## 51

**목재 바탕의 무늬를 살리기 위한 도장재료는?**

① 유성페인트　② 수성페인트
③ 클리어래커　④ 에나멜페인트

**해설**

클리어래커는 목재면의 투명 도장으로써 목재 바탕의 무늬를 살리기 좋고, 광택이 있으며 건조가 빠르다.

## 52

빈출

**지각적으로는 구조적 높이감을 주며 심리적으로는 상승감, 존엄감의 느낌을 주는 선의 종류는?**

① 수직선　② 곡선
③ 수평선　④ 사선

**해설**

수직선은 지각적으로는 구조적 높이감을 주며 심리적으로는 상승감, 존엄성, 엄숙함, 종교적 정열의 느낌을 준다.

**관련이론** | **선의 종류에 따른 심리적 효과**

- **수평적 구성:** 정적, 안정감, 확장감
- **수직적 구성:** 상승감, 존엄성, 엄숙함, 종교적 정열
- **사선적 구성:** 동적, 운동감, 역동적, 주의 집중

## 53

**복사난방에 대한 설명으로 옳은 것은?**

① 실내의 온도 분포가 균등하고 쾌감도가 높다.
② 방열기 설치를 위한 공간이 요구된다.
③ 동일방열량에 비하여 손실열량이 크다.
④ 시공과 수리가 간단하다.

**선지분석**

② 방열기를 설치하지 않는다.
③ 동일방열량에 비하여 손실열량이 크지 않다.
④ 시공과 수리가 어렵다.

**관련이론** | **복사난방(Panel heating)**

- 실내 온도 분포가 균등하여 쾌감도가 좋다.
- 방을 개방하여도 난방효과가 좋다.
- 방열기를 설치하지 않으므로 바닥의 이용도가 높다.
- 천장이 높은 실에도 난방효과가 좋다.
- 예열시간이 길며, 외기의 급변에 따른 방열량 조절이 곤란하다.
- 시공, 누수의 발견과 수리가 어렵다.

## 54

빈출

**주택 실구성 형식 중 주방의 일부에 간단한 식탁을 설치하거나 식당과 주방을 하나로 구성한 것은?**

① 독립형　② 다이닝 키친
③ 리빙 다이닝　④ 다이닝 테라스

**해설**

다이닝 키친(DK) 형식은 주방의 일부에 간단한 식탁을 설치하거나 식당과 주방을 하나로 구성한 것으로 실면적의 절약이나 주부 노동력 절감에 유리하다.

## 55

**철골공사 시 바닥슬래브를 타설하기 전에, 철골 보 위에 설치하여 바닥판 등으로 사용하는 절곡된 얇은 판의 부재는?**

① 베이스플레이트 ② 데크플레이트
③ 윙플레이트 ④ 메탈라스

**해설**
데크플레이트(Deck plate)에 대한 설명이다.

## 56

**조적조에서 내력벽의 길이는 최대 얼마 이하로 하여야 하는가?**

① 6m ② 8m
③ 10m ④ 15m

**해설**
조적식 구조인 내력벽의 길이는 10m 이하로 하여야 한다.

## 57

빈출

**건물의 주요 뼈대를 공장 제작한 후 현장에 운반하여 짜맞춘 구조는?**

① 조적식 구조 ② 습식 구조
③ 일체식 구조 ④ 조립식 구조

**해설**
조립식 구조는 선 공장 제작하여 현장에서 짜맞춘 구조로 규격화할 수 있고, 대량생산이 가능하며 공사기간을 단축할 수 있다.

## 58

빈출

**공간 벽돌 쌓기에서 표준형 벽돌로 바깥벽은 0.5B, 공간 80mm, 안벽 1.0B로 할 때 총벽체 두께는?**

① 290mm ② 310mm
③ 360mm ④ 380mm

**해설**
총벽체 두께는 0.5B+공간+1.0B이고
0.5B는 90mm, 공간은 80mm, 1.0B는 190mm이므로,
90+80+190=360mm이다.

## 59

빈출

**아스팔트의 품질 판별 요소와 거리가 먼 것은?**

① 침입도 ② 신도
③ 감온비 ④ 강도

**해설**
강도는 관계없다.
**아스팔트의 품질 판별 방법**
침입도, 신도, 연화점, 인화점, 감온비 등이 있다.

## 60

**목재의 종류에 관계없이 목재를 구성하고 있는 섬유질의 평균적인 진비중 값으로 옳은 것은?**

① 0.54 ② 1.7
③ 1.54 ④ 2.4

**해설**
목재의 비중은 세포막의 두께, 공극의 다소에 따라 다르며 진비중(참비중)은 나무의 종류에 관계없이 1.54이다.

**정답** | 50. ② 51. ③ 52. ① 53. ① 54. ② 55. ② 56. ③
57. ④ 58. ③ 59. ④ 60. ③

# 2017년 | 2회 CBT 복원문제

## 01

빈출

**주택계획에서 다이닝 키친(Dining Kitchen)에 관한 설명으로 옳지 않은 것은?**

① 공간 활용도가 높다.
② 주부의 동선이 단축된다.
③ 소규모 주택에 적합하다.
④ 거실의 일부에 식탁을 꾸며 놓은 것이다.

**해설**

거실의 일부에 식탁을 꾸며 놓은 것은 리빙 다이닝 형식이다.

**관련이론**

**리빙 다이닝(Living Dining, LD형식):** 거실의 일부에 식탁을 꾸민 것으로 6~$9m^2$의 공간이 필요하다.

**다이닝 키친(Dining Kitchen, DK, Dinette형식):** 부엌의 일부에 간단히 식탁을 꾸민 식사실로서 소규모 주택에 적용할 수 있다.

## 02

빈출

**건축도면에 사용되는 글자에 관한 설명으로 옳지 않은 것은?**

① 숫자는 로마 숫자를 원칙으로 한다.
② 문장은 왼쪽에서부터 가로쓰기를 한다.
③ 글자체는 수직 또는 15°경사의 고딕체로 한다.
④ 글자의 크기는 각 도면의 상황에 맞추어 알아보기 쉽게 한다.

**해설**

숫자는 아라비아 숫자를 원칙으로 한다.

**관련이론 | 글자 기입(KS F 1501)**

- 글자는 명백히 쓰고 문장은 왼쪽에서부터 가로쓰기를 원칙으로 하며, 숫자는 아라비아 숫자를 원칙으로 한다.
- 글자체는 수직 또는 15° 경사의 고딕체로 쓰는 것을 원칙으로 하며, 글자의 크기는 각 도면의 상황에 맞추어 알아보기 쉬운 크기로 한다.
- 4자리 이상의 수는 3자리마다 휴지부를 찍거나 간격을 둠을 원칙으로 한다.

## 03

빈출

**직접 조명에 관한 설명으로 옳지 않은 것은?**

① 조명률이 좋다.
② 그림자가 강하게 생긴다.
③ 눈부심이 일어나기 쉽다.
④ 실내의 조도분포가 균일하다.

**해설**

직접 조명은 조명이 비추는 방향은 밝지만 그 이외의 방향은 어두울 수 있으므로, 실내 전체적으로 볼 때 밝고 어두움의 차이가 커지면서 실내의 조도분포가 균일하지 못하다.

## 04

빈출

**벽돌 벽체에서 벽돌을 2켜씩 내쌓기 할 때 얼마 정도 내쌓는 것이 적정한가?**

① $\frac{1}{2}$B ② $\frac{1}{4}$B
③ $\frac{1}{6}$B ④ $\frac{1}{8}$B

**해설**

2켜 내쌓기는 $\frac{1}{4}$B이다.

**관련이론 | 내쌓기**

- 벽돌, 돌 등을 쌓을 때 면보다 내밀어 쌓는 것을 말한다.
- 한켜는 $\frac{1}{8}$B, 두켜는 $\frac{1}{4}$B 정도 내어 쌓는다.
- 내쌓기 한도는 2.0B이며 마구리쌓기로 한다.

## 05

**목재의 마구리를 감추면서 창문 등의 마무리에 이용되는 맞춤은?**

① 연귀맞춤　② 장부맞춤
③ 통맞춤　④ 주먹장맞춤

**해설**

연귀맞춤에 대한 설명이다.

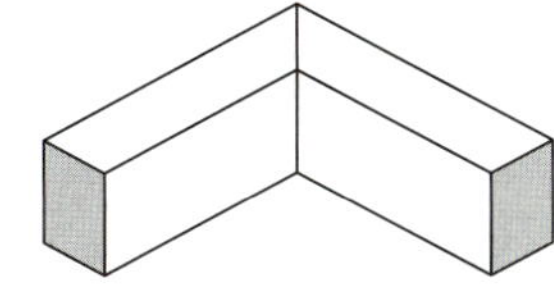

## 06

**하중전달과 지지방법에 따른 막구조의 종류에 해당하지 않는 것은?**

① 골조막구조　② 현수막구조
③ 공기지지구조　④ 절판막구조

**해설**

절판막구조는 막구조에 해당하지 않는다.

**관련이론 | 막구조의 종류**

- **골조막구조(Framed membrane structure):** 강성골조 위에 마감재로서 막재를 사용한 경우이다.
- **공기막구조:** 공기지지방식(Air−supported)과 공기팽창방식(Air−inflated)으로 나눌 수 있다.
- **현수막구조:** 막구조에 케이블이 보강된 복합구조시스템이다.

## 07

**블론 아스팔트를 휘발성 용제로 희석한 흑갈색의 액체로서, 콘크리트, 모르타르 바탕에 아스팔트 방수층 또는 아스팔트 타일 붙이기 시공을 할 때 사용되는 것은?**

① 아스팔트 펠트　② 아스팔트 코팅
③ 아스팔트 루핑　④ 아스팔트 프라이머

**해설**

아스팔트 프라이머에 대한 설명이다.

## 08

**미장재료 중 돌로마이트 플라스터에 대한 설명으로 틀린 것은?**

① 점도가 없어 해초풀로 반죽한다.
② 소석회에 비해 작업성이 좋다.
③ 수축균열이 발생하기 쉽다.
④ 공기 중의 탄산가스와 반응하여 경화한다.

**해설**

돌로마이트 플라스터는 점성이 높아 풀을 넣을 필요가 없다.

**관련이론 | 돌로마이트 플라스터**

- 석회, 모래, 여물을 혼합하여 만든 미장용 반죽이다.
- 점성이 높아 풀을 넣을 필요가 없다.
- 소석회에 비해 작업성이 좋다.
- 응결시간이 길고 경화가 느리다.
- 경화 시 수축성이 크기 때문에 균열 발생이 쉽다.
- 기경성으로서 공기 중의 탄산가스와 반응하여 경화한다.
- 냄새와 곰팡이가 없지만, 습기에 약하여 내부에 사용한다.

## 09

**포틀랜드 시멘트 클링커에 철용광로로부터 나온 슬래그를 급랭한 급랭슬래그를 혼합하여 이에 응결시간 조정용 석고를 혼합하여 분쇄한 것으로 수화열이 작아 매스콘크리트용으로 사용할 수 있는 시멘트는?**

① 고로 시멘트　② 조강포틀랜드 시멘트
③ 백색포틀랜드 시멘트　④ 알루미나 시멘트

**해설**

고로 시멘트는 급랭한 고로슬래그와 소량의 석고를 혼합시켜 만든 포틀랜드 시멘트이다.

**정답** | 01. ④　02. ①　03. ④　04. ②　05. ①　06. ④　07. ④　08. ①　09. ①

## 10

빈출

**주거공간을 주행동에 따라 개인공간, 사회공간, 노동공간 등으로 구분할 때, 다음 중 사회공간에 해당되지 않는 것은?**

① 거실 ② 서재
③ 식당 ④ 응접실

**해설**

서재는 개인공간에 해당한다.

**관련이론 | 주거공간의 주행동에 따른 분류**

- **개인공간:** 침실, 서재, 공부방 등
- **사회공간:** 거실, 식사실, 응접실 등
- **노동공간:** 부엌, 가사실 등

## 11

빈출

**대지에 이상전류를 방류 또는 계통구성을 위해 의도적이거나 우연하게 전기회로를 대지 또는 대지를 대신하는 전도체에 연결하는 전기적인 접속을 무엇이라 하는가?**

① 절연 ② 접지
③ 피뢰 ④ 피복

**해설**

접지에 대한 설명이다.

## 12

**다음 설명에서 (가)와 (나)로 옳은 것은?**

> 건축법령에 따른 초고층 건물의 정의는 층수가 ( 가 )층 이상이거나 높이가 ( 나 )m 이상인 건축물이다.

① (가) 30 (나) 120
② (가) 30 (나) 200
③ (가) 50 (나) 200
④ (가) 100 (나) 300

**해설**

초고층 건축물은 층수가 50층 이상이거나 높이가 200m 이상인 건축물을 말한다. (건축법 시행령 제2조)

## 13

**철골구조의 용접 부분에서 발생하는 용접 결함이 아닌 것은?**

① 언더컷(Under cut) ② 블로홀(Blow hole)
③ 오버랩(Over lap) ④ 엔드탭(End tab)

**해설**

엔드탭(End tab)은 Blow hole, Crater 등의 용접 결함이 생기기 쉬운 용접 Bead의 시작과 끝 지점에 용접을 하기 위해 용접 접합하는 모재의 양단에 부착하는 보조강판이다.

**관련이론**

**용접 결함:** 언더컷(Under cut), 블로홀(Blow hole), 오버랩(Over lap), 피트(Pit), 피시아이(Fish eye) 등
**용접 부위 또는 보강재:** 스캘럽(Scallop), 메탈터치(Metal touch), 엔드탭(End tab), 뒷댐재(Back strip) 등

## 14

빈출

**2방향 슬래브는 슬래브의 장변이 단변에 대해 길이의 비가 얼마 이하일 때부터 적용할 수 있는가?**

① $\frac{1}{2}$ ② 1
③ 2 ④ 3

**해설**

1방향 슬래브는 $\frac{장변}{단변} > 2.0$, 2방향 슬래브는 $\frac{장변}{단변} \leq 2.0$이다.

## 15

**건축재료 중 구조재로 사용할 수 없는 것끼리 짝지어진 것은?**

① 유리 – 모르타르 ② 목재 – 벽돌
③ H형강 – 벽돌 ④ 목재 – 콘크리트

**해설**

유리는 마감재이며, 모르타르는 접착이나 미장재로 사용된다.

## 16

빈출

**셸구조에 대한 설명으로 틀린 것은?**

① 얇은 곡면 형태의 판을 사용한 구조이다.
② 가볍고 강성이 우수한 구조 시스템이다.
③ 넓은 공간을 필요로 할 때 이용된다.
④ 재료는 주로 텐트나 천막과 같은 특수천을 사용한다.

**해설**

주로 텐트나 천막과 같은 특수천을 사용하는 구조는 막구조이다.
**셸(Shell)구조:** 달걀이나 조개껍질 모양으로 구성되며, 곡면판이 지니는 역학적 특성을 응용한 구조이다. 외력은 주로 판의 면내력으로 전달되기 때문에 경량이고 내력이 큰 구조물을 구성할 수 있다.

## 17

빈출

**건물의 부동침하의 원인과 가장 거리가 먼 것은?**

① 지반이 동결작용을 받을 때
② 지하수위가 변경될 때
③ 이웃건물에서 깊은 굴착을 할 때
④ 기초를 크게 할 때

**해설**

기초의 크기가 클수록 지반과 닿는 지지면적이 커지며, 각 기초에 작용하는 하중의 차이를 줄일 수 있으므로 부동침하를 방지할 수 있다.

**관련이론**

**부동침하:** 구조물의 기초지반이 침하되면서 구조물의 여러 부분에서 불균등하게 침하를 일으키는 현상으로 부동침하의 원인은 다음과 같다.

**부동침하의 원인**

- 지반이 연약한 경우
- 연약지반의 두께가 다를 경우
- 이질지정 또는 일부지정
- 건물이 서로 다른 지반의 이질층에 걸쳐 있는 경우
- 자중이 일정하지 않거나 부주의한 일부 증축의 경우
- 지하수위 변경
- 지하 매설물 또는 구멍이 있거나, 지반이 메운 땅인 경우

## 18

**사회학자 숑바르 드 로브(Chombard de Lawve)의 주거면적 기준 중 한계기준으로 옳은 것은?**

① $8m^2$/인　② $10m^2$/인
③ $14m^2$/인　④ $16.5m^2$/인

**해설**

**한계기준:** $14m^2$/인(개인, 가족적인 거주의 융통성 보장)
**주생활수준(주거면적) 기준**

- **병리기준:** $8m^2$/인
- **한계기준:** $14m^2$/인
- **표준기준:** $16m^2$/인

## 19

**다음 창호 부속철물 중 경첩으로 유지할 수 없는 무거운 자재 여닫이문에 쓰이는 것은?**

① 플로어 힌지(Floor hinge)
② 피벗 힌지(Pivot hinge)
③ 레버터리 힌지(Lavatory hinge)
④ 도어 체크(Door check)

**해설**

플로어 힌지(Floor hinge)는 대형 현관문과 같이 일반 경첩으로 유지할 수 없는 무거운 자재 여닫이문에 쓰이는 중량 여닫이용 경첩이다.

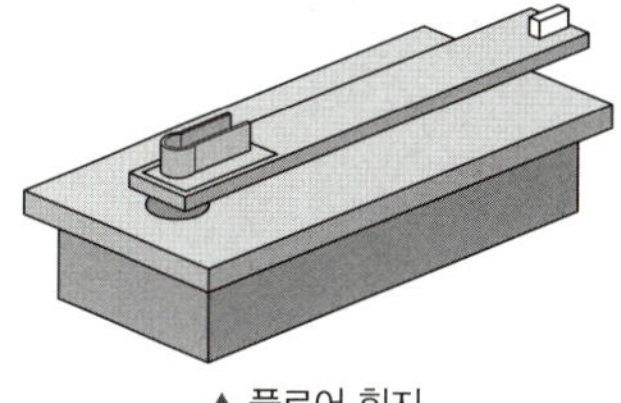

▲ 플로어 힌지

**관련이론**

**도어 체크(도어 클로저):** 열려진 여닫이문을 저절로 닫히게 하는 장치이다.
**레버터리 힌지:** 스프링 힌지의 일종으로서, 저절로 닫혀지지만 15cm 정도는 열려있게 된다.

정답 | 10. ② 11. ② 12. ③ 13. ④ 14. ③ 15. ① 16. ④ 17. ④ 18. ③ 19. ①

2017년

## 20

**다음 설명에 해당하는 엘리베이터의 관련 용어는?**

> 엘리베이터가 출발 기준층에서 승객을 싣고 출발하여 각 층에 서비스한 후 출발 기준층으로 되돌아와 다음 서비스를 위해 대기하는 데까지의 총시간

① 승차시간 ② 일주시간
③ 주행시간 ④ 서비스시간

**해설**
일주시간에 대한 설명이다.

## 21

**벽체의 단열에 관한 설명으로 옳지 않은 것은?**

① 벽체의 열관류율이 클수록 단열성이 낮다.
② 단열은 벽체를 통한 열손실방지와 보온역할을 한다.
③ 벽체의 열관류 저항값이 작을수록 단열 효과는 크다.
④ 조적벽과 같은 중공 구조의 내부에 위치한 단열재는 난방 시 실내 표면 온도를 신속히 올릴 수 있다.

**해설**
벽체의 열관류 저항값이 작을수록 단열 효과는 작다.

## 22

**실을 뽑아 직기에 제직을 거친 벽지는?**

① 직물벽지 ② 발포벽지
③ 종이벽지 ④ 비닐벽지

**해설**
직물벽지에 대한 설명이다.

## 23

빈출

**조적조의 내력벽으로 둘러싸인 부분의 바닥면적은 몇 $m^2$ 이하로 해야 하는가?**

① $80m^2$ ② $100m^2$
③ $120m^2$ ④ $150m^2$

**해설**
조적조의 내력벽으로 둘러싸인 부분의 바닥면적은 $80m^2$를 넘을 수 없다.

**관련이론 | 보강블록구조 내력벽의 길이와 바닥면적**
내력벽의 길이의 합계가 그 층의 바닥면적 $1m^2$에 대하여 0.15m 이상이 되도록 하되, 그 내력벽으로 둘러싸인 부분의 바닥면적은 $80m^2$를 넘을 수 없다.

## 24

**보강블록조에서 내력벽의 두께는 최소 얼마 이상이어야 하는가?**

① 50mm ② 100mm
③ 150mm ④ 200mm

**해설**
보강블록구조인 내력벽의 두께는 층수가 많을수록 두껍게 하며 최소 두께는 150mm 이상으로 한다.

**관련이론 | 보강블록조**
블록을 통줄눈으로 쌓고 중공부에 철근을 세우고 콘크리트를 채워서 만드는 내력벽 구조로서 수직 및 수평하중에 견딜 수 있도록 만드는 블록구조이다.

## 25

빈출

**철근콘크리트구조에 사용되는 철근에 관한 설명으로 틀린 것은?**

① 인장력에 취약한 부분에 철근을 배근한다.
② 철근의 합산한 총 단면적이 같을 때 가는 철근을 사용하는 것이 부착력 향상에 좋다.
③ 철근의 이음길이는 콘크리트 압축강도와는 무관하다.
④ 철근의 이음은 인장력이 작은 곳에서 한다.

**해설**
철근의 이음길이는 철근의 종류, 이음 방법, 콘크리트의 인장 및 압축 강도에 따라 달라진다.

## 26

빈출

**한식주택의 특징으로 옳지 않은 것은?**

① 좌식 생활 중심이다.
② 공간의 융통성이 낮다.
③ 가구는 부수적인 내용물이다.
④ 평면은 실의 위치별 분화이다.

**해설**

한식주택은 각 실들을 다목적으로 혼용하여 사용할 수 있으므로 공간의 융통성이 높다.

## 27

빈출

**조적조에서 외벽 1.5B 공간 쌓기 벽체의 두께는 얼마인가? (단, 표준형 벽돌이고 공간은 80mm이다.)**

① 190mm
② 290mm
③ 330mm
④ 360mm

**해설**

1.5B 공간 쌓기 두께는 1.0B+공간+0.5B이며
1.0B는 190mm, 공간은 80mm, 0.5B는 90mm이므로,
190+80+90=360mm이다.

## 28

고난도

**목재의 방부제로 사용하지 않는 것은?**

① 테레빈유
② 콜타르
③ 페인트
④ 크레오소트 오일

**해설**

테레빈유는 페인트, 바니시 등의 도장 도료를 희석하고 적당한 휘발성 및 건조속도를 유지하는 희석제이다.

**관련이론 | 목재 방부제의 종류**

- **유성:** 크레오소트유(Creosote oil), 콜타르(Coaltar), 아스팔트(Asphalt), 유성 페인트
- **수용성:** 황산동용액(1%), 염화아연용액(4%), 염화제2수은용액(1%), 불화소다용액(2%)
- **유용성:** 펜타클로르페놀(PCP)

## 29

**콘크리트 타설 후 비중이 무거운 시멘트와 골재 등이 침하되면서 물이 분리·상승하여 미세한 부유물질과 콘크리트 표면으로 떠오르는 현상은?**

① 레이턴스(Laitance)
② 초기 균열
③ 블리딩(Bleeding)
④ 크리프(Creep)

**해설**

블리딩(Bleeding)에 대한 설명이다.

**관련이론 | 크리프(Creep)**

장시간의 하중으로 인하여 재료가 지속적으로 서서히 소성변형을 일으키는 현상이다.

## 30

**아파트의 평면형식에 따른 분류에 속하지 않는 것은?**

① 판상형
② 집중형
③ 계단실형
④ 편복도형

**해설**

판상형 및 탑상형은 주거동 형태에 따른 분류이다.

**관련이론 | 아파트의 분류**

- **평면형식에 의한 분류:** 홀형(계단실형), 편복도형, 중복도형, 집중형
- **주동형태에 따른 분류:** 판상형, 탑상형

## 31

빈출

**유리와 같이 어떤 힘에 대한 작은 변형으로도 파괴되는 재료의 성질을 나타내는 용어는?**

① 연성
② 전성
③ 취성
④ 탄성

**해설**

취성(脆性)은 충격하중을 받을 때 물체가 소성변형이 거의 일어나지 않고 작은 변형에도 파괴되는 성질을 말한다.

**정답** | 20. ② 21. ③ 22. ① 23. ① 24. ③ 25. ③ 26. ② 27. ④ 28. ① 29. ③ 30. ① 31. ③

2017년

## 32

**건축법령상 건축면적에 해당하는 것은?**

① 2층 이상의 거실면적의 합계
② 하나의 건축물 각층 바닥면적의 합계
③ 건축물의 내벽의 중심선으로 둘러싸인 부분의 수평투영면적
④ 건축물의 외벽의 중심선으로 둘러싸인 부분의 수평투영면적

**해설**

건축면적은 건축물의 외벽(외벽이 없는 경우에는 외곽 부분의 기둥으로 함)의 중심선으로 둘러싸인 부분의 수평투영면적으로 한다. (건축법 시행령 제119조 제1항 제2호)

## 33

빈출

**증기난방에 관한 설명으로 옳지 않은 것은?**

① 증발 잠열을 이용하기 때문에 열의 운반 능력이 크다.
② 난방의 쾌감도가 온수난방보다 높다.
③ 방열 면적을 온수난방보다 작게 할 수 있다.
④ 예열 시간이 온수난방에 비해 짧다.

**해설**

증기난방은 온수난방 또는 복사난방방식에 비해서 쾌감도가 좋지 않다.

**관련이론 | 증기난방(Steam heating)**

| 장점 | 단점 |
|---|---|
| • 증발 잠열을 이용하므로 열의 운반 능력이 크다.<br>• 예열 시간이 짧고 증기순환이 빠르다.<br>• 설비비, 유지비가 저렴하다.<br>• 방열 면적과 관경이 작아도 된다. | • 방열량 제어가 어렵다.<br>• 쾌감도가 나쁘다.<br>• 난방개시 때 소음(Steam hammering)이 많이 발생한다.<br>• 방열량 조절이 어렵고, 화상의 우려가 있다.<br>• 배관 내 부식 우려가 크다.<br>• 열손실이 크다. |

## 34

빈출

**보강블록구조의 기초 및 테두리보에 대한 설명으로 옳지 않은 것은?**

① 기초보는 벽체 하부를 연결하고 집중 또는 국부적 하중을 균등히 지반에 분포시킨다.
② 테두리보의 너비를 크게 할 필요가 있을 때에는 경제적으로 ㄱ자형, T자형으로 한다.
③ 테두리보는 분산된 벽체를 일체로 연결하여 하중을 균등히 분포시키는 역할을 한다.
④ 기초보의 춤은 처마높이의 $\frac{1}{12}$ 이하가 적절하다.

**해설**

기초보의 춤은 처마높이의 1/12 이상이 적절하다.

**관련이론 | 기초보**

- 기초를 연결하는 땅속에 있는 보를 말한다.
- 기초의 부동침하 억제, 내력벽의 일체화, 상부하중을 지반에 균등히 분포하는 역할을 한다.
- 기초보의 두께: 벽체두께 이상
- 기초보의 춤: 처마높이의 1/12 이상

〈연속기초〉

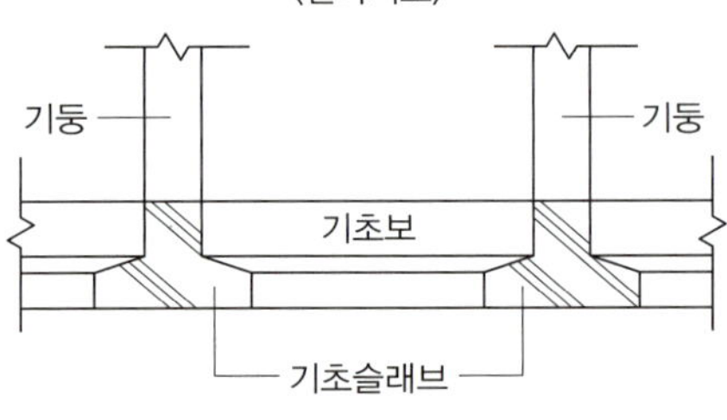


▲ 연속기초에서의 기초보

## 35

**아치벽돌을 사다리꼴 모양으로 특별히 주문 제작하여 쓴 것을 무엇이라 하는가?**

① 본아치 ② 막만든아치
③ 거친아치 ④ 층두리아치

**해설**
본아치는 아치벽돌 단면이 사다리꼴 모양으로 특별히 주문 제작하여 만든 아치이다.

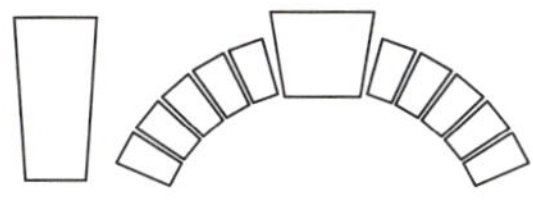

## 36

**지붕의 물매 중 되물매의 경사로 옳은 것은?**

① 15° ② 30°
③ 45° ④ 60°

**해설**
되물매(10cm물매)는 수평길이 10cm에 대해 단위수직높이 10cm로서 45°경사를 갖는 물매이다.

**관련이론 | 지붕의 물매**
- **뜬물매:** 지붕 경사가 45° 미만인 물매
- **되물매(10cm 물매):** 지붕 경사가 45°인 물매
- **된물매:** 지붕 경사가 45°를 초과하는 물매

## 37

**벽 및 천장재로 사용되는 것으로 강당, 집회장 등의 음향조절용으로 쓰이거나 일반건물의 벽 수장재로 사용되는 목재 가공품은?**

① 파키트리 패널 ② 플로어링 합판
③ 코펜하겐 리브 ④ 파키트리 블록

**해설**
**코펜하겐 리브(Copenhagen rib):** 목재를 두께 30~50mm 정도, 너비 100mm 정도의 긴 판으로 가공하고 표면을 리브 형태로 제작한 제품으로 벽면 수장재로 사용한다.

## 38

빈출

**시멘트의 저장방법 중 틀린 것은?**

① 주위에 배수 도랑을 두고 누수를 방지한다.
② 3개월 이상 경과한 시멘트는 재시험을 거친 후 사용한다.
③ 채광과 공기순환이 잘 되도록 개구부를 최대한 많이 설치한다.
④ 쌓기 높이는 13포 이하로 하며, 장기간 저장 시는 7포 이하로 한다.

**해설**
출입이나 습기 제거를 위해 필요한 출입구 및 채광창 이외에는 공기 유통을 막기 위하여 될 수 있는 한 개구부를 설치하지 않는다.

**관련이론 | 시멘트 저장 시 유의해야 할 사항**
- 지상 30cm 이상의 마루 위에 적재한다.
- 벽에 접촉되지 않고, 통풍이 잘 되며 습기가 없어야 한다.
- 저장 창고 주위에는 도랑을 파서 우수의 침입을 방지한다.
- 포대높이는 13포, 장기간 저장할 경우 7포 이상 쌓지 않는다.
- 반입구와 반출구를 따로 두고, 먼저 반입된 것부터 사용한다.
- 3개월 이상 저장한 시멘트는 사용 전에 재시험한다.

## 39

**겨울철의 콘크리트공사, 해수공사, 긴급 콘크리트공사에 적당한 시멘트는?**

① 보통 포틀랜드 시멘트 ② 고로 시멘트
③ 알루미나 시멘트 ④ 팽창 시멘트

**해설**
알루미나 시멘트는 장기에 걸친 강도의 증진은 없지만 조기의 강도 발생이 커서 겨울철의 콘크리트공사, 해수공사, 긴급 콘크리트공사 등에 사용한다. 24시간 내에 보통 포틀랜드 시멘트의 4주 강도가 발현된다.

**정답** | 32. ④ 33. ② 34. ④ 35. ① 36. ③ 37. ③ 38. ③ 39. ③

## 40

빈출

동선의 3요소에 속하지 않는 것은?

① 속도 ② 빈도
③ 하중 ④ 방향

**해설**

길이(속도), 빈도, 하중이 동선의 3요소이다.

## 41

주거 단지의 단위 중 초등학교를 중심으로 한 단위는?

① 근린지구 ② 인보구
③ 근린분구 ④ 근린주구

**해설**

근린주구의 중심시설은 초등학교이다.

**관련이론 | 근린주구**

- 초등학교가 중심이 되는 시설이다.
- 주택호수는 약 1,600~2,000호이다.

## 42

고난도

건물 바닥 또는 천장 면에 구조체 파이프 코일을 설치하여 냉·온수를 공급하여 냉방이나 난방을 하고, 공조기에서 덕트를 통해 공조하는 공기조화를 하는 방식은?

① 단일덕트방식 ② 이중덕트방식
③ 패키지유닛방식 ④ 복사패널덕트병용방식

**해설**

복사패널덕트병용방식은 건축물 구조체(천장, 바닥, 벽체 등)에 코일을 매설하고 냉·온수를 공급하여 냉·난방하고, 공조기에서 덕트를 통해 공조하는 방식이다.

## 43

스틸 하우스에 대한 설명으로 옳지 않은 것은?

① 벽체가 얇기 때문에 결로현상이 발생하지 않는다.
② 공사기간이 짧고 자재의 낭비가 적다.
③ 내부 변경이 용이하고 공간 활용이 효율적이다.
④ 얇은 천장을 통해 방 사이의 차음이 문제가 된다.

**해설**

스틸 하우스는 벽체가 얇기 때문에 결로가 발생될 수 있다.

**관련이론 | 스틸 하우스(Steel house)**

스터드나 경량형강의 틀에 합판 등을 스크류 등의 접합철물을 이용하여 붙인 주택이다.

## 44

기둥의 종류에서 2층 건물의 아래층에서 위층까지 관통한 하나의 부재로 된 기둥은?

① 샛기둥 ② 통재기둥
③ 평기둥 ④ 동바리

**해설**

**통재기둥(通材柱):** 기둥을 잇지 아니하고, 중층건물의 상·하층 기둥을 길게 2층 이상까지 단일재로 만든 기둥이다.

## 45

빈출

철근콘크리트 사각형 기둥에는 주근을 최소 몇 개 이상 배근해야 하는가?

① 2개 ② 4개
③ 6개 ④ 8개

**해설**

사각형 기둥이므로 4개 이상 배근해야 한다.

**관련이론 | 철근콘크리트 기둥의 주근의 최소개수**

- 사각형이나 원형 띠철근으로 둘러싸인 경우: 4개 이상
- 나선철근으로 둘러싸인 철근의 경우: 6개 이상

## 46

빈출

**목재의 장점으로 올바른 것은?**

① 내화성이 좋다.
② 외관이 아름답고 감촉이 좋다.
③ 재질과 강도가 일정하다.
④ 함수율에 따라 팽창과 수축이 작다.

**선지분석**

① 내화성이 좋지 않다.
③ 재질과 강도가 일정하지 않다.
④ 함수율에 따라 팽창과 수축이 크다.

## 47

**콘크리트용 혼화제 중 콘크리트의 발열량을 높게 하는 것은?**

① AE제 ② 경화촉진제
③ 포졸란 ④ 방수제

**해설**

경화촉진제는 보통 염화칼슘이 사용된다. 시멘트와 물의 화학반응으로 응결을 촉진시킴으로써 조기 강도를 얻을 수 있으며, 발열량이 증가된다.

## 48

**시멘트의 강도에 영향을 주는 주요 요인이 아닌 것은?**

① 시멘트 분말도 ② 비빔장소
③ 시멘트 풍화 정도 ④ 사용하는 물의 양

**해설**

비빔장소는 관계가 없다.

**관련이론 | 시멘트 강도에 영향을 주는 요인**

- 시멘트 성분
- 시멘트 분말도
- 시멘트의 풍화 정도
- 사용하는 물의 양
- 양생조건

## 49

**오토클레이브(Autoclave) 팽창도 시험은 시멘트의 무엇을 알아보기 위한 것인가?**

① 풍화 ② 비중
③ 안정성 ④ 분말도

**해설**

오토클레이브(Autoclave) 팽창도 시험은 시멘트가 경화 시 팽창으로 인해 금이 가는 정도로써 안정성을 시험하며 팽창도는 0.8% 이하로 한다.

## 50

빈출

**건축물의 층의 구분이 명확하지 아니한 건축물의 경우, 건축물의 높이 얼마마다 하나의 층으로 산정하는가?**

① 3m ② 3.5m
③ 4m ④ 4.5m

**해설**

층의 구분이 명확하지 아니한 건축물은 높이 4m마다 하나의 층으로 보고 그 층수를 산정한다. (건축법 시행령 제119조)

## 51

빈출

**다음 중 건축제도에서 가장 굵게 표시되는 선은?**

① 치수선 ② 격자선
③ 단면선 ④ 인출선

**해설**

단면선을 가장 굵게 표시한다.

**선의 굵기 순서**

외형선, 단면선 > 기준선, 절단선, 숨은선, 경계선, 가상선 > 중심선, 치수선, 치수보조선, 지시선, 해칭선

**정답** | 40. ④ 41. ④ 42. ④ 43. ① 44. ② 45. ② 46. ② 47. ② 48. ② 49. ③ 50. ③ 51. ③

2017년

## 52

빈출

직경 13mm의 이형철근을 200mm 간격으로 배치할 때 도면표시 방법으로 옳은 것은?

① D13#200　② ∅13#200
③ D13@200　④ ∅13@200

**해설**

D는 이형철근의 직경, ∅는 원형철근의 직경, @는 배근 간격이므로, D13@200으로 표기해야 한다.

## 53

빈출

보강콘크리트블록조에서 내력벽의 벽량은 최소 얼마 이상으로 하여야 하는가?

① $10cm/m^2$　② $15cm/m^2$
③ $18cm/m^2$　④ $21cm/m^2$

**해설**

보강블록구조의 내력벽 벽량은 단위면적에 대한 내력벽의 길이로서, 그 층의 바닥면적을 기준으로 $15cm/m^2$ 이상으로 한다.

## 54

빈출

선 공장 제작하여 현장에서 짜맞춘 구조이며, 규격화할 수 있고, 대량생산이 가능하고, 공사기간을 단축할 수 있는 구조체의 구성양식은?

① 조립식 구조　② 습식 구조
③ 조적식 구조　④ 일체식 구조

**해설**

조립식 구조에 대한 설명이다.

## 55

빈출

대린벽으로 구획된 벽돌조 내력벽의 벽 길이가 7m일 때 개구부의 폭의 합계는 최대 얼마 이하로 하는가?

① 3m　② 3.5m
③ 4m　④ 4.5m

**해설**

개구부의 폭의 합계는 대린벽으로 구획된 벽의 길이 7m의 1/2인 3.5m 이하로 하여야 한다.

**관련이론 | 조적식 구조의 개구부**

① 각 층의 대린벽으로 구획된 각 벽에 있어서 개구부의 폭의 합계는 그 벽의 길이의 2분의 1 이하로 하여야 한다.
② 하나의 층에 있어서의 개구부와 그 바로 위층에 있는 개구부와의 수직거리는 600mm 이상으로 하여야 한다.

## 56

다음 석재 중 변성암에 속하는 것은?

① 석회암　② 안산암
③ 응회암　④ 사문암

**해설**

사문암은 변성암의 일종이다.

**관련이론 | 석재의 성인에 의한 분류**

- **화성암:** 화강암, 안산암, 섬록암, 황화석 등
- **수성암:** 사암, 점판암(이판암), 석회암, 응회암 등
- **변성암:** 사문암, 석면, 대리석 등

## 57

빈출

목재의 기건상태의 함수율은 평균 얼마 정도인가?

① 10%　② 15%
③ 20%　④ 30%

**해설**

목재의 함수율

- **기건상태 함수율:** 13~18%(평균 15% 정도)
- **섬유포화점 함수율:** 30% 정도

## 58

**합판(Plywood)의 특성으로 옳지 않은 것은?**

① 판재에 비해 균질하다.
② 방향에 따라 강도의 차가 크다.
③ 너비가 큰 판을 얻을 수 있다.
④ 함수율 변화에 의한 신축변형이 작다.

**해설**

합판(Plywood)은 나무결 방향에 따른 강도 차이가 적다.

**관련이론 | 합판(Plywood)**

- 원목이나 집성판재보다 강도가 크다.
- 나무결 방향에 따른 강도 차이가 적다.
- 뒤틀림이 적고, 큰 면적의 판재를 얻을 수 있다.
- 수축과 팽창이 적으므로 치수 안정성이 뛰어나다.
- 건축, 인테리어, 가구 등 여러 방면으로 활용된다.

## 59

**아파트의 단면 형식 중 하나의 단위 주거가 2개 층에 걸쳐 있는 것은?**

① 플랫형 ② 집중형
③ 듀플렉스형 ④ 트리플렉스형

**해설**

듀플렉스(Duplex)형에 대한 설명이다.

**관련이론 | 아파트의 단면형식 분류**

- **플랫형:** 하나의 주호가 1개층으로 구성된다.
- **듀플렉스형:** 하나의 주호가 2개층으로 구성된다.
- **트리플렉스형:** 하나의 주호가 3개층으로 구성된다.
- **스킵플로어형:** 하나의 주호가 경사지게 2개층으로 반층씩 어긋나게 구성된다.

## 60

**건물의 외벽에서 지붕 머리를 연결하고 지붕보를 받아 지붕의 하중을 기둥에 전달하는 가로재는?**

① 토대 ② 처마도리
③ 서까래 ④ 층도리

**해설**

처마도리에 대한 설명이다.

**관련이론**

**처마도리:** 외벽 상부에서 처마 밑에 건너지르는 수평 부재로서 중도리의 일종이며, 서까래를 받음과 동시에 기둥과 지붕보를 연결한다.

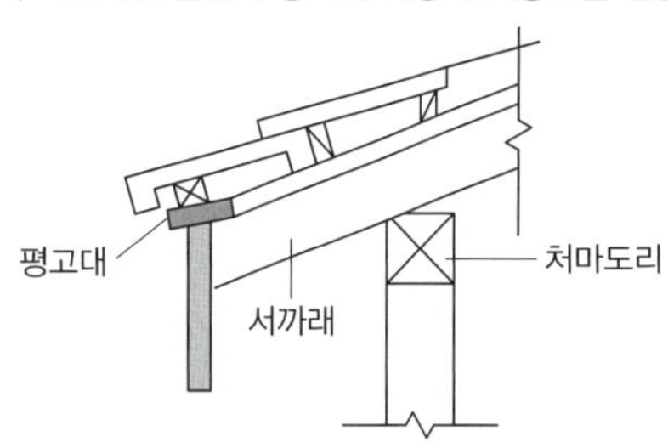


**토대(土臺):** 목조건축에서 기둥의 하부에 배치해서 기둥의 하중을 기초에 전달하는 수평재이다.

**정답** | 52. ③ 53. ② 54. ① 55. ② 56. ④ 57. ② 58. ② 59. ③ 60. ②

2017년

# 2017년 | 1회 CBT 복원문제

자동채점 

## 01

빈출

**표준형 점토벽돌로 1.5B(1.0B+75mm+0.5B) 공간쌓기를 할 경우 벽체의 두께는 얼마인가?**

① 475mm ② 455mm
③ 375mm ④ 355mm

**해설**

1.5B 공간쌓기 두께는 1.0B+공간+0.5B이며
1.0B는 190mm, 공간은 75mm, 0.5B는 90mm이므로,
190+75+90 = 355mm이다.

## 02

**다음 수지의 종류 중 천연수지가 아닌 것은?**

① 송진 ② 셸락
③ 다마르 ④ 니트로셀룰로오스

**해설**

니트로셀룰로오스는 셀룰로오스를 황산과 질산을 혼합한 혼산으로 질산에스테르화하여 얻게 되는 백색 섬유상의 화합물이다.
**천연수지:** 송진, 로진, 셸락, 다마르, 앰버, 파기 등

## 03

**다음 목재 제품 중 일반건물의 벽 수장재로 사용되는 것은?**

① 플로링 보드 ② 코펜하겐 리브
③ 파키트리 패널 ④ 파키트리 블록

**해설**

**코펜하겐 리브(Copenhagen rib):** 목재를 두께 30~50mm 정도, 너비 100mm 정도의 긴 판으로 가공하고 표면을 리브 형태로 제작한 제품으로 벽면 수장재로 사용한다.

## 04

빈출

**건축도면에서 굵은 실선으로 표시하여야 하는 것은?**

① 해칭선 ② 절단선
③ 단면선 ④ 치수선

**해설**

단면선은 굵은 실선으로 그린다.

**관련이론 | 선의 종류**

- **굵은 실선:** 단면선, 외형선
- **중간 실선:** 입면선, 가구선
- **가는 실선:** 치수선, 해칭선, 마감선
- **1점 쇄선:** 중심선, 절단선, 기준선, 경계선, 참고선
- **2점 쇄선:** 상상선 또는 1점 쇄선과 구별할 필요가 있을 때

## 05

빈출

**LPG에 관한 설명으로 옳지 않은 것은?**

① 공기보다 가볍다.
② 액화석유가스이다.
③ 주성분은 프로판, 프로필렌, 부탄 등이다.
④ 석유정제 과정에서 채취된 가스를 압축 냉각해서 액화시킨 것이다.

**해설**

LPG는 공기보다 무겁다.

**LPG(액화석유가스)**

- 주성분: 프로판, 부탄 등
- 무색 · 무취이지만, 중독성이 있다.
- 연소범위가 좁지만, 발열량이 높다.
- 금속에 대해 부식성이 적다.
- 공기보다 무겁다.(경보기는 바닥에서 30cm 이내 설치)
- 압축, 냉각하여 액화하면 체적이 1/250로 된다.

## 06

빈출

**주생활양식에 대한 설명으로 옳지 않은 것은?**

① 한식생활은 실별 용도가 명확하다.
② 양식생활은 각 실의 기능이 구분된다.
③ 한식생활은 좌식, 양식생활은 입식 위주이다.
④ 양식생활은 가구를 실의 용도에 따라 설치한다.

**해설**

한식생활은 각 실을 다목적으로 사용하므로 실별 용도가 명확하지 않지만, 양식생활은 실별 용도가 명확하다.

## 07

**초고층 건물의 구조시스템 중 가장 적합하지 않은 것은?**

① 내력벽 시스템　② 아웃리거 시스템
③ 튜브 시스템　④ 가새 시스템

**해설**

내력벽 시스템은 초고층 건물 구조에는 적합하지 않다.

**관련이론 | 초고층 건물의 구조시스템**

- 골조－전단벽 구조
- 아웃리거(Outrigger & Belt truss) 시스템
- 튜브 시스템: 골조튜브, 가새튜브, 이중튜브, 묶음튜브
- 가새 골조 시스템
- 메가구조(Mega structure)

## 08

**도료 상태의 방수재를 바탕면에 여러 번 칠하여 얇은 수지 피막을 만들어 방수효과를 얻는 공법은?**

① 시멘트 모르타르 방수　② 시트 방수
③ 도막 방수　④ 아스팔트 방수

**해설**

도막 방수에 대한 설명이다.

## 09

빈출

**내력벽 길이의 총합계를 그 층의 건물면적으로 나눈 값을 벽량이라 하는데, 보강블록조의 내력벽의 벽량은 (　)cm/m² 이상으로 한다. (　)안에 들어가는 숫자는?**

① 5　② 15
③ 25　④ 35

**해설**

보강블록구조의 내력벽 벽량은 단위면적에 대한 내력벽의 길이로서, 그 층의 바닥면적을 기준으로 15cm/m² 이상으로 한다.

## 10

**벽돌쌓기법 중 모서리 또는 끝부분에 칠오토막을 사용하는 것은?**

① 영국식 쌓기　② 프랑스식 쌓기
③ 네덜란드식 쌓기　④ 미국식 쌓기

**해설**

**네덜란드식 쌓기:** 화란식 쌓기라고도 하며 한 켜씩 길이와 마구리를 번갈아 쌓고 길이 켜의 모서리에 칠오토막을 사용한다.

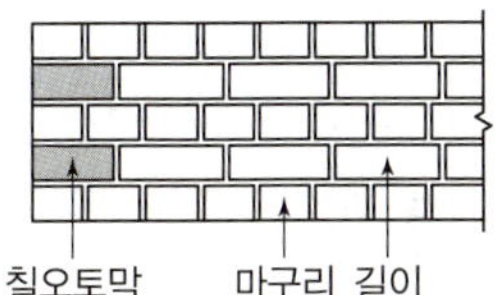


정답 | 01. ④　02. ④　03. ②　04. ③　05. ①　06. ①　07. ①　08. ③　09. ②　10. ③

2017년

## 11

**강재 표시방법 2L−125×125×6에서 6이 나타내는 것은?**

① 길이　　② 수량
③ 높이　　④ 두께

**해설**

다음 그림과 같이 L형강(L−$A$×$B$×$t$)에서 $t$는 강재의 두께를 나타내므로 6은 두께이다.

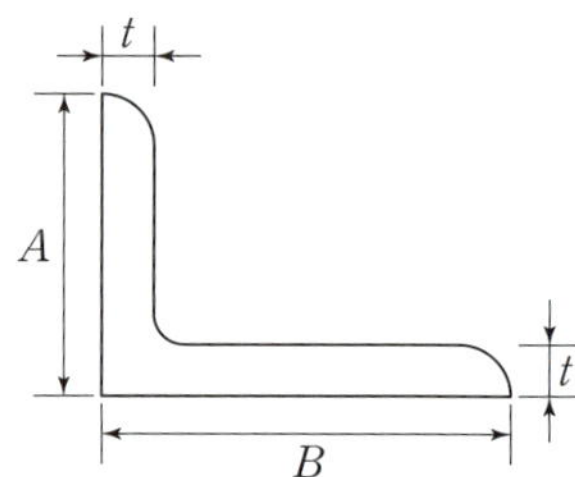


## 12

**스킵플로어형 공동주택에 관한 설명으로 옳지 않은 것은?**

① 통풍 · 채광의 확보가 용이하다.
② 주택 내의 공간의 변화가 있다.
③ 엘리베이터의 효율적 운행이 가능하다.
④ 구조 및 설비계획이 용이하다.

**해설**

스킵플로어형은 구조 및 설비계획이 복잡하다.

**관련이론 | 스킵플로어형(Skip floor type) 공동주택**

- 하나의 주호가 경사지게 2개층으로 반층씩 어긋나게 구성하는 형식이다.
- 복도 면적을 줄일 수 있다.
- 주택 내의 공간의 변화가 있다.
- 통풍 · 채광의 확보가 용이하다.
- 엘리베이터의 효율적 운행이 가능하다.
- 구조 및 설비계획이 복잡하다.
- 엑세스(Access) 동선이 복잡하다.
- 동일한 주거동에 각기 다른 모양의 세대 배치계획이 가능하다.

## 13

빈출

**건축도면의 표시기호와 표시사항의 연결이 옳은 것은?**

① A − 체적　　② W − 너비
③ R − 지름　　④ L − 높이

**선지분석**

① A − 면적
③ R − 반지름
④ L − 길이

**관련이론 | 건축도면의 표시기호**

| 기호 | 표시사항 | 기호 | 표시사항 |
|---|---|---|---|
| 길이 | L | 너비 | W |
| 높이 | H | 두께 | THK |
| 지름 | D 또는 ∅ | 반지름 | R |
| 면적 | A | 체적 | V |
| 간격 | @ | 무게 | Wt |
| 문 | SD, WD, AD | 창 | WW, PW, AW |

## 14

빈출

**물체에 외력이 작용되면 순간적으로 변형이 생기지만 외력을 제거하면 원래의 상태로 되돌아가는 성질은?**

① 소성　　② 점성
③ 탄성　　④ 연성

**해설**

탄성(彈性)에 대한 설명이다.

**소성(塑性):** 재료에 사용하는 외력이 어느 한도에 도달하면 외력의 증가 없이 변형만이 증대하는 성질을 말한다.

**점성(粘性):** 유체의 흐름에 대한 저항을 의미하며 끈끈한 성질을 말한다.

**연성(延性):** 물질이 탄성 한계 이상의 힘(외력)을 받아도 파괴되지 않고 가늘고 길게 늘어나는 성질을 말한다.

## 15

빈출

**배수트랩의 봉수 파괴 원인과 가장 거리가 먼 것은?**

① 증발　　② 통기작용
③ 모세관 현상　　④ 자기 사이펀 작용

**해설**

통기작용은 공기를 통하게 하여 관 내의 진공현상이나 이상 압력을 제거하여 배수를 원활하게 하는 작용을 말한다.

**봉수의 파괴 원인**

- 자기 사이펀 작용
- 유도 사이펀 작용(흡입 및 흡출작용)
- 토출 작용(역압 분출 작용)
- 모세관 현상
- 증발 현상
- 관성에 의한 배출

## 16

고난도

**초고층 건물에서 배관 시 최상층과 최하층의 수압차가 크기 때문에 최하층에는 과다한 수격현상이 일어난다. 따라서 소음 및 진동으로 인한 부품의 파손현상이 발생하는데 이를 해결하는 방법은?**

① 급수조닝　　② 여과기 설치
③ 펌프 설치　　④ 저수조 설치

**해설**

고가탱크 방식의 경우, 초고층 건축물에서 저층부로 갈수록 수압이 커지면서 과다한 수격현상 및 부품의 파손현상이 발생될 수 있으므로 급수조닝으로써 적절한 수압을 유지하도록 한다.

## 17

**다음 중 철골구조에서 사용되는 접합방법에 속하지 않는 것은?**

① 용접접합　　② 듀벨접합
③ 고력볼트접합　　④ 핀접합

**해설**

**철골구조의 접합방법:** 볼트접합, 고력볼트접합, 용접접합, 리벳접합, 핀접합

## 18

**플레이트 보에 사용되는 부재의 명칭이 아닌 것은?**

① 커버 플레이트　　② 웨브 플레이트
③ 스티프너　　④ 베이스 플레이트

**해설**

플레이트 보(Plate girder)는 웨브 플레이트(복부판)를 세우고 상하부에 플랜지 플레이트를 용접하며, 커버 플레이트나 스티프너로 보강해서 제작한 조립보이다.

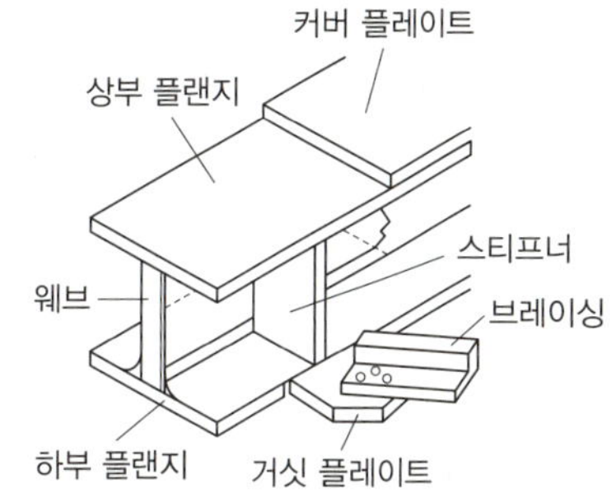


**관련이론 | 베이스 플레이트(Base plate)**

강구조물의 기둥을 주각에서 기초에 정착하기 위하여 주각의 끝에 붙여서 앵커볼트로 고정하기 위해 쓰이는 강판을 말한다.

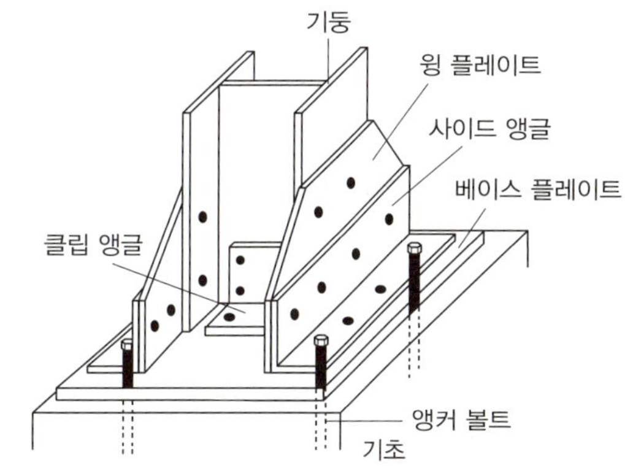


2017년

정답 | 11. ④　12. ④　13. ②　14. ③　15. ②　16. ①　17. ②　18. ④

## 19

빈출

**개구부 상부의 하중을 지지하기 위하여 돌이나 벽돌을 곡선형으로 쌓아 올린 구조를 무엇이라 하는가?**

① 골조구조 ② 아치구조
③ 린텔구조 ④ 트러스구조

**해설**

아치구조에 대한 설명이다.

## 20

**목재의 착색에 사용하는 도료 중 가장 적당한 것은?**

① 크레오소트유 ② 연단도료
③ 클리어 래커 ④ 오일스테인

**해설**

**오일스테인:** 목재에 깊게 침투하여 방충, 곰팡이, 변형 등으로부터 목재를 보호하며, 목재 표면의 착색제 역할을 하는 투명 유성액체이다.

## 21

빈출

**다음 점토제품 중 흡수율이 가장 작은 것은?**

① 토기 ② 도기
③ 석기 ④ 자기

**해설**

**점토제품의 흡수율**

토기(20~30%) > 도기(15~20%) > 석기(3~10%) > 자기질(1% 이하)

## 22

**시멘트 분말도에 대한 설명으로 틀린 것은?**

① 분말도가 클수록 초기균열이 발생하기 쉽다.
② 분말도가 클수록 초기강도의 발생이 빠르다.
③ 분말도가 클수록 강도증진율이 빠르다.
④ 분말도가 클수록 수화작용이 느리다.

**해설**

입자가 가늘고 미세할수록 시멘트 분말도는 커지게 되며, 물과 접촉하는 표면적이 커지므로 수화작용이 빠르다.

**시멘트 분말도가 클수록(미세할수록) 나타나는 현상**

- 물과 접촉하는 표면적이 커지므로 수화작용이 빠르다.
- 초기강도의 발생과 강도증진율이 빠르다.
- 건조수축이 커지므로 초기균열이 발생하기 쉽다.
- 풍화되기 쉽고, 색이 밝아지며 비중은 작아진다.

## 23

빈출

**급기와 배기에 모두 기계장치를 사용하여 실내외의 압력차를 조정할 수 있고 가장 우수한 환기를 할 수 있으며, 병원 수술실의 환기방식으로 이용하는 환기방식은?**

① 제1종 ② 제2종
③ 제3종 ④ 제4종

**해설**

제1종 환기방식은 송풍기로 급기, 배풍기로 배기하며, 정확한 환기량과 급기량의 변화에 의해 실내압을 정압(+) 또는 부압(−)으로 유지할 수 있다.

**관련이론** | **송풍방식에 의한 분류**

| 구분 | 급기 | 배기 | 실내압 | 적용 |
|---|---|---|---|---|
| 1종 | 송풍기 | 배풍기 | 정압<br>부압 | • 공기조정설비 포함<br>• 밀폐된 공간, 수술실 등 |
| 2종 | 송풍기 | 자연 | 정압 | • 배기구 위치에 제약<br>• 청정실, 반도체실 등 |
| 3종 | 자연 | 배풍기 | 부압 | • 급기구 위치에 제약<br>• 부엌, 욕실, 화장실, 오염실 등 |

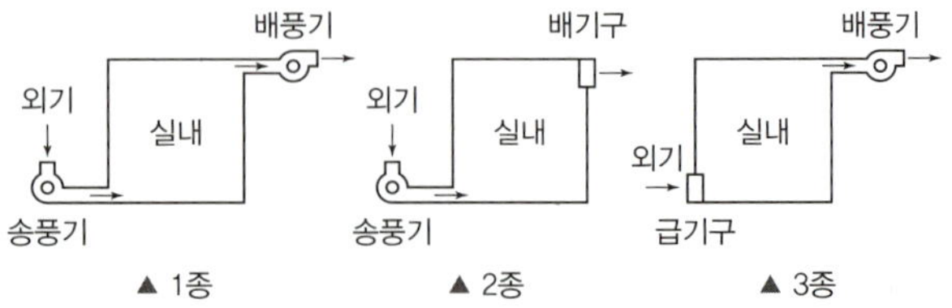

▲ 1종 ▲ 2종 ▲ 3종

## 24

**주택설계의 방향에 대한 설명으로 옳지 않은 것은?**

① 가족 본위의 주거
② 가사노동의 경감
③ 공간규모를 전체적으로 크게 구성
④ 개인 생활의 프라이버시 확보

**해설**

주거를 단순화하여 가사노동이 경감되도록 해야 한다.

**관련이론 | 주택설계의 방향**

- 생활의 쾌적함을 높인다.
- 주거를 단순화하여 가사노동을 줄일 수 있도록 한다.
- 각 공간의 이용이 편리하도록 한다.
- 가족생활을 중심으로 한 공간으로 계획한다.
- 좌식을 기본으로 입식을 도입하여 활동성을 증대한다.

## 25

**목구조에 대한 설명으로 틀린 것은?**

① 전각 · 사원 등의 동양고전식 구조법이다.
② 가구식 구조에 속한다.
③ 친화감이 있고, 미려하나 부패에 약하다.
④ 재료수급상 큰 단면이나 긴 부재를 얻기 쉽다.

**해설**

목재의 재료수급상 큰 단면이나 긴 부재를 얻기 어렵다.

## 26

**건물의 하부 전체 또는 지하실 전체를 하나의 기초판으로 구성한 기초는?**

① 온통기초 ② 줄기초
③ 복합기초 ④ 독립기초

**해설**

온통기초는 지반이 연약하거나 기둥에 작용하는 하중이 커서 기초판이 넓어야 할 때 사용하는 기초로 건물의 하부 전체 또는 지하실 전체를 하나의 기초판으로 구성하는 기초이다.

**관련이론 | 각종 기초의 형태**

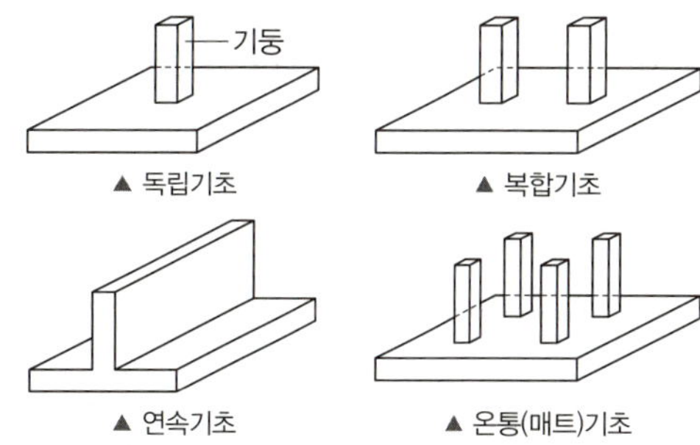


## 27

**염분이 섞인 모래를 사용한 철근콘크리트에서 가장 우려되는 현상은?**

① 건조수축 ② 철근의 부식
③ 슬럼프 ④ 동해

**해설**

염분이 섞인 모래를 사용한 철근콘크리트는 철근의 부식이 발생될 수 있다.

## 28

빈출

**콘크리트의 장점이 아닌 것은?**

① 압축강도가 크다. ② 자체 하중이 작다.
③ 내구성이 좋다. ④ 내화성이 우수하다.

**해설**

콘크리트는 자체 하중이 크다.

**정답** | 19. ② 20. ④ 21. ④ 22. ④ 23. ① 24. ③ 25. ④ 26. ① 27. ② 28. ②

2017년

## 29
빈출

**AE제를 사용한 콘크리트의 특징이 아닌 것은?**

① 동결 융해 작용에 대하여 내구성을 갖는다.
② 작업성이 좋아진다.
③ 수밀성이 좋아진다.
④ 압축강도가 증가한다.

**해설**
AE제를 많이 사용하면 공기량이 증가되면서 압축강도가 감소한다.

**관련이론 | AE제(Air Entraining agent)**
모르타르나 콘크리트 등에 많은 미세공극을 균일하게 분포시키기 위해 사용하는 혼화제를 말하며, 콘크리트의 워커빌리티 및 동결 융해 작용에 대하여 내구성을 가지기 위해 사용한다.

## 30
빈출

**다음 중 목재의 장점이 아닌 것은?**

① 가공과 운반이 쉽다.
② 함수율에 따라 팽창과 수축이 작다.
③ 중량에 비해 강도와 탄성이 크다.
④ 외관이 아름답고 감촉이 좋다.

**해설**
목재는 함수율에 따라 팽창과 수축이 크다.

**관련이론 | 목재의 장단점**
- 가공과 운반이 쉽다.
- 중량에 비하여 강도와 탄성이 크다.
- 외관이 아름답고 감촉이 좋다.
- 내화성이 취약하다.
- 부패의 우려가 있다.
- 함수율에 따라 팽창과 수축이 크다.

## 31
빈출

**다음 중 건축법상 "건축"에 속하지 않는 것은?**

① 증축 ② 재축
③ 이전 ④ 대수선

**해설**
**건축 행위:** 신축, 증축, 개축, 재축, 이전
**대수선:** 건축물의 기둥, 보, 내력벽, 주계단 등의 구조나 외부 형태를 수선·변경하거나 증설하는 것을 말하며, 증축·개축 또는 재축에 해당하지 아니하는 것을 말한다.

## 32

**대지면적에 대한 건축면적의 비율을 의미하는 것은?**

① 용적률 ② 건폐율
③ 수용률 ④ 점유율

**해설**
건폐율은 대지면적에 대한 건축면적(대지에 건축물이 둘 이상 있는 경우에는 이들 건축면적의 합계로 한다)의 비율이다.

**관련이론 | 용적률**
대지면적에 대한 연면적(대지에 건축물이 둘 이상 있는 경우에는 이들 연면적의 합계로 한다)의 비율이다.

## 33
빈출

**개별식 급탕방식에 속하지 않는 것은?**

① 순간식 ② 저탕식
③ 기수혼합식 ④ 직접가열식

**해설**
직접가열식은 중앙식 급탕 방식이다.

**관련이론 | 급탕방식 분류**
- **중앙식 급탕:** 직접가열식, 간접가열식
- **개별식 급탕:** 순간식, 저탕식, 기수혼합식

## 34
빈출

**구조물의 횡력보강을 위하여 통상적으로 사용되는 부재는?**

① 기둥 ② 슬래브
③ 보 ④ 가새

**해설**
가새(Brace)란 골조의 변형을 방지하기 위하여 대각선 방향으로 넣는 경사재로 횡력(수평력)을 보강하며, 4각형으로 짜여진 뼈대의 변형을 방지하기 위해 대각방향으로 댄 보강재를 말한다.

## 35

빈출

**다음 중 재료와 그 사용용도의 연결이 옳지 않은 것은?**

① 테라코타 – 흡음재
② 트래버틴 – 내벽 등의 수장재
③ 타일 – 내외벽, 바닥의 수장재
④ 테라조 – 벽, 바닥의 수장재

**해설**

테라코타는 주로 건물의 외장용으로 사용한다.

**관련이론 | 테라코타(Terracotta)**

- 건물의 외장용으로 사용하는 복잡한 모양이 있는 대형의 점토 제품이나 타일을 말한다.
- 일반 석재보다 가벼우며, 크기는 1개당 $0.3m^3$ 이상 ~ $0.5m^3$ 이하가 적당하다.
- 장식용으로서 난간, 주두, 돌림띠(돌림대) 등에 사용된다.

## 36

**콘크리트의 배합에서 물시멘트비와 가장 관계 깊은 것은?**

① 강도 ② 내동해성
③ 내화성 ④ 내수성

**해설**

**물시멘트비(Water–Cement ratio, W/C)**

- 물시멘트비 $= \dfrac{\text{물의 중량}}{\text{시멘트의 중량}}$
- 콘크리트 강도에 영향을 주며, 물시멘트비가 클수록 강도는 낮아진다.

## 37

빈출

**목재의 기건비중은 보통 함수율이 몇 %일 때를 기준으로 하는가?**

① 0% ② 15%
③ 30% ④ 함수율과 관계없다.

**해설**

**목재의 함수율**

- **기건상태 함수율:** 13~18%(평균 15% 정도)
- **섬유포화점 함수율:** 30% 정도

## 38

**미장재료에 대한 설명 중 옳은 것은?**

① 회반죽에 석고를 약간 혼합하면 경화속도, 강도가 감소하며 수축균열이 증대된다.
② 미장재료는 단일재료로서 사용되는 경우보다 주로 복합재료로서 사용된다.
③ 결합재에는 여물, 풀 등이 있으며 이것은 직접 고체화에 관계한다.
④ 시멘트 모르타르는 기경성 미장재료로서 내구성 및 강도가 크다.

**선지분석**

① 회반죽에 석고를 약간 혼합하면 경화속도, 강도가 증가하며 수축균열이 감소된다.
③ 결합재에서 여물은 건조수축에 의한 균열을 방지하고, 풀은 점성력, 부착력을 증대시킨다.
④ 시멘트 모르타르는 수경성 미장재료로서 내구성 및 강도가 크다.

## 39

**철근콘크리트 보에서 압축철근을 사용하는 이유와 가장 거리가 먼 것은?**

① 전단내력 증진 ② 장기처짐 감소
③ 연성거동 증진 ④ 늑근의 설치 용이

**해설**

전단내력의 증진을 위해서 인장철근을 배치한다.

**철근콘크리트 보에서 압축철근의 역할**

- 장기처짐 감소
- 연성거동 증진
- 철근조립 및 늑근의 설치 용이

**정답** | 29. ④ 30. ② 31. ④ 32. ② 33. ④ 34. ④ 35. ① 36. ① 37. ② 38. ② 39. ①

2017년

## 40

**주택의 거실에 관한 설명으로 옳지 않은 것은?**

① 가급적 현관에서 가까운 곳에 위치시키는 것이 좋다.
② 거실의 크기는 주택 전체의 규모나 가족 수, 가족 구성 등에 의해 결정된다.
③ 전체 평면의 중앙에 배치하여 각 실로 통하는 통로로서의 역할을 하도록 한다.
④ 거실의 형태는 일반적으로 직사각형이 정사각형보다 가구의 배치나 실의 활용 측면에서 유리하다.

**해설**

거실이 다른 공간들을 연결하는 통로의 역할을 해서는 안 된다.

## 41

빈출

**건축제도에서 선긋기에 관한 설명으로 옳지 않은 것은?**

① 한번 그은 선은 중복해서 긋지 않는다.
② 굵은 선의 굵기는 0.8mm 정도면 적당하다.
③ 시작부터 끝까지 일정한 힘을 주어 일정한 속도로 긋는다.
④ 용도에 따른 선의 굵기는 축척과 도면의 크기에 관계없이 동일하게 한다.

**해설**

용도에 따른 선의 굵기는 축척과 도면의 크기에 따라 다르게 한다.

## 42

**건물의 일조 조절에 이용되지 않는 것은?**

① 루버 ② 차양
③ 이중창 ④ 블라인드

**해설**

이중창은 외기로부터의 열을 차단하는 기능을 하며 일조 조절과는 관계없다.

**일조 조절 방법:** 루버, 차양, 블라인드, 발코니 등

## 43

빈출

**아스팔트의 품질 판별 관련 요소와 가장 거리가 먼 것은?**

① 강도 ② 신도
③ 감온비 ④ 침입도

**해설**

강도는 아스팔트의 품질 판별과 관계없다.

**아스팔트의 품질 판별 방법**

침입도, 신도, 연화점, 인화점, 감온비 등이 있다.

## 44

**철골구조에서 고력볼트접합에 대한 설명 중 옳지 않은 것은?**

① 접합부의 강성이 높다.
② 마찰접합, 지압접합 등이 있다.
③ 피로강도가 높다.
④ 볼트가 쉽게 풀리는 단점이 있다.

**해설**

고력볼트접합은 강한 조임력으로 볼트 및 너트가 쉽게 풀리지 않는다.

## 45

빈출

**구조형식이 셸구조인 건축물은?**

① 파리 에펠탑 ② 잠실 종합운동장
③ 서울 월드컵 경기장 ④ 시드니 오페라 하우스

**해설**

시드니 오페라 하우스는 셸구조 건축물이다.

**셸(Shell)구조:** 두께가 얇은 곡면형태의 판으로 형성된 구조로서 곡면 조형에서의 입체적인 거대한 공간을 형성하며, 휨과 견고성이 우수하다. TWA 공항 터미널, 시드니 오페라 하우스, 코마자와 올림픽 공원 체육관 등이 셸구조이다.

## 46

**건축도면 중 건물벽 직각방향에서 건물의 외관을 그린 것은?**

① 입면도 ② 전개도
③ 배근도 ④ 평면도

**해설**
입면도는 건물벽 직각방향에서 외관을 그려 나타내는 도면이다.

## 47

**건축법령상 주요구조부에 속하지 않는 것은?**

① 기둥 ② 지붕틀
③ 내력벽 ④ 옥외 계단

**해설**
옥외 계단은 주요구조부에 해당하지 않는다.

**관련이론 | 주요구조부**
내력벽, 기둥, 바닥, 보, 지붕틀 및 주계단을 말한다. 다만, 사이 기둥, 최하층 바닥, 작은 보, 차양, 옥외 계단, 그 밖에 이와 유사한 것으로 건축물의 구조상 중요하지 아니한 부분은 제외한다.

## 48

빈출

**과전류가 통과하면 가열되어 끊어지는 용융 회로개방형의 가용성 부분이 있는 과전류 보호장치는?**

① 퓨즈 ② 단로스위치
③ 배전반 ④ 차단기

**해설**
퓨즈(Fuse)에 대한 설명이다.

## 49

**내해수성, 화학저항성이 우수하여 해안공사, 큰 구조물 공사에 적합한 시멘트는?**

① 조강 포틀랜드 시멘트 ② 고로 시멘트
③ 백색 포틀랜드 시멘트 ④ 플라이애시 시멘트

**해설**
고로 시멘트에 대한 설명이다.
**조강 포틀랜드 시멘트:** 조기에 고강도를 낼 수 있으며 한중공사, 긴급공사에 적합하다.
**백색 포틀랜드시멘트:** 안료 혼합으로 칼라 시멘트를 만들 수 있고, 미장이나 도장 재료로 사용된다.
**플라이애시 시멘트:** 건조수축과 수화열이 작으며, 장기강도는 크다.

## 50

**재료의 내구성에 영향을 주는 요인에 대한 설명 중 틀린 것은?**

① 내후성: 건습, 온도변화, 동해 등에 의한 기후변화 요인에 대한 풍화작용에 저항하는 성질
② 내식성: 목재의 부식, 철강의 녹 등의 작용에 대해 저항하는 성질
③ 내화학약품성: 균류, 충류 등의 작용에 대해 저항하는 성질
④ 내마모성: 기계적 반복 작용 등에 대한 마모작용에 저항하는 성질

**해설**
**내화학약품성:** 화학 약품에 변형되거나 변질되지 않고 잘 견디는 성질이다.
**내생물성:** 균류, 충류 등의 작용에 대해 저항하는 성질이다.

**정답** | 40. ③ 41. ④ 42. ③ 43. ① 44. ④ 45. ④ 46. ① 47. ④ 48. ① 49. ② 50. ③

2017년

## 51

빈출

**건축재료의 발전 방향으로 틀린 것은?**

① 현장시공화 ② 고성능화
③ 에너지 절약화 ④ 공업화

**해설**

현장시공화는 관계없다.

**건축 생산재 발전 방향**

- 표준화, 규격화, 합리화
- 공업화(프리패브화) 및 생산성
- 고품질, 고성능화
- 에너지 절약화

## 52

**구조용 재료에 요구되는 성질과 가장 거리가 먼 것은?**

① 재질이 균일하고 강도가 큰 것이어야 한다.
② 색채와 촉감이 좋은 것이어야 한다.
③ 내구성, 내화성이 큰 것이어야 한다.
④ 큰 재료를 용이하게 얻을 수 있어야 한다.

**해설**

색채와 촉감은 마감용 재료에 요구되는 성질이다.

**관련이론 | 구조용 재료에 요구되는 성질**

- 재질이 균일하고 강도가 큰 것이어야 한다.
- 가볍고, 가공성이 좋은 것이어야 한다.
- 내구성, 내화성이 큰 것이어야 한다.
- 큰 재료를 용이하게 얻을 수 있어야 한다.

## 53

**하중의 작용방향에 따른 하중분류에서 수평하중에 포함되지 않는 것은?**

① 활하중 ② 풍하중
③ 수압 ④ 벽토압

**해설**

활하중은 건물의 사용 및 점용에 의해서 발생되는 수직하중으로 사람, 가구, 이동칸막이, 창고의 저장물, 설비기계 등의 하중을 말한다.
**수평하중:** 풍하중, 지진하중, 수압, 토압 등이 있다.

## 54

빈출

**철골구조의 플레이트 보에서 웨브의 좌굴을 방지하는 보강재는?**

① 스터드 ② 덮개판
③ 끼움판 ④ 스티프너

**해설**

스티프너(Stiffener)는 철골구조에서 플레이트 보(거더)나 박스 기둥의 플랜지나 웨브의 좌굴을 방지하기 위해 쓰이는 보강재를 말한다.

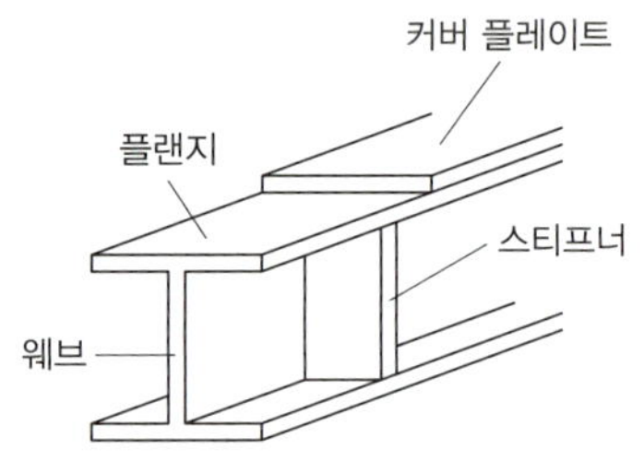


## 55

빈출

**벽돌조의 내쌓기에서 벽체의 내밀 수 있는 한도는?**

① 1.0B ② 1.5B
③ 2.0B ④ 2.5B

**해설**

내쌓기 한도는 2.0B이다.

**관련이론 | 내쌓기**

- 벽돌, 돌 등을 쌓을 때 면보다 내밀어 쌓는 것을 말한다.
- 한켜는 $\frac{1}{8}$B, 두켜는 $\frac{1}{4}$B 정도 내어 쌓는다.
- 내쌓기 한도는 2.0B이며 마구리쌓기로 한다.

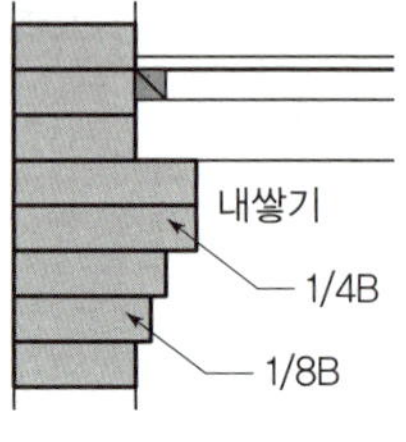

## 56

**평면도에 나타내야 할 사항이 아닌 것은?**

① 층고　② 벽 두께
③ 창의 형상　④ 벽 중심선

**해설**
층고는 단면도에 나타낸다.

**관련이론 | 평면도에 표현되는 내용**
벽 두께, 창의 형상, 벽 중심선, 실의 위치, 실의 크기, 창문과 출입구의 구별, 개구부의 위치 및 크기, 옥내주차 배치 및 주차동선 등이 표시된다.

## 57

빈출

**주택의 동선계획에 관한 설명으로 옳지 않은 것은?**

① 개인, 사회, 가사노동권의 3개 동선은 상호간 분리하는 것이 좋다.
② 가사노동의 동선은 가능한 한 남측에 위치시키는 것이 좋다.
③ 교통량이 많은 동선은 가능한 한 길게 처리하는 것이 좋다.
④ 상호간의 상이한 유형의 동선은 분리한다.

**해설**
교통량이 많은 동선은 가능한 한 짧고 단순하게 처리한다.

## 58

**건축물의 내구성에 영향을 주는 환경요인으로 해당되지 않는 것은?**

① 지진　② 광택
③ 화재　④ 해풍

**해설**
광택은 해당되지 않는다.
**건축물의 내구성에 영향을 주는 요인:** 지진, 바람, 화재, 충해, 부식, 염분 등

## 59

빈출

**블록구조에 테두리보를 설치하는 이유로 옳지 않은 것은?**

① 횡력에 의해 발생하는 수직균열의 발생을 막기 위해
② 집중하중을 받는 블록의 보강을 위해
③ 하중을 균등히 분포시키기 위해
④ 세로철근의 정착을 생략하기 위해

**해설**
테두리보는 조적조의 벽체 상부를 둘러대는 보를 말하며, 보강블록조에서 세로철근의 끝을 정착시키는 역할을 한다.

**관련이론 | 테두리보 역할**
- 벽체를 일체화하여 벽체의 강성을 증대시킨다.
- 부동침하나 지진 발생 시 하중을 균등하게 분포시킨다.
- 횡력에 의한 벽면의 수직균열을 방지하며, 수축균열 발생을 최소화한다.
- 세로철근의 끝을 테두리보에 정착시킬 수 있다.

## 60

**수직재가 수직하중을 받는 과정의 임계상태에서 기하학적으로 갑자기 변하는 현상을 의미하는 것은?**

① 전단파단　② 응력
③ 좌굴　④ 인장항복

**해설**
**좌굴(Buckling):** 축방향(길이방향)으로 압축력을 받는 부재가 길이방향의 수직방향으로 구부러지면서 내력이 급격히 감소하는 현상을 말한다.

**정답** | 51. ①　52. ②　53. ①　54. ④　55. ③　56. ①　57. ③　58. ②　59. ④　60. ③

2017년

# 2016년 | 4회 기출문제

>> 2016년 7월 10일 시행

## 제1과목 건축구조

### 01

**목구조 기둥에 대한 설명으로 옳지 않은 것은?**

① 중층건물의 상·하층 기둥이 길게 한 재로 된 것은 토대이다.
② 활주는 추녀뿌리를 받친 기둥이고, 단면은 원형과 팔각형이 많다.
③ 심벽식 기둥은 노출된 형식을 말한다.
④ 기둥의 형태가 밑둥부터 위로 올라가면서 점차 가늘어지는 것을 흘림기둥이라 한다.

**해설**

**통재기둥(通材柱):** 기둥을 잇지 아니하고, 중층건물의 상·하층 기둥을 길게 2층 이상까지 단일재로 만든 기둥이다.
**토대(土臺):** 목조건축에서 기둥의 하부에 배치해서 기둥의 하중을 기초에 전달하는 수평재이다.

### 02

**신축이음(Expansion joint)을 설치해야 하는 위치와 관련이 없는 것은?**

① 기존 건물과의 접합부분
② 저층의 긴 건물과 고층 건물의 접속부분
③ 복잡한 평면부분의 교차부분
④ 단면이 균일한 소규모의 바닥판 부분

**해설**

단면이 균일한 소규모의 바닥판 부분은 관련 없다.

**신축이음 설치 위치**

- 기존 건물과의 접합부분
- 저층의 긴 건물과 고층 건물의 접속부분
- 복잡한 평면부분의 교차부분
- 건물의 기초가 상이한 부분
- 구조상 중량 배분이 다른 부분

**관련이론 | 신축이음(Expansion joint)**

온도변화에 따라 신축하는 콘크리트 구조물의 변형에 대한 수용을 위하여 설치하는 이음부를 말한다.

### 03

**반자구조의 구성부재로 잘못된 것은?**

① 반자돌림대　② 달대
③ 변재　④ 달대받이

**해설**

변재는 나무의 껍질 쪽에 가까운 옅은 색깔의 목질부분이다.

**관련이론 | 반자**

- 방 또는 마루의 천장을 가려서 만든 구조체이다.
- 구성: 달대받이 – 달대 – 반자틀받이 – 반자틀(반자대) – 반자널 – 반자돌림대 순으로 위에서 아래로 구성된다.

### 04

빈출

**다음 구조형식 중 셸구조인 것은?**

① 잠실 운동장　② 파리 에펠탑
③ 서울 월드컵 경기장　④ 시드니 오페라 하우스

**해설**

셸구조인 것은 시드니 오페라 하우스이다.
**셸(Shell)구조:** 두께가 얇은 곡면형태의 판으로 형성된 구조로서 곡면 조형에서의 입체적인 거대한 공간을 형성하며, 휨과 견고성이 우수하다. TWA 공항 터미널, 시드니 오페라 하우스, 코마자와 올림픽 공원 체육관 등이 셸구조이다.

## 05

**역학구조상 비내력벽에 포함되지 않는 벽은?**

① 장막벽 ② 칸막이벽
③ 전단벽 ④ 커튼월

**해설**

장막벽, 칸막이벽, 커튼월은 비내력 구조체이다.

**관련이론 | 전단벽**

벽체의 면내로 평행하게 작용하는 수평력에 저항하도록 설계된 구조 내력벽이며, 바람이나 지진에 의한 수평하중에 대하여 구조물의 안전성을 확보하기 위하여 사용된다.

## 06

**다음 각 구조에 대한 설명으로 잘못된 것은?**

① PC의 접합 응력을 향상시키기 위해 기둥에 CFT를 적용한다.
② 초고층 골조의 강성을 증대시키기 위해 아웃리거(Out Rigger)를 설치한다.
③ 프리스트레스트구조(Pre－stressed)에서 강성을 증대시키기 위해 강선에 미리 인장을 작용한다.
④ 철골구조 접합부의 피로강도 증진을 위해 고력볼트를 접합한다.

**해설**

CFT는 PC의 접합 응력의 향상과는 거리가 멀다.

**관련이론**

**콘크리트 충전 강관(CFT; Concrete Filled steel Tube):** 원형이나 각형 강관 내부에 콘크리트를 충전하여 강관과 콘크리트가 상호 구속하는 특성에 의해 강성 내력 증대, 변형 방지, 내화 성능을 발휘하는 공법이며, 합성구조체이다.

**PC(Precast Concrete) 부재:** 공장에서 미리 제작하여 설치하는 콘크리트 부재로서 속이 꽉 찬 단면으로 제작된다. 운반비가 많이 소요되며, 현장 작업 시 고용량의 양중장비가 필요하며 붕괴 시 연속붕괴가 우려된다.

## 07

빈출

**철골구조의 플레이트 보에서 스티프너는 웨브의 무엇을 방지하는가?**

① 처짐 ② 좌굴
③ 진동 ④ 블리딩

**해설**

스티프너(Stiffener)는 철골구조에서 플레이트 보(거더)나 박스 기둥의 플랜지나 웨브의 좌굴을 방지하기 위해 쓰이는 보강재를 말한다.

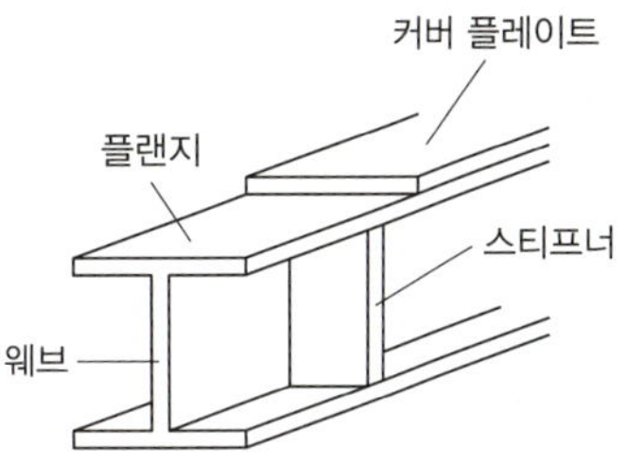


## 08

빈출

**2개소의 개구부를 가진 조적식 구조에서 대린벽으로 구획된 벽의 길이가 6m일 때 최대 개구부의 폭 합계로 옳은 것은?**

① 6m ② 4m
③ 3m ④ 2m

**해설**

개구부의 폭의 합계는 대린벽으로 구획된 벽의 길이 6m의 1/2인 3m 이하로 하여야 한다.

**관련이론 | 조적식 구조의 개구부**

① 각 층의 대린벽으로 구획된 각 벽에 있어서 개구부의 폭의 합계는 그 벽의 길이의 2분의 1 이하로 하여야 한다.
② 하나의 층에 있어서의 개구부와 그 바로 위층에 있는 개구부와의 수직거리는 600mm 이상으로 하여야 한다.

**정답** | 01. ① 02. ④ 03. ③ 04. ④ 05. ③ 06. ① 07. ② 08. ③

## 09

**I형강의 웨브를 톱니모양으로 절단한 후 구멍이 생기도록 맞추고 용접하여 구멍을 각 층의 배관에 이용하도록 한 보는?**

① 트러스보 ② 판보
③ 래티스보 ④ 허니컴보

**해설**

**허니컴보(Honey comb beam)**

H, I형강의 웨브 부분을 6각형의 구멍 등의 형상으로 절단, 가공 및 접합하여 만든 보이며, 보의 춤이 크므로 휨 내력이 강한 보이다.

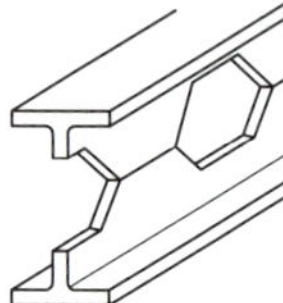

## 10

고난도

**트러스의 종류 중 상현재와 하현재 사이에 수직재로 구성된 것은?**

① 플랫 트러스 ② 와렌 트러스
③ 하우 트러스 ④ 비렌딜 트러스

**해설**

비렌딜 트러스(Vierendeel truss)는 상현재와 하현재 사이에 수직재로 구성되며, 고층 건물 최하층에 넓은 공간을 필요로 할 때나 많은 힘을 받을 때 사용하는 구조이다.

**관련이론 | 트러스(Truss)의 종류**

| 플랫 트러스 | 와렌 트러스 |
|---|---|
| 하우 트러스 | 킹 포스트 트러스 |
| 핑크 트러스 | 비렌딜 트러스 |

## 11

빈출

**목구조의 부재 중 가새의 설명으로 옳지 않은 것은?**

① 벽체를 안정형 구조로 만든다.
② 구조물에 가해지는 수평력보다는 수직력에 대한 보강을 위한 것이다.
③ 힘의 흐름상 인장력과 압축력에 모두 저항 할 수 있다.
④ 가새를 결손시켜 내력상 지장을 주면 안 된다.

**해설**

**가새:** 골조의 변형을 방지하기 위하여 대각선 방향으로 넣는 경사재로서 수평력에 저항하는 보강재이다.

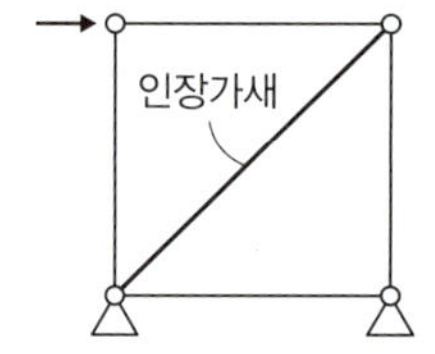


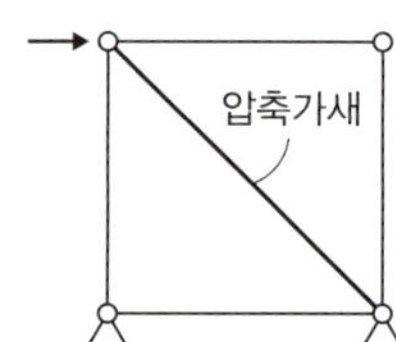


## 12

**벽돌쌓기에서 처음 한 켜는 마구리쌓기, 다음 켜는 길이쌓기를 교대로 쌓는 것으로 통줄눈이 생기지 않으며 가장 튼튼한 쌓기법은?**

① 영국식 쌓기 ② 네덜란드식 쌓기
③ 프랑스식 쌓기 ④ 미국식 쌓기

**해설**

**영국식 쌓기:** 처음 한 켜는 마구리쌓기, 다음 켜는 길이쌓기를 교대로 쌓는 것으로 통줄눈이 생기지 않으며 가장 튼튼한 쌓기법이다.

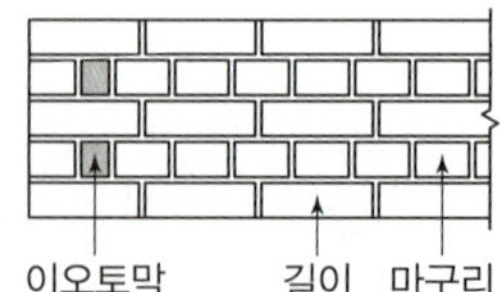

## 13

빈출

**보강콘크리트 블록조 단층에서 내력벽의 벽량은 최소 얼마 이상으로 하는가?**

① $10cm/m^2$　② $15cm/m^2$
③ $20cm/m^2$　④ $25cm/m^2$

**해설**

$15cm/m^2$ 이상으로 한다.
**보강블록구조 내력벽의 길이와 바닥면적:** 내력벽의 길이의 합계가 그 층의 바닥면적 $1m^2$에 대하여 0.15m 이상이 되도록 하되, 그 내력벽으로 둘러싸인 부분의 바닥면적은 $80m^2$를 넘을 수 없다.

## 14

**강구조의 기둥 종류 중 앵글·채널 등으로 대판을 플랜지에 직각으로 접합한 것을 무엇이라 하는가?**

① H형강기둥　② 래티스기둥
③ 격자기둥　④ 강관기둥

**해설**

격자기둥은 작은 부재가 큰 힘을 받을 수 있도록 앵글, 채널 등의 대판(띠판)을 플랜지에 직각으로 접합한 기둥이다.

**관련이론 | 철골 기둥의 종류**

| H형강 기둥 | 래티스 기둥 |
|---|---|
| 격자 기둥 | 강관 기둥 |

## 15

**하중의 작용방향에 따른 하중분류에서 수평하중에 포함되지 않는 것은?**

① 활하중　② 풍하중
③ 수압　④ 벽토압

**해설**

활하중은 건물의 사용 및 점용에 의해서 발생되는 수직하중으로 사람, 가구, 이동칸막이, 창고의 저장물, 설비기계 등의 하중을 말한다.
**수평하중:** 풍하중, 지진하중, 수압, 토압 등이 있다.

## 16

**현장치기 콘크리트 중 수중에서 타설하는 콘크리트의 최소 피복두께는?**

① 60mm　② 80mm
③ 100mm　④ 120mm

**해설**

**프리스트레스하지 않는 부재의 현장치기 콘크리트의 최소피복두께(단위 : mm)**

| 조건 | 부재 | 철근 | 피복두께 |
|---|---|---|---|
| 수중에서 치는 콘크리트 | 모든 부재 | – | 100 |
| 흙에 접하여 콘크리트를 친 후 영구히 흙에 묻혀 있는 콘크리트 | 모든 부재 | – | 75 |
| 흙에 접하거나 옥외의 공기에 직접 노출되는 콘크리트 | 모든 부재 | D19 이상 | 50 |
| | | D16 이하 | 40 |
| 옥외의 공기나 흙에 직접 접하지 않는 콘크리트 | 슬래브, 벽체, 장선 | D35 초과 | 40 |
| | | D35 이하 | 20 |
| | 보, 기둥 | – | 40 |
| | 쉘, 절판부재 | – | 20 |

정답 | 09. ④　10. ④　11. ②　12. ①　13. ②　14. ③　15. ①　16. ③

2016년

## 17

**창문이나 문 위에 걸쳐대어 상부에서 오는 하중을 받는 수평부재는?**

① 인방돌　　② 창대돌
③ 문지방돌　　④ 쌤돌

**해설**

인방돌은 창문이나 출입문 위에 걸쳐대어 상부의 하중을 받는 수평부재이다.
**창대돌:** 창 밑에 설치하여 창을 받치고 빗물이 흘러내리게 하는 수평부재이다.
**문지방돌:** 출입문의 밑에 대는 돌이다.
**쌤돌:** 조적조에서 개구부의 벽 두께 면에 대는 돌이다.

## 18

빈출

**트러스구조에 대한 설명으로 옳은 것은?**

① 모든 방향에 대한 응력을 전달하기 위하여 절점은 강접합으로만 이루어져야 한다.
② 풍하중과 적설하중은 구조계산 시 고려하지 않는다.
③ 부재에 휨모멘트 및 전단력이 발생한다.
④ 구성부재를 규칙적인 3각형으로 배열하면 구조적으로 안정된다.

**선지분석**

① 트러스는 각 절점에서 핀(Pin)접합으로 연결시킨 구조이다.
② 풍하중과 적설하중을 고려한다.
③ 모든 부재는 축력(압축력, 인장력)만 작용하며, 휘는 힘(휨모멘트)은 발생하지 않는다.

## 19

**목재 반자구조에서 반자틀받이의 설치간격으로 가장 적절한 것은?**

① 30cm　　② 50cm
③ 90cm　　④ 150cm

**해설**

반자틀받이는 90cm 간격으로 달대에 매단다.

## 20

**목재의 접합에서 두 재가 직각 또는 경사로 짜여지는 것을 무엇이라 하는가?**

① 이음　　② 맞춤
③ 벽선　　④ 쪽매

**해설**

맞춤은 둘 이상의 부재를 서로 직교 또는 경사지게 짜맞추는 접합이다.
**이음:** 둘 이상의 목재를 길이 방향으로 연결한다.
**벽선:** 위아래 인방에 수직으로 세우는 수장재이다.
**쪽매:** 부재를 옆으로 나란히 연결하여 넓게 만드는 이음이다.

# 제2과목 건축재료

## 21

빈출

**시멘트 저장 시 유의해야 할 사항으로 옳지 않은 것은?**

① 시멘트는 개구부와 가까운 곳에 쌓여 있는 것부터 사용해야 한다.
② 지상 30cm 이상 되는 마루 위에 적재해야 하며 그 창고는 방습설비가 완전해야 한다.
③ 3개월 이상 저장한 시멘트 또는 습기에 노출된 시멘트는 반드시 사용 전에 재시험해야 한다.
④ 포대에 들어 있는 시멘트는 13포대 이상 쌓으면 안 되며 특히 장기간 저장할 경우에는 7포대 이상 쌓지 않는 것을 원칙으로 한다.

**해설**

시멘트는 먼저 반입된 것부터 입하순서대로 사용한다.

**시멘트 저장 시 유의해야 할 사항**

- 지상 30cm 이상의 마루 위에 적재한다.
- 벽에 접촉되지 않고, 통풍이 잘 되며 습기가 없어야 한다.
- 저장 창고 주위에는 도랑을 파서 우수의 침입을 방지한다.
- 포대높이는 13포, 장기간 저장할 경우 7포 이상 쌓지 않는다.
- 반입구와 반출구를 따로 두고, 먼저 반입된 것부터 사용한다.
- 3개월 이상 저장한 시멘트는 사용 전에 재시험한다.

## 22

**각 석재의 용도로 옳지 않는 것은?**

① 화강암 – 외장재　② 점판암 – 지붕재
③ 석회암 – 구조재　④ 대리석 – 장식재

**해설**

석회암은 치밀하지 못하고 부드럽기 때문에 구조재로 사용하지 않는다.

**관련이론 | 석회암**

- 석회암은 탄산칼슘($CaCO_3$)으로 이루어진 퇴적암으로 주로 조개 껍질이나 산호 등 생물의 파편으로 이루어져 있다
- 약산성의 용액에 쉽게 녹기 때문에 화학적 풍화에 약하다.
- 치밀하지 못하고 부드럽다.
- 석회나 시멘트의 원료, 제철과 제강의 용제 등으로 사용한다.

## 23

**인조석에 사용되는 각종 안료로서 옳지 않은 것은?**

① 트래버틴　② 황토
③ 주토　④ 산화철

**해설**

**인조석에 사용되는 안료:** 황토, 주토, 산화철 등

**관련이론 | 트래버틴(Travertine)**

- 온천이나 샘물 침전물에 의해 만들어진 탄산칼슘이 층층이 쌓여 만들어진 광물로서 대리석의 일종이다.
- 다공질이고 특유의 구멍이나 줄무늬가 있다.
- 입체감이 있으며 실내 수장재로 사용된다.

## 24

**M.D.F에 대한 설명으로 옳지 않은 것은?**

① 톱밥, 나무 조각 등을 사용한 인공 목재이다.
② 고정철물을 사용한 곳은 재시공이 어렵다.
③ 천연목재보다 강도가 작다.
④ 천연목재보다 습기에 약하다.

**해설**

M.D.F는 나무의 섬유질을 추출하여 접착제와 섞어 열과 압력으로 가공한 목재로서 천연목재보다 강도가 크다.

M.D.F(Medium Density Fiberboard)

- 원목에 비해 가공이 쉽고 가격이 저렴하다.
- 재질이 가볍고 강도가 강하다.
- 단열성, 차음성, 난연성이 우수하다.
- 팽창 및 수축이 없지만, 습기에 약해 변형이 잘 된다.

## 25

**콘크리트용 골재에 대한 설명으로 옳지 않은 것은?**

① 골재의 강도는 경화된 시멘트 풀의 최대 강도 이하이어야 한다.
② 골재의 표면은 거칠고, 모양은 구형에 가까운 것이 좋다.
③ 골재는 잔 것과 굵은 것이 고루 혼합된 것이 좋다.
④ 골재는 유해량 이상의 염분을 포함하지 않아야 한다.

**해설**

골재의 강도는 시멘트 풀의 강도 이상으로 한다.

**골재의 품질**

- 골재의 강도는 시멘트 풀(Paste)의 강도 이상으로 한다.
- 골재의 표면은 거칠고, 모양은 구형에 가까운 것이 좋다.
- 골재는 잔 것과 굵은 것이 고루 혼합된 것이 좋다.
- 골재는 유해량 이상의 염분을 포함하지 않아야 한다.

## 26

고난도

**목재에서 힘을 받는 섬유소 간의 접착제 역할을 하는 것은?**

① 도관세포　② 헤미셀룰로오스
③ 리그닌　④ 탄닌

**해설**

리그닌(Lignin)은 섬유소 간의 접착제 역할을 한다.

**정답** | 17. ①　18. ④　19. ③　20. ②　21. ①　22. ③　23. ①　24. ③　25. ①　26. ③

## 27

**콘크리트, 모르타르 바탕에 아스팔트 방수층 또는 아스팔트 타일 붙이기 시공을 할 때의 초벌용 재료는?**

① 아스팔트 프라이머 ② 아스팔트 컴파운드
③ 블론 아스팔트 ④ 아스팔트 루핑

**해설**

아스팔트 프라이머는 아스팔트를 휘발성 용제로 녹인 흑갈색 액체로서 방부, 방습, 접착제이며 아스팔트 방수층의 초벌용으로 쓰인다.
**아스팔트 컴파운드:** 아스팔트에 동·식물성 유지나 광물성 분말 등을 혼합하여 내열성, 접착성, 내구성 등을 개량한 것으로 방수재, 내산재, 전기절연재 등에 쓰인다.
**블론 아스팔트:** 아스팔트 제조 중에 증기를 불어넣는 대신 공기 또는 공기와 증기와의 혼합물을 불어넣어 부분적으로 산화시킨 것으로 온도에 대한 감수성이 적고 연화점이 높고 안전하여 옥상 방수에 쓰인다.
**아스팔트 루핑:** 아스팔트 펠트와 같이 양면에 아스팔트를 먹이고 누르는 동시에 활석 또는 운모가루를 뿌린 섬유판으로서 방수성이 우수하여 방습공사 및 지붕 덮기 바탕 등에 쓰인다.

## 28

**넓은 기계 대패로 나이테를 따라 두루마리를 펴듯이 연속적으로 벗기는 방법으로 얼마든지 넓은 베니어를 얻을 수 있고 원목의 낭비를 줄일 수 있는 제조법은?**

① 소드 베니어 ② 로터리 베니어
③ 반 로터리 베니어 ④ 슬라이스드 베니어

**해설**

로터리 베니어는 굵고 곧은 통나무를 증기로 가열하여 연화시킨 다음 나이테에 따라 원주 방향으로 두루마리를 펴듯이 연속적으로 얇게 잘라 만든 박판이다.

**관련이론 | 베니어의 종류**

| 소드 베니어 | 로터리 베니어 | 슬라이스드 베니어 |
|---|---|---|
| 후판, 톱 | 박판, 날 | 박판, 날 |

## 29

**석고보드에 대한 설명으로 옳지 않은 것은?**

① 부식이 진행되지 않고 충해를 받지 않는다.
② 팽창 및 수축의 변형이 크다.
③ 흡수로 인해 강도가 현저하게 저하된다.
④ 단열성이 우수하다.

**해설**

석고보드는 팽창 및 수축의 변형이 작으며 단열이나 흡음, 차음성이 우수하다.

## 30

**목재의 심재에 대한 설명으로 잘못된 것은?**

① 목질부 중 수심 부근에 있는 것을 말한다.
② 변형이 적고 내구성이 좋아 활용성이 높다.
③ 오래된 나무일수록 폭이 넓다.
④ 색깔이 엷고 비중이 작다.

**해설**

심재는 목재 중심부로서, 진한 암갈색으로 비중이 크다.
**변재:** 목재 표피부로서, 색이 옅으며 비중이 작다.

## 31

**건축재료의 강도구분에 있어서 정적강도에 해당하지 않는 것은?**

① 압축강도 ② 충격강도
③ 인장강도 ④ 전단강도

**해설**

충격강도는 동적강도에 해당한다.
**정적강도:** 하중이 서서히 일정 속도로 가해질 때의 강도로서 압축강도, 인장강도, 전단강도, 휨강도 등이 있다.
**동적강도:** 하중이 순간적으로 작용할 때의 강도로서 충격강도가 있다.

## 32

**석재의 조직 중 석재의 외관 및 성질과 가장 관계가 깊은 것은?**

① 조암광물 ② 석리
③ 절리 ④ 석목

**해설**

석리(石理)는 석재의 외관 및 성질을 알 수 있는 석재의 표면 조직이나 결을 말한다.

**관련이론 | 층리(層理)**

광물의 조성, 입자의 모양과 크기에 따라 만들어지는 층 모양의 배열을 말한다.

## 33

**10cm×10cm인 목재를 400kN의 힘으로 잡아당겼을 때 끊어졌다면 이 목재의 최대 인장강도는?**

① 4MPa ② 40MPa
③ 400MPa ④ 4,000MPa

**해설**

인장강도$(f)=\dfrac{P_f}{A}$

여기서, $P_f$: 인장 파괴 시 하중, $A$: 단면적

$f=\dfrac{400\times10^3\text{N}}{0.1\text{m}\times0.1\text{m}}=40\times10^6\text{N/m}^2$

$=40\times10^6\text{Pa}=40\text{MPa}$

여기서, Pa: 단위 면적당 작용하는 힘이며, $1\text{Pa}=1\text{N/m}^2$

## 34

**건축물의 내구성에 영향을 주는 환경요인으로 해당되지 않는 것은?**

① 해풍 ② 지진
③ 화재 ④ 광택

**해설**

광택은 해당되지 않는다.

**건축물의 내구성에 영향을 주는 요인:** 지진, 바람, 화재, 충해, 부식, 염분 등

## 35

**파티클보드에 대한 설명으로 틀린 것은?**

① 변형이 적고 음 및 열의 차단성이 우수하다.
② 상판, 칸막이벽, 가구 등에 이용된다.
③ 수분과 습도에 강하므로 별도의 방습 및 방수 처리가 불필요하다.
④ 합판에 비해 휨강도는 떨어지나 면내 강성은 우수하다.

**해설**

수분과 습도에 약하므로 방습 및 방수 처리가 필요하다.

**파티클보드(Particle board):** 목재를 작은 조각(부스러기)으로 분쇄 후 접착제를 첨가하여 강한 열과 힘으로 압착해 만든 판상형 가공재를 말한다.

- 원목에 비해 두께 및 규격이 다양하고 가공이 쉽다.
- 원목에 비해 경제적이고 결(방향성)이 없어서 수축, 팽창, 뒤틀림이 없다.
- 합판에 비해 휨강도는 떨어지지만 면내 강성은 우수하다.
- 흡음, 차음, 열의 차단성이 우수하다.

## 36

빈출

**다음 중 한중콘크리트의 시공에 적합한 시멘트는?**

① 조강 포틀랜드 시멘트 ② 고로 시멘트
③ 백색 포틀랜드 시멘트 ④ 플라이애시 시멘트

**해설**

조강 포틀랜드 시멘트는 조기에 고강도를 낼 수 있으며 한중공사, 긴급공사에 적합하다.

**고로 시멘트:** 내해수성, 화학저항성이 우수하여 해안공사, 큰 구조물 공사에 적합하다.

**백색 포틀랜드 시멘트:** 안료 혼합으로 칼라 시멘트를 만들 수 있고, 미장이나 도장 재료로 사용된다.

**플라이애시 시멘트:** 건조수축과 수화열이 작으며, 장기강도는 크다.

**정답** | 27. ① 28. ② 29. ② 30. ④ 31. ② 32. ② 33. ② 34. ④ 35. ③ 36. ①

## 37

빈출

**안전유리로서 판유리를 약 600℃까지 가열하여 급랭시켜 만드는 유리는?**

① 보통판유리 ② 복층유리
③ 무늬유리 ④ 강화유리

**해설**

강화유리에 대한 설명이다.

**관련이론**

**강화유리**

- 600℃ 가열하여 급랭시킨 안전유리로서, 파괴 시 작은 조각으로 분산되어 일반유리보다 안전하다.
- 인장 및 압축강도가 보통 판유리의 3~5배, 휨강도는 6배 정도이다.
- 내열성이 있어 200℃ 이상의 고온에도 잘 견딘다.
- 자동차, 선박, 무테문 등에 사용된다.

**복층유리**

- 2~3장 유리를 일정한 간격을 두고 내부에 건조공기를 봉입한 유리이다.
- 단열, 방음, 결로 방지용으로 우수하다.

## 38

**길이가 5m인 생나무가 전건상태에서 길이가 4.5m로 줄었다면 수축률은 얼마인가?**

① 6% ② 10%
③ 12% ④ 14%

**해설**

$$\text{수축률}(\%) = \frac{\text{수축 전 길이} - \text{수축 후 길이}}{\text{수축 전 길이}} \times 100\%$$
$$= \frac{5-4.5}{5} \times 100\% = 10\%$$

## 39

**목재의 부패조건으로 가장 거리가 먼 것은?**

① 적당한 온도 ② 수분
③ 목재의 밀도 ④ 공기

**해설**

목재의 부패는 온도, 수분 및 습도, 공기에 의해 발생된다.

## 40

**시멘트 분말도에 대한 설명으로 틀린 것은?**

① 분말도가 클수록 수화작용이 빠르다.
② 분말도가 클수록 초기강도의 발생이 빠르다.
③ 분말도가 클수록 강도증진율이 빠르다.
④ 분말도가 클수록 초기균열이 적다.

**해설**

분말도가 클수록 초기균열이 발생하기 쉽다.

**시멘트 분말도가 클수록(미세할수록) 나타나는 현상**

- 물과 접촉하는 표면적이 커지므로 수화작용이 빠르다.
- 초기강도의 발생과 강도증진율이 빠르다.
- 건조수축이 커지므로 초기균열이 발생하기 쉽다.
- 풍화되기 쉽고, 색이 밝아지며 비중은 작아진다.

# 제3과목 건축계획 및 제도

## 41

**건축 형태의 구성 원리 중 일반적으로 규칙적인 요소들의 반복으로 디자인에 시각적인 질서를 부여하는 통제된 운동 감각을 무엇이라 하는가?**

① 리듬 ② 균형
③ 강조 ④ 조화

**해설**

**리듬:** 규칙적인 요소들의 반복으로 디자인에 시각적인 질서를 부여하며 부분과 부분 사이에 시각적으로 강한 힘과 약한 힘이 규칙적으로 연속될 때 나타난다.

## 42

**단면도에 표기되는 사항과 가장 거리가 먼 것은?**

① 층높이
② 창대 높이
③ 부지경계선
④ 지반에서 1층 바닥까지의 높이

**해설**

부지경계선은 배치도에 표시된다.

**단면도에 표기되는 사항:** 건축물 최고높이, 각 층의 높이, 반자 높이, 창대 높이, 대지 경사, 지면과 바닥의 높이, 천정 내 배관 공간, 계단 등의 관계가 표시된다.

## 43

**복층형 공동주택에 대한 설명으로 옳지 않은 것은?**

① 공용 통로 면적을 절약할 수 있다.
② 상하층의 평면이 똑같아 평면 구성이 자유롭다.
③ 엘리베이터의 정지 층수가 적어지므로 운영면에서 효율적이다.
④ 1개의 단위 주거가 2개 층 이상에 걸쳐 있는 공동주택을 일컫는다.

**해설**

복층형은 하나의 세대가 2개층 이상을 사용하는 경우이며, 하층부는 거실이나 식사실 등의 공용부로 계획하고 상층부는 침실 등의 개인적 공간으로 계획하므로 상하층의 평면이 동일하지 않으며 평면 구성이 자유롭지 못하고 어렵다.

## 44

**다음의 아파트 평면형식 중 일조와 환기조건이 가장 불리한 것은?**

① 홀형　② 집중형
③ 편복도형　④ 중복도형

**해설**

**집중형:** 복도가 외기에 접하지 않으므로 복도에 면한 실들은 통풍, 환기에 불리하며, 각 세대의 방위가 균일하지 못하므로 일조 및 채광에도 불리하다.

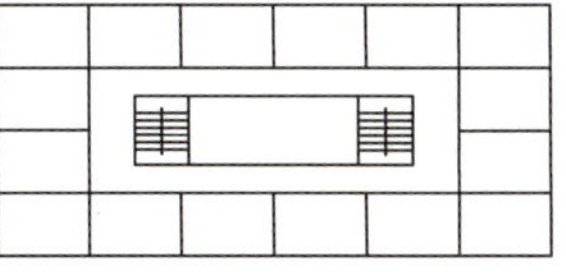

## 45

**각 실내의 입면으로 벽의 형상, 치수, 마감상세 등을 나타낸 도면을 무엇이라 하는가?**

① 평면도　② 전개도
③ 배치도　④ 단면상세도

**해설**

전개도는 각 실내의 정면에서 바라보고 나타낸 내부의 입면으로 벽의 형상, 치수, 마감상세 등을 나타낸 도면이다.

## 46

빈출

**압력탱크식 급수방식에 대한 설명으로 옳은 것은?**

① 급수 공급 압력이 일정하다.
② 단수 시에 일정량의 급수가 가능하다.
③ 전력 공급 차단 시에도 급수가 가능하다.
④ 위생성 측면에서 가장 이상적인 방법이다.

**해설**

단수 시에도 압력수조 내의 저수로써 일정량의 급수가 가능하다.

**선지분석**

① 급수 공급 압력이 일정하지 않다.
③ 전력 공급 차단 시에는 급수가 불가능하다.
④ 위생성 측면에서 가장 이상적인 방법은 수도직결식이다.

## 47

빈출

**건축도면에 사용되는 글자에 관한 설명으로 옳지 않은 것은?**

① 숫자는 로마 숫자를 원칙으로 한다.
② 문장은 왼쪽에서부터 가로쓰기를 한다.
③ 글자체는 수직 또는 15° 경사의 고딕체로 한다.
④ 글자크기는 도면의 상황에 맞추어 알아보기 쉽게 한다.

**해설**

아라비아 숫자로 표기하는 것을 원칙으로 한다.

## 48

빈출

**직경 13mm의 이형철근을 100mm 간격으로 배치할 때 도면표시 방법은?**

① D13#100　② D13@100
③ ∅13#100　④ D13@1000

**해설**

D는 이형철근의 직경, ∅는 원형철근의 직경, @는 배근 간격이므로, D13@100으로 표기해야 한다.

**정답** | 37. ④　38. ②　39. ③　40. ④　41. ①　42. ③
43. ②　44. ②　45. ②　46. ②　47. ①　48. ②

2016년

## 49

**먼셀표색계에서 5R 4/14로 표시된 색의 명도는?**

① 1 ② 4
③ 5 ④ 14

**해설**
색상, 명도, 채도(Hue Value/Chroma)의 순으로 표시한다. 따라서, 5R 4/14이므로 색상은 중간 빨간색 5R, 명도는 4, 채도는 14이다.

## 50

**전력퓨즈에 관한 설명으로 틀린 것은?**

① 재투입이 불가능하다.
② 과전류에서 용단될 수도 있다.
③ 소형으로 큰 차단용량을 가졌다.
④ 릴레이는 필요하나 변성기는 필요하지 않다.

**해설**
릴레이나 변성기는 필요하지 않다.

## 51

빈출

**투시도에 사용되는 용어의 기호 표시가 잘못된 것은?**

① 화면 – P.P ② 기선 – G.L
③ 시점 – V.P ④ 수평면 – H.P

**해설**
시점은 E.P(Eye Point)이다.

**관련이론 | 투시도에 사용되는 용어의 기호**
- **화면(P.P; Picture Plane):** 대상물과 사람 사이의 수직면
- **기선(G.L; Ground Line):** 화면과 지반면이 만나는 선
- **시선(Line of Sight):** 시점과 공간의 점을 연결한 선
- **시점(E.P; Eye Point):** 대상물을 보는 사람의 눈 위치
- **수평선(H.L; Horizontal Line):** 눈높이와 화면의 교차선
- **수평면(H.P; Horizontal Plane):** 눈높이와 수평한 면
- **소점(V.P; Vanishing Point, 소실점):** 물체의 각 점이 수평선상에 모이는 점
- **정점(S.P; Standing Point):** 사물을 보는 사람이 서있는 위치

## 52

빈출

**LP가스에 대한 설명으로 틀린 것은?**

① 비중이 공기보다 크다.
② 발열량이 크며 연소 시에 필요한 공기량이 많다.
③ 누설이 된다 해도 공기 중에 흡수되기 때문에 안전성이 높다.
④ 석유정제과정에서 채취된 가스를 압축냉각해서 액화시킨 것이다.

**해설**
공기 중에 누설될 경우, 공기보다 무겁고 중독될 우려가 있으므로 안전성이 낮다.

**LPG(액화석유가스)**
- 주성분: 프로판, 부탄 등
- 무색 · 무취이지만, 중독성이 있다.
- 연소범위가 좁지만, 발열량이 높다.
- 금속에 대해 부식성이 적다.
- 공기보다 무겁다.(경보기는 바닥에서 30cm 이내 설치)
- 압축, 냉각하여 액화하면 체적이 1/250로 된다.

## 53

빈출

**동선의 3요소에 포함되지 않는 것은?**

① 길이 ② 빈도
③ 방향 ④ 하중

**해설**
길이(속도), 빈도, 하중이 동선의 3요소이다.

## 54

**주택의 부엌에서 작업 삼각형(Work triangle)의 구성에 포함되지 않는 것은?**

① 냉장고 ② 배선대
③ 개수대 ④ 가열대

**해설**
배선대는 작업 삼각형에 포함되지 않는다.
**부엌의 작업 삼각형(Work triangle):** 준비대(냉장고), 개수대, 가열대(레인지)

## 55

**다음 그림의 치수 기입 방법 중 틀린 것은?**

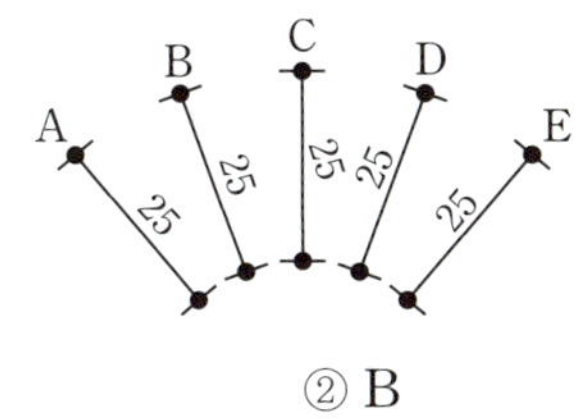


① A　　② B
③ C　　④ D

**해설**

치수는 치수선에 따라서 도면에 평행하게 기입하여야 하지만, C의 치수는 치수선과 평행하지 않다.

**관련이론 | 치수 기입(KS F 1501)**

- 치수는 특별히 명시하지 않는 한, 마무리 치수로 표시한다.
- 치수선 중앙 윗부분에 기입하는 것이 원칙이다. 다만, 치수선을 중단하고 선의 중앙에 기입할 수도 있다.
- 치수 기입은 치수선에 평행하게 도면의 왼쪽에서 오른쪽으로, 아래로부터 위로 읽을 수 있도록 기입한다.
- 협소한 간격이 연속될 때에는 인출선을 사용하여 치수를 쓴다.
- 치수선의 양 끝 표시는 화살 또는 점으로 표시할 수 있다. 같은 도면에서 2종을 혼용하지 않는다.
- 치수의 단위는 밀리미터(mm)를 원칙으로 하고, 이때 단위 기호는 쓰지 않는다.

## 56

**프랑스의 사회학자 숑바르 드 로브가 설정한 주거면적기준 중 거주자의 신체적 및 정신적인 건강에 악영향을 끼칠 수 있는 병리기준은?**

① $8m^2$ 이하　　② $14m^2$ 이하
③ $16m^2$ 이하　　④ $18m^2$ 이하

**해설**

**숑바르 드 로브(Chombard de Lawve) 기준**

- **병리기준:** $8m^2$/인(병리기준 이하일 경우, 거주자의 신체 및 건강에 나쁜 영향을 끼치게 된다.)
- **한계(유효)기준:** $14m^2$/인(개인, 가족적인 거주의 융통성 보장된다.)
- **표준기준:** $16m^2$/인

## 57

빈출

**다음 중 도면에서 가장 굵은 선으로 표현해야 할 것은?**

① 치수선　　② 경계선
③ 기준선　　④ 단면선

**해설**

단면선을 가장 굵게 표시한다.

**선의 굵기 순서**

외형선, 단면선 > 기준선, 절단선, 숨은선, 경계선, 가상선 > 중심선, 치수선, 치수보조선, 지시선, 해칭선

## 58

**공기조화방식 중 이중덕트방식에 대한 설명으로 잘못된 것은?**

① 혼합상자에서 소음과 진동이 발생
② 냉풍과 온풍으로 인한 혼합손실이 발생
③ 전수방식이므로 냉·온수관 전기배선 등을 실내에 설치
④ 단일덕트방식에 비해 덕트 샤프트 및 덕트 스페이스를 크게 차지

**해설**

이중덕트방식은 전공기방식이므로 냉·온수관, 전기배선의 실내 설치가 필요 없다.

**정답** | 49. ② 50. ④ 51. ③ 52. ③ 53. ③ 54. ② 55. ③ 56. ① 57. ④ 58. ③

## 59

**실내의 잔향시간에 관한 설명으로 옳지 않은 것은?**

① 실의 용적에 비례한다.

② 실의 흡음력에 비례한다.

③ 일반적으로 잔향시간이 짧을수록 명료도는 높아진다.

④ 음악을 주목적으로 하는 실의 경우는 잔향시간을 비교적 길게 계획하는 것이 좋다.

**해설**

잔향시간은 실의 흡음력에 반비례한다.

**잔향시간($T$)**

$$T = K \cdot \frac{V}{A}$$

여기서, $K$(비례상수): 0.162

$V$: 실용적

$A$: 흡음력(평균 흡음률($\alpha$)×실내 표면적)

## 60

**1,200형 에스컬레이터의 공칭 수송능력은?**

① 4,800인/h ② 6,000인/h

③ 7,200인/h ④ 9,000인/h

**해설**

1,200mm(1,200형): 2인 탑승, 9,000인/h

800mm(800형): 1.5인 탑승, 6,000인/h

※ KDS 31 65 30 반송설비(전기분야)의 에스컬레이터 형식별 수송능력(공칭 수송능력): 2019. 10 삭제되었으며, 승강기안전부품 안전기준 및 승강기 안전기준에서 정하는 기준에 따른다.
승강기안전부품 안전기준 및 승강기 안전기준 별표 24 에스컬레이터 안전기준(KC 2050－53 : 2022)

**에스컬레이터 최대 수송능력**

| 디딤판 폭(m) | 공칭 속도(m/s) | | |
|---|---|---|---|
| | 0.5 | 0.65 | 0.75 |
| 0.6 | 3,600명/h | 4,400명/h | 4,900명/h |
| 0.8 | 4,800명/h | 5,900명/h | 6,600명/h |
| 1.0 | 6,000명/h | 7,300명/h | 8,200명/h |

정답 | 59. ② 60. ④

# 2016년 | 2회 기출문제

>> 2016년 4월 2일 시행

## 제1과목 건축구조

### 01

빈출

**다음 중 셸구조의 대표적인 구조물은?**

① 세종문화회관 ② 시드니 오페라 하우스
③ 인천대교 ④ 상암동 월드컵 경기장

**해설**

셸구조인 것은 시드니 오페라 하우스이다.

**셸(Shell)구조:** 두께가 얇은 곡면형태의 판으로 형성된 구조로서 곡면 조형에서의 입체적인 거대한 공간을 형성하며, 휨과 견고성이 우수하다. TWA 공항 터미널, 시드니 오페라 하우스, 코마자와 올림픽 공원 체육관 등이 셸구조이다.

### 02

**케이블을 이용한 구조로만 연결된 것은?**

① 현수구조 – 사장구조 ② 현수구조 – 셸구조
③ 절판구조 – 사장구조 ④ 막구조 – 돔구조

**해설**

현수구조와 사장구조는 케이블로 지지하는 구조이다.

**현수구조:** 주케이블이 양쪽 주탑으로 연결되고 그 케이블에서 보조케이블로 상판을 연결하여 지지하는 구조이다.

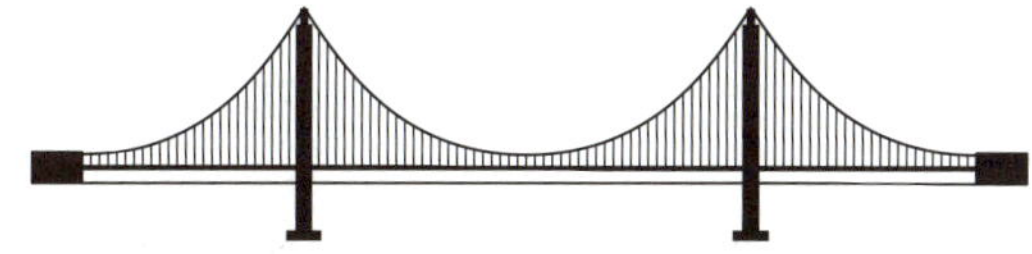

**사장구조:** 주탑에서 주케이블을 상판에 직접 연결하여 지지하는 구조이다.

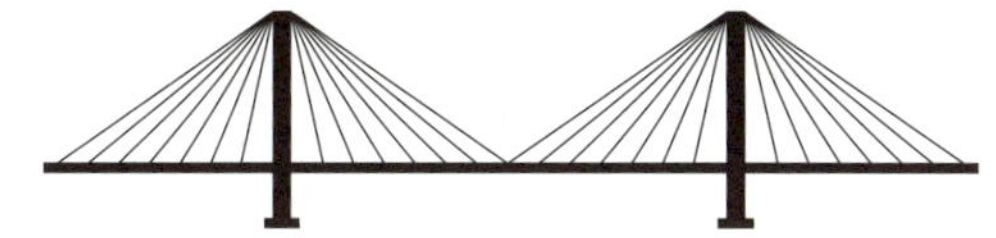

### 03

**열려진 여닫이문을 저절로 닫히게 하는 장치는?**

① 문버팀쇠 ② 도어스톱
③ 도어체크 ④ 크레센트

**해설**

**도어체크(Door check):** 열려진 여닫이문을 저절로 닫히게 하는 장치로서 도어클로저(Door closer)라고도 한다.

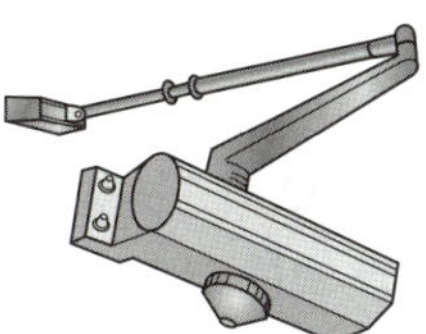

### 04

빈출

**구조적으로 가장 안정된 상태의 아치를 가장 잘 설명한 것은?**

① 아치의 하단 단변의 크기를 작게 하여 공간의 활용도를 높였다.
② 상부 하중을 견딜 수 있도록 포물선의 형태로 설치하였다.
③ 응력 집중 현상을 방지할 수 있도록 절점을 많이 설치하였다.
④ 수직방향의 응력만 유지될 수 있도록 하단에 이동단을 설치하였다.

**해설**

아치(Arch) 구조는 벽이나 수직의 석조 건물의 개구부에 상부의 하중을 지지하기 위하여 쐐기형 또는 입방형의 돌, 벽돌 등을 맞대어 곡선형으로 쌓아 올리는 건축 구조방식이며, 상부 하중을 견딜 수 있도록 포물선의 형태로 설치한다.

**정답** | 01. ② 02. ① 03. ③ 04. ②

## 05

**한옥 구조에서 다락기둥이 의미하는 것은?**

① 고주 ② 누주
③ 찰주 ④ 활주

**해설**

**누주(樓柱):** 다락집의 기둥이며 다락기둥이라고도 한다.
**활주(活柱):** 추녀의 처짐을 막기 위해 받치는 기둥이다.

## 06

**건축구조의 구성방식에 의한 분류 중 하나로 구조체인 기둥과 보를 부재의 접합에 의해서 축조하는 방법으로 뼈대를 삼각형으로 짜 맞추면 안정한 구조체를 만들 수 있는 구조는?**

① 가구식 구조 ② 캔틸레버 구조
③ 조적식 구조 ④ 습식 구조

**해설**

가구식 구조는 부재(기둥, 보)를 조립과 접합에 의해서 축조하는 구조로서 삼각형으로 짜 맞추는 것이 안전하다.

## 07

**다음 중 입체구조에 해당되지 않는 것은?**

① 절판구조 ② 아치구조
③ 셸구조 ④ 돔구조

**해설**

아치구조는 면에서 아치를 형성하여 축력만 작용하는 구조이다.

**관련이론 | 입체구조**

| 돔구조 | 셸구조 | 막구조 |
|---|---|---|
| | | |
| **절판구조** | **케이블구조** | **스페이스프레임구조** |
| | | |

## 08

고난도

**측압에 대한 설명으로 옳지 않은 것은?**

① 토압은 지하외벽에 작용하는 대표적인 측압이다.
② 콘크리트 타설 시 슬럼프 값이 낮을수록 거푸집에 작용하는 측압이 크다.
③ 벽체가 받는 측압을 경감시키기 위하여 부축벽을 세운다.
④ 지하수위가 높을수록 수압에 의한 측압이 크다.

**해설**

슬럼프 값이 낮을수록 거푸집에 작용하는 측압이 작다.

| 측압 증가 요인 | |
|---|---|
| • 슬러프가 클수록 | • 타설속도가 빠를수록 |
| • 다짐이 과할수록 | • 부배합일수록 |
| • 철골 · 철근량이 적을수록 | • 벽 두께가 두꺼울수록 |
| • 온도가 낮을수록 | • 습도가 높을수록 |
| • 거푸집 강성이 클수록 | – |

## 09

빈출

**철근콘크리트구조에 관한 설명으로 옳지 않은 것은?**

① 역학적으로 인장력에 주로 저항하는 부분은 콘크리트이다.
② 콘크리트가 철근을 피복하므로 철골구조에 비해 내화성이 우수하다.
③ 콘크리트와 철근의 선팽창계수가 거의 같아 일체화에 유리하다.
④ 콘크리트는 알칼리성이므로 철근의 부식을 막는 기능을 한다.

**해설**

인장력에 주로 저항하는 부분은 철근이고, 압축력에 주로 저항하는 부분은 콘크리트이다.

## 10

**조적식 구조에서 하나의 층에 있어서의 개구부와 그 바로 위층에 있는 개구부와의 수직거리는 최소 얼마 이상으로 하여야 하는가?**

① 200mm ② 400mm
③ 600mm ④ 800mm

**해설**

조적식 구조에서 하나의 층에 있어서의 개구부와 그 바로 위층에 있는 개구부와의 수직거리는 600mm 이상으로 하여야 한다.

## 11

**벽돌쌓기법 중 모서리 또는 끝부분에 칠오토막을 사용하는 것은?**

① 영국식 쌓기 ② 프랑스식 쌓기
③ 네덜란드식 쌓기 ④ 미국식 쌓기

**해설**

**네덜란드식 쌓기:** 화란식 쌓기라고도 하며 한 켜씩 길이와 마구리를 번갈아 쌓고 길이 켜의 모서리에 칠오토막을 사용한다.
**영국식 쌓기:** 처음 한 켜는 마구리쌓기, 다음 켜는 길이쌓기를 교대로 쌓는 것으로 통줄눈이 생기지 않으며 가장 튼튼하다.
**프랑스식 쌓기:** 한 켜에 길이와 마구리를 번갈아서 쌓는 방법이며 통줄눈으로서 강도가 약하므로 장식용으로 사용한다.
**미국식 쌓기:** 앞면은 5켜 정도 길이쌓기를 하고 여섯 번째 켜를 마구리쌓기로 하며 뒷면은 영국식 쌓기로 한다.

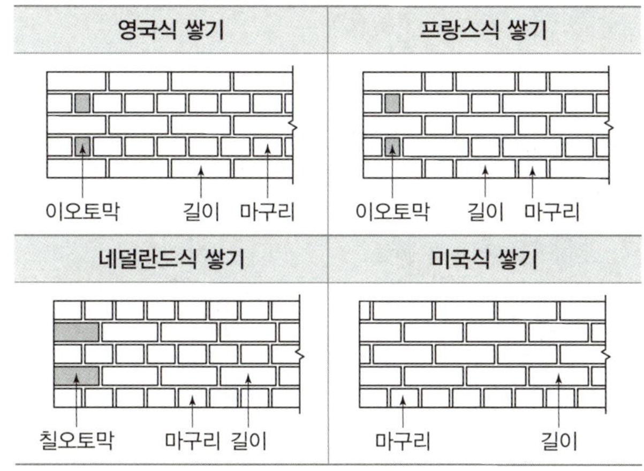


## 12

**철골부재의 용접접합 작업 시 활용되는 보강재 또는 부위가 아닌 것은?**

① 엔드탭 ② 뒷덮개
③ 웨브 플레이트 ④ 스캘럽

**해설**

웨브 플레이트는 단면을 I형으로 조립한 보인 플레이트 보(Plate girder)를 만들기 위해 웨브재로 사용하는 강판을 말한다.

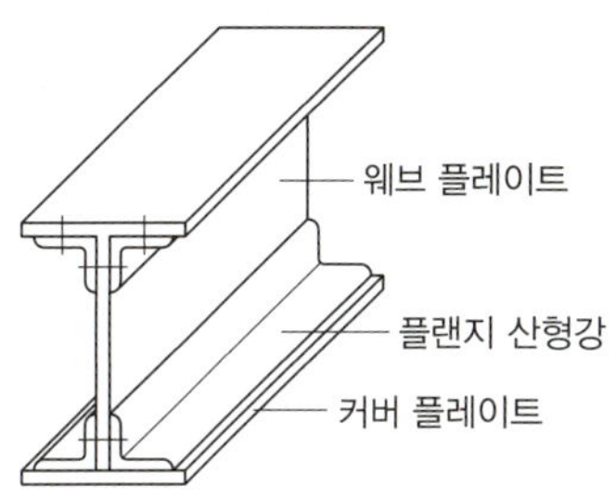


## 13

**다음 중 개구부 설치에 가장 많은 제약을 받는 구조는?**

① 벽돌구조 ② 철근콘크리트구조
③ 철골구조 ④ 목구조

**해설**

벽돌구조는 벽돌을 모르타르에 의한 접합으로 쌓는 구조이므로 개구부의 설치나 높은 구조물을 축조하는 데 제약이 있다.
**벽돌구조:** 구조체를 벽돌로 쌓아 올려 만든 조적식 구조로서 횡력(수평력)에 약하고 균열의 발생이나 습기의 침투가 쉬우며, 고층이나 대규모 건축물에 부적합하다.

**정답** | 05. ② 06. ① 07. ② 08. ② 09. ① 10. ③ 11. ③ 12. ③ 13. ①

## 14

빈출

**철근콘크리트 기둥의 배근에 관한 설명 중 옳지 않은 것은?**

① 기둥을 보강하는 세로철근, 즉 축방향철근이 주근이 된다.

② 나선철근은 주근의 좌굴과 콘크리트가 수평으로 터져 나가는 것을 구속한다.

③ 주근의 최소개수는 사각형이나 원형 띠철근으로 둘러싸인 경우 6개, 나선철근으로 둘러싸인 철근의 경우 4개로 하여야 한다.

④ 비합성 압축부재의 축방향 주철근 단면적은 전체 단면적의 0.01배 이상, 0.08배 이하로 하여야 한다.

**해설**

**철근콘크리트 기둥의 주근의 최소개수**

- 사각형이나 원형 띠철근으로 둘러싸인 경우: 4개 이상
- 나선철근으로 둘러싸인 철근의 경우: 6개 이상

## 15

**길고 가느다란 부재가 압축하중이 증가함에 따라 부재의 길이에 직각 방향으로 변형하여 내력이 급격히 감소하는 현상을 무엇이라 하는가?**

① 컬럼 쇼트닝　　② 응력 집중

③ 좌굴　　④ 비틀림

**해설**

**좌굴(Buckling):** 축방향(길이방향)으로 압축력을 받는 부재가 길이방향의 수직방향으로 구부러지면서 내력이 급격히 감소하는 현상을 말한다.

## 16

**옆에서 산지치기로 하고, 중간은 빗물리게 한 이음으로 토대, 처마도리, 중도리 등에 주로 쓰이는 것은?**

① 엇걸이 산지이음　　② 빗이음

③ 엇빗이음　　④ 겹친이음

**해설**

엇걸이 산지이음에 대한 설명이다.

**관련이론 | 이음의 종류**

| 엇걸이 산지이음 | 빗이음 |
| --- | --- |
| 산지 | |
| **엇빗이음** | **겹친이음** |
| | |

## 17

**강구조의 조립보 중 웨브에 철판을 쓰고 상하부에 플랜지 철판을 용접하며, 커버 플레이트나 스티프너로 보강하는 것은?**

① 허니컴보　　② 래티스보

③ 트러스보　　④ 판보

**해설**

판보에 대한 설명이다.

**판보(Plate girder):** 웨브 플레이트(복부판)를 세우고 상하부에 플랜지 플레이트를 용접하며, 커버 플레이트나 스티프너로 보강해서 제작한 조립보이다.

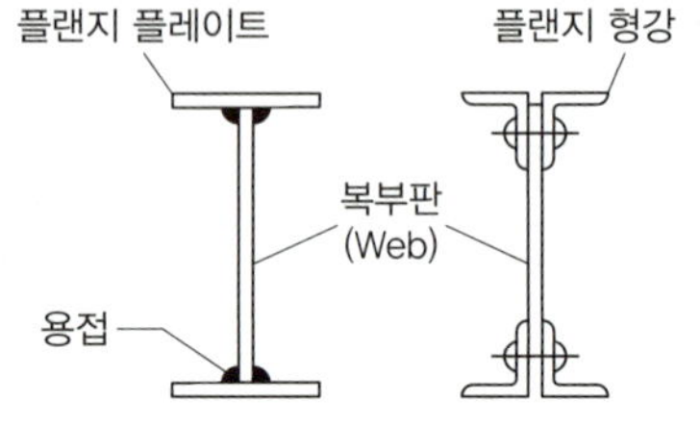

## 18

**반원 아치의 중앙에 들어가는 돌의 이름은?**

① 쌤돌 ② 고막이돌
③ 두겁돌 ④ 이맛돌

**해설**

**이맛돌:** 중앙에 들어가는 돌이다.
**쌤돌:** 홍예석 하단에 아치를 받치는 돌이다.

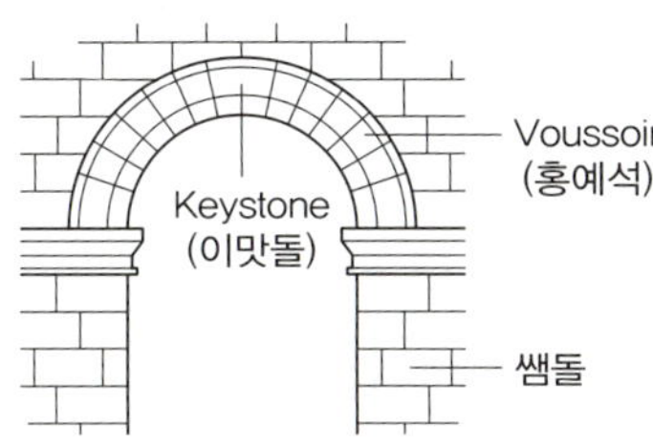


## 19

빈출

**철근콘크리트구조에서 각 철근의 주된 역할로 옳지 않은 것은?**

① 띠철근: 휨모멘트에 저항
② 온도철근: 균열방지
③ 후크: 철근의 정착
④ 늑근: 전단보강

**해설**

**띠철근(Tie bar, Hoop):** 기둥의 주근을 보강하며, 좌굴을 방지하고 간격유지 등을 위하여 주근에 직각으로 감아대는 철근이다.

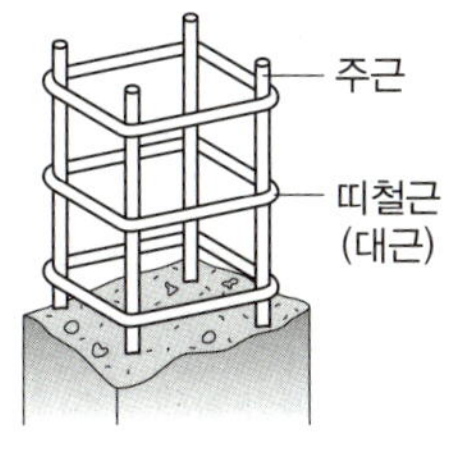


## 20

**보강블록조의 내력벽 구조에 관한 설명 중 옳지 않은 것은?**

① 벽 두께는 층수가 많을수록 두껍게 하며 최소 두께는 150mm 이상으로 한다.
② 수평력에 강하게 하려면 벽량을 증가시킨다.
③ 위층의 내력벽과 아래층의 내력벽은 바로 위·아래에 위치하게 한다.
④ 벽길이와 합계가 같을 때 벽 길이를 크게 분할하는 것보다 짧은 벽이 많이 있는 것이 좋다.

**해설**

보강블록조의 내력벽 구조는 일반적으로 연속된 긴 벽으로 크게 분할하는 것이 짧은 벽이 많은 것보다 좋으며, 벽 두께를 늘리는 것보다 벽량을 크게 하는 것이 유리하다.

# 제2과목 건축재료

## 21

**점토에 톱밥이나 분탄 등의 가루를 혼합하여 소성한 것으로 절단, 못치기 등의 가공성이 우수한 것은?**

① 이형 벽돌 ② 다공질 벽돌
③ 내화 벽돌 ④ 포도 벽돌

**해설**

다공질 벽돌에 대한 설명이다.

**관련이론 | 포도 벽돌**

흡수율이 적고 내마모성이 커서 도로 포장용 혹은 옥상 포장용에 사용된다.

**정답** | 14. ③ 15. ③ 16. ① 17. ④ 18. ④ 19. ① 20. ④ 21. ②

## 22

**지붕 재료에 요구되는 성질과 가장 관계가 먼 것은?**

① 외관이 좋은 것이어야 한다.
② 부드러워 가공이 용이한 것이어야 한다.
③ 열전도율이 작은 것이어야 한다.
④ 재료가 가볍고 방수 · 방습 · 내화 · 내수성이 큰 것이어야 한다.

**해설**

부드러운 것보다 견질하고 내구적이며 안전성이 있어야 한다.

**지붕 재료의 요구 조건**

- 외관이 좋고 건물과 조화되어야 한다.
- 내수적이고 습도에 의한 신축이 적어야 한다.
- 열전도율이 적고 불연재가 좋다.
- 내구적이고 경량으로 안전하여야 한다.
- 시공이 용이하고 수리가 편리하여야 한다.

## 23

빈출

**중용열 포틀랜드 시멘트에 대한 설명으로 옳은 것은?**

① 초기강도 증진을 위한 시멘트이다.
② 급속 공사, 동기 공사 등에 유리하다.
③ 발열량이 적고 경화가 느린 것이 특징이다.
④ 수화속도가 빨라 한중 콘크리트 시공에 적합하다.

**해설**

①, ②, ④는 조강 포틀랜드 시멘트에 대한 설명이다.

**중용열 포틀랜드 시멘트**

- 수화열(발열량)이 작고 경화가 느리며 수축량이 적다.
- 내황산염성이 풍부한 포틀랜드 시멘트로 침식성 용액에 대한 저항이 크고, 내구성이 좋으며 장기강도가 크다.
- 댐공사, 방사선 차폐용 콘크리트 등에 이용된다.

## 24

**염분이 섞인 모래를 사용한 철근콘크리트에서 가장 염려되는 현상은?**

① 건조수축 발생　　② 철근 부식
③ 슬럼프 저하　　④ 초기강도 저하

**해설**

염분이 섞인 모래를 사용한 철근콘크리트는 철근의 부식이 발생될 수 있다.

## 25

**재료의 역학적 성질에 관한 설명으로 옳지 않은 것은?**

① 탄성: 물체에 외력이 작용하면 순간적으로 변형이 생기지만, 외력을 제거하면 순간적으로 원래의 상태로 되돌아가는 성질
② 소성: 재료에 사용하는 외력이 어느 한도에 도달하면 외력의 증가 없이 변형만이 증대하는 성질
③ 점성: 유체가 유동하고 있을 때 유체의 내부 흐름을 저지하려고 하는 내부 마찰저항이 발생하는 성질
④ 인성: 외력에 파괴되지 않고 가늘고 길게 늘어나는 성질

**해설**

인성(靭性)은 외력에 의해 파괴되기 어려운 질기고 강한 충격에 잘 견디는 성질을 말한다.

**관련이론 | 연성(延性)**

물질이 탄성 한계 이상의 힘(외력)을 받아도 파괴되지 않고 가늘고 길게 늘어나는 성질을 말하다.

## 26

빈출

**AE제를 사용한 콘크리트에 관한 설명 중 옳지 않은 것은?**

① 물－시멘트가 일정한 경우 공기량을 증가시키면 압축강도가 증가한다.
② 시공연도가 좋아지므로 재료분리가 적어진다.
③ 동결융해작용에 의한 마모에 대하여 저항성을 증대시킨다.
④ 철근에 대한 부착강도가 감소한다.

**해설**

공기량을 증가시키면 압축강도는 감소한다. 공기량이 1% 증가하면 압축강도는 4~6% 정도 감소하며, 공기량이 과다할 경우 강도 감소와 함께 균열이 발생될 수 있다.

## 27

**일반적으로 창유리의 강도가 의미하는 것은?**

① 휨강도 ② 압축강도
③ 인장강도 ④ 전단강도

**해설**
일반적으로 창유리의 강도는 휨강도를 말한다.

## 28

**목재의 종류에 관계없이 목재를 구성하고 있는 섬유질의 평균적인 진비중 값으로 옳은 것은?**

① 0.5 ② 0.67
③ 1.54 ④ 2.4

**해설**
목재의 비중은 세포막의 두께, 공극의 다소에 따라 다르며 진비중(참비중)은 나무의 종류에 관계없이 1.54이다.

## 29

**다음 중 오르내리창에 사용되는 철물은?**

① 나이트 래치(Night latch)
② 도어 스톱(Door stop)
③ 모노 로크(Mono lock)
④ 크레센트(Crescent)

**해설**
**크레센트(Crescent):** 오르내리창, 미서기창의 잠금장치이다.

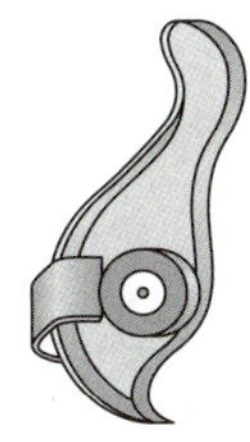

## 30

**집성목재의 장점에 속하지 않는 것은?**

① 목재의 강도를 인공적으로 조절할 수 있다.
② 응력에 따라 필요한 단면을 만들 수 있다.
③ 길고 단면이 큰 부재를 간단히 만들 수 있다.
④ 톱밥, 대패밥, 나무 부스러기를 이용하므로 경제적이다.

**해설**
④는 MDF합판에 대한 설명이다.

**관련이론**
**MDF합판:** 목재 부자재인 톱밥, 대패밥, 나무 부스러기를 이용하므로 경제적이며, 접착제와 함께 섞어서 압착 및 성형한 판재이다.
**집성목재:** 나무를 적당한 크기(두께 15～50mm)와 형태로 절단한 판재를 여러 장 겹쳐서 접착시켜 만든 목재이다.

## 31

빈출

**다음 소재의 질에 의한 타일의 구분에서 흡수율이 가장 큰 것은?**

① 자기질 ② 석기질
③ 도기질 ④ 클링커타일

**해설**
**타일의 수분 흡수율**
- **자기질:** 0.5～3%
- **석기질:** 3～5%
- **도기질:** 5～18%
- **클링커타일:** 8%

## 32

빈출

**한국산업표준의 분류에서 토목건축부문의 분류기호는?**

① B ② D
③ F ④ H

**해설**
토목건축부문의 분류기호는 F이다.

**정답** | 22. ② 23. ③ 24. ② 25. ④ 26. ① 27. ①
28. ③ 29. ④ 30. ④ 31. ③ 32. ③

2016년

## 33

고난도

**시멘트를 제조할 때 최고온도까지 소성이 이루어진 후에 공기를 이용하여 급랭시켜 소성물을 배출하게 되면 화산암과 같은 검은 입자가 나오는데 이 검은 입자를 무엇이라 하는가?**

① 포졸란 ② 시멘트 클링커
③ 플라이애시 ④ 광재

**해설**

시멘트 클링커는 석회석과 점토, 규석, 철광석 등의 광물을 미세하게 분쇄한 뒤 고온에서 연소한 후 급랭하여 나오는 검은 입자로서 시멘트의 원료가 되는 3~25mm 크기의 다공질 입자이다.

## 34

**래커를 도장할 때 사용되는 희석제로 가장 적합한 것은?**

① 유성페인트 ② 크레오소트유
③ PCP ④ 시너

**해설**

시너는 래커를 도장할 때 사용되는 희석제로 적합하다.
PCP, 크레오소트유는 방부제로 사용된다.

## 35

**재료 관련 용어에 대한 설명 중 옳지 않은 것은?**

① 열팽창계수란 온도의 변화에 따라 물체가 팽창·수축하는 비율을 말한다.
② 비열이란 단위 질량의 물질을 온도 1℃ 올리는 데 필요한 열량을 말한다.
③ 열용량은 물체에 열을 저장할 수 있는 용량을 말한다.
④ 차음률은 음을 얼마나 흡수하느냐 하는 성질을 말하며, 재료의 비중이 클수록 작다.

**해설**

**차음률:** 외부와의 음의 교류를 차단하는 성질을 말하며, 재료의 비중이 클수록 차음률은 커진다.
**흡음률:** 음을 얼마나 흡수하느냐 하는 성질을 말하며, 재료의 비중이 클수록 흡음률은 작아진다.

## 36

**회반죽 바름에서 여물을 넣는 주된 이유는?**

① 균열을 방지하기 위해 ② 점성을 높이기 위해
③ 경화속도를 높이기 위해 ④ 강도를 높이기 위해

**해설**

여물은 건조수축에 의한 균열을 방지하기 위해 사용된다.

**회반죽 바름**

- 회반죽은 소석회, 모래, 여물, 해초풀을 혼합하여 만든 미장용 반죽이다.
- 목조 바탕, 콘크리트 블록, 벽돌 바탕 등에 흙손으로 발라서 벽체나 천장 등을 보호한다.
- 여물은 건조수축에 의한 균열을 방지하기 위하여 사용한다.
- 해초풀은 점성력, 부착력을 증대시키기 위하여 사용한다.

## 37

**경질 섬유판에 대한 설명으로 옳지 않은 것은?**

① 식물 섬유를 주원료로 하여 성형한 판이다.
② 신축의 방향성이 크며, 소프트 텍스라고도 한다.
③ 비중이 0.8 이상으로 수장판으로 사용된다.
④ 연질, 반경질 섬유판에 비하여 강도가 우수하다.

**해설**

신축의 방향성이 작으며, 하드보드라고도 한다.
**경질 섬유판(Hard fiberboard):** 식물 섬유(펄프)에 접착제를 가하여 고온으로 압축한 판형의 인공 목재로서 비중이 0.8~1.2인 섬유판이며 내장재나 가구재, 복합판재로 사용된다.

## 38

빈출

**다음 건축재료 중 천연재료에 속하는 것은?**

① 목재 ② 철근
③ 유리 ④ 고분자재료

**해설**

**천연재료:** 목재, 석재, 모래, 진흙, 골재, 석회, 대나무, 아스팔트 등
**인공재료:** 콘크리트, 금속, 합성수지, 플라스틱, 유리, 고분자재료 등

## 39

**다음 그림이 나타내는 창호 철물은?**

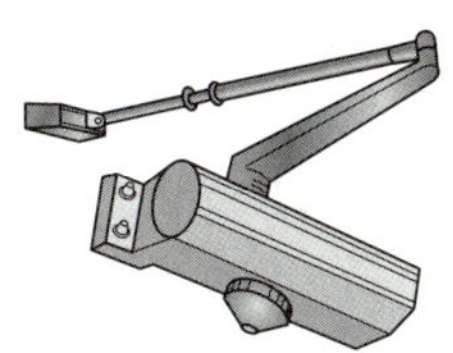

① 경첩 ② 도어클로저
③ 코너비드 ④ 도어스톱

**해설**

도어클로저(Door closer)는 열려진 여닫이문을 저절로 닫히게 하는 장치로서 도어체크(Door check)라고도 한다.

**관련이론**

| 경첩 | 코너비드 | 도어스톱 |
|---|---|---|
| | | |
| 여닫이 창호에서 문짝을 문틀에 달아 여닫게 하는 철물이다. | 기둥이나 벽의 모서리에 대어 미장바름의 모서리가 상하지 않도록 보호하는 철물을 말한다. | 문을 열어 제자리에 머물게 하거나 벽 하부에 대어 문짝이 벽에 부딪치지 않게 하며 갈고리로 걸어 제자리에 머무르게 하는 철물을 말한다. |

## 40

**석재의 성인에 의한 분류 중 수성암에 속하지 않는 것은?**

① 사암 ② 이판암
③ 석회암 ④ 안산암

**해설**

안산암은 화성암의 일종이다.

**관련이론** | **석재의 성인에 의한 분류**

- **화성암:** 화강암, 안산암, 섬록암, 황화석 등
- **수성암:** 사암, 점판암(이판암), 석회암, 응회암 등
- **변성암:** 사문암, 석면, 대리석 등

# 제3과목 건축계획 및 제도

## 41

**기온 · 습도 · 기류의 3요소의 조합에 의한 실내 온열감각을 기온의 척도로 나타낸 것은?**

① 유효온도 ② 작용온도
③ 등가온도 ④ 불쾌지수

**해설**

**유효온도(Effective Temperature, 실감온도)**

- 온도, 기류, 습도를 조합한 기온의 척도이다.
- 상대습도는 100%, 풍속은 0m/s인 온도를 기준으로 한다.
- 복사열은 고려하지 않는다.

## 42

빈출

**배수 트랩의 봉수 파괴 원인에 속하지 않는 것은?**

① 증발 ② 간접배수
③ 모세관 현상 ④ 유도 사이펀 작용

**해설**

간접배수는 배수관을 일반 배수계통에 연결하기 전에 물받이 기구에 배수한 후 일반 배수계통에 연결하는 위생을 고려한 배수이다.

**봉수의 파괴 원인**

- 자기 사이펀 작용
- 유도 사이펀 작용(흡입 및 흡출작용)
- 토출 작용(역압 분출 작용)
- 모세관 현상
- 증발 현상
- 관성에 의한 배출

**정답** | 33. ② 34. ④ 35. ④ 36. ① 37. ② 38. ① 39. ② 40. ④ 41. ① 42. ②

## 43

**주택의 식당 및 부엌에 관한 설명으로 옳지 않은 것은?**

① 식당의 색채는 채도가 높은 한색계통이 바람직하다.
② 식당은 부엌과 거실의 중간 위치에 배치하는 것이 좋다.
③ 부엌의 작업대는 준비대 → 개수대 → 조리대 → 가열대 → 배선대의 순서로 배치한다.
④ 키친네트는 작업대 길이가 2m 정도인 소형 주방가구가 배치된 간이 부엌의 형태이다.

**해설**

식당의 색채는 식욕을 높여주는 색채가 좋으며 채도가 높은 노랑, 밝은 주황 등의 난색계통이 바람직하다.

## 44

빈출

**건축도면의 표시기호와 표시사항의 연결이 옳지 않은 것은?**

① V − 용적 ② Wt − 너비
③ ∅ − 지름 ④ THK − 두께

**해설**

Wt − 무게, W − 너비

**관련이론 | 건축도면의 표시기호**

| 기호 | 표시사항 | 기호 | 표시사항 |
|---|---|---|---|
| 길이 | L | 너비 | W |
| 높이 | H | 두께 | THK |
| 지름 | D 또는 ∅ | 반지름 | R |
| 면적 | A | 체적 | V |
| 간격 | @ | 무게 | Wt |
| 문 | SD, WD, AD | 창 | WW, PW, AW |

## 45

빈출

**동선계획에서 고려되는 동선의 3요소에 속하지 않는 것은?**

① 길이 ② 빈도
③ 하중 ④ 공간

**해설**

길이(속도), 빈도, 하중이 동선의 3요소이다.

## 46

**다음 중 단면도를 그릴 때 가장 먼저 이루어져야 하는 것은?**

① 지반선의 위치를 결정한다.
② 마루, 천장의 윤곽선을 그린다.
③ 기둥의 중심선을 일점쇄선으로 그린다.
④ 내외벽, 지붕을 그리고 필요한 치수를 기입한다.

**해설**

지반선, 기준선의 위치를 결정한다.

**관련이론 | 단면도 그리기 순서**

① 축척을 고려하여 도면을 배치한다.
② 지반선, 기준선(1층, 지붕)의 위치를 결정한다.
③ 기둥, 벽 중심선을 일점쇄선으로 그린다.
④ 창대, 내외벽, 지붕을 그리고 치수를 기입한다.
⑤ 천장, 마루, 계단 등을 그린다.
⑥ 재료명과 치수를 기입하고, 도면 제목과 축척을 기입한다.

## 47

빈출

**주택의 침실에 관한 설명으로 옳지 않은 것은?**

① 어린이 침실은 주간에는 공부를 할 수 있고, 유희실을 겸하는 것이 좋다.
② 부부침실은 주택 내의 공동 공간으로서 가족생활의 중심이 되도록 한다.
③ 침실의 크기는 사용인원 수, 침구의 종류, 가구의 종류, 통로 등의 사항에 따라 결정된다.
④ 침실의 위치는 소음의 원인이 되는 도로 쪽은 피하고, 공원 등의 공지에 면하도록 하는 것이 좋다.

**해설**

부부침실은 부부 생활을 고려하고 기밀성이 요구되므로, 주택의 가장 안쪽으로 다른 실과 독립된 영역에 위치하도록 한다.
주택 내의 공동 공간으로서 가족생활의 중심이 되는 것은 거실이다.

## 48

빈출

**창호의 재질별 기호가 옳지 않은 것은?**

① W: 목재 ② SS: 강철
③ P: 합성수지 ④ A: 알루미늄합금

**해설**

SS: 스테인리스 스틸, S: 강철

**관련이론 | 창호 기호**

| 재질별 기호 | | 용도별 기호 | |
|---|---|---|---|
| | | 창(W) | 문(D) |
| 알루미늄합금 | A | AW | AD |
| 합성수지 | P | PW | PD |
| 강철 | S | SW | SD |
| 스테인리스스틸 | SS | SSW | SSD |
| 목재 | W | WW | WD |

## 49

빈출

**부엌의 일부에 간단히 식당을 꾸민 형식은?**

① 리빙 키친(Living Kitchen)
② 다이닝 포치(Dining Porch)
③ 다이닝 키친(Dining Kitchen)
④ 다이닝 테라스(Dining Terrace)

**해설**

다이닝 키친(Dining Kitchen)은 부엌의 일부에 간단히 식당을 꾸민 형식이다.

**관련이론 | 식사실의 위치별 구분**

- **리빙 다이닝(Living Dining, LD형식):** 거실의 일부에 식탁을 꾸민 것으로 6~9$m^2$의 공간이 필요하다.
- **리빙 키친(Living (Dining) Kitchen, LK, LDK형식):** 거실, 식사실, 부엌을 겸용하며 소규모 주택에 적용한다.
- **다이닝 키친(Dining Kitchen, DK, Dinette형식):** 부엌의 일부에 간단히 식탁을 꾸민 형식이다.
- **다이닝 포치(Dining Porch):** 테라스, 정원 잔디 위에 식당을 설치한 형식이다.

## 50

빈출

**건축도면에서 치수 단위의 원칙은?**

① mm ② cm
③ m ④ km

**해설**

건축도면의 기본 치수 단위는 mm이다.

## 51

**다음과 같이 정의되는 엘리베이터 관련 용어는?**

> 엘리베이터가 출발 기준층에서 승객을 싣고 출발하여 각 층에 서비스한 후 출발 기준층으로 되돌아와 다음 서비스를 위해 대기하는 데까지 총시간

① 승차시간 ② 일주시간
③ 주행시간 ④ 서비스시간

**해설**

일주시간에 대한 설명이다.

## 52

**색의 지각적 효과에 관한 설명으로 옳지 않은 것은?**

① 명시도에 가장 영향을 끼치는 것은 채도차이다.
② 일반적으로 고명도, 고채도의 색이 주목성이 높다.
③ 고명도, 고채도, 난색계의 색은 진출, 팽창되어 보인다.
④ 명도가 높은 색은 외부로 확산되려는 현상을 나타낸다.

**해설**

명시도에 가장 영향을 끼치는 것은 명도차이다.

**정답** | 43. ① 44. ② 45. ④ 46. ① 47. ② 48. ② 49. ③ 50. ① 51. ② 52. ①

## 53

**일반 평면도의 표현 내용에 속하지 않는 것은?**

① 실의 크기　② 보의 높이 및 크기
③ 창문과 출입구의 구별　④ 개구부의 위치 및 크기

**해설**
보의 높이 및 크기는 단면도에 표현된다.

## 54

빈출

**건축법령상 공동주택에 속하지 않는 것은?**

① 기숙사　② 연립주택
③ 다가구주택　④ 다세대주택

**해설**
다가구주택은 단독주택에 속한다.
**공동주택:** 아파트, 연립주택, 다세대주택, 기숙사
**단독주택:** 단독주택, 다중주택, 다가구주택, 공관

## 55

**다음 중 아파트의 평면형식에 따른 분류에 속하지 않는 것은?**

① 홀형　② 복도형
③ 탑상형　④ 집중형

**해설**
탑상형은 주동형식에 의한 분류에 속한다.

**관련이론 | 아파트의 분류**
**평면형식에 의한 분류:** 홀형, 편복도형, 중복도형, 집중형
**주동형태에 의한 분류:** 판상형, 탑상형

## 56

빈출

**다음과 같이 정의되는 전기 관련 용어는?**

> 대지에 이상전류를 방류 또는 계통구성을 위해 의도적이거나 우연하게 전기회로를 대지 또는 대지를 대신하는 전도체에 연결하는 전기적인 접속

① 절연　② 접지
③ 피뢰　④ 피복

**해설**
접지에 대한 설명이다.

## 57

빈출

**공기조화방식 중 팬코일 유닛방식에 관한 설명으로 옳지 않은 것은?**

① 전공기방식에 속한다.
② 각 실에 수배관으로 인한 누수의 우려가 있다.
③ 덕트 방식에 비해 유닛의 위치 변경이 용이하다.
④ 유닛을 창문 밑에 설치하면 콜드 드래프트를 줄일 수 있다.

**해설**
팬코일 유닛방식은 전수방식에 속한다.

**관련이론 | 팬코일 유닛방식(Fancoil unit system)**
- 냉각과 가열코일, 송풍용 팬이 내장된 유닛(FCU, Fan Coil Unit)에 중앙 기계실에서 보낸 냉수, 온수를 이용하여 실내의 공기를 조화하는 방식이다.
- 공기방식이 아니므로 덕트가 불필요하다.
- 실내 각 유닛마다 개별조절이 용이하다.
- 덕트 방식에 비해 유닛의 위치 변경이 용이하다.
- 유닛을 창문 밑에 설치하면 콜드 드래프트를 줄일 수 있다.
- 각 실에 수배관으로 인한 누수의 우려가 있다.

## 58

빈출

**액화석유가스(LPG)에 관한 설명으로 옳지 않은 것은?**

① 공기보다 가볍다.
② 용기(Bombe)에 넣을 수 있다.
③ 가스 절단 등 공업용으로도 사용된다.
④ 프로판 가스(Propane gas)라고도 한다.

**해설**

액화석유가스(LPG)는 공기보다 무겁고, 액화천연가스(LNG)는 공기보다 가볍다.

## 59

빈출

**다음 중 건축도면 작도에서 가장 굵은 선으로 표현하는 것은?**

① 인출선 ② 해칭선
③ 단면선 ④ 치수선

**해설**

단면선을 가장 굵게 표시한다.

**선의 굵기 순서**

외형선, 단면선 > 기준선, 절단선, 숨은선, 경계선, 가상선 > 중심선, 치수선, 치수보조선, 지시선, 해칭선

## 60

**디자인의 기본 원리 중 성질이나 질량이 전혀 다른 둘 이상의 것이 동일한 공간에 배열될 때 서로의 특징을 한층 돋보이게 하는 현상은?**

① 대비 ② 통일
③ 리듬 ④ 강조

**해설**

대비에 대한 설명이다.

**관련이론 | 리듬**

규칙적인 요소들의 반복으로 디자인에 시각적인 질서를 부여하며 부분과 부분 사이에 시각적으로 강한 힘과 약한 힘이 규칙적으로 연속될 때 나타난다.

**정답** | 53. ② 54. ③ 55. ③ 56. ② 57. ① 58. ① 59. ③ 60. ①

# 2016년 | 1회 기출문제

>> 2016년 1월 24일 시행

## 제1과목 건축구조

### 01

빈출

**2방향 슬래브는 슬래브의 단변에 대한 장변의 길이의 비(장변/단변)가 얼마 이하일 때부터 적용할 수 있는가?**

① $\frac{1}{2}$ ② 1

③ 2 ④ 3

**해설**

1방향 슬래브는 $\frac{장변}{단변}>2.0$, 2방향 슬래브는 $\frac{장변}{단변}\leq 2.0$이다.

### 02

**철근콘크리트구조의 배근에 대한 설명으로 옳지 않은 것은?**

① 기둥 하부의 주근은 기초판에 크게 구부려 깊이 정착한다.

② 압축측에도 철근을 배근한 보를 복근보라고 한다.

③ 단순보의 주근은 중앙부에서는 하부에 많이 넣어야 한다.

④ 슬래브의 철근은 단변방향보다 장변방향에 많이 넣어야 한다.

**해설**

슬래브의 철근은 단변방향이 주근이므로, 장변방향보다 단변방향에 철근을 많이 넣어야 한다.

### 03

**벽돌 구조에서 방음, 단열, 방습을 위해 벽돌벽을 이중으로 하고 중간을 띄어 쌓는 법은?**

① 공간쌓기 ② 들여쌓기

③ 내쌓기 ④ 기초쌓기

**해설**

공간쌓기는 방습, 방열, 방한, 방서 등을 위하여 벽돌벽, 블록벽, 석조벽 등을 쌓을 때 중간에 공간을 두어 이중으로 쌓는 방법이다.

### 04

빈출

**개구부 상부의 하중을 지지하기 위하여 돌이나 벽돌을 곡선형으로 쌓아 올린 구조를 무엇이라 하는가?**

① 골조구조 ② 아치구조

③ 린텔구조 ④ 트러스구조

**해설**

아치구조에 대한 설명이다.

### 05

빈출

**벽돌 벽체에서 벽돌을 1켜씩 내쌓기 할 때 얼마 정도 내쌓는 것이 적정한가?**

① $\frac{1}{2}$B ② $\frac{1}{4}$B

③ $\frac{1}{6}$B ④ $\frac{1}{8}$B

**해설**

**내쌓기:** 벽돌, 돌 등을 쌓을 때 면보다 내밀어 쌓는 것이다.

- 한켜는 $\frac{1}{8}$B, 두켜는 $\frac{1}{4}$B 정도 내어 쌓는다.
- 내쌓기 한도는 2.0B이며 마구리쌓기로 한다.

## 06

**외관이 중요시되지 않는 아치는 보통벽돌을 쓰고 줄눈을 쐐기모양으로 하는데 이러한 아치를 무엇이라 하는가?**

① 본아치　　② 거친아치
③ 막만든아치　　④ 층두리아치

**해설**
거친아치에 대한 설명이다.

## 07

**합성골조에 관한 설명으로 옳지 않은 것은?**

① CFT(콘크리트충전강관기둥)에서는 내부 콘크리트가 강관의 급격한 국부좌굴을 방지한다.
② 코어(Core)의 전단벽에 횡력에 대한 강성을 증대시키기 위하여 철골빔을 설치한다.
③ 데크플레이트(Deck plate)는 합성슬래브의 한 종류이다.
④ 스터드 볼트(Stud bolt)는 철골기둥을 연결하는 데 사용한다.

**해설**
**스터드 볼트(Stud bolt):** 합성골조에서 스터드 커넥터로서 전단연결(Shear connector) 역할을 하며, 철골보와 콘크리트의 합성효과에 의해 양단 사이의 전단응력 전달 및 일체성을 확보할 수 있다.

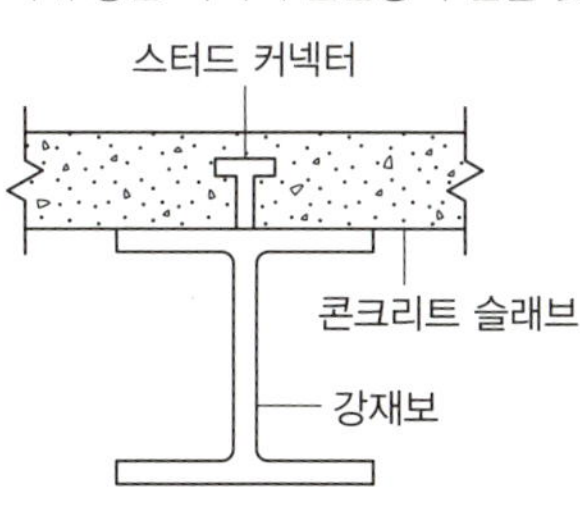

## 08

**조적조에서 내력벽의 길이는 최대 얼마 이하로 하여야 하는가?**

① 6m　　② 8m
③ 10m　　④ 15m

**해설**
조적식 구조인 내력벽의 길이는 10m 이하로 하여야 한다.

## 09

빈출

**철근콘크리트구조의 원리에 대한 설명으로 옳지 않은 것은?**

① 콘크리트와 철근이 강력히 부착되면 철근의 좌굴이 방지된다.
② 콘크리트는 압축력에 강하므로 부재의 압축력을 부담한다.
③ 콘크리트와 철근의 선팽창계수는 약 10배의 차이가 있어 응력의 흐름이 원활하다.
④ 콘크리트는 내구성과 내화성이 있어 철근을 피복·보호한다.

**해설**
콘크리트와 철근의 선팽창계수는 거의 동일하여 온도 변화에 따른 재료분리나 구조변화가 적고 응력의 흐름이 원활하다.

## 10

**건축구조의 구성방식에 의한 분류에 속하지 않는 것은?**

① 가구식 구조　　② 일체식 구조
③ 습식 구조　　④ 조적식 구조

**해설**
습식 구조는 시공방식에 의한 분류이다.

**관련이론 | 건축구조의 분류**

| 분류방법 | 종류 |
|---|---|
| 구성방식 | 가구식 구조, 일체식 구조, 조적식 구조 등 |
| 사용재료 | 목구조, 벽돌구조, 철근콘크리트구조, 철골구조, 철골철근콘크리트구조, 블록구조 등 |
| 형상 | 돔구조, 셸구조, 막구조, 스페이스프레임구조, 케이블구조, 절판구조 등 |
| 시공방식 | 건식 구조, 습식 구조, 조립식 구조 등 |

**정답** | 01. ③　02. ④　03. ①　04. ②　05. ④　06. ②
07. ④　08. ③　09. ③　10. ③

## 11

빈출

**곡면판이 지니는 역학적 특성을 응용한 구조로서 외력은 주로 판의 면내력으로 전달되기 때문에 경량이고 내력이 큰 구조물을 구성할 수 있는 것은?**

① 셸구조 ② 철골구조
③ 현수구조 ④ 커튼월구조

**해설**

셸(Shell)구조는 달걀이나 조개껍질 모양으로 구성되며, 곡면판이 지니는 역학적 특성을 응용한 구조이다. 외력은 주로 판의 면내력으로 전달되기 때문에 경량이고 내력이 큰 구조물을 구성할 수 있다.

## 12

**지붕의 물매 중 되물매의 경사로 옳은 것은?**

① 15° ② 30°
③ 45° ④ 60°

**해설**

되물매(10cm물매)는 수평길이 10cm에 대해 단위수직높이 10cm로서 45°경사를 갖는 물매이다.

## 13

빈출

**철근콘크리트 보에 늑근을 사용하는 주된 이유는?**

① 보의 전단 저항력을 증가시키기 위하여
② 철근과 콘크리트의 부착력을 증가시키기 위하여
③ 보의 강성을 증가시키기 위하여
④ 보의 휨저항을 증가시키기 위하여

**해설**

늑근은 철근콘크리트 보의 주근을 둘러 감은 철근이며, 전단 저항력을 증가시킴으로써 전단력에 의한 파괴에 대해 보강하는 역할을 한다.

## 14

**블록의 중공부에 철근과 콘크리트를 부어넣어 보강한 것으로서 수평하중 및 수직하중을 견딜 수 있는 구조는?**

① 보강 블록조 ② 조적식 블록조
③ 장막벽 블록조 ④ 차폐용 블록조

**해설**

보강 블록조는 블록을 통줄눈으로 쌓고 중공부에 철근을 세우고 콘크리트를 채워서 만드는 내력벽 구조로서 수직 및 수평하중에 견딜 수 있도록 만드는 블록구조이다.

## 15

빈출

**줄눈을 10mm로 하고 기본 벽돌(점토 벽돌)로 1.5B 쌓기 하였을 경우 벽 두께로 옳은 것은?**

① 200mm ② 290mm
③ 400mm ④ 490mm

**해설**

190(1.0B)+10(줄눈)+90(0.5B)=290mm

**기본 벽돌(190×90×57mm) 쌓기의 벽 두께**

- **0.5B 쌓기:** 90mm
- **1.0B 쌓기:** 190mm
- **1.5B 쌓기:** 290mm

## 16

**철근콘크리트 1방향 슬래브의 두께는 최소 얼마 이상으로 하여야 하는가?**

① 80mm ② 90mm
③ 100mm ④ 120mm

**해설**

1방향 슬래브의 두께는 최소 100mm 이상으로 해야 한다.

## 17

빈출

**바닥 면적이 $40m^2$일 때 보강콘크리트블록조의 내력벽 길이의 총합계는 최소 얼마 이상이어야 하는가?**

① 4m　② 6m
③ 8m　④ 10m

**해설**

$0.15m/m^2 \times 40m^2 = 6m$이다.

**보강블록구조 내력벽의 길이와 바닥면적:** 내력벽의 길이의 합계가 그 층의 바닥면적 $1m^2$에 대하여 0.15m 이상이 되도록 하되, 그 내력벽으로 둘러싸인 부분의 바닥면적은 $80m^2$를 넘을 수 없다.

## 18

**트러스를 곡면으로 구성하여 돔을 형성하는 것은?**

① 와렌 트러스　② 실린더 셸
③ 회전 셸　④ 래티스 돔

**해설**

**래티스 돔(Lattice dome):** 강성구조인 스페이스 프레임의 일종으로 트러스를 곡면으로 구성하여 힘이 입체적으로 전달되도록 구성된 구조시스템이다.

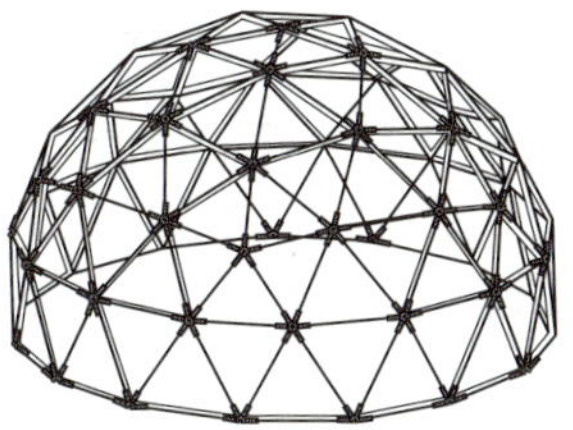

## 19

빈출

**철골구조의 보에 사용되는 스티프너(Stiffener)에 대한 설명으로 옳지 않은 것은?**

① 하중점 스티프너는 집중하중에 대한 보강용으로 쓰인다.
② 중간 스티프너는 웨브의 좌굴을 막기 위하여 쓰인다.
③ 재축에 나란하게 설치한 것을 수평 스티프너라고 한다.
④ 커버플레이트와 동일한 용어로 사용된다.

**해설**

커버플레이트(Cover plate)는 플랜지의 단면이 부족할 때 또는 보의 휨내력을 보강하기 위해 사용하는 강판이다.

**관련이론 | 스티프너(Stiffener)**

철골보의 웨브 부분에 단면이 부족하거나, 보 단부의 모멘트가 클 경우 기둥이 국부적으로 변형을 일으키며 파괴를 유발하게 되므로 전단보강과 좌굴 방지를 위해 보강대(스티프너)를 설치하여 변형을 방지한다.

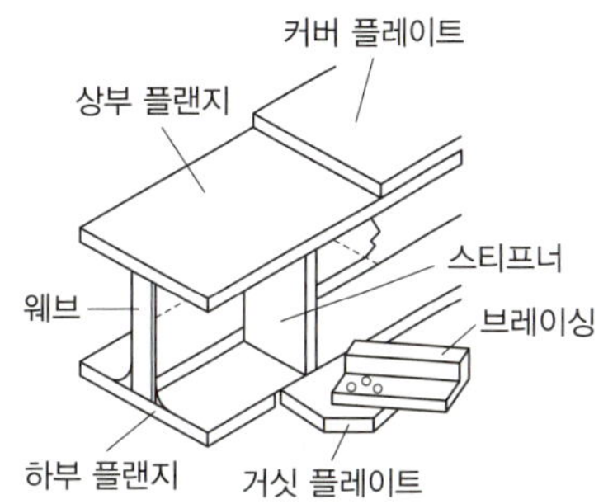


## 20

빈출

**조적구조에서 테두리보의 역할과 거리가 먼 것은?**

① 벽체를 일체화하여 벽체의 강성을 증대시킨다.
② 벽체 폭을 크게 줄일 수 있다.
③ 기초의 부동침하나 지진 발생 시 지반반력의 국부집중에 따른 벽의 직접피해를 완화시킨다.
④ 수직 균열을 방지하고, 수축 균열 발생을 최소화한다.

**해설**

②는 테두리보의 역할과 거리가 멀다.

**테두리보 역할**

- 벽체를 일체화하여 벽체의 강성을 증대시킨다.
- 부동침하나 지진 발생 시 하중을 균등하게 분포시킨다.
- 횡력에 의한 벽면의 수직 균열을 방지하며, 수축 균열 발생을 최소화한다.
- 세로철근의 끝을 테두리보에 정착시킬 수 있다.

**정답** | 11. ① 12. ③ 13. ① 14. ① 15. ② 16. ③ 17. ② 18. ④ 19. ④ 20. ②

## 제2과목 건축재료

## 21

**각종 시멘트의 특성에 관한 설명 중 옳지 않은 것은?**

① 중용열 포틀랜드 시멘트에 의한 콘크리트는 수화열이 작다.
② 실리카 시멘트에 의한 콘크리트는 초기강도가 크고 장기강도는 낮다.
③ 조강 포틀랜드 시멘트에 의한 콘크리트는 수화열이 크다.
④ 플라이애시 시멘트에 의한 콘크리트는 내해수성이 크다.

**해설**
실리카 시멘트에 의한 콘크리트는 초기강도가 작고 장기강도는 크다.

**관련이론 | 실리카 시멘트(Silica cement)**
- 포틀랜드 시멘트의 클링커에 실리카질 백토를 섞어 미분쇄하여 만든 혼합시멘트이다.
- 화학적 작용에 대한 저항, 수밀성, 장기강도가 뛰어나므로 일반적인 포틀랜드 시멘트와는 다른 특정용도에 사용된다.
- 초기강도가 작고 건조수축이 크므로 초기양생이 중요하다.

## 22

빈출

**황동의 합금 구성으로 옳은 것은?**

① Cu + Zn　　② Cu + Ni
③ Cu + Sn　　④ Cu + Mn

**해설**
**황동:** 구리(Cu) + 아연(Zn)

**관련이론 | 합금의 종류**

| 구리 합금 | • 황동: 구리 + 아연　• 청동: 구리 + 주석<br>• 백동: 구리 + 니켈　• 양은: 구리 + 니켈 + 아연 |
|---|---|
| 알루미늄 합금 | • 두랄루민: 알루미늄 + 구리 + 마그네슘 + 망간<br>• 실루민: 알루미늄 + 실리콘 |
| 철 합금 | • 스테인리스강: 강철 + 크롬<br>• 특수강: 강철 + 기타 금속<br>• 연철: 철 + 탄소<br>• 내열강: 스테인리스강 + 기타 금속 |

## 23

빈출

**시멘트 저장 시 유의해야 할 사항으로 옳지 않은 것은?**

① 시멘트는 개구부와 가까운 곳에 쌓여 있는 것부터 사용해야 한다.
② 지상 30cm 이상 되는 마루 위에 적재해야 하며, 창고는 방습설비가 완전해야 한다.
③ 3개월 이상 저장한 시멘트 또는 습기를 머금은 것으로 생각되는 시멘트는 반드시 사용 전 재시험을 실시해야 한다.
④ 포대에 들어 있는 시멘트는 13포대 이상 쌓으면 안 되며, 특히 장기간 저장할 경우에는 7포대 이상 쌓지 않는다.

**해설**
시멘트는 먼저 반입된 것부터 입하순서대로 사용한다.

**시멘트 저장 시 유의해야 할 사항**
- 지상 30cm 이상의 마루 위에 적재한다.
- 벽에 접촉되지 않고, 통풍이 잘 되며 습기가 없어야 한다.
- 저장 창고 주위에는 도랑을 파서 우수의 침입을 방지한다.
- 포대높이는 13포, 장기간 저장할 경우 7포 이상 쌓지 않는다.
- 반입구와 반출구를 따로 두고, 먼저 반입된 것부터 사용한다.
- 3개월 이상 저장한 시멘트는 사용 전에 재시험한다.

## 24

**물의 밀도가 $1g/cm^3$이고, 어느 물체의 밀도가 $1kg/m^3$라 하면 이 물체의 비중은 얼마인가?**

① 1　　② 1,000
③ 0.001　　④ 0.1

**해설**
비중은 물질의 고유 특성으로서 기준이 되는 물질의 밀도에 대한 상대적인 비를 나타낸다.

$$\therefore \frac{\text{어느 물체의 밀도}}{\text{물의 밀도}} = \frac{1kg/m^3}{1g/cm^3} = \frac{0.001g/cm^3}{1g/cm^3} = 0.001$$

## 25

**수성암에 속하지 않는 것은?**

① 사암　② 안산암
③ 석회암　④ 응회암

**해설**
안산암은 화성암의 일종이다.

**관련이론** | **석재의 성인에 의한 분류**
- **화성암:** 화강암, 안산암, 섬록암, 황화석 등
- **수성암:** 사암, 점판암(이판암), 석회암, 응회암 등
- **변성암:** 사문암, 석면, 대리석 등

## 26

**점토에 톱밥이나 분탄 등을 혼합하여 소성시킨 것으로 절단, 못치기 등의 가공성이 우수하며 방음·흡음성이 좋은 경량벽돌은?**

① 이형벽돌　② 포도벽돌
③ 다공벽돌　④ 내화벽돌

**해설**
다공질 벽돌에 대한 설명이다.

**관련이론** | **포도벽돌**
흡수율이 적고, 내마모성이 커서 도로 포장용 혹은 옥상 포장용에 사용된다.

## 27

빈출

**알루미늄의 성질에 관한 설명 중 옳지 않은 것은?**

① 전기나 열의 전도율이 크다.
② 인성, 연성이 풍부하며 가공이 용이하다.
③ 산, 알칼리에 강하다.
④ 대기 중에서의 내식성은 순도에 따라 다르다.

**해설**
**알루미늄**
- 산, 알칼리에 약하여 부식이 발생하기 쉽다.
- 가볍고, 표면이 미려하며 독성이 없지만, 흠집이 생기기 쉽다.
- 용융점은 낮으며, 전기나 열의 전도율이 크다.
- 강도가 작아서 변형되기 쉽고, 탄성계수가 작다.
- 인성, 연성이 풍부하며 가공이 용이하다.

## 28

**목재 제품 중 파티클보드(Particle board)에 관한 설명으로 옳지 않은 것은?**

① 합판에 비해 휨강도는 떨어지나 면내 강성은 우수하다.
② 강도에 방향성이 거의 없다.
③ 두께는 비교적 자유롭게 선택할 수 있다.
④ 음 및 열의 차단성이 나쁘다.

**해설**
음 및 열의 차단성이 우수하다.
**파티클보드(Particle board):** 목재를 작은 조각(부스러기)으로 분쇄 후 접착제를 첨가하여 강한 열과 힘으로 압착해 만든 판상형 가공재를 말한다.
- 원목에 비해 두께 및 규격이 다양하고 가공이 쉽다.
- 원목에 비해 경제적이고 결(방향성)이 없어서 수축, 팽창, 뒤틀림이 없다.
- 합판에 비해 휨강도는 떨어지지만 면내 강성은 우수하다.
- 흡음, 차음, 열의 차단성이 우수하다.

## 29

**석재 표면을 구성하고 있는 조직을 무엇이라 하는가?**

① 석목　② 석리
③ 층리　④ 절리

**해설**
석리(石理)는 석재의 외관 및 성질을 알 수 있는 석재의 표면 조직이나 결을 말한다.

**관련이론** | **층리(層理)**
광물의 조성, 입자의 모양과 크기에 따라 만들어지는 층 모양의 배열을 말한다.

**정답** | 21. ②　22. ①　23. ①　24. ③　25. ②　26. ③　27. ③　28. ④　29. ②

2016년

## 30

**골재의 함수 상태에 관한 설명으로 옳지 않은 것은?**

① 절건상태는 골재를 완전 건조시킨 상태이다.
② 기건상태는 골재를 대기 중에 방치하여 건조시킨 것으로 내부에 약간의 수분이 있는 상태이다.
③ 표건상태는 골재 내부는 포수상태이며 표면은 건조한 상태이다.
④ 습윤상태는 표면에 물이 붙어 있는 상태로 보통 자갈의 흡수량은 골재 중량의 50% 내외이다.

**해설**
습윤상태는 골재 내부는 완전히 수분으로 포화되어 있고 표면에도 수분이 부착되어 있는 상태이다.

**관련이론 | 골재의 함수 상태**
- **절건상태:** 건조로에서 100~110℃의 온도로 일정한 중량이 될 때까지 완전히 건조된 절대 건조 상태이다.
- **기건상태:** 골재를 대기 중에 방치하여 건조시킨 것으로 내부에 약간의 수분이 있는 상태이다.
- **표건상태:** 골재 내부는 포수상태이며 표면은 건조한 상태이다.
- **습윤상태:** 골재 내부는 완전히 수분으로 포화되어 있고 표면에도 수분이 부착되어 있는 상태이다.

| 절건상태 | 기건상태(평형) | 표건상태 | 습윤상태 |
|---|---|---|---|
| 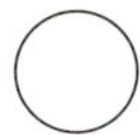 | 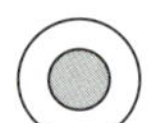 |  | 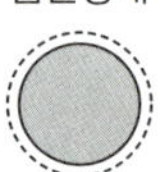 |

## 31

**재료에 사용하는 외력이 어느 한도에 도달하면 외력의 증가 없이 변형만이 증대하는 성질을 무엇이라 하는가?**

① 소성 ② 탄성
③ 점성 ④ 연성

**해설**
소성(塑性)에 대한 설명이다.
**탄성:** 외력이 작용하면 순간적으로 변형이 생기지만, 외력을 제거하면 순간적으로 원래의 상태로 되돌아가는 성질이다.
**점성:** 유체가 유동하고 있을 때 유체의 내부 흐름을 저지하려고 하는 내부 마찰저항이 발생하는 성질이다.
**연성:** 외력에 파괴되지 않고 가늘고 길게 늘어나는 성질이다.

## 32 빈출

**다음 각 재료의 주 용도로 옳지 않은 것은?**

① 테라조 – 바닥마감재
② 트래버틴 – 특수실내장식재
③ 타일 – 내외벽, 바닥의 수장재
④ 테라코타 – 흡음재

**해설**
테라코타는 주로 건물의 외장용으로 사용한다.

**관련이론 | 테라코타(Terracotta)**
- 건물의 외장용으로 사용하는 복잡한 모양이 있는 대형의 점토 제품이나 타일을 말한다.
- 일반 석재보다 가벼우며, 크기는 1개당 $0.3m^3$ 이상~$0.5m^3$ 이하가 적당하다.
- 장식용으로서 난간, 주두, 돌림띠(돌림대) 등에 사용된다.

## 33 빈출

**목재의 성질에 관한 설명으로 옳지 않은 것은?**

① 함수율이 적어질수록 목재는 수축하며 수축률은 방향에 따라 다르다.
② 함수율의 변동에 따라 목재의 강도에 변동이 있다.
③ 침엽수와 활엽수의 수축률은 차이가 있다.
④ 목재를 섬유포화점 이하로만 건조시키면 부패방지가 가능하다.

**해설**
일반적으로 함수율이 19% 이상이 되면 목재는 썩기 시작하여 부패된다.

**관련이론**
**수축:** 목재의 수분이 적정 함수율(19%) 이하의 수축상태로 줄어들게 되면 목재가 수축하면서 갈라짐, 뒤틀림, 휘어짐 등이 발생한다.
**팽창(팽윤):** 목재가 19%의 함수율에서 수분에 장기간 노출되면 함수율이 섬유포화점(약 28~30% 정도)에 이르게 된다. 일반적으로 19% 이상이 되면서 목재는 썩기 시작하여 부패된다.

## 34

**19세기 중엽 철근콘크리트의 실용적인 사용법을 개발한 사람은?**

① 모니에(Monier) ② 케오프스(Cheops)
③ 애습딘(Aspdin) ④ 안토니오(Antonio)

**해설**

1860년대 프랑스 정원사였던 조제프 모니에(Joseph Monier)는 깨지지 않는 화분을 만들기 위해 연구를 거듭하다가 높은 내구성을 가진 철근콘크리트를 개발하게 되었다.

## 35

고난도

**석고보드 제품의 단면형상에 따른 종류에 해당되지 않는 것은?**

① 칩보드 ② 평보드
③ 테파보드 ④ 베벨보드

**해설**

칩보드(Chip－board)는 제재목의 죽데기 등을 잘게 깎은 부스러기를 원료로 하여 접착제를 혼입하고 가압 성형한 판을 말한다.

**석고보드의 형상에 따른 종류**

- **평보드:** 석고보드의 측면을 거의 직각으로 성형한 보드이다.
- **테파보드(Taper board):** 석고보드의 길이 양단 부분을 경사지게 성형한 보드이다.
- **베벨보드(Bevel board):** 테파보드에 비해 경사지게 처리하는 부위를 좁게 하여 이음매 처리를 쉽게 할 수 있도록 성형한 보드이다.

## 36

**재료의 푸아송비에 관한 설명으로 옳은 것은?**

① 횡방향의 변형비를 푸아송비라 한다.
② 강의 푸아송비는 대략 0.3 정도이다.
③ 푸아송비는 푸아송수라고도 한다.
④ 콘크리트의 푸아송비는 대략 10 정도이다.

**선지분석**

① 횡방향과 종방향의 변형에 대한 비율을 푸아송비라 한다.
③ 푸아송비는 푸아송수의 역수이다.
④ 콘크리트의 푸아송비는 대략 0.15 정도이다.

## 37

빈출

**다음 중 평균적으로 압축강도가 가장 큰 석재는?**

① 화강암 ② 사문암
③ 사암 ④ 대리석

**해설**

**석재의 압축강도 순:** 화강암 > 대리석 > 사문암 > 사암

## 38

**목재의 공극이 전혀 없는 상태의 비중을 무엇이라 하는가?**

① 기건 비중 ② 진비중
③ 절건 비중 ④ 겉보기 비중

**해설**

진비중은 목재의 공극이 전혀 없는 상태의 비중이다.

## 39

**건축물의 표면 마무리, 인조석 제조 등에 사용되며 구조체의 축조에는 거의 사용되지 않는 시멘트는?**

① 조강 포틀랜드 시멘트 ② 플라이애시 시멘트
③ 백색 포틀랜드 시멘트 ④ 고로슬래그 시멘트

**해설**

백색 포틀랜드 시멘트는 수경성의 순백색 시멘트로 다양한 색상 표현이 가능하며, 강도와 내구성이 뛰어나서 내장재로서 건축물의 표면 마무리, 인조석 제조 등에 사용되지만, 구조체의 축조에는 거의 사용되지 않는다.

**정답** | 30. ④ 31. ① 32. ④ 33. ④ 34. ① 35. ①
36. ② 37. ① 38. ② 39. ③

## 40

빈출

**재료의 분류 중 천연재료에 속하지 않는 것은?**

① 목재 ② 대나무
③ 플라스틱재 ④ 아스팔트

**해설**

플라스틱재는 인공재료에 속한다.
**천연재료:** 목재, 석재, 모래, 진흙, 골재, 석회, 대나무, 아스팔트 등
**인공재료:** 콘크리트, 금속, 합성수지, 플라스틱, 유리, 고분자재료 등

# 제3과목 건축계획 및 제도

## 41

고난도

**다음 설명에 알맞은 주택 부엌의 유형은?**

> • 작업대 길이가 2m 정도인 소형 주방가구가 설치된 간이 부엌의 형식이다.
> • 사무실이나 독신자 아파트에 주로 설치된다.

① 키치네트(Kitchenette)
② 오픈 키친(Open Kitchen)
③ 리빙키친(Living Kitchen)
④ 다이닝 키친(Dining Kitchen)

**해설**

**키치네트(Kitchenette):** 작업대 길이가 2m 정도인 간이 주방이다. 호텔 객실, 작은 아파트, 사무실 등에 소형의 냉장고, 전자레인지 등이 설치된다.

## 42

**먼셀 표색계에서 기본색이 되는 5색이 아닌 것은?**

① 노랑 ② 파랑
③ 연두 ④ 보라

**해설**

**먼셀 표색계의 기본색:** 빨강(R), 노랑(Y), 초록(G), 파랑(B), 보라(P)

## 43

**태양광선 가운데 적외선에 의한 열적 효과를 무엇이라 하는가?**

① 일사 ② 채광
③ 살균 ④ 일영

**해설**

일사에 대한 설명이다.

## 44

빈출

**도시가스 배관 시 가스계량기와 전기점멸기의 이격 거리는 최소 얼마 이상으로 하는가?**

① 30cm ② 50cm
③ 60cm ④ 90cm

**해설**

가스계량기와 전기점멸기는 30cm 이상 이격해야 한다.

**관련이론 | 가스계량기와의 이격거리**
• 전기계량기, 전기개폐기: 60cm 이상
• 전기점멸기, 전기접속기, 굴뚝: 30cm 이상
• 절연 조치를 하지 아니한 전선: 15cm 이상

## 45

빈출

**에스컬레이터에 관한 설명으로 옳지 않은 것은?**

① 수송량에 비해 점유면적이 작다.
② 엘리베이터에 비해 수송능력이 작다.
③ 대기시간이 없고 연속적인 수송설비이다.
④ 연속운전되므로 전원설비에 부담이 적다.

**해설**

에스컬레이터의 1대당 수송능력은 동일시간 기준으로 엘리베이터의 10배 정도로 크다.

**에스컬레이터의 특성**
• 수송력에 비해 점유면적이 작다.
• 엘리베이터에 비해 수송능력이 크다.
• 대기시간이 없고 연속적인 수송설비이다.
• 설비비가 고가이지만, 전원설비에 부담이 적다.
• 층고와 보의 간격에 제약을 받는다.

## 46

**다음 중 계획설계도에 속하는 것은?**

① 동선도 ② 배치도
③ 전개도 ④ 평면도

**해설**

동선도는 계획설계도에 속한다.
**계획설계도에 포함되는 내용:** 구상도, 조직도, 동선도, 면적 도표 등

## 47

**건축화 조명에 속하지 않는 것은?**

① 코브 조명 ② 루버 조명
③ 코니스 조명 ④ 펜던트 조명

**해설**

펜던트 조명은 천장에 줄을 매달아 설치하는 조명으로 식탁이나 회의 테이블의 조명에 사용된다. 건축화 조명에 해당하지 않는다.
**건축화 조명:** 건축물과 조명이 일체화 또는 건물의 일부가 광원의 역할을 할 수 있도록 천장, 벽, 기둥 등의 건축 부분에 조명을 설치하는 것을 말한다.

| 천장 매입형 | 다운라이트, 라인라이트, 코퍼 조명 |
|---|---|
| 천장면 광원 | 광천장, 루버 천장, 코브 조명 |
| 벽면 광원 | 코니스 조명, 밸런스 조명, 라이트 윈도우 |

## 48

빈출

**제도에서 치수 기입에 관한 설명으로 옳지 않은 것은?**

① 치수는 특별히 명시하지 않는 한, 마무리 치수로 표시한다.
② 협소한 간격이 연속될 때에는 인출선을 사용하여 치수를 쓴다.
③ 치수 기입은 치수선을 중단하고 선의 중앙에 기입하는 것이 원칙이다.
④ 치수의 단위는 mm를 원칙으로 하고, 이때 단위 기호는 쓰지 않는다.

**해설**

치수선 중앙 윗부분에 기입하는 것이 원칙이다.

**관련이론 | 치수 기입(KS F 1501)**

- 치수는 특별히 명시하지 않는 한, 마무리 치수로 표시한다.
- 치수선 중앙 윗부분에 기입하는 것이 원칙이다. 다만, 치수선을 중단하고 선의 중앙에 기입할 수도 있다.
- 치수 기입은 치수선에 평행하게 도면의 왼쪽에서 오른쪽으로, 아래로부터 위로 읽을 수 있도록 기입한다.
- 협소한 간격이 연속될 때에는 인출선을 사용하여 치수를 쓴다.
- 치수선의 양 끝 표시는 화살 또는 점으로 표시할 수 있다. 같은 도면에서 2종을 혼용하지 않는다.
- 치수의 단위는 밀리미터(mm)를 원칙으로 하고, 이때 단위 기호는 쓰지 않는다.

## 49

빈출

**실제 길이 16m는 축척 1/200의 도면에서 얼마의 길이로 표시되는가?**

① 32mm ② 40mm
③ 80mm ④ 160mm

**해설**

실제 길이 16m는 16,000mm이고 축척 1/200로 표시할 경우,
16,000÷200=80mm이므로, 도면에는 80mm 길이로 표시한다.

## 50

빈출

**건축도면에서 중심선, 절단선의 표시에 사용되는 선의 종류는?**

① 실선 ② 파선
③ 1점 쇄선 ④ 2점 쇄선

**해설**

**1점 쇄선 :** 중심선, 절단선, 기준선, 경계선, 참고선 등

**정답** | 40. ③ 41. ① 42. ③ 43. ① 44. ① 45. ②
46. ① 47. ④ 48. ③ 49. ③ 50. ③

## 51

빈출

**전동기 직결의 소형송풍기, 냉·온수 코일 및 필터 등을 갖춘 실내형 소형 공조기를 각 실에 설치하여 중앙 기계실로부터 냉수 또는 온수를 공급받아 공기조화를 하는 방식은?**

① 2중덕트 방식 ② 단일덕트 방식
③ 멀티존유닛 방식 ④ 팬코일유닛 방식

**해설**

팬코일유닛(Fan coil unit) 방식에 대한 설명으로 전수방식에 속한다.

## 52

빈출

**건축제도의 글자에 관한 설명으로 옳지 않은 것은?**

① 숫자는 아라비아 숫자를 원칙으로 한다.
② 문장은 왼쪽에서부터 가로쓰기를 원칙으로 한다.
③ 글자체는 수직 또는 15° 경사의 명조체로 쓰는 것을 원칙으로 한다.
④ 4자리 이상의 수는 3자리마다 휴지부를 찍거나 간격을 둠을 원칙으로 한다.

**해설**

글자체는 수직 또는 15° 경사의 고딕체로 쓰는 것을 원칙으로 한다.

**관련이론 | 글자 기입(KS F 1501)**

- 글자는 명백히 쓴다.
- 문장은 왼쪽에서부터 가로쓰기를 원칙으로 한다.
- 숫자는 아라비아 숫자를 원칙으로 한다.
- 글자체는 수직 또는 15° 경사의 고딕체로 쓰는 것을 원칙으로 한다.
- 글자의 크기는 각 도면의 상황에 맞추어 알아보기 쉬운 크기로 한다.
- 4자리 이상의 수는 3자리마다 휴지부를 찍거나 간격을 둠을 원칙으로 한다.

## 53

빈출

**건축공간에 관한 설명으로 옳지 않은 것은?**

① 인간은 건축공간을 조형적으로 인식한다.
② 내부공간은 일반적으로 벽과 지붕으로 둘러싸인 건물 안쪽의 공간을 말한다.
③ 외부공간은 자연 발생적인 것으로 인간에 의해 의도적으로 만들어지지 않는다.
④ 공간을 편리하게 이용하기 위해서는 실의 크기와 모양, 높이 등이 적당해야 한다.

**해설**

건축에서의 내부 및 외부공간은 인간에 의해 의도적으로 만들어진다.

## 54

**시각적 중량감에 관한 설명으로 옳지 않은 것은?**

① 어두운 색이 밝은 색보다 시각적 중량감이 크다.
② 차가운 색이 따뜻한 색보다 시각적 중량감이 크다.
③ 기하학적 형태가 불규칙적인 형태보다 시각적 중량감이 크다.
④ 복잡하고 거친 질감이 단순하고 부드러운 것보다 시각적 중량감이 크다.

**해설**

기하학적 형태가 불규칙적인 형태보다 시각적 중량감이 작다.

## 55

빈출

**다음 설명에 알맞은 주택의 실구성형식은?**

- 소규모 주택에서 많이 사용된다.
- 거실 내에 부엌과 식사실을 설치한 것이다.
- 실을 효율적으로 이용할 수 있다.

① K형 ② D형
③ LD형 ④ LDK형

**해설**

**리빙 다이닝 키친(Living Dining Kitchen, LDK형식):** 거실 내에 식사실과 부엌을 설치한 것으로 소규모 주택에 적합하다.

## 56

빈출

**홀형 아파트에 관한 설명으로 옳지 않은 것은?**

① 거주의 프라이버시가 높다.
② 통행부 면적이 작아서 건물의 이용도가 높다.
③ 계단실 또는 엘리베이터 홀로부터 직접 주거 단위로 들어가는 형식이다.
④ 1대의 엘리베이터에 대한 이용가능한 세대수가 가장 많은 형식이다.

**해설**

홀형 아파트는 복도형식에 비해 엘리베이터의 이용가능한 세대수가 적다.

**홀형 아파트의 특성**

- 계단 또는 엘리베이터 홀로부터 직접 주거 단위로 들어가는 형식으로, 거주의 프라이버시가 양호하다.
- 복도나 통행부의 면적이 작아서 건물의 이용도가 높다.
- 세대 내의 채광 및 통풍이 유리하다.

## 57

빈출

**개별식 급탕방식에 속하지 않는 것은?**

① 순간식 ② 저탕식
③ 직접가열식 ④ 기수혼합식

**해설**

직접가열식은 중앙식 급탕방식이다.

**관련이론 | 급탕방식 분류**

- **중앙식 급탕:** 직접가열식, 간접가열식
- **개별식 급탕:** 순간식, 저탕식, 기수혼합식

## 58

빈출

**건축법령상 건축에 속하지 않는 것은?**

① 증축 ② 이전
③ 개축 ④ 대수선

**해설**

**건축 행위:** 신축, 증축, 개축, 재축, 이전

**대수선:** 건축물의 기둥, 보, 내력벽, 주계단 등의 구조나 외부 형태를 수선·변경하거나 증설하는 것을 말하며, 증축·개축 또는 재축에 해당하지 아니하는 것을 말한다.

## 59

**다음과 같은 창호의 평면 표시 기호의 명칭으로 옳은 것은?**

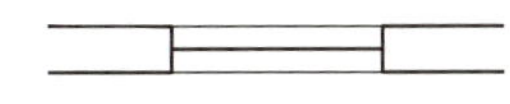

① 회전창 ② 붙박이창
③ 미서기창 ④ 미닫이창

**해설**

붙박이창의 기호이다.

| 회전창 | 붙박이창 |
|---|---|
| | |
| **미서기창** | **미닫이창** |
| | |

## 60

**다음 중 단독주택의 현관 위치 결정에 가장 주된 영향을 끼치는 것은?**

① 현관의 크기 ② 대지의 방위
③ 대지의 크기 ④ 도로의 위치

**해설**

도로의 위치는 주택의 현관 위치 결정에 주된 영향을 미친다.

**정답** | 51. ④ 52. ③ 53. ③ 54. ③ 55. ④ 56. ④ 57. ③ 58. ④ 59. ② 60. ④

인생은 끊임없는 반복.
반복에 지치지 않는 자가 성취한다.

– 윤태호 「미생」 중

2026

# 에듀윌 전산응용건축제도기능사

## 필기 2주끝장+무료특강

개편 출제기준 완벽반영

## 이론편

# 에듀윌
# 전산응용
# 건축제도기능사

## 필기 2주끝장

이론편

# PART 01

# 제도

## 제도 학습 TIP

- 제도는 회당 평균 약 10%(6문제) 내외로 출제되는 과목입니다. 주로 제도규약과 건축설계 도면에서 출제가 이루어지므로 두 CHAPTER에 집중해서 공부할 필요가 있습니다.
- 도면 표시기호와 각종 용어 및 수치를 암기하여야 하며, 도면의 종류 및 특성을 파악해야 합니다.

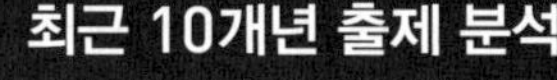

## 최근 10개년 출제 분석

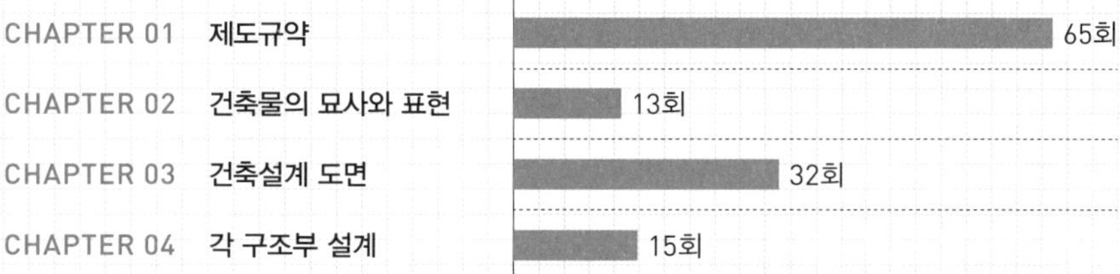


※ 최근 10개년 기출분석 결과로, 분류방법에 따라 수치는 달라질 수 있음

CHAPTER 01

# 제도규약

## 1 KS 건축제도 통칙(KS F 1501)

### (1) 제도용지의 규격(단위: mm)

| 규격 | A0 | A1 | A2 | A3 | A4 |
|---|---|---|---|---|---|
| 용지의 크기 | 841×1,189 | 594×841 | 420×594 | 297×420 | 210×297 |
| 크기 비교 | – | A0의 1/2 | A0의 1/4 | A0의 1/8 | A0의 1/16 |

### (2) 투상법

① 투상법은 제3각법에 따르는 것을 원칙으로 한다.

② 투상면의 명칭: 평면도, 정면도, 좌측면도, 우측면도, 배면도

③ 방향에 따른 투상면의 명칭: 남측 입면도, 서측 입면도, 동측 입면도, 북측 입면도

④ 등각투상도: 물체의 정면, 평면, 측면 등을 하나의 투상도에 나타내는 투상법이며, 직각 좌표계의 세 좌표축(X, Y, Z의 기본 축)이 서로 120°로 이루며 그려진다.

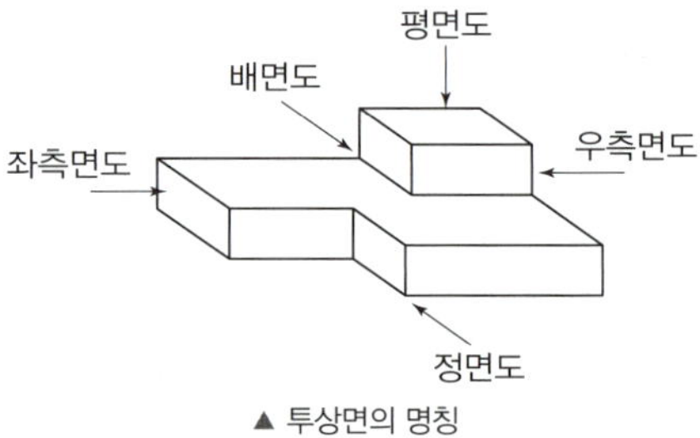

▲ 투상면의 명칭

### (3) 도면의 방향

① 평면도, 배치도 등은 북쪽을 위로 하여 작도함을 원칙으로 한다.

② 입면도, 단면도 등은 위아래 방향을 도면지의 위아래와 일치시키는 것을 원칙으로 한다.

실제각은 90°
120°
120°
120°
30°
30°

▲ 등각투상도

### (4) 척도

① 도면에는 척도를 기입하여야 한다.

② 그림의 형태가 치수에 비례하지 않을 때는 "NS(No Scale)"로 표시한다.

③ 척도의 종류

| 구분 | 내용 | 종류 |
|---|---|---|
| 실척 | 실물과 같은 비율 | 1/1 |
| 축척 | 실물보다 작은 비율로 축소 | 1/2, 1/3, 1/4, 1/5, 1/10, 1/20, 1/25, 1/30, 1/40, 1/50, 1/100, 1/200, 1/250, 1/300, 1/500, 1/600, 1/1,000, 1/1,200, 1/2,000, 1/2,500, 1/3,000, 1/5,000, 1/6,000 |
| 배척 | 실물보다 큰 비율로 확대 | 2/1, 5/1 |

### (5) 선

| 선의 종류 | | 사용 방법(보기) |
|---|---|---|
| 실선 | ——— | 단면의 윤곽 표시 |
| | ——— | 보이는 부분의 윤곽 표기 또는 좁거나 작은 면의 단면 부분 윤곽 표시 |
| | ——— | 치수선, 치수 보조선, 인출선, 격자선 |
| 파선, 점선 | -------- | 보이지 않는 부분이나 절단면보다 양면 또는 윗면에 있는 부분의 표시 |
| 1점 쇄선 | -·-·- | 중심선, 절단선, 기준선, 경계선, 참고선 |
| 2점 쇄선 | -··-··- | 상상선 또는 1점 쇄선과 구별할 필요가 있을 때 |

### (6) 글자

① 문장은 왼쪽에서부터 가로쓰기를 원칙으로 한다. 다만, 가로쓰기가 곤란할 때에는 세로쓰기도 할 수 있다.

② 여러 줄일 때에는 가로쓰기로 한다.

③ 숫자는 아라비아 숫자를 원칙으로 한다.

④ 글자체는 수직 또는 15° 경사의 고딕체로 쓰는 것을 원칙으로 한다.

⑤ 글자의 크기는 각 도면의 상황에 맞추어 알아보기 쉬운 크기로 한다.

⑥ 4자리 이상의 수는 3자리마다 휴지부를 찍거나 간격을 둠을 원칙으로 한다. 다만, 4자리의 수는 이에 따르지 않아도 된다.

### (7) 치수

① 치수는 특별히 명시하지 않는 한, 마무리 치수로 기입한다.

② 치수는 치수선 중앙 윗부분에 기입한다. 다만, 치수선을 중단하고 선의 중앙에 기입할 수도 있다.

③ 치수는 치수선에 평행하게 기입한다.

④ 도면의 아래에서 위로, 왼쪽에서 오른쪽으로 기입한다.

⑤ 치수선의 간격이 좁을 때는 인출선을 써서 표기한다.

⑥ 치수선의 양 끝 표시는 화살 또는 점으로 표시할 수 있다. 같은 도면에서 2종을 혼용하지 않는다.

⑦ 치수 단위는 mm를 원칙으로 하고 단위 기호는 쓰지 않는다. mm 단위가 아닌 경우는 해당 단위 기호를 기입한다.

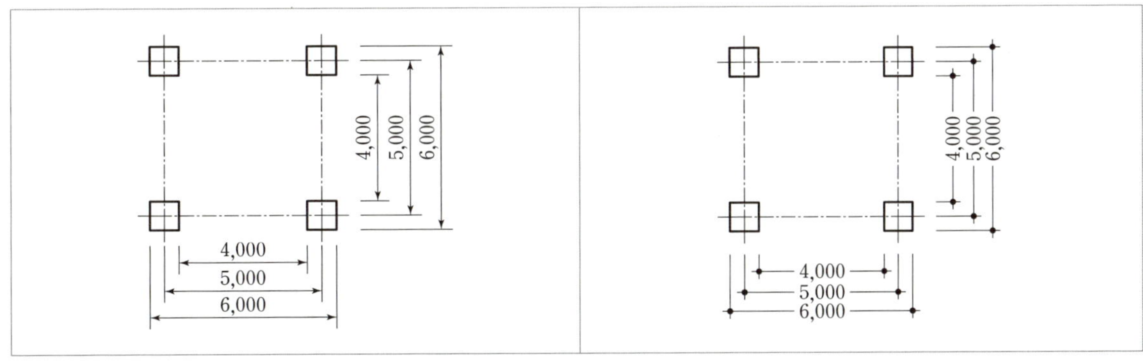


▲ 치수 표기의 예

## 2 도면의 표시방법에 관한 사항

### (1) 한국산업표준(KS)의 분류기호

| 기본부문: A | 기계부문: B | 전기전자부문: C |
|---|---|---|
| 금속부문: D | 건설부문: F | 식품부문: H |
| 환경부문: I | 품질경영부문: Q | 서비스부문: S |

### (2) 선의 종류

| 구분 | | 종류 |
|---|---|---|
| ——— | 굵은 실선 | 단면선, 외형선 |
| ——— | 중간 실선 | 입면선, 가구선 |
| ——— | 가는 실선 | 치수선, 해칭선, 마감선 |
| —·—·— | 1점 쇄선 | 절단선 |

### (3) 선의 굵기 순서

단면선, 외형선 > 기준선, 절단선, 숨은선, 경계선, 가상선 > 중심선, 치수선, 치수보조선, 지시선, 해칭선

### (4) 도면 표시 기호

| 기호 | 표시사항 | 기호 | 표시사항 |
|---|---|---|---|
| 길이 | L | 너비 | W |
| 높이 | H | 두께 | THK |
| 지름 | D 또는 ∅ | 반지름 | R |
| 면적 | A | 체적 | V |
| 간격 | @ | 무게 | Wt |
| 문 | SD, WD, AD | 창 | WW, PW, AW |

### (5) 지시선

① 지시선은 직선사용을 원칙으로 한다.

② 지시대상이 선인 경우 지적부분은 화살표를 사용한다.

③ 지시대상이 면인 경우 지적부분은 채워진 원(Dot)을 사용한다.

④ 지시선은 다른 제도선과 혼동되지 않도록 가는 선으로써 명료하게 그린다.

CHAPTER 02

# 건축물의 묘사와 표현



## 1 건축물의 묘사

### (1) 묘사에 사용되는 도구

① 물감: 포스터 또는 수채화 물감으로 불투명한 표현에 주로 사용한다.

② 잉크

㉠ 여러 가지 모양의 펜촉 등을 사용할 수 있어 다양한 묘사가 가능하다.

㉡ 농도를 정확하게 나타낼 수 있고, 선명하게 보이기 때문에 도면이 깨끗하다.

③ 연필: 지울 수 있는 장점이 있으며, 폭넓은 명암이나 다양한 질감 표현이 가능하다.

### (2) 묘사 기법

| 구분 | 내용 |
|---|---|
| 단선 묘사 | • 입체를 돋보이게 하기 위해 윤곽선을 굵은 선으로 진하고 강하게 나타낸다.<br>• 종류와 굵기에 유의하여 단면선, 윤곽선, 모서리선, 표면의 조직선 등을 표현한다. |
| 다선 묘사 | • 선의 간격에 변화를 주어 면과 입체를 한정시키는 방법이다.<br>• 평면은 같은 간격의 선으로, 곡면은 선의 간격을 달리하여 표현한다. |
| 명암 묘사 | 면과 입체를 명암의 농도 차이를 두어 나타내는 방법이다. |
| 점 묘사 | 점의 밀도를 점점 증가 또는 감소시켜가면서 나타내는 기법이다. |
| 선과 명암의 혼용 묘사 | • 선으로 공간을 한정시키고 명암으로 음영을 넣는 방법이다.<br>• 평면은 같은 명암의 농도로 하여 표현한다.<br>• 곡면은 농도의 변화를 주어 묘사한다. |

### (3) 명암처리에 의한 입체적 표현

① 면의 밝기를 차등 분배함으로써 공간상의 입체감을 표현한다.

② 밝은 톤부터 어두운 톤으로 나누어 음영을 표현하며, 여러 선으로써 농도 변화를 주어 입체감을 표현한다.

## 2 건축물의 표현

### (1) 표현의 종류

① 스케치: 구도나 형태 등을 개략적으로 그리는 시각화의 첫 단계이며, 새로운 생각이 떠오르거나 시간이 부족할 때 주로 사용되는 방법이다.

② 다이어그램: 어떤 상황의 진행 과정이나 기본적인 구조, 그리고 상호관계 등을 이해하기 쉽도록 간단하고 신속하게 나타내는 설명식의 그림이다.

③ 등각투상도: 각도를 360°로 3등분하여 교차되는 3축이 각 120°등각으로 만나는 방향에서 본 투상도이다.

④ 투시도: 어떤 시점에서 본 물체의 형태를 평면상에 나타낸 그림으로, 물체를 원근법에 따라 눈에 비친 그대로 그리는 기법이다.

⑤ CAD: 컴퓨터에 의한 정확한 수치제어로 시간과 비용을 줄일 수 있다.

### (2) 투시도

① 용어 및 기호

| 구분 | 내용 | 내용 | 내용 |
|---|---|---|---|
| 화면(P.P; Picture Plane) | 대상물과 사람 사이의 수직면 | 기선(G.L; Ground Line) | 화면과 지반면이 만나는 선 |
| 시선(Line of Sight) | 시점과 공간의 점을 연결한 선 | 시점(E.P; Eye Point) | 대상물을 보는 사람의 눈 위치 |
| 수평선(H.L; Horizontal Line) | 눈높이와 화면의 교차선 | 수평면(H.P; Horizontal Plane) | 눈높이와 수평한 면 |
| 소점(V.P; Vanishing Point, 소실점) | 물체의 각 점이 수평선상에 모이는 점 | 정점(S.P; Standing Point) | 사물을 보는 사람이 서있는 위치 |

② 투시도의 종류

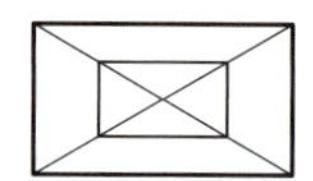

1소점 투시도(소실점 1개)

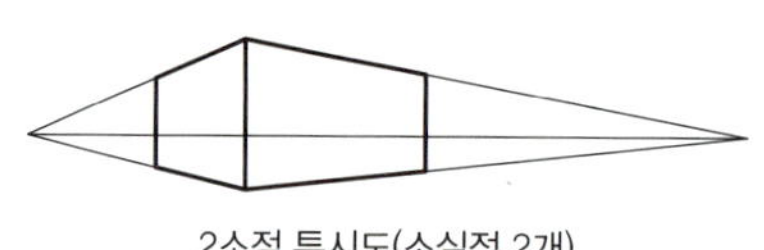

2소점 투시도(소실점 2개)

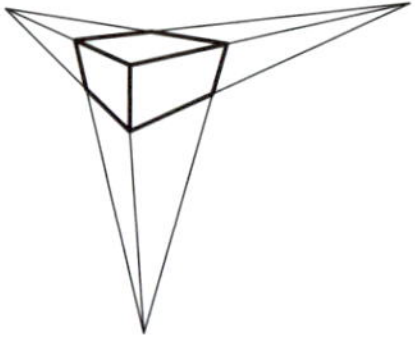

3소점 투시도(소실점 3개)

### (3) 배경의 표현

① 배경 표현의 종류: 사람(인물), 수목(나무) 및 차량, 가구, 음영 등이 있다.

② 배경 표현의 주의사항

㉠ 가까이 있는 표현대상은 사실적으로 표현하며 멀리 있는 것은 단순하게 표현한다.

㉡ 크기와 무게, 그리고 배치는 도면 전체의 구성요소가 고려되어야 한다.

㉢ 배경 표현은 건물의 용도와 연관하여 적절한 그림으로 표현한다.

㉣ 공간과 구조, 상호 관계를 표현하는 요소들에 지장을 주어서는 안 된다.

### (4) 배경과 인물의 표현

① 인물을 원근감을 주어 배치할 때에는 눈의 높이가 같도록 그려야 한다.

② 인물(사람) 표현의 목적

㉠ 인물의 크기에 따라 건축물의 크기(스케일감)를 나타낼 수 있다.

㉡ 인물의 수, 복장 등에 따라 공간의 용도를 나타낼 수 있다.

㉢ 인물의 위치에 따라 공간의 깊이와 높이를 나타낼 수 있다.

㉣ 공간에서의 행동 특성을 나타낼 수 있다.

# 건축설계 도면



## 1 설계도면의 종류

### (1) 계획 설계도

① 구상도　② 조직도　③ 동선도　④ 면적 도표

**용어 CHECK 동선도**

사람이나 차, 또는 화물 등의 흐름을 도식화하여 나타낸 설계도면이다.

### (2) 실시 설계도

① 배치도

㉠ 부대시설 배치(위치, 간격, 방위, 경계선 등)를 나타내는 도면이다.

㉡ 배치도에 표시할 사항: 축척 및 방위, 대지가 접하는 도로의 위치와 도로의 길이 및 너비, 대지경계선, 건축면적, 옥외주차 배치 및 주차동선, 대지 고저차, 건물배치의 기점 및 기선표시, 건축선 및 대지경계선으로부터 건축물까지의 거리, 법규검토 치수(건축물 이격거리, 사선제한, 진북방향), 외부바닥 마감 표현 및 경사 등

② 평면도

㉠ 해당 층 바닥에서부터 1~1.5m 높이에서 아래를 내려 본 상태를 표현한 도면이다.

㉡ 건축물 각 실내의 크기와 배치 등을 나타내며 가장 기본적인 도면이다.

㉢ 평면도에 표현되는 내용: 실의 위치, 실의 크기, 창문과 출입구의 구별, 개구부의 위치 및 크기, 옥내주차 배치 및 주차동선 등

③ 입면도: 건물벽 직각방향에서 외관을 그려 나타내는 도면이다.

④ 단면도

㉠ 건물의 주요부분을 단면으로 절단하여 나타내는 도면이다.(지반과 기초, 바닥, 처마, 층높이, 물매 등 처마의 내민길이 정도 등)

㉡ 단면도에 표현되는 내용: 대지의 경사 및 지형면, 지면과 바닥의 높이, 각 층의 높이(층고), 반자높이, 보의 위치 및 크기, 마감레벨 및 지반 레벨과의 관계, 천장 내의 배관 공간, 창대 및 창의 높이, 계단실, 처마 등

㉢ 단면도를 그려야 할 부분: 설계자가 강조하는 부분, 평면도만으로 이해하기 어려운 부분, 전체구조의 이해를 필요로 하는 부분

⑤ 창호도: 창호의 개폐방법, 마감재료, 창호철물 등을 나타낸다.

⑥ 상세도: 단면상세도와 부분상세도 등이 있다.

⑦ 구조도: 평면도, 일람표, 골조도, 상세도(기초, 기둥, 벽, 보, 바닥, 지붕틀) 등이 있다.

⑧ 설비도: 전기, 위생, 소화, 냉난방, 환기설비도 등이 있다.

⑨ 전개도

㉠ 건물 내부에서 각 벽면을 그리는 입면도이며 벽의 형상, 치수, 마감상세 등을 나타낸다.

㉡ 벽을 바닥에서 천장까지 입면적으로 표시하며, 벽면 디자인이나 공간을 검토한다.

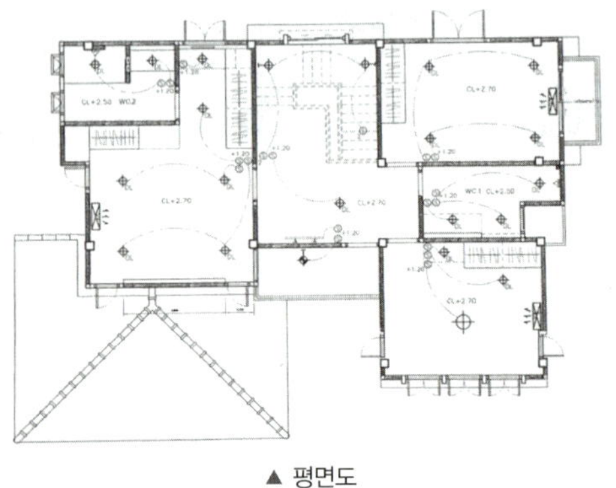

▲ 평면도

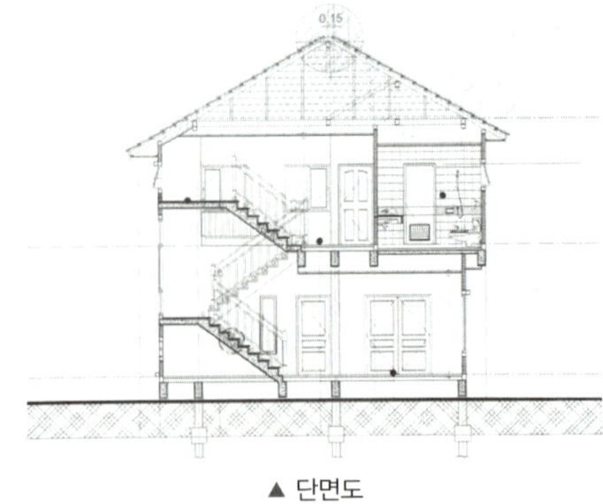

▲ 단면도

## 2 설계도면의 작도법

### (1) 입면도 그리는 방법

① 굵은 선으로 지반선을 그린다.

② 수평 방향의 각 층의 높이를 가는 선으로 긋는다.

③ 바닥면에서 창 높이를 가는 선으로 긋는다.

④ 기둥과 벽의 중심선을 긋고, 창과 문의 형태를 그린다.

⑤ 외벽의 윤곽선 및 외부의 마감재를 표시하고, 조경과 인출선을 그린다.

⑥ 외부 마감 재료명과 치수를 기입한다.

⑦ 도면에 제목과 축척을 기입한다.

### (2) 단면도 그리기 순서

① 축척을 고려하여 도면을 배치한다.

② 지반선, 기준선(1층, 지붕)의 위치를 결정한다.

③ 기둥, 벽 중심선을 일점쇄선으로 그린다.

④ 창대, 내·외벽, 지붕을 그리고 치수를 기입한다.

⑤ 천장, 마루, 계단 등을 그린다.

⑥ 재료명과 치수를 기입하고, 도면 제목과 축척을 기입한다.

**심화 POINT** **자유곡선자와 만능제도기**

- 자유곡선자(Flexible Curve Ruler): 불규칙한 곡선이나, 구부러진 정도가 급하지 않은 큰 곡선을 그리는 데 쓰이는 제도 용구이다.
- 만능제도기: 제도판, T자, 삼각자, 스케일, 각도기 등의 기능을 갖춘 제도 용구이다

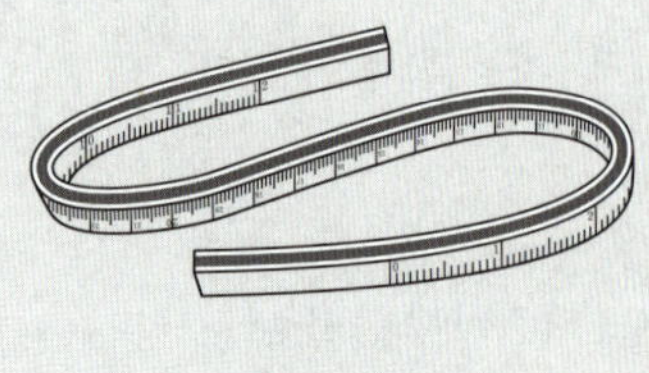

▲ 자유곡선자

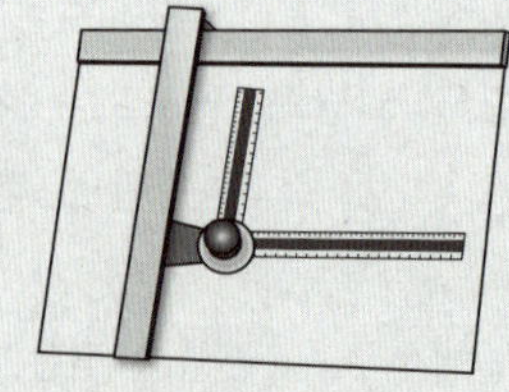

▲ 만능제도기

# 각 구조부 설계



## 1 구조부의 이해

### (1) 목구조

① 건물의 주요구조부(뼈대)가 목재로 구성된 가구식 구조이다.

② 장점과 단점

| 장점 | 단점 |
|---|---|
| • 구조방법이 간단하다. | • 해충이나 습기에 약하다. |
| • 가공 조립이 용이하며 공사기간이 짧다. | • 화재의 위험이 크며, 내구성이 약하다. |
| • 무게가 가벼우며 모양이 아름답고 경쾌하다. | – |

### (2) 조적조

① 벽돌, 돌, 콘크리트 블록 등으로 쌓아 올려서 벽을 만드는 구조이다.

② 장점과 단점

| 장점 | 단점 |
|---|---|
| • 내구성이 우수하다. | • 지진 등에 의한 수평방향 외력에 대하여 약하다. |
| • 재료의 종류와 쌓는 방식에 따라 다양한 표면을 구성할 수 있다. | • 면적이 커지면 벽체가 두꺼워져 실내공간이 좁아진다. |

### (3) 철근콘크리트조

① 콘크리트를 주요 재료로 사용한 구조이며, 콘크리트는 주로 압축력을 분담하고 철근은 주로 인장력을 분담한다.

② 장점과 단점

| 장점 | 단점 |
|---|---|
| • 다양한 거푸집형상에 따른 성형성이 뛰어나다. | • 무게가 무겁고, 기후의 영향을 많이 받으며, 동절기 공사가 어렵다. |
| • 내구성이나 내화(耐火) · 내진(耐震)의 성능이 좋다. | • 공사기간이 길며, 균일한 시공이 어렵다. |

### (4) 철골구조

① 철강 재료를 골격 구조재로 이용하고 리벳, 볼트 또는 용접하여 조립하는 구조이다.

② 장점과 단점

| 장점 | 단점 |
|---|---|
| • 구조재가 가볍고 큰 하중에 견딜 수 있다. | • 고온에 취약하여 내화성이 약하다. |
| • 조립식으로 공사기간을 줄일 수 있으며, 내구성이 좋다. | • 부재가 변형이나 좌굴을 일으키기가 쉽다. |

## 2 재료표시 기호

### (1) 평면 표시 기호

| 종류 | 기호 | | 종류 | 기호 | |
|---|---|---|---|---|---|
| 여닫이문 | 외여닫이문 | 쌍여닫이문 | 여닫이창 | 외여닫이창 | 쌍여닫이창 |
| 미닫이문 | 외미닫이문 | 쌍미닫이문 | 미서기창 | 두 짝 미서기창 | 네 짝 미서기창 |
| 회전문 | | | 회전창 | | |
| 망사문 | | | 붙박이창 | | |
| 셔터 달린 문 | | | 셔터 달린 창 | | |
| 접이문 | | | 오르내리 창 | | |

### (2) 창호의 재질별 표시 기호

| 재질별 기호 | | 용도별 기호 | |
|---|---|---|---|
| | | 창(W) | 문(D) |
| 알루미늄합금 | A | AW | AD |
| 합성수지 | P | PW | PD |
| 강철 | S | SW | SD |
| 스테인리스스틸 | SS | SSW | SSD |
| 목재 | W | WW | WD |

### (3) 철근배치 표시

| 기호 | D: 이형철근 직경 | ∅: 원형철근 직경 | @: 철근의 배치 간격 |
|---|---|---|---|
| 예시 | D13 @100인 경우, 직경 13mm 이형철근을 100mm 간격으로 배치한다. | | |

## 3 구조부 그리기 순서

### (1) 조적조의 벽체 그리기 순서

① 제도용지에 테두리선을 긋는다.
② 축척에 알맞게 구도를 잡는다.
③ 지반선과 벽체의 중심선을 그린다.
④ 기초의 깊이와 벽체의 너비를 정하고, 벽체와 연결부분 그린다.
⑤ 단면선과 입면선을 그리고, 각 부분에 재료를 표시한다.
⑥ 치수선과 인출선을 긋고, 치수와 명칭을 기입한다.

### (2) 목조 지붕틀 그리기

① 지붕틀의 평면도 그리기 순서
㉠ ㅅ자보와 중도리의 간격을 잡는다.
㉡ 치수선을 긋고 부재명과 치수 등을 기입한다.

② 단면도 그리기 순서
㉠ 평보, 기둥, 왕대공, ㅅ자보, 마룻대, 달대공 등을 차례로 그린다.
㉡ 깔도리, 처마도리, 중도리 등을 평보에 그린다.
㉢ 서까래를 그리고 지붕널과 루핑을 그린다.
㉣ 기와, 처마돌림, 기왓살과 기와걸이 등을 그린다.
㉤ 각 구조부에 보강철물을 그린다.
㉥ 재료명, 크기, 치수 등을 기입한다.

③ 평보의 평면도 그리기 순서
㉠ 단면도에 나타난 모양을 수직으로 그어 내려 평면도를 완성한다.
㉡ 중요치수와 크기, 재료명을 기입한다.

④ ㅅ자보의 평면도 그리기
㉠ 단면도에 나타난 모양을 수직으로 그어 올린다.
㉡ ㅅ자보 위에 중도리, 서까래 순으로 그린다.
㉢ 치수, 재료명 등을 기입한다.

### (3) 철근콘크리트조의 제도

① 중심선을 그리고 각 부분의 높이를 정한 후에, 치수선을 긋고 치수를 기입한다.

② 구조부분 그리기
㉠ 기초 평면도를 그린다.
㉡ 바닥, 벽체, 슬래브, 보 등을 그린다.
㉢ 테두리보, 옥상바닥, 처마의 나온 부분을 그린다.

### (4) 철골조의 제도

① 철근콘크리트 구조는 철골조의 벽체와 함께 표현하여 그린다.

② 중심선을 그리고 각 부분의 높이를 정한 다음 치수선을 긋고 치수를 기입한다.

③ 구조부분 그리기
㉠ 바닥 부분, 기둥과 슬래브 두께, 기초 자갈표시, 큰 보, 띠장, 벽바탕 등을 그린다.
㉡ 처마, 슬래브, 보, 지붕 등을 그린다.

# CHAPTER 05 2D 도면 작성과 3D 모델링

## 1 CAD(Computer Aided Design) 프로그램의 이해

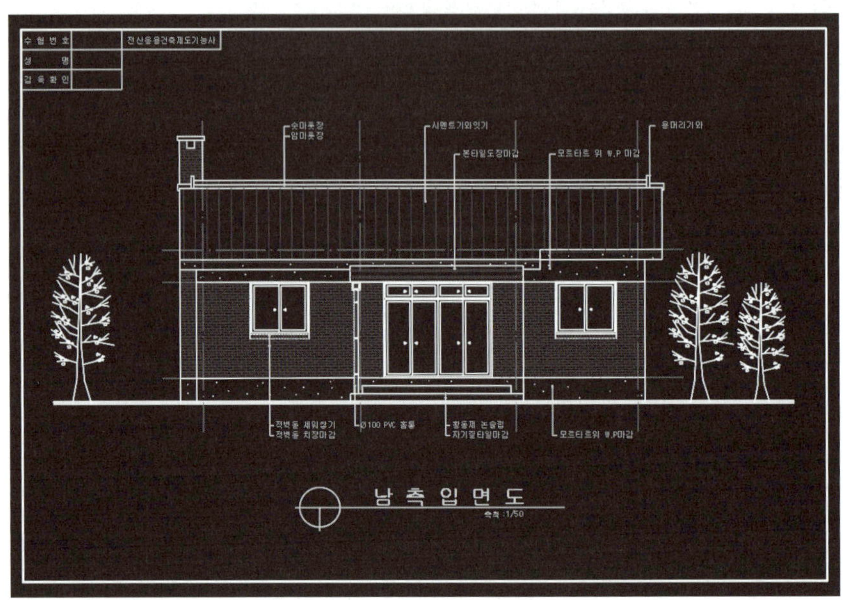


▲ 예시: 캐드로 작성한 입면도

### (1) CAD의 정의 및 주요 목적

① CAD의 정의: 컴퓨터를 이용하여 설계(Drawing), 제도(Drafting), 모델링(Modeling) 작업을 수행할 수 있도록 만들어진 소프트웨어이다. 컴퓨터로 도면을 그리고 설계를 지원하는 프로그램을 총칭한다.

② CAD의 직접적인 사용 목적 및 이점: CAD의 사용은 단순히 컴퓨터 활용 능력을 높이는 부수적인 효과를 넘어, 설계 과정 전반에 걸쳐 다음과 같은 직접적인 목표를 달성하는 데 기여한다.

| 분류 | 주요 목적 및 내용 |
|---|---|
| 생산성 향상 | 반복 작업을 자동화하고 작업 효율을 높여 설계 및 도면 작성 시간을 단축한다. |
| 도면 품질 및 정확성 향상 | 수치 기반의 작업으로 오차 없이 정밀하고 일관된 도면을 작성할 수 있으며, 오류 체크 기능을 통해 신속하고 정확하게 수정이 가능하다. |
| 설계 변경의 용이성 | 기존 도면의 수정 및 편집이 손쉽고 빠르게 가능하며, 변경 사항을 신속하게 반영하여 반복 설계에 유리하다. |
| 표준화 및 관리 효율 | 도면 기호, 선형, 문자, 레이어 등을 표준화하여 일관성 있는 도면을 작성한다. 파일 형태로 보관하므로 공간 절약 및 관리가 효율적이다. |
| 다양한 응용 및 분석 | 구조, 열, 유동 등 다양한 공학적 해석(CAE)과 연계가 가능하며, 3D 모델을 기반으로 3D 프린팅을 통한 실물 제작까지 활용 범위를 확장할 수 있다. |

※ 간단하고 단순한 도면은 수작업이 더 빠를 수 있지만, 복잡한 도면의 경우 CAD를 활용하는 것이 시간 및 비용 절약에 압도적으로 유리하다.

### (2) CAD 시스템의 하드웨어 구성

① CAD 작업의 성능은 컴퓨터의 구성 요소(하드웨어)에 따라 크게 달라진다. 특히 3D 모델링이나 렌더링 작업 시에는 고사양의 하드웨어가 필수적이다.

| 구성 | 역할 및 특징 | 요구 사양 |
|---|---|---|
| 중앙처리장치(CPU) | 컴퓨터의 두뇌 역할, 명령 해석, 연산(계산), 제어를 수행 | 고속 멀티코어 프로세서(특히 3D 작업 시) |
| 주기억장치 | RAM: 작업 중인 데이터의 임시 저장 공간. 용량이 클수록 CAD 소프트웨어의 원활한 실행이 가능하며, CAD 성능을 결정하는 핵심 요소 | 최소 16GB 이상(3D 모델링은 32GB 이상 권장) |
| | ROM: 시스템 부팅을 위한 필수 프로그램(BIOS/펌웨어)을 저장하는 읽기 전용 메모리 | 시스템 필수 사양(CAD 성능 요구 사양과 무관) |
| 보조기억장치(HDD/SSD) | 도면 파일 및 소프트웨어를 영구적으로 저장 | SSD(Solid State Drive)를 사용하여 CAD 프로그램 로딩 및 저장 속도를 극대화하고, 대용량 HDD를 추가하여 파일을 저장하는 조합이 일반적 |
| 그래픽카드(GPU) | 화면 출력 품질과 속도를 좌우하며, 특히 3D 모델링 및 렌더링 성능을 결정하는 핵심 장치 | 전용 고성능 GPU |

**심화 POINT** 기타 기억장치

① 자기 테이프(Magnetic tape): 현재 일반 PC에서는 쓰이지 않지만, 초대형 데이터 백업 및 장기 보관(아카이빙)용으로 데이터 센터나 클라우드 환경에서 여전히 사용된다. 순차 접근 방식이라 속도는 느리지만, 용량이 매우 크고 비용이 저렴하며 안정적이다.
② 자기 드럼(Magnetic drum): 컴퓨터 초창기에 주기억장치나 고속 보조기억장치로 사용하였나, RAM이 발전하면서 속도와 효율성 면에서 뒤처져 현재는 거의 사용하지 않는다.
③ 플로피 디스크(Floppy disk): 과거에는 디스크 형태의 표준 보조기억장치였으나, 용량이 작고 내구성이 약해 현재는 사용하지 않는다.

▲ 자기 테이프

▲ 자기 드럼

▲ 플로피 디스크

**심화 POINT** 디스크의 최대 저장 용량 공식

디스크(HDD)의 최대 저장 용량은 다음과 같다. 기능사 필기시험에서 종종 출제되므로 숙지하는 것이 좋다.

최대 저장 용량=헤드 수×트랙 수×섹터 수×바이트 수

- 헤드 수: 데이터를 읽고 쓰는 헤드의 수(디스크 면의 수와 동일)
- 트랙 수: 디스크 원반에 기록된 동심원의 수(각 면의 트랙 수)
- 섹터 수: 트랙을 나눈 조각의 수(각 트랙 당 섹터 수)
- 바이트 수: 하나의 섹터가 저장하는 데이터의 용량(일반적으로 512Byte)

② 입력 및 출력장치

| 분류 | 주요 장치 | 특징 |
|---|---|---|
| 입력장치 | 마우스, 키보드 | 도면 클릭, 선택, 명령 입력 등 가장 기본적인 입력 도구 |
| | 디지타이저, 태블릿 | 종이 도면을 스캔하여 CAD로 변환하거나, 태블릿 표면을 이용하여 정밀한 좌표를 입력하는 장치(기능사 시험에서 중요하게 다뤄짐) |
| | 라이트펜(Light Pen) | 모니터 화면에 직접 빛을 인식시켜 점이나 선 등의 위치 정보를 입력하는 장치(고전적 입력 장치) |
| | 스캐너(Scanner) | 종이 도면이나 이미지를 읽어 디지털 데이터로 변환하여 CAD 환경으로 가져오는 장치 |
| 출력장치 | 모니터(디스플레이) | CAD 작업이 이루어지는 주된 시각적 공간으로, 고해상도와 와이드 스크린은 작업 효율을 높임 |
| | 플로터(Plotter) | 대형 도면(A0, A1 등)을 정확한 축척으로 출력하는 데 사용되는 선 중심의 출력 장치 |
| | 프린터 | 일반적으로 A3 크기 이하의 도면을 인쇄할 때 사용 |

▲ 디지타이저, 태블릿

▲ 라이트펜

▲ 플로터

③ CAD 디스플레이 방식: CAD 작업은 정밀한 표현을 요구하므로, 최소한 VGA 이상(256색 이상)의 해상도와 색상을 지원하는 디스플레이 방식이 적합하다. CGA, EGA는 구형으로 부적합하다.

| 방식 | 해상도 | 색상 수 | CAD 적합성 |
|---|---|---|---|
| CGA | 320×200 | 4색 | 부적합(구형, 저해상도/저색상) |
| EGA | 640×350 | 16색 | 부적합(구형, 저해상도) |
| VGA | 640×480 | 256색 | 최소 기준(CAD 작업의 초기 기준) |
| SVGA | 800×600 이상 | 65,536색 이상(High color) | 적합(CAD 작업에 일반적) |
| XGA/UXGA | 1,024×768 이상 | 1,600만 색 이상(True color) | 매우 적합(고해상도 전문 작업용) |

## 2 2D 도면 작성 절차 및 좌표계

### (1) 2D 도면 작성 절차 (5단계)

CAD 작업은 단순한 도면 그리기가 아니라, 아이디어를 구체화하고 오류를 검토하는 일련의 과정을 포함한다.

| 단계 | 주요 활동 내용 |
|---|---|
| 1단계<br>아이디어 구체화 및 개념 설계 | 도면으로 표현할 디자인의 기본 아이디어를 구상하고, 기본적인 구조나 형태를 간략하게 설계한다. |
| 2단계<br>세부 설계 및 3D 모델링 | 개념 설계를 바탕으로 적절한 치수와 상세 정보를 추가하여 설계하며, 3D 모델로 상세화할 수 있다. |
| 3단계<br>분석, 검토 및 수정 | 설계된 모델이나 도면에 대해 구조적 분석을 수행하고, 설계 요구사항을 바탕으로 오류(중복선, 레이어 혼입 등)를 검토하고 수정 사항을 반영한다. |
| 4단계<br>도면화(2D 도면 생성) | 도면 용지 크기, 레이어 규칙, 스케일 등 작업 환경을 설정하고, 기본 도형 도구를 사용하여 객체를 생성한 후 정확한 치수, 문자, 상세도, 재료 표시 등 정보를 기입한다. |
| 5단계<br>출력 및 공유 | 완성된 도면을 프린터나 플로터를 이용해 종이에 인쇄하거나, PDF, DWG 등의 파일 형식으로 내보내기 하여 공유 및 보관한다. |

### (2) CAD 좌표계와 객체 스냅

① CAD에서 객체를 정확하게 그리기 위해 사용되는 좌표계는 매우 중요하다.

| 좌표계 | 기준점 | 입력 형식 | 특징 |
|---|---|---|---|
| 절대좌표계 | 원점 (0,0) | X,Y (예: 10,20) | 가장 기본적인 좌표계로 모든 좌표는 원점을 기준으로 입력 |
| 상대좌표계 | 이전 점 | @X,Y (예: @30,0) | 이전 점을 기준으로 상대적인 위치를 지정하며, 연속된 선 작성에 유용 |
| 상대극좌표계 | 이전 점 | @거리<각도 (예: @50<90) | 이전 점에서 이동할 거리와 각도로 위치를 지정하며, 비스듬한 선을 그릴 때 편리 |
| 극좌표계 | 원점 (0,0) | 거리<각도 (예: 100<45) | 원점을 기준으로 거리와 각도를 지정 |

② 정밀도를 높이는 기능

㉠ 직교 모드(Ortho Mode, F8): 수평 또는 수직 방향으로만 선을 그리도록 제한하여 오차를 줄이고 정렬된 도형을 빠르게 작성할 때 사용한다.

㉡ 객체 스냅(OSNAP): 끝점, 중점, 교점, 수직 등 도면 객체의 특정 지점을 정확하게 잡을 수 있도록 도와주어 작업의 정밀도를 극대화한다.

### (3) 도면 작성 시 유의사항

① 레이어 활용 중심: 중심선, 벽체선, 치수선 등 도면 요소를 성격별로 다른 레이어로 구분하고 색상, 선 굵기(선 가중치, Lineweight), 출력 여부 등을 표준화하여 관리한다.

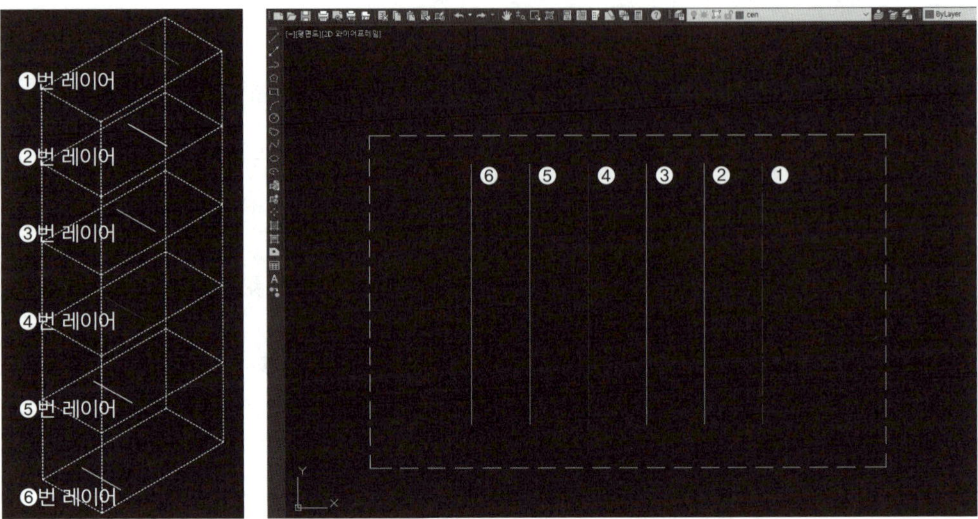


▲ 예시: 레이어는 각각의 색상, 선의 종류 등을 변경할 수 있음

② 치수선 배치 및 가독성: 도면의 가독성을 높이기 위해 치수 스타일(문자 높이, 화살표 모양)을 설정한다. 치수선은 내부 치수 → 외부 개구부 치수 → 실내 전체 치수 순서로 바깥쪽에 중첩 배치하는 것이 일반적이다.

③ 출력 관리

㉠ 작성 공간: 도면은 Model 공간에서 항상 실치수(1:1)로 작성한다.

㉡ 축척 적용: Layout(Paper) 공간에서 뷰포트(Viewport) 기능을 통해 출력 용지에 맞게 적절한 축척(예: 1/50, 1/100)을 설정한다.

㉢ 선 굵기: CTB/STB 설정을 통해 레이어 색상 또는 이름별로 출력 시 선의 굵기를 관리한다.

**심화 POINT** **치수선 상호 간의 간격**

- 치수선 상호 간의 간격(치수선과 치수선 사이)은 일반적으로 8~10mm가 표준이다.
- 축척(1/50, 1/100 등)과 무관하게 최종적으로 종이에 출력되는 도면상의 실제 거리를 기준으로 한다.
- 도면의 가독성을 최대로 유지하면서도 필요한 치수를 충분히 기입하고, 치수 기입이 복잡해지는 것을 방지한다.

## 3 3D 모델링 및 시각화

### (1) 3D 모델링의 개요 및 종류

① 3D 모델링의 개요: 건축물의 형태, 구조, 재료, 공간 등을 디지털 공간에서 3차원으로 시뮬레이션하는 설계 기법이다. 2D 도면에 비해 설계안을 직관적으로 이해하고 시각화할 수 있도록 한다.

② 주요 3D 모델링 방법

| 분류 | 설명 | 특징 | 대표 툴 |
|---|---|---|---|
| 와이어 프레임 모델링 (Wireframe) | 점과 선(엣지)으로만 객체의 윤곽을 표현 | 가장 단순하고 직관적인 모델링 방식이며, 면이나 볼륨 정보가 없어 솔리드 분석은 불가능 | AutoCAD(초기) |
| 서피스 모델링 (Surface) | 얇은 표면(껍데기)을 기준으로 형태를 표현 | 복잡한 곡면 표현이나 유기적인 형태의 디자인에 강하며, 주로 시각화 목적으로 사용 | Rhino, Alias |
| 메시 모델링 (Mesh) | 미세한 다각형(폴리곤)으로 구성된 모델 | 게임, 애니메이션, 사실적인 렌더링, 3D 프린팅 등 시각화 후반 작업에 주로 활용 | Blender, 3ds Max |
| 솔리드 모델링 (Solid) | 실체(Volume)를 가진 객체를 모델링 | 내부·외부 정보가 모두 포함되어 구조 분석이나 부피 계산 등 공학적 해석에 유리 | AutoCAD, Revit |
| 스케치 기반 모델링 | 자유로운 드로잉을 바탕으로 3D 형태를 직관적으로 생성 | 컨셉 설계나 초기 아이디어 구상 단계에 적합하며, 사용이 용이 | SketchUp |
| 파라메트릭 모델링 | 치수나 변수를 입력하여 형태가 자동으로 생성·수정되는 방식 | 변수만 바꾸면 형태가 반복적으로 수정되어 복잡한 반복 구조를 설계할 때 매우 효과적 | Grasshopper, Dynamo |

**심화 POINT** 와이어 프레임, 서피스, 솔리드 모델링 비교

▲ 와이어 프레임 ▲ 서피스 ▲ 솔리드

### (2) 투시도(Perspective Drawing) 기법

① 투시도는 인간의 눈에 보이는 시각적 왜곡(원근감)을 반영하여 3차원 공간을 2차원 평면에 사실감 있게 표현하는 기법이다.

② 기본 원리

㉠ 소실점(Vanishing Point): 평행선이 수렴하는 지점으로, 원근감을 결정하는 핵심 요소이다.

㉡ 지평선(Horizon Line): 관찰자의 눈높이에 해당하는 기준선이다.

㉢ 시점(Station Point): 관찰자가 위치한 곳으로, 시각적 깊이와 각도를 결정한다.

③ 투시도의 종류

㉠ 1점 투시도: 소실점이 하나이며, 정면 구도가 강조되어 복도나 긴 통로 등의 표현에 적합하다.

㉡ 2점 투시도: 소실점이 두 개이며, 건물 외관이나 코너 등 측면까지 표현이 가능하여 가장 흔하게 사용한다.

㉢ 3점 투시도: 수직선까지 소실점을 가짐으로써 극적이고 사실적인 표현이 가능하며, 고층 건물이나 하늘에서 본 뷰를 표현할 때 사용한다.

㉣ 등각 투시도(Isometric): 소실점 없이 각도를 고정하여 그리는 방식으로, 기술적이고 구조 분석적인 도면에 적합하다.

### (3) 3D 모델링 시각화

① 시각화(Visualization) 정의: 3D 모델을 기반으로 실제와 유사한 이미지나 애니메이션을 생성하여, 건축 공간의 외형, 내부, 재료, 빛, 환경 등을 직관적으로 표현하는 작업이다.

② 시각화의 핵심 표현 요소

㉠ 재료(Material): 콘크리트, 목재, 유리 등의 질감(텍스처), 반사율, 투명도 설정

㉡ 조명(Lighting): 시간대별 자연광(태양 방향) 및 실내 조명 설정

㉢ 시점(Camera View): 인간 눈높이, 드론 시점 등 관찰자가 보는 각도와 시야각 설정

㉣ 스케일 요소: 사람, 가구, 차량 등을 삽입하여 건물의 크기(스케일감)를 표현

㉤ 후처리 효과: 렌더링 후 색보정, 대비 조절, 인물 합성 등을 통해 감성적인 분위기를 연출(Photoshop 활용)

③ 최신 트렌드

㉠ 실시간 렌더링(Real-time rendering): 모델의 변경 사항이 즉시 화면에 반영되어 디자인 검토 속도가 매우 빠르다.(예: Enscape, Twinmotion)

㉡ VR/AR 시각화: 사용자가 가상현실 또는 증강현실을 통해 공간을 직접 체험하는 몰입형 시각화 기술이 확산되고 있다.

## 4 BIM(Building Information Modeling)

### (1) BIM의 정의 및 특징

① BIM 정의: 건축물의 전 생애주기(기획, 설계, 시공, 유지관리) 동안 발생하는 모든 정보를 디지털 3D 모델로 통합하고 관리하는 기술이다. 단순한 3D 모델링 도구를 넘어, 건축 프로젝트의 협업과 의사결정을 지원하는 통합 플랫폼이다.

② 주요 특징

㉠ 3D 모델 + 정보 통합: 단순한 형상 외에도 자재, 공정, 비용 등 다양한 속성 정보(Information)를 포함한다.

㉡ 협업 강화: 다양한 참여자(건축가, 엔지니어, 시공자) 간 실시간 정보 공유 및 의사결정을 지원한다.

㉢ 시뮬레이션 확장: 공정 계획(4D-시간), 비용 분석(5D-비용), 친환경 요소 분석(6D-에너지), 시설물 유지관리(7D-운영 정보) 등 다양한 N차원 시뮬레이션 기능으로 확장된다.

### (2) BIM과 CAD의 차이점

| 항목 | CAD(Computer Aided Design) | BIM(Building Information Modeling) |
|---|---|---|
| 형식 | 2D 및 3D 도면 위주(형상 정보 중심) | 3D 모델 + 정보(자재, 공정, 비용 등) 통합 |
| 정보 포함 | 도면 위주, 정보가 분리 | 다양한 속성 정보가 모델 요소에 포함 |
| 변경 관리 | 도면을 수작업으로 일일이 수정 | 모델 수정 시 연관된 도면, 수량, 정보 등이 자동으로 업데이트 가능 |
| 활용 | 주로 설계 및 제도 단계에 집중 | 기획, 설계, 시공, 유지관리 전 생애주기에 활용 |

### (3) BIM의 장점과 한계

① 장점

㉠ 설계 오류 감소 및 충돌 방지: 3D 모델 환경에서 구조적 충돌(Clash Detection)을 사전에 파악하여 프로젝트 후반에 발생하는 큰 비용과 시간 낭비를 방지한다.

㉡ 공정 및 일정 최적화: 4D 시뮬레이션을 통해 공정 계획을 시각화하고 최적화한다.

㉢ 비용 예측 정확도 향상: 모델에서 자동 산출되는 수량(5D)을 기반으로 비용 예측의 정확도를 높인다.

㉣ 실시간 협업: 다양한 전문가 간 정보 공유로 협업 효율이 증대된다.

② 단점(도입 시 고려사항)

㉠ 초기 비용 증가: 소프트웨어 라이선스 비용 및 인력 교육 등에 초기 투자가 필요하다.

㉡ 숙련된 인력 필요: 기존 CAD 작업과 다른 새로운 작업 방식에 숙련된 인력이 필요하다.

㉢ 호환성 문제: 소프트웨어 간 정보 호환성이나 조직 내 업무 프로세스의 변화가 필요할 수 있다.

㉣ 컴퓨팅 자원: 고정밀 BIM 모델은 고성능 하드웨어 자원이 필요하다.

# 2D 도면 작성과 3D 모델링 출제예상문제

## 01

CAD의 일반적인 특징으로 틀린 것은?

① 설계의 생산성 향상
② 도면 작성시간의 증가
③ 설계 오류의 감소
④ 설계변경에 따른 수정 작업의 향상

**해설**

CAD는 도면 작업을 빠르고 정확하게 하도록 돕는 도구로, 도면 작성시간이 줄어든다.

정답 ②

## 02

CAD의 특징으로 잘못된 것은?

① 도면의 정확함 ② 수정이 복잡함
③ 작업이 신속함 ④ 입 · 출력이 용이함

**해설**

CAD는 수정 및 편집이 용이하다.

정답 ②

## 03

CAD 시스템(System)의 도입효과와 가장 거리가 먼 것은?

① 품질 향상 ② 신뢰성 향상
③ 표준화 ④ 초기 원가 절감

**해설**

CAD 시스템 도입은 초기에는 비용이 많이 들지만, 장기적으로는 품질 향상, 신뢰성 향상, 표준화 등의 효과가 있다.

정답 ④

## 04

CAD의 특징으로 볼 수 없는 것은?

① 그래픽 영역이 한정되어 있다.
② 출력이 자유롭다.
③ 수정과 편집이 용이하다.
④ 보관이 편리하다.

**해설**

CAD는 확장 가능한 그래픽 작업공간을 제공한다.

정답 ①

## 05

CAD의 직접적인 사용목적이 아닌 것은?

① 생산성 향상 ② 도면 품질 향상
③ 표준화 지향 ④ 컴퓨터 활용능력 증대

**해설**

CAD는 도면 작업의 효율을 높이고 정확하고 표준화된 도면을 만드는 도구이다. 컴퓨터 활용능력의 증대는 CAD를 쓰면서 따라오는 부수적인 효과일 뿐, CAD 자체의 직접적인 목적은 아니다.

정답 ④

## 06

기존의 수작업 제도방법에 비해 CAD를 사용하는 것이 더 생산적이라 할 수 없는 경우는?

① 단순한 도면을 작성할 때
② 반복되는 내용을 설계할 때
③ 설계 내용이 서로 대칭될 때
④ 도면에 필요한 상세한 부분이 많을 때

**해설**

CAD는 복잡한 형상, 반복 · 대칭 편집, 다층(레이어) 관리, 상세도 생성 등에 강하다. 반대로 매우 단순하고 수정의 필요성이 거의 없는 경우에는, 수작업이 더 빠를 수 있다.

정답 ①

## 07

**CAD시스템을 통하여 생산성을 높일 수 있는 분야를 가장 바르게 묶은 것은?**

> ㉠ 간단한 도면 작성
> ㉡ 반복되는 설계내용의 도면 작성
> ㉢ 설계내용이 대칭인 도면 작성
> ㉣ 상세한 부분이 많이 필요한 도면 작성

① ㉠, ㉡, ㉢, ㉣　　② ㉠, ㉡, ㉢
③ ㉡, ㉢, ㉣　　④ ㉠, ㉡, ㉣

**해설**
CAD시스템은 반복·대칭·상세 작업에 생산성이 높은 반면, 간단한 도면은 수작업(손제도)이 더 빠를 수 있다.

정답 ③

## 08

**CAD의 이용효과에 대한 설명과 가장 거리가 먼 것은?**

① 설계 수준이 향상된다.
② 입·출력이 용이하다.
③ 표준화 작업이 곤란하다.
④ 작업시간이 단축된다.

**해설**
CAD의 대표적인 효과로는 설계 수준 향상, 입·출력 용이, 작업시간 단축, 표준화 용이를 들 수 있다. 따라서 표준화 작업이 곤란하다는 것은 CAD 이용효과와 거리가 먼 설명이다.

정답 ③

## 09

**CAD 이용 효과와 거리가 먼 것은?**

① 경영의 효율화　　② 단순작업의 증가
③ 소요시간 단축　　④ 정확한 도면 작성

**해설**
CAD는 반복·복사·배열·블록 등의 자동화 기능으로 단순 반복작업을 줄이는 도구이다.

정답 ②

## 10

**컴퓨터의 3대 구성장치로 맞는 것은?**

① 입출력장치 – 기억장치 – 중앙처리장치
② 입출력장치 – 플로터 – 중앙처리장치
③ 입출력장치 – 연산장치 – 하드웨어
④ 입출력장치 – 연산장치 – 소프트웨어

**해설**
컴퓨터의 3대 구성장치는 다음과 같다.

| 구분 | 역할 | 예시 |
|---|---|---|
| 중앙처리장치 | 연산, 제어 | CPU |
| 기억장치 | 데이터 저장 | RAM, ROM, SSD/HDD |
| 입출력장치 | 입력, 출력 | 키보드, 마우스, 모니터, 프린터(플로터 포함) |

정답 ①

## 11

**컴퓨터의 기억용량을 나타내는 단위 중 가장 최소의 단위는?**

① bit　　② Byte
③ KB　　④ MB

**해설**
bit(비트)는 컴퓨터 정보의 최소 단위로, 값은 0 또는 1만 가진다.
1Byte(바이트)=8bit
1KB(킬로바이트)=1,024Byte
1MB(메가바이트)=1,024KB

정답 ①

## 12

**컴퓨터의 처리 속도를 나타내는 것과 가장 관계가 있는 것은?**

① RAM ② CPU
③ DISK ④ VGA

**해설**

CPU(Central Processing Unit, 중앙처리장치)는 명령을 해석, 연산, 제어하는 핵심 부품으로, 클록 속도(초당 동작 주기 수)와 코어 수 등이 전체 처리 속도를 좌우한다.

**선지분석**

① RAM: 주기억장치
③ DISK: 보조기억장치
④ VGA: 그래픽 어댑터(그래픽 카드)

정답 ②

## 13

**다음의 주기억장치에 대한 설명 중 옳은 것은?**

① 램(RAM)은 읽기만 가능한 기억장치로서 전원이 끊어져도 기억된 내용이 지워지지 않는 비휘발성 메모리다.
② 롬(ROM)은 전원이 꺼지면 기억된 내용이 모두 지워지는 휘발성 메모리이다.
③ 캐시메모리(Cache Memory)는 컴퓨터 속에 장착해 속도를 빠르게 하는 임시메모리이다.
④ 정적램(SRAM)은 동적램(DRAM)보다 집적도가 크기 때문에 대용량 메모리로 사용되나 속도가 느리다.

**해설**

캐시메모리(Cache memory)는 CPU와 주기억장치(RAM) 사이의 속도 차이를 줄여주는 아주 빠른 임시기억장치(휘발성 메모리)이다.

**선지분석**

① RAM(Random Access Memory)은 읽기와 쓰기 모두 가능하고 전원이 꺼지면 내용이 사라지는 휘발성 메모리다.
② ROM(Read Only Memory)은 전원 차단 후에도 내용이 유지되는 비휘발성 메모리이며, 펌웨어(하드웨어 구동에 필요한 기본 프로그램)를 저장한다.
④ SRAM(Static RAM)은 DRAM보다 빠르지만 집적도는 낮고 가격이 비싸서 캐시메모리로 주로 쓰인다. DRAM(Dynamic RAM)은 재충전(리프레시, Refresh)이 필요해 속도는 느리지만 집적도가 높고 저렴해 주기억장치로 사용된다.

정답 ③

## 14

**중앙처리장치에서 정보를 기억시키는 것을 무엇이라 하는가?**

① load ② store
③ fetch ④ transfer

**해설**

store: 저장(기억)

**선지분석**

① load: 데이터 불러오기
③ fetch: 명령어 인출
④ transfer: 데이터나 명령어를 옮기는 동작

정답 ②

## 15

**다음 중 컴퓨터와 사람 사이에 상호 의견을 주고받게 하기 위해 사람의 의사를 컴퓨터에 보내기 위한 장치인 것은?**

① 플로터 ② 마우스
③ 프린터 ④ 모니터

**해설**

마우스는 사용자의 의도 · 위치 · 클릭 · 드래그 같은 명령을 컴퓨터로 전달하는 입력장치이다.

**선지분석**

① 플로터: 출력장치
③ 프린터: 출력장치
④ 모니터: 출력장치

정답 ②

## 16

**화면에 직접 접촉하여 명령어 선택이나 좌표 입력이 가능한 CAD 시스템의 입력장치는?**

① 마우스 ② 태블릿
③ 라이트펜 ④ 조이스틱

**해설**

라이트펜(Light pen)은 펜 모양의 입력장치이다. 디스플레이에 직접 대어 명령을 선택하거나 좌표를 입력하는데 사용한다. 초기 CAD 시스템에서는 화면의 빛을 펜의 센서가 감지하여 위치를 인식했다.

▲ 라이트펜

정답 ③

## 17

**좌표나 위치 정보를 입력하는 장치는?**

① 플로터 ② 디스플레이(CRT)
③ 태블릿 ④ 프린터

**해설**

태블릿(Tablet)은 전용 펜(또는 퍼크)을 이용하여 좌표(위치)를 정밀하게 입력하는 장치이다. CAD에서 점이나 선의 위치를 정확하게 지정할 때 사용한다.

**선지분석**

① 플로터: 출력장치
② 디스플레이: 출력장치
④ 프린터: 출력장치

정답 ③

## 18

**모니터 화면 위에서 커서나 그림 등을 움직일 때 사용하는 입력장치는?**

① OMR ② Card reader
③ Mouse ④ MICR

**해설**

마우스는 책상 위에서의 이동, 클릭, 드래그 동작을 컴퓨터 화면의 커서 이동, 선택, 그리기로 변환하는 대표적인 입력장치이다.

정답 ③

## 19

**컴퓨터에 저장된 내용을 도면에 구체적인 형상으로 나타내 출력시키는 장치는?**

① 플로터 ② 키보드
③ 마우스 ④ 스캐너

**해설**

플로터(Plotter)는 주로 CAD 작업에서 생성된 건축 도면, 설계도, 지도, 포스터 등 크고 정밀한 결과물을 종이나 필름에 직접 그려서 출력하는 장치이다. 키보드, 마우스, 스캐너는 모두 입력장치이다.

정답 ①

## 20

**컴퓨터의 구성 중 출력장치에 해당하는 것은?**

① 마우스 ② 라이트펜
③ 태블릿 ④ 플로터

**해설**

입력장치와 출력장치의 종류

- 입력장치: 마우스, 키보드, 스캐너, 라이트펜, 태블릿 등
- 출력장치: 모니터, 프린터, 플로터 등

▲ 플로터

정답 ④

## 21

**다음 중 CAD로 작성한 도면의 출력장치로 가장 알맞은 것은?**

① 플로터 ② 스캐너

③ 마우스 ④ 태블릿

**해설**

플로터(Plotter)는 주로 CAD 작업에서 생성된 건축 도면, 설계도, 지도, 포스터 등 크고 정밀한 결과물을 종이나 필름에 직접 그려서 출력하는 장치이다. 스캐너, 마우스, 태블릿은 모두 입력장치이다.

정답 ①

## 22

**다음 중 입력장치가 아닌 것은?**

① 플로터(Plotter) ② 키보드(Keyboard)

③ 마우스(Mouse) ④ 스캐너(Scanner)

**해설**

입력장치와 출력장치의 종류

- 입력장치: 마우스, 키보드, 스캐너, 라이트펜, 태블릿 등
- 출력장치: 모니터, 프린터, 플로터 등

정답 ①

## 23

**컴퓨터에서 출력장치에 해당되지 않는 것은?**

① 프린터 ② 플로터

③ 마우스 ④ 모니터

**해설**

마우스는 책상 위에서의 이동, 클릭, 드래그 동작을 컴퓨터 화면의 커서 이동, 선택, 그리기로 변환하는 대표적인 입력장치이다. 프린터, 플로터, 모니터는 모두 출력장치이다.

정답 ③

## 24

**CAD 시스템의 출력장치가 아닌 것은?**

① 라이트펜 ② 프린터

③ 플로터 ④ 모니터

**해설**

라이트펜(Light pen)은 펜 모양의 입력장치이다. 디스플레이에 직접 대어 명령을 선택하거나 좌표를 입력하는데 사용한다. 초기 CAD 시스템에서는 화면의 빛을 펜의 센서가 감지하여 위치를 인식했다.

정답 ①

## 25

**CAD 시스템에서 디스플레이 장치란 무엇을 말하는가?**

① 프린터 ② 모니터

③ 키보드 ④ 스캐너

**해설**

CAD 시스템에서 디스플레이 장치(Display Device)는 컴퓨터가 처리한 그래픽 데이터나 설계 정보를 사용자에게 시각적으로 보여주는 출력장치를 말하며, 이는 일반적으로 모니터를 지칭한다.

정답 ②

## 26

**다음의 CAD에 이용한 디스플레이 종류 중 해상도와 색상 표현을 가장 잘 나타낼 수 있는 것은?**

① EGA ② CGA

③ VGA ④ 허큘레스(Hercules)

**해설**

| 구분 | EGA | CGA | VGA | 허큘레스 |
|---|---|---|---|---|
| 최대 해상도 | 640×350 | 320×200 | 640×480 | 720×348 |
| 최대 색상 수 | 16색 | 4색 | 256색 | 단색(흑백) |

따라서 보기 중 해상도와 색상 표현을 모두 고려했을 때 가장 우수한 것은 VGA이다.

정답 ③

## 27

**컴퓨터에서 입력장치와 출력장치가 바르게 짝지어진 것은?**

① 프린터, 플로터 ② 키보드, 프린터
③ 마우스, 스캐너 ④ 태블릿, 키보드

**선지분석**

② 키보드: 입력장치, 프린터: 출력장치
① 프린터: 출력장치, 플로터: 출력장치
③ 마우스: 입력장치, 스캐너: 입력장치
④ 태블릿: 입력장치, 키보드: 입력장치

정답 ②

## 28

**도면 작성을 위한 CAD 작업에 필요한 장치가 아닌 것은?**

① 마우스 ② 컴퓨터
③ CAD소프트웨어 ④ 모뎀

**해설**

CAD로 도면을 작성하려면 입력장치(마우스), 처리장치(컴퓨터), 그리고 응용소프트웨어(CAD 프로그램)가 필요하다.
모뎀(Modem: 전화회선을 통해 데이터를 송수신하는 통신장치)은 파일 전송이나 원격 접속에 사용할 수 있지만, 도면 작성에는 필수적인 장치가 아니다.

정답 ④

## 29

**임의의 점을 지정할 때 원점을 기준으로 좌표를 지정하는 방법은?**

① 머신좌표 ② 상대좌표
③ 절대좌표 ④ 증분좌표

**해설**

CAD에서 절대좌표는 원점(0,0)을 기준으로 하여 모든 점의 위치를 지정한다. 예 (X, Y)

**선지분석**

① 머신좌표: CNC 기계에서 사용하는 용어로, 기계 자체의 고정된 원점을 기준으로 하는 좌표계이다.
② 상대좌표: 현재 점을 기준으로 다음 점의 위치를 지정한다.
 예 @X, Y
④ 증분좌표: 상대좌표의 동의어이다.

정답 ③

## 30

**위치 또는 길이를 표현할 때 이미 지정한 점의 위치로부터 X, Y값을 정의하는 좌표는?**

① 절대좌표 ② 상대좌표
③ 상대극좌표 ④ 최후좌표

**해설**

현재 점을 기준으로 하여 X, Y축 방향의 거리를 나타내는 것(@X, Y)은 상대좌표이다.

**선지분석**

① 절대좌표: 원점(0,0)을 기준으로 X, Y를 지정
③ 상대극좌표: 현재 점을 기준으로 하지만, 거리와 각도로 지정 (@거리<각도)
④ 최후좌표: CAD에서 일반적으로 사용하는 좌표 체계 용어가 아님

정답 ②

## 31

**직교 좌표계의 기준점 (2,1)에서 X쪽으로 (5), Y쪽으로 (−7)만큼 이동한 경우 절대좌표는?**

① (7,8) ② (−3,6)
③ (−3,−6) ④ (7,−6)

**해설**

CAD에서 절대좌표는 원점(0,0)을 기준으로 한 좌표를 의미하며, 현재 기준점에서 X축과 Y축으로 이동한 거리만큼을 각각 더하거나 빼서 새로운 절대좌표를 구할 수 있다.
현재 기준점: (2, 1)
X축 이동: $2+5=7$,
Y축 이동: $1-7=-6$
∴ 절대좌표는 (7, −6)이다.

정답 ④

## 32

**다음 중 CAD에서 계획된 선을 정확히 그릴 수 없는 경우는?**

① 두 점의 좌표를 알고 있다.
② 한 점의 좌표와 다른 점의 X, Y 변위값을 알고 있다.
③ 한 점의 좌표와 거리 값을 알고 있다.
④ 한 점의 좌표와 다음 점의 거리 및 각도를 알고 있다.

**해설**

CAD에서 정확히 선을 그린다는 것은 선을 끝낼 다음 점의 위치가 유일하게 하나로 결정되어야 함을 의미한다. 한 점의 좌표와 거리 값만 알고 있을 경우, 다음 점의 방향(각도)을 알 수 없으므로 다음 점의 위치를 정확하게 결정할 수 없다. 따라서 선을 정확히 그릴 수 없는 경우는 ③이다.

**정답** ③

## 33

**CAD용 데이터베이스에 대한 설명으로서 부적합한 것은?**

① CAD 시스템의 표준화 요소 중 하나이다.
② 각종 디테일 데이터나 심벌 데이터를 포함한다.
③ 각종 물체의 형태나 Layer 데이터는 포함되지 않는다.
④ 각종 디자인을 수행하는 실행 기능에 관한 모든 정보 체계의 집합이다.

**해설**

CAD 데이터베이스의 가장 핵심적인 역할은 도면을 구성하는 물체의 형태 정보(점, 선, 원 등 기하학적 데이터)와 해당 물체가 속한 Layer(도면층) 정보를 저장하고 관리하는 것이다.

**정답** ③

## 34

**컴퓨터에 사용되는 데이터 저장장치가 아닌 것은?**

① 모뎀 ② 자기테이프
③ 하드디스크 ④ 플로피디스크

**해설**

모뎀은 통신장치이며, 데이터 저장장치에 해당하지 않는다.

**선지분석**

② 자기테이프: 데이터를 순차적으로 기록하고 보관하는 저장매체이다. 주로 백업이나 대용량 아카이브용으로 사용한다.
③ 하드디스크: 데이터를 자기적 방식으로 기록하는 가장 일반적인 주 저장장치 중 하나이다.
④ 플로피디스크: 과거에 많이 사용되던 휴대용 저장매체로, 데이터를 자기적 방식으로 기록한다. (현재는 거의 사용되지 않는다.)

**정답** ①

## 35

**다음과 같은 디스크(Disk)의 최대 저장 용량은 얼마인가?**

- 디스크의 종류=2HD(double side high density),
- 한 면의 트랙(track) 수=80,
- 섹터(sector) 수=15,
- 섹터(sector) 당 저장 용량=512byte

① 1,228,800byte ② 614,400byte
③ 81,920byte ④ 15,360byte

**해설**

디스크의 최대 저장 용량은 다음 공식을 사용하여 계산한다.
총 저장 용량=면 수×트랙 수×섹터 수×섹터 당 저장 용량
∴ 2×80×15×512byte=1,228,800byte

**정답** ①

## 36

**컴퓨터에서 보조기억장치가 아닌 것은?**

① 집적회로 ② 자기 드럼
③ 자기 디스크 ④ 자기 테이프

**해설**

집적회로는 CPU, RAM, ROM 등 컴퓨터의 모든 핵심 전자 부품을 구성하는 기본 단위로, 저장 장치(디스크, 테이프 등)의 종류를 지칭하는 용어가 아니며, 특히 보조기억장치로 분류되지 않는다.

**관련이론 | 보조기억장치(Auxiliary Storage)**

컴퓨터의 기억장치는 크게 CPU에서 직접 접근하는 주기억장치(Main Memory)와 대용량 데이터를 저장하는 보조기억장치(Auxiliary Storage)로 나뉜다. 이중 보조기억장치는 데이터를 영구적으로 저장하는 장치로, 자기 디스크(하드디스크, 플로피디스크 등), 자기 테이프, 광디스크(CD, DVD), 자기 드럼 등이 있다.

정답 ①

## 37

**아래와 같은 평면도를 CAD로 1/50로 그릴 경우 치수선과 치수선과의 간격으로 가장 적당한 것은?**

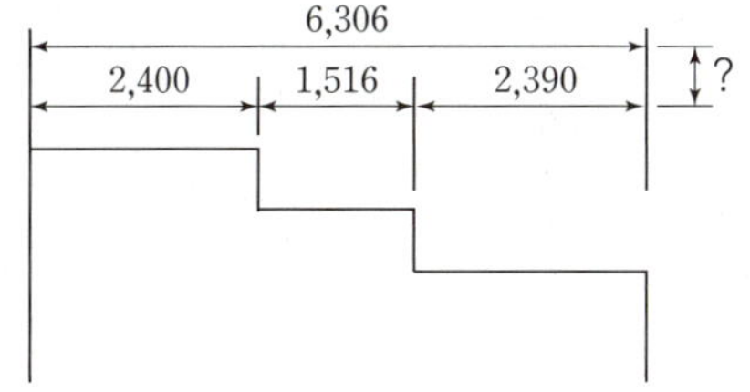


① 5~7mm ② 8~10mm
③ 11~13mm ④ 14~15mm

**해설**

치수선 상호 간의 간격(치수선과 치수선 사이)은 일반적으로 8~10mm가 표준이다. 이는 축척(1/50, 1/100 등)과 무관하게 최종적으로 종이에 출력되는 도면상의 실제 거리를 기준으로 한다. 이 간격을 표준으로 유지하는 목적은 도면의 가독성을 최대로 유지하면서도 필요한 치수를 충분히 기입하고, 치수 기입이 복잡해지는 것을 방지하기 위함이다.

정답 ②

## 38

**다음 모델링 중 가장 고급의 모델로서 3차원 모델링은?**

① 와이어프레임 모델링 ② 경계면 모델링
③ 솔리드 모델링 ④ 시스템 모델링

**해설**

솔리드 모델링(Solid Modeling)은 물체의 모든 기하학적 정보는 물론, 내부(Solid)와 부피(Volume) 정보를 완벽하게 정의한다. 부피, 무게, 질량 관성 모멘트 등 물체의 물리적 성질 계산이 가능하며, 공학적 해석에 가장 많이 사용된다.

**고급 모델링 수준**

솔리드(Solid) > 경계면(Surface) > 와이어프레임(Wire frame)

정답 ③

## 39

**3차원 형상을 가장 완벽하게 표현할 수 있는 개념은?**

① 솔리드 모델(Solid model)
② 서피스 모델(Surface model)
③ 와이어프레임 모델(Wire frame model)
④ 모두 같다.

**해설**

솔리드 모델링(Solid Modeling)은 물체의 모든 기하학적 정보는 물론, 내부(Solid)와 부피(Volume) 정보를 완벽하게 정의한다. 부피, 무게, 질량 관성 모멘트 등 물체의 물리적 성질 계산이 가능하며, 공학적 해석에 가장 많이 사용된다.

| 모델 | 특징 |
|---|---|
| 솔리드(Solid) | 내부가 채워진 부피까지 표현 |
| 경계면(Surface) | 면으로 둘러싸인 표면 표현 |
| 와이어프레임(Wire frame) | 외곽선(모서리)만을 선으로 표현 |

정답 ①

PART

# 02

# 계획

## 계획 학습 TIP

- 계획은 회당 평균 약 15%(9문제) 내외로 출제되는 과목입니다. 주로 주거건축계획에서 출제가 이루어지므로 해당 CHAPTER에 집중해서 공부할 필요가 있습니다.
- 특히 직접 · 간접조명, 동선계획, 한식주택, 공동주택의 평면형식, 침실 · 부엌 계획은 출제 가능성이 높으므로 확실하게 공부해야 합니다.

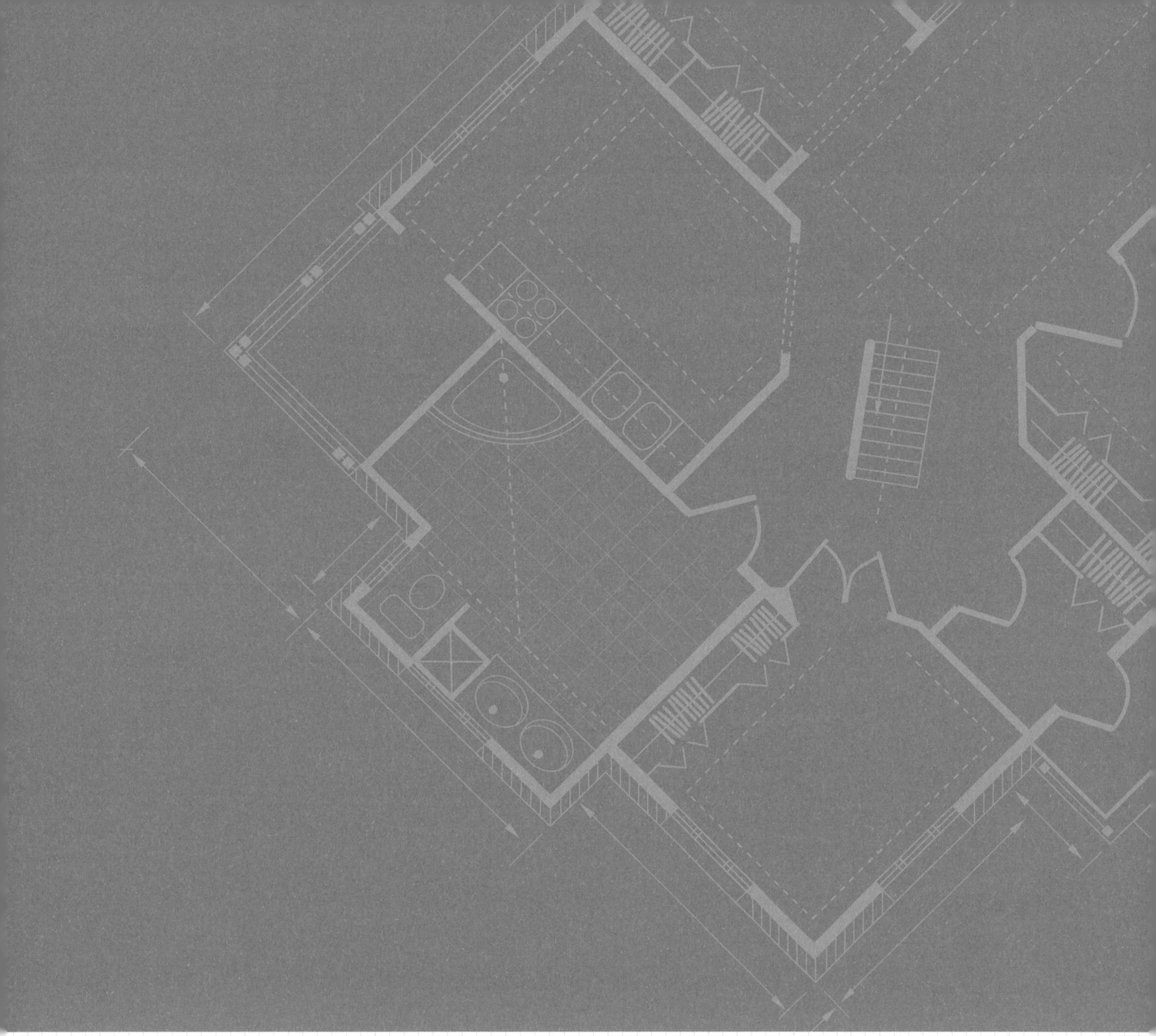

## 최근 10개년 출제 분석

CHAPTER 01 건축계획과정

CHAPTER 02 조형계획

CHAPTER 03 건축환경계획

CHAPTER 04 주거건축계획

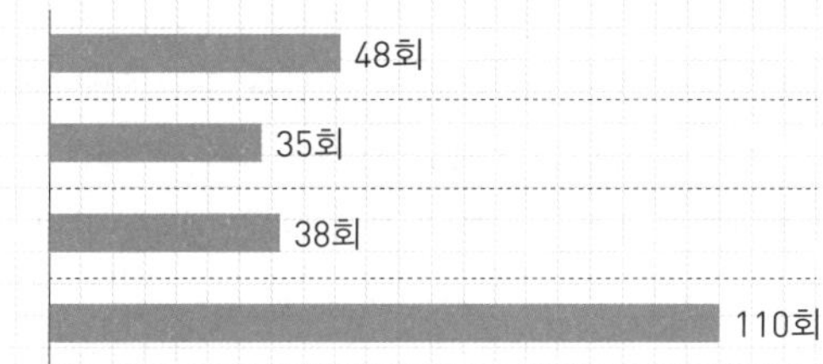


※ 최근 10개년 기출분석 결과로, 분류방법에 따라 수치는 달라질 수 있음

CHAPTER 01

# 건축계획과정

## 1 건축계획 개요

### (1) 모듈(Module)

① 모듈(Module)이란 측정 단위 또는 공작물의 기본 단위를 말한다.

② 치수조정은 건축 공간 및 구성재의 치수관계를 건축모듈에 의해서 조정하는 것이다.

③ 모듈 설계의 장점

㉠ 설계작업이 단순하고 간편하다.

㉡ 건축재의 수송취급이 용이하다.

㉢ 현장작업이 단순하고 공사기간이 단축된다.

㉣ 대량생산으로 질적으로 향상되며, 생산단가는 저하된다.

㉤ 국제적인 MC(Modular Coordination, 모듈에 의한 치수 조정)를 사용하면 국제교역이 용이하다.

### (2) 건축설계의 전개과정

| 과정 | 내용 |
|---|---|
| 조건파악 | 건설 목적, 의도, 방향설정, 운영방법, 예산, 법적 조건, 환경조건, 경제성 등과 대지의 입지, 건축물의 용도, 규모, 구조 등을 종합적으로 검토 |
| 기본계획 | • 대지, 건물, 의장, 구조, 재료, 설비, 조경 등의 계획을 검토<br>• 요구 조건 분석 및 대지 조건 등을 기초로 건축물의 형태 및 규모를 구상 |
| 기본설계 | 기본설계도, 설계설명서, 공사비계산서 등을 작성 |
| 실시설계 | 실시설계도, 계산서, 시방서, 공사비 예산서 등을 작성 |

### (3) 자료조사와 대지조사

① 정의 및 목적

| | |
|---|---|
| 정의 | • 자료조사: 건축설계에 필요한 주변 정보, 법규, 유사 사례, 사용자 요구사항 등을 조사하는 단계<br>• 대지조사: 설계가 이루어질 현장(대지)의 물리적, 환경적, 사회적 조건을 조사하는 단계 |
| 목적 | • 설계 방향 설정: 대지 특성과 프로그램 조건을 분석해 효율적인 설계 전략을 수립<br>• 법규 검토: 건축법, 도시계획법 등 관련 법규와 규제 파악 및 대응<br>• 환경 분석: 채광, 통풍, 조망, 주변 소음 등 설계에 반영<br>• 프로그램 요구 반영: 사용자, 용도, 기능 등에 맞춘 공간 계획을 수립<br>• 맥락과의 조화: 주변 건축물, 도시의 역사, 문화, 조직 등 장소의 특성과 조화되는 디자인을 구상 |

② 조사 항목

㉠ 자료조사 항목: 법적 자료(건축법규, 인허가 조건), 물리적 환경 자료(일조 및 조망, 바람 및 통풍, 지형 및 수계), 사회문화적 자료(지역의 역사 및 문화, 교통 및 편의시설), 사례조사(유사 프로젝트, 건축 트렌드)

㉡ 대지조사 항목: 기본 정보(위치, 방향, 면적, 경계), 물리적 조건(지형 상태, 접근성), 주변 환경 조건(인접 건물 현황, 조망, 일조, 소음, 식생)

③ 조사 방법

| 구분 | 내용 |
|---|---|
| 문헌 조사 | 지자체 공공자료, 인터넷, 법령정보센터 등 활용 |
| 현장 답사 | 직접 현장을 방문하여 눈으로 대지 확인 및 사진 촬영, 메모 등을 통해 기록 |
| 측량도 및 도면 확보 | 지적도, 지형도, 건축선 지정 도면 등을 확보하여 대지의 경계와 높낮이 정보를 파악 |
| 사진 및 드론 촬영 | 항공사진이나 드론 촬영을 통해 대지 주변을 파악하고, 조감도를 확보 |
| GIS / 공공포털 활용 | 국토정보 플랫폼, 부동산 정보포털 등 지리정보시스템(GIS)를 활용하여 지도와 법규 정보를 확인 |
| 인터뷰 / 관찰조사 | 지역 주민, 사용자 등과의 인터뷰를 통해 의견 청취 |

### (4) 동선계획

① 동선의 3요소: 길이(속도), 빈도, 하중

② 동선계획 원칙

㉠ 단순하고 명쾌하며, 거리가 짧아야 한다.

㉡ 서로 다른 종류의 동선은 분리하고 교차시키지 않는다.

㉢ 속도가 빠른 동선은 너비를 넓게 하고, 장애가 없어야 한다.

③ 공간의 레이아웃(Layout)과 밀접한 관계를 갖는다.

## 2 건축공간

### (1) 공간의 인식

① 인간은 건축공간을 조형적으로 인식한다.

② 공간을 편리하게 이용하기 위해서는 실의 크기와 모양, 높이 등이 적당해야 한다.

③ 건축공간을 계획할 때 시각뿐만 아니라 그 밖의 감각 분야까지도 충분히 고려하여 계획한다.

### (2) 내부공간과 외부공간

① 내부공간은 일반적으로 벽과 지붕으로 둘러싸인 건물 안쪽의 공간을 말한다.

② 내부 및 외부공간은 인간에 의해 의도적으로 만들어지며, 이용 목적과 편리성, 거주자를 위한 안락함 등을 가져야 한다.

③ 건축물이 많이 있을 때 건축물에 의해 둘러싸인 공간 전체는 외부공간이다.

### (3) 공간 스케일(Scale) 분류

| 구분 | 내용 | 예시 |
|---|---|---|
| 물리적 스케일 | 인간이나 물체의 크기 등에 따라 치수가 결정 | 출입구 치수 |
| 생리적 스케일 | 실 공간의 소요 환기량과 같이 생리적으로 필요로 하는 공간의 치수 | 창문의 크기 |
| 심리적 스케일 | 심리적으로 압박감이나 답답함을 느끼지 않을 만큼의 치수 | 천장 높이 |

## 3 건축법의 이해

### (1) 단독주택

| 구분 | 내용 |
|---|---|
| 단독주택 | – |
| 다중주택 | 다음의 요건을 모두 갖춘 주택을 말한다.<br>• 학생 또는 직장인 등 여러 사람이 장기간 거주할 수 있는 구조로 되어 있는 것<br>• 독립된 주거의 형태를 갖추지 않은 것(각 실별로 욕실은 설치할 수 있으나, 취사시설은 설치하지 않은 것)<br>• 1개 동의 주택으로 쓰이는 바닥면적(부설 주차장 면적은 제외)의 합계가 660m$^2$ 이하이고 주택으로 쓰는 층수(지하층은 제외)가 3개 층 이하일 것 |
| 다가구주택 | 다음의 요건을 모두 갖춘 주택을 말한다.<br>• 주택으로 쓰는 층수(지하층은 제외)가 3개 층 이하일 것<br>• 1개 동의 주택으로 쓰이는 바닥면적의 합계가 660m$^2$ 이하일 것<br>• 19세대(대지 내 동별 세대수를 합한 세대) 이하가 거주할 수 있을 것 |
| 공관(公館) | – |

### (2) 공동주택

| 구분 | 내용 |
|---|---|
| 아파트 | 주택으로 쓰는 층수가 5개 층 이상인 주택 |
| 연립주택 | 주택으로 쓰는 1개 동의 바닥면적(2개 이상의 동을 지하주차장으로 연결하는 경우에는 각각의 동으로 본다) 합계가 660m$^2$를 초과하고, 층수가 4개 층 이하인 주택 |
| 다세대주택 | 주택으로 쓰는 1개 동의 바닥면적 합계가 660m$^2$ 이하이고, 층수가 4개 층 이하인 주택(2개 이상의 동을 지하주차장으로 연결하는 경우에는 각각의 동으로 본다) |
| 기숙사 | • 일반기숙사: 학교 또는 공장 등의 학생 또는 종업원 등을 위하여 사용하는 것으로서 해당 기숙사의 공동취사시설 이용 세대 수가 전체 세대 수의 50% 이상인 것<br>• 임대형기숙사: 임대사업에 사용하는 것으로서 임대 목적으로 제공하는 실이 20실 이상이고 해당 기숙사의 공동취사시설 이용 세대 수가 전체 세대 수의 50% 이상인 것 |

### (3) 건축 행위

| 구분 | 내용 |
|---|---|
| 신축 | • 건축물이 없는 대지에 건축물 축조<br>• 기존 건축물 전부를 철거(멸실)한 후 종전 규모보다 크게 건축물 축조<br>• 부속건물만 있는 대지에 새로이 주된 건축물 축조 |
| 증축 | • 기존 건축물이 있는 대지에서 건축물의 건축면적, 연면적, 층수 또는 높이를 늘리는 것<br>• 주된 건축물이 있는 대지에 새로이 부속건축물 축조 |
| 개축 | 기존 건축물의 전부 또는 일부를 해체하고 그 대지에 종전과 같은 규모의 범위에서 건축물을 다시 축조하는 것 |
| 재축 | 건축물이 천재지변이나 그 밖의 재해(災害)로 멸실된 경우 그 대지에 다음의 요건을 모두 갖추어 다시 축조하는 것<br>• 연면적 합계는 종전 규모 이하로 할 것<br>• 동(棟)수, 층수 및 높이는 모두 종전 규모 이하이거나 어느 하나가 종전 규모를 초과하는 경우에는 해당 동수, 층수 및 높이가 건축법, 건축법 시행령 또는 건축조례에 모두 적합할 것 |
| 이전 | 건축물의 주요구조부를 해체하지 아니하고 같은 대지의 다른 위치로 옮기는 것 |

### (4) 대수선과 리모델링

① 대수선: 건축물의 기둥, 보, 내력벽(耐力壁), 주계단 등의 구조나 외부 형태를 수선·변경하거나 증설하는 것을 말하며, 증축·개축(改築) 또는 재축(再築)에 해당하지 아니하는 것을 말한다.

② 리모델링: 건축물의 노후화 억제 또는 기능 향상 등을 위하여 대수선하거나 일부 증축 또는 개축하는 행위를 말한다.

### (5) 지하층

건축물의 바닥이 지표면 아래에 있는 층으로서 바닥에서 지표면까지 평균높이가 해당 층 높이의 2분의 1 이상인 것을 말한다.

### (6) 건축물의 층수별 분류

① 초고층 건축물: 50층 이상이거나 높이가 200m 이상인 건축물을 말한다.

② 고층 건축물: 30층 이상이거나 높이가 120m 이상인 건축물을 말한다.



### (7) 건축허가 신청에 필요한 설계도서

건축계획서, 배치도, 평면도, 입면도, 단면도, 구조도, 구조계산서, 소방설비도 등이 있다.

**심화 POINT** 배치도에 표기해야 할 사항

- 축척 및 방위
- 건축선 및 대지경계선으로부터 건축물까지의 거리
- 대지가 접하는 도로의 위치, 길이 및 너비
- 건축물의 위치 등

### (8) 승용 승강기 설치 대상 건축물

건축주는 6층 이상으로서 연면적이 2,000$m^2$ 이상인 건축물을 건축하려면 승강기를 설치하여야 한다.

### (9) 주요구조부

내력벽, 기둥, 바닥, 보, 지붕틀 및 주계단(主階段)을 말한다.
다만, 사이 기둥, 최하층 바닥, 작은 보, 차양, 옥외 계단, 그 밖에 이와 유사한 것으로 건축물의 구조상 중요하지 아니한 부분은 제외한다.

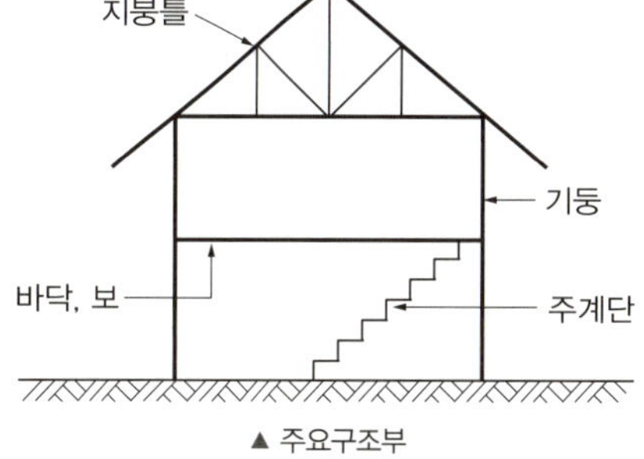

▲ 주요구조부

### (10) 건축면적과 연면적

① 건축면적: 건축물의 외벽(외벽이 없는 경우에는 외곽 부분의 기둥)의 중심선으로 둘러싸인 부분의 수평투영면적이다.

② 연면적: 하나의 건축물 각 층의 바닥면적의 합계로 하되, 용적률을 산정할 때에는 지하층의 면적과 지상층의 주차용으로 쓰는 면적은 제외한다.

### (11) 건폐율과 용적률

① 건폐율: 대지면적에 대한 건축면적의 비율이다.

② 용적률: 대지면적에 대한 연면적의 비율이다.

### (12) 층수 산정

① 지하층은 건축물의 층수에 산입하지 아니한다.

② 층의 구분이 명확하지 아니한 건축물은 그 건축물의 높이 4m마다 하나의 층으로 보고 그 층수를 산정한다.

③ 건축물이 부분에 따라 그 층수가 다른 경우에는 그 중 가장 많은 층수를 그 건축물의 층수로 본다.

# 조형계획

## 1 조형의 구성

### (1) 디자인 요소

| 직선 | 곡선 |
|---|---|
| • 단순하고 긴장된 형태<br>• 이지적이고 강직한 남성적 느낌 | • 자연스럽고 부드러우며, 여성적 느낌<br>• 기하 곡선: 원, 타원, 쌍곡선, 포물선, 현수선, 나선, 와선 등<br>• 자유선: 동물과 식물, 지형 등의 자연계의 선 |

### (2) 선의 종류에 따른 심리적 효과

| 종류 | 심리적 효과 |
|---|---|
| 수평적 구성 | 정적, 안정감, 확장감 |
| 수직적 구성 | 상승감, 존엄성, 엄숙함, 종교적 정열 |
| 사선적 구성 | 동적, 운동감, 역동적, 주의 집중 |

### (3) 디자인 원리

| 종류 | 내용 |
|---|---|
| 비례(Proportion) | • 어떤 양과 다른 양, 건축에서 말하면 선, 면, 공간 사이에 상호간의 양적인 관계<br>• 비례의 기본은 인간이며, 자연 상태의 동식물에서도 비례 체계를 찾아 볼 수 있음<br>• 황금비율: 1:1.618 |
| 통일성(Unity) | • 구성체의 요소들을 전체로서 하나의 이미지를 주는 것<br>• 형태, 색깔, 질감 등에서 통일성을 얻을 수 있음 |
| 리듬(Rhythm) | • 규칙적인 요소들의 반복으로 디자인에 시각적인 질서를 부여<br>• 부분과 부분 사이에 시각적으로 강한 힘과 약한 힘이 규칙적으로 연속될 때 나타남 |
| 균형(Balance) | • 어느 한쪽으로 기울거나 치우치지 아니하고 고른 상태<br>• 크기가 큰 것이 작은 것보다 시각적 중량감이 큼<br>• 기하학적 형태가 불규칙적인 형태보다 시각적 중량감이 작음<br>• 색의 중량감은 색의 속성 중 특히 명도, 채도에 따라 크게 작용<br>• 복잡하고 거친 질감이 단순하고 부드러운 것보다 시각적 중량감이 큼 |
| 대비(Contrast) | 성질이나 질량이 전혀 다른 둘 이상의 것이 동일한 공간에 배열될 때 서로의 특징을 한층 돋보이게 하는 현상 |
| 조화(Harmony) | 미적 대상을 구성하는 부분과 부분 사이에 질적으로나 양적으로 모순되는 일이 없이 질서가 잡혀 있는 상태 |

## 2 건축형태의 구성

### (1) 디자인의 형태 분류

① 이념적 형태(네거티브 형)

㉠ 실제적 감각으로 지각할 수는 없지만, 느껴지는 순수형태이다.

㉡ 점, 선, 면, 입체 등 추상적이고 기하학적 형태를 가진다.

㉢ 추상적 형태: 구체적 형태를 생략 또는 과장의 과정을 거쳐 재구성한 형태이다.

② 현실적 형태(포지티브 형)

㉠ 실제적이고 현실적으로 지각되는 구상적인 형태이다.

㉡ 자연적 형태: 자연의 법칙에 의해 생성된 것(부정형이나 문양 등의 형상)으로 인간의 의지에 관계없이 변화하는 유기적인 형태이다.

㉢ 인위적 형태: 인간의 필요에 따라 만들어진 기능적인 형태이며, 3차원적인 모양이나 구조를 갖는 인공적 형태로 휴먼스케일과 일정한 관계를 갖는다.

③ 오가닉 형태(Organic form): 합리적, 수리적, 유기적인 형태로 재현이 가능한 형태이다.

④ 액시던트 형태(Accident form): 우연적으로 만들어진 재현이 불가능한 형태이다.

### (2) 형태의 지각심리(게슈탈트 법칙)

| 종류 | 내용 |
|---|---|
| 연속성<br>(Law of Continuity) | • 공동운명의 법칙이라고도 함<br>• 유사한 배열의 형상들이 하나의 묶음으로 방향성을 지니고 시각적 이미지의 연속장면으로 보이는 착시현상 |
| 유사성<br>(Law of Similarity) | • 형태, 규모, 색, 질감 등에서 유사한 시각적 요소들이 연관되어 보이는 착시현상<br>• 서로 비슷한 것끼리 묶어서 인지함 |
| 접근성<br>(Law of Proximity) | • 근접한 것끼리 짝지어져 보이는 착시현상<br>• 사물을 인지할 때, 가까이에 있는 물체들을 하나의 그룹으로 묶어 인지함 |
| 폐쇄성<br>(Law of Closure) | • 시각적 요소들이 어떤 형상으로 허용되어 보이는 착시현상<br>• 기존 지식을 토대로 미완성의 형태를 완성시켜서 인지함 |
| 그림과 바탕<br>(도형과 배경) | • 시각적 요소들이 어떤 형상으로 허용되어 보이는 착시현상<br>• 루빈의 항아리는 배경인 인물과 사물인 항아리를 각각 인지함 |

### (3) 시각적 중량감

① 어두운 색이 밝은 색보다 시각적 중량감이 크다.

② 차가운 색이 따뜻한 색보다 시각적 중량감이 크다.

③ 기하학적 형태가 불규칙적인 형태보다 시각적 중량감이 작다.

④ 복잡하고 거친 질감이 단순하고 부드러운 것보다 시각적 중량감이 크다.

▲ 루빈의 항아리

# 3 색채계획

## (1) 색채의 속성

① 색의 분류

㉠ 무채색: 흰색과 여러 층의 회색 및 검정색에 속하는 것이다.

㉡ 유채색: 순수한 무채색을 제외한 모든 색이다.

② 색의 3속성

㉠ 색상(Hue): 명도나 채도에 관계없이 색이 구별되는 성질이다.

㉡ 명도(Lightness): 색의 밝고 어두운 정도의 성질이다.

㉢ 채도(Saturation): 색의 맑고 탁한 정도의 성질이다.

③ 색의 3원색

㉠ 색료의 삼원색: 자주(Magenta), 노랑(Yellow), 청록(Cyan)으로 물감, 인쇄잉크의 기본이 되는 색이다.

㉡ 색광의 삼원색: 빨강(Red), 녹색(Green), 파랑(Blue)으로 빛의 기본색이다.

④ 순색과 탁색

㉠ 순색: 무채색을 섞지 않거나 무채색의 포함량이 가장 적은 순수한 색을 말한다.

㉡ 탁색: 순색에 회색을 섞어서 만드는 색으로 채도가 낮아진다.

## (2) 먼셀의 색상환

① 5가지 기본색: 빨강(R), 노랑(Y), 초록(G), 파랑(B), 보라(P)

② 5가지 중간색: 주황(YR), 연두(GY), 청록(BG), 청보라(PB), 붉은보라(RP)

③ 기본색과 중간색의 10가지 색상을 각기 10단계로 분류하여 100색상으로 구성하였다.

**심화 POINT** 먼셀 색상환의 이해

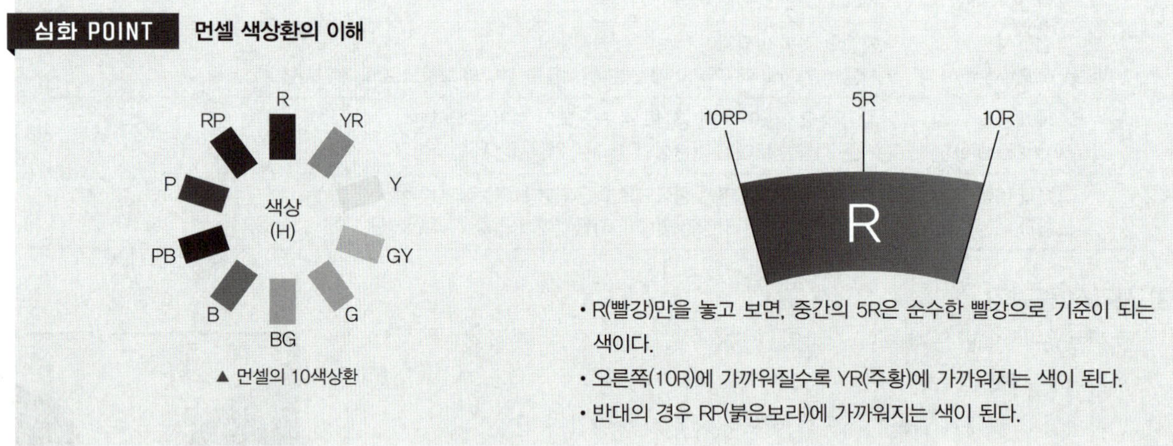


▲ 먼셀의 10색상환

- R(빨강)만을 놓고 보면, 중간의 5R은 순수한 빨강으로 기준이 되는 색이다.
- 오른쪽(10R)에 가까워질수록 YR(주황)에 가까워지는 색이 된다.
- 반대의 경우 RP(붉은보라)에 가까워지는 색이 된다.

### (3) 먼셀의 명도와 채도

① 명도: 총 11단계로 구성되어 있다.

㉠ 순수한 검정은 0, 순수한 흰색은 10이다.

㉡ 회색은 검정과 흰색 사이를 9단계로 구분한다.

② 채도 단계

㉠ 회색 계열을 시작점으로, 0이라 표기하며 색의 순도가 증가할수록 1, 2, 3, ... 등으로 숫자를 높여간다.

㉡ 각 색상의 채도 단계는 색상에 따라 다르게 구성된다.(다음 예시에서는 5R이 14단계로 채도 단계가 가장 많고 5BG가 8단계로 가장 적다.)

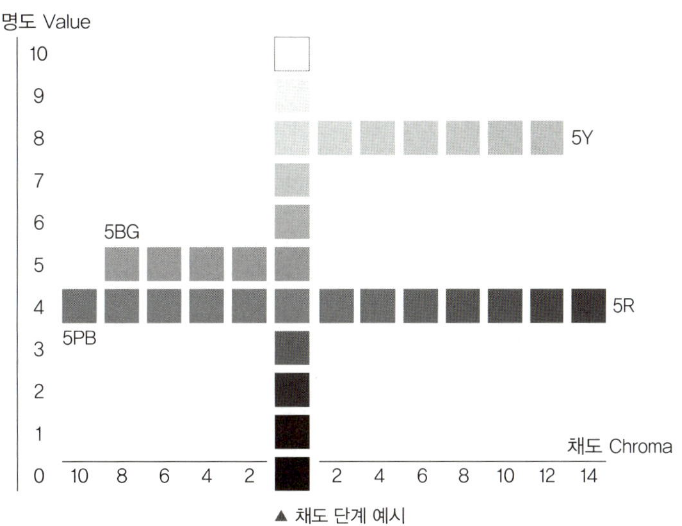


▲ 채도 단계 예시

③ 색의 표시

㉠ 색상, 명도, 채도(Hue Value/Chroma)의 순으로 표시한다.

㉡ 예로써, 5R 4/14는 색상은 중간 빨간색인 5R, 명도는 4, 채도는 14이다.

### (4) 색채의 지각적인 효과

① 색의 지각 현상

| 종류 | 특성 | 종류 | 특성 |
|---|---|---|---|
| 동화 | 색은 주변의 배경색에 혼합되어 보임 | 잔상 | 자극이 없어져도 그 전의 상이나 그 반대의 상을 느끼게 됨 |
| 명시도<br>(가시도) | 명도차가 클수록 각각의 색은 뚜렷이 보임 | 주목성<br>(유목성) | • 자극에 의해 눈에 잘 띄는 정도<br>• 고명도, 고채도, 난색이 주목성이 높음<br>• 적색은 주목성이 높고 녹색은 낮음 |

② 색의 대비

| 대비의 종류 | 대비의 특성 |
|---|---|
| 동시 대비 | 두 가지 이상의 색을 동시에 볼 때 각 색상의 차이를 느끼는 현상 |
| 유사 대비 | 유사색이 배색될 경우 조화롭고 차분하게 느껴지는 현상 |
| 명도 대비 | 밝은 색은 더 밝게, 어두운 색은 더 어둡게 보이는 현상 |
| 채도 대비 | 채도가 낮은 색은 더 낮게, 높은 색은 더 높게 보이는 현상 |
| 보색 대비 | 보색끼리 배색되었을 때, 채도가 높고 색상이 뚜렷하게 보이는 현상 |
| 계시 대비 | 시간차를 두고 색을 보면, 앞의 색 영향으로 뒤의 색이 다르게 보임 |
| 면적 대비 | 면적이 크면 명도와 채도가 높아져 밝고 선명해 보임 |
| 연변 대비 | 두 색의 경계 부분은 색상, 명도, 채도의 대비가 강하게 일어남 |
| 한난 대비 | 색의 차갑고 따뜻함에 따라 색이 다르게 보이는 현상 |

## (5) 색채의 시각적인 효과

| 온도감 | 경연감 |
|---|---|
| • 난색: 따뜻한 느낌의 색(노랑, 주황, 빨간색 등)<br>• 한색: 차가운 느낌의 색(파랑, 청록, 남색 등)<br>• 중성색: 중간 온도의 느낌의 색(연두, 녹색, 보라색 등) | • 딱딱하고 부드러운 차이로 채도와 명도에 의해 느껴짐<br>• 딱딱한 색: 명도 낮고, 채도 높은 색, 흰색과 검은색 계통<br>• 부드러운 색: 명도 높고, 채도 낮은 색, 회색 계통 |
| **중량감** | **거리감, 부피감** |
| • 어두운 색은 밝은 색보다 시각적 중량감이 큼<br>• 차가운 색은 따뜻한 색보다 시각적 중량감이 큼 | • 진출색, 팽창색: 난색, 고명도, 고채도, 유채색<br>• 후퇴색, 수축색: 한색, 저명도, 저채도, 무채색 |

## (6) 실내 색채 계획

① 주조색과 보조색

㉠ 여러 가지 색상을 사용하면 혼란스러워진다.

㉡ 주조색을 전체적으로 배색하고 보조색을 사용한다.

② 사용되는 색의 수는 적게 함으로써 통일성과 확장감을 줄 수 있도록 한다.

③ 색의 팽창과 수축성에 따른 실의 확장 및 축소감에 유의한다.

CHAPTER 03

# 건축환경계획



## 1 자연환경

### (1) 일조율

① 일조 시수: 태양 광선이 구름, 안개 등으로 인해 가려지지 않고 내리쬐는 시간이다.

② 주간 시수: 일출부터 일몰까지의 시간으로 일조가 가능한 시간이다.

③ 일조율: 일조가 가능한 시간에 대한 실제로 일조된 시간 비율이다.

### (2) 일조 계획

① 건물간의 인동간격은 넓게 하고, 건물은 남향 또는 남동향으로 배치한다.

② 일조 조정 장치

| 종류 | 적용 |
|---|---|
| 차양, 수평루버 | 남향, 높은 고도의 태양광선에 적용된다. |
| 수직루버 | 서향, 낮은 고도의 태양광선에 효과적으로 적용된다. |
| 블라인드 | 실내측에 설치하며, 일조 및 일사 조절이 용이하다. |

### (3) 일사

① 일사는 태양광선 가운데 적외선에 의한 열적 효과를 말한다.

② 법선 일사량

㉠ 태양에 의해 수직으로 받는 면의 일사량을 말한다.

㉡ 많은 일사량 확보를 위해서 경사 지붕 계획이 유리하다.

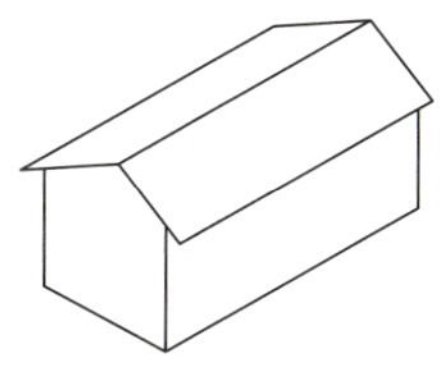

▲ 박공지붕

③ 수평면 일사량: 수평면에 대한 일사량으로 법선 일사량에 비해 일사량이 적다.

④ 종일 수열량: 하루 종일 받는 일사량으로 냉난방 부하, 단열 등에 관계된다.

⑤ 일사에 대해 이상적 건물형: 동서측이 길고, 박공형 지붕의 건물이 유리하다.

### (4) 건축물의 에너지절약

① 건축물의 체적 또는 연면적에 대한 외피면적의 비는 가능한 한 작게 한다.

② 건축물은 대지의 향, 일조 및 주풍향 등을 고려하여 배치하며, 남향 또는 남동향으로 배치한다.

③ 실의 층고 및 반자 높이는 용도와 기능에 지장을 주지 않는 범위 내에서 가능한 한 낮게 한다.

④ 건물간의 인동간격을 넓게 하여 저층부의 일사 수열량을 증가시킨다.

⑤ 실의 용도 및 기능에 따라 수평, 수직으로 조닝계획을 감소시킨다.

⑥ 건물의 창호는 가능한 한 작게 설계하고, 특히 열손실이 많은 북측의 창면적은 최소화한다.

## 2 열환경

### (1) 신체에 미치는 온열 요소(쾌감 4요소)

① 기온　　② 습도　　③ 기류　　④ 복사열

### (2) 온도의 종류

| 종류 | 내용 |
|---|---|
| 유효온도 | • 온도, 습도, 풍속의 조합에 의해 체감하는 실감 온도를 나타낸다.<br>• 어떤 온도, 습도, 풍속일 때와 같은 체감을 느끼는 상태로 습도 100%, 풍속 0m/sec일 때의 기온으로 표시한다. |
| 효과온도 | • 작용 온도로서 기온, 기류, 주벽 방사 온도의 종합 효과를 나타낸다.<br>• 실용적으로 주벽면 평균온도와 실내 기온과의 평균값으로 나타낸다. |
| 수정 유효온도 | 유효온도+복사열 조합(열복사가 큰 여름철에 유효)으로 나타낸다. |
| 신유효온도 | 유효온도에서 상대습도는 50%(현실적인 수치)를 기준으로 한다. |
| 작용온도 | 기온, 기류, 주벽 방사 온도를 조합한 지표이다. |
| 불쾌지수 | 체감 요소 중에서 기온과 습도의 조합에 의해 체감을 나타낸 것으로, 습도가 높을수록 불쾌지수는 높아진다. |

### (3) 전열 과정

① 열전도(Heat conduction) – 단위: W/mK 혹은 kcal/mh℃

㉠ 고체 내부 또는 정지 유체에서 열류 상황을 말한다.

㉡ 벽의 길이, 거리, 두께에 관계된다.

㉢ 열전도 특성은 열전도율(Thermal conductivity), k로 표시한다.

㉣ 작은 공극이 많으면 열전도율이 작다.

㉤ 재료에 습기가 차면 열전도율이 커진다.

㉥ 같은 종류의 재료일 경우 비중이 작으면 열전도율이 작다.

② 열전달(Heat transfer) – 단위: $W/m^2K$ 혹은 $kcal/m^2h$℃

㉠ 고체벽과 유체(주로 공기) 사이의 열류 상황(벽의 면적에 관계됨)을 말한다.

㉡ 대류열 전달, 복사열 전달이 있다.

③ 열관류(Overall heat transmission) – 단위: $W/m^2K$ 혹은 $kcal/m^2h$℃

㉠ 고체 벽 양쪽의 기체나 액체의 온도가 다를 때, 고체 벽을 통해서 고온측에서 저온측으로 열이 흐르는 현상을 말한다.

㉡ 열전달과 열전도의 종합된 열류 상황(벽의 두께, 면적에 관계됨)이다.

④ 열관류율을 계산 시 필요한 사항

㉠ 실내외 열전달률

㉡ 공기층의 열저항

㉢ 벽체 구성재료의 두께

㉣ 벽체 구성재료의 열전도율

## (4) 결로

① 실내의 습한 공기와 외부의 차가운 공기가 접하여 노점 온도(결로점, Dew point)에 도달하면 수증기는 물방울이 되고 이후에 결로가 된다.

② 흡습은 재료가 공기 중의 수증기를 흡수하는 현상으로 내부 결로의 원인이 된다.

③ 흡착은 건축 재료의 표면에만 흡습하는 현상으로 표면 결로의 원인이 된다.

④ 결로 방지 방법

㉠ 환기 계획을 적절히 한다.(외기를 실내로 도입, 환기 횟수 조정)

㉡ 지나친 실내 온도의 상승을 하지 않는다.

㉢ 실내의 수증기를 억제 · 제거한다.(흡습기 등을 설치)

㉣ 실내 측의 벽 표면 온도를 높인다.

㉤ 방습층(투습 계수가 작은 층)을 설치하여 벽체 내의 습기를 제거한다.

㉥ 방습층은 실내 고온 고습측으로 설치하고, 벽체 온도를 높게 한다.



## (5) 단열

① 단열 효과

㉠ 벽체의 열관류율이 클수록 단열성이 낮다.

㉡ 단열은 벽체를 통한 열손실방지와 보온역할을 한다.

㉢ 벽체의 열관류 저항값이 작을수록 단열 효과는 작아지므로, 열관류를 줄이고 열관류 저항값을 크게 하여 단열이 잘 되게 한다.

㉣ 조적벽과 같은 중공 구조의 내부에 위치한 단열재는 난방 시 실내 표면 온도를 신속히 올릴 수 있다.

② 에너지절약을 위한 단열계획

㉠ 외벽 부위는 외단열로 시공한다.

㉡ 건물의 창호는 가능한 한 작게 설계한다.

㉢ 태양열 유입에 의한 냉방부하 저감을 위하여 태양열 차폐장치를 설치한다.

㉣ 외피의 모서리 부분은 열교가 발생하지 않도록 단열재를 연속적으로 설치하여 충분히 단열되도록 한다.

**용어 CHECK** **열교현상**

실내의 따뜻한 공기나 열기가 건물 구조체를 타고 빠져나가는 현상이다.

# 3 공기환경

## (1) 실내공기의 오염

① 실내 공간 공기오염도 측정 기준은 이산화탄소($CO_2$)량이다.

② 오염 원인

㉠ 호흡하면서 생기는 공기에 의한 이산화탄소의 증가와 산소의 감소

㉡ 재실자의 체열 증발로 인한 온도 및 습도 상승

㉢ 먼지의 증가

## (2) 환기

① 환기횟수는 1시간(h) 동안 교체된 실내 환기횟수(단위: n/h)를 말한다.

② 자연 환기

㉠ 실외의 풍속이 클수록 환기량은 크다.

㉡ 실내외의 온도차가 클수록 환기량은 크다.

㉢ 2개의 창을 나란히 두는 것보다 상하로 두는 것이 좋다.

㉣ 같은 면적의 개구부일 때는 큰 것 하나보다 2개로 나누어 설치한다.

③ 기계 환기송풍방식에 의한 분류

| 구분 | 급기 | 배기 | 실내압 | 적용 |
|---|---|---|---|---|
| 1종 환기 | 송풍기 | 배풍기 | 정압, 부압 | • 공기조정설비 포함<br>• 밀폐된 공간, 수술실 등 |
| 2종 환기 | 송풍기 | 자연 | 정압 | • 배기구 위치에 제약<br>• 청정실, 반도체실 등 |
| 3종 환기 | 자연 | 배풍기 | 부압 | • 급기구 위치에 제약<br>• 부엌, 욕실, 화장실, 오염실 등 |

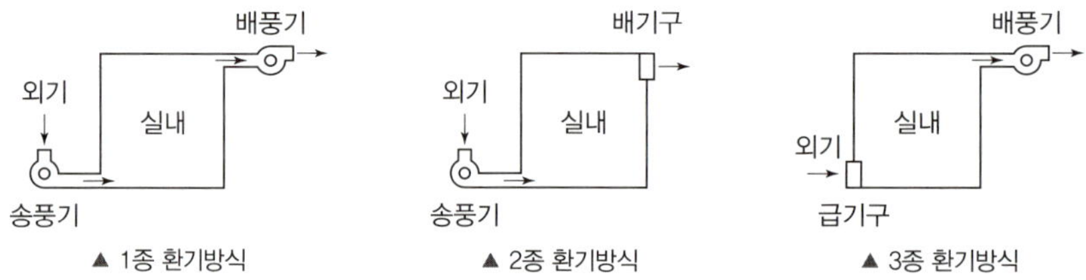

▲ 1종 환기방식 ▲ 2종 환기방식 ▲ 3종 환기방식

# 4 음환경

## (1) 음의 성질

① 음의 세기(음압)는 단위 시간당 발생하는 음의 에너지양을 말하며, 단위는 dB이다.

② 보통 목소리로 이상적인 대화를 나눌 수 있는 소음레벨은 약 60~70dB이다.

## (2) Sabine의 잔향 이론

① 잔향시간: 음원에서 소리가 끝난 후 음의 에너지가 60dB로 감소하기까지의 시간이다.

$$잔향시간(T)=K\frac{V}{A}$$

여기서, $K$(비례상수) : 0.162, $V$: 실용적, $A$: 흡음력(평균 흡음률($\alpha$)× 실내 표면적)

② 잔향시간의 특성

㉠ 실의 용적에는 비례하고, 흡음력에는 반비례한다.

㉡ 음원의 위치, 측정 위치, 흡음재료의 설치 위치와는 무관하다.

㉢ 일반적으로는 실의 형태와는 무관하다고 본다.

㉣ 음악을 주로 하는 실은 잔향시간을 비교적 길게 계획한다.

## 5 빛환경

### (1) 배광에 의한 조명방식 분류

① 직접조명

㉠ 적은 전력으로 높은 조도를 얻을 수 있으므로 조명률이 좋다.

㉡ 그림자가 생기기 쉽고, 입체적인 형태의 식별에 유리하다.

㉢ 눈부심이 일어나기 쉽고, 음영이 강할 경우 눈이 피로하다.

㉣ 실내의 조도분포가 균일하지 못하다.

② 간접조명

㉠ 조명이 천장이나 벽면에 반사되어 아래쪽으로 비추므로 눈부심이 덜하다.

㉡ 조명 능률은 떨어지지만 음영이 부드럽다.

㉢ 균일한 조도와 안정된 분위기를 유지할 수 있다.

### (2) 건축화 조명

① 건축화 조명은 건축물과 조명이 일체화 또는 건물의 일부가 광원의 역할을 할 수 있도록 천장, 벽, 기둥 등의 건축부분에 조명을 설치하는 것을 말한다.

② 건축화 조명의 종류

| 조명 방식 | 조명의 종류 | | |
|---|---|---|---|
| 천장 매입형 | 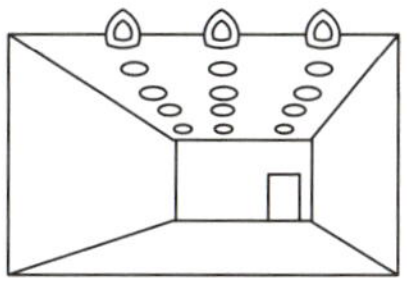 다운 라이트 | 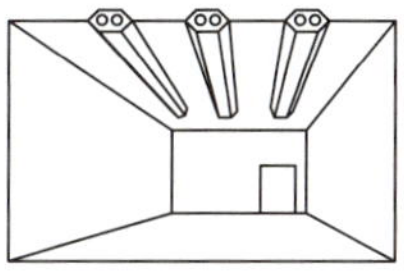 라인 라이트 | 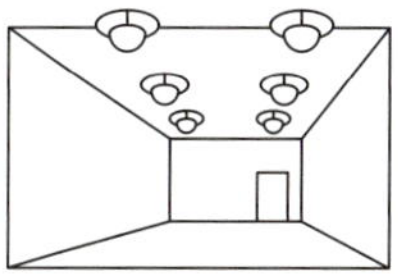 코퍼 라이트 |
| 천장면 광원 | 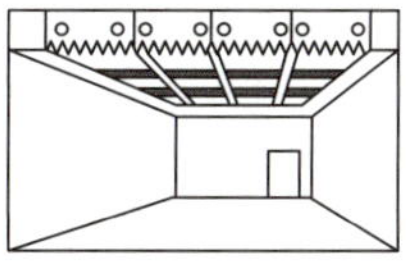 광천장 조명 | 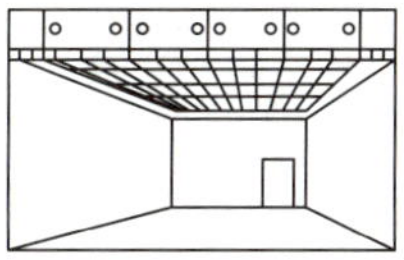 루버 조명 | 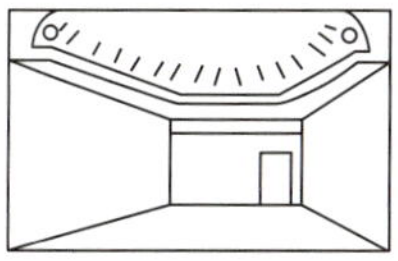 코브 조명 |
| 벽면 광원 | 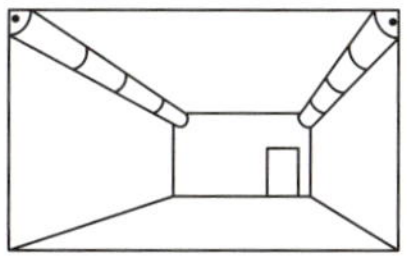 코니스(코너) 조명 | 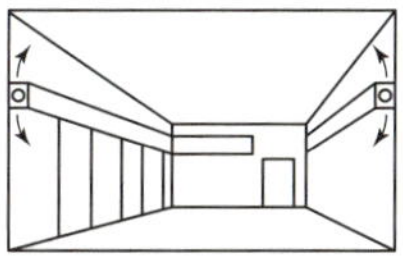 밸런스 조명 | 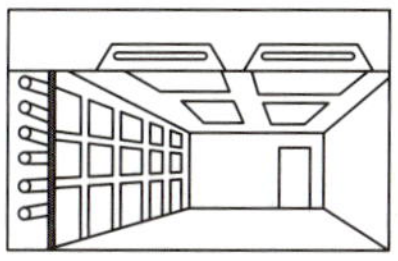 광창 조명 |

PART 02 계획

CHAPTER 04

# 주거건축계획

## 1 주택계획과 분류

### (1) 주택계획

| 주택설계의 새로운 방향 | 가사노동의 경감 방법 |
|---|---|
| • 생활의 쾌적함을 증대시키고, 개인생활의 프라이버시(독립성)를 확보하여야 한다.<br>• 가사노동을 경감하고, 주부의 동선을 단축한다.<br>• 좌식을 기본으로 입식을 도입하여 활동성을 증대시킨다. | • 필요 이상의 넓은 주거를 지양한다.<br>• 평면에서의 주부의 동선이 단축되도록 한다.<br>• 능률이 좋은 설비, 부엌시설, 가사실을 갖추어야 한다. |

### (2) 주택의 분류

① 단독주택과 공동주택

㉠ 단독주택: 단독주택, 다중주택, 다가구주택

㉡ 공동주택: 아파트, 연립주택, 다세대주택

② 한식주택과 양식주택 비교

| 특성 | 한식주택 | 양식주택 |
|---|---|---|
| 형태 | 단층 구조 | 다층 구조 |
| 평면 | 위치별 조합 평면 | 공간별 분화 평면 |
| 습관 | 온돌에 의한 좌식생활 중심 | 가구에 의한 입식생활 |
| 난방 | 바닥 복사난방 | 대류식 난방 |
| 용도 | 다용도(융통성 높음) | 단일용도 |
| 가구 | 부수적 내용물 | 가구에 따라 용도가 결정 |

## 2 주거생활의 이해

### (1) 주생활 수준의 기준

① 개념

㉠ 주택생활수준의 기준은 1인당 주거면적으로 나타낸다.

㉡ 거주 면적: 주택 건축 총면적에서 공공 공간(Public space)을 제외한 부분을 말한다.

㉢ 주택 연면적의 50~60%을 차지한다.(평균 55% 정도)

㉣ 세계가족단체협회(UIOP)의 콜로뉴(Cologne) 기준: 16m²/인 이상

② 숑바르 드 로브(Chombard de Lawve) 기준

㉠ 병리 기준: 8m²/인 이하(신체 및 건강에 나쁜 영향을 끼치게 되는 기준)

㉡ 한계(유효) 기준: 14m²/인 이상(개인, 가족적인 거주의 융통성 보장)

### (2) 주거 공간 조닝

① 주거공간의 주행동에 따른 분류

| 개인공간 | 사회공간 | 노동공간 |
|---|---|---|
| 침실, 서재, 공부방 등 | 거실, 식사실, 응접실 등 | 부엌, 가사실 등 |

② 공간 구역(조닝) 계획 시 고려사항

㉠ 구성원 본위가 유사한 것은 서로 접근시킨다.

㉡ 시간적 요소가 같은 것끼리 서로 접근시킨다.

㉢ 유사한 요소는 서로 공용시킨다.

㉣ 상호간의 요소가 다른 것은 서로 격리시킨다.

### (3) 동선계획

① 원칙

㉠ 단순하고 명쾌하며, 거리가 짧아야 한다.

㉡ 서로 다른 종류의 동선은 분리하고 교차시키지 않는다.

㉢ 속도가 빠른 동선은 너비를 넓게 하고, 장애가 없어야 한다.

㉣ 하중이 큰 가사노동의 동선은 굵게 나타나므로 되도록 남쪽에 오도록 한다.

㉤ 동선에는 공간이 필요하고, 동선에 장애가 되는 가구는 두지 않는다.

㉥ 사람의 진입동선과 차량의 진입동선은 분리한다.

② 주택의 동선계획

㉠ 교통량이 많은 공간은 상호간 인접 배치시킨다.

㉡ 가사노동의 동선은 가능한 한 남측에 위치시킨다.

㉢ 개인, 사회, 가사노동권의 3개 동선은 상호간 분리한다.

㉣ 사용빈도가 높은 화장실, 현관, 계단 등의 공간은 동선을 짧게 처리한다.

**용어 CHECK 동선**

건축물의 내외부에서, 사람이나 물건이 어떤 목적이나 작업을 위하여 움직이는 자취나 방향을 나타내는 선을 말한다.

## 3 배치 및 평면계획

### (1) 배치 및 평면계획의 일반사항

① 배치계획

㉠ 전체 건물의 방위는 정남쪽 이외는 동쪽으로 18° 이내와 서쪽으로 16° 이내가 좋다.

㉡ 남향은 어린이나 노인침실, 거실, 테라스, 발코니, 정원, 식당 등을 배치한다.

㉢ 서향은 음식물이 부패할 우려가 있으므로 부엌은 피하며, 건조실 등을 배치한다.

② 평면계획

㉠ 평면계획은 일반적으로 동선계획과 함께 진행된다.

㉡ 실의 배치는 상호 유기적인 관계를 갖도록 계획한다.

㉢ 평면계획 시 각 공간에서의 생활행위를 분석한 후, 공간 규모와 치수를 결정한다.

㉣ 평면은 2차원적인 공간 구성이지만, 입면 설계의 수평적 크기도 함께 결정한다.

### (2) 공동주택의 평면형식에 의한 분류

| 평면형식 | 내용 | 도식 |
|---|---|---|
| 계단실 및 홀형 | • 계단 또는 엘리베이터 홀로부터 직접 주거 단위로 들어가는 형식<br>• 세대 내 프라이버시가 가장 양호하며 채광 및 통풍 유리<br>• 복도나 통행부의 면적이 작아서 건물의 이용도가 높음<br>• 건물 이용도 및 전용면적비를 높일 수 있음 | 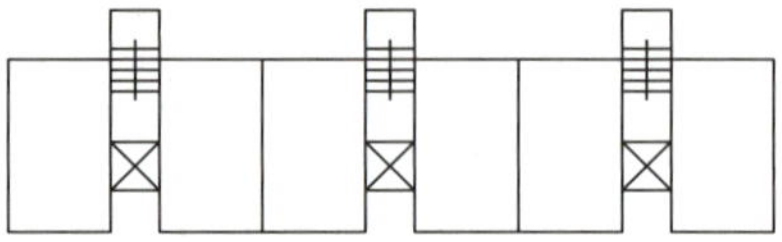 |
| 편복도형 | • 각 주호의 통풍 및 채광상 양호<br>• 홀형에 비해 복도 면적이 증가, 전용면적비가 줄어듦<br>• 프라이버시가 침해되기 쉬움 | 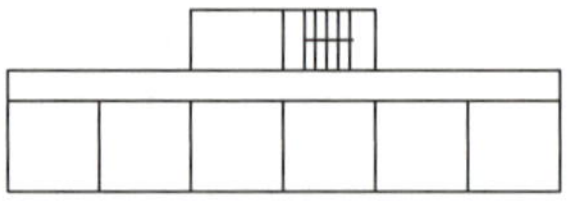 |
| 중복도형 | • 대지에 대해서 건물 이용도가 높음<br>• 채광, 통풍 조건을 양호하게 할 수 없음<br>• 프라이버시가 좋지 않으며 시끄러움<br>• 독신자 아파트에 많이 이용됨 | 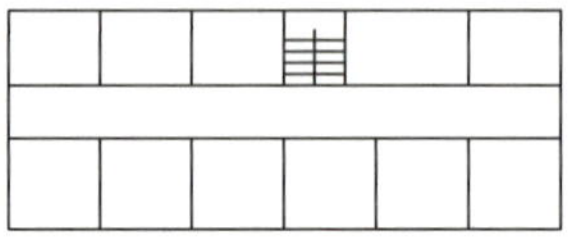 |
| 집중형 | • 독립성 측면에서 가장 불리함<br>• 복도의 기계적 환경 조절이 필요<br>• 일조와 환기가 가장 불리함<br>• 거주 밀도는 가장 높음 | 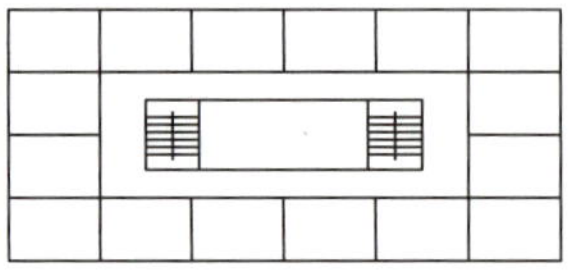 |

### (3) 공동주택의 단면형식에 의한 분류

| 단면형식 | 내용 | 도식 |
|---|---|---|
| 단층형(플랫형, Flat system, Simplex type) | • 하나의 주호가 1개층으로 구성<br>• 단위 주거의 규모가 클 경우 평면상 동선이 길어지는 단점 |  |
| 복층형(메조넷형, Maisonnette system) | • 1개의 단위 주거가 2개 층 이상에 걸쳐 있는 공동주택<br>• 듀플렉스 형태(Duplex type): 하나의 주호가 2개층으로 구성되어 있는 것<br>• 트리플렉스 형태(Triplex type): 하나의 주호가 3개층으로 구성되어 있는 것<br>• 프라이버시가 양호하고, 전용면적비가 큼<br>• 소규모 주거(50m² 이하)에는 면적상으로 불리하고 비경제적<br>• 엘리베이터의 정지 층수가 적어지므로 운영면에서 효율적<br>• 공용 통로 면적을 절약 가능<br>• 구조 계획 및 설비 계획이 어려움<br>• 피난에 불리하므로 피난계획에 유의 | 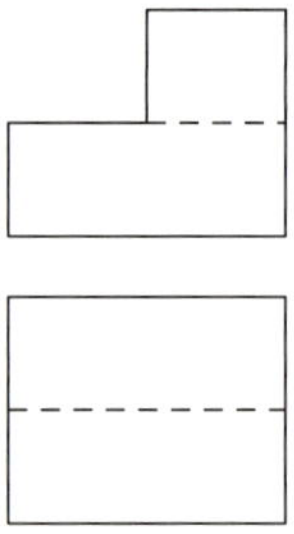 |
| 스킵 플로어형(Skip floor type) | • 하나의 주호가 경사지게 2개층으로 반층씩 어긋나게 구성하는 형식<br>• 복도 면적을 줄일 수 있음<br>• 주택 내의 공간의 변화가 있음<br>• 통풍 · 채광의 확보가 용이<br>• 구조 및 설비계획이 복잡<br>• 엘리베이터의 효율적 운행이 가능 | 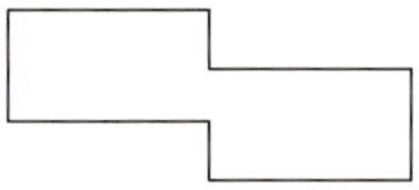 |

## 4 단위공간계획

### (1) 거실 계획

① 거실의 기능

㉠ 가족의 단란, 대화 및 휴식 등 공동생활의 중심적 역할이 되도록 한다.

㉡ 주부의 작업공간 역할을 할 수 있다.

㉢ 소규모일 경우 서재, 응접실 등으로 사용 가능하다.

㉣ 소규모는 Living kitchen으로 활용한다.

② 거실 계획 시 고려할 사항

㉠ 남향이 이상적이고, 전망, 일조, 통풍이 잘 되는 위치가 되도록 한다.

㉡ 거실은 통로로서 사용될 수 없고, 분할되지 않도록 한다.

㉢ 거실의 1면만 다른 실과 접속시키고, 나머지 3면은 확보한다.

㉣ 거실은 침실이 마주보지 않도록 한다.(대칭적 개념)

㉤ 중심적 위치를 차지한다.

### (2) 침실 계획

① 침실 계획 시 고려할 사항

㉠ 침실은 방위상 동쪽이나 남쪽이 이상적이다.

㉡ 침실은 정적이며 프라이버시 확보가 잘 이루어져야 한다.

㉢ 침대는 외부에서 출입문을 통해 직접 보이지 않도록 배치하는 것이 좋다.

② 침실의 위치

㉠ 거실과 식당, 부엌 등의 공간은 분리한다.

㉡ 현관, 출입구에서 떨어진 조용한 곳에 있어야 한다.

㉢ 소음의 원인이 되는 도로 쪽은 피하고, 공원 등의 공지에 면하도록 하는 것이 좋다.

③ 침실의 크기

㉠ 사용 인원수에 따른 필요한 기적(신선한 공기의 양)을 고려한다.

㉡ 사용 인원 수, 침구의 종류, 가구의 종류, 통로 등의 사항에 따라 결정된다.

㉢ 일반적으로 1인당 $10m^2$가 필요하다.

④ 침실별 계획

㉠ 부부침실: 부부 생활을 고려하고 기밀성이 요구되므로, 주택의 가장 안쪽으로 다른 실과 독립된 영역에 위치하도록 한다.

㉡ 어린이 침실: 주간에는 공부를 할 수 있고, 유희실(늑놀이방)을 겸하는 것이 좋다.

㉢ 노인 침실: 조용한 곳으로 일조 조건이 좋은 남향에 위치하며, 식당이나 화장실 등에 근접하고 안정된 곳이 좋다.

### (3) 부엌(주방) 계획

① 부엌(주방) 계획 시 고려사항

㉠ 작업대 배치: 준비대 → 개수대 → 조리대 → 가열대 → 배선대

㉡ 작업대 높이: 85cm

㉢ 배치 형식은 주방 규모에 따라 일렬형, 병렬형, ㄱ자형, ㄷ자형, 아일랜드형 등으로 구분된다.

㉣ 부엌의 작업 삼각형(Work triangle): 준비대(냉장고), 개수대, 가열대(레인지)

㉤ 주택의 주방과 식당 계획 시에는 작업동선을 가장 중요하게 고려한다.

② 부엌가구의 배치 유형

| 유형 | 특성 |
|---|---|
| 일렬형(일자형) | • 동선과 배치가 간단<br>• 소규모 주택에 적합<br>• 가구배치가 길어지면 작업동선이 길어짐 |
| 병렬형 | • 양쪽 벽면에 주방 작업대가 마주보도록 배치한 것<br>• 부엌 폭의 길이에 비해 넓은 부엌에 적합<br>• 작업 시 몸을 앞뒤로 바꾸는 불편함이 있음<br>• 외부로의 출입구가 필요한 경우에 적용 |
| ㄱ자형<br>(L자형) | • 작업동선이 효율적<br>• 식사실과 함께 이용할 경우에 적합 |
| ㄷ자형 | • 동선이 짧고 부엌의 면적을 줄일 수 있음<br>• 수납공간을 많이 만들 수 있음<br>• 외부로 통하는 출입구의 설치는 곤란 |
| 아일랜드형 | • 작업 및 수납 공간이 넓음<br>• 대규모 주택에 적합 |

### (4) 식사실(식당) 계획

① 위치별 구분

| 유형 | 특성 |
|---|---|
| 리빙 다이닝<br>(Living Dining, LD형식) | • 거실의 일부에 식탁을 꾸민 것<br>• 6~9m$^2$의 공간이 필요 |
| 리빙 키친<br>(Living (Dining) Kitchen, LK, LDK형식) | • 거실 내에 식사실, 부엌을 겸함<br>• 소규모 주택에 적합 |
| 다이닝 키친<br>(Dining Kitchen, DK형식) | • 부엌의 일부에 간단히 식탁을 꾸민 형식<br>• 공사비의 절약, 실면적의 절약, 주부노동력 절감 |
| 키친넷트<br>(Kitchenette) | • 작업대 길이가 2m 정도인 간이 주방<br>• 소형 아파트, 호텔 객실 등에 설치 |

② 4인 가족 평균 8.5m$^2$ 정도이다.

③ 식당의 색채: 식욕을 높여주는 노랑, 밝은 주황 등의 난색계통이 바람직하다.

④ 식당은 부엌과 거실의 중간 위치에 배치하는 것이 좋다.

### (5) 기타의 공간

| 구분 | 특성 |
|---|---|
| 현관 | • 도로의 위치는 주택의 현관 위치 결정에 가장 주된 영향을 미친다.<br>• 주택 현관 바닥면에서 실내 바닥면까지의 높이차: 15~21cm |
| 욕실 및 화장실 | • 천장의 높이는 2.1m 이상으로 한다.<br>• 천장은 물방울의 떨어짐을 고려해 적당히 경사를 둔다. |
| 계단 | • 현관, 거실에 연결하고, 욕실이나 화장실과 가까운 곳이 좋다.<br>• 복층구조에서는 상하층 친교의 주요 매개공간이 된다. |

용어 CHECK 부엌의 작업 삼각형(Work triangle)

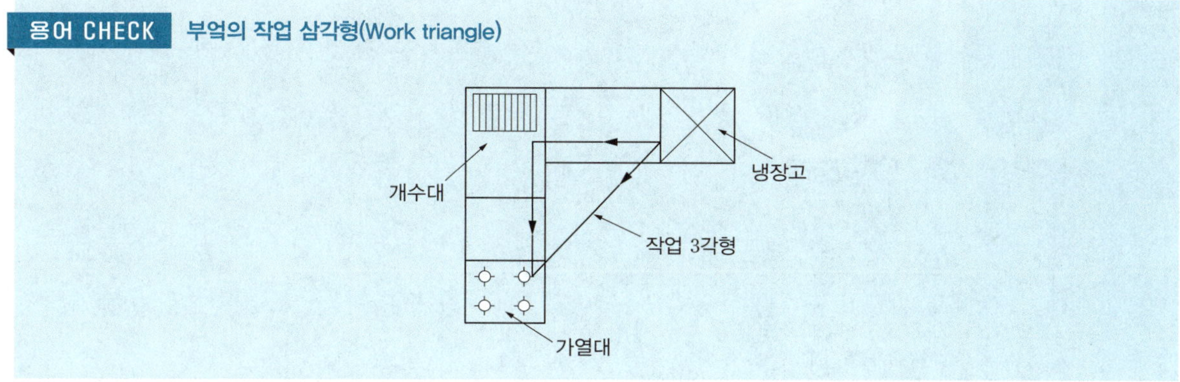


## 5 단지계획

### (1) 주택단지의 체계와 단위별 특성

① 주택단지의 단위 크기 순서: 인보구 < 근린분구 < 근린주구

② 단위별 특성

| 구분 | 특성 |
|---|---|
| 인보구(隣保區) | • 규모: 20~40호, 인구 100~200명<br>• 반경 100m 정도의 가장 작은 생활권 단위로서 어린이 놀이터가 중심<br>• 아파트 1~2동이 해당됨<br>• 이웃 개념으로 가까운 친분관계를 유지하는 범위 |
| 근린분구(近隣分區, Branch unit of neighborhood) | • 규모: 400~500호, 인구 2,000~2,500명<br>• 일상 소비 생활에 필요한 공동 시설이 운영 가능한 단위<br>• 소비 및 후생시설(목욕탕, 약국 등), 보육시설(유치원, 탁아소), 어린이 공원을 설치 |
| 근린주구(近隣住區, Residential neighborhood) | • 규모: 1,600~2,000호, 인구 8,000~10,000명<br>• 보행으로 중심부와 연결이 가능하며, 초등학교 중심의 단위<br>• 어린이 공원, 운동장, 우체국, 소방서, 동사무소 등을 설치 |

### (2) 주택단지 내 시설

① 복리시설: 어린이 놀이터, 주민운동시설, 근린생활시설, 경로당, 유치원 등을 말한다.

② 부대시설: 주차장, 관리사무소, 담장, 주택단지 안의 도로 등을 말한다.

PART

# 03

# 재료

## 재료 학습 TIP

- 재료는 회당 평균 약 34%(20문제) 내외로 출제되는 과목입니다. 주로 건축재료의 종류 Ⅰ과 Ⅱ에서 출제가 이루어지므로 목재, 석재, 시멘트 · 콘크리트, 점토재료, 금속재 및 유리, 미장 · 방수재료에 집중해서 공부할 필요가 있습니다.
- 전체적으로 범위가 넓고 공부해야 할 양이 많은 과목이지만 발전 방향, 천연재료, 탄성, 목재의 물리적 성질, 시멘트 저장, 조강포틀랜드시멘트, AE제, 테라코타 등은 자주 출제되므로 반드시 확인해야 합니다.

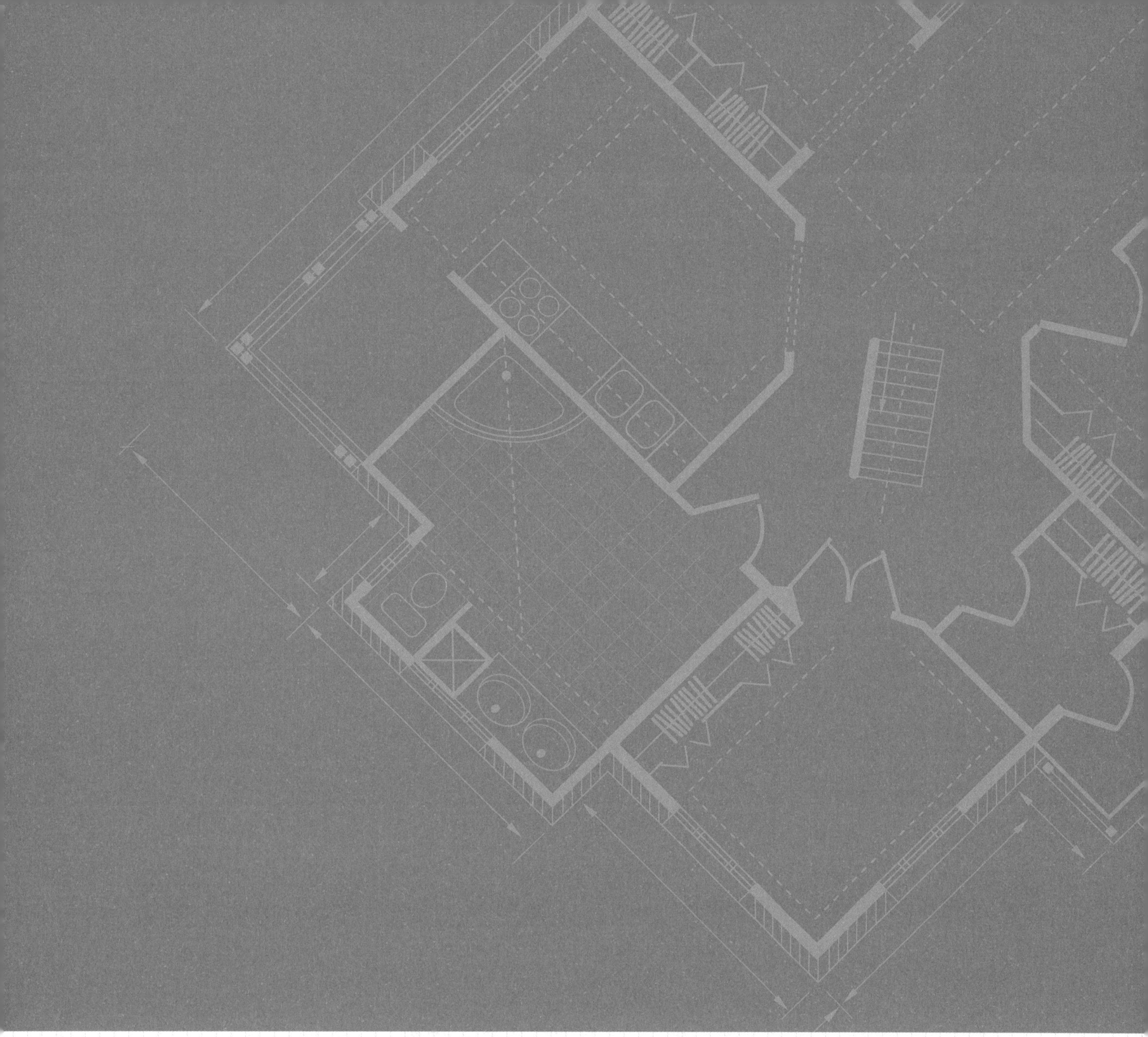

## 최근 10개년 출제 분석

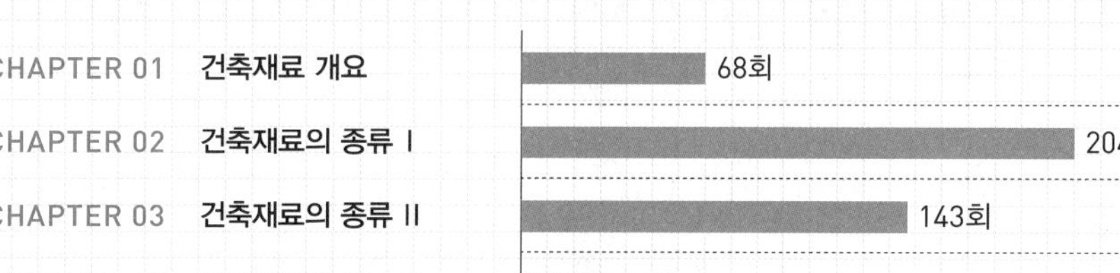


※ 최근 10개년 기출분석 결과로, 분류방법에 따라 수치는 달라질 수 있음

CHAPTER 01

# 건축재료 개요

## 1 건축재료의 발달

### (1) 건축재료의 발달

① 20세기 3대 건축 재료: 철, 유리, 시멘트

② 철근콘크리트의 실용적인 사용법 개발: 1860년대 프랑스 정원사였던 조제프 모니에(Joseph Monier)는 깨지지 않는 화분을 만들기 위해 연구를 거듭하다가 높은 내구성을 가진 철근콘크리트를 개발하게 되었다.

### (2) 건축생산 일반사항

① 건축생산재의 발전 방향

㉠ 표준화, 규격화, 합리화

㉡ 공업화(프리패브화) 및 생산성

㉢ 고품질, 고성능화

㉣ 에너지 절약화

② 한국산업표준(KS)의 건설 · 토목부문 분류기호: F

## 2 건축재료의 분류와 요구성능

### (1) 건축재료의 분류

① 천연재료: 목재, 석재, 모래, 진흙, 골재, 석회, 대나무, 아스팔트 등이다.

② 인공재료: 콘크리트, 금속, 합성수지, 플라스틱, 유리, 고분자재료 등이다.

### (2) 건축재료의 요구성능

① 용도에 따라 요구되는 성질

| 구분 | 요구되는 성질 | |
|---|---|---|
| 구조용 재료 | • 재질이 균일하고 강도가 큰 것이어야 한다.<br>• 내구성, 내화성이 큰 것이어야 한다. | • 가볍고, 가공성이 좋은 것이어야 한다.<br>• 큰 재료를 용이하게 얻을 수 있어야 한다. |
| 마감용 재료 | • 색채와 촉감이 좋은 것이어야 한다.<br>• 열전도율이 작고 탄력성이 있어야 한다. | • 내구성, 내화성이 큰 것이어야 한다.<br>• 시공과 청소가 용이해야 한다. |
| 지붕용 재료 | • 외관이 좋고 건물과 조화되어야 한다.<br>• 열전도율이 작고 불연재가 좋다.<br>• 시공이 용이하고 수리가 편리하여야 한다. | • 내수적이고 습도에 의한 신축이 적어야 한다.<br>• 내구적이고 경량으로 안전하여야 한다. |

**심화 POINT** **구조용 재료의 종류**

콘크리트, 형강, 목재, 벽돌, 모르타르 등이다.

② 건축재료의 성능 분류

㉠ 역학적 성능: 강도, 탄성, 소성, 응력 변형도, 영률, 연성, 전성, 인성, 크리프

㉡ 화학적 성능: 산성, 알칼리성, 염분

㉢ 내구 성능: 산화, 변질, 풍화, 충해, 부패

㉣ 방화, 내화 성능: 연소성, 인화성, ~~용융성~~, 발연성

㉤ 물리적 성능: 비중, 비열, 경도, 수축, 수분의 투과와 반사

### (3) 건축재료의 강도

① 정적강도: 하중이 서서히 일정 속도로 가해질 때의 강도로서 압축강도, 인장강도, 전단강도, 휨강도 등이 있다.

② 동적강도: 하중이 순간적으로 작용할 때의 강도로서 충격강도가 있다.

③ 압축강도: 콘크리트, 플라스틱, 금속 등의 재료 시험에 적용한다.

④ 충격강도: 물체에 충격이 가해질 때 파괴에 저항하는 강도를 말한다.

⑤ 인장강도: 물체가 잡아당기는 힘에 견딜 수 있는 최대한의 응력을 말한다.

> 인장강도 $= \frac{P_f}{A}(\mathrm{Pa})$
>
> 여기서, $P_f$: 인장 파괴 시 하중, $A$: 단면적, Pa: 단위 면적당 작용하는 힘($1\mathrm{Pa} = 1\mathrm{N/m^2}$)

⑥ 전단강도: 물체가 전단하중에 저항하는 최대한의 응력을 말한다.

⑦ 피로강도: 재료가 반복하중을 받는 경우 정적강도보다 낮은 강도에서 파괴되는 응력의 한계를 말한다.

⑧ 크리프강도: 장시간 하중이 작용할 때 서서히 소성변형이 생기면서 파단이 되는 순간 일어나는 하중에서의 강도를 말한다.

## 3 건축재료의 일반적인 성질

### (1) 역학적 성질

① 탄성(彈性): 물체에 외력이 작용되면 순간적으로 변형이 생기지만 외력을 제거하면 원래의 상태로 되돌아가는 성질이다.

② 소성(塑性): 재료에 사용하는 외력이 어느 한도에 도달하면 외력의 증가 없이 변형만이 증대하는 성질이다.

③ 점성(粘性): 유체가 유동하고 있을 때 흐름을 저지하려고 하는 끈끈한 마찰저항 성질이다.

④ 연성(延性): 외력에 파괴되지 않고 가늘고 길게 늘어나는 성질이다.

⑤ 인성(靭性): 외력을 받아 변형이 생기지만 외력에 견디는 성질이다.

⑥ 취성(脆性): 충격하중을 받을 때 물체가 소성변형이 거의 일어나지 않고 작은 변형에도 파괴되는 성질이다.

### (2) 열과 관련된 성질

① 열에 대한 성질

㉠ 열팽창계수: 온도의 변화에 따라 물체가 팽창 · 수축하는 비율을 말한다.

㉡ 비열: 단위 질량의 물질을 온도 1℃ 올리는 데 필요한 열량을 말한다.

㉢ 열용량: 재료 자체에 열을 저장할 수 있는 용량을 말한다.

② 온도에 대한 성질

㉠ 착화점: 재료에 열을 계속 가하면 불에 닿지 않고도 자연 발화하게 되는 온도를 말한다.

㉡ 인화점: 재료에 열을 계속 가하면 열분해를 일으켜 증발가스가 발생하며 불에 닿으면 쉽게 발화하게 되는데 이때의 온도를 인화점이라 한다.

㉢ 용융점: 금속재료와 같이 열에 의해서 고체에서 액체로 변하는 경계점의 온도를 말한다.

㉣ 끓는점: 액체가 기체로 될 때의 온도이며, 기체가 액체로 되는 온도인 액화점과 같은 온도이며, 물의 끓는점은 100℃, 수증기의 액화점도 100℃이다.

㉤ 연화점: 아스팔트, 유리와 같이 경계점이 불분명하며, 단단한 것이 부드럽고 무르게 되기 시작하는 온도를 말한다.

**용어 CHECK** **열전도율(단위: W/m · K)**

- 물체가 실제로 열을 전달하는 정도를 뜻한다.
- 열전도율 크기순: 알루미늄 > 콘크리트 > 유리 > 목재

### (3) 기계적 성질

① 경도: 물질의 굳고 무른 정도, 즉 단단한 정도를 의미한다.

② 모스경도: 광물로 시료 표면을 긁고 나서 긁히는 정도를 통해 그 굳기를 측정하며, 스크래치(Scratch)에 의해 경도를 구한다.

### (4) 화학적 성질

① 내후성: 건습, 온도변화, 동해 등에 의한 기후변화 요인에 대한 풍화작용에 저항하는 성질이다.

② 내식성: 목재의 부식, 철강의 녹 등의 작용에 대해 저항하는 성질이다.

③ 내화학약품성: 화학 약품에 변형되거나 변질되지 않고 잘 견디는 성질이다.

④ 내마모성: 기계적 반복 작용 등에 대한 마모작용에 저항하는 성질이다.

⑤ 내생물성: 균류, 충류 등의 작용에 대해 저항하는 성질이다.

## (5) 물리적 성질

① 비중: 물질의 고유 특성으로서 기준이 되는 물질의 밀도에 대한 상대적인 비를 나타낸다.

② 수축률 $= \dfrac{\text{수축 전 길이} - \text{수축 후 길이}}{\text{수축 전 길이}} \times 100\%$

**심화 POINT** **수축률 계산**

생나무의 길이 변화에 따른 수축률을 구하는 문제가 출제되며 수축률 공식에 따라 간단하게 정답을 구할 수 있다.

[문제] 길이가 5m인 생나무가 전건상태에서 길이가 4.5m로 줄었다면 수축률은 얼마인가?

[답] 수축률(%) $= \dfrac{\text{수축 전 길이} - \text{수축 후 길이}}{\text{수축 전 길이}} \times 100\%$

$= \dfrac{5-4.5}{5} \times 100\% = 10\%$

③ 푸아송비(Poisson's ratio)

㉠ 부재가 축방향력 또는 인장력을 받아서 그 방향으로 늘어날 때 가로(횡, 길이)방향 변형도와 세로(종, 폭)방향 변형도 사이의 비율을 말한다.

㉡ 푸아송비($\nu$)는 푸아송수($m$)의 역수이다. $\left(\nu = \dfrac{1}{m}\right)$

④ 차음률

㉠ 외부와의 음의 교류를 차단하는 성질을 말한다.

㉡ 재료의 비중이 클수록 차음률은 커진다.

⑤ 흡음률

㉠ 음을 얼마나 흡수하느냐 하는 성질을 말한다.

㉡ 재료의 비중이 클수록 흡음률은 작아진다.

CHAPTER 02

# 건축재료의 종류 I

## 1 목재

### (1) 목재의 일반사항

① 목재의 특성

㉠ 온도에 대한 신축이 비교적 적다.

㉡ 외관이 아름답다.

㉢ 중량에 비하여 강도와 탄성이 크다.

㉣ 목재는 함수율이나 단면부위, 옹이 등에 따라 재질 및 강도가 균일하지 못하다.

② 목재의 분류

㉠ 침엽수: 소나무, 잣나무, 전나무, 삼나무, 낙엽송 등

㉡ 활엽수: 단풍나무, 느티나무, 오동나무, 너도밤나무, 참나무, 동백나무, 벚나무 등

③ 목재의 단면

㉠ 심재: 목재 중심부로서, 진한 암갈색으로 비중이 크다.

㉡ 변재: 목재 표피부로서, 색이 엷고 비중이 작다.

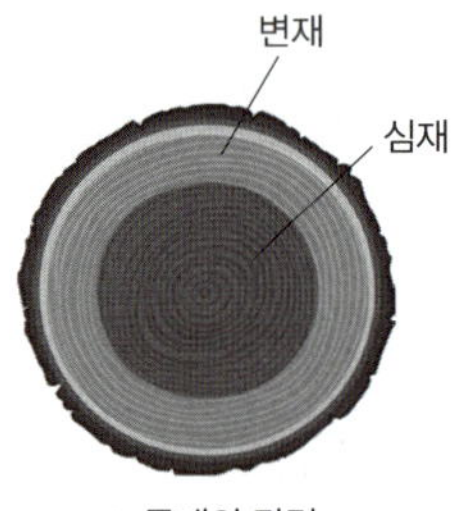


▲ 목재의 단면

**심화 POINT** **목재의 심재부 특성**

- 목질부 중 수심 부근에 있는 것을 말한다.
- 오래된 나무일수록 폭이 넓다.
- 변형이 적고 내구성이 좋아 활용성이 높다.
- 색깔이 진하고 비중이 크다.

### (2) 목재의 비중

① 목재의 비중은 세포막의 두께, 공극의 다소에 따라 다르며 진비중(참비중) 값으로 나무 종류에 관계가 없이 1.54 이다.

② 비중의 분류

㉠ 기건비중: 공기 속의 온도와 평형을 이룰 때까지 건조상태로 존재하는 비중이다.

㉡ 절건비중: 절대건조 상태의 비중이다.

㉢ 진비중: 목재의 공극이 전혀 없는 상태의 비중이다.

**용어 CHECK** **목재의 공극률**

- 목재에서 공기가 들어 있는 공극이 차지하는 비율을 말한다.
- 목재의 공극률 $=\left(1-\dfrac{\text{목재의 절건비중}}{1.54}\right)\times 100$

### (3) 목재의 함수율

① 함수율

㉠ 기건상태 함수율: 13~18%(평균 15% 정도)

㉡ 섬유포화점 함수율: 30% 정도

② 함수율이 목재에 미치는 영향

㉠ 섬유포화점 이상에서는 강도가 일정하나 섬유포화점 이하가 되면 강도가 급속도로 증가하게 된다.

㉡ 목재의 함수율이 섬유포화점 이하가 되면 세포수 증발로 목재의 수축이 시작된다.

㉢ 섬유포화점 이상의 함수율의 변화에서는 수축, 팽창이 일어나지 않는다.

㉣ 일반적으로 밀도가 크고 견고한 수종일수록 수축량이 크다.

### (4) 목재의 물리적 성질

| 구분 | 내용 |
|---|---|
| 수축 | 목재의 수분이 적정 함수율(19%) 이하의 수축상태로 줄어들게 되면 목재가 수축하면서 갈라짐, 뒤틀림, 휘어짐 등이 발생한다. |
| 팽창(팽윤) | • 목재가 19%의 함수율에서 수분에 장기간 노출되면 함수율이 섬유포화점(약 28~30% 정도)에 이르게 된다.<br>• 일반적으로 19% 이상이 되면서 목재는 썩기 시작하여 부패된다. |
| 목재의 강도 | • 섬유방향의 인장강도가 압축강도보다 크다.<br>• 건조상태일 때가 습윤상태일 때보다 강도가 크다.<br>• 심재부분이 변재부분보다 강도가 크다.<br>• 압축강도, 인장강도, 휨강도 등은 옹이 숫자와 면적이 증가함에 따라 강도가 감소한다.<br>• 목재의 수분이 섬유포화점 이상일 때는 강도의 변화는 거의 없으나 섬유포화점 이하로 건조되면 강도는 커진다.<br>• 목재의 건조상태일 때가 습윤상태일 때보다 강도가 크다. |

### (5) 목재의 벌목 및 건조

① 벌목

㉠ 나무를 베는 작업을 말하며, 일반적으로 겨울에 실시한다.

㉡ 겨울철에는 수액의 유동이 정지되며 해충 등의 피해가 적고, 벌목 후 뒤틀림이나 틈이 적은 목재를 얻을 수 있다.

② 목재 건조의 목적

㉠ 중량의 경감

㉡ 강도 및 내구성 증진

㉢ 부패균류의 발생 방지

### (6) 목재의 부패 및 방부

① 목재의 부패는 온도, 수분 및 습도, 공기에 의해 발생된다.

② 목재의 부패

㉠ 온도: 25~35℃에서 부패 활동이 가장 왕성하며, 4℃ 이하에서는 활동 정지, 55℃에서는 부패균이 사멸된다.

㉡ 습도 및 수분: 함수율 40~50%, 습도 90%에서 가장 왕성하다.

㉢ 공기: 공기에 접촉하지 않거나, 수중에 완전히 잠겨 있는 나무는 부패되지 않는다.

③ 목재 방부제의 종류

㉠ 유성: 크레오소트유(Creosote oil), 콜타르(Coaltar), 아스팔트(Asphalt), 유성페인트

㉡ 수용성: 황산동용액(1%), 염화아연용액(4%), 염화제2수은용액(1%), 불화소다용액(2%)

㉢ 유용성: 펜타클로르페놀(PCP)

**심화 POINT** **목재의 방부처리법**

- 도포법: 목재를 충분히 건조시킨 다음 균열이나 이음부에 솔 등으로 방부제를 도포하는 방법이다.
- 주입법: 방부제 용액 중에 목재를 침지하는 상압주입법과 압력용기 속에 목재를 넣어 7~12기압의 고압하에서 방부제를 주입하는 가압주입법이 있다.
- 침지법: 방부제 용액에 목재를 장시간 동안 침지하는 것으로서 용액을 가열하면 15mm 정도까지 침투하게 된다.
- 표면탄화법: 목재의 표면을 두께 3~10mm 정도 태워서 탄화시키는 방법으로 가격이 싸고 간편하지만 효과의 지속성은 부족하다.

### (7) 목재 가공재의 종류

① 원목

㉠ 가공 전의 목재를 말하며 그대로 사용하거나 가공하여 사용한다.

㉡ 나무결이 아름답고 내구성이 있으며 인체에 무해하다.

㉢ 가격이 비싸고 뒤틀림, 수축, 팽창 등으로 인해 가공과 유지가 어렵다.

② 합판(Plywood)

㉠ 목재를 두께 1~4mm의 얇은 판으로 베니어(Veneer)를 만들어 합판을 제작한다.

㉡ 원목이나 집성판재보다 강도가 크다.

㉢ 나무결 방향에 따른 강도 차이가 적다.

㉣ 뒤틀림이 적고, 큰 면적의 판재를 얻을 수 있다.

㉤ 수축과 팽창이 적으므로 치수 안정성이 뛰어나다.

㉥ 건축, 인테리어, 가구 등 여러 방면으로 활용된다.

㉦ 로터리 베니어: 굵고 곧은 통나무를 증기로 가열하여 연화시킨 다음 나이테에 따라 원주 방향으로 두루마리를 펴듯이 연속적으로 얇게 잘라 만든 박판이다.

㉧ 소드 베니어: 원목을 톱으로 켜서 얇게 수직방향으로 자른 판으로 나뭇결이 나타나므로 장식용으로 쓰인다.

㉨ 슬라이스드 베니어: 합판이나 적층재 등을 만들기 위해 목재를 평면으로 얇게 켜 낸 판으로 목재의 곧은결을 자유로이 취할 수 있다.

▲ 로터리 베니어 ▲ 소드 베니어 ▲ 슬라이스드 베니어

③ 집성목

㉠ 나무를 적당한 크기(두께 15~50mm)와 형태로 절단한 판재를 여러 장 겹쳐서 접착시켜 만든 목재이다.

㉡ 원목처럼 나무결 무늬가 그대로 나온다.

㉢ 원목보다 더 넓고 더 큰 판재를 만들 수 있다.

㉣ 원목에서 문제가 있는 부분은 제거하고 만들 수 있다.

㉤ 규격화된 크기로 제공 가능하다.

㉥ 원목에 비해 뒤틀림이나 갈라짐에 더 강하다.

㉦ 원목보다 저렴하지만, MDF(반경질 섬유판)에 비해서는 비싸다.

④ 파티클 보드(Particle board)

㉠ 목재를 작은 조각(부스러기)으로 분쇄 후 접착제를 첨가하여 강한 열과 힘으로 압착해 만든 판상형 가공재를 말하며, 칩보드(Chip board)라고도 한다.

㉡ 원목에 비해 두께 및 규격이 다양하고 가공이 쉽다.

㉢ 원목에 비해 경제적이고 결(방향성)이 없어서 수축, 팽창, 뒤틀림이 없다.

㉣ 합판에 비해 휨강도는 떨어지지만 면내 강성은 우수하다.

㉤ 흡음, 차음, 열의 차단성이 우수하다.

㉥ 수분과 습도에 약하므로 방습 및 방수 처리가 필요하다.

㉦ 상판, 칸막이벽, 가구 등에 널리 사용된다.

▲ 파트클 보드

㉧ 구성방식에 따른 종류

- 단층보드: 소편의 형상 및 크기가 두께 전체에 걸쳐 모두 동일하다.
- 3층보드: 앞, 뒷층, 중간층 간의 소편의 형상 및 크기가 상이하다.
- 다층보드: 중심에서 앞층 및 뒷층을 향해 점차로 소편의 크기 및 형상이 작아진다.

⑤ OSB(Oriented Strand Board): 직사각형 모양의 얇은 나무 조각을 서로 직각으로 겹쳐지게 배열하고 내수수지로 압착 가공한 판넬을 말한다.

⑥ 코르크판(Cork board)

㉠ 코르크나무 껍질을 주원료로 하여 톱밥 등을 혼합하여 접착제를 첨가한 후 가열 · 가압 · 성형 · 접착하여 널빤지처럼 만든 판재이다.

㉡ 흡음재, 단열재, 바닥재 등으로 주로 사용된다.

▲ 코르크판

⑦ 경질 섬유판(Hard fiberboard)

㉠ 식물 섬유(펄프)에 접착제를 가하여 고온으로 압축한 판형의 인공 목재이다.

㉡ 비중이 0.8~1.2인 섬유판이며 내장재나 가구재, 복합판재로 사용된다.

㉢ 신축의 방향성이 작으며, 하드보드라고도 한다.

⑧ 반경질 섬유판(MDF, Medium Density Fiberboard)

㉠ 목재 부자재인 톱밥이나 부수물들을 파쇄하여 접착제와 함께 섞어서 압착 및 성형한 판재를 말한다.

㉡ 중밀도섬유판(MDF)으로서 비중이 0.4~0.8인 섬유판이다.

㉢ 원목에 비해 가공이 쉽고 가격이 저렴하다.

㉣ 재질이 가볍고 강도가 강하다.

㉤ 단열성, 차음성, 난연성이 우수하다.

㉥ 팽창 및 수축이 없지만, 습기에 약해 변형이 잘 된다.

㉦ 합판이나 가구용으로 많이 사용한다.

⑨ 연질 섬유판(Insulation board)

㉠ 식물 섬유를 주원료로 압착 성형한 목재 가공품이다.

㉡ 비중이 0.4 이하의 섬유판이며, 주로 단열 및 흡음을 목적으로 사용한다.

⑩ 코펜하겐 리브(Copenhagen rib)

㉠ 목재를 두께 30~50mm 정도, 너비 100mm 정도의 긴 판으로 가공하고 표면을 리브 형태로 제작한 제품이다.

㉡ 벽면 수장재, 강당이나 집회장의 음향조절용으로도 사용된다.

⑪ 리그닌(Lignin)

㉠ 섬유소(Cellulose) 및 다른 다당류들과 함께 공유결합을 형성한다.

㉡ 섬유세포 간의 접착제 또는 세포막 내에 존재하는 보강제의 기능을 한다.

㉢ 쉽게 부패하지 않고 단단한 특성을 가지고 있다.

## 2 석재

### (1) 석재의 특성

| 장점 | 단점 |
|---|---|
| • 압축강도가 크고 단단하며, 미관이 좋다.<br>• 불연성, 내구성, 내화학성, 내마모성이 크다.<br>• 흡습성이 거의 없으며 유지관리가 용이하다. | • 비중이 크다.(비중 2.0~2.7)<br>• 가공 및 운반이 어렵고, 가격이 비싸다.<br>• 화강암, 대리석 등은 내화성이 약하다. |

### (2) 석재의 물리적 성질 비교

| 구분 | 크기 비교 |
|---|---|
| 압축강도 | 화강암 > 대리석 > 사문암 > 사암 |
| 내화성 | 응회암 > 대리석 > 화강암<br>※ 응회암은 1,000℃ 이하의 고온에 의한 영향을 거의 받지 않는다. |
| 흡수율 | 응회암 > 사암 > 안산암 > 화강암 > 대리석 |

### (3) 석재의 역학적 성질

① 석목(石目): 암석이 쪼개지기 쉬운 면으로 절리와 비슷하며 돌눈을 말한다.

② 석리(石理): 광물 입자들이 이루는 석재 표면을 구성하는 조직이나 결을 말하며, 석재의 외관 및 성질을 알 수 있다.

③ 층리(層理): 광물의 조성, 입자의 모양과 크기에 따라 만들어지는 층 모양의 배열을 말한다.

④ 절리(節理): 암석이 자연적으로 나란하게 금이 간 상태로서 돌결을 말한다.

### (4) 석재의 분류

① 석재의 성인에 의한 분류

| 구분 | 내용 |
|---|---|
| 화성암 | • 마그마가 굳어서 만들어진 암석으로 굳어진 위치에 따라 심성암, 화산암으로 구분된다.<br>• 종류: 화강암, 안산암, 황화석 등 |
| 수성암 | • 풍화와 침식으로 퇴적물이 만들어지고, 중력에 의해 낮은 곳으로 이동되어 쌓여서 층상으로 만들어진 암석이다.<br>• 종류: 사암, 점판암, 석회암, 응회암 등 |
| 변성암 | • 화성암이나 수성암이 압력이나 열에 의해 조성과 조직이 변형된 암석이다.<br>• 종류: 사문암, 석면, 대리석 등 |

② 화강암(Granite)

㉠ 화강암은 장석과 석영이 주성분이고 운모와 각섬석이 함유되어 있다.

㉡ 재질이 단단하고 내구성 및 강도가 크나 내화성은 약하다.

㉢ 큰 판재를 생산할 수 있는 장점이 있으나 단단하여 장식용으로 가공하기 어렵다.

㉣ 화강암, 안산암, 점판암 등은 주로 건축 외장재로 쓰인다.

③ 석회암(Limestone)

㉠ 탄산칼슘($CaCO_3$)으로 이루어진 퇴적암으로 주로 조개 껍질이나 산호 등 생물의 파편으로 이루어져 있다.

㉡ 약산성의 용액에 쉽게 녹기 때문에 화학적 풍화에 약하다.

㉢ 치밀하지 못하고 부드럽다.

㉣ 구조재로 사용하지 않는다.

㉤ 석회나 시멘트의 원료, 제철과 제강의 용제(溶劑) 등에 많이 사용한다.

④ 질석(Vermiculite)

㉠ 운모질 원석을 800~1,000℃로 소성하여 유공질로 만든 경량골재이다.

㉡ 강도는 낮으며, 비중 0.2~0.4인 다공질로서 흡수력이 좋다.

㉢ 가열하면 부피는 5~6배 정도가 팽창하고 산(酸)에 쉽게 분해된다.

㉣ 단열재, 방음재, 보온재 등으로 이용된다.



### (5) 석재의 가공

① 손다듬(순서: 혹두기 → 정다듬 → 도드락다듬 → 잔다듬 → 물갈기)

㉠ 혹두기: 쇠메를 사용하여 석재 표면의 돌출된 부분을 깨어내는 것을 말한다.

㉡ 정다듬: 혹두기 면을 정으로 편평하게 고르는 것을 말한다.

㉢ 도드락다듬: 도드락망치로 두드려 거친 면의 독특한 아름다움을 얻을 수 있다.

㉣ 잔다듬: 표면을 평활하게 하기 위해 작은 날망치로 정교하게 깎는 것을 말한다.

㉤ 물갈기: 잔다듬한 면에 물이나 모래를 끼얹어 숫돌로 가는 것을 말한다.

**심화 POINT 손다듬 가공 장비**

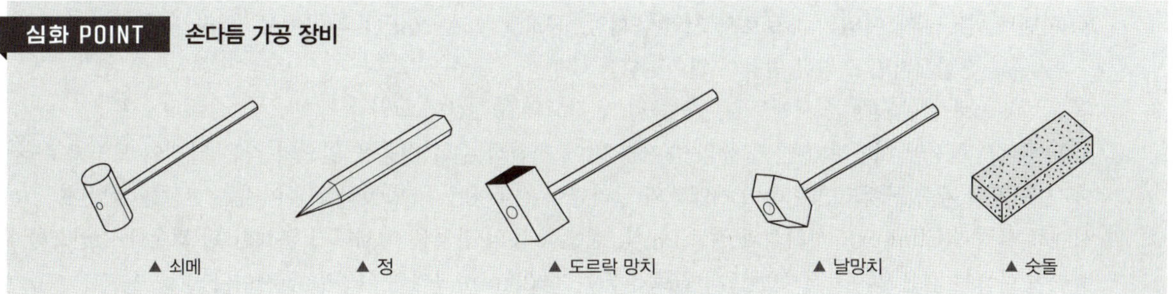


② 기계다듬

㉠ 분사법(Sand blasting method): 고압공기의 압력으로 모래를 분출시켜 석재면을 곱게 벗겨내는 방법이다.

㉡ 버너마감(화염방사법, Burner finish method): LPG 버너 등으로 석재면을 달군 후 찬물로 급랭시키면 박리층이 형성되어 떨어지면서 거친면을 마무리하는 방법이다.

㉢ 착색돌(Coloured stone): 석재의 흡수성을 이용하여 염료·색소안료 등으로 석재의 내부를 착색시키는 방법이다.

### (6) 석재의 수장

① 트래버틴(Travertine)

㉠ 온천이나 샘물 침전물에 의해 만들어진 탄산칼슘이 층층이 쌓여 만들어진 광물로서 대리석의 일종이다.

㉡ 다공질이고 특유의 구멍이나 줄무늬가 있다.

㉢ 입체감이 있으며 실내 수장재로 사용된다.

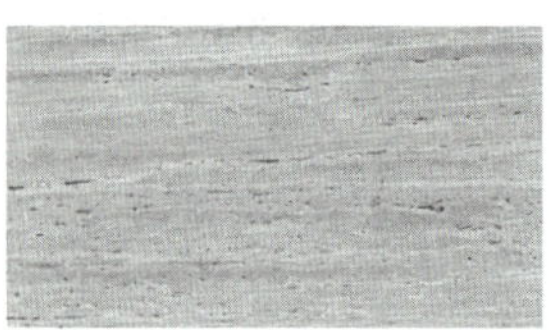

▲ 트래버틴

② 테라조(Terazzo)

㉠ 대리석, 화강암을 최대 15mm 이하의 크기로 부순 골재를 안료, 시멘트 등의 고착제와 함께 성형, 경화한 이후 표면을 연마하여 광택을 내어 마무리한 것이다.

㉡ 내외장 및 바닥마무리에 사용된다.

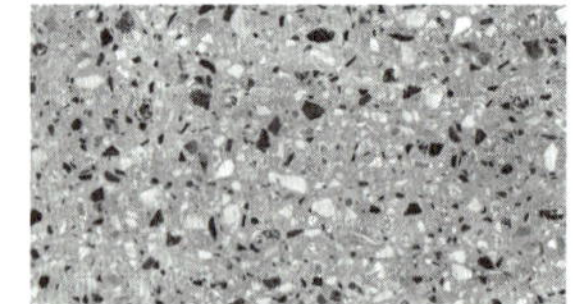

▲ 테라조

③ 인조석에 사용되는 안료에는 황토, 주토, 산화철 등 있다.

**용어 CHECK** 수장재(修粧材)

건축물의 내외부에 노출되어 아름답게 꾸미는 재료를 말한다.

## 3 시멘트 · 콘크리트

### (1) 시멘트의 성질

① 일반적 성질

㉠ 시멘트의 강도는 콘크리트의 강도에 영향을 준다.

㉡ 시멘트의 분말이 미세할수록 건조수축은 커지면서 균열이 발생한다.

㉢ 시멘트, 물, 골재 이외의 재료로서 천연(응회암, 규조토) 또는 인공(플라이애시, 실리카흄)의 포졸란 혼화재를 물과 혼합시키면 포졸란 반응이 일어난다.

㉣ 일반적으로 분말도가 큰 시멘트일수록 응결 및 강도의 증진율이 크다.

② 풍화(風化): 화강암 시멘트가 공기 중의 습기를 받아 천천히 수화 반응을 일으켜 작은 알갱이 모양으로 굳어졌다가, 이것이 계속 진행되면 주변의 시멘트와 달라붙어 결국에는 큰 덩어리로 굳어지는 현상을 말한다.

③ 시멘트 클링커(Clinker): 석회석과 점토, 규석, 철광석 등의 광물을 미세하게 분쇄한 뒤 고온에서 연소한 후 급랭하여 나오는 검은 입자로서 시멘트의 원료가 되는 3~25mm 크기의 다공질 입자이다.

④ 시멘트 강도에 영향을 미치는 요인: 시멘트 성분, 시멘트 분말도, 시멘트 풍화 정도, 사용하는 물의 양, 양생조건 등이 있다.

**심화 POINT** 시멘트의 중량 계산

- 물의 중량과 물시멘트비가 주어지고 시멘트의 중량을 구하는 문제가 출제된다.
- 물시멘트비(W/C)=$\frac{\text{물의 중량}}{\text{시멘트의 중량}}$ → 시멘트의 중량=$\frac{\text{물의 중량}}{\text{물시멘트비}}$을 이용하여 계산한다.

[문제] 물의 중량이 540kg이고 물시멘트비가 60%일 경우 시멘트의 중량은?

[답] 시멘트 중량=$\frac{\text{물의 중량}}{\text{물시멘트비}}=\frac{540\text{kg}}{0.6}=900\text{kg}$

## (2) 시멘트의 시험 및 저장

① 시멘트의 시험 방법

| 분류 | 시험 종류 |
|---|---|
| 비중 시험 | 르샤틀리에 비중병 |
| 분말도 시험 | 체가름 방법, 비표면적 시험(마노미터, 브레인장치) |
| 안정성 시험 | 오토클레이브(Autoclave) 팽창도 시험 |
| 강도 시험 | 표준모래를 사용한 휨 시험, 압축강도 시험 |
| 응결 시험 | 길모어 바늘, 비카 바늘에 의한 이상응결 시험 |

② 오토클레이브(Autoclave) 팽창도 시험

㉠ 시멘트 안정성 시험으로 시멘트가 경화 시 팽창으로 인해 금이 가는 정도로써 안정성을 시험한다.

㉡ 시멘트의 오토클레이브 팽창도는 0.8% 이하로 한다.

③ 시멘트 저장 시 유의사항

㉠ 지상 30cm 이상의 마루 위에 적재한다.

㉡ 출입구, 채광창 이외에는 공기유통을 막기 위해 개구부를 설치하지 않는다.

㉢ 저장 창고 주위에는 도랑을 파서 우수의 침입을 방지한다.

㉣ 포대 높이는 13포, 장기간 저장할 경우 7포 이상 쌓지 않는다.

㉤ 반입구와 반출구를 따로 두고, 먼저 반입된 것부터 사용한다.

㉥ 3개월 이상 저장한 시멘트는 사용 전에 재시험한다.

## (3) 시멘트의 분말도와 응결

① 시멘트의 분말도가 클수록(미세할수록) 나타나는 현상

㉠ 물과 접촉하는 표면적이 커지므로 수화작용이 빠르다.

㉡ 초기강도의 발생과 강도증진율이 빠르다.

㉢ 건조수축이 커지므로 초기균열이 발생하기 쉽다.

㉣ 풍화되기 쉽고, 색이 밝아지며 비중은 작아진다.

② 포졸란(Pozzolan) 반응: 단독으로는 물과 반응하여 경화하는 성질이 없는 물질이 석회와 수중에서 반응하여 경화하는 반응을 말한다.

㉠ 천연 포졸란: 응회암, 규조토, 화산재 등

㉡ 인공 포졸란: 플라이애시, 실라카 흄 등

㉢ 포졸란(Pozzolan) 반응의 장단점

| 장점 | 단점 |
|---|---|
| • 시공연도의 개선 효과<br>• 재료분리 및 블리딩의 감소<br>• 수밀성 향상<br>• 초기강도는 감소하지만 장기강도는 증대<br>• 단위시멘트량 감소로써 수화열 감소 | • 동결융해 저항성 저하<br>• 단위수량 증가<br>• 탄산가스에 의해 중성화 촉진 |

### (4) 시멘트의 분류

① 보통 포틀랜드 시멘트: 일반적으로 사용되는 시멘트로 보편적인 성질을 가지며 주로 토목, 건축의 공사에 사용된다.

② 혼합 시멘트: 포틀랜드 시멘트의 클링커에 적당한 혼합재를 넣어 만든 시멘트이다. 종류에는 고로 시멘트, 실리카 시멘트, 플라이애시 시멘트, 착색 시멘트 등이 있다.

### (5) 포틀랜드 시멘트의 종류

| 시멘트 종류 | 특성 | 주된 용도 |
|---|---|---|
| 보통 포틀랜드 시멘트 | 일반 시멘트 | 일반 콘크리트 공사 |
| 중용열 포틀랜드 시멘트 | 수화열을 저감 | 댐, 터널, 도로포장 |
| 조강 포틀랜드 시멘트 | 초기강도를 증진 | 보수공사, 긴급공사 |
| 저열 포틀랜드 시멘트 | 수화열을 최소화 | 댐, 매스콘크리트 |
| 내황산염 포틀랜드 시멘트 | 내화학성, 내구성 향상 | 하수, 배수, 해양공사 |

① 조강 포틀랜드 시멘트
   ㉠ 조기에 고강도를 나타낼 수 있도록 한 시멘트이다.
   ㉡ 콘크리트의 수밀성이 높고, 구조물의 내구성도 우수하다.
   ㉢ 한중공사, 긴급공사에 적합하다.

② 중용열 포틀랜드 시멘트
   ㉠ 수화열(발열량)이 작고 수축량이 적다.
   ㉡ 내황산염성이 풍부한 포틀랜드 시멘트로 침식성 용액에 대한 저항이 크다.
   ㉢ 내구성이 좋고 장기강도가 크다.
   ㉣ 댐공사, 방사선 차폐용 콘크리트 등에 이용된다.

### (6) 혼합 시멘트의 종류

① 고로 시멘트
   ㉠ 급랭한 고로슬래그와 소량의 석고를 혼합시켜 만든 포틀랜드 시멘트이다.
   ㉡ 알카리 골재 반응이 일어나지 않는 내해수성, 화학저항성이 우수하다.
   ㉢ 해안공사, 매스 콘크리트 공사, 큰 구조물 공사에 적합하다.

② 플라이애시 시멘트
   ㉠ 포틀랜드 시멘트에 Fly−ash(미세한 입자)를 혼합한 시멘트이다.
   ㉡ 건조수축과 수화열이 작으며, 장기강도는 크다.

③ 포졸란 시멘트
   ㉠ 포졸란(화산재, 규조토, 규산백토 등의 실리카질 혼화재) 생석회를 혼합한 시멘트이다.
   ㉡ 고로 시멘트와 특성이 유사하다.

## (7) 특수 시멘트의 종류

① 백색 포틀랜드 시멘트

㉠ 백색의 점토와 석회석을 바탕으로 만든 포틀랜드 시멘트이다.

㉡ 안료 혼합으로 다양한 색상표현이 가능하여 내장재로써 사용된다.

㉢ 강도와 내구성이 뛰어나지만, 구조체의 축조에는 사용되지 않는다.

② 알루미나 시멘트

㉠ 알루미나 등의 내화성 골재의 결합재로 사용한 시멘트이다.

㉡ 조강성(早强性)이 뛰어나므로 긴급 공사용으로 사용되며, 겨울철의 콘크리트공사, 해수공사 등에도 적당하다.

③ 실리카 시멘트

㉠ 포틀랜드 시멘트 클링커에 실리카질 혼화재인 화산회, 규산백토, 실리카질을 첨가해 미분쇄한 혼합시멘트이다.

㉡ 화학 저항성이 높고, 수밀성이 뛰어나다.

㉢ 조기강도가 작고 장기강도가 크며, 건조수축이 크다.

㉣ 미장 모르타르용으로 적합하다.

④ A.L.C(Autoclaved Lightweight Concrete)

㉠ 경량화한 기포콘크리트이다.

㉡ 생석회와 규사를 혼합하여 고온, 고압하에 양생하면 수열반응을 일으키는데 여기에 기포제를 넣어 제조한다.

## (8) 골재 및 혼화제

① 골재의 품질

㉠ 골재의 강도는 시멘트풀(Paste)의 강도 이상으로 한다.

㉡ 골재의 표면은 거칠고, 모양은 구형에 가까운 것이 좋다.

㉢ 골재는 잔 것과 굵은 것이 고루 혼합된 것이 좋다.

㉣ 골재는 유해량 이상의 염분을 포함하지 않아야 한다.

② 골재의 함수 상태

㉠ 절건상태: 건조로(Oven)에서 100~110℃의 온도로 일정한 중량이 될 때까지 완전히 건조된 상태이다.

㉡ 기건상태: 골재를 공기에 방치하여 건조시킨 것으로 내부에 약간의 수분이 있는 상태이다.

㉢ 표건상태: 골재 내부는 포수 상태이며 표면은 건조한 상태이다.

㉣ 습윤상태: 골재 내부는 완전히 수분으로 포화되어 있고 표면에도 수분이 부착되어 있는 상태이다.

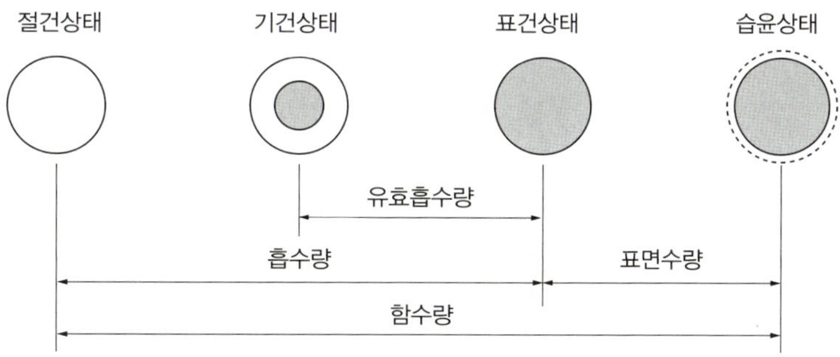


▲ 골재의 함수 상태 및 함수량

③ AE제(Air Entraining agent): 미세공극을 균일하게 분포시키기 위해 사용하는 혼화제이다.
   ㉠ 콘크리트의 워커빌리티 및 동결융해작용에 대한 내구성 증진을 위해 사용한다.
   ㉡ 시공연도가 좋아지므로 재료분리가 적어진다.
   ㉢ 동결융해작용에 의한 마모에 대하여 저항성을 증대시킨다.
   ㉣ 철근에 대한 부착강도가 감소한다.
   ㉤ 물－시멘트가 일정한 경우 공기량을 증가시키면 압축강도가 감소한다.

④ 경화촉진제: 콘크리트의 경화속도를 높이기 위해 사용되는 혼화제이며, 보통 염화칼슘이 사용된다.

**용어 CHECK** **시공연도(워커빌리티, Workability)**

반죽질기의 정도에 따라 부어넣기 작업의 난이도 및 재료분리에 저항하는 정도를 나타내는 아직 굳지 않은 모르타르나 콘크리트의 성질을 말한다.

### (9) 콘크리트의 품질

① 콘크리트의 강도
   ㉠ 물시멘트 비(W/C 비)의 영향을 받는다.(배합이나 양생조건이 일정한 경우, W/C 값이 증가할수록 콘크리트 강도는 감소된다.)
   ㉡ 콘크리트 구성재료(골재 및 시멘트)의 영향을 받는다.
   ㉢ 양생온도 및 조건의 영향을 받는다.
   ㉣ 콘크리트 다짐의 영향을 받는다.

② 컨시스턴시(Consistency, 반죽질기) 시험의 종류
   ㉠ 슬럼프 시험(Slump test)
   ㉡ 플로우 시험(Flow test)
   ㉢ 관입 시험(Penetration test)
   ㉣ 낙하 시험(Drop test)

▲ 슬럼프 시험

③ 슬럼프 시험
   ㉠ 콘크리트의 컨시스턴시를 측정하는 방법이다.
   ㉡ 콘크리트를 슬럼프콘에 3회에 나누어 규정된 방법으로 다져서 채운다.
   ㉢ 묽은 콘크리트일수록 슬럼프값은 커진다.

④ 크리프(Creep): 콘크리트 구조물에서 하중을 지속적으로 작용시켜 놓을 경우 하중의 증가가 없음에도 불구하고 지속하중에 의해 시간과 더불어 변형이 증대되는 현상이다.

⑤ 블리딩(Bleeding): 콘크리트 타설 후 비중이 무거운 시멘트와 골재 등이 침하되면서 물이 분리·상승하여 미세한 부유물질과 함께 콘크리트 표면으로 떠오르는 현상이다.

⑥ 중성화: 콘크리트가 시일이 경과함에 따라 공기 중의 탄산가스의 영향으로 수산화칼슘이 서서히 탄산칼슘으로 되면서 알칼리성을 잃어가는 현상이다.

⑦ 철근의 부식: 염분이 섞인 모래를 사용한 철근콘크리트는 철근의 부식이 발생될 수 있다.

# 건축재료의 종류 II

## 1 점토재료

### (1) 점토재료의 일반사항

① 제조 순서: 원토처리 → 원료배합 → 반죽 → 성형 → 건조 → 소성

② 점토 제품의 색상

㉠ 철산화물이 많을 경우: 적색

㉡ 석회물질이 많을 경우: 황색

③ 점토 소성 제품의 종류 및 특성

| 항목 | 토기 | 도기 | 석기 | 자기 |
| --- | --- | --- | --- | --- |
| 소성온도(℃) | 790~1,000 | 1,100~1,230 | 1,160~1,350 | 1,230~1,460 |
| 흡수율 | 20~30% | 15~20% | 3~10% | 1% 이하 |
| 색상 | 유색 | 백색, 유색 | 유색 | 백색 |
| 건축자재 | 벽돌, 기와, 토관 | 타일, 위생도기 | 타일, 테라코타 | 타일, 위생도기 |

### (2) 벽돌 규격

① 기본(표준형) 벽돌의 크기: 190(길이)×90(너비)×57(높이)mm

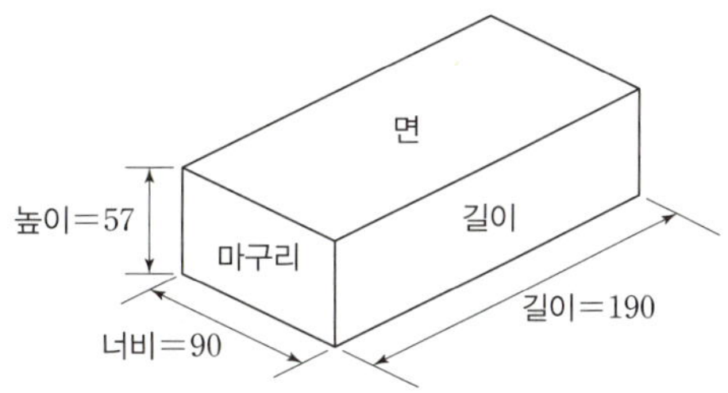


② 벽돌의 분할 크기 순서: 온장 > 칠오토막 > 반토막, 반절 > 이오토막, 반반절

③ 벽돌의 분할 명칭

| 명칭 | 설명 |
| --- | --- |
| 온장 | 분할하지 않은 원래의 벽돌 |
| 칠오토막 | 온장을 4등분하여 3/4을 사용하는 토막 |
| 이오토막 | 온장을 4등분하여 1/4을 사용하는 토막 |
| 반토막 | 반절과 반대방향으로 등분한 토막 |
| 반절 | 벽돌을 긴 방향으로 2등분하여 1/2을 사용하는 토막 |
| 반반절 | 반절을 절반으로 등분한 토막 |

PART 03 재료

### (3) 벽돌의 종류

① 다공질벽돌

㉠ 점토에 톱밥이나 분탄 등을 혼합하여 소성시킨 것을 말한다.

㉡ 절단, 못치기 등의 가공성이 우수하다.

㉢ 방음 · 흡음성이 좋은 경량벽돌이다.

② 이형벽돌: 규격으로 정해진 형태의 치수가 아닌 벽돌, 아치형, 방사형 벽돌 등의 특수 용도로 사용된다.

③ 내화벽돌: 내화성 원료(내화점토)로 만든 벽돌로서 용해점이 높아서 고열에 견디는 특징이 있다.

④ 포도벽돌: 흡수율이 적고, 내마모성이 커서 도로 포장용 혹은 옥상 포장용에 사용된다.

⑤ 오지벽돌: 벽돌에 오지물을 칠하여 소성한 벽돌로서, 건물의 내외장 또는 장식물의 치장에 쓰인다.

### (4) 타일

① 타일의 수분 흡수율

| 종류 | 흡수율 | 종류 | 흡수율 |
|---|---|---|---|
| 자기질 | 0.5~3% 정도 | 석기질 | 3~5% 정도 |
| 도기질 | 5~18% 정도 | 클링커타일 | 8% 정도 |

② 외장타일

㉠ 내장 타일보다 강하고 흡수율이 낮다.

㉡ 접착력을 높이기 위해 타일 뒷면에 요철을 만든다.

㉢ 바닥타일은 미끄럼 방지를 위해 유약을 사용하지 않는다.

㉣ 종류: 석재 타일, 석기질 타일, 클링커 타일, 자기질 타일 등

### (5) 타일의 종류

① 자기질 타일(Porcelain tile)

㉠ 주로 바닥이나 외장 타일로 많이 사용한다.

㉡ 색상 표현이 제한적이며 자기 타일, 모자이크 타일, 위생도기 등으로도 제작된다.

② 도기질 타일(Ceramic tile)

㉠ 강도가 낮고 표면이 마모되기 쉬우며 흡수율이 높아서 실내 벽면에 사용된다.

㉡ 색상표현을 화려하게 할 수 있으며, 내부 벽면이나 테이블 등에 사용된다.

③ 모자이크 타일(Mosaic tile)

㉠ 자기질 소재의 5cm 미만의 작은 타일을 일정한 줄눈 간격으로 배열하여 매쉬망에 부착한 타일이다.

㉡ 다양한 형태와 크기로 제작가능하며, 유리 또는 메탈 등의 소재로도 제작된다.

④ 석기질 타일(Stoneware tile)

㉠ 보도블럭용, 건축 외장용으로 많이 사용된다.

㉡ 석기질 타일의 일종인 클링커타일(Clinker tile)은 소성 시 식염을 칠하고 표면에 유리질 피막을 형성하여 내구성을 강화한 타일로 외장 바닥용으로 많이 사용한다.

⑤ 테라코타(Terracotta)

㉠ 건물의 외장용으로 사용하는 복잡한 모양이 있는 대형의 점토 제품이나 타일을 말한다.

㉡ 일반 석재보다 가볍고, 압축강도는 화강암의 1/2정도이다.

㉢ 1개의 크기는 제조와 취급상 $0.3m^3$ 이상 ~ $0.5m^3$ 이하가 적당하다.

㉣ 화강암보다 내화력이 강하고, 대리석보다 풍화에 강하므로 외장에 적당하다.

㉤ 장식용으로서 난간, 주두, 돌림띠(돌림대) 등에 사용된다.

## 2 금속재 및 유리

### (1) 금속재의 종류

① 합금의 종류

| 분류 | 합금 종류 | |
|---|---|---|
| 구리 합금 | • 황동: 구리(Cu) + 아연(Zn)<br>• 백동: 구리(Cu) + 니켈(Ni) | • 청동: 구리(Cu) + 주석(Sn)<br>• 양은: 구리(Cu) + 니켈(Ni) + 아연(Zn) |
| 알루미늄 합금 | • 두랄루민: 알루미늄 + 구리 + 마그네슘 + 망간 | • 실루민: 알루미늄 + 실리콘 |
| 철 합금 | • 스테인리스강: 강철 + 크롬<br>• 연철: 철 + 탄소 | • 특수강: 강철 + 기타 금속<br>• 내열강: 스테인리스강 + 기타 금속 |

② 알루미늄

㉠ 무게가 가볍고, 표면이 미려하며 독성이 없지만, 흠집이 생기기 쉽다.

㉡ 산, 알칼리에 약하여 부식이 발생하기 쉽다.

㉢ 전기나 열의 전도율이 크다.

㉣ 강도가 작아서 변형되기 쉽고, 탄성계수가 작다.

㉤ 인성, 연성이 풍부하며 가공이 용이하다.

㉥ 용융점이 낮다.

③ 구리(Cu)

㉠ 순수한 금속 표면은 적갈색을 띤다.

㉡ 구리는 질산, 황산 등 산화력이 있는 산성에 잘 녹는다.

㉢ 전기 및 열을 잘 전달하는 도체로서 전선이나 난방용 배관으로 이용된다.

㉣ 알칼리에 약하므로 시멘트, 콘크리트에 접하는 곳에서는 부식이 빠르다.

㉤ 암모니아 가스에 침식되므로 화장실 등에 사용하기 어렵다.

④ 동(銅)

㉠ 늘어나는 성질인 연성과 넓게 펴지는 성질인 전성이 크다.

㉡ 전기 및 열전도율이 크다.

㉢ 습기에 노출되어도 표면에 얇은 산화피막을 형성하여 부식을 보호하므로 내식성이 우수하다.

㉣ 산, 알칼리에 약하다.

㉤ 소성가공이 용이하다.

⑤ 양철판

㉠ 얇은 철판(연강판)의 표면에 주석을 도금한 것이다.

㉡ 도금된 부분이 긁히거나 손상되면 녹이 발생하지만, 아연 도금 강판보다는 내구성이 길다.

### (2) 금속재의 성질

① 온도에 따른 탄소강의 기계적 성질

㉠ 탄성한계 및 항복점 등은 온도가 상승함에 따라 감소한다.

㉡ 인장강도는 200~300℃의 온도 범위에서는 증가하여 최대가 된다.

㉢ 연신율과 단면감소율은 온도상승에 따라 감소하다가 인장강도가 최대로 되는 온도에서 최소로 된 후, 점차 다시 증가한다.

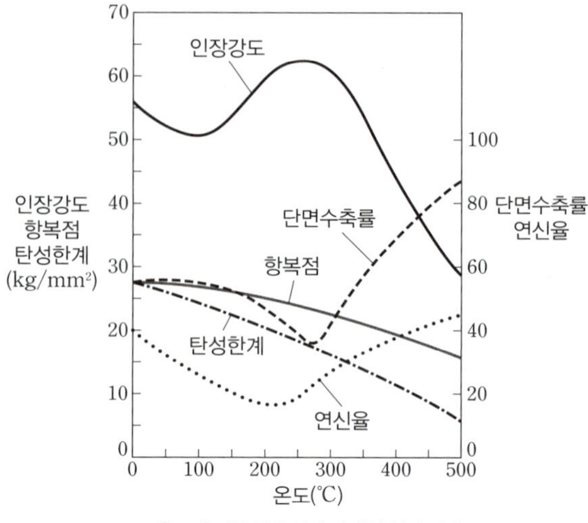

▲ 온도에 따른 탄소강의 기계적 성질 변화

② 탄소함유량 증가에 따른 철의 영향

㉠ 인장강도, 항복강도가 증가된다.

㉡ 경도 및 내충격이 증가된다.

㉢ 인성(잡아당기는 힘에 견디는 성질)이 증가된다.

㉣ 용접성이 저하된다.

㉤ 연신율(늘어나는 성질)이 감소된다.

### (3) 금속재의 부식

① 금속의 부식 작용

㉠ 물과 습기 등에 의해 부식될 수 있다.

㉡ 산성인 흙속에서는 대부분의 금속재가 부식된다.

㉢ 습기 및 수중에 탄산가스가 존재하면 부식작용은 촉진된다.

㉣ 철판의 자른 부분 및 구멍을 뚫은 주위는 다른 부분보다 빨리 부식된다.

② 금속의 부식 방지법

㉠ 금속재는 물과 공기로부터 차단한다.

㉡ 서로 다른 금속은 접촉시키지 않으며, 접촉되는 부분은 내식장치를 해야 한다.

㉢ 균질한 재료를 사용한다.

㉣ 부분적인 녹은 즉시 처리한다.

㉤ 필요한 경우 도금이나 합금으로 부식을 방지한다.

### (4) 창호의 설치 및 잠금장치

① 경첩: 여닫이 창호에서 문짝을 문틀에 달아 여닫게 하는 철물이다.

② 자유경첩

㉠ 스프링을 장치하여 안팎으로 자유로이 여닫게 한다.

㉡ 외자유경첩과 양자유경첩이 있으며 경량자재문에 사용한다.

③ 피봇힌지

㉠ 여닫이창호에서 장부를 구멍에 끼워 돌게 한 철물

㉡ 무거운 중량 여닫이문에 사용된다.

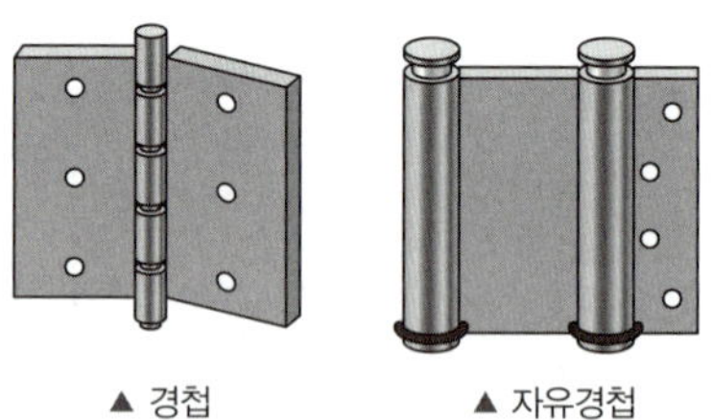
▲ 경첩　　▲ 자유경첩

④ 플로어힌지

㉠ 스프링장치를 바닥에 묻고 상부의 지도리를 축대로 하여 문이 열리면 자동으로 닫히게 한 경첩이다.

㉡ 대형 현관문과 같이 경첩으로 지탱하기 힘든 중량의 자재문에 사용된다.

⑤ 레버토리힌지

㉠ 열려진 여닫이문이 자동으로 닫혀지지만, 10~15cm 정도는 열려 있게 한 경첩이다.

㉡ 공중전화 박스, 공중화장실 등의 여닫이 출입문에 사용된다.

⑥ 도어클로저(Door closer): 열려진 여닫이문을 저절로 닫히게 하는 장치로서 도어체크(Door check)라고도 한다.

⑦ 도어스톱(Door stop): 문을 열어 제자리에 머물게 하거나 벽 하부에 대어 문짝이 벽에 부딪치지 않게 하며 갈고리로 걸어 제자리에 머무르게 하는 철물을 말한다.

⑧ 행거도어: 여닫이문의 사용이 어렵거나 공간 활용을 위해 천장이나 벽 상부에 레일, 힌지 등을 고정하고 도어를 매달아 사용하는 문이다.

⑨ 크레센트(Crescent): 오르내리창, 미서기창의 잠금장치이다.

⑩ 실린더: 문 손잡이로서 여닫이문 등에 사용한다.

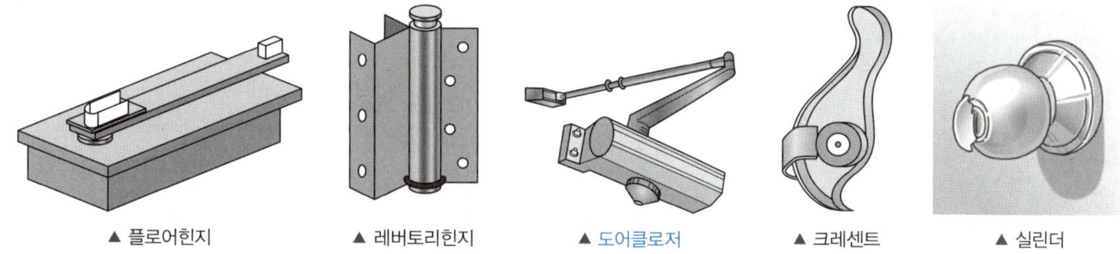

▲ 플로어힌지 ▲ 레버토리힌지 ▲ 도어클로저 ▲ 크레센트 ▲ 실린더

### (5) 기타 금속제품

① 줄눈대: 테라조, 인조석 등의 신축 균열 방지 및 의장 효과를 위해 구획에 사용하는 철물이다.

② 논슬립: 계단코 등에 부착하여 미끄러짐, 파손, 마모를 방지하는 철물이다.

③ 듀벨(Duwel)

㉠ 목재 사이의 접합부에 끼워서 볼트접합을 보강하기 위한 철물이다.

㉡ 재료는 주철, 강철 등으로 하고 산지류, 압입식, 파넣는 식이 있으며, 모양에 따라 가락지형(Ring), 관형(Pipe), 별모양 등이 있다.

④ 코너비드(Corner bead): 기둥이나 벽의 모서리에 대어 미장바름의 모서리가 상하지 않도록 보호하는 철물을 말하며, 단면형상은 L형, I형 등이 있다.

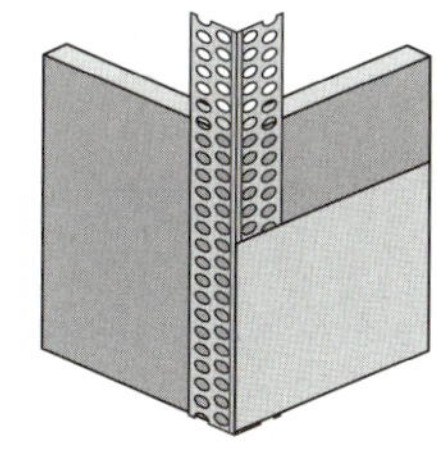

▲ 코너비드

### (6) 유리의 성질 및 종류

① 유리의 성질

㉠ 유리의 주성분은 규산($SiO_2$)이다.

㉡ 보통 창유리의 강도는 휨강도로 말한다.

㉢ 열전도율은 철, 대리석, 타일보다 작고 콘크리트의 1/2 정도이다.

㉣ 열에 약하고 열팽창률이 크다.

㉤ 충격에 약해 파손되기 쉽다.

② 강화유리

㉠ 600℃ 가열하여 급랭시킨 안전유리로서, 파괴 시 작은 조각으로 분산되어 일반유리보다 안전하다.

㉡ 인장 및 압축강도가 보통 판유리의 3~5배, 휨강도는 6배 정도이다.
㉢ 내열성이 있어 200℃ 이상의 고온에도 잘 견딘다.
㉣ 자동차, 선박, 무테문 등에 사용된다.

③ 복층유리
㉠ 2~3장 유리를 일정한 간격을 두고 내부에 건조공기를 봉입한 유리이다.
㉡ 단열, 방음, 결로 방지용으로 우수하다.
㉢ 차음에 대한 성능은 보통 판유리와 비슷하다.

## 3 미장 · 방수재료

### (1) 기경성과 수경성

| 미장재료 | 특성 및 종류 |
|---|---|
| 기경성 | 공기 중에서 경화하지만, 수중에서는 경화되지 않는다. |
| | 석회질, 진흙, 회반죽, 회사벽, 돌로마이트 플라스터, 아스팔트 모르타르 |
| 수경성 | 물과 섞어지면서 상호 작용하여 경화하고 점차 강도가 커진다. |
| | 석고질, 시멘트 모르타르, 순석고 및 경석고 플라스터(킨즈 시멘트) |

### (2) 대표적인 기경성 · 수경성 미장재료

| 구분 | | 내용 |
|---|---|---|
| 기경성 미장재료 | 회반죽 바름 | • 소석회, 모래, 여물, 해초풀을 혼합하여 만든 미장용 반죽<br>• 목조 바탕, 벽돌 바탕 등에 흙손으로 발라서 벽체나 천장 등을 보호<br>• 회반죽에 석고를 약간 혼합하면 경화속도, 강도가 증가하며 수축균열이 감소됨<br>• 여물은 건조수축에 의한 균열을 방지하기 위하여 사용<br>• 해초풀은 은행초, 미역, 해초를 끓인 물로서 점성력, 부착력을 증대시킴 |
| | 돌로마이트 플라스터 | • 돌로마이트 석회, 모래, 여물을 혼합하여 만든 미장용 반죽<br>• 기경성이며, 점성이 높아 풀을 넣을 필요가 없음<br>• 응결시간이 길고 경화가 느림<br>• 경화 시 수축성이 크기 때문에 균열 발생이 쉬움<br>• 냄새와 곰팡이가 없지만, 습기에 약하여 내부에 사용 |
| 수경성 미장재료 | 석고 플라스터 | • 종류: 순석고 플라스터, 혼합석고 플라스터, 경석고 플라스터가 있음<br>• 물에 의해 반죽되어 경화되는 수경성 재료임<br>• 건조상태에서는 수축이 적고 물에 접하면 연화되는 성질이 있음<br>• 외벽이나 수분이 많은 곳은 부적합<br>• 팽창하는 성질이 있으므로 균열이 잘 발생하지 않음 |
| | 순석고 플라스터 | • 석고 플라스터에 석회죽이나 돌로마이트를 배합하여 사용<br>• 중성이며 경화가 빠름 |
| | 혼합석고 플라스터 | • 석고 플라스터에 배합 석회를 사용<br>• 알칼리성이며 경화속도가 보통 |
| | 경석고 플라스터 | • 무수석고, 모래, 물을 혼합한 플라스터이며, 킨즈 시멘트라고도 함<br>• 산성이며 강도가 큼 |

### (3) 시멘트액체 방수

① 방수제를 물에 타서 충분히 섞은 다음에 콘크리트 또는 모르타르를 섞어 방수층을 시공하며, 방수제의 종류에는 액체방수제, 분말방수제 등이 있다.

② 장점

㉠ 보호누름이 불필요하고 시공이 용이하다.

㉡ 공사비가 싸고 보수가 쉽다.

③ 단점

㉠ 외기의 영향이 크고, 신축성이 작다.

㉡ 건조수축 등에 의한 균열이 잘 발생한다.

### (4) 아스팔트 방수

| 종류 | 특성 |
|---|---|
| 스트레이트 아스팔트<br>(Straight asphalt) | • 교착력이 풍부하지만 용해점, 연화점이 낮다.<br>• 내구성 및 온도에 의한 변화가 크고 지하실 공사에만 적용한다. |
| 블론 아스팔트<br>(Blown asphalt) | • 아스팔트 제조 중에 증기를 불어넣는 대신 공기 또는 공기와 증기와의 혼합물을 불어넣어 부분적으로 산화시킨 것이다.<br>• 온도에 대한 감수성이 작고 연화점이 높고 안전하여 옥상 방수에 쓰인다. |
| 아스팔트 컴파운드<br>(Asphalt compound) | • 아스팔트에 동 · 식물성 유지나 광물성 분말 등을 혼합한 것이다.<br>• 내열성, 접착성, 내구성 등이 좋으며 방수재, 내산재, 전기절연재 등에 쓰인다. |
| 아스팔트 프라이머<br>(Asphalt primer) | • 아스팔트를 휘발성 용제로 녹인 흑갈색 액체이다.<br>• 방부, 방습, 접착제로 쓰이며 아스팔트 방수의 초벌용으로 사용된다. |
| 아스팔트 루핑<br>(Asphalt roofing) | • 아스팔트 펠트의 양면에 피복용 아스팔트를 발라 광물질 분립을 도포한 것이다.<br>• 방수성이 우수하여 방수공사, 지붕바탕 등에 쓰인다. |
| 아스팔트 펠트<br>(Asphalt felt) | • 종이 섬유와 동식물성 섬유를 섞은 펠트원지에 스트레이트(Straight) 아스팔트를 침투시켜 만든 두루마리 제품이다.<br>• 방수공사, 방수층의 방수지, 기와지붕의 방습바탕, 외벽의 방습지 등으로 사용된다. |
| 아스팔트 싱글<br>(Asphalt shingle) | • 아스팔트 사이에 강한 유리섬유(Fiber glass)나 종이매트(Paper mat)를 넣어 만든 것이다.<br>• 표면을 돌입자로 코팅하며 다양한 색상으로 지붕마감이나 지붕방수에 사용된다. |

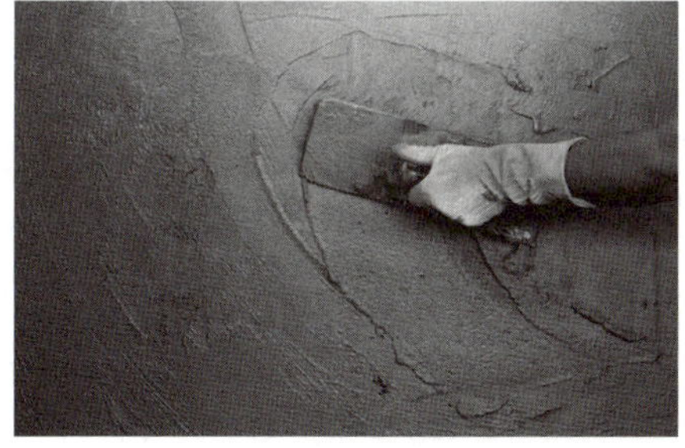

▲ 미장공사

▲ 방수공사

PART 03 재료

CHAPTER 04

# 건축재료의 종류 III

## 1 합성수지 · 도장재료 · 접착재

### (1) 천연수지와 합성수지

① 천연수지

㉠ 자연으로부터 얻어낸 수지이다.

㉡ 송진이나 셀룰로오스, 로진, 셸락, 다마르, 앰버, 파기 등이 있다.

② 합성수지

㉠ 유기 화합물의 합성으로 만들어진 수지 모양의 고분자 화합물을 말한다.

㉡ 열경화성 수지, 열가소성 수지로 분류한다.

### (2) 합성수지의 분류

| 열경화성 수지 | 페놀수지, 요소수지, 폴리에스테르수지, 멜라민수지, 에폭시수지, 실리콘수지, 알키드수지, 우레탄수지 |
|---|---|
| 열가소성 수지 | 염화비닐수지, 폴리스티렌수지, 폴리에틸렌수지, 폴리프로필렌수지, 아크릴수지, 폴리아미드수지, 초산비닐수지 |

### (3) 대표적인 열경화성 수지의 종류

| 종류 | 내용 |
|---|---|
| 페놀수지 | • 전기절연성, 내약품성, 내열성, 내수성이 좋음<br>• 전기 절연재료, 통신 기자재로 많이 사용 |
| 요소수지 | • 요소와 폼알데하이드 등의 알데하이드류 축합반응으로 생기는 열경화성 수지<br>• 무색으로 투명하고, 착색이 용이<br>• 내수성이 약하며, 수용성인 초기 축합물에 염류(鹽類)를 가하면 상온에서도 경화함<br>• 신장강도가 높고 잘 휘어지며, 열에 의한 비틀림 온도가 높음<br>• 마감재, 가구재 등에 사용 |
| 폴리에스테르수지 | • 산성을 띠는 유기산과 당알코올을 반응시켜 만든 열경화성 수지<br>• 기계적 강도가 높음<br>• 접착제로서 미끄럼 방지층 시공, 앵커볼트 정착, 콘크리트 수선 접착용으로 사용 |
| FRP(Fiberglass Reinforced Plastic, 유리섬유 강화 플라스틱) | • 불포화 폴리에스테르수지와 유리섬유의 복합재<br>• 철보다 강하고 알루미늄보다 가벼우며 내식 · 내열 · 내후성이 우수<br>• 글라스섬유로 강화된 평판 또는 판상제품으로 주로 사용 |
| 에폭시(Epoxy)수지 | • 열경화성 플라스틱의 일종으로 내수성, 내약품성, 내알칼리성으로 날씨의 변화에도 잘 견딤<br>• 빨리 굳으며, 접착력이 강하고 피막이 단단하지만, 유연성은 부족<br>• 금속 접착제, 강화플라스틱, 주형, 보호용 코팅 등 사용 |

### (4) 대표적인 열가소성 수지의 종류

| 종류 | 내용 |
|---|---|
| 염화비닐수지 | • 강도, 내약품성, 전기절연성이 우수<br>• 열에 약하지만, 가소제를 사용하여 유연한 고무형태로 제작이 가능<br>• 타일, 시트, 조인트 재료, 파이프, 접착제, 도료에 활용 |
| 폴리스티렌수지 | • 성형 가공이 쉬우며 대량 생산에 적합한 열가소성 수지<br>• 광택이 좋고, 착색이 자유로우며, 무색 투명<br>• 벽, 타일, 천장재, 블라인드, 도료, 전기용품에 사용<br>• 발포제품은 저온 단열재로도 쓰임 |
| 아크릴수지 | • 투광성, 내약품성, 내후성이 양호하고, 착색이 자유로움<br>• 채광판, 내충격도가 유리의 10배 정도로 유리 대용품으로 사용 |

### (5) 합성수지 성형법

① 사출성형(Injection molding)

㉠ 성형재료를 가온 · 용융하여 균일하게 혼합된 점성 액체로 만든 후, 낮은 온도의 금형에 강제로 사출하여 형상을 만드는 방법이다.

㉡ 열가소성 수지의 성형에 이용되지만, 열경화성 수지에도 적용할 수 있다.

② 압축성형법(Compression molding)

㉠ 성형재료를 금형 Cavity에 넣고 압력과 열을 가해 성형하는 방법이다.

㉡ 페놀, 요소, 멜라민수지 등의 열경화성 수지에 응용되는 가장 일반적인 성형법이다.

③ 압출성형(Extrusion molding)

㉠ 성형재료를 실린더 내의 스크류에서 가소화된 수지를 압출구에서 밀어내고 공기 중이나 물속에서 냉각시켜 고화시키는 방법이다.

㉡ 열가소성 수지의 성형에 이용되며, 압출구의 종류에 따라 필름, 시트, 파이프, 등을 생산한다.

④ 이송성형법(Transfer molding)

㉠ 가열실 내에 수지를 넣고 가열하여 연화한 수지를 즉시 작은 노즐을 통하여 금형 속으로 압력을 가하여 압출한 다음 가열 · 경화시켜 성형품을 제조한다.

㉡ 페놀수지, 에폭시(Epoxy)수지 등의 열경화성 수지 성형에 이용된다.

### (6) 도장의 원료

| 구분 | 내용 |
|---|---|
| 용제 | • 도막 요소를 녹여서 유동성을 갖게 만든다.<br>• 건성유와 반건성유가 있다. |
| 건조제 | 아연, 망간, 코발트 수지산, 연단, 초산염, 이산화망간 등이 있다. |
| 희석제(신전제) | • 도료 자체를 희석하고, 적당한 휘발, 건조속도를 유지한다.<br>• 휘발유, 석유, 테레빈유, 시너, 벤젠, 알콜, 아세톤 등이 있다. |
| 수지 | 천연수지(레진, 셀락, 코팔 등)와 합성수지가 사용된다. |
| 안료 | 착색안료와 체질안료가 사용된다. |
| 착색제 | • 바니시 및 수성 스테인: 작업성과 색상이 우수하고, 건조가 늦다.<br>• 알콜 스테인: 퍼짐이 우수하고, 건조가 빠르다.<br>• 오일 스테인: 작업성이 우수하고, 건조가 빠르지만 얼룩이 생긴다. |
| 가소제 | 도료의 영구적 탄성, 교착성, 가소성 등을 부여한다. |
| 방부제 | PCP, 크레오소트유 등이 있다. |

① 테레빈유

㉠ 침엽수와 소나무의 송진에서 뽑은 수지를 증류하여 만든 식물성 기름이다.

㉡ 천연의 휘발성유 희석제이다.

② 시너(Thinner)

㉠ 아세트산 에스테르, 부탄올, 톨루엔의 혼합액으로 도료의 희석액이다.

㉡ 도장을 할 때 도료의 점성도를 낮추기 위해 사용하는 혼합용제이다.

㉢ 휘발성이 있어서 화재에 주의해야 하며, 중독 증상을 일으킬 수 있다.

㉣ 래커를 도장할 때 사용되는 희석제로 적합하다.

③ 오일 스테인

㉠ 목재에 깊게 침투하여 방충, 곰팡이, 변형 등으로부터 목재를 보호한다.

㉡ 목재 표면의 착색제 역할을 하는 액체형의 투명한 유성 스테인이다.

④ 유성 바니시

㉠ 천연수지, 가공수지, 석유수지 등과 건성유를 넣고 가열 용융하여 희석한 것으로 무색 또는 담갈색의 도장용 투명 도료이다.

㉡ 건조가 늦고, 유성페인트보다 내후성이 작다.

㉢ 옥내의 목재용으로 주로 사용된다.

⑤ 클리어 래커: 목재면의 투명 도장으로써 광택이 있으며, 건조가 빠르다.

⑥ 에나멜 래커: 연마성이 좋으며, 내후성 보강을 목적으로 외부용으로 사용된다.

### (7) 페인트의 종류

① 유성페인트: 안료(물감) + 건성 지방유

② 수성페인트: 소석고 + 안료(물감) + 접착제

③ 합성수지도료: 합성수지 + 안료 + 휘발성 용제

④ 알루미늄페인트: 보일드유(건성유 + 건조제) + 희석제 + 안료

⑤ 에나멜페인트: 유성니스 + 안료

## 2 단열재

### (1) 단열재의 조건

① 열전도율이 낮은 것을 사용한다.

② 흡수율이 낮고 비중이 작아야 한다.

③ 내화성, 내부식성이 좋아야 한다.

④ 가공, 접착 등의 시공성이 좋아야 한다.

⑤ 화학적으로 안정적이어야 한다.

### (2) 단열재의 분류

① 무기질 단열재

㉠ 유리질 단열재: 유리섬유 사이에 밀봉된 공기층이 단열성을 갖게 한다.

㉡ 광물질 단열재: 석면, 암면, 펄라이트 등이 있다.

㉢ 금속질 단열재: 규산질, 알루미나질, 마그네시아질 등으로 고온용 내화 단열재로 사용된다.

㉣ 탄소질 단열재: 탄소질 섬유, 탄소분말 등으로 성형하여 사용된다.

② 유기질 단열재

㉠ 화학적으로 합성한 물질을 이용하여 단열재로 사용하는 것이다.

㉡ 스티로폼으로 불리는 발포폴리스티렌, 발포폴리우레탄, 발포염화비닐, 기타 플라스틱 단열재 등이 있다.

㉢ 흡습성이 적고 시공성이 우수하지만, 열에 약하다.

### (3) 광물질 단열재

① 석면시멘트판

㉠ 석면과 시멘트를 주원료로 하여 슬레이트 모양으로 경화시킨 제품이다.

㉡ 중량이 가볍고 힘에 강하며 내화성 · 단열성이 뛰어나다.

㉢ 화재 연소방지, 내화성의 향상, 흡음을 목적으로 하는 경우에 주로 사용한다.

② 퍼라이트(Perlite, Pearl stone)

㉠ 화산석으로된 진주석을 고온으로 소성한 후 분쇄하여 소성 팽창한 것이다.

㉡ 내부는 미세공극과 작은 입자로 구성되며, 경량골재 및 단열재료로 이용된다.

㉢ 단열, 보온, 흡음 등의 목적으로 사용되며 충진재, 모르타르, 플라스터의 골재로도 사용된다.

CHAPTER 05

# 실내건축재료의 종류

## 1 바닥 · 벽 · 천장 마감재

### (1) 플로어링 판으로 마감을 할 경우의 수종

① 참나무

② 너도밤나무

③ 단풍나무

### (2) 벽 및 천장 재료에 요구되는 성질

① 열전도율이 작은 것으로 하여 단열 성능을 높여야 한다.

② 차음이 잘 되어야 한다.

③ 내화 · 내구성이 큰 것이어야 한다.

④ 시공이 용이한 것이어야 한다.

### (3) 벽지의 종류

① 직물벽지: 실을 뽑아 직기에 제직을 거친 벽지이다.

② 비닐벽지: 종이 위에 PVC파우더를 녹여서 코팅하여 인쇄한 벽지로서 실크(Silk)벽지는 비닐벽지의 일종이다.

③ 종이벽지: 종이 위에 무늬와 색상을 인쇄한 벽지로서 저렴하고 시공이 쉬운 벽지이다.

④ 발포벽지: 염화비닐을 졸(Sol) 상태로 만들어서 백상지에 부분 도포하여 열에 의해 발포시킨 벽지를 말한다.

## 2 기타 마감재

### (1) 석고보드(Plaster board, Gypsum board)

① 소석고를 주원료로 하여 톱밥 · 섬유 · 펄라이트 등을 혼합하여 판상(板狀)으로 굳힌 것을 말하며, 벽이나 천장 마감재로 사용된다.

② 특성

㉠ 부식이 진행되지 않고 충해를 받지 않는다.

㉡ 팽창 및 수축의 변형이 작다.

㉢ 흡수로 인해 강도가 현저하게 저하된다.

㉣ 단열, 차음, 흡음성이 우수하다.

③ 종류

㉠ 평보드: 석고보드의 측면을 거의 직각으로 성형한 보드이며 벽, 천장에 사용되어 방화재의 역할을 한다.

㉡ 테파보드: 석고보드의 길이 양단 부분을 경사지게 성형한 보드이다.

㉢ 베벨보드: 테파보드에 비해 경사지게 처리하는 부위를 좁게 하여 이음매 처리를 쉽게 할 수 있도록 성형한 보드이다.

㉣ 라스보드: 벽의 속재료로 사용한다.

㉤ 흡음(吸音)보드: 음향 흡음재로 사용한다.

▲ 석고보드

▲ 천장 석고보드 시공



### (2) 텍스(Textile)

① 석고, 시멘트 등의 무기재료를 사용하여 판상 형태로 제조 성형한 천장마감재이다.

② 천장 마감의 표면 무늬와 질감을 다양하게 표현할 수 있다.

③ 제품이 규격화되어 모듈화된 천장 디자인에 적용할 수 있다.

④ 불연성, 단열성 및 흡음성이 우수하다.

⑤ 경량이며 간편하게 시공할 수 있다.

⑥ 내구성과 내부식성이 우수하다.

⑦ 비용이 저렴하며, 보수 및 점검이 용이하다.

PART

# 04

# 구조

## 구조 학습 TIP

- 구조는 회당 평균 약 33%(20문제) 내외로 출제되는 과목입니다. 주로 건축물의 각 구조 Ⅰ과 Ⅱ에서 출제가 이루어지므로 목구조, 조적구조, 철근콘크리트구조, 철골구조는 확실하게 공부할 필요가 있습니다.
- 전체적으로 범위가 넓고 공부해야 할 양이 많은 과목이지만 철근콘크리트구조 특성, 조립식구조 특성, 가새, 조적벽 두께 계산, 내쌓기, 보강블록조(내력벽 길이와 바닥면적), 2방향 슬래브 비, 스티프너, 철근콘크리트 기둥 주근, 셸구조, 트러스구조 특성 등은 자주 출제되므로 반드시 확인해야 합니다.

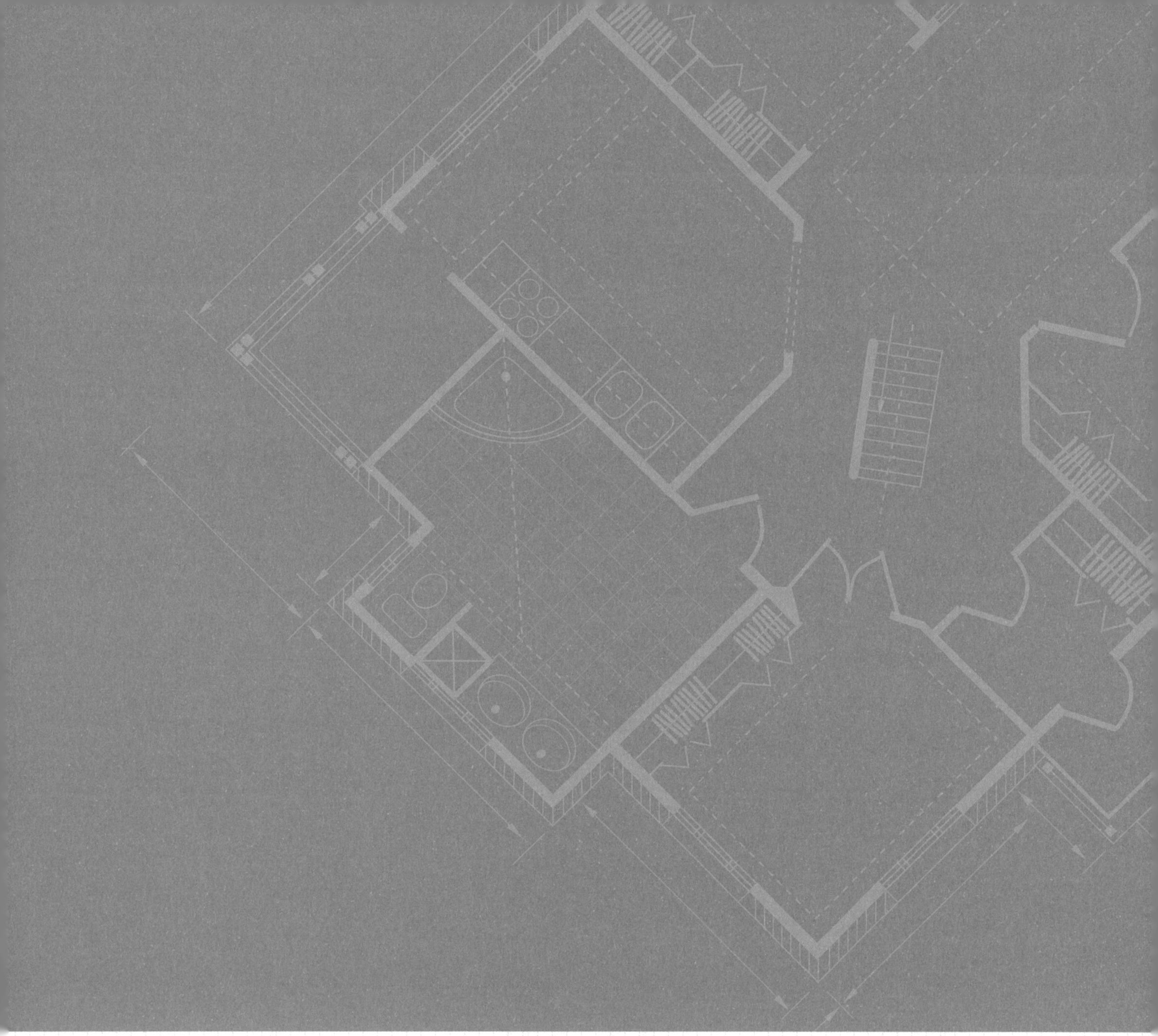

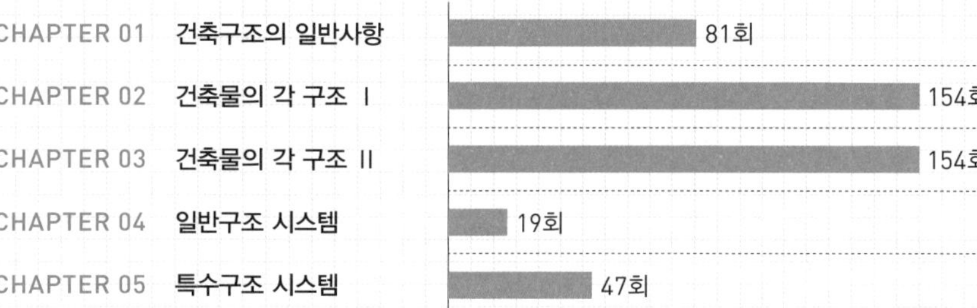


※ 최근 10개년 기출분석 결과로, 분류방법에 따라 수치는 달라질 수 있음

CHAPTER 01

# 건축구조의 일반사항

## 1 건축구조의 개념

### (1) 개념

① 건축구조의 개념

㉠ 건축물의 형상을 이루는 뼈대이며, 지반부터 지상층에 이르기까지 기초와 기둥, 보, 벽, 바닥, 계단, 지붕 등으로 구성되는 건축물의 골격을 말한다.

㉡ 건축구조는 다양한 하중을 견뎌냄으로써 안심하고 거주할 수 있도록 공간의 구조적 안정성을 제공하는 것이다.

② 건축물의 구조재: 기둥, 기초, 슬래브, 보, 내력벽 등이 있다.

### (2) 하중의 분류

| 구분 | 종류 |
|---|---|
| 방향에 따른 분류 | • 수직하중: 자중, 적설하중 등<br>• 수평하중: 풍하중, 지진하중, 수압, 토압 등 |
| 원인에 따른 분류 | • 고정하중: 구조체 자체의 무게, 지속적으로 구조물에 작용하는 하중<br>• 적재하중(활하중): 건물의 사용 및 점용에 의해서 발생되는 하중으로 사람, 가구, 이동칸막이, 창고의 저장물, 설비기계 등의 하중<br>• 이외에 적설하중, 풍하중, 지진하중, 충격하중 등 |
| 기간에 따른 분류 | 장기하중, 단기하중 |
| 위치에 따른 분류 | 중심하중, 편심하중 |
| 하중 분포상태에 따른 분류 | 집중하중, 분포(등분포, 등변분포, 부등분포)하중 |

### (3) 단면력(斷面力, Section force)

① 단면력은 부재의 가상 절단면에 작용하는 내력의 총칭이다.

② 단면력은 휨모멘트, 전단력, 축력의 3가지 종류 이외에 비틀림모멘트, 반력 등이 있다.

㉠ 휨모멘트: 단면에 작용하는 모멘트를 말한다.

㉡ 전단력(Shear force): 한 쌍의 합력이 비틀어지면서 작용하는 힘을 말한다.

㉢ 축력(Axial force, Normal force): 부재 단면의 축방향으로 작용하는 힘을 말한다.

## 2 건축구조의 분류

### (1) 건축구조의 분류

| 분류방법 | 종류 |
|---|---|
| 구성방식 | 가구식 구조, 일체식 구조, 조적식 구조 등 |
| 사용재료 | 목구조, 벽돌구조, 철근콘크리트구조, 철골구조, 철골철근콘크리트구조, 블록구조 등 |
| 입체형상 | 돔구조, 셸구조, 막구조, 절판구조, 케이블구조, 스페이스 프레임구조 등 |
| 시공방식 | 건식 구조, 습식 구조, 조립식 구조 등 |

### (2) 구성방식에 따른 구조 특성

| 종류 | 특성 |
|---|---|
| 가구식 구조 | • 부재(기둥, 보)를 조립과 접합에 의해서 축조하는 구조<br>• 삼각형으로 짜맞추는 것이 안전 |
| 일체식 구조 | • 기둥, 바닥, 보 등의 하중을 받는 구조체를 하나의 뼈대로 만들어서 건물을 완성하는 라멘구조<br>• 재료 자체의 내화성이 높고 고층 구조에 적합<br>• 철근콘크리트구조, 철골철근콘크리트구조 등 |
| 조적식 구조 | • 개개의 재료를 접착재료로 쌓아 만든 구조<br>• 벽돌구조, 블록구조 등 |

### (3) 사용재료에 따른 구조 특성

| 종류 | 장점 | 단점 |
|---|---|---|
| 목구조 | • 자연친화적, 외관이 아름다움<br>• 시공 용이 | • 내구력이 부족<br>• 화재의 위험 및 부패되기 쉬움 |
| 벽돌구조 | • 내구, 방한, 방화에 유리<br>• 외관이 장중 | • 습기의 침입이 쉬움<br>• 횡력과 진동에 약함 |
| 블록구조 | • 공사비가 저렴<br>• 방화, 방한 및 방서에 유리 | • 균열이 발생<br>• 횡력, 진동에 약함 |
| 돌구조 | • 내구, 내화, 방서, 방한에 유리<br>• 외관이 장중 | • 고가이며 시공이 어려움<br>• 횡력, 진동에 약함 |
| 철근콘크리트구조 | • 내구, 내진, 내화성이 큼<br>• 고층, 지하 및 수중 구축이 유리 | • 공기가 길고, 고가<br>• 중량이 큼 |
| 철골구조 | • 고층, 대공간 구조에 유리<br>• 해체이동이 가능<br>• 내진, 내풍적 구조 | • 공사비가 고가<br>• 내구성, 내화성이 작음<br>• 정밀 시공이 요구 |
| 경량철골구조 | • 경량이며, 비교적 경제적<br>• 자재의 취급이 용이 | • 내화, 내구성이 떨어짐 |
| 철골철근콘크리트구조 | • 고층건물, 대형건축에 적합<br>• 내구, 내화, 내진적<br>• 저층부 공간 확보 유리 | • 부재의 중량이 큼<br>• 고가이고 공기가 길<br>• 시공이 복잡 |

## (4) 입체형상에 따른 구조 특성

| 종류 | 특성 |
|---|---|
| 돔구조 | 둥글고 완만한 지붕을 가진 반구형의 구조 |
| 셸구조 | 얇은 판을 휘어서 곡면으로 만든 박판 구조 |
| 막구조 | 코팅된 직물을 주재료로 한 공기막 구조 |
| 절판구조 | 굴절된 평면판의 큰 지지력을 이용하는 구조 |
| 케이블구조 | 케이블을 이용하여 인장응력만으로 저항하는 구조 |
| 스페이스 프레임구조 | 선형의 부재들을 트러스로 결합하여 구성한 구조 |

| 돔구조 | 셸구조 | 막구조 |
|---|---|---|
| | | |
| **절판구조** | **케이블구조** | **스페이스 프레임구조** |
| | | |

**심화 POINT 초고층 건물의 구조시스템**

| 종류 | 특성 |
|---|---|
| 골조-전단벽 | 바람에 대한 저항력을 극대화하기 위하여 코어와 외부 골조 그리고 바닥이 일체로 거동하도록 한 구조형식 |
| 가새 골조 시스템 | 외부 골조만으로 바람의 하중에 저항할 수 없을 경우 구조물의 강성을 증가시키기 위해서 수직 전단 트러스를 건물의 외부 양면과 코어에 설치한 구조시스템 |
| 아웃리거<br>(Outrigger & Belt truss) | 초고층 건물에서 횡력(풍하중, 지진하중)에 저항하기 위해 내부 코어와 외부 기둥을 연결하는 강성이 큰 수평부재를 사용한 구조 |
| 튜브 시스템<br>(Tubular structure) | 건물 외부 벽체를 강한 외피로 둘러싸서 외부 벽체가 마치 튜브(Tube)와 같은 역할을 하여 수평하중에 저항하는 구조이다. |
| 메가칼럼<br>(Mega column system) | 건물 평면을 보았을 때 거대한 기둥을 코너 부분에 배치하는 구조이며, 거대한 기둥이 건물의 횡하중에 저항한다. |

# 3 대표적인 구조의 특성

## (1) 철근콘크리트구조

① 특성

㉠ 재료의 공급이 용이하고 거푸집에 따라 성형성이 뛰어나다.

㉡ 철근을 콘크리트로 피복 보호함으로써 내화성, 내식성이 우수하다.
㉢ 철근과 콘크리트가 일체식으로 제작됨으로써 내구성, 내식성이 뛰어나다.
㉣ 작업방법과 기후의 영향을 많이 받으며, 동절기 공사가 어렵다.
㉤ 균질한 시공이 안 되는 경우 내부 결함이나 하자 등이 발생할 수 있다.

② PC(Precast Concrete) 부재
㉠ 공장에서 미리 제작하여 설치하는 콘크리트 부재이다.
㉡ 운반비가 많이 소요되며, 현장 작업 시 고용량의 양중장비가 필요하다.

### (2) 철골구조(강구조)

① 특성
㉠ 강재의 조립식구조이며, 내화성이 낮다.
㉡ 좌굴의 가능성이 있다.
㉢ 철근콘크리트조에 비해 경량이다.
㉣ 고층 건물이나 장스팬 구조에 적당하다.

**용어 CHECK** **좌굴(Buckling)**

수직부재가 축방향으로 외력을 받았을 때 그 외력이 증가해가면 부재의 어느 위치에서 갑자기 휘어버리는 현상을 말한다.

### (3) 조립식 구조

① 공장에서 미리 제작하여 현장에서 짜맞추는 구조이다.
② 특성
㉠ 공장생산에 의한 공업화 건축이 가능하다.
㉡ 건축 생산재의 표준화 및 규격화가 가능하다.
㉢ 재료의 생산 정밀도를 높일 수 있다.
㉣ 시공의 품질을 높일 수 있다.
㉤ 건식 구조로서 공사기간을 줄일 수 있다.
㉥ 접합부 설계가 어렵고, 각 부품과의 접합부가 일체화되기가 어렵다.

### (4) 스틸하우스(Steel house)

① 개념
㉠ 구조체 전체가 스틸스터드로 이루어진 집을 말한다.
㉡ 스터드나 경량형강의 틀에 합판 등을 스크류 등의 접합철물을 이용하여 조립한다.
② 특성
㉠ 벽체가 얇기 때문에 결로가 발생될 수 있다.
㉡ 공사기간이 짧고 자재의 낭비가 적다.
㉢ 내부 변경이 용이하고 공간 활용이 효율적이다.
㉣ 얇은 천장을 통해 방 사이의 차음이 문제가 될 수 있다.

CHAPTER 02

# 건축물의 각 구조 Ⅰ

## 1 목구조

### (1) 토대

① 기초 위에서 기둥 밑을 연결하여 고정시키므로 상부에서 오는 하중을 기초에 전달하는 역할을 한다.

② 분류

㉠ 바깥토대: 상부구조 중 가장 아래에 놓여 있는 토대이다.

㉡ 칸막이토대: 건물 내부를 구획한 벽 밑의 토대이다.

㉢ 귀잡이토대: 모서리 토대의 변형 방지를 위해 45° 각도로 길이 1m 정도로 배치한 토대이다.

③ 설치 시 주의사항

㉠ 토대는 기초 등의 연속기초 위에 수평으로 놓고, 기초 볼트로 이동하지 않게 앵커볼트로 고정하여야 한다.

㉡ 토대의 크기는 기둥과 같은 치수 이상으로 한다.

㉢ 토대와 토대의 이음: 턱걸이주먹장이음, 엇걸이산지이음

㉣ 토대와 기둥의 맞춤: 짧은 장부맞춤

### (2) 기둥

① 평기둥: 각 층별로 각 층의 높이에 맞게 배치되는 기둥이다.

② 통재(通材)기둥: 기둥을 잇지 아니하고, 2층 이상의 기둥 전체를 하나의 단일재로 만든 기둥이다.

③ 활주: 추녀뿌리를 받치는 기둥이고, 단면은 원형과 팔각형이 많다.

④ 심벽식 기둥: 노출된 형식을 말한다.

⑤ 흘림기둥: 기둥의 형태가 밑둥부터 위로 올라가면서 점차 가늘어지는 것이다.

⑥ 샛기둥: 본기둥 사이에 세워 벽체를 이루는 기둥으로, 상부 하중을 받지 않는다.

**심화 POINT 한옥의 기둥**

- 고주(高柱): 평주보다 높은 기둥을 말한다.
- 찰주(刹柱): 건물 중앙에 세운 기둥으로 지주역할을 한다.
- 활주(活柱): 추녀의 처짐을 막기 위해 받치는 기둥이다.
- 누주(樓柱): 다락집의 기둥이며 다락기둥이라고도 한다.

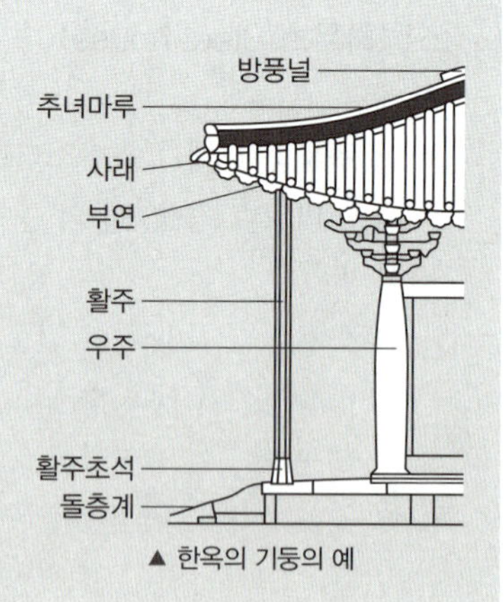


▲ 한옥의 기둥의 예

### (3) 벽체

| 평벽(平壁) | 심벽(心壁) |
|---|---|
| • 기둥 사이에 판자를 대어 기둥과 보가 보이지 않도록 만든 벽체이다.<br>• 평벽은 양식구조에 많이 쓰인다. | • 기둥과 보가 노출이 되도록 판재를 대어 구성하는 벽체이다.<br>• 심벽은 한식구조에 많이 쓰인다. |
| | |

**용어 CHECK** 펠대

심벽의 뼈대이며, 벽 바탕에 뼈대를 설치하고 벽을 보강하기 위하여 기둥을 연결하는 가로재를 말한다.

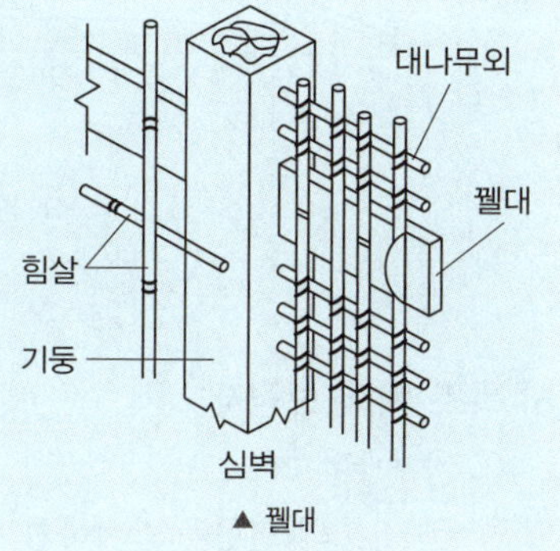

▲ 펠대

### (4) 반자구조

① 반자는 방 또는 마루의 천장을 가려서 만든 구조체이다.

② 반자 부재의 구성 순서

> 달대받이 → 달대 → 반자틀받이 → 반자틀(반자대) → 반자널 → 반자 돌림대 순으로 위에서 아래로 구성된다.

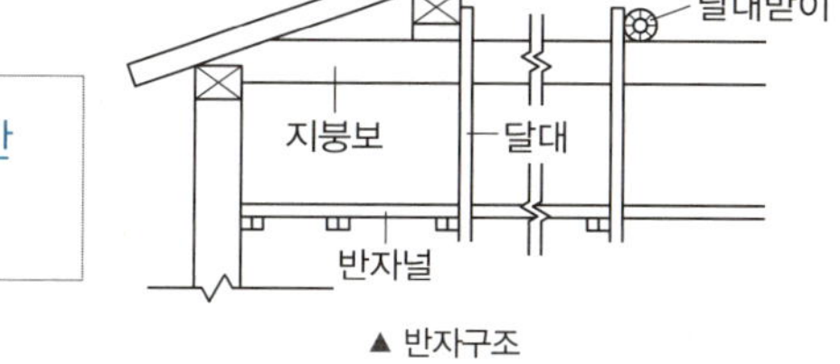

▲ 반자구조

③ 반자틀받이는 900mm 간격으로 달대에 매단다.

### (5) 지붕

① 평고대: 처마끝의 서까래와 지붕널이 썩는 것을 방지하고 구조적으로 튼튼하게 하는 부재이다.

② 처마돌림: 처마끝을 보강하고 의장적으로 처마 끝에 내미는 것이다.

③ 처마도리: 외벽 상부에서 처마 밑에 건너지르는 수평 부재로서 중도리의 일종이며, 서까래를 받음과 동시에 기둥과 지붕보를 연결한다.

④ 당골막이널: 서까래를 놓으면 도리 위에 서까래와 서까래 사이에 공간이 생기며, 이 사이에 대는 널을 말한다.

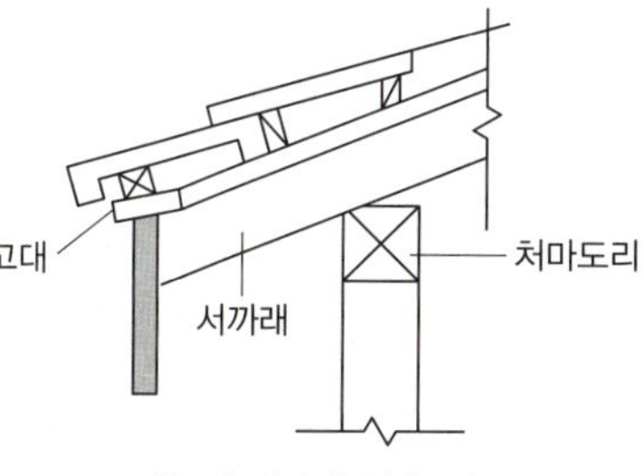

▲ 평고대, 서까래, 처마도리

⑤ 박공널: 박공지붕, 합각지붕의 측면에 서까래를 내밀고 박공처마를 만드는 널을 말한다.

⑥ ㅅ자보: 지붕 트러스에서 서까래의 기능을 가지는 지붕 트러스의 대각선 부재이다.

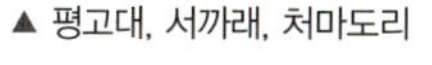
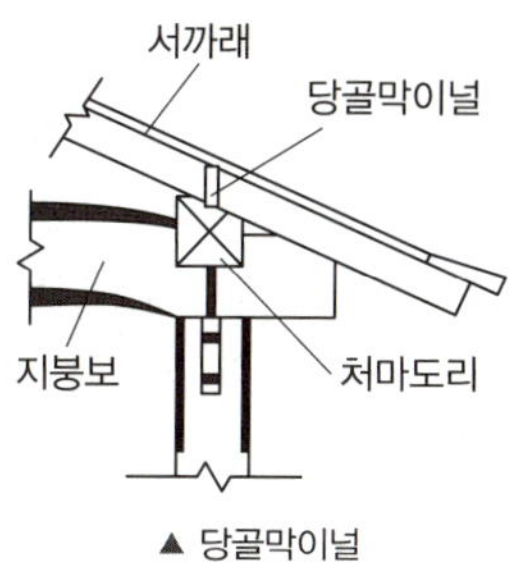

▲ 당골막이널

**심화 POINT** **목조 왕대공 지붕틀과 박공널**

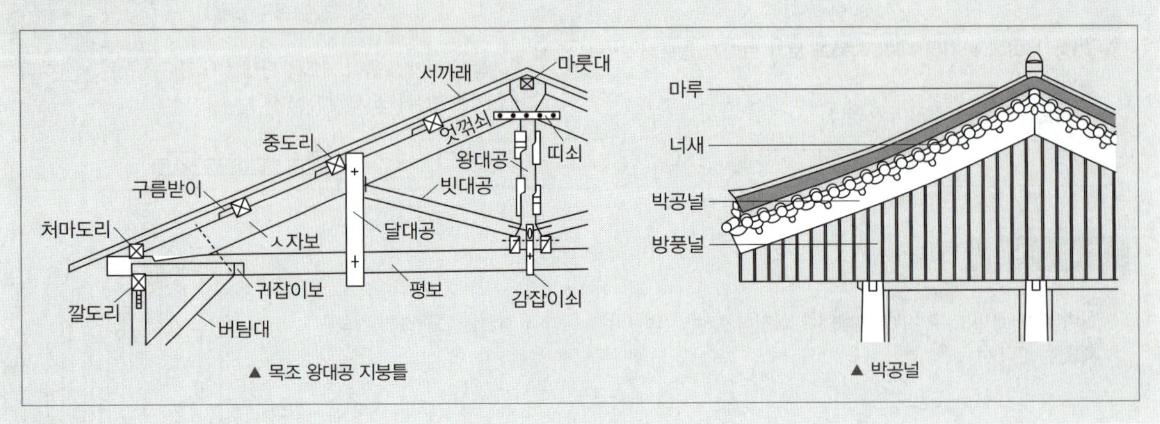


▲ 목조 왕대공 지붕틀

▲ 박공널

## (6) 목조 뼈대 보강재

① 가새(Brace)

㉠ 골조의 변형을 방지하기 위하여 대각선 방향으로 넣는 경사재이다.

㉡ 수평력(횡력)에 저항하는 보강재이며, 벽체를 안정형 구조로 만든다.

㉢ 가새의 경사는 45°에 가까울수록 유리하다.

㉣ 하중 방향에 따라 압축과 인장 응력이 번갈아 일어난다.

㉤ 힘의 흐름상 인장력과 압축력에 모두 저항할 수 있다.

㉥ 가새를 결손시켜 내력상 지장을 주면 안 된다.

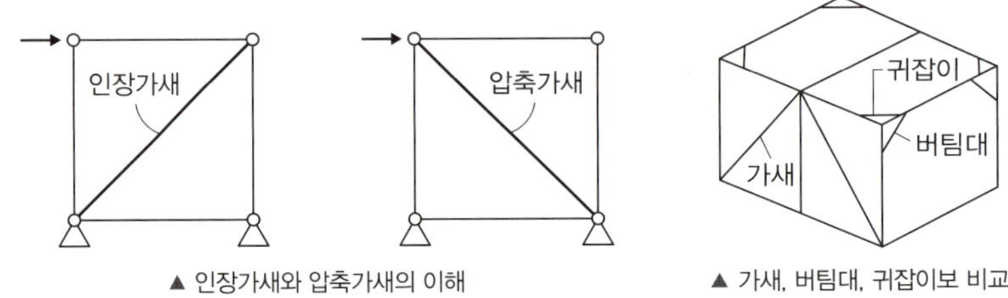


▲ 인장가새와 압축가새의 이해

▲ 가새, 버팀대, 귀잡이보 비교

② 버팀대

㉠ 뼈대의 모서리를 고정시키기 위해 비스듬히 대는 부재이다.

㉡ 가새를 댈 수 없을 때 기둥과 보의 모서리에 댄다.

㉢ 가새보다 수평력에 약하다.

③ 귀잡이보: 가로재(바닥 및 지붕틀의 수평보)의 귀에서 수평으로 짧게 댄 부재이다.

## (7) 목재의 접합

① 목재의 접합 방법

㉠ 맞춤: 둘 이상의 부재가 서로 직교 또는 경사지게 짜임

㉡ 이음: 둘 이상의 목재를 길이 방향으로 연결함

㉢ 쪽매: 부재를 옆으로 나란히 연결하여 넓게 만드는 이음

② 엇걸이 산지이음: 옆에서 산지치기로 하고, 중간은 빗물리게 한 이음으로 토대, 처마도리, 중도리 등에 주로 쓰인다.

| 엇걸이 산지이음 | 빗이음 | 엇빗이음 | 겹친이음 |
|---|---|---|---|
| 산지 | | | |

▲ 엇걸이 산지이음과 기타 이음

③ 짧은 장부 맞춤: 토대와 기둥의 맞춤에 사용한다.

④ 연귀맞춤

㉠ 목재의 마구리를 감추면서 창문 등의 마무리에 이용되는 맞춤이다.

㉡ 직교되거나 경사로 교차되는 부재의 마구리가 보이지 않게 45° 빗 잘라 대는 것을 말한다.

㉢ 연귀, 반연귀, 안촉연귀, 밖촉연귀, 사개연귀 등이 있다.

㉣ 가구, 창문 등의 모서리에 연귀맞춤을 한다.

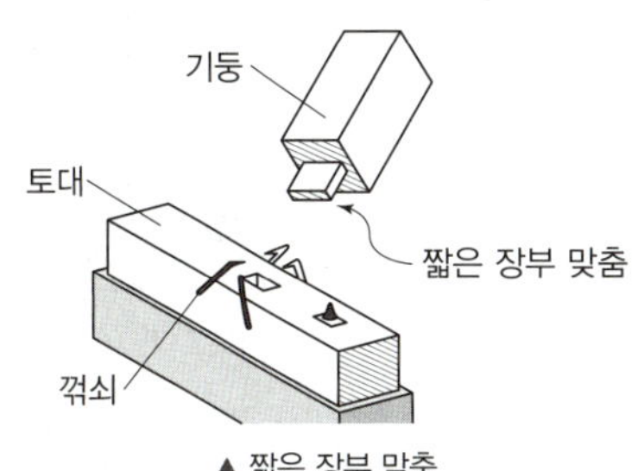


▲ 짧은 장부 맞춤

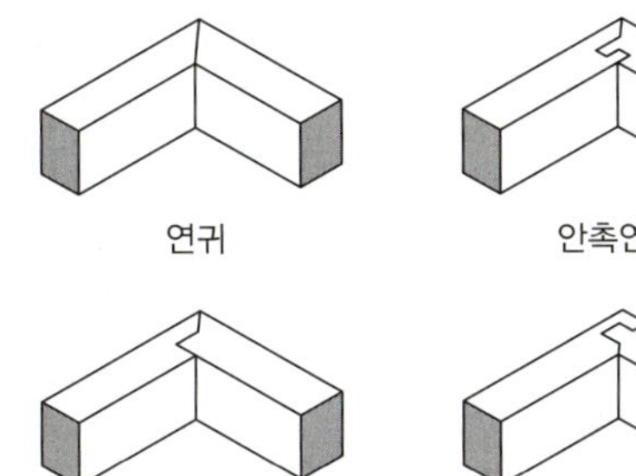


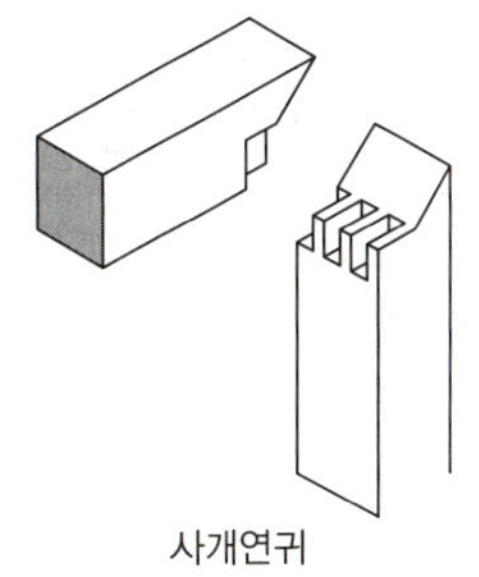


▲ 연귀맞춤의 종류

## (8) 지붕

① 지붕의 물매

㉠ 뜬물매: 지붕 경사가 45° 미만인 물매

㉡ 되물매(10cm물매): 지붕 경사가 45°인 물매

㉢ 된물매: 지붕 경사가 45°를 초과하는 물매

② 지붕의 평면 형태에 따른 종류

| 박공지붕 | 우진각지붕 | 합각지붕<br>(팔작지붕) | 꺾인지붕<br>(Gambrel Roof) |
|---|---|---|---|
| | | | |

## 2 조적식 구조

### (1) 특성

① 구조체를 벽돌로 쌓아 올려 만든 구조이다.

② 모르타르에 의한 접합으로 쌓는 구조이므로 개구부 설치에 제약이 있다.

③ 횡력(수평력)에 약하고 균열 발생이나 습기의 침투가 쉽다.

④ 고층이나 대규모 건축물에 부적합하다.

### (2) 벽돌쌓기 방식

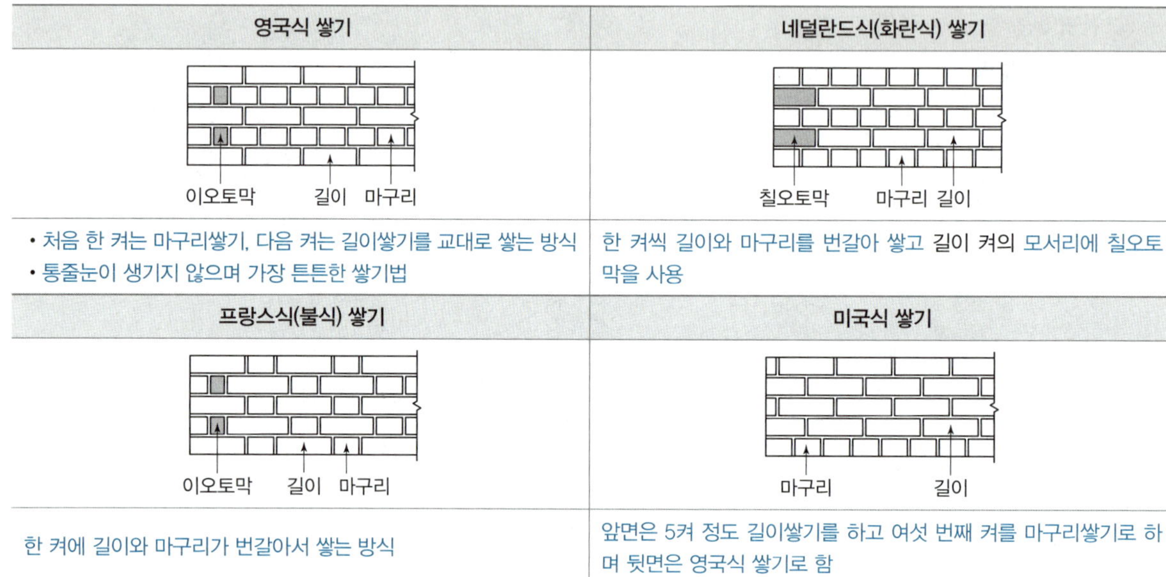

| 영국식 쌓기 | 네덜란드식(화란식) 쌓기 |
|---|---|
| 이오토막 길이 마구리 | 칠오토막 마구리 길이 |
| • 처음 한 켜는 마구리쌓기, 다음 켜는 길이쌓기를 교대로 쌓는 방식<br>• 통줄눈이 생기지 않으며 가장 튼튼한 쌓기법 | 한 켜씩 길이와 마구리를 번갈아 쌓고 길이 켜의 모서리에 칠오토막을 사용 |
| **프랑스식(불식) 쌓기** | **미국식 쌓기** |
| 이오토막 길이 마구리 | 마구리 길이 |
| 한 켜에 길이와 마구리가 번갈아서 쌓는 방식 | 앞면은 5켜 정도 길이쌓기를 하고 여섯 번째 켜를 마구리쌓기로 하며 뒷면은 영국식 쌓기로 함 |

### (3) 구조부별 쌓기 방법

① 기본 벽돌(190×90×57mm) 쌓기의 벽두께

㉠ 0.5B 쌓기: 90mm

㉡ 1.0B 쌓기: 190mm

㉢ 1.5B 쌓기: 290mm(=190mm+10mm+90mm)

② 공간쌓기: 방습, 방열, 방한, 방서 등을 위하여 벽돌벽, 블록벽, 석조벽 등을 쌓을 때 중간에 공간을 두어 이중으로 쌓는 방법이다.

③ 내쌓기

㉠ 벽돌, 돌 등을 쌓을 때 면보다 내밀어 쌓는 것을 말한다.

㉡ 한 켜는 $\frac{1}{8}$B, 두 켜는 $\frac{1}{4}$B 정도 내어 쌓는다.

㉢ 내쌓기 한도는 2.0B이며 마구리쌓기로 한다.

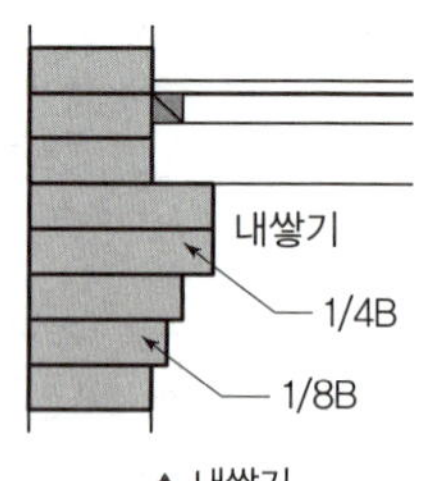

▲ 내쌓기

④ 기초

㉠ 조적식 구조인 내력벽의 기초(최하층의 바닥면 이하에 해당하는 부분을 말한다)는 연속기초로 하여야 한다.

㉡ 기초 중 기초판은 철근콘크리트구조 또는 무근콘크리트구조로 하여야 한다.

㉢ 기초벽의 두께는 250mm 이상으로 하여야 한다.

㉣ 기초판 너비는 벽 두께의 2배 정도가 적당하다.

⑤ 내력벽의 길이는 10m 이하로 하여야 한다.

⑥ 대린벽

㉠ 어느 벽에 대하여 직각으로 교차하도록 설치한 벽을 말한다.

㉡ 대린벽으로 구획된 벽에서 개구부 폭의 합계는 그 벽의 길이의 1/2 이하로 한다.

⑦ 개구부: 하나의 층에 있어서의 개구부와 그 바로 위층에 있는 개구부와의 수직거리는 600mm 이상으로 하여야 한다.

⑧ 담장

㉠ 높이는 3m 이하로 해야 한다.

㉡ 담의 두께는 190mm 이상으로 한다. 다만, 높이가 2m 이하인 담에 있어서는 90mm 이상으로 할 수 있다.

### (4) 테두리보

① 역할

㉠ 벽체를 일체화하여 벽체의 강성을 증대시킨다.

㉡ 부동침하나 지진 발생 시 하중을 균등하게 분포시킨다.

㉢ 횡력에 의한 벽면의 수직 균열을 방지하며, 수축 균열 발생을 최소화한다.

㉣ 세로철근의 끝을 테두리보에 정착시킬 수 있다.

② 테두리보의 설치

㉠ 건축물의 각 층의 조적식 구조인 내력벽 위에는 그 춤이 벽 두께의 1.5배 이상인 철골구조 또는 철근콘크리트구조의 테두리보를 설치하여야 한다.

㉡ 다만, 1층인 건축물로서 벽 두께가 벽 높이의 1/16 이상이거나 벽 길이가 5m 이하인 경우에는 목조의 테두리보를 설치할 수 있다.

### (5) 보강블록조

① 정의

㉠ 블록을 통줄눈으로 쌓고 중공부에 철근을 세우고 콘크리트를 채워서 만드는 구조이다.

㉡ 수직 및 수평하중에 견딜 수 있도록 만드는 내력벽을 보강하는 블록구조이다.

② 내력벽 길이

㉠ 각각 그 방향의 내력벽의 길이의 합계가 그 층의 바닥면적 $1m^2$에 대하여 0.15m 이상이 되도록 한다.

㉡ 내력벽으로 둘러싸인 부분의 바닥면적은 $80m^2$를 넘을 수 없다.

**용어 CHECK 벽량**

- 벽량은 단위면적에 대한 내력벽의 길이($cm/m^2$)로서, 내력벽 길이의 총합계를 그 층의 건물면적으로 나눈 값을 의미한다.
- 그 층의 바닥면적을 기준으로 $15cm/m^2$ 이상으로 한다.
- 벽량을 증가시킬 경우에 횡력에 저항하는 힘이 커지며, 작은 건물에 비해 큰 건물일수록 벽량을 증가시킬 필요가 있다.

③ 시공 방법

㉠ 벽 두께는 층수가 많을수록 두껍게 하며 최소 두께는 150mm 이상으로 한다.

㉡ 수평력에 강하게 하려면 벽량을 증가시킨다.

㉢ 위층의 내력벽과 아래층의 내력벽은 바로 위 · 아래에 위치하게 한다.

㉣ 벽 길이와 합계가 같을 때 연속된 긴 벽으로 크게 분할하는 것이 짧은 벽이 많은 것보다 좋으며, 벽 두께를 늘리는 것보다 벽량을 크게 하는 것이 유리하다.

### (6) 돌쌓기

① 쌓기를 위한 돌의 종류

㉠ 견치돌: 면이 30cm×30cm 정방형에 가까운 네모뿔형의 돌로서 뒷길이가 일정한 석축에 사용되는 돌이다.

㉡ 각석: 너비가 두께의 3배 미만으로 일정한 치수로 다듬어진 돌이다.

㉢ 마름돌: 일정한 크기로 잘라서 각 면을 가공한 직육면체의 돌이다.

㉣ 다듬돌: 사용에 필요한 크기로 잘라서 표면이나 모서리를 곱게 다듬은 돌이다.

㉤ 두겁돌: 난간벽, 부란, 박공벽 위에 덮은 돌로서 빗물막이와 난간 동자받이의 목적 이외에 장식도 겸하는 돌을 말한다.

② 개구부에 설치하는 돌의 종류

㉠ 인방돌: 창문이나 출입문 위에 걸쳐대어 상부의 하중을 받는 수평부재이다.

㉡ 창대돌: 창 밑에 설치하여 창을 받치고 빗물이 흘러내리게 하는 수평부재이다.

㉢ 문지방돌: 출입문의 밑에 대는 돌이다.

㉣ 쌤돌: 조적조에서 개구부의 벽 두께 면에 대는 돌이다.

③ 돌쌓기 방식

| 바른층 쌓기 | 허튼층 쌓기 |
|---|---|
| | |
| 1켜 높이는 모두 동일한 것을 쓰면서 돌의 높이를 맞추어 수평줄눈이 일직선이 되도록 연속하여 쌓는 방식을 말한다. | 네모돌을 수평줄눈이 부분적으로만 연속되게 쌓고, 일부 상하 세로줄눈이 통하게 쌓는 방식을 말한다. |
| **층지어 쌓기** | **허튼쌓기** |
| | |
| 돌을 2, 3켜 정도로 쌓은 다음 수평줄눈이 일직선으로 통하게 쌓는 방식을 말한다. | 허튼쌓기와 막쌓기는 크고 작은 돌을 가로 또는 세로줄눈에 관계없이 쌓는 방식을 말한다. |

④ 석재의 제혀이음

㉠ 맞댄 면에 홈을 파고 다른 한쪽에 제혀 부분을 만들어 끼워서 연결하는 이음이다.

㉡ 연결철물 등을 사용하지 않고 목재나 석재의 이음을 할 수 있다.

▲ 제혀이음

# CHAPTER 03 건축물의 각 구조 Ⅱ

## 1 철근콘크리트 구조

### (1) 일반사항

① 철근콘크리트 구조의 특성

㉠ 인장력에 주로 저항하는 부분은 철근이다.

㉡ 압축력에 주로 저항하는 부분은 콘크리트이다.

㉢ 콘크리트가 철근을 피복하므로 철골구조에 비해 내화성이 우수하다.

㉣ 콘크리트와 철근의 선팽창계수가 거의 같아 입체화에 유리하다.

㉤ 콘크리트는 알칼리성이므로 철근의 부식을 막는 기능을 한다.

㉥ 콘크리트와 철근이 강력히 부착되면 철근의 좌굴이 방지된다.

② 콘크리트 설계기준 강도

㉠ 콘크리트 부재의 설계 시 기준이 되는 콘크리트의 강도이다.

㉡ 일반적으로 콘크리트 타설 28일 후 압축강도를 의미한다.

③ 동바리: 철근콘크리트 공사에서 콘크리트가 타설된 후, 소정의 강도를 얻기까지 고정하중 및 시공하중 등을 지지하기 위하여 거푸집을 받치는 가설부재를 말한다.

④ 버트레스(Buttress): 벽이나 면에 대하여 직각으로 만들어진 콘크리트 또는 석조 피어이며, 지지하는 벽이나 면의 반대쪽에서 작용하는 압력을 지지한다.

▲ 동바리

▲ 버트레스

⑤ 물시멘트비(W/C)

㉠ 물시멘트비는 물과 시멘트의 중량비를 말한다.

㉡ 콘크리트강도에 영향을 주며, 물시멘트비가 클수록 강도는 낮아진다.

$$\text{물시멘트비(W/C)} = \frac{\text{물의 중량}}{\text{시멘트의 중량}}$$

PART 04 구조

## (2) 측압

① 토압은 지하 외벽에 작용하는 대표적인 측압이며, 벽체가 받는 측압을 경감시키기 위하여 부축벽을 세운다.

② 측압 증가 요인

| 측압영향요소 | 측압에 미치는 영향 |
|---|---|
| 슬럼프 | 슬럼프(묽기)가 클수록 측압은 크다. |
| 타설속도 | 타설속도가 빠를수록 측압은 크다. |
| 다짐 | 다짐이 과다할수록 측압은 크다. |
| 배합 | 부배합(富配合)일수록 측압은 크다. |
| 철골, 철근량 | 철골, 철근량이 적을수록 측압은 크다. |
| 벽 두께 | 벽 두께가 두꺼울수록 측압은 크다. |
| 온도 | 온도가 낮을수록 측압은 크다. |
| 습도 | 대기 중 습도가 높을수록 측압은 크다. |
| 거푸집 강성 | 강성이 클수록 측압은 크다. |

## (3) 부동침하

① 부동침하: 구조물의 기초지반이 침하되면서 구조물의 여러 부분에서 불균등하게 침하를 일으키는 현상이다.

② 부동침하의 발생 원인

㉠ 지반이 연약한 경우

㉡ 연약지반의 두께가 다를 경우

㉢ 이질 지정 또는 일부 지정

㉣ 건물이 서로 다른 지반의 이질층에 걸쳐 있는 경우

㉤ 자중이 일정하지 않거나 부주의한 일부 증축의 경우

㉥ 지하수위 변경

㉦ 지하 매설물 또는 구멍이 있거나, 지반이 메운 땅인 경우

**심화 POINT** 부동침하의 여러 가지 원인

| 연약층 | 경사 지반 | 이질 지층 | 낭떠러지 | 증축 |
|---|---|---|---|---|
|  | 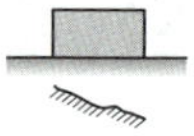 | 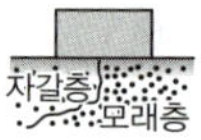 자갈층 모래층 | 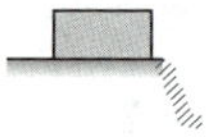 |  증축 |
| **지하수위 변경** | **지하 구멍** | **메운땅 흙막이** | **이질 지정** | **일부 지정** |
| 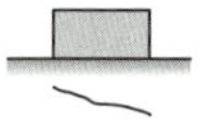 | 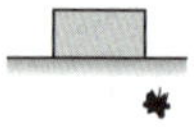 | 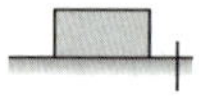 | 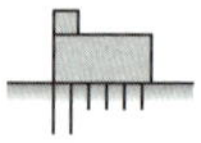 | 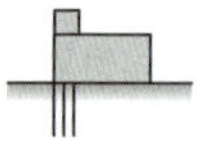 |

## (4) 기초

① 기초의 종류

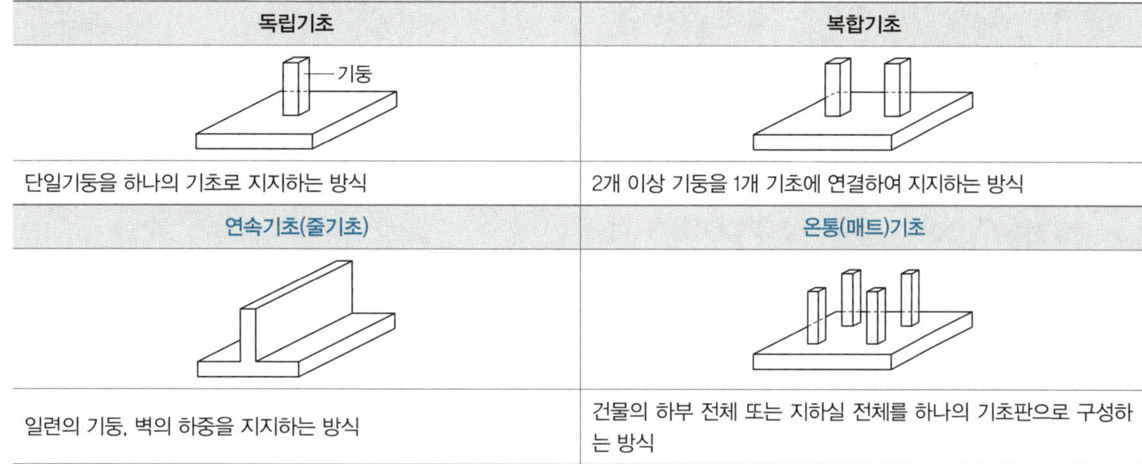


| 독립기초 | 복합기초 |
|---|---|
| 단일기둥을 하나의 기초로 지지하는 방식 | 2개 이상 기둥을 1개 기초에 연결하여 지지하는 방식 |
| **연속기초(줄기초)** | **온통(매트)기초** |
| 일련의 기둥, 벽의 하중을 지지하는 방식 | 건물의 하부 전체 또는 지하실 전체를 하나의 기초판으로 구성하는 방식 |

② 기초의 일반사항

㉠ 매트기초는 부동침하가 염려되는 건물에 유리하다.

㉡ 파일기초는 연약지반에 적합하다.

㉢ 기초에 사용된 콘크리트의 두께가 두꺼울수록 전단력, 압축력에 대한 저항성능이 우수해진다.

㉣ RCD파일은 현장타설 말뚝기초의 하나이다.

③ 말뚝의 종류별 간격(D: 말뚝머리 지름)

| 말뚝의 종류 | 말뚝의 중심간격 |
|---|---|
| 나무말뚝 | 2.5D 이상 또한 600mm 이상 |
| 기성콘크리트 말뚝 | 2.5D 이상 또한 750mm 이상 |
| 강재말뚝 | 2.0D 이상 또한 750mm 이상 |
| 매입말뚝 | 2D 이상 |
| 현장타설 콘크리트 말뚝 | 2D 이상 또한 D+1,000mm 이상 |

## (5) 철근의 배근

① 철근배근 방법

㉠ 인장력이 취약한 부분에 철근을 배근한다.

㉡ 철근의 합산한 총 단면적이 같을 때 가는 철근을 사용하는 것이 부착력 향상에 좋다.

㉢ 철근의 이음길이는 철근의 종류, 이음 방법, 콘크리트의 인장 및 압축강도에 따라 달라진다.

㉣ 철근의 이음은 인장력이 작은 곳에서 한다.

② 주근

㉠ 보의 주근: 인장력에 저항하는 수평방향의 철근이 주근이 된다.

㉡ 기둥의 주근: 압축력에 저항하는 세로철근 또는 축방향 철근이 주근이 된다.

### (6) 기둥의 설계

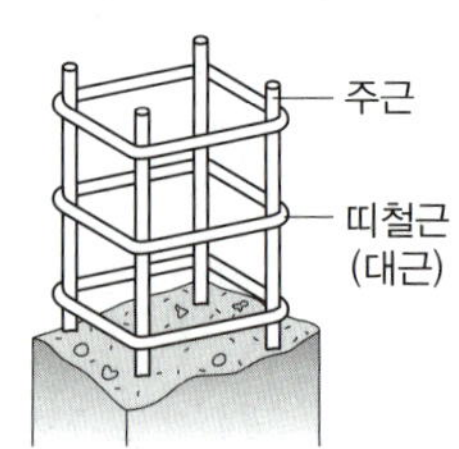

▲ 기둥의 주근과 띠철근

① 주근의 최소개수
  ㉠ 사각형이나 원형 띠철근으로 둘러싸인 경우: 4개 이상
  ㉡ 나선철근으로 둘러싸인 철근의 경우: 6개 이상
② 나선철근은 주근의 좌굴과 콘크리트가 수평으로 터져나가는 것을 구속한다.
③ 기둥 하부의 주근은 기초판에 크게 구부려 깊이 정착한다.
④ 띠철근(Tie bar, Hoop)
  ㉠ 주근에 직각으로 감아대는 철근이다.
  ㉡ 기둥의 주근을 보강하며, 좌굴을 방지한다.
  ㉢ 주근의 간격을 유지한다.
⑤ 띠철근의 최소간격 조건(다음 3개 중 작은 것으로 한다. 단, 200mm 이상이다.)

- 축방향 철근(주철근) 직경의 16배 이하
- 띠철근 직경의 48배 이하
- 기둥 단면 최소 치수의 1/2 이하

**심화 POINT** **띠철근 기둥의 제한사항**

- 축방향 부재의 주철근의 최소개수
  - 직사각형이나 원형 띠철근 내부의 철근의 경우 4개
  - 삼각형 띠철근 내부의 철근의 경우 3개
- 축방향 철근의 철근비: 총 단면적의 1~8%
- 축방향 철근의 순간격: 40mm 이상, 철근 공칭지름의 1.5배 이상, 굵은 골재 최대치수의 4/3배 이상이어야 한다.
- 띠철근의 직경
  - D32 이하의 축방향 철근: D10 이상
  - D35 이상의 축방향 철근과 다발철근: D13 이상

### (7) 보의 설계

① 압축측에도 철근을 배근한 보를 복근보라고 한다.
② 단순보의 주근은 중앙부에서는 하부에 많이 넣어야 한다.
③ 보 종류에 따른 특성
  ㉠ 단순보는 중앙에 연직하중을 받으면 휨모멘트와 전단력이 생긴다.
  ㉡ T형보는 압축력을 슬래브가 일부 부담한다.
  ㉢ 보 단부의 헌치는 보의 하부를 비스듬히 내려서 기둥에 부착하는 부분을 말하며, 접합부의 강성을 높이기 위해 설치한다.
  ㉣ 캔틸레버 보에는 통상적으로 단면 상부에 철근을 배근한다.

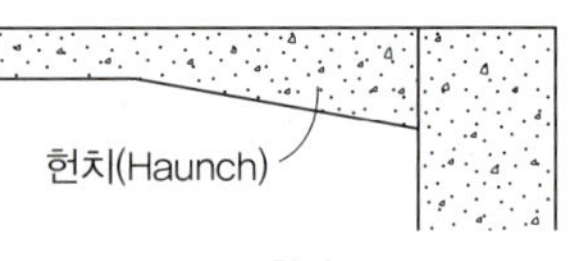

▲ 헌치

④ 늑근
  ㉠ 철근콘크리트 보의 주근을 둘러 감은 철근이다.
  ㉡ 전단력을 보강하는 철근이다.
  ㉢ 늑근은 중앙부보다 단부에서 촘촘하게 배치하는 것이 원칙이다.
⑤ 보의 중량 = 단면적 × 길이 × 단위중량

## (8) 슬래브의 설계

① 슬래브의 종류

㉠ 1방향 슬래브: $\frac{장변}{단변}>2.0$  ㉡ 2방향 슬래브: $\frac{장변}{단변}\le 2.0$

② 1방향 슬래브의 두께는 최소 100mm 이상으로 해야 한다.

③ 슬래브의 주근과 부근

㉠ 주근: 슬래브의 단변방향의 인장철근

㉡ 부근(배력근): 슬래브의 장변방향의 인장철근

④ 슬래브의 철근은 단변방향이 주근이므로, 장변방향보다 많이 넣어야 한다.

## (9) 철근의 피복

① 철근의 피복두께: 철근을 보호하기 위한 목적으로 철근의 가장 외측면으로부터 콘크리트 표면까지의 거리를 말한다.

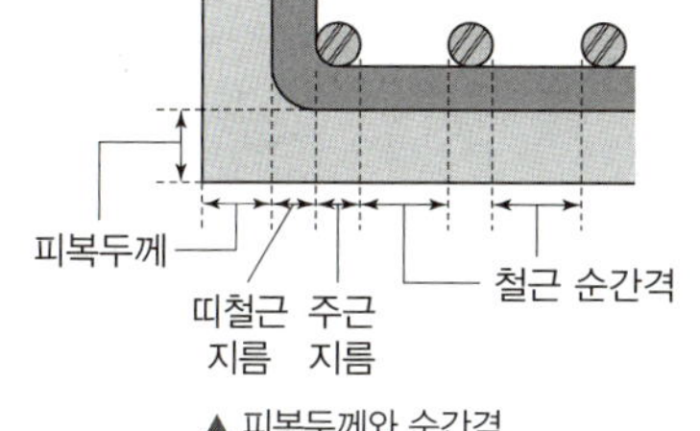

▲ 피복두께와 순간격

② 철근 피복두께의 목적

㉠ 철근의 부식 및 중성화 방지

㉡ 내구성 및 내화성 확보

㉢ 부착강도 확보

㉣ 시공 시 유동성 확보

③ 프리스트레스하지 않는 부재의 현장치기 콘크리트의 최소피복두께(단위: mm)

| 조건 | 부재 | 철근 | 피복두께 |
|---|---|---|---|
| 수중에서 타설하는 콘크리트 | 모든 부재 | – | 100 |
| 흙에 접하여 콘크리트를 친 후 영구히 흙에 묻혀 있는 콘크리트 | 모든 부재 | – | 75 |
| 흙에 접하거나 옥외의 공기에 직접 노출되는 콘크리트 | 모든 부재 | D19 이상 | 50 |
| | | D16 이하 | 40 |
| 옥외의 공기나 흙에 직접 접하지 않는 콘크리트 | 슬래브, 벽체, 장선 | D35 초과 | 40 |
| | | D35 이하 | 20 |
| | 보, 기둥 | – | 40 |
| | 쉘, 절판부재 | – | 20 |

## (10) 이음

① 신축이음(Expansion joint): 온도변화에 따라 신축하는 콘크리트의 균열을 막기 위해 일정 길이마다 설치하는 이음부를 말한다.

② 신축이음 설치 목적과 위치

| 설치 목적 | 설치 위치 |
|---|---|
| • 양생기간 및 사용 중 안전성 확보<br>• 콘크리트 구조물의 변형 수용<br>• 콘크리트의 팽창과 수축 조절<br>• 부동침하, 진동 방지 | • 기존 건물과의 접합부분<br>• 저층의 긴 건물과 고층 건물의 접속부분<br>• 복잡한 평면부분의 교차부분<br>• 건물의 기초가 상이한 부분<br>• 구조상 중량 배분이 다른 부분 |

## 2 철골구조

### (1) 철골 기둥의 종류

| H형강 기둥 | 강관 기둥 | 플레이트 기둥 |
|---|---|---|
| | | |
| **격자 기둥** | **래티스 기둥** | **트러스 기둥** |
| | | |

**용어 CHECK** 격자 기둥

작은 부재가 큰 힘을 받을 수 있도록 앵글, 채널 등의 대판(띠판)을 플랜지에 직각으로 접합한 기둥이다.

### (2) 철골보의 구성

① 플랜지(Flange): 형강, 판보 또는 래티스보 등에서 보의 단면 상하에 날개처럼 내민 부분으로 휨모멘트를 부담한다.

② 웨브(Web): 플랜지를 수직으로 연결하는 부분으로 전단력을 부담한다.

▲ 플레이트 보 예시 1

### (3) 플레이트 보(Plate girder)

① 웨브 플레이트(Web plate, 복부판)를 세우고 상하부에 플랜지 플레이트를 용접하며, 커버 플레이트나 스티프너로 보강해서 제작한 조립보이다.

② 구성품에는 커버 플레이트, 웨브 플레이트, 플랜지 플레이트, 스티프너가 있다.

③ 커버 플레이트(Cover plate)는 플랜지의 단면이 부족하거나 보의 휨내력을 보강하기 위해 사용하는 강판이다.

④ 스티프너(Stiffener)는 플랜지나 웨브 부분에 설치하는 보강재로서, 전단 보강과 좌굴을 방지한다.

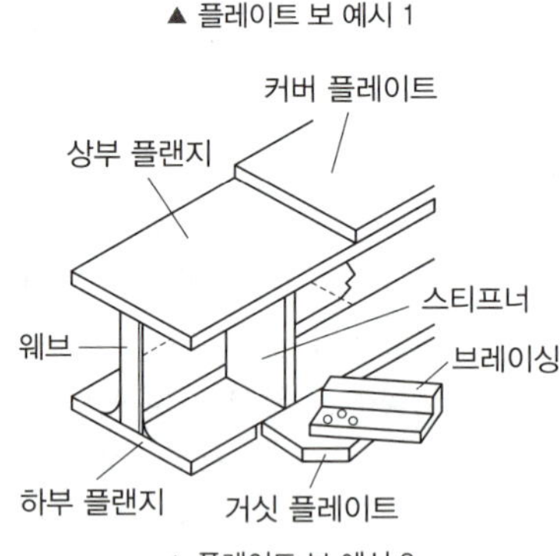


▲ 플레이트 보 예시 2

## (4) 철골보의 종류

| 종류 | 내용 |
|---|---|
| 형강보 | • H형강, I형강, U형강 등을 조립이나 접합하지 않고 단독으로 사용한다.<br>• 부재의 가공 절차가 간단하고 철골보와 기둥의 접합도 단순하다. |
| 격자보<br>(Grid girder) | • ㄱ자 형강 플랜지와 웨브를 90°로 댄 것으로, 2방향 보를 격자 모양으로 배치한다.<br>• 격자보는 콘크리트로 피복하여 사용한다. |
| 판보(플레이트 보,<br>Plate girder) | • 웨브재에 강판을 사용하여 상하부에 플랜지 철판을 용접하거나 ㄱ형강을 접합한 것이다.<br>• 하중이나 스팬의 대소에 따라 단면을 자유롭게 증감할 수 있는 이점이 있다.<br>• 보 높이가 플랜지 폭에 비해 크기 때문에 좌굴하기 쉬우므로 스티프너로 보강한다. |
| 트러스보<br>(Truss girder) | • 상 · 하현재와 경사재를 핀 접합으로 삼각형 조립한 트러스 구조의 보이다.<br>• 간사이가 15m를 넘거나, 보 춤이 1m 이상 되는 보를 제작할 때 사용한다. |
| 허니컴보<br>(Honey comb beam) | • H형강, I형강 웨브 부분을 6각형 구멍 등으로 절단, 가공 및 접합하여 만든 보이다.<br>• 보의 춤이 크므로 휨 내력이 강한 보이다. |
| 래티스보<br>(Latticed girder) | • 상하 플랜지 사이에 웨브재 평강을 45°, 60° 등 일정한 각도로 접합한 조립보로서 규모가 작거나 철골철근콘크리트로 피복할 때 사용된다.<br>• 웨브를 현재에 90°로 댄 것을 사다리보라고도 한다.<br>• 접합판(Gusset plate)을 사용하지 않는다. |

## (5) 접합

① 고(장)력볼트접합

㉠ 접합 방법: 마찰접합, 지압접합, 인장접합

㉡ 접합부의 강성이 높고 볼트 및 너트가 쉽게 풀리지 않는다.

㉢ 피로강도가 높다.

㉣ 계기공구로 죄어 일정하고 정확한 강도를 얻을 수 있다.

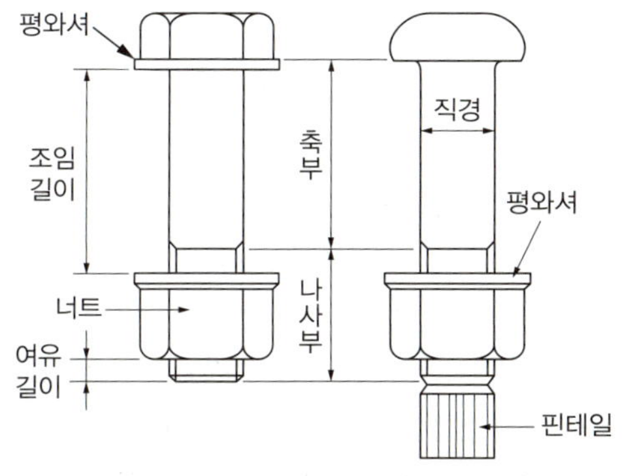

▲ 고장력볼트　▲ 특수고장력볼트(T.S볼트)

② 용접결함의 종류와 용접 부위 또는 보강재

㉠ 용접결함의 종류

| 언더컷(Under cut) | 블로홀(Blow hole) | 오버랩(Over lap) |
|---|---|---|

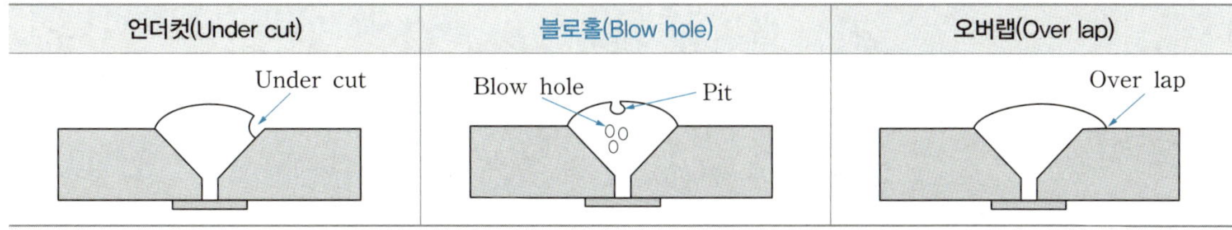

㉡ 용접 부위 또는 보강재

| 스캘럽(Scallop) | 메탈터치(Metal touch) | 엔드탭(End tab) · 뒷댐재(Back strip) |
|---|---|---|

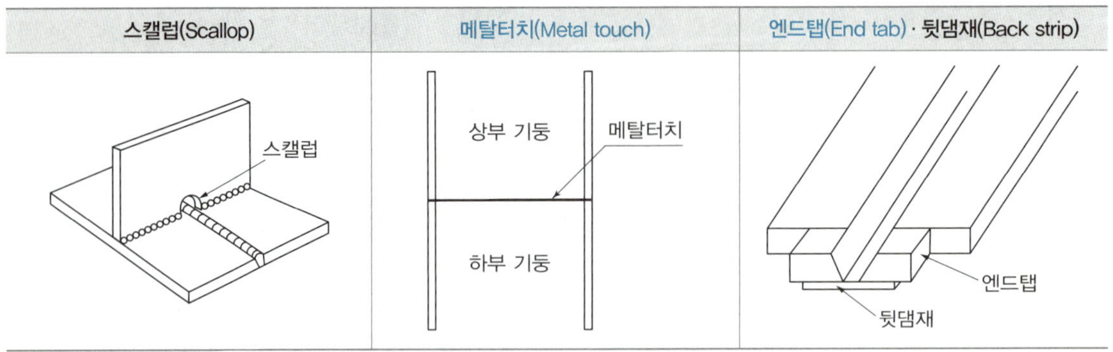


## (6) 합성구조

① 스터드 볼트(Stud bolt)

㉠ 합성골조에서 스터드 커넥터로서 전단연결(Shear connector) 역할을 한다.

㉡ 철골보와 콘크리트 양단 사이의 전단응력 전달 및 일체성을 확보할 수 있다.

▲ 스터드 볼트 예시

② 데크플레이트(Deck plate)

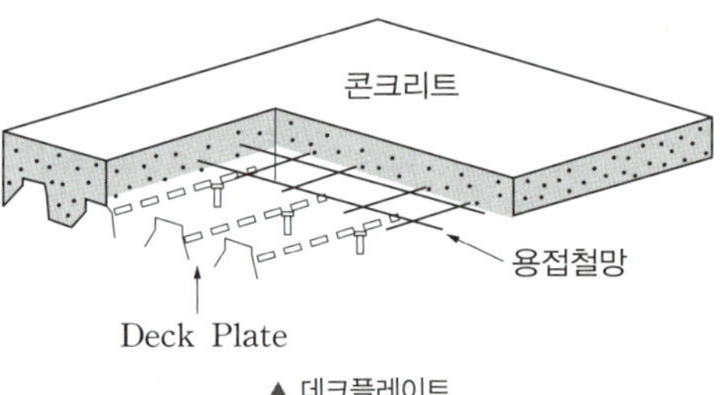


▲ 데크플레이트

㉠ 바닥슬래브를 타설하기 전에 철골 보 위에 설치하는 절곡된 얇은 판의 바닥 부재를 말한다.

㉡ 경량이므로 운반하기 쉽고 설치가 용이하며, 중량대비 고강도 실현이 가능하다

㉢ 운송, 시공, 관리비용 절감 및 공기단축이 가능해진다.

③ 콘크리트 충전 강관(CFT; Concrete Filled steel Tube)

㉠ 원형이나 각형 강관 내부에 콘크리트를 충전하여 제작한 강관이다.

㉡ 강관과 콘크리트의 상호 구속으로 강성 증대, 변형 방지, 내화 성능을 발휘한다.

㉢ 내부 콘크리트가 강관의 급격한 국부좌굴을 방지한다.

# CHAPTER 04 일반구조 시스템



### (1) 골조구조(Framed structure)

① 직선 형상의 부재를 적절히 조합하여 만든 구조물을 일컫는다.

② 절점이 힌지로 되어 있는 뼈대 구조를 트러스라 하며 절점이 강절(Rigid joint)로 되어 있는 뼈대 구조를 라멘(Rahmen)이라 한다.

### (2) 벽식구조

① 벽식구조

㉠ 기둥, 들보 등의 골조를 넣지 않고 벽이나 바닥을 일체화한 구조이다.

㉡ 벽체나 바닥판의 평면적인 구조체만으로 구성한 구조물로 기둥이나 보 없이 바닥 슬래브와 벽으로 연결되어 있어 구조물 전체의 강성이 우수하다.

② 전단벽

㉠ 벽체의 면내로 평행하게 작용하는 수평력에 저항하도록 설계된 구조 내력벽이다.

㉡ 바람, 지진에 의한 수평하중에 대해 구조물의 안전성을 확보하기 위하여 사용된다.

③ 내력벽과 비내력벽

㉠ 내력벽은 하중을 지탱하여 구조물 기초로 전달하는 벽을 말한다.

㉡ 비내력벽은 자체 하중만을 받고 상부하중은 받지 않는 벽체, 장막벽, 칸막이벽, 커튼월 등을 말한다.

### (3) 아치구조

① 특성: 개구부 상부하중 지지를 위해 돌이나 벽돌을 곡선형 아치로 쌓아 올린 구조로 곡면 축선을 따라 압축력만을 전달한다.

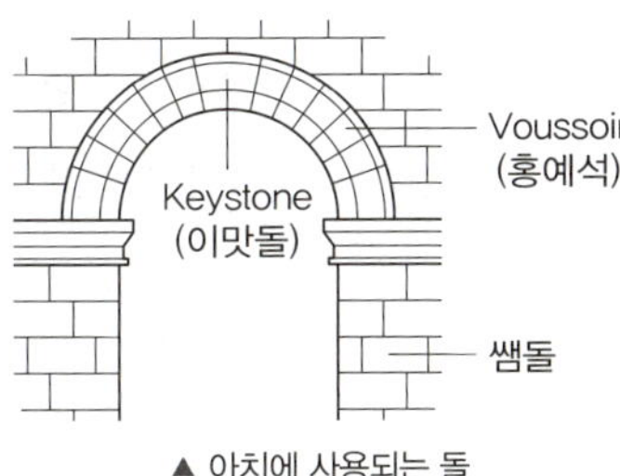

▲ 아치에 사용되는 돌

② 아치의 종류

㉠ 본아치: 아치벽돌 단면을 사다리꼴 모양으로 주문 제작하여 만든 아치이다.

㉡ 거친아치: 외관이 중요시되지 않는 부위에 보통벽돌을 써서 줄눈을 쐐기모양으로 쌓는 아치이다.

㉢ 막만든아치: 보통벽돌을 쐐기모양으로 다듬어 쌓은 아치이다.

㉣ 층두리아치: 아치 너비가 클 때 아치를 여러 겹으로 둘러쌓아 만든 아치이다.

| 본아치 | 거친아치 | 막만든아치 | 층두리아치 |
|---|---|---|---|

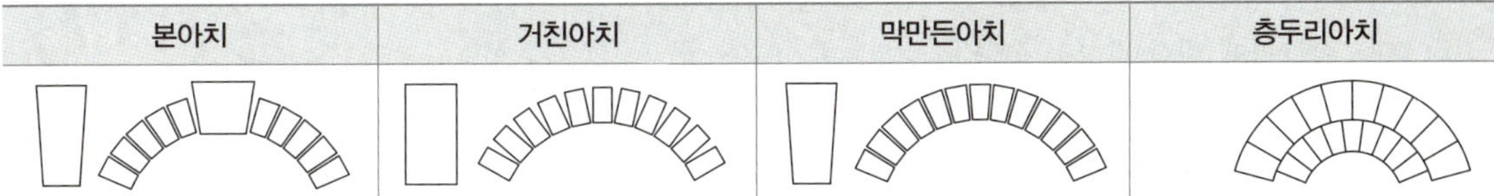

③ 아치구조에 사용되는 돌

㉠ 이맛돌: 중앙에 들어가는 돌이다.

㉡ 쌤돌: 홍예석 하단에 아치를 받치는 돌이다.

# CHAPTER 05 특수구조 시스템

### (1) 절판구조

① 절판구조는 얇은 판을 주름지게 하여 하중에 대한 저항을 증가시키는 구조이다.

② 강성이 높은 알루미늄을 사용할 경우 판의 두께를 얇게 할 수 있다.

③ 실내 음향 성능이 우수하며, 트러스 평판을 이용한 지붕구조로 많이 사용된다.

### (2) 셸 · 돔 · 막 구조

① 셸(Shell) 구조

㉠ 두께가 얇은 곡면형태의 판으로 형성된 구조이다.

㉡ 곡면의 조형은 입체적인 거대한 공간을 형성하며, 휨과 견고성이 우수하다.

㉢ 외력은 주로 판의 면내력으로 전달되며, 경량이다.

㉣ TWA 공항 터미널, 시드니 오페라 하우스, 코마자와 올림픽 공원 체육관 등이 있다.

② 돔(Dome) 구조

㉠ 특성

- 반원처럼 일정한 곡률의 곡선을 수직축을 중심으로 360° 회전시켜 만든 구조이다.
- 현수선 아치, 포물선, 타원, 쌍곡선 등 다양한 형태가 가능하다.

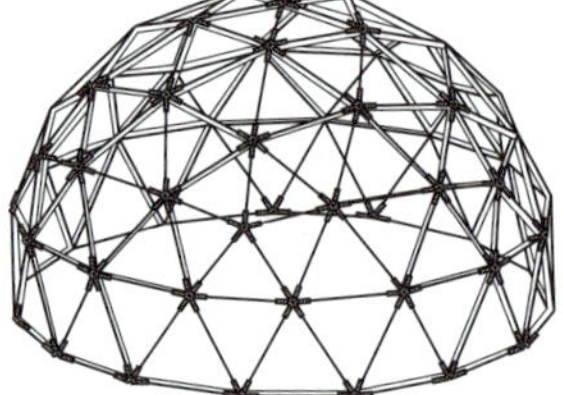

▲ 래티스 돔

㉡ 래티스 돔(Lattice dome): 강성구조인 스페이스 프레임의 일종으로 트러스를 곡면으로 구성하여 힘이 입체적으로 전달되도록 구성된 구조시스템이다.

㉢ 돔구조의 인장링과 압축링

- 인장링(Tension ring): 돔 하부에 설치하여 바깥쪽으로 벌어지려는 추력을 막는 인장력에 저항하는 링을 말한다.
- 압축링(Compression ring): 돔의 상부에서 여러 부재가 만날 때 접합부재가 안으로 몰리면서 조밀해지는 것을 방지하는 링을 말한다.

③ 막 구조

㉠ 특성

- 경량의 막재료를 구조재로 하여 대공간을 구성하는 구조이다.
- 넓은 공간을 덮을 수 있으며, 인장력에 의해 형태를 유지한다.
- 비틀림에 대한 저항이 작다.
- 막재에는 인장응력(면내수직응력)이 작용하도록 설계한다.

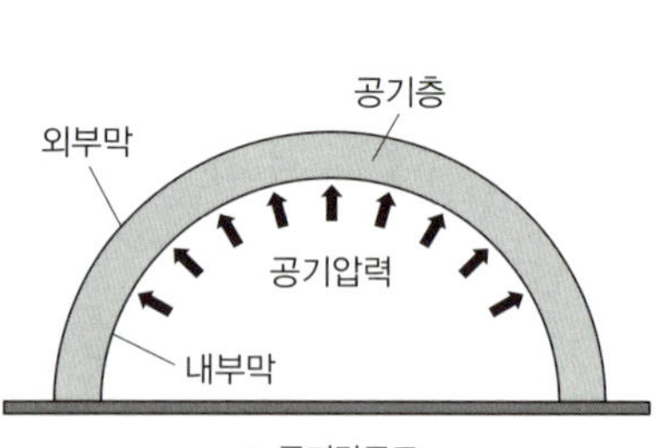


▲ 공기막구조

㉡ 막구조의 종류

- 골조막구조: 강성골조 위에 마감재로서 막재를 사용한다.
- 현수막구조: 막구조에 케이블로 보강된 복합구조이다.
- 공기막구조: 공기의 가압과 송풍으로 공기층을 만들어서 공간을 형성하는 구조이다.

㉢ 서울 상암월드컵경기장

## (3) 케이블 구조

① 특성

㉠ 구조물에 작용하는 하중을 인장응력만으로 저항하는 경제적인 구조방식이다.

㉡ 케이블(Suspension cable) 구조의 건축물 사례로는 서울 상암월드컵경기장, 인천 문학경기장, 제주 월드컵경기장 등이 있다.

② 현수구조

㉠ 주케이블이 양쪽 주탑으로 연결되고 그 케이블에서 보조케이블로 상판을 연결하여 지지하는 구조이다.

㉡ 남해대교, 광안대교, 영종대교 등이 있다.

③ 사장구조

㉠ 주탑에서 주케이블을 상판에 직접 연결하여 지지하는 구조이다.

㉡ 인천대교, 서해대교, 목포대교 등이 있다.

| 현수구조 | 사장구조 |
|---|---|

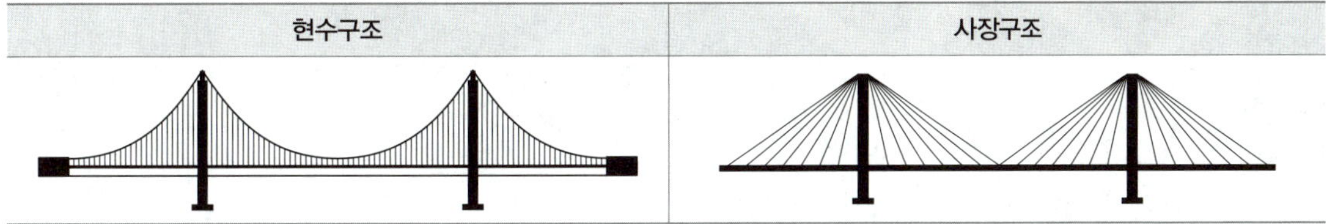

## (4) 트러스 구조

① 트러스(Truss) 구조의 특성

㉠ 부재를 상하, 경사로 연결하여 장스팬의 길이를 확보할 수 있는 구조이다.

㉡ 부재들을 3각형 형태로 배열하고 각 부재의 절점은 핀(Pin)접합으로 연결한다.

㉢ 부재는 축력(압축력, 인장력)만 작용하며, 휘는 힘(휨모멘트)은 발생하지 않는다.

㉣ 트러스는 상현재, 하현재, 복재(사재, 연직재, 단주), 격점, 격간으로 구성된다.

㉤ 지점의 중심선과 트러스 절점의 중심선은 가능한 한 일치시킨다.

㉥ 트러스의 부재 중에는 응력을 거의 받지 않는 경우도 생긴다.

② 트러스(Truss)의 종류

| 플랫 트러스 | 와렌 트러스 | 하우 트러스 |
|---|---|---|
| 킹 포스트 트러스 | 핑크 트러스 | 비렌딜 트러스 |

③ 비렌딜 트러스(Vierendeel truss): 상현재와 하현재 사이에 수직재로 구성되며, 고층 건물 최하층에 넓은 공간을 필요로 할 때나 많은 힘을 받을 때 사용하는 구조이다.

④ 입체트러스 구조: 입체구조 시스템의 하나로서, 축방향만으로 힘을 받는 직선재를 핀으로 결합하여 효율적으로 힘을 전달하는 구조이다.

PART

# 05

# 설비

## 설비 학습 TIP

- 설비는 회당 평균 약 8%(5문제) 내외로 출제되는 과목으로 특정 CHAPTER의 편중 없이 골고루 문제가 출제됩니다.
- 각종 설비시스템의 정의와 장단점을 중점적으로 공부해야 합니다.

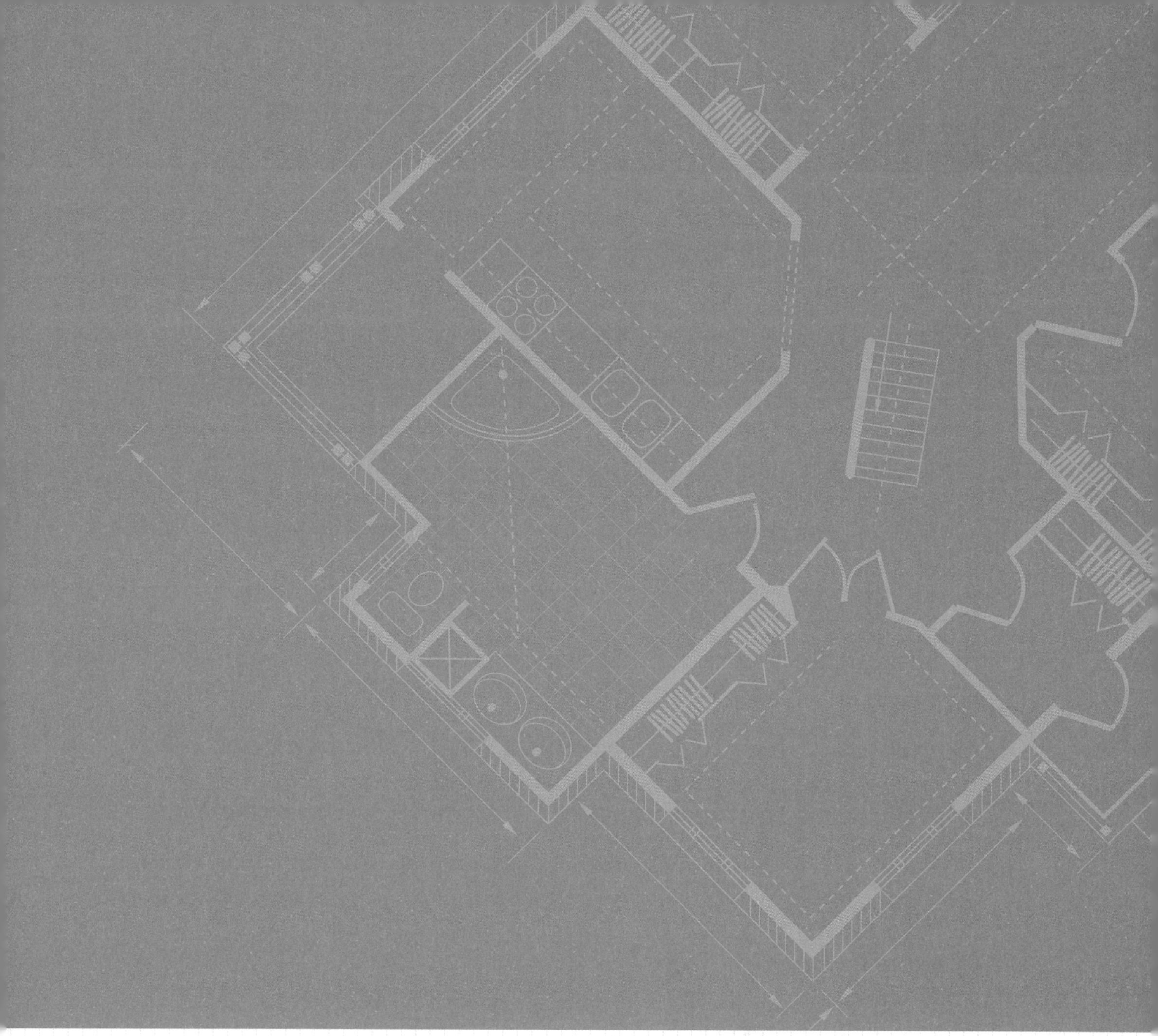

## 최근 10개년 출제 분석

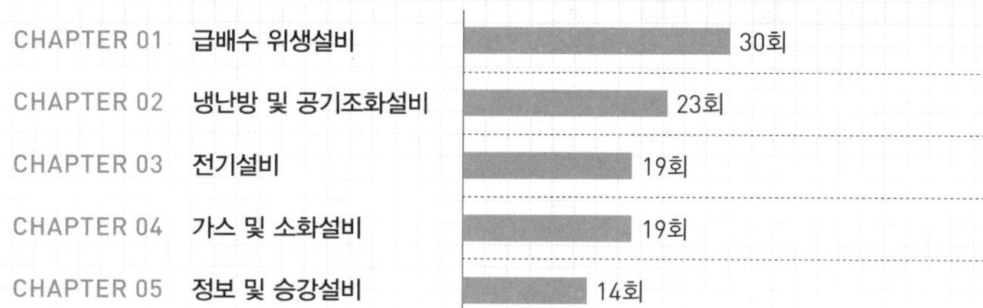


※ 최근 10개년 기출분석 결과로, 분류방법에 따라 수치는 달라질 수 있음

CHAPTER 01

# 급배수 위생설비

## 1 급수설비

### (1) 급수방식

| 수도직결방식 | 고가(옥상)탱크방식 |
|---|---|
| • 급수오염 가능성이 가장 적으며 위생성 측면에서 이상적<br>• 설비비가 저렴하고, 소규모 건물에 적합<br>• 정전 시에도 급수가 가능<br>• 단수 시에는 급수가 불가능<br>• 사용개소에서 수압의 변화가 큼 | • 급수 압력이 일정<br>• 단수 시에도 일정량의 급수가 가능<br>• 대규모 건물에 적합<br>• 급수오염 가능성이 가장 큼<br>• 물탱크 하중 때문에 구조에 유의해야 함 |
| **압력탱크방식** | **펌프직송방식(탱크 없는 부스터방식)** |
| • 단수 시에도 일정량의 급수가 가능<br>• 국부적 고압이 필요할 때 적합<br>• 옥상탱크가 없으므로 구조 강화 불필요, 미관상 좋음<br>• 저수량이 적고, 정전이나 펌프 고장 시 급수가 불가능 | • 탱크가 필요 없으므로 구조상 유리<br>• 저수량은 적지만, 단수 시에도 일정량 급수 가능<br>• 정전 및 펌프 고장 시 급수가 불가능<br>• 설비비가 고가이며, 고장 시 수리가 어려움 |

**용어 CHECK 급수방식**

- 수도직결방식: 도로에 매설되어있는 수도 본관에서 수도관을 연결하여 건물 내의 필요한 곳에 직접 급수하는 방식이다.
- 고가탱크방식: 물을 고가수조로 양수한 후 그 수위를 이용하여 하향급수관을 통해 급수하는 방식이다.
- 압력탱크방식: 저수조에 물을 저수한 후 급수펌프로 압력탱크에 물을 보내 공기압력으로 급수가 필요한 장소에 물을 공급하는 방식이다.
- 펌프직송방식: 수도 본관으로부터 받은 물을 물받이 탱크에 저수한 후 급수펌프만으로 건물 내에 급수하는 방식으로 배관 내의 압력을 감지하여 펌프를 운전하는 방식이다.

### (2) 수격작용(Water hammer)

① 수격작용은 배수관 내에서 유로의 단면적이 급격하게 변하거나 움직임이 멈추면서 압력파가 발생하여 소음과 충격을 일으키는 현상을 말한다.

② 수격작용의 원인과 방지법

| 원인 | 방지법 |
|---|---|
| • 유속의 급정지 시 충격에 의해 발생<br>• 관경이 작을 때 발생<br>• 수압이 과대하고, 유속이 클 때 발생<br>• 밸브를 급조작할 때 발생 | • 가능한 한 직선 배관으로 함<br>• 관경을 크게 함<br>• 적정한 수압을 유지하며, 유속을 작게 함<br>• 밸브 작동을 서서히 함 |

## 2 급탕설비

### (1) 일반사항

① 급탕설비는 증기, 가스, 전기, 석탄 등을 열원으로 하는 물의 가열장치를 설치하여 온수를 만들어 공급하는 설비를 말한다.

② 급탕 목적

㉠ 식수, 요리, 세척, 세탁, 목욕, 샤워, 세면, 비데, 소독, 청소, 보온 등에 사용된다.

㉡ 급탕 온도는 60℃를 기준으로 하며, 급탕부하 산정 시 60kcal/L로 한다.

### (2) 급탕방식의 분류

| 개별식 | 중앙식 |
|---|---|
| • 순간식: 소규모 건물의 급탕설비에 이용되며 팽창탱크를 설치하지 않으며 에너지 이용에 효율적임<br>• 저탕식: 대규모 건물의 급탕설비에 이용되며 팽창탱크를 설치함<br>• 기수혼합식: 증기를 열원으로 사용함 | • 직접 가열장치: 가스, 기름, 전기를 열원으로 사용함<br>• 간접 가열장치: 고온수, 증기를 열원으로 사용함 |

### (3) 중앙식 급탕방식의 특성

| 직접 가열식 | 간접 가열식 |
|---|---|
| • 보일러 가열 온수를 지관으로 기구에 공급<br>• 보일러 내부에 스케일(물때)이 생겨서 수명이 단축<br>• 열효율에 있어 경제적<br>• 높이에 따른 강한 압력이 필요하므로 고압 보일러를 설치<br>• 주택 등의 소규모 건축물에 사용 | • 저탕조 내 가열 코일을 설치하고, 증기나 열탕으로 간접 가열 후 급탕수를 공급<br>• 고압 보일러가 필요 없으며, 보일러 내부에 스케일이 없음<br>• 대규모 건축물에 사용<br>• 가열 보일러는 난방용 보일러와 겸용 가능 |



## 3 배수 및 통기설비

### (1) 배수방식

① 직접배수: 위생기구와 배수관이 연결된 일반 위생기구에서의 배수이다.

② 간접배수: 배수관을 일반 배수계통에 연결하기 전에 물받이 기구에 배수한 후 일반 배수계통에 연결하는 위생을 고려한 배수이다.

### (2) 트랩의 설치

① 트랩(Trap): 봉수를 고이게 함으로써 배수관 속의 악취, 유독가스 및 벌레 등이 실내로 침투하는 것을 막는 기구이다.

② 트랩 설치 조건

㉠ 구조가 간단하며, 내면이 평활해야 한다.

㉡ 자체의 유수에 의하여 배수로를 세정하며, 오수가 정체되지 않아야 한다.

㉢ 봉수가 없어지지 않고, 항상 유지되어야 한다.

㉣ 내식성, 내구성 재료를 사용한다.

### (3) 트랩의 종류

| 유형 | 특성 |
|---|---|
| S트랩 | • 엘보로 신축을 흡수하며, 봉수가 잘 파괴된다.<br>• 세면기, 소변기, 대변기 등 가장 많이 사용된다. |
| P트랩 | • 봉수가 S트랩보다 안전하다.<br>• 세면기, 소변기 등의 고압 배관에 사용된다. |
| U트랩<br>(가옥 트랩) | • 수평 배관 도중이나 말단에 설치한다.<br>• 유수의 흐름을 저해한다. |
| 드럼 트랩 | • 주방 싱크에 적합하며, 침전물 청소가 가능하다.<br>• 봉수가 잘 파괴되지 않는다. |
| 벨(Bell) 트랩<br>(플로어 트랩) | • 벨이나 종 모양의 기구를 씌운 형태의 트랩이다.<br>• 욕실 등의 바닥면 배수 배관에 사용된다. |
| 그리스 트랩 | • 기름기를 응결 및 분리 제거한다.<br>• 호텔 등 주방에 사용된다. |
| 플라스터 트랩 | • 금, 은, 플라스터 등을 제거하기 위한 트랩이다.<br>• 치과, 외과, 기브스실에서 사용된다. |
| 론드리 트랩 | • 단추, 실 등 불순물을 제거하기 위한 트랩이다.<br>• 세탁소에서 사용된다. |

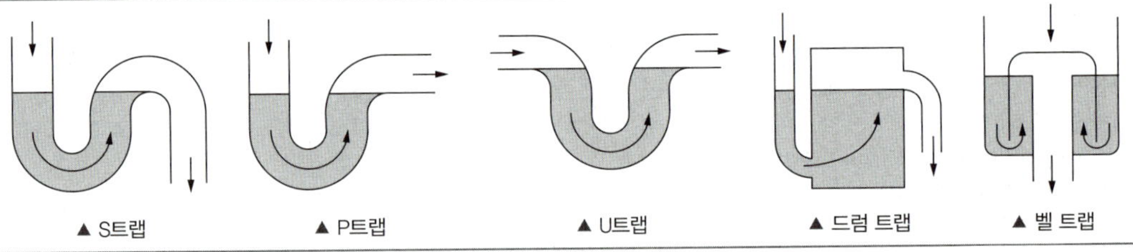

▲ S트랩 ▲ P트랩 ▲ U트랩 ▲ 드럼 트랩 ▲ 벨 트랩

### (4) 트랩의 봉수(Seal water)

① 트랩 안의 봉수를 유지하여 하수 가스, 벌레 등의 실내 침입을 방지한다.

② 봉수의 깊이는 5~10cm 정도가 적당하다.

③ 봉수의 파괴 원인

㉠ 자기 사이펀 작용 · 유도 사이펀 작용

㉡ 흡출 작용(감압 흡인 작용)

㉢ 토출 작용(역압 분출 작용)

㉣ 모세관 현상

㉤ 증발 현상

㉥ 관성에 의한 배출

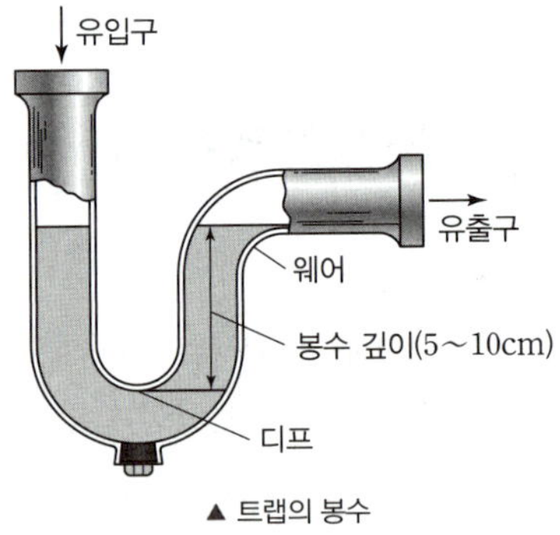


▲ 트랩의 봉수

### (5) 통기설비

① 통기관의 사용 목적

㉠ 트랩의 봉수 보호

㉡ 배수관 내 신선한 공기 유통으로 환기 및 청결 유지

㉢ 배수관 내의 물의 흐름을 원활

㉣ 관내의 기압을 일정하게 유지

② 통기관의 종류

| 유형 | 특성 |
|---|---|
| 각개통기관 | • 각각의 위생 기구마다 1개의 통기관을 설치한다.<br>• 통기의 안정도가 높지만 개별 설치로서 시설비가 비싸다. |
| 회로통기관<br>(루프통기관) | • 수직통기관과 최상류 바로 아래를 연결하여 설치한다.<br>• 1개의 통기관이 8개 이내의 트랩을 보호한다. |
| 도피통기관 | • 루프통기관의 능률을 촉진시키기 위해 설치한다.<br>• 기구수가 8개 이상일 경우 추가로 설치하는 통기관이다. |
| 습식통기관 | • 배수수평지관 최상류 기구에 설치한다.<br>• 배수와 통기에 모두 효과가 있다. |
| 신정통기관 | • 배수수직관 상단을 연장하고 대기중에 개방하여 옥상에 돌출시킨다.<br>• 배관 길이에 비해 성능이 우수하다. |
| 결합통기관 | • 고층건물에서 5개 층마다 통기수직관과 배수수직관을 연결한다.<br>• 관경 50mm 이상 설치하며, 통기관 중 관경이 가장 굵다. |

**심화 POINT 통기관 계통도**

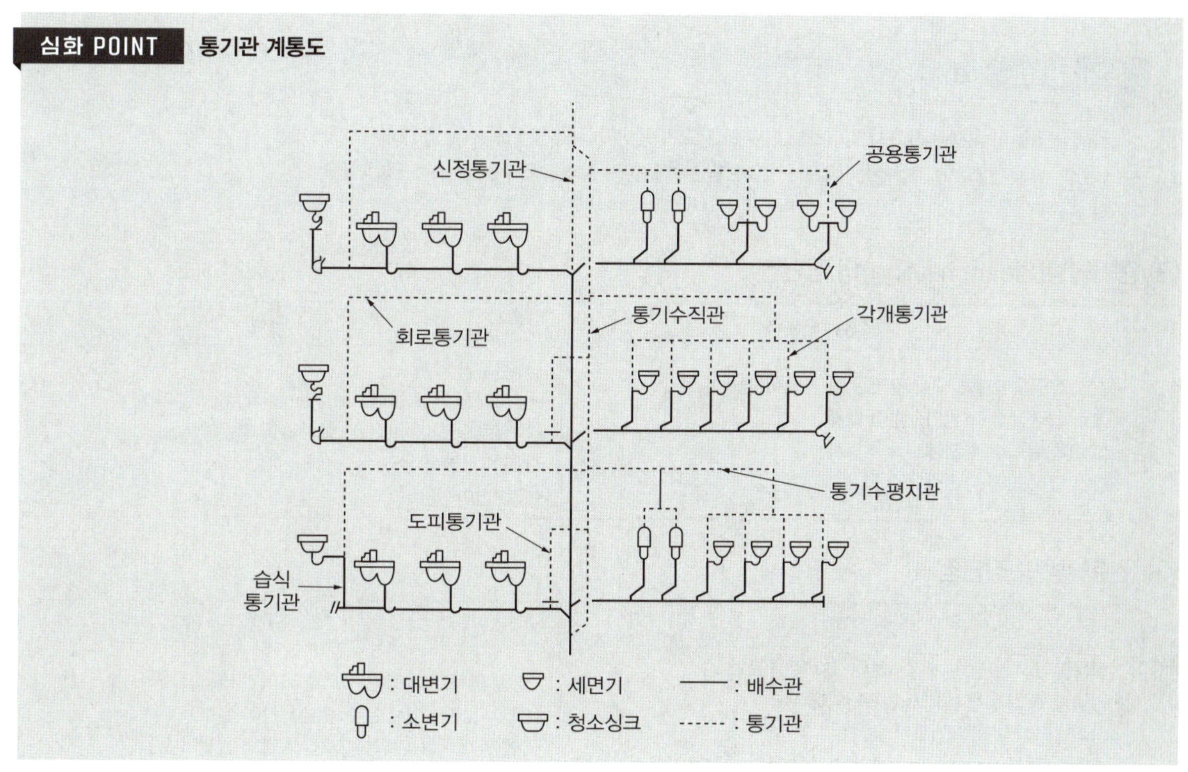

CHAPTER 02

# 냉난방 및 공기조화설비

## 1 냉난방설비

### (1) 일반사항

① 증기난방: 증기의 잠열을 이용한다.

② 온수난방: 온수의 현열을 이용한다.

③ 복사난방(Panel heating): 바닥이나 벽면의 복사열을 이용한다.

④ 온풍난방: 덕트 또는 송풍기를 이용하여 온풍으로 난방한다.

⑤ 지역난방: 열병합발전소에서 생산된 고온수, 고압증기를 이용하여 지역 내의 아파트, 상가 등 건물에 공급하여 급탕, 난방하는 방식이다.

**용어 CHECK 현열과 잠열**

- 현열: 물질의 상태를 바꾸지 아니하고, 단순히 온도만 높이거나 낮추는 데 드는 열이다.
- 잠열: 고체가 액체로, 액체가 기체로 변할 때, 단순히 물질의 상태를 바꾸는 데 쓰는 열이다.

### (2) 증기난방(Steam heating)의 장단점

| 장점 | 단점 |
|---|---|
| • 증발 잠열을 이용하므로 열의 운반 능력이 큼<br>• 예열 시간이 짧고 증기순환이 빠름<br>• 설비비, 유지비가 저렴<br>• 방열 면적과 관경이 작아도 됨 | • 쾌감도가 나쁨<br>• 난방개시 때 소음(Steam hammering)이 많이 발생<br>• 방열량 조절이 어렵고, 화상의 우려<br>• 배관 내 부식 우려<br>• 열손실이 큼 |

### (3) 온수난방의 장단점

| 장점 | 단점 |
|---|---|
| • 열용량이 커서 난방을 정지하여도 여열이 오래 감<br>• 방열량 조절이 용이하고, 연속난방에 유리<br>• 증기난방에 비해 쾌감도가 좋음<br>• 수격현상(Water hammering)이 없어 소음이나 진동이 없음 | • 방열 면적과 관경이 커서 설비비가 비쌈<br>• 예열시간이 길며, 온수 순환시간이 긺<br>• 한랭지에서는 난방 정지 시 동결의 염려가 있음 |

### (4) 복사난방(Panel heating)의 장단점

| 장점 | 단점 |
|---|---|
| • 실내 온도 분포가 균등하여 쾌감도가 좋음<br>• 방을 개방하여도 난방효과가 좋음<br>• 방열기를 설치하지 않으므로 바닥의 이용도가 높음<br>• 천장이 높은 실에서도 난방효과가 좋음 | • 예열시간이 긺<br>• 외기의 급변에 따른 방열량 조절이 어려움<br>• 시공 및 누수의 발견과 수리가 어려움<br>• 수리비, 설비비가 고가 |

## (5) 온풍난방의 장단점

| 장점 | 단점 |
|---|---|
| • 예열시간이 짧고, 온·습도 조절이 용이<br>• 누수 및 동결의 우려 적으며, 설비비가 저렴 | • 온풍로를 이용하여 가열된 공기를 실내로 직접 공급하므로 쾌감도가 나쁨<br>• 소음이 많음 |

## (6) 냉동기의 순환 원리

① 냉동기의 순환 원리

㉠ 압축식 냉동기: 압축 → 응축 → 팽창 → 증발

㉡ 흡수식 냉동기: 증발 → 흡수 → 재생 → 응축

② 냉각탑: 응축기용 냉각수의 재사용을 위해 대기와 접촉시켜서 물을 냉각하는 장치이다.

③ 냉동축열 시스템

㉠ 심야전력(야간 22:00~08:00)을 이용하여 얼음 또는 찬물의 형태로 저장했다가 주간에 건물의 냉방에 활용하는 시스템이다.

㉡ 심야의 값싼 전력을 이용할 수 있고, 주야간의 전력 불균형을 해소할 수 있다.

# 2 공기조화설비

## (1) 전공기방식

① 정풍량 단일덕트방식(Constant air volume system): 냉·온풍을 각 실로 보낼 때 송풍량은 항상 일정하며, 송풍 온·습도만을 변화시켜 실내의 온·습도를 조절하는 공조 방식이다.

| 장점 | 단점 |
|---|---|
| • 송풍량이 많아 외기의 취입이나 중간기의 외기 환기에 적합하다.<br>• 운전 및 관리가 용이하다.<br>• 효율 좋은 필터 설치로써 쾌적한 실내 환경이 조성된다. | • 각 실 온도의 개별제어가 곤란하다.<br>• 큰 덕트가 필요하여 천장 속에 충분한 덕트 공간이 요구된다. |
| **적합한 사용처** | 발열량이 많은 사무실이나 스튜디오, 단일 공간이 큰 전시장이나 극장, 고성능 필터가 사용되는 클린룸 및 수술실 |

② 변풍량 단일덕트방식(Variable air volume system): 덕트의 관말에 VAV 유닛을 설치하여 송풍 온도를 일정하게 하고, 송풍량을 실내 부하 변동에 따라 변화시키는 방식으로서 에너지 절약형 방식이다.

| 장점 | 단점 |
|---|---|
| • 부하 변동을 정확히 파악하여 실온을 유지하기 때문에 에너지 손실이 적다.<br>• 부하가 적을 경우 풍량이 감소되어 동력을 절약할 수 있다.<br>• 각 실 온도의 개별제어가 가능하다. | • 환기량 확보 문제로 실내공기가 오염될 수 있다.<br>• 가변풍량 유닛의 설비비가 고가이다. |
| **적합한 사용처** | 다수의 실에서 개별제어가 요구되는 사무소 |

③ 이중덕트방식(Double duct system): 공조기(AHU; Air Handling Unit)에서 냉·온풍을 만들어 각각 전용덕트를 통해 공급하고, 각 실의 부하상태에 따라 혼합 상자(Mixing chamber, 혼합기)에서 냉·온풍을 혼합하여 공기를 공급한다.

| 장점 | 단점 |
|---|---|
| • 부하변동에 따른 온도 조절이 우수하다.<br>• 개별제어가 용이하다.<br>• 계절마다 냉·난방의 전환이 불필요하다. | • 덕트 샤프트 및 덕트 스페이스가 크다.<br>• 혼합상자에서 소음과 진동이 발생된다.<br>• 냉풍과 온풍의 혼합으로 발생되는 에너지의 소비가 많다.<br>• 혼합상자 및 고속덕트의 도입으로 설비비와 운전비가 많이 든다. |

④ 멀티존 유닛방식(Multi zone unit system): 공조기 1대로 냉풍과 온풍을 적정비로 혼합하여 각 존마다 공급하는 방식으로 이중덕트의 병용된 방식(이중덕트 변형 방식)이다.

| 장점 | 단점 |
|---|---|
| • 이중덕트방식보다 덕트 공간을 작게 차지하며, 개별제어가 가능하다.<br>• 이중덕트방식과 비교할 때 초기 설비비가 저렴하다. | • 혼합손실이 있어 에너지 소비가 많다.<br>• 동일 존에서 내주부와 외주부의 부하변동이 거의 균일해야 한다.<br>• 정풍량 장치가 없으므로 각 실의 부하변동이 심하게 달라지면 각 실에 대한 송풍량의 불균형을 가져온다. |

⑤ 각 층 유닛방식: 각 층마다 공조기를 분산 설치한 것으로 외기용 공조기에서 1차 처리된 공기를 각 층 유닛에서 공기를 냉각하거나 가열하여 실내로 송풍하는 방식이다.

| 장점 | 단점 |
|---|---|
| • 덕트를 사용하지 않거나 덕트가 작다.<br>• 덕트가 슬래브를 통과하지 않아 화재 발생 시 유리하다.<br>• 각 층마다 시간차 운전이 용이하다.<br>• 각 층, 각 실을 구획하여 온도조절이 용이하다. | • 공조기를 분산 설치하므로 설치비용이 많이 든다.<br>• 층 또는 존별 제어가 복잡해 질 수 있다. |
| **적합한 사용처** | 각 층마다 열부하 특성이 크게 다른 대규모 사무소, 백화점 등 |

## (2) 공기-수(Air-water system, 수공기)방식

① 유인 유닛방식(Induction unit system): 공조실에서 외기의 1차 공기를 실내에 설치된 유닛에 공급하여 실내의 2차 공기를 유인하여 혼합하는 방식이다.

| 장점 | 단점 |
|---|---|
| • 개별제어가 용이하고 부하변동에 대응하기 쉽다.<br>• 유닛에 동력장치가 불필요하다. | • 1차 공기가 고속이어서 소음이 크다. |
| **적합한 사용처** | 방이 많은 건물의 외부존, 중규모 사무실, 호텔, 병원 등 |

② 복사패널+덕트방식(Panel air system): 건축물 구조체(천장, 바닥, 벽체)에 코일을 매설하고 여기에 냉·온수를 공급하여 냉·난방하고, 공조기에서 덕트를 통해 공조하는 방식이다.

| 장점 | 단점 |
|---|---|
| • 먼지의 이동이 적으며, 쾌감도가 높다.<br>• 바닥의 이용도가 높다.<br>• 현열부하가 많은 경우에 적당하다.<br>• 천장고가 높은 경우에도 적용이 가능하다. | • 누수의 위험이 있다.<br>• 설비비 및 시공비가 많이 든다. |
| **적합한 사용처** | 덕트를 병용하는 경우가 많은 곳, 고급 사무실 등 |

### (3) 전수방식(All water system)

① 전수방식의 특성

㉠ 물을 열매로 해서 실내 유닛으로 공기를 냉각 · 가열하여 공조하는 방식이다.

㉡ 냉수 또는 온수를 이용하여 공조가 필요한 실내의 유닛까지 운반한 후 실내공기와 직접 열 교환하는 방법이다.

② 팬코일 유닛방식(Fan Coil Unit system)

㉠ 냉각과 가열코일, 송풍용 팬이 내장된 유닛(FCU, Fan Coil Unit)에 중앙 기계실에서 보낸 냉수, 온수를 이용하여 실내의 공기를 조화하는 방식이다.

㉡ 소형 송풍기 또는 냉 · 온수 코일이나 필터 등을 갖춘 실내형 소형 공조기 등의 유닛(Unit)을 각 실에 설치하고, 기계실로부터 냉수나 온수를 공급 받아 공기조화를 하는 방식으로 전수방식에 속한다.

| 장점 | 단점 |
|---|---|
| • 공기방식이 아니므로 덕트가 불필요하다.<br>• 실내 각 유닛마다 개별조절이 용이하다.<br>• 덕트방식에 비해 유닛의 위치 변경이 용이하다.<br>• 유닛을 창문 밑에 설치하면 콜드 드래프트를 줄일 수 있다. | • 각 실에 수배관으로 인한 누수의 우려가 있다.<br>• 설비비와 보수관리비가 고가이다.<br>• 고도의 공기 처리를 할 수 없다. |
| **적합한 사용처** | 호텔의 객실, 아파트, 주택, 사무실 |

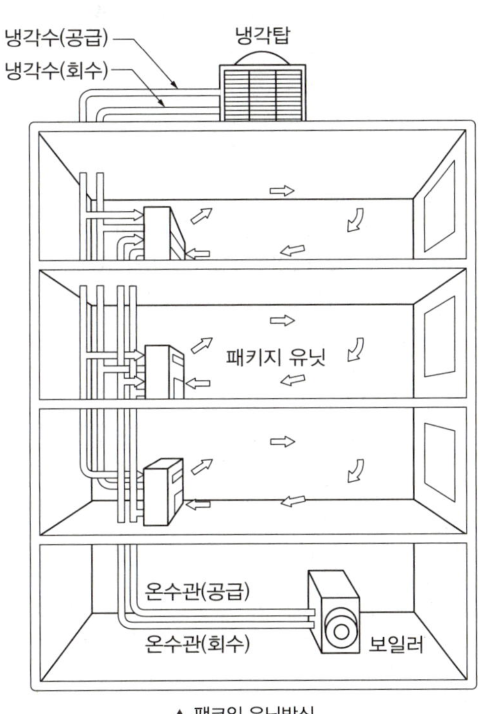


▲ 팬코일 유닛방식

**용어 CHECK** 콜드 드래프트(Cold draft)

겨울철 외부의 찬 공기가 들어오거나 바깥공기와 접한 유리나 벽면이 냉각되면서 실내에 찬 공기가 하부로 내려오는 현상을 말한다.

CHAPTER 03

# 전기설비

## 1 조명설비

### (1) 좋은 조명의 조건

① 적당한 조도 및 조명 효율이 좋아야 한다.

② 눈부시지 않아야 하며, 빛의 확산을 적절하게 한다.

③ 작업 장소와 주위의 적당한 휘도 대비를 유지한다.

④ 색의 식별이 필요할 때는 광색 선택에 유의한다.

⑤ 의장적으로 건축과 조화되어야 한다.

### (2) 조명의 종류

| 종류 | 특성 |
|---|---|
| 백열등 | • 일반적으로 휘도가 높고, 열방사가 많다.<br>• 광색에는 적색 부분이 많고, 배광제어가 용이하다.<br>• 스위치를 넣고 점등에 이르는 순응성이 크다.<br>• 온도가 높을수록 주광색에 가까우며, 연색성이 좋다. |
| 형광등 | • 저휘도이고, 열방사가 적다.<br>• 백색광을 많이 사용하며, 필요시 광원의 색을 조절할 수 있다.<br>• 수명이 길지만, 스위치 가동 시 점등까지 시간이 걸린다.<br>• 주위 온도의 영향을 받는다.(−10℃ 이하에서는 점등이 불가) |
| 수은등 | • 청백색광의 고휘도이고, 배광 제어가 용이하다.<br>• 완전 점등까지 약 10분이 걸린다.<br>• 초고압 수은등: 영화촬영, 영사 |
| 나트륨등 | • 황색의 단일광으로 명시효과가 크다.<br>• 연색성이 매우 나쁘며, 차량용 도로에 사용한다. |
| 할로겐램프 | • 휘도가 높고, 백열등보다 밝다.<br>• 적색에 가깝고 연색성이 좋다.<br>• 흑화가 거의 일어나지 않는다.<br>• 광속이나 색온도의 저하가 적다. |

## 2 배전 및 배선설비

### (1) 수 · 변전설비

① 수전설비: 발전소에서 보내진 전기를 여러 단계의 변전소를 거쳐 고압으로 건축물에 인입되는 장치이다.

② 변전설비: 인입된 전기(수전전압)를 수전반에서 수전하여 건축물에 사용하기 적당한 전압으로 낮추는 장치이다.

③ 변전실의 위치

㉠ 건물 전체의 부하 중심에 가까운 곳에 설치한다.

㉡ 통풍 및 채광이 양호하며 습기가 적은 곳에 설치한다.

㉢ 기기의 반·출입과 전원 인입이 용이한 곳에 설치한다.

### (2) 수·변전설비용 기기

① 변압기: 전자기유도 작용을 이용하여 전압을 변환한다.

② 차단기: 자동적으로 회로의 이상이 생길 경우 전로를 차단하여 기기를 보호한다.

③ 콘덴서(축전기): 전압을 저장하는 장치이며, 동력의 역률개선에 사용된다.

④ 분전반: 말단부하에 배전하는 역할을 하며 배전반의 일종이다.

㉠ 가능한 한 부하의 중심에 두어야 한다.

㉡ 1개 층에 분전반을 1개 이상씩 설치한다.

### (3) 간선(배전반에서 분전반까지) 배선방식

| 종류 | 특성 |
|---|---|
| 평행식(개별방식) | • 각 분전반에 단독으로 배선하는 방식이다.<br>• 전압이 일정하고, 화재 등 사고 발생 시 영향이 적다.<br>• 설비비가 많이 소요되며, 대규모 건물에 적합하다. |
| 나뭇가지식<br>(수지상식) | • 한 개의 간선이 각 분전반을 거쳐가며 공급하는 방식이다.<br>• 넓게 분산된 구역의 소규모 건물에 적합하다. |
| 병용식 | • 평행식과 나뭇가지식을 병용한 방식이다.<br>• 일반적으로 가장 많이 사용된다. |

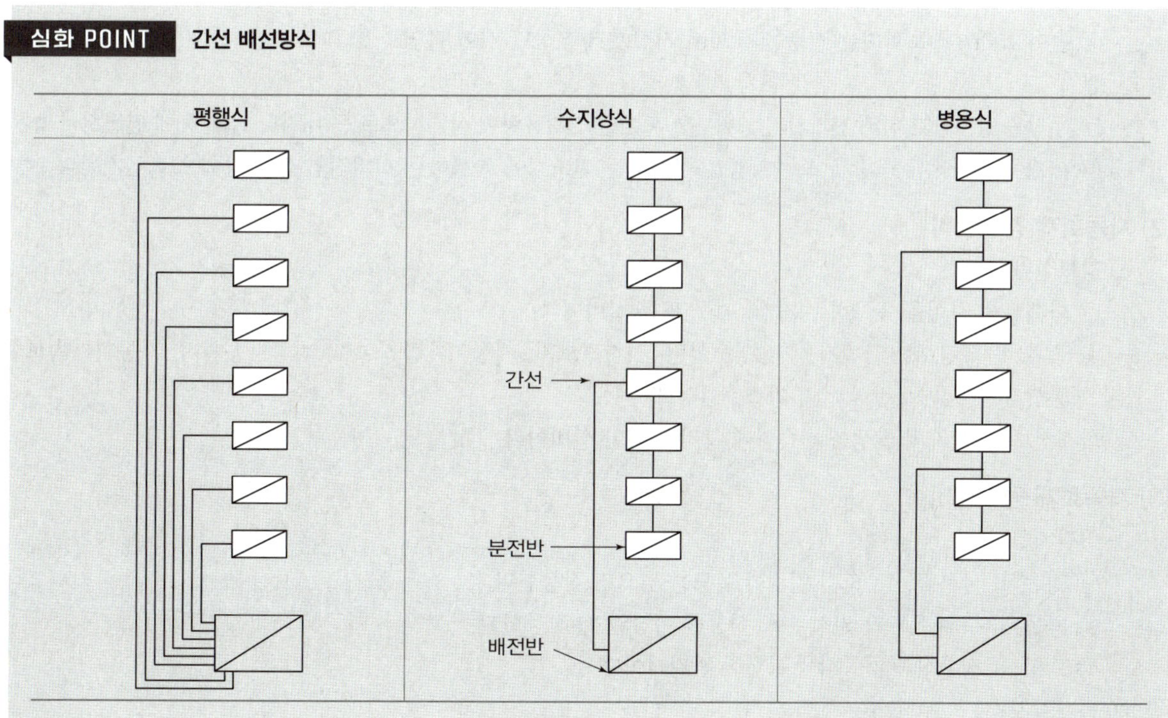

### (4) 퓨즈(Fuse)

① 과전류가 통과하면 가열되어 끊어지는 용융회로개방형의 가용성 부분이 있는 과전류보호 장치이다.

② 전력 퓨즈(PF: Power Fuse)의 특성

㉠ 가격이 저렴하고, 소형 경량이지만, 큰 차단용량을 갖는다.

㉡ 과전류에서 용단될 수 있다.

㉢ 보수 및 교체는 간단하지만, 재사용할 수 없다.

㉣ 릴레이나 변성기가 필요 없다.

## 3 방재설비

### (1) 피뢰설비

① 피뢰설비 설치 대상

㉠ 낙뢰 우려가 있는 건축물

㉡ 높이 20m 이상 건축물 또는 공작물

② 측면 낙뢰 방지를 위한 수뢰부 설치

㉠ 높이 60m를 초과하는 건축물 등: 높이의 4/5 지점부터 최상단 사이

㉡ 높이 150m를 초과하는 건축물: 120m 지점부터 최상단 사이 측면

③ 접지

㉠ 누전을 방지하기 위해 전기기기를 비롯한 도체를 전기용량이 상대적으로 큰 대지나 물체 등에 연결시켜 놓는다.

㉡ 대지에 이상전류를 방류 또는 계통을 구성하는 전도체에 연결하는 전기적인 접속 방법으로 접지한다.

### (2) 자동화재 경보설비

① 경보설비

㉠ 화재발생 사실을 통보하는 기계·기구 또는 설비이다.

㉡ 종류: 단독경보형 감지기, 비상경보설비, 시각경보기, 자동화재탐지설비, 비상방송설비, 자동화재속보설비, 통합감시시설, 누전경보기, 가스누설경보기 등

② 화재경보기: 화재의 발생을 신속하게 알리기 위한 설비이다.

### (3) 자동화재 탐지설비

① 열감지기

㉠ 정온식: 국부적인 온도가 일정한 온도를 넘으면 작동한다.

㉡ 차동식: 주위 온도가 일정 온도 상승률 이상일 때 작동한다.

㉢ 보상식: 정온식과 차동식을 복합한 감지기이다.

② 연기감지기

㉠ 이온식: 연기 입자에 의해 이온 전류가 변화하는 것을 이용한 감지기이다.

㉡ 광전식: 연기 입자로 광전 소자에 대한 입사광량이 변화하는 것을 이용한 감지기이다.

CHAPTER 04

# 가스 및 소화설비

## 1 가스설비

### (1) LPG(액화석유가스, Liquefied Petroleum Gas)

① 단위: kg/h

② 봄베(Bombe)와 같은 용기로 운송한다.

**용어 CHECK** 봄베(Bombe)

고압 상태의 기체를 저장하는 데 쓰는, 두꺼운 강철로 만든 용기이다.

③ 특징

㉠ 주성분: 프로판($C_3H_8$), 부탄($C_4H_{10}$)

㉡ 순수 LPG 가스는 무색 · 무취이지만, 중독성이 있다.

㉢ 발열량이 크며 연소 시에 필요한 공기량이 많다.

㉣ 공기보다 무겁다.(경보기는 바닥에서 30cm 이내 설치)

㉤ 가정용 이외에 가스 절단 등 공업용으로도 사용된다.

### (2) LNG(액화천연가스, Liquefied Natural Gas)

① 단위: $m^3$/h

② 도시가스로서 배관으로 운송한다.

③ 특징

㉠ 주성분: 메탄($CH_4$)

㉡ 도시의 중앙공급원에서 도관을 따라 각 수요자에게 보내는 연료가스이다.

㉢ 발열량이 낮다.

㉣ 공기보다 가볍다.(경보기는 천장에서 30cm 이내 설치)

㉤ 누설이 되어도 공기 중에 흡수되어 안정성이 높다.

### (3) 배관설비 배치기준

① 가스계량기와 전기설비의 이격거리

㉠ 전기계량기, 전기개폐기: 60cm 이상

㉡ 전기점멸기, 전기접속기, 굴뚝(단열조치를 하지 아니한 경우): 30cm 이상

㉢ 절연조치를 하지 아니한 전선: 15cm 이상

② 가스계량기의 설치

㉠ 설치높이: 바닥(지면)으로부터 1.6~2m 이내에 설치한다.

㉡ 가스계량기와 화기 사이의 유지 거리: 2m 이상

## 2 소화설비

### (1) 소화설비 분류

| 소화설비 | | 소화활동설비 | |
|---|---|---|---|
| 정의 | 물 또는 그 밖의 소화약제를 사용하여 소화하는 기계·기구 또는 설비 | 정의 | 화재를 진압하거나 인명구조활동을 위하여 사용하는 설비 |
| 종류 | • 소화기구<br>• 옥내소화전설비<br>• 물분무 등 소화설비<br>• 자동소화장치<br>• 스프링클러설비 등<br>• 옥외소화전설비 | 종류 | • 제연설비<br>• 연결살수설비<br>• 무선통신보조설비<br>• 연결송수관설비<br>• 비상콘센트설비<br>• 연소방지설비 |

### (2) 소화설비의 종류

① 옥내소화전

㉠ 수원의 수량: $2.6m^3$ × 소화전 최다 설치 층 설치개수(2개 이상 설치된 경우 2개)

㉡ 방수 압력: 노즐선단에서 0.17MPa 이상

㉢ 방수량: 130L/min 이상(1개당, 20분 이상 방수)

㉣ 설치 간격: 수평거리 25m 이내

② 옥외소화전

㉠ 수원의 수량: $7.0m^3$ × 소화전 개수(2개 이상 설치된 경우 2개)

㉡ 방수 압력: 노즐선단에서 0.25MPa 이상

㉢ 방수량: 350L/min 이상(1개당, 20분 이상 방수)

㉣ 설치 간격: 수평거리 40m 이내

③ 스프링클러설비

㉠ 초기화재의 소화율이 높다.

㉡ 자동소화설비이며 경보의 기능을 가진다.

㉢ 소화 후 제어밸브를 잠그며, 소화 후 복구가 용이하다.

㉣ 고층건물과 지하층, 무창층 등에 설치한다.

④ 드렌처설비(Drencher)

㉠ 인접 건물의 화재 시 방수로 인해 수막을 형성하여 화재를 방지하는 설비이다.

㉡ 건축물의 창, 외벽, 지붕 등에 설치한다.

**심화 POINT** 스프링클러 헤드 구조

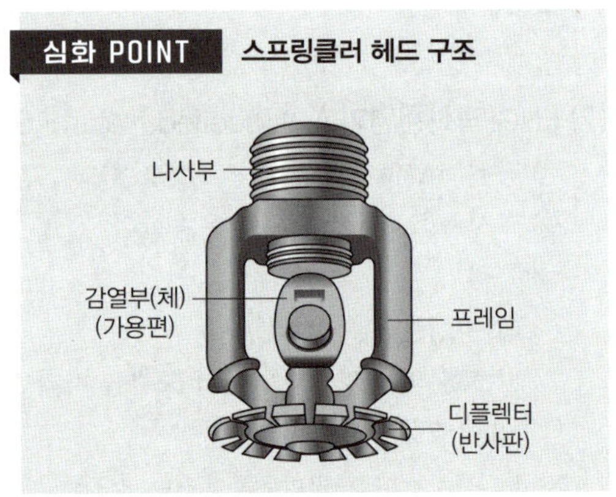


⑤ 연결송수관설비

㉠ 화재 시 소화활동을 하는 소방대 전용 소화전이다.

㉡ 소방펌프는 자동차가 쉽게 접근할 수 있도록 노출된 장소에 설치한다.

㉢ 지면에서 높이가 0.5m 이상 1.0m 이하 위치에 설치한다.

# 정보 및 승강설비

## 1 정보설비

### (1) 정보설비

유선, 무선, 광선, 그 밖의 전자적 방식으로 부호 · 문자 · 음향 또는 영상 등의 정보를 저장 · 제어 · 처리하거나 송수신하기 위한 기계 · 기구(器具) · 선로(線路) 및 그 밖에 필요한 설비를 말한다.

### (2) 약전설비

① 인터폰 설치

㉠ 설치 높이는 바닥면으로부터 1.5m로 한다.

㉡ 전원장치는 보수가 용이하고, 안전한 장소에 설치한다.

㉢ 전화 배선과는 별도의 계통으로 한다.

② 안테나(공동수신) 설치

㉠ 안테나 구성 요소: 안테나, 정합기, 분배 및 분기장치, 증폭기

㉡ 풍속 40m/sec 정도에 견디어야 한다.

㉢ 피뢰침 보호각 내에 있어야 한다.

㉣ 강 전류선으로부터 3m 이상 띄운다.

㉤ 정합기의 설치높이는 바닥으로부터 30cm 높이로 한다.



## 2 승강설비

### (1) 엘리베이터

① 일주시간: 엘리베이터가 출발 기준층에서 승객을 싣고 출발하여 각 층에 서비스 한 후 기준층으로 되돌아와 다음 서비스를 대기하는 데까지 걸리는 총시간을 말한다.

② 엘리베이터 배치

㉠ 엘리베이터는 1개소 집중 설치하며, 출발층은 1개소로 한정한다.

㉡ 직렬로 배치할 경우, 4대 한도로 하며, 그 이상은 알코브형으로 배치한다.

㉢ 알코브형 배치 시 대향거리는 3.5~4.5m 정도로 한다.

㉣ 홀의 넓이는 정원의 50%로 0.5~0.8$m^2$/인 정도이다.

**심화 POINT** 엘리베이터 배치

| 직렬배치 | 알코브형(Alcove) 배치 |
|---|---|
| | 3.5~4.5m |

## (2) 에스컬레이터

① 에스컬레이터의 장단점

㉠ 수송력에 비해 점유면적이 작다.

㉡ 엘리베이터에 비해 수송능력이 크다.(에스컬레이터의 1대당 수송능력은 동일시간 기준으로 엘리베이터의 10배 정도가 크다.)

㉢ 대기시간이 없고 연속적인 수송설비이다.

㉣ 매장을 바라보며 승강할 수 있다.

㉤ 설비비가 고가이지만, 전원설비에 부담이 적다.

㉥ 층고와 보의 간격에 제약을 받는다.

㉦ 승강 중 주위가 오픈되므로 주변 광고효과가 크다.

**심화 POINT** 에스컬레이터의 최대 수송능력

| 디딤판 폭(m) | 공칭 속도(m/s) | | |
|---|---|---|---|
| | 0.5 | 0.65 | 0.75 |
| 0.6 | 3,600명/h | 4,400명/h | 4,900명/h |
| 0.8 | 4,800명/h | 5,900명/h | 6,600명/h |
| 1.0 | 6,000명/h | 7,300명/h | 8,200명/h |

끝이 좋아야 시작이 빛난다.

– 마리아노 리베라(Mariano Rivera)

## 여러분의 작은 소리
## 에듀윌은 크게 듣겠습니다.

본 교재에 대한 여러분의 목소리를 들려주세요.
공부하시면서 어려웠던 점, 궁금한 점,
칭찬하고 싶은 점, 개선할 점, 어떤 것이라도 좋습니다.

에듀윌은 여러분께서 나누어 주신 의견을
통해 끊임없이 발전하고 있습니다.

**에듀윌 도서몰 book.eduwill.net**
- 부가학습자료 및 정오표: 에듀윌 도서몰 → 도서자료실
- 교재 문의: 에듀윌 도서몰 → 문의하기 → 교재(내용, 출간) / 주문 및 배송

## 2026 에듀윌 전산응용건축제도기능사 필기 2주끝장


| | |
|---|---|
| 발 행 일 | 2025년 11월 27일 초판 |
| 편 저 자 | 민영기 |
| 펴 낸 이 | 양형남 |
| 개발책임 | 목진재 |
| 개 발 | 박형규 |
| 펴 낸 곳 | (주)에듀윌 |
| I S B N | 979-11-360-4036-7 |
| 등록번호 | 제25100-2002-000052호 |
| 주 소 | 08378 서울특별시 구로구 디지털로34길 55 코오롱싸이언스밸리 2차 3층 |




**www.eduwill.net**
대표전화 1600-6700